# AutoCAD 2015 中文版建筑设计实例教程

三维书屋工作室

胡仁喜 张日晶 等编著

机械工业出版社

本书讲解用 AutoCAD 2015 中文版绘制各种建筑平面施工图和立体结构图的实例与技巧。全书共 18 章，第 1 章介绍如何设置绘图环境；第 2 章介绍辅助绘图工具；第 3 章介绍二维图形；第 4 章介绍二维图形的编辑；第 5 章介绍快速绘图工具；第 6 章介绍文字与表格；第 7 章介绍尺寸标注；第 8 章介绍建筑设计基础；第 9 章介绍如何绘制建筑总平面图；第 10 章介绍如何绘制建筑平面图；第 11 章介绍如何绘制建筑立面图；第 12 章介绍如何绘制建筑剖面图；第 13 章介绍如何绘制建筑详图；第 14 章介绍如何绘制别墅建筑施工图；第 15～18 章为办公大楼建筑设计综合实例。各章之间紧密联系，前后呼应。

本书面向初、中级用户以及对建筑制图比较了解的技术人员编写，旨在帮助读者用较短的时间快速、熟练地掌握使用 AutoCAD 2015 中文版绘制各种各样建筑实例的应用技巧，并提高建筑制图的设计质量。

为了方便广大读者更加形象、直观地学习此书，随书配赠多媒体光盘，包含全书实例操作过程编者配音录屏 AVI 文件和实例源文件。

**图书在版编目（CIP）数据**

AutoCAD 2015 中文版建筑设计实例教程/胡仁喜等编著.—9 版.—北京：机械工业出版社，2014.12

ISBN 978-7-111-48558-2

Ⅰ. ①A…　Ⅱ. ①胡…　Ⅲ. ①建筑设计—计算机辅助设计—AutoCAD 软件—高等学校—教材　Ⅳ. ①TU201.4

中国版本图书馆 CIP 数据核字(2014)第 266235 号

机械工业出版社（北京市百万庄大街 22 号　邮政编码 100037）
策划编辑：曲彩云　　　责任印制：刘　岚
北京中兴印刷有限公司印刷
2015 年 1 月第 9 版第 1 次印刷
184mm×260mm・29.25 印张・727 千字
0001－3000 册
标准书号：ISBN 978-7-111-48558-2
　　　　　ISBN 978-7-89405-692-4（光盘）
定价：79.00 元（含 1DVD）

凡购本书，如有缺页、倒页、脱页，由本社发行部调换
电话服务　　网络服务
社服务中心：（010）88361066　教材网：http://www.cmpedu.com
销售一部：（010）68326294　机工官网：http://www.cmpbook.com
销售二部：（010）88379649　机工官博：http://weibo.com/cmp1952
读者购书热线：（010）88379203　**封面无防伪标均为盗版**
策划编辑：（010）88379782

# 前 言

AutoCAD 是美国 Autodesk 公司开发的著名计算机辅助设计软件，是当今世界上获得众多用户首肯的优秀计算机辅助设计软件。它具有体系结构开放、操作方便、易于掌握、应用广泛等特点，深受各行各业尤其是建筑和工业设计技术人员的欢迎。

本书主要讲解利用 AutoCAD 2015 中文版绘制各种各样的建筑平面施工图和立体结构图的实例与技巧。

全书共 18 章，第 1 章主要向读者介绍如何设置绘图环境；第 2 章主要介绍辅助绘图工具；第 3 章主要介绍绘制二维图形；第 4 章主要介绍二维图形的编辑；第 5 章主要介绍快速绘图工具；第 6 章主要介绍文字与表格；第 7 章主要介绍尺寸标注；第 8 章主要介绍建筑设计基础；第 9 章主要介绍如何绘制建筑总平面图；第 10 章主要介绍如何绘制建筑平面图；第 11 章主要介绍如何绘制建筑立面图；第 12 章主要介绍如何绘制建筑剖面图；第 13 章主要介绍如何绘制建筑详图；第 14 章主要介绍如何绘制别墅建筑施工图；第 15～18 章为办公大楼建筑设计综合实例。各章之间紧密联系，前后呼应。

本书语言浅显易懂，命令非常详尽，通过很简洁的实例操作步骤来具体说明如何绘制建筑实例，非常有利于读者融会贯通地学习 AutoCAD 软件。在内容编排上尽量做到分门别类，条理清楚，使读者在阅读时，能够很快地把握本书的总体结构和制图方法。

本书面向初、中级用户以及对建筑制图比较了解的技术人员编写，旨在帮助读者用较短的时间快速、熟练地掌握使用 AutoCAD 2015 中文版绘制各种各样建筑实例的应用技巧，并提高建筑制图的设计质量。

本书除利用传统的纸面讲解外，随书配送了多媒体学习光盘。光盘中包含所有实例的素材源文件，并制作了全程实例动画 AVI 文件。为了增强教学的效果，更进一步方便读者学习，编者亲自对实例动画进行了配音讲解。利用精心设计的多媒体界面，读者可以随心所欲地像看电影一样轻松愉悦地学习本书。

本书由三维书屋工作室策划，胡仁喜和张日晶主要编写。康士廷、李鹏、周冰、董伟、李瑞、王敏、刘昌丽、张俊生、王玮、孟培、王艳池、阳平华、袁涛、闫聪聪、王培合、路纯红、王义发、王玉秋、杨雪静、卢园、王渊峰、王兵学、孙立明、甘勤涛、李兵、徐声杰、张琪、李亚莉等参加了部分章节编写工作。

书中主要内容均来自于编者多年来使用 AutoCAD 的经验总结。虽然编者几易其稿，但由于水平有限，书中不足之处在所难免，望广大读者登录 www.sjzswsw.com 联系 win760520@126.com 批评指正，编者将不胜感激。

编 者

# 前　言

AutoCAD 是美国 Autodesk 公司开发的著名计算机辅助设计软件，是当今世界上拥有众多用户群的优秀计算机辅助设计软件。它具有体系结构开放、操作方便、易于掌握、应用广泛等特点，深受各行各业尤其是建筑和工业设计技术人员的欢迎。

本书主要讲解利用 AutoCAD 2015 中文版绘制各种各样的建筑平面施工图和立体结构图的实例与技巧。

全书共 18 章。第 1 章主要向读者介绍如何设置绘图环境；第 2 章主要介绍辅助绘图工具；第 3 章主要介绍绘制二维图形；第 4 章主要介绍二维图形的编辑；第 5 章主要介绍快速绘图工具；第 6 章主要介绍文字与表格；第 7 章主要介绍尺寸标注；第 8 章主要介绍建筑设计基础；第 9 章主要介绍如何绘制建筑总平面图；第 10 章主要介绍如何绘制建筑平面图；第 11 章主要介绍如何绘制建筑立面图；第 12 章主要介绍如何绘制建筑剖面图；第 13 章主要介绍如何绘制建筑详图；第 14 章主要介绍如何绘制别墅建筑施工图；第 15～18 章为办公大楼建筑设计综合实例。各章之间紧密联系，前后呼应。

本书语言浅显易懂，命令非常详尽，通过精简的实例按步骤来具体说明如何绘制建筑实例，非常有利于读者融会贯通地学习 AutoCAD 软件。在内容编排上尽量做到各实例关系清楚，使读者在阅读时，能够很快地把握本书的总体结构和制图方法。

本书面向初、中级用户以及对建筑制图比较了解的技术人员编写，旨在帮助读者用较短的时间快速、熟练地掌握使用 AutoCAD 2015 中文版绘制各种各样建筑实例的应用技巧，并提高建筑制图的设计质量。

本书除利用传统的纸面讲解外，随书配送了多媒体学习光盘。光盘中包含所有实例的素材源文件，并制作了全程实例动画 AVI 文件。为了增强教学的效果，更进一步方便读者学习，编者亲自对实例动画进行了配音讲解，利用精心设计的多媒体界面，读者可以随心所欲地像看电影一样轻松愉悦地学习本书。

本书由三维书屋工作室策划，胡仁喜和张日晶主要编写。康士廷、李鹏、周冰、董伟、李瑞、王敏、刘昌丽、张俊生、王玮、孟培、王艳池、阳平华、袁涛、闫聪聪、王培合、路纯钧、王义发、王玉秋、杨雪静、卢园、王渊峰、王兵学、孙立明、甘勤涛、李兵、徐声杰、张琪、李亚莉等参加了部分章节的编写工作。

书中主要内容来自于编者多年来使用 AutoCAD 的经验总结，虽然几易其稿，但由于水平有限，书中不足之处在所难免，望广大读者登录 www.sjzswsw.com 或联系 win760520@126.com 批评指正，编者将不胜感激。

编　者

# 目　录

# 第 1 章 AutoCAD 2015 基础

本章开始循序渐进地学习 AutoCAD 2015 绘图的有关基本知识，了解如何设置图形的系统参数、样板图，熟悉建立新的图形文件、打开已有文件的方法等，为后面系统学习准备必要的前提知识。

- 操作界面
- 配制绘图环境
- 图层的操作
- 基本输入操作
- 文件的管理

## 1.1 操作界面

AutoCAD 2015 中文版的操作界面如图 1-1 所示，包括标题栏、菜单栏、绘图区、功能区、工具栏、状态栏等。

**注意**

安装 AutoCAD 2015 后，默认的界面如图 1-2 所示，在绘图区中右击鼠标，打开快捷菜单，如图 1-3 所示，选择“选项”命令，打开“选项”对话框，选择“显示”选项卡，在窗口元素对应的“配色方案”中设置为“明”，如图 1-4 所示，单击确定按钮，退出对话框，其操作界面如图 1-1 所示。

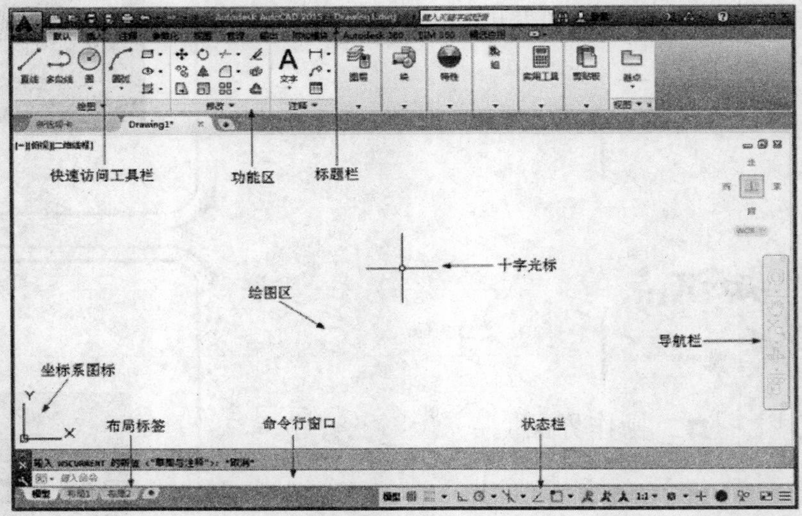


图 1-1 AutoCAD 2015 中文版的操作界面

图 1-2 默认界面

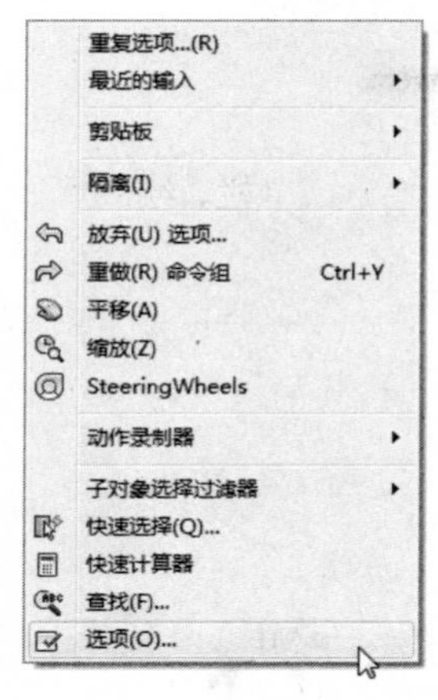


图 1-3　快捷菜单

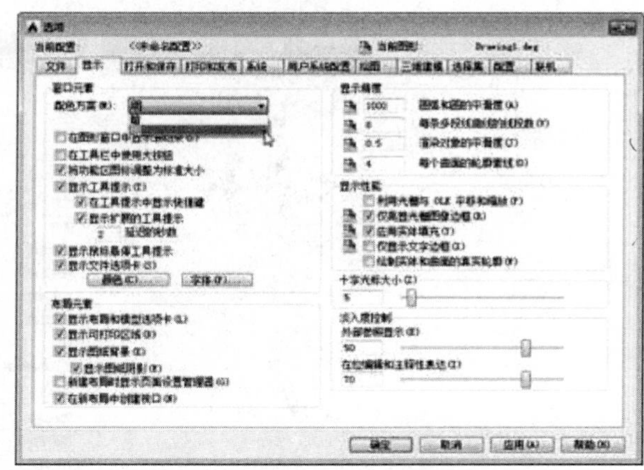

图 1-4　“选项”对话框

## 1.1.1　标题栏

在 AutoCAD 2015 中文版操作界面的最上端是标题栏。在标题栏中显示了系统当前正在运行的应用程序（AutoCAD 2015）和用户正在使用的图形文件。在第一次启动 AutoCAD 2015 时，在标题栏中将显示 AutoCAD 2015 在启动时创建并打开的图形文件的名称“Drawing1.dwg”，如图 1-5 所示。

**注意**

需要将 AutoCAD 的工作空间切换到“草图与注释”模式下（单击操作界面右下角中的“切换工作空间”按钮，在弹出的菜单中单击“草图与注释”命令），才能显示如图 1-1 所示的操作界面。本书中所有操作均在“草图与注释”模式下进行。

## 1.1.2　菜单栏

在 AutoCAD 快速访问工具栏处调出菜单栏，如图 1-5 所示，调出后的菜单栏如图 1-6 所示。同其他 Windows 程序一样，AutoCAD 2015 的菜单栏位于标题栏的下方，包含 12 个菜单：“文件”“编辑”“视图”“插入”“格式”“工具”“绘图”“标注”“修改”“参数”“窗口”和“帮助”，这些菜单几乎包含了所有绘图命令。一般来讲，AutoCAD 2015 菜单中的命令有以下 3 种。

1．带有小三角形标志的菜单命令

这种类型的命令后面带有子菜单。例如，单击“绘图”菜单，选择其下拉菜单中的“圆”命令，屏幕上就会进一步下拉出“圆”子菜单中所包含的命令，如图 1-7 所示。

2．激活相应对话框的菜单命令

这种类型的命令后面带有省略号。例如，单击“格式”菜单，选择其下拉菜单中的“文字样式（S）”命令，如图 1-8 所示，就会打开对应的“文字样式”对话框，如图 1-9 所示。

3．直接操作的菜单命令

选择这种类型的命令将直接进行相应的绘图或其他操作。例如，选择菜单栏中的“视图”→“重画”命令，系统将直接对屏幕图形进行重画。

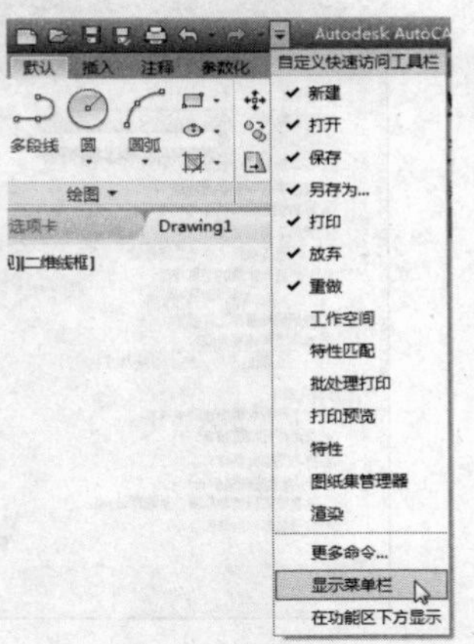


图 1-5　调出菜单栏

图 1-6　菜单栏显示界面

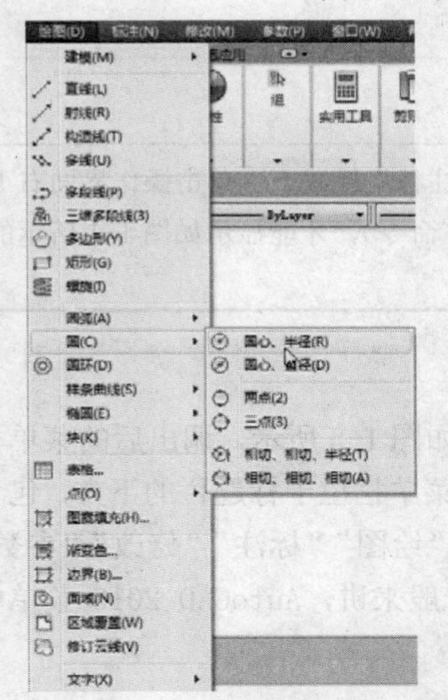

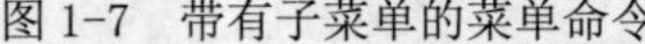

图 1-7　带有子菜单的菜单命令

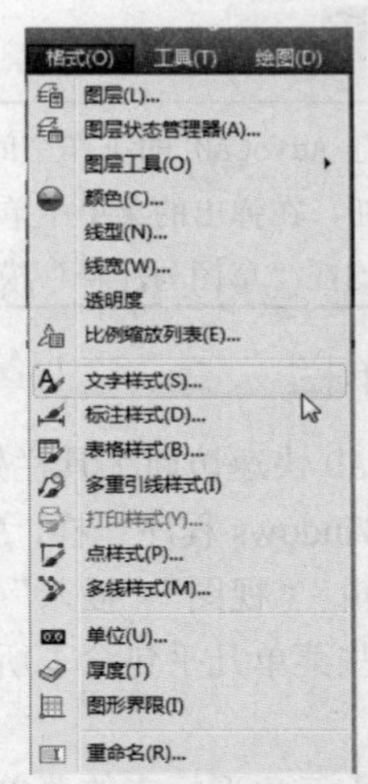


图 1-8　激活相应对话框的菜单命令

## 1.1.3　绘图区

绘图区是用户绘制图形的区域，一幅设计图形的主要工作都是在绘图区中完成的。

3.　十字光标

在绘图区中有一个作用类似光标的十字线，其交点反映了光标在当前坐标系中的位置，该十字线称为光标，系统通过光标显示当前点的位置。十字线的方向与当前用户坐标系的 X 轴、Y 轴方向平行，十字线长度预设为屏幕大小的 5%，可以修改十字光标的大小。

2.　坐标系图标

在绘图区的左下角，有一个箭头指向图标，称之为坐标系图标，如图 1-1 所示，表示绘图时正使用的坐标系形式。坐标系图标的作用是为点的坐标确定一个参照系。根据工作需要，可以选择将其关闭。方法是：选择菜单栏中的“视图”→“显示”→“UCS 图标”→“开”命令，如图 1-10 所示。

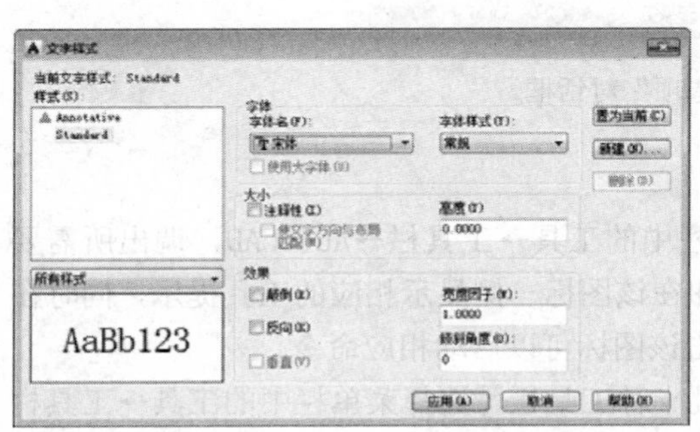

图 1-9 “文字样式”对话框

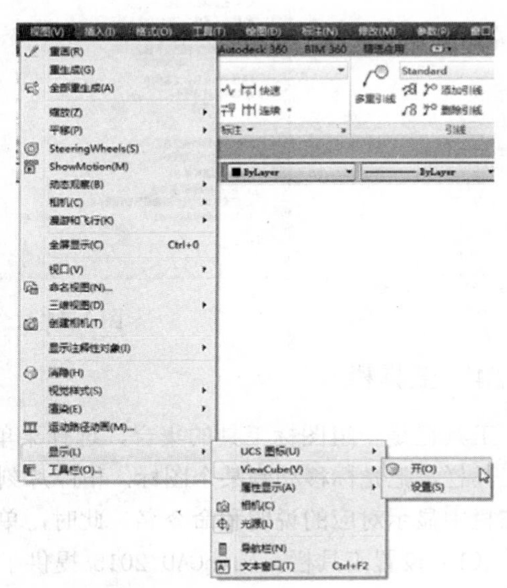

图 1-10 设置坐标系图标是否可见

3. 布局标签

AutoCAD 2015 系统默认设定一个模型空间布局标签和“布局 1”“布局 2”两个图纸空间布局标签。

（1）布局：系统为绘图设置的一种环境，包括图纸大小、尺寸单位、角度设定、数值精确度等。在系统预设的三个标签中，这些环境变量都按默认设置。可以根据实际需要改变这些变量的值，也可以设置符合自己要求的新标签。

（2）模型：AutoCAD2015 的空间分为模型空间和图纸空间。模型空间是通常绘图的环境，而在图纸空间中，可以创建名为“浮动视口”的区域，以不同的视图显示所绘的图形。可以在图纸空间中调整浮动视口并决定所包含视图的缩放比例。如果选择图纸空间，则可打印多个视图，可以打印任意布局的视图。

AutoCAD 2015 系统默认打开模型空间，可以单击选择需要的布局。

4. 修改绘图区的背景

在默认情况下，AutoCAD 2015 的绘图区是黑色的背景、白色线条，这不符合绝大多数用户的习惯，可以进行修改，具体步骤如下：

（1）选择菜单栏中的“工具”→“选项”命令，打开“选项”对话框，切换到“显示”选项卡中，如图 1-11 所示。

（2）单击“窗口元素”区域中的“颜色”按钮，打开如图 1-12 所示的“图形窗口颜色”对话框。

（3）在“图形窗口颜色”对话框的“颜色”下拉列表框中选择需要的颜色，然后单击“应用并关闭”按钮，此时即可改变绘图区的背景，通常按视觉习惯选择白色。

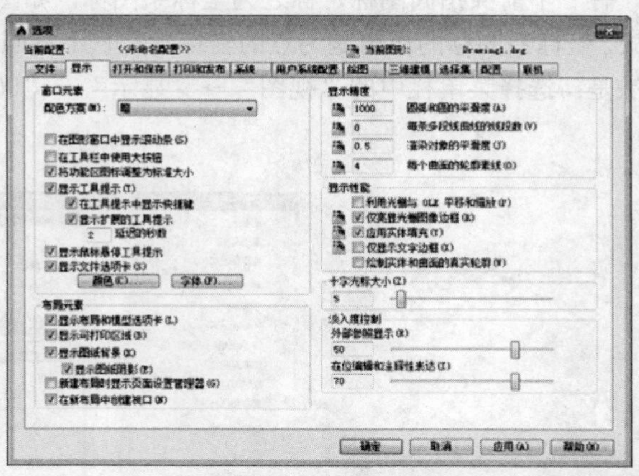

图 1-11 “选项”对话框

### 1.1.4 工具栏

工具栏是一组图标工具的集合，选择菜单栏中的工具→工具栏→AutoCAD，调出所需要的工具栏，把光标移动到某个图标，稍停片刻即在该图标一侧显示相应的工具提示，同时在状态栏中显示对应的说明和命令名。此时，单击该图标可以启动相应命令。

（1）设置工具栏。AutoCAD 2015 提供了几十种工具栏，选择菜单栏中的工具→工具栏→AutoCAD，调出所需要的工具栏，如图 1-13 所示。单击某一个未在界面显示的工具栏名，系统自动在界面打开该工具栏 。反之，关闭工具栏。

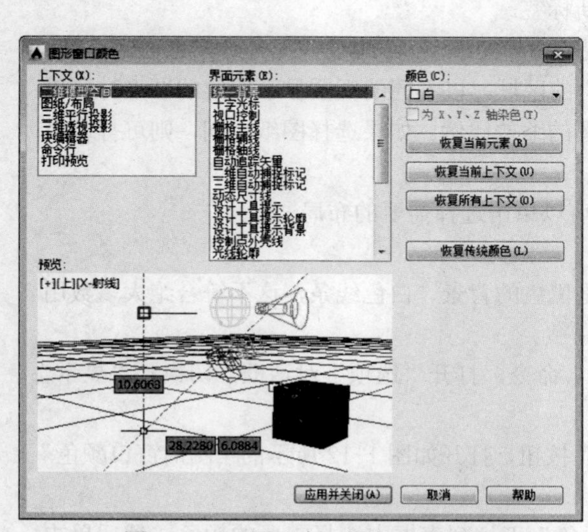

图 1-12 “图形窗口颜色”对话框

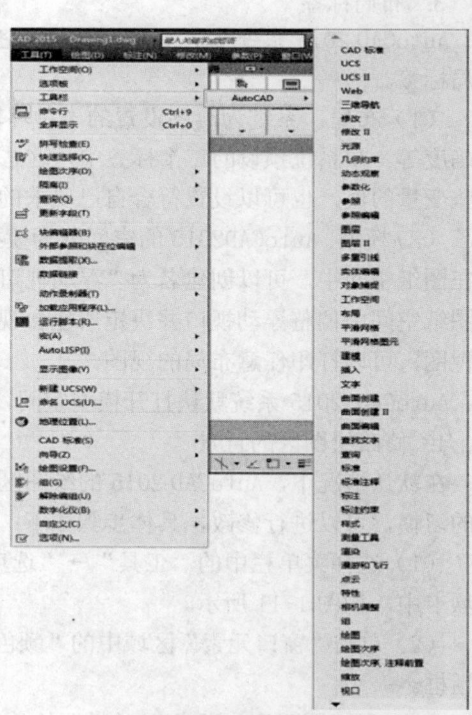

图 1-13 调出工具栏

（2）工具栏的“固定”“浮动”与“打开”。工具栏可以在绘图区“浮动”显示（如图 1-14 所示），此时显示该工具栏标题，并可关闭该工具栏，可以拖动“浮动”工具栏到绘图区边界，使它变为“固定”工具栏，此时该工具栏标题隐藏。也可以把“固定”工具栏拖出，使它成为“浮动”工具栏。

有些工具栏按钮的右下角带有一个小三角，单击会打开相应的工具栏，将光标移动到某一按钮上并单击，该按钮就变为当前显示的按钮。单击当前显示的按钮，即可执行相应的命令（如图 1-15 所示）。

图 1-14 “浮动”工具栏

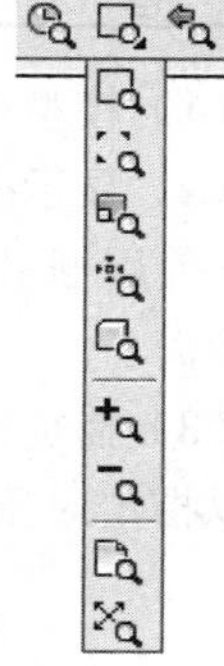

图 1-15 打开工具栏

### 1.1.5 命令窗口

命令窗口是输入命令名和显示命令提示的区域，默认的命令窗口布置在绘图区下方，由若干文本行组成。移动拆分条可以扩大与缩小命令窗口。拖动命令窗口可以设置其在屏幕上的位置。可以用文本窗口的形式来显示命令窗口。按 F2 键弹出 AutoCAD 文本窗口，可以用文本编辑的方法进行编辑，如图 1-16 所示。AutoCAD 文本窗口中的内容和命令窗口的内容是一样的，显示当前 AutoCAD 进程中命令的输入和执行过程，在执行 AutoCAD 某些命令时，它会自动切换到文本窗口，列出有关信息。

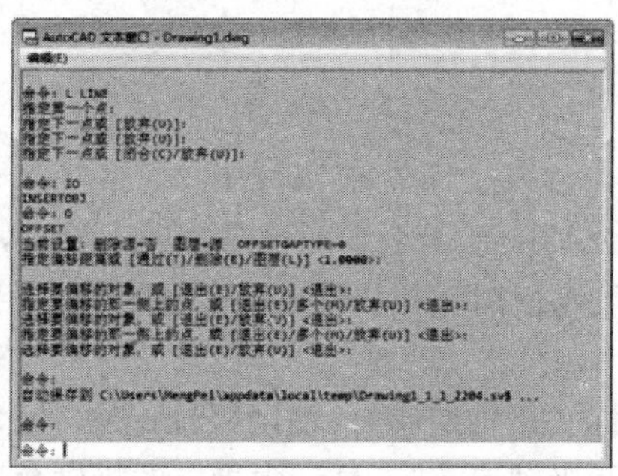

图 1-16 文本窗口

### 1.1.6 状态栏

状态栏在屏幕的底部，依次有“坐标”“模型空间”“栅格”“捕捉模式”“推断约束”“动态输入”“正交模式”“极轴追踪”“等轴测草图”“对象捕捉追踪”“二维对象捕捉”“线宽”“透明度”“选择循环”“三维对象捕捉”“动态 UCS”“选择过滤”“小控件”“注释可见性”“自动缩放”“注释比例”“切换工作空间”“注释监视器”“单位”“快捷特性”“图形性能”“全屏显示”和“自定义”28 个功能按钮。左键单击部分开关按钮，可以实现这些功能的开关。通过部分按钮也可以控制图形或绘图区的状态。

**注 意**

默认情况下，不会显示所有工具，可以通过状态栏上最右侧的按钮，选择要从“自定义”菜单显示的工具。状态栏上显示的工具可能会发生变化，具体取决于当前的工作空间以及当前显示的是“模型”选项卡还是布局选项卡。下面对部分状态栏上的按钮做简单介绍，如图 1-17 所示。

（1）模型或图纸空间：在模型空间与布局空间之间进行转换。

（2）显示图形栅格：栅格是覆盖用户坐标系（UCS）的整个 XY 平面的直线或点的矩形图案。使用栅格类似于在图形下放置一张坐标纸。利用栅格可以对齐对象并直观显示对象之间的距离。

（3）捕捉模式：对象捕捉对于在对象上指定精确位置非常重要。不论何时提示输入点，都可以指定对象捕捉。默认情况下，当光标移到对象的对象捕捉位置时，将显示标记和工具提示。

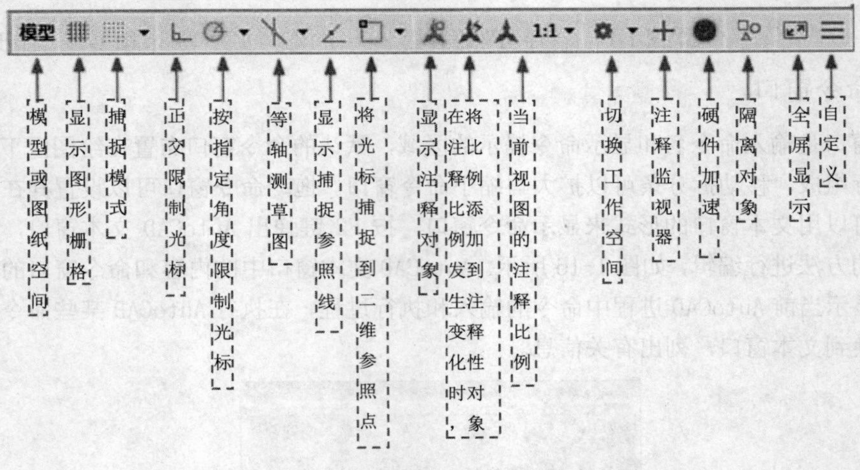


图 1-17 状态栏

（4）正交限制光标：将光标限制在水平或垂直方向上移动，以便于精确地创建和修改对象。当创建或移动对象时，可以使用“正交”模式将光标限制在相对于用户坐标系（UCS）的水平或垂直方向上。

（5）按指定角度限制光标（极轴追踪）：使用极轴追踪，光标将按指定角度进行移动。创建或修改对象时，可以使用“极轴追踪”来显示由指定的极轴角度所定义的临时对齐路径。

（6）等轴测草图：通过设定“等轴测捕捉/栅格”，可以很容易地沿三个等轴测平面之一对齐对象。尽管等轴测图形看似三维图形，但它实际上是二维表示。因此不能期望提取三维距离和面积、从不同视点显示对象或自动消除隐藏线。

（7）显示捕捉参照线（对象捕捉追踪）：使用对象捕捉追踪，可以沿着基于对象捕捉点的对齐路径进行追踪。已获取的点将显示一个小加号 (+)，一次最多可以获取七个追踪点。获取点之后，当在绘图路径上移动光标时，将显示相对于获取点的水平、垂直或极轴对齐路径。例如，可以基于对象端点、中点或者对象的交点，沿着某个路径选择一点。

（8）将光标捕捉到二维参照点（对象捕捉）：使用执行对象捕捉设置（也称为对象捕捉），可以在对象上的精确位置指定捕捉点。选择多个选项后，将应用选定的捕捉模式，以返回距离靶框中心最近的点。按 Tab 键以在这些选项之间循环。

（9）显示注释对象：当图标亮显时表示显示所有比例的注释性对象；当图标变暗时表示仅显示当前比例注释性对象。

（10）在注释比例发生变化时，将比例添加到注释性对象：注释比例更改时，自动将比例添加到注释对象。

（11）当前视图的注释比例：单击注释比例右下角小三角符号，弹出注释比例列表，如图 1-18 所示，可以根据需要选择适当的注释比例。

✓ 1:1
1:2
1:4
1:5
1:8
1:10
1:16
1:20
1:30
1:40
1:50
1:100
2:1
4:1
8:1
10:1
100:1
自定义...
外部参照比例
百分比

图 1-18　注释比例列表

（12）切换工作空间：进行工作空间转换。

（13）注释监视器：　打开仅用于所有事件或模型文档事件的注释监视器。

（14）硬件加速：设定图形卡的驱动程序以及设置硬件加速的选项。

（15）隔离对象：当选择隔离对象时，在当前视图中显示选定对象。所有其他对象都暂时隐藏；当选择隐藏对象时，在当前视图中暂时隐藏选定对象，所有其他对象都可见。

（16）全屏显示：该选项可以清除 Windows 窗口中的标题栏、功能区和选项板等界面元素，使 AutoCAD 的绘图窗口全屏显示，如图 1-19 所示。

（17）自定义：状态栏可以提供重要信息，而无需中断工作流。使用 MODEMACRO 系统变量可将应用程序所能识别的大多数数据显示在状态栏中。使用该系统变量的计算、判断和编辑功能可以完全按照用户的要求构造状态栏。

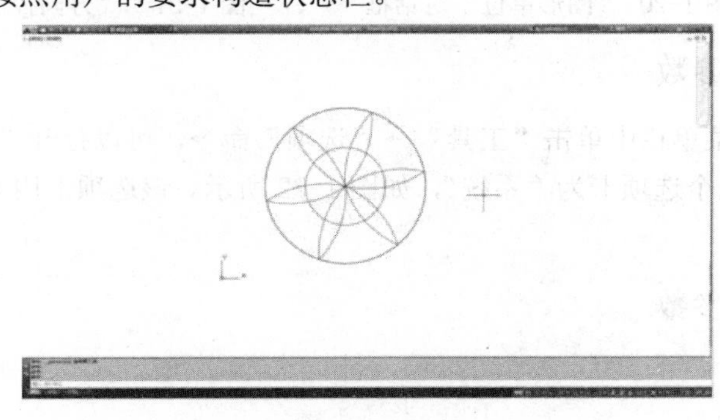

图 1-19　全屏显示

# 1.2 配置绘图环境

## 1.2.1 设置初始绘图环境

1. 执行方式

命令行：ddunits（或 units）

菜单栏：选择菜单栏中的“格式”→“单位”命令或单击主菜单或选择主菜单下的“图形实用工具”→“单位”命令。

执行上述命令后，系统打开“图形单位”对话框，如图 1-20 所示。该对话框用于定义单位和角度格式。

2. 选项说明

（1）“长度”与“角度”选项组：指定测量的长度与角度当前单位及当前单位的精度。

（2）“插入时的缩放单位”选项组：控制插入到当前图形中的块和图形的测量单位。

（3）“输出样例”选项组：显示用当前单位和角度设置的例子。

（4）“光源”选项组：控制当前图形中光度控制光源的强度测量单位。为创建和使用光度控制光源，必须从下拉列表框中指定非“常规”的单位。如果“插入比例”设置为“无单位”，则将显示警告信息，通知用户渲染输出可能不正确。

（5）“方向”按钮：单击该按钮，系统显示“方向控制”对话框，如图 1-21 所示。在该对话框中可以进行方向控制设置。

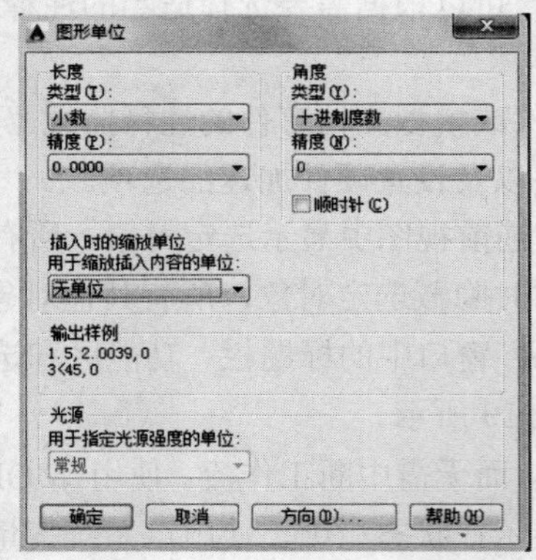


图 1-20 “图形单位”对话框

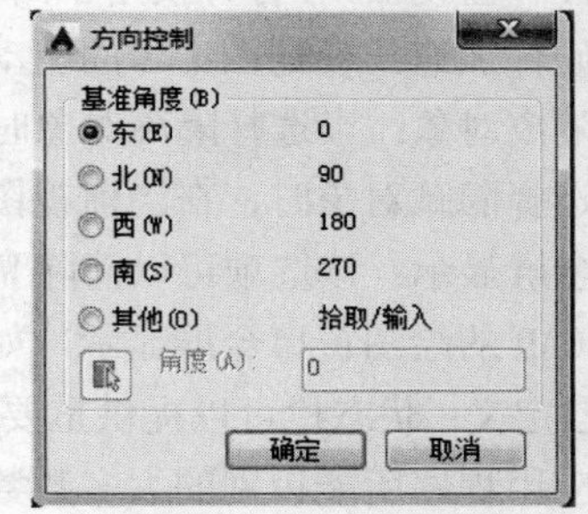


图 1-21 “方向控制”对话框

## 1.2.2 设置系统参数

在 AutoCAD 的菜单栏中单击“工具”→“选项”命令，可以打开“选项”对话框。“选项”对话框中的第五个选项卡为“系统”，如图 1-22 所示。该选项卡用来设置 AutoCAD 系统的有关特性。

## 1.2.3 设置绘图参数

1. 执行方式

命令行：limits

菜单栏：“格式”→“图形界限”

图 1-22　“系统”选项卡

3. 操作格式

命令：limits↙

重新设置模型空间界限：

指定左下角点或［开(ON)/关(OFF)］<0.0000,0.0000>：(输入图形边界左下角的坐标后回车)

指定右上角点 <12.0000,9.0000>：(输入图形边界右上角的坐标后回车)

3. 选项说明

开(ON)：使绘图边界有效。系统将在绘图边界以外拾取的点视为无效。

关(OFF)：使绘图边界无效。可以在绘图边界以外拾取点或实体。

动态输入角点坐标：可以直接在屏幕上的动态输入框内输入横坐标值后，按下“，”键，接着输入纵坐标值，如图 1-23 所示。也可以在光标所在的位置直接按下鼠标左键确定角点位置。

图 1-23　动态输入

# 1.3　图层的操作

AutoCAD中的图层如同在手工绘图中使用的重叠透明图纸，如图1-24所示，可以使用图层来组织不同类型的信息。在AutoCAD中，图形的每个对象都位于一个图层上，所有图形对象都具有图层、颜色、线型和线宽这4个基本属性。在绘制的时候，图形对象将创建在当前的图层上。AutoCAD中图层的数量是不受限制的，每个图层都有自己的名称。

## 1.3.1　建立新图层

新建的CAD文档中只能自动创建一个名为0的特殊图层。默认情况下，图层0将被指定使用7号颜色、Continuous线型、“默认”线宽以及Color-7打印样式。不能删除或重命名图层0。通过创建新的图层，可以将类型相似的对象指定给同一个图层使其相关联。例如，

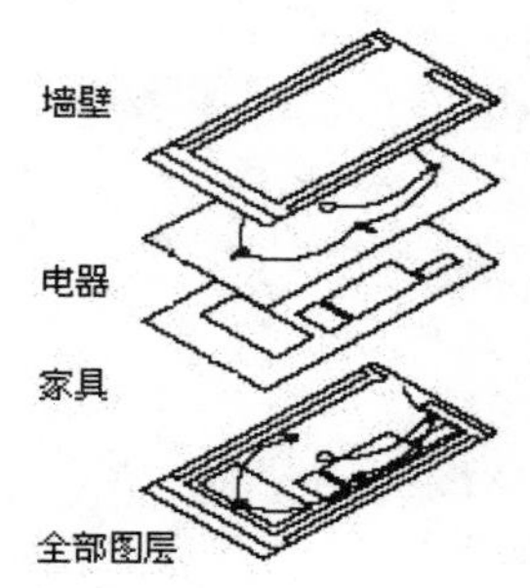


图 1-24　图层示意图

可以将构造线、文字、标注和标题栏置于不同的图层上，并为这些图层指定通用特性。通过将对象分类放到各自的图层中，可以快速有效地控制对象的显示以及对其进行更改。

执行方式

命令行：layer

菜单："格式"→"图层"

工具栏："图层"→"图层特性管理器"（如图1-25所示）

功能区：单击"默认"选项卡"图层"面板中的"图层特性"按钮或单击"视图"选项卡"选项板"面板中的"图层特性"按钮

图1-25 "图层"工具栏

执行上述命令后，系统打开"图层特性管理器"对话框，如图1-26所示。

单击"图层特性管理器"对话框中的"新建"按钮，建立新图层，默认的图层名为"图层1"。可以根据绘图需要更改图层名，例如改为实体层、中心线层或标准层等。

在每个图层属性设置中，包括图层名称、关闭/打开图层、冻结/解冻图层、锁定/解锁图层、图层线条颜色、图层线型、图层线宽、图层打印样式以及图层是否打印等参数。

（1）设置图层线条颜色。在工程制图中，整个图形包含多种不同功能的图形对象，例如实体、剖面线与尺寸标注等，为了便于直观地区分它们，有必要针对不同的图形对象使用不同的颜色，例如实体层使用白色，剖面线层使用青色等。

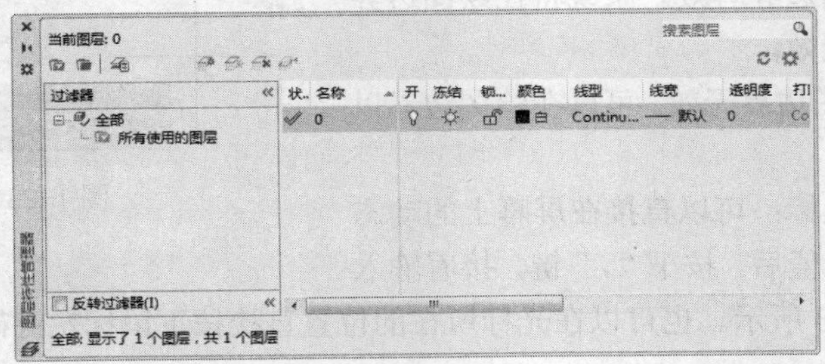

图1-26 "图层特性管理器"对话框

需要改变图层的颜色时，可单击图层所对应的颜色图标，打开"选择颜色"对话框，如图1-27所示。它是一个标准的颜色设置对话框，可以使用"索引颜色""真彩色"和"配色系统"3个选项卡来选择颜色。

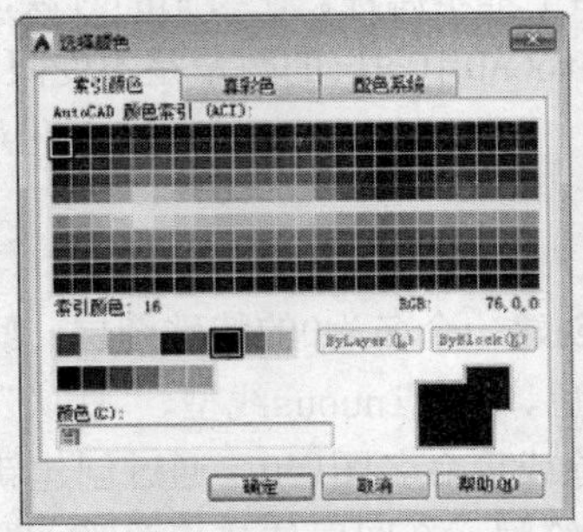

图1-27 "选择颜色"对话框

（2）设置图层线型。线型是指作为图形基本元素的线条的组成和显示方式，如实线、点画线等。在许多绘图工作中，常常以线型划分图层，为某一个图层设置适合的线型。在绘图时，只需将该图层设为当前工作层，即可绘制出符合线型要求的图形对象，极大地提高了绘图的效率。

单击图层所对应的线型图标，打开“选择线型”对话框，如图1-28所示。默认情况下，在“已加载的线型”列表框中，系统中只添加了Continuous线型。单击“加载”按钮，打开“加载或重载线型”对话框，如图1-29所示，可以看到AutoCAD还提供了许多其他的线型，用光标选择所需线型，单击“确定”按钮，即可把该线型加载到“已加载的线型”列表框中（可以按住Ctrl键选择几种线型同时加载）。

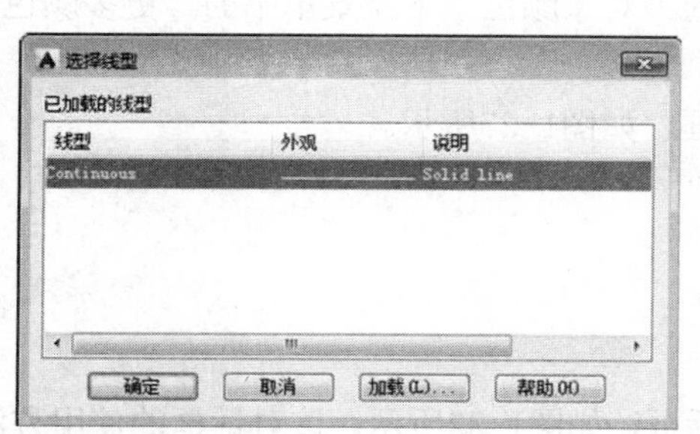


图 1-28　“选择线型”对话框



图 1-29　“加载或重载线型”对话框

（3）设置图层线宽。线宽设置就是改变线条的宽度，使用不同宽度的线条表现图形对象的类型，这样可以提高图形的表达能力和可读性，例如绘制外螺纹时大径使用粗实线，小径使用细实线。

单击图层所对应的线宽图标，打开“线宽”对话框，如图1-30所示。选择一个线宽，单击“确定”按钮即可完成对图层线宽的设置。

图层线宽的默认值为0.25mm。当状态栏中的“模型”按钮激活时，显示的线宽同计算机的像素有关，线宽为零时，显示为一个像素的线宽。单击状态栏中的“线宽”按钮，屏幕上显示图形的线宽，显示的线宽与实际线宽成比例，如图1-31所示，但线宽不随着图形的放大和缩小而变化。将状态栏中的“线宽”功能关闭时，屏幕上不显示图形的线宽，图形的线宽以默认的宽度值显示，可以在“线宽”对话框中选择需要的线宽。

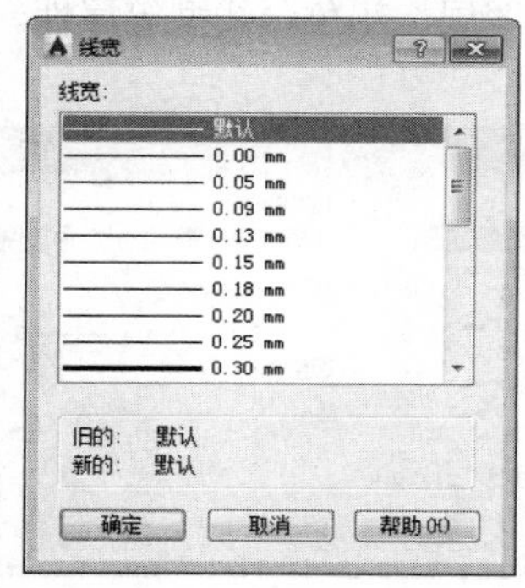


图 1-30　“线宽”对话框

图 1-31　线宽显示效果图

### 1.3.2 设置图层

除了上面讲述的通过图层管理器设置图层的方法外，还有其他的简便方法可以设置图层的颜色、线宽、线型等参数。

1. 直接设置图层

可以直接通过命令行或菜单设置图层的颜色、线宽、线型。

（1）颜色设置

执行方式

命令行：color

菜单栏：“格式”→“颜色”

功能区：单击“默认”选项卡“特性”面板上的“对象颜色”下拉菜单中的“更多颜色”按钮

执行上述命令后，系统打开“选择颜色”对话框，如图1-27所示。

（2）线型设置

执行方式

命令行：linetype

菜单栏：“格式”→“线型”

执行上述命令后，系统打开“线型管理器”对话框，如图1-32所示。该对话框的使用方法与“选择线型”对话框类似。

（3）线宽设置

执行方式

命令行：lineweight或lweight

菜单栏：“格式”→“线宽”

执行上述命令后，系统打开“线宽设置”对话框，如图1-33所示。该对话框的使用方法与“线宽”对话框类似。

2. 利用“特性”工具栏设置图层

AutoCAD提供了一个“特性”工具栏，如图1-34所示。用户能够控制和使用工具栏上的“特性”工具栏快速地查看和改变所选对象的图层、颜色、线型和线宽等特性。“特性”工具栏上的图层颜色、线型、线宽和打印样式的控制增强了查看和编辑对象属性的命令。在绘图屏幕上选择任何对象都将在“特性”工具栏上自动显示它所在的图层、颜色、线型等属性。

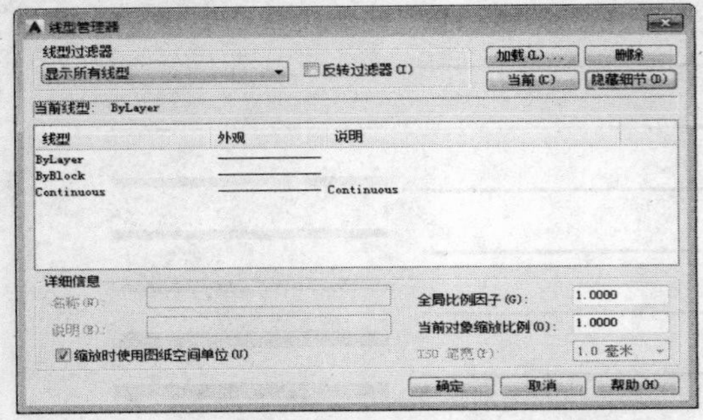

图1-32 “线型管理器”对话框

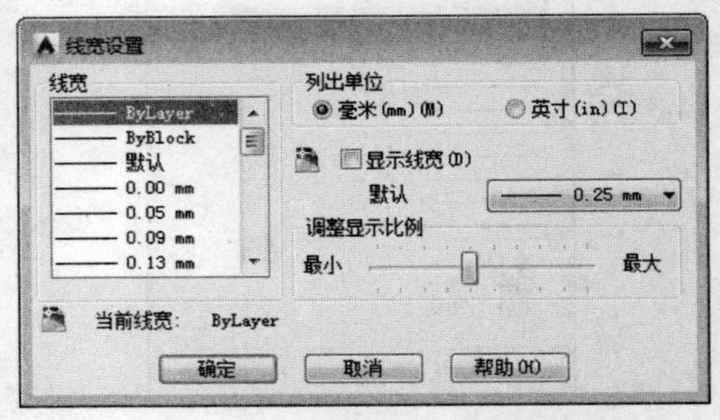

图1-33 “线宽设置”对话框

图 1-34 “特性”工具栏

也可以在“特性”工具栏上的“颜色”“线型”“线宽”和“打印样式”下拉列表中选择需要的参数值。如果在如图1-35所示的“颜色”下拉列表中选择“选择颜色”选项，系统就会打开“选择颜色”对话框；同样，如果在如图1-36所示的“线型”下拉列表中选择“其他”选项，系统就会打开“线型管理器”对话框。

3. 利用“特性”工具板设置图层

执行方式

命令行：ddmodify或properties

菜单栏：“修改”→“特性”

工具栏：“标准”→“特性”

功能区：单击“默认”选项卡“特性”面板中的“特性”按钮

执行上述命令后，系统打开“特性”工具板，如图1-37所示。在其中可以方便地设置或修改图层、颜色、线型、线宽等属性。

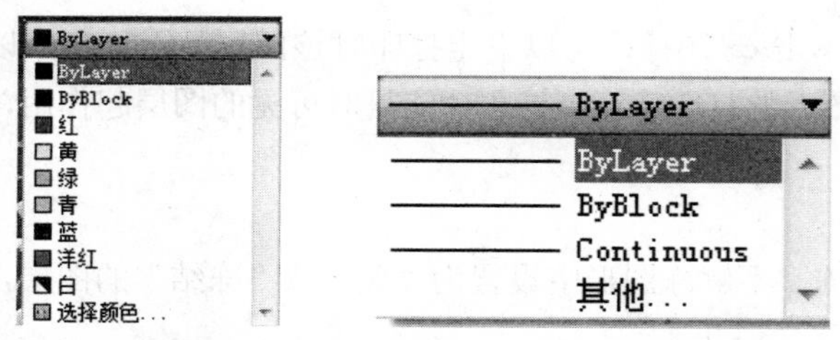


图 1-35 “选择颜色”选项　　图 1-36 “其他”选项

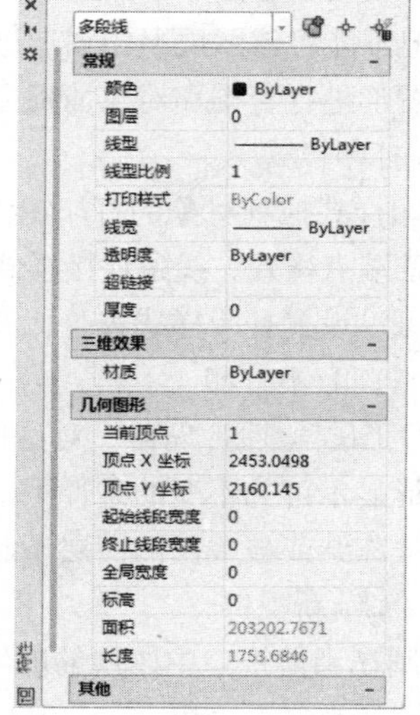


图 1-37 “特性”工具板

## 1.3.3 控制图层

1. 切换当前图层

不同的图形对象需要在不同的图层中绘制，在绘制前，需要将工作图层切换到所需的图层上来。打开“图层特性管理器”对话框，选择图层，单击“置为当前”按钮可使该图层成为当前图层。

2. 删除图层

在“图层特性管理器”对话框中的图层列表框中选择要删除的图层，单击“删除”按钮即可删除该图层。图层包括图层0、DEFPOINTS图层、包含对象（包括块定义中的对象）的图层以及当前图层和依赖外部参照的图层。可以删除不包含对象（包括块定义中的对象）的图层、非当前图层和不依赖外部参照的图层。

3. 打开/关闭图层

在“图层特性管理器”对话框中，单击💡图标，可以控制图层的可见性。打开图层时，💡图标呈现鲜艳的颜色，该图层上的图形可以显示在屏幕上或绘制在绘图仪上。当单击该图标后，图标呈灰暗色，该图层上的图形不显示在屏幕上，而且不能被打印输出，但仍然作为图形的一部分保留在文件中。

4. 冻结/解冻图层

在“图层特性管理器”对话框中，单击☼/❄图标，可以冻结图层或将图层解冻。图标呈雪花灰暗色时，该图层是冻结状态；图标呈太阳鲜艳色时，该图层是解冻状态。冻结图层上的对象不能显示，也不能打印，同时也不能编辑修改该图层上的图形对象。在冻结了图层后，该图层上的对象不影响其他图层上的对象的显示和打印。例如，在使用HIDE命令消隐的时候，被冻结图层上的对象不隐藏其他的对象。

5. 锁定/解锁图层

在“图层特性管理器”对话框中，单击🔓/🔒图标，可以锁定图层或将图层解锁。锁定图层后，该图层上的图形依然显示在屏幕上并可打印输出，而且还可以在该图层上绘制新的图形对象，但不能对该图层上的图形进行编辑修改操作。可以对当前层进行锁定，也可再对锁定图层上的图形进行查询和对象捕捉命令。锁定图层可以防止对图形的意外修改。

6. 打印样式

打印样式控制对象的打印特性，包括颜色、抖动、灰度、笔号、虚拟笔、淡显、线型、线宽、线条端点样式、线条连接样式和填充样式。使用打印样式给用户提供了很大的灵活性，因为用户可以设置打印样式来替代其他对象特性，也可以按用户的需要关闭这些替代设置。

7. 打印/不打印

在“图层特性管理器”对话框中，单击🖶图标，可以设定打印时该图层是否打印，以在保证图形显示可见不变的条件下，控制图形的打印特征。打印功能只对可见的图层起作用，对于已经被冻结或被关闭的图层不起作用。

8. 冻结新视口

控制在当前视口中图层的冻结和解冻。不解冻图形中设置为“关”或“冻结”的图层，对于模型空间视口不可用。

9. 透明度

在“图层特性管理器”对话框中，透明度用于选择或输入要应用于当前图形中选定图层的透明度级别。

## 1.4 基本输入操作

在AutoCAD中，有一些基本的输入操作方法，这些基本方法是进行AutoCAD绘图的必备知识基础，也是深入学习AutoCAD功能的前提。

### 1.4.1 命令的输入

进行AutoCAD绘图时必须输入必要的指令和参数。下面介绍几种AutoCAD命令输入方式。

（1）在命令行中输入命令名。命令字符可以不区分大小写。执行命令时，在命令行提示

中经常会出现命令选项。例如：输入绘制直线命令line后，命令行中的提示为：

命令:line↙
指定第一个点:（在屏幕上指定一点或输入一个点的坐标）
指定下一点或 [放弃(U)]:

选项中不带括号的提示为默认选项，因此可以直接输入直线段的起点坐标或在屏幕上指定一点，如果要选择其他选项，则应该首先输入该选项的标识字符，如“放弃”选项的标识字符“U”，然后按系统提示输入数据即可。在命令选项的后面有时候还带有尖括号，尖括号内的数值为默认数值。

（2）在命令行中输入命令缩写字母，例如l（Line）、c（Circle）、a（Arc）、z（Zoom）、r（Redraw）、m（More）、co（Copy）、pl（Pline）、e（Erase）等。

（3）在菜单栏中单击相应菜单选择所需的命令。选取命令后，在状态栏中可以看到对应的命令说明及命令名。

（4）单击工具栏中的对应图标。单击图标后在状态栏中也可以看到对应的命令说明及命令名。

（5）在命令行中打开右键快捷菜单。如果在前面刚使用过要输入的命令，可以在命令行中打开右键快捷菜单，在“最近使用的命令”子菜单中选择需要的命令，如图1-38所示。

（6）在绘图区右击鼠标。如果要重复使用上次使用的命令，可以直接在绘图区右击鼠标，系统将立即重复执行上次使用的命令，这种方法适用于重复执行某个命令。

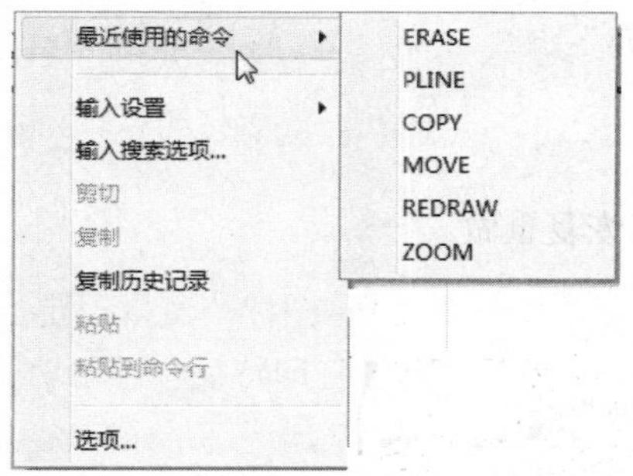


图 1-38　命令行右键快捷菜单

### 1.4.2　命令的执行

有的命令有两种执行方式，即菜单和命令行方式，有些命令同时存在命令行、菜单栏、工具栏和功能区4种执行方式。如果选择菜单或工具栏方式，命令行会显示该命令，并自动在前面加一个下划线，例如，通过菜单或工具栏方式执行“直线”命令时，命令行会显示“_line”，命令的执行过程和结果与命令行方式相同。

除了以上方法外，还可以使用一些功能键或快捷键来完成指定功能，如单击F1键，系统调用AutoCAD帮助对话框。

AutoCAD中的有些功能键或快捷键在其菜单中已经标注了，如“粘贴”的快捷键为Ctrl+V，只要在使用的过程中多加留意就会熟练掌握。快捷键的定义见菜单命令后面的说明，如“粘贴(P)Ctrl+V”。

在这里要顺便介绍一下透明命令。在AutoCAD 2015中有些命令不仅可以直接在命令行中使用，而且还可以在其他命令的执行过程中插入并执行，待该命令执行完毕后，系统继续执行原命令，这种命令称为透明命令。透明命令一般多为修改图形设置或打开辅助绘图工具的命令。使用透明命令的时候必须在命令前添加单引号。

前面介绍的3种命令执行方式同样适用于透明命令的执行。

```
命令：arc↙
指定圆弧的起点或 [圆心(C)]:'zoom↙（使用透明命令 zoom）
正在恢复执行 ARC 命令。
指定圆弧的起点或 [圆心(C)]：（继续执行原命令）
```

### 1.4.3　命令的重复、撤销、重做

1．命令的重复

在命令行中按Enter键可重复调用上一个命令，无论上一个命令是完成了还是被取消了。

2．命令的撤销

在命令执行的任何时刻都可以取消和终止命令的执行。

执行方式

命令行：undo

菜单栏：“编辑”→“放弃”

工具栏：“标准”→“放弃”

快捷键：Esc

3．命令的重做

已经被撤销的命令还可以恢复重做。

执行方式

命令行：redo

菜单栏：“编辑”→“重做”

工具栏：“标准”→“重做”

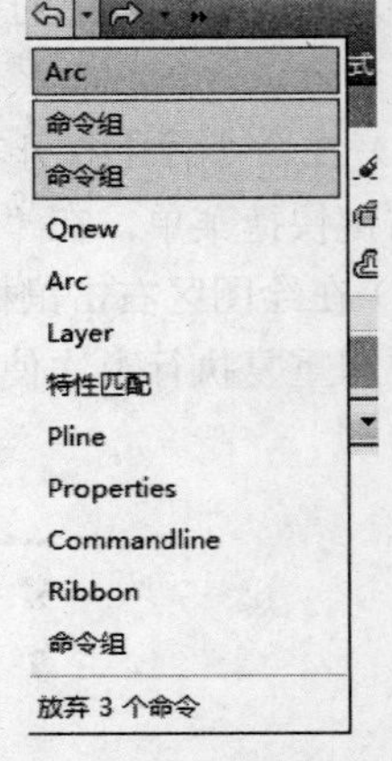


图 1-39　多重重做

该命令可以一次执行多重重做操作。单击“标准”工具栏中“重做”按钮右边的下拉箭头，可以选择要重做的操作，如图1-39所示。

### 1.4.4　数据的输入

由于数据的输入方法与坐标系密切相关，因此首先介绍一下坐标系。

1．坐标系

AutoCAD采用两种坐标系：世界坐标系（WCS）与用户坐标系。刚进入AutoCAD时的坐标系就是世界坐标系，是固定的坐标系。世界坐标系也是坐标系中的基准，绘制图形时多数情况下都是在这个坐标系下进行的。

AutoCAD有两种视图显示方式：模型空间和图样空间。模型空间是指单一视图显示法，通常使用的都是这种显示方式；图样空间是指在绘图区创建图形的多视图。可以对其中每一个视图进行单独操作。在默认情况下，当前UCS与WCS重合。图1-40a所示为模型空间下的UCS坐标系图标，通常放在绘图区左下角处；如果当前UCS和WCS重合，则出现一个W字，如图1-40b所示；

也可以指定它放在当前UCS的实际坐标原点位置，此时出现一个十字，如图1-40c所示；图1-40d所示为图样空间下的坐标系图标。

执行方式

命令行：ucs

菜单栏：“工具”→“新建UCS”子菜单中相应的命令

工具栏：单击“UCS”工具栏中的相应按钮

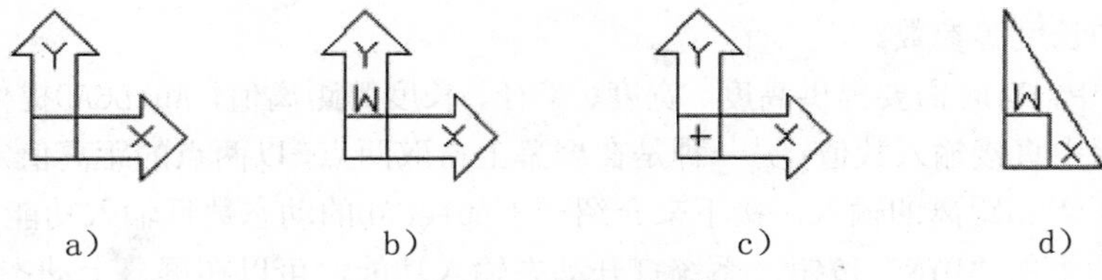


图 1-40　坐标系图标

可以使用一点、两点或三点定义一个新的UCS。如果指定一点，当前UCS的原点将会移动，而不会更改X、Y、Z轴的方向。

2．数据的输入方法

在AutoCAD 2015中点的坐标可以用直角坐标、极坐标、球面坐标和柱面坐标表示，每一种坐标又分别具有两种坐标输入方式：绝对坐标和相对坐标。其中直角坐标和极坐标最为常用。

（1）直角坐标法：是用点的X、Y坐标值表示的坐标。

在命令行中输入点的坐标提示下，输入“15，18”，则表示输入了一个X、Y的坐标值分别为15、18的点，此为绝对坐标输入方式，表示该点的坐标是相对于当前坐标原点的坐标值，如图1-41a所示。如果输入“@10，20”，则为相对坐标输入方式，表示该点的坐标是相对于前一点的坐标值，如图1-41c所示。

（2）极坐标法：是用长度和角度表示的坐标，只能用来表示二维点的坐标。

在绝对坐标输入方式下，表示为“长度<角度”，如“25<50”，其中，长度为该点到坐标原点的距离，角度为该点至原点的连线与X轴正向的夹角，如图1-41b所示。

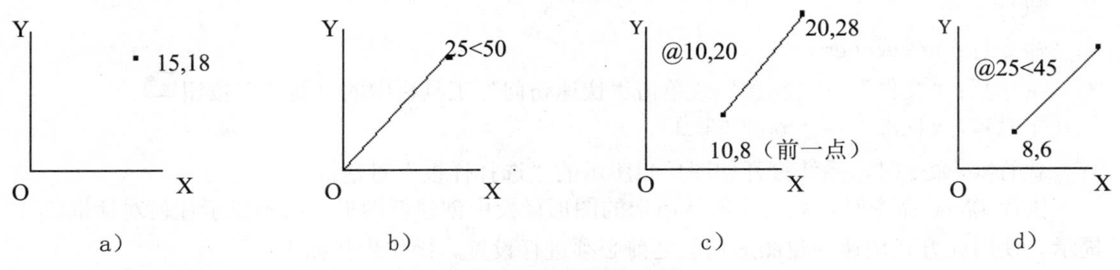


图 1-41　数据输入方法

在相对坐标输入方式下，表示为“@长度<角度”，如“@25<45”，其中，长度为该点到前一点的距离，角度为该点至前一点的连线与X轴正向的夹角，如图1-41d所示。

AutoCAD提供了如下几种输入点的方式：

（1）直接在命令行中输入点的坐标。直角坐标有两种输入方式，即x，y（点的绝对坐标值，例如：100，50）和@ x，y（相对于上一点的相对坐标值，例如：@50，-30）。坐标值均相对于当前的用户坐标系。极坐标的输入方式为：长度<角度 （其中，长度为点到坐标原点的距

离，角度为原点至该点连线与X轴的正向夹角，例如：20<45）或@长度<角度（相对于上一点的相对极坐标，例如 ：@50<-30）。

（2）用鼠标在屏幕上直接取点。

（3）用目标捕捉方式捕捉屏幕上已有图形的特殊点（如端点、中点、中心点、插入点、交点、切点、垂足点等）。

（4）直接输入距离：先用光标拖出橡筋线确定方向，然后用键盘输入距离。这样有利于准确控制对象的长度等参数。

在AutoCAD中，有时需要提供高度、宽度、半径、长度等距离值，AutoCAD提供了两种方法：一种是在命令行中直接输入数值；另一种是在屏幕上拾取两点，以两点的距离值定出所需数值。

上面介绍了点和距离的输入，接下来介绍一下AutoCAD的动态数据输入功能。

单击状态栏上的“DYN”按钮，系统打开动态输入功能，可以在屏幕上动态地输入某些参数数据，例如，绘制直线时，在光标附近会动态地显示“指定第一点”以及后面的坐标框，当前显示的是光标所在位置，可以输入数据，两个数据之间以逗号隔开，如图1-42所示。指定第一点后，系统动态显示直线的角度，同时要求输入线段长度值，如图1-43所示，其输入效果与“@长度<角度”方式相同。

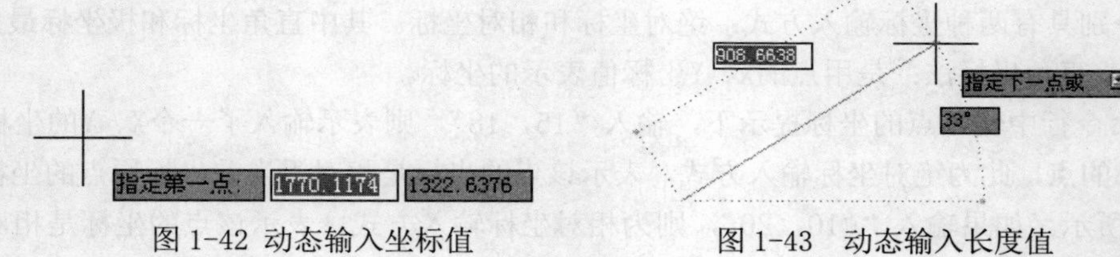


图 1-42 动态输入坐标值　　图 1-43　动态输入长度值

## 1.5　文件的管理

### 1.5.1　新建文件

执行方式

命令行：new或qnew

菜单栏：“文件”→“新建”或单击“快速访问”工具栏中的“新建”按钮

工具栏：“标准”→“新建”

执行New命令时，系统打开如图1-44所示的“选择样板”对话框。

执行 QNew 命令时，系统立即从所选的图形样板中创建新图形，而不显示任何对话框或提示。使用此方式快速创建图形功能之前必须进行设置。操作步骤如下：

（1）将 FILEDIA 系统变量设置为 1；将 STARTUP 系统变量设置为 0（系统变量用于控制某些命令工作方式的设置。某些系统变量可以使用位代码进行控制，可以添加值，以指定唯一的行为组合）。

（2）单击“工具”→“选项”命令，打开“选项”对话框，在“文件”选项卡下，单击“样板设置”节点下的“快速新建的默认样板文件名”分节点，如图 1-45 所示。单击“浏览”按钮，打开“选择文件”对话框，然后选择需要的样板文件。

### 1.5.2 打开文件

执行方式

命令行：open

菜单栏："文件"→"打开"或：单击"快速访问"工具栏中的"打开"按钮

工具栏："标准"→"打开"

快捷键：Ctrl+O

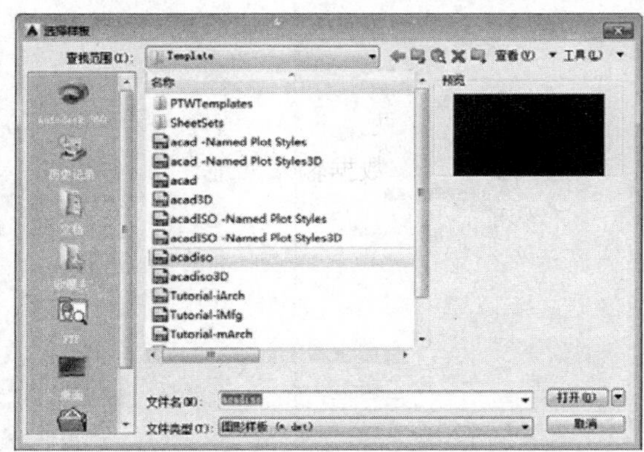


图 1-44 "选择样板"对话框

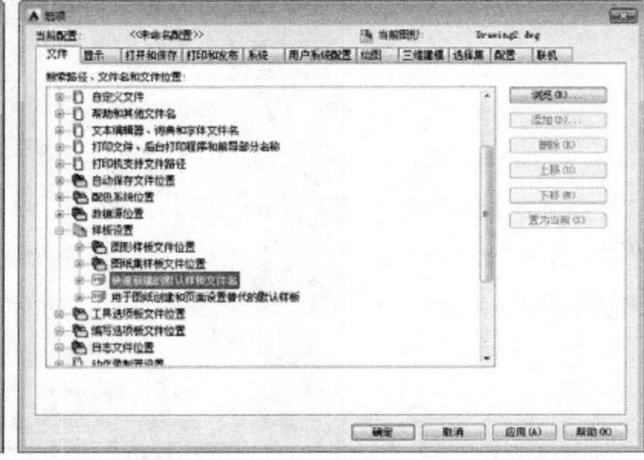


图 1-45 "选项"对话框的"文件"选项卡

执行上述命令后，系统打开"选择文件"对话框，如图 1-46 所示，在"文件类型"列表框中可选择.dwg 文件、.dwt 文件、.dxf 文件和.dws 文件。dwg 文件是保存矢量图形的标准文件格式；.dwt 文件是图形样板文件的扩展名。.dws 文件是包含标准图层、标注样式、线型和文字样式的样板文件，.dxf 文件是用文本形式存储的图形文件，能够被其他程序读取，许多第三方应用软件都支持.dxf 格式。

### 1.5.3 保存文件

执行方式

命令行：qsave（或 save）

菜单栏："文件"→"保存"或单击"快速访问"工具栏中的"保存"按钮

工具栏："标准"→"保存"

快捷键：Ctrl+S

执行上述命令后，若文件已命名，则 AutoCAD 自动保存；若文件未命名，则系统将自动打开"图形另存为"对话框，如图 1-47 所示，可以对文件进行命名。

为了防止因意外操作或计算机系统故障导致正在绘制的图形文件的丢失，可以对当前图形文件设置自动保存，方法如下：

（1）利用系统变量 SAVEFILE

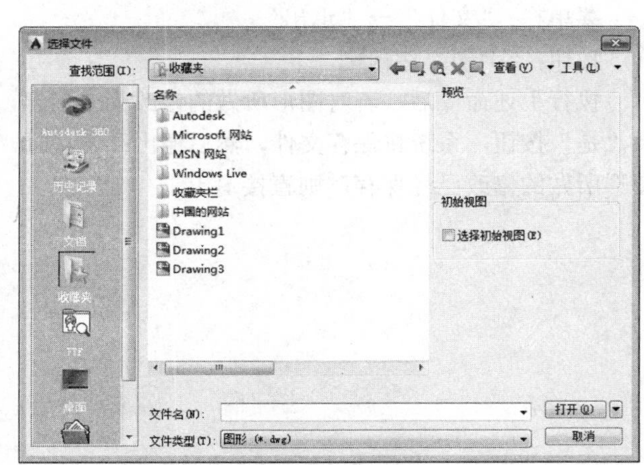


图 1-46 "选择文件"对话框

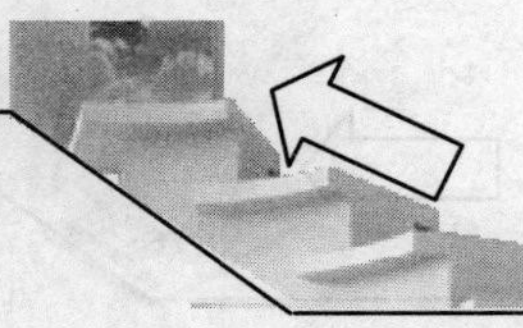


PATH 设置所有“自动保存”文件的位置，如：C:\HU\。

（2）利用系统变量 SAVEFILE 存储“自动保存”文件名。该系统变量存储的文件名文件是只读文件，可以从中查询自动保存的文件名。

（3）利用系统变量 SAVETIME 指定在使用“自动保存”时多长时间保存一次图形，单位是分。

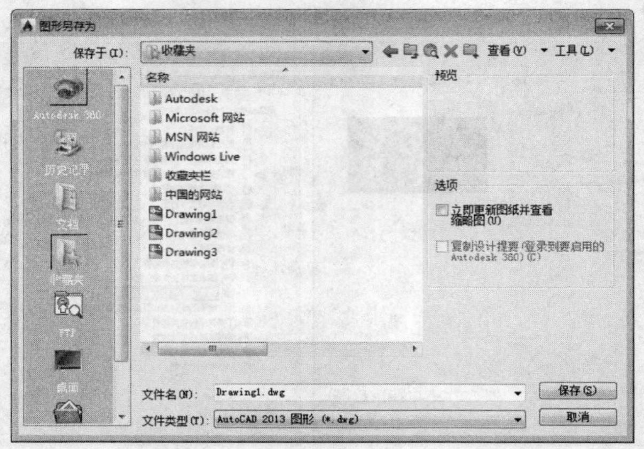

图 1-47 “图形另存为”对话框

## 1.5.4 另存文件

执行方式

命令行：saveas

菜单栏：“文件”→“另存为”或单击“快速访问”工具栏中的“另存为”按钮

执行上述命令后，系统打开“图形另存为”对话框，如图 1-47 所示，AutoCAD 将以指定的新文件名保存。

## 1.5.5 退出文件

执行方式

命令行：quit 或 exit

菜单栏：“文件”→“退出”

按钮：“关闭”按钮

执行上述命令后，若对图形所做的修改尚未保存，则会出现系统警告对话框。此时若选择“是”按钮，系统将保存文件，然后退出；若选择“否”按钮，系统将不保存文件。若对图形所做的修改已经保存，则直接退出。

# 第 2 章　辅助绘图工具

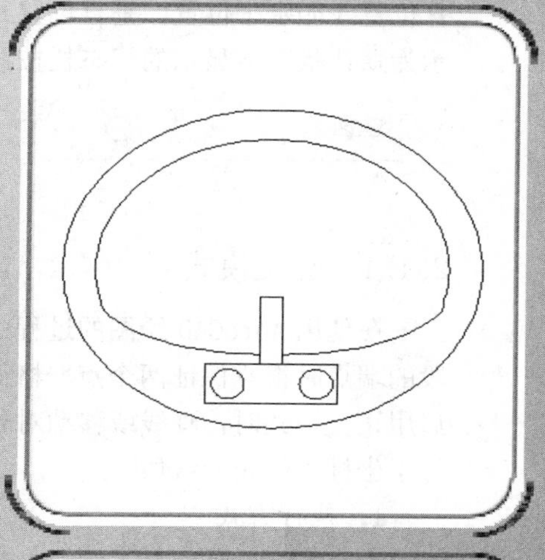

为了快捷准确地绘制图形，AutoCAD 提供了多种必要的和辅助的绘图工具，如对象选择工具、对象捕捉工具、栅格、正交模式、缩放和平移等。利用这些工具，可以方便、迅速、准确地实现图形的绘制和编辑，不仅可提高工作效率，而且能更好地保证图形的质量。本章将介绍捕捉、栅格、正交、对象捕捉、对象追踪、极轴、动态输入、缩放和平移等知识。

- 精确定位工具
- 对象捕捉工具
- 对象追踪工具
- 动态输入
- 显示控制

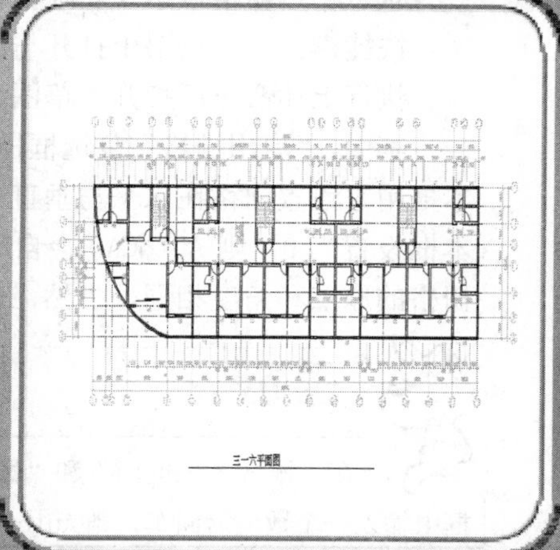

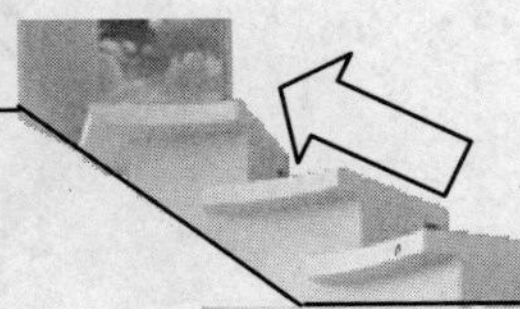



## 2.1 精确定位工具

精确定位工具是指能够帮助快速准确地定位某些特殊点（如端点、中点、圆心等）和特殊位置（如水平位置、垂直位置）的工具，精确定位工具主要集中在状态栏上，如图 2-1 所示为默认状态下显示的状态栏按钮。

图 2-1 状态栏上的按钮

### 2.1.1 正交模式

在使用 AutoCAD 绘图的过程中，经常需要绘制水平直线和垂直直线，但是用鼠标拾取线段的端点时很难保证两个点严格循着水平或垂直方向，为此，AutoCAD 提供了正交功能，当启用正交模式时，画线或移动对象时只能沿水平方向或垂直方向移动光标，因此只能绘制平行于坐标轴的正交线段。

1. 执行方式

命令行：ortho

状态栏：正交

快捷键：F8

2. 操作格式

```
命令：ortho↙
输入模式 [开(ON)/关(OFF)] <开>：(设置开或关)
```

### 2.1.2 栅格工具

可以应用显示栅格工具使绘图区域上出现可见的网格，它是一个形象的画图工具，就像传统的坐标纸一样。本节介绍控制栅格的显示及设置栅格参数的方法。

执行方式

菜单：“工具”→“绘图设置”

状态栏：栅格显示（仅限于打开与关闭）

快捷键：F7（仅限于打开与关闭）

执行上述命令后打开“草图设置”对话框的“捕捉和栅格”选项卡，如图 2-2 所示。

其中，“启用栅格”复选框控制是否显示栅格。“栅格 X 轴间距”和“栅格 Y 轴间距”文本框用来设置栅格在水平与垂直方向的间距，如果“栅格 X 轴间距”和“栅格 Y 轴间距”文本框设置为 0，则 AutoCAD 会自动将捕捉栅格间距应用于栅格，且其原点和角度总是与捕捉栅格的原点和角度相同。当然，也可以通过 Grid 命令在命令行设置栅格间距。

**注意**

在“栅格 X 轴间距”和“栅格 Y 轴间距”文本框中输入数值时，若在“栅格 X 轴间距”文本框中输入一个数值后回车，则 AutoCAD 自动传送这个值给 “栅格 Y 轴间距”，这样可减少工作量。

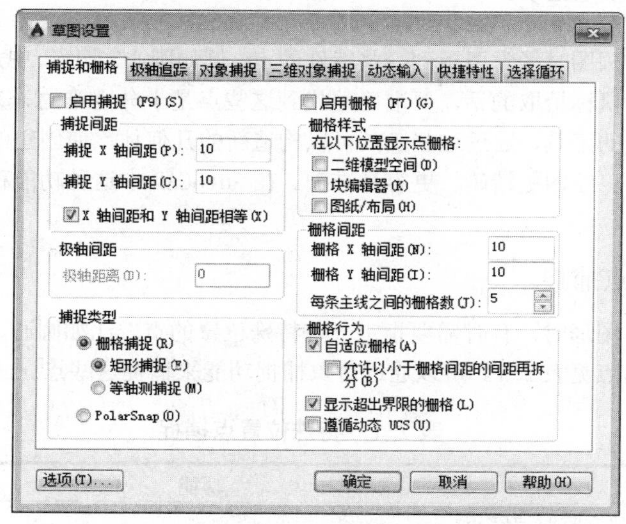

图 2-2 “草图设置”对话框

### 2.1.3 捕捉工具

为了准确地在屏幕上捕捉点，AutoCAD 提供了捕捉工具，可以在屏幕上生成一个隐含的栅格（捕捉栅格），这个栅格能够捕捉光标，约束它只能落在栅格的某一个节点上，使能够高精确度地捕捉和选择这个栅格上的点。

1. 执行方式

菜单：“工具”→“绘图设置”

状态栏：捕捉模式（仅限于打开与关闭）

快捷键：F9（仅限于打开与关闭）

执行上述命令后打开“草图设置”对话框，打开其中的“捕捉和栅格”选项卡，如图 2-2 所示。

2. 选项说明

（1）“启用捕捉”复选框：控制捕捉功能的开关。

（2）“捕捉间距”选项组：设置捕捉各参数。其中，“捕捉 X 轴间距”与“捕捉 Y 轴间距”参数确定捕捉栅格点在水平和垂直两个方向上的间距。

（3）“捕捉类型和样式”选项组：确定捕捉类型和样式。AutoCAD 提供了两种捕捉栅格的方式：栅格捕捉和极轴捕捉。栅格捕捉是指按正交位置捕捉位置点，而极轴捕捉则可以根据设置的任意极轴角捕捉位置点。

栅格捕捉又分为矩形捕捉和等轴测捕捉两种方式。在矩形捕捉方式下捕捉栅格是标准的矩形，在等轴测捕捉方式下捕捉栅格和光标十字线不再互相垂直，而是成绘制等轴测图时的特定角度，这种方式对于绘制等轴测图是十分方便的。

（4）“极轴间距”选项组：该选项组只有在捕捉类型设为“极轴捕捉”时才可用。可以在“极轴距离”文本框中输入距离值，也可以通过命令行命令 SNAP 设置捕捉有关参数。

## 2.2 对象捕捉工具

在利用 AutoCAD 画图时经常要用到一些特殊的点，例如圆心、切点、线段或圆弧的端点、中点等，但是如果用鼠标拾取的话，要准确地找到这些点是十分困难的。为此，AutoCAD 提供了一些识别这些点的工具，通过这些工具可以构造新的几何体，使创建的对象精确地画出来，其结果比传统手工绘图更精确、更容易维护。在 AutoCAD 中这种功能称之为对象捕捉功能。

### 2.2.1 特殊位置点捕捉

在绘制 AutoCAD 图形时，有时需要指定一些特殊位置的点，比如圆心、端点、中点、平行线上的点等，这些点见表 2-1。可以通过对象捕捉功能来捕捉这些点。

**表 2-1 特殊位置点捕捉**

| 捕捉模式 | 功能 |
|---|---|
| 临时追踪点 | 建立临时追踪点 |
| 两点之间的中点 | 捕捉两个独立点之间的中点 |
| 自 | 建立一个临时参考点，作为指出后继点的基点 |
| 点过滤器 | 由坐标选择点 |
| 端点 | 线段或圆弧的端点 |
| 中点 | 线段或圆弧的中点 |
| 交点 | 线、圆弧或圆等的交点 |
| 外观交点 | 图形对象在视图平面上的交点 |
| 延长线 | 指定对象的延伸线 |
| 圆心 | 圆或圆弧的圆心 |
| 象限点 | 距光标最近的圆或圆弧上可见部分的象限点，即圆周上0°、90°、180°、270°位置上的点 |
| 切点 | 最后生成的一个点到选中的圆或圆弧上引切线的切点位置 |
| 垂足 | 在线段、圆、圆弧或它们的延长线上捕捉一个点，使之同最后生成的点的连线与该线段、圆或圆弧正交 |
| 平行线 | 绘制与指定对象平行的图形对象 |
| 节点 | 捕捉用Point或Divide等命令生成的点 |
| 插入点 | 文本对象和图块的插入点 |
| 最近点 | 离拾取点最近的线段、圆、圆弧等对象上的点 |
| 无 | 关闭对象捕捉模式 |
| 对象捕捉设置 | 设置对象捕捉 |

AutoCAD 提供了 3 种执行特殊点对象捕捉的方法：

1. 命令方式

绘图时，当在命令行中提示输入一点时，输入相应特殊位置点命令，见表 2-1，然后根据提示操作即可。

**注 意**

AutoCAD 对象捕捉功能中捕捉垂足（Perpendiculer）和捕捉交点（Intersection）等项有延伸捕捉的功能，即如果对象没有相交，AutoCAD 会假想把线或弧延长，从而找出相应的点，上例中的垂足就是这种情况。

2．工具栏方式

使用如图 2-3 所示的“对象捕捉”工具栏可以使用户更方便地实现捕捉点的目的。当命令行提示输入一点时，从“对象捕捉”工具栏上单击相应的按钮（把光标放在图标上时，会显示出该图标功能的提示），然后根据提示操作即可。

3．快捷菜单方式

快捷菜单可通过同时按 Shift 键和鼠标右键来激活，菜单中列出了 AutoCAD 提供的对象捕捉模式，如图 2-4 所示。其操作方法与工具栏相似，只要在 AutoCAD 提示输入点时单击快捷菜单上相应的菜单项，然后按提示操作即可。

图 2-3 “对象捕捉”工具栏

## 2.2.2 对象捕捉设置

在用 AutoCAD 绘图之前，可以根据需要事先设置运行一些对象捕捉模式，绘图时 AutoCAD 能自动捕捉这些特殊点，从而加快绘图速度，提高绘图质量。

1．执行方式

命令行：ddosnap

菜单：“工具”→“绘图设置”

工具栏：“对象捕捉”→“对象捕捉设置”

状态栏：对象捕捉（功能仅限于打开与关闭）

快捷键：F3（功能仅限于打开与关闭）

快捷菜单：对象捕捉设置（如图 2-4 所示）

2．操作格式

```
命令:ddosnap↙
```

执行上述命令后，系统打开“草图设置”对话框，在该对话框中，单击“对象捕捉”标签，打开“对象捕捉”选项卡，如图 2-5 所示。利用此对话框可以对对象捕捉方式进行设置。

3．选项说明

（1）“启用对象捕捉”复选框：打开或关闭对象捕捉方式。当选中此复选框时，在“对象捕捉模式”选项组中选中的捕捉模式处于激活状态。

（2）“启用对象捕捉追踪”复选框：打开或关闭自动追踪功能。

（3）“对象捕捉模式”选项组：列出了各种捕捉模式的单选按钮，若选中其中某个，则该模式被激活。单击“全部清除”按钮，则所有模式均被清除。单击“全部选择”按钮，则所有模式均被选中。

另外，在对话框的左下角有一个“选项”按钮，单击它可以打开“选项”对话框的“草图”选项卡，利用该对话框可进行捕捉模式的各项设置。

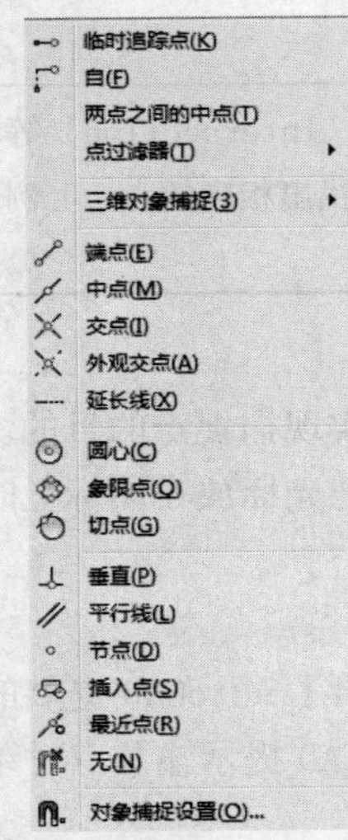


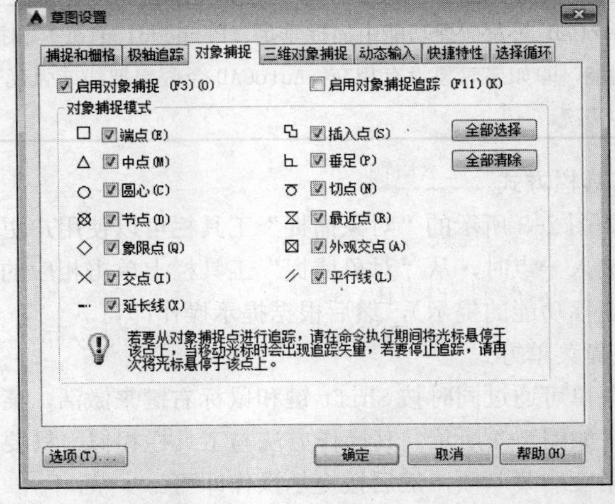


图 2-4　对象捕捉快捷菜单　　　图 2-5　“草图设置”对话框的“对象捕捉”选项卡

### 2.2.3　基点捕捉

在绘制图形时，有时需要指定以某个点为基点的一个点。这时，可以利用基点捕捉功能来捕捉此点。基点捕捉要求确定一个临时参考点作为指定后继点的基点，通常与其他对象捕捉模式及相关坐标联合使用。

1. 执行方式

命令行：from

快捷菜单：对象捕捉设置（如图 2-4 所示）

2. 操作格式

当在输入一点的提示下输入 from，或单击相应的工具图标时，命令行中的提示为：

```
基点：（指定一个基点）
<偏移>：（输入相对于基点的偏移量）
```

则得到一个点，这个点与基点之间的坐标差为指定的偏移量。

### 2.2.4　实例——点到点绘制线段

绘制一条从点（45，45）到点（80，120）的线段。

光盘\动画演示\第 2 章\点到点绘制线段.avi

#### 操作步骤

```
命令:line↙
指定第一点:45,45↙
指定下一点或[放弃(U)]:from↙
基点:100,100↙
```

```
<偏移>:@-20,20↙
指定下一点或[放弃(U)]:↙
```

结果绘制出从点（45，45）到点（80，120）的一条线段。

注意

在“<偏移>:”提示后输入的坐标必须是相对坐标，如(@10,15)等。

### 2.2.5 点过滤器捕捉

利用点过滤器捕捉可以由一个点的 X 坐标和另一点的 Y 坐标确定一个新点。在“指定下一点或 [放弃(U)]:”提示下选择此项，AutoCAD 提示如下：

```
.X 于:（指定一个点）
(需要 YZ):（指定另一个点）
```

新建的点具有第一个点的 X 坐标和第二个点的 Y 坐标。

## 2.3 对象追踪工具

对象追踪是指按指定角度或与其他对象的指定关系绘制对象。可以结合对象捕捉功能进行自动追踪，也可以指定临时点进行临时追踪。

### 2.3.1 自动追踪

利用自动追踪功能可以对齐路径，有助于以精确的位置和角度创建对象。自动追踪包括两种追踪选项：“极轴追踪”和“对象捕捉追踪”。“极轴追踪”是指按指定的极轴角或极轴角的倍数对齐要指定点的路径；“对象捕捉追踪”是指以捕捉到的特殊位置点为基点，按指定的极轴角或极轴角的倍数对齐要指定点的路径。

“极轴追踪”必须配合“极轴”功能和“对象追踪”功能一起使用，即同时打开状态栏上的“极轴”开关和“对象追踪”开关；“对象捕捉追踪”必须配合“对象捕捉”功能和“对象追踪”功能一起使用，即同时打开状态栏上的“对象捕捉”开关和“对象追踪”开关。

对象捕捉追踪设置

执行方式

命令行：ddosnap

菜单栏：“工具”→“绘图设置”

工具栏：“对象捕捉”→“对象捕捉设置”

状态栏：对象捕捉+对象追踪

快捷键：F11

快捷菜单：对象捕捉设置（如图 2-4 所示）

按照上面的执行方式操作或者在状态栏的“对象捕捉”开关或“对象追踪”开关上单击鼠标右键，在快捷菜单中选择“设置”命令，打开如图 2-5 所示的“草图设置”对话框的“对象捕捉”选项卡，选中“启用对象捕捉追踪”复选框，即可完成对象捕捉追踪设置。

### 2.3.2 实例——绘制端点平齐线段

绘制一条线段，使该线段一个端点与另一条线段的端点在同一条水平线上。

光盘\动画演示\第 2 章\绘制端点平齐线段.avi

## 操作步骤

01 单击状态栏上的“对象捕捉”按钮和“对象追踪”按钮，启动对象捕捉追踪功能。

02 单击“绘图”工具栏中的“直线”按钮，绘制一条线段。

03 单击“绘图”工具栏中的“直线”按钮，绘制第二条线段，命令行中的提示与操作如下：

命令:line↙

指定第一个点:（指定点 1，如图 2-6a 所示）

指定下一点或［放弃(U)］:（将鼠标移动到点 2 处，系统自动捕捉到第一条直线的端点 2，如图 2-6b 所示。系统显示一条虚线为追踪线，移动鼠标，在追踪线的适当位置指定点 3，如图 2-6c 所示）

指定下一点或［放弃(U)］:↙

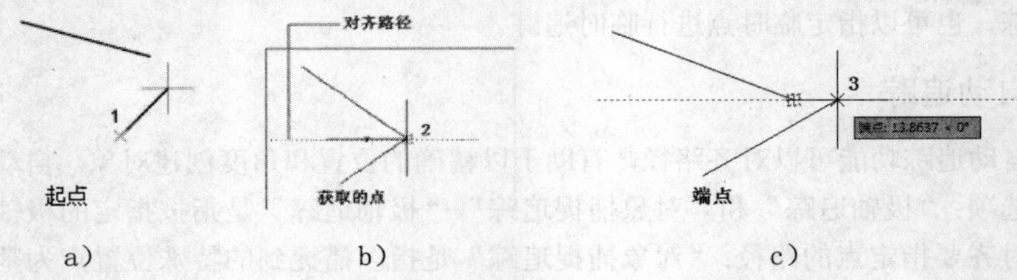


图 2-6 对象捕捉追踪

极轴追踪设置

(1)执行方式

命令行：ddosnap

菜单：“工具”→“绘图设置”

工具栏：“对象捕捉”→“对象捕捉设置”

状态栏：对象捕捉+极轴

快捷键：F10

快捷菜单：对象捕捉设置（如图 2-4 所示）

按照上面的执行方式操作或者在状态栏的“极轴”开关上单击鼠标右键，在快捷菜单中选择“设置”命令，打开如图 2-7 所示的“草图设置”对话框的“极轴追踪”选项卡。

(2)选项说明

1）“启用极轴追踪”复选框：选中该复选框，即可启用极轴追踪功能。

2）“极轴角设置”选项组：设置极轴角的值。可以在“增量角”下拉列表框中选择一种角度值，也可选中“附加角”复选框，单击“新建”按钮设置任意附加角，系统在进行极轴

追踪时，同时追踪增量角和附加角，可以设置多个附加角。

3）“对象捕捉追踪设置”和“极轴角测量”选项组：按界面提示设置相应单选选项。

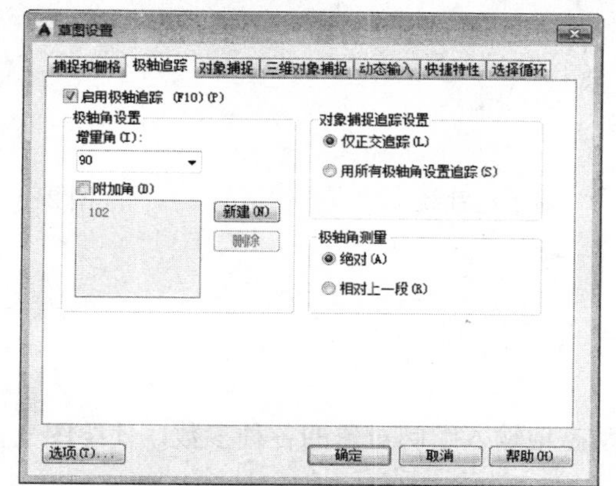


图 2-7 “草图设置”对话框的“极轴追踪”选项卡

### 2.3.3 临时追踪

绘制图形对象时除了可进行自动追踪外，还可以指定临时点作为基点进行临时追踪。

在提示输入点时，输入 tt，或打开右键快捷菜单，如图 2-4 所示，选择其中的“临时追踪点”命令，然后指定一个临时追踪点，该点上将出现一个小的加号（+）。移动光标时，将相对于这个临时点显示自动追踪对齐路径。要删除此点，将光标移回到加号（+）上面。

### 2.3.4 实例——追踪绘制线段

绘制一条线段，使其一个端点与一个已知点水平。

光盘\动画演示\第 2 章\追踪绘制线段.avi

## 操作步骤

**01** 右击状态栏上“极轴追踪”按钮，选择设置选项，打开图 2-7 所示的“草图设置”对话框的“极轴追踪”选项卡，将“增量角”设置为 90，将对象捕捉追踪设置为“仅正交追踪”。

**02** 单击“绘图”工具栏中的“直线”按钮，绘制直线，命令行中的提示与操作如下：

```
命令:line↙
指定第一个点:(适当指定一点)
指定下一点或[放弃(U)]:tt↙
指定临时对象追踪点:(捕捉左边的点，该点显示一个+号，移动鼠标，显示追踪线，如图 2-8 所示)
指定下一点或[放弃(U)]:(在追踪线上的适当位置指定一点)
指定下一点或[放弃(U)]:↙
```

绘制结果如图 2-9 所示。

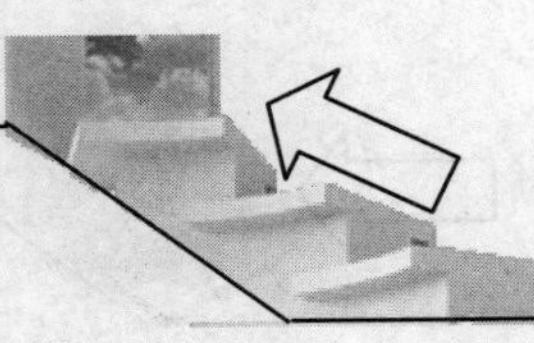



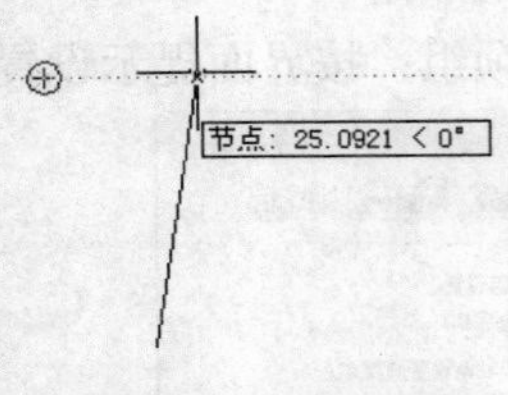


图 2-8　显示追踪线

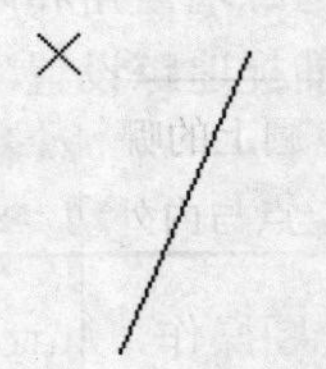

图 2-9　绘制结果

## 2.4　动态输入

可以在绘图平面直接动态地输入绘制对象的各种参数，使绘图变得直观简捷。

1. 执行方式

命令行：dsettings

菜单：“工具”→“绘图设置”

工具栏：“对象捕捉”→“对象捕捉设置”

状态栏：DYN（仅限于打开与关闭）

快捷键：F12（仅限于打开与关闭）

快捷菜单：对象捕捉设置（如图 2-4 所示）

按照上面的执行方式操作或者在“DYN”开关上单击鼠标右键，在快捷菜单中选择“设置”命令，打开如图 2-10 所示的“草图设置”对话框的“动态输入”选项卡。

2. 选项说明

(1) 启用指针输入”复选框：打开动态输入的指针输入功能。

(2)“指针输入”选项组：单击其中的“设置”按钮，打开“指针输入设置”对话框，如图 2-11 所示，可以设置指针输入的格式和可见性。

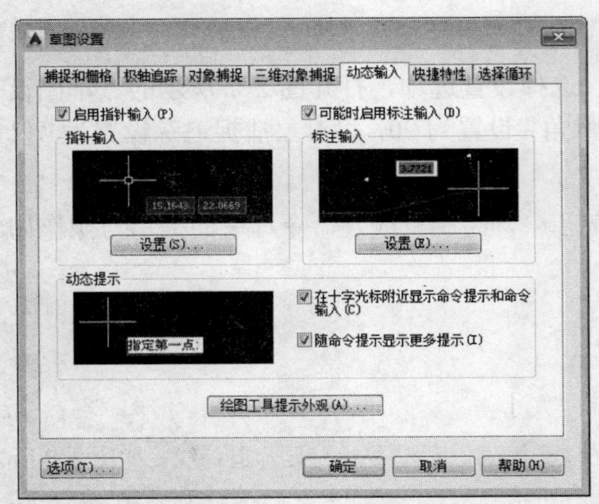


图 2-10　“草图设置”对话框的“动态输入”选项卡

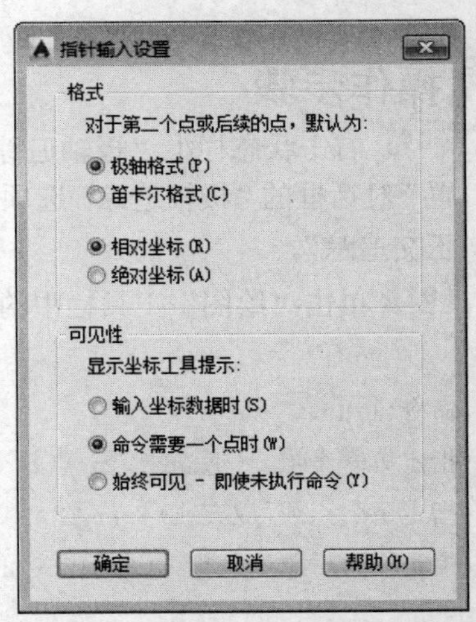


图 2-11　“指针输入设置”对话框

动态输入数据的方法在前面已经讲过，不再赘述。

注意

无论指定圆上的哪一点作为切点，系统都会根据圆的半径和指定的大致位置确定准确的切点，并且根据大致指定点与内外切点距离依据距离趋近原则判断是绘制外切线还是内切线。

为了便于绘图操作，AutoCAD 还提供了一些控制图形显示的命令，一般这些命令只能改变图形在屏幕上的显示方式，可以按操作者所期望的位置、比例和范围进行显示，以便于观察，但不会使图形产生实质性的改变，既不改变图形的实际尺寸，也不影响实体之间的相对关系。

## 2.5 显示控制

### 2.5.1 图形的缩放

所谓视图，就是必须有特定的放大倍数、位置及方向。改变视图最一般的方法就是利用“缩放”和“平移”命令，可以在绘图区域放大或缩小图像显示，或者改变观察位置。

缩放并不改变图形的绝对大小，只是在图形区域内改变视图的大小。AutoCAD 提供了多种缩放视图的方法，下面以动态缩放为例介绍缩放的操作方法。

1. 执行方式

命令行：ZOOM

菜单：“视图”→“缩放”→“动态”

工具栏：“标准”→“缩放”→“动态缩放”

功能区：单击“视图”选项卡“导航”面板上的“范围”下拉菜单中的“动态”按钮（如图 1-1 所示）

2. 操作格式

命令：ZOOM↙

指定窗口的角点，输入比例因子 (nX 或 nXP)，或者[全部(A)/中心(C)/动态(D)/范围(E)/上一个(P)/比例(S)/窗口(W)/对象(O)]<实时>:D↙

执行上述命令后，系统打开一个图框。选取动态缩放前的画面呈绿色点线。如果动态缩放的图形显示范围与选取动态缩放前的范围相同，则此框与边线重合而不可见。重生成区域的四周有一个蓝色虚线框，用来标记虚拟屏幕。

如果线框中有一个“×”，如图 2-12a 所示，就可以拖动线框并将其平移到另外一个区域。

如果要放大图形到不同的放大倍数，按下鼠标，“×”就会变成一个箭头，如图 2-12b 所示。这时左右拖动边界线就可以重新确定视口的大小。

缩放后的图形如图 2-12c 所示。

另外，还有实时缩放、窗口缩放、比例缩放、中心缩放、全部缩放、缩放对象、缩放上一个和范围缩放，操作方法与动态缩放类似，这里不再赘述。

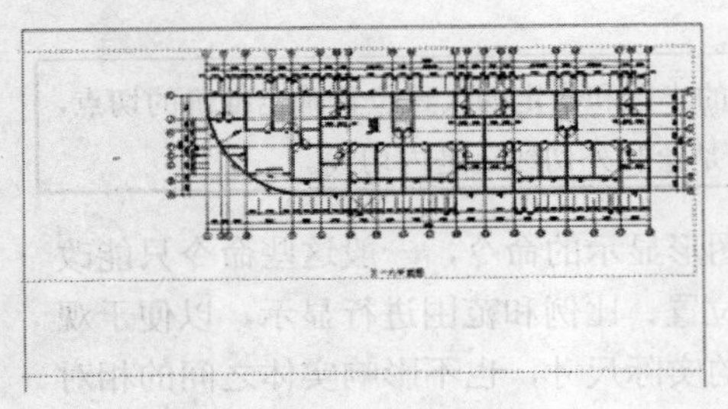

a）带“×”的线框

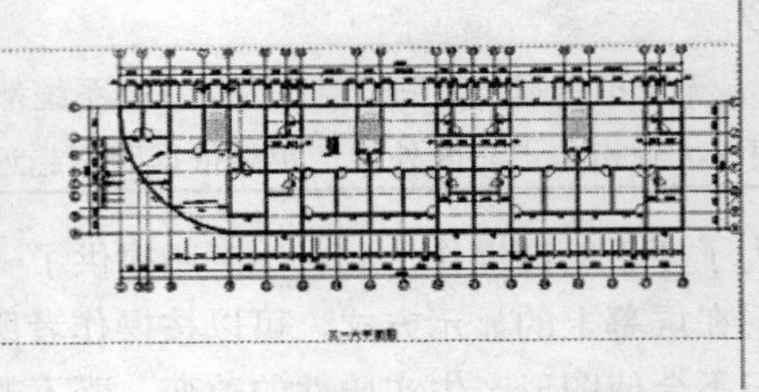

b）带箭头的线框

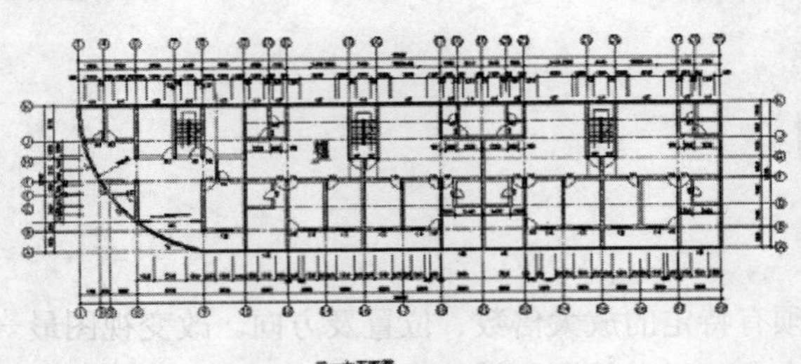

c）缩放后的图形

图 2-12　动态缩放

## 2.5.2　平移

1．实时平移

执行方式

命令行：PAN

菜单：“视图”→“平移”→“实时”

工具栏：“标准”→“实时平移”

功能区：单击“视图”选项卡“导航”面板中的“平移”按钮（如图 2-13 所示）

图 2-13　“导航”面板

执行上述命令后，按下鼠标，然后移动手形光标即可平移图形。当移动到图形的边沿时，光标呈三角形显示。

另外，在 AutoCAD 2015 中为显示控制命令设置了一个右键快捷菜单，如图 2-14 所示。在该菜单中，可以在显示命令执行的过程中透明地进行切换。

2．定点平移和方向平移

(1)执行方式

命令行：PAN

菜单：“视图”→“平移”→“实时”（如图 2-15 所示）

(2)操作格式

命令：pan ↙

指定基点或位移:（指定基点位置或输入位移值）

指定第二点:（指定第二点，确定位移和方向）

执行上述命令后，当前图形按指定的位移和方向进行平移。另外，在“平移”子菜单中还有“左”“右”“上”“下”4个平移命令，选择这些命令时，图形按指定的方向平移一定的距离。

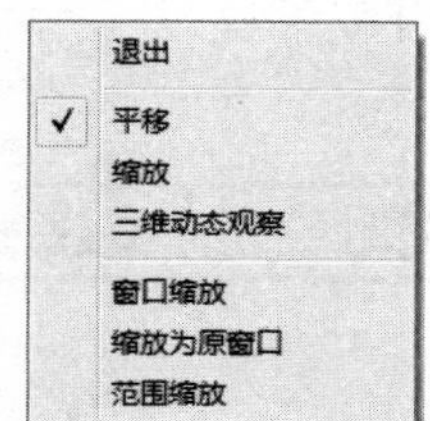


图 2-14　右键快捷菜单

图 2-15　“平移”子菜单

# 第 3 章　绘制二维图形

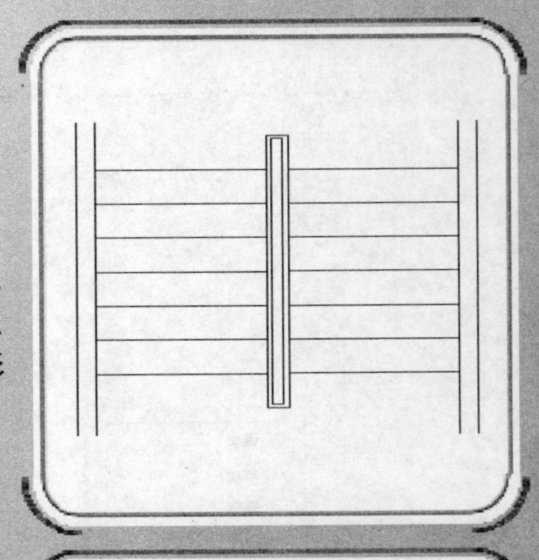

二维图形是指在二维平面空间中绘制的图形，主要由一些基本的图形对象（亦称图元）组成，AutoCAD 2015 提供了十余个基本图形对象，包括点、直线、圆弧、圆、椭圆、多段线、矩形、正多边形、圆环、样条曲线等。本章将分类介绍这些基本图形对象的绘制方法。

知识点

- 绘制直线类对象
- 绘制圆弧类对象
- 绘制多边形和点
- 多段线
- 样条曲线
- 多线
- 图案填充

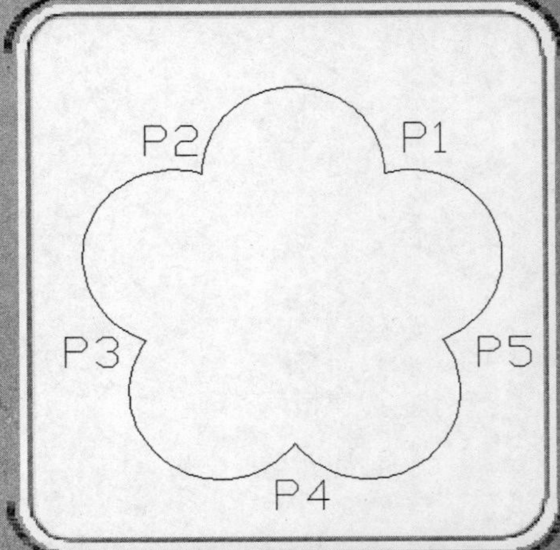

# 3.1 绘制直线类对象

AutoCAD 2015 提供了 5 种直线对象，包括直线、射线、构造线、多线和多段线。

## 3.1.1 直线

单击“绘图”工具栏上的“直线”按钮后，用户只需给定起点和终点，即可画出一条线段。一条线段即是一个图元。在 AutoCAD 中，图元是最小的图形元素，不能再被分解。一个图形是由若干个图元组成的。

1. 执行方式

命令行：LINE

菜单栏：“绘图”→“直线”如图 3-1 所示。

工具栏：“绘图”→“直线”如图 3-2 所示。

功能区：单击“默认”选项卡“绘图”面板中的“直线”按钮（如图 3-3 所示）

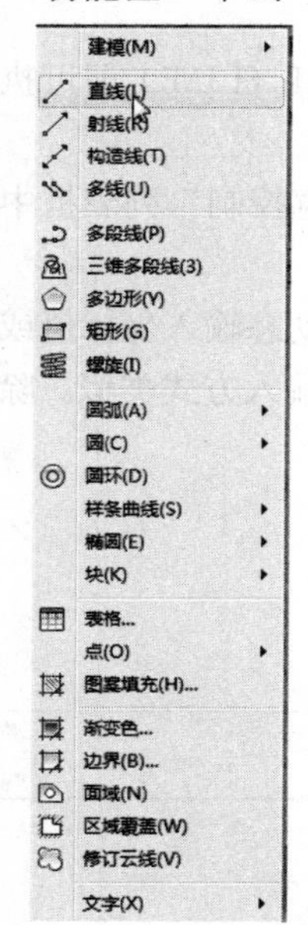


图 3-1 “绘图”菜单

图 3-2 “绘图”工具栏

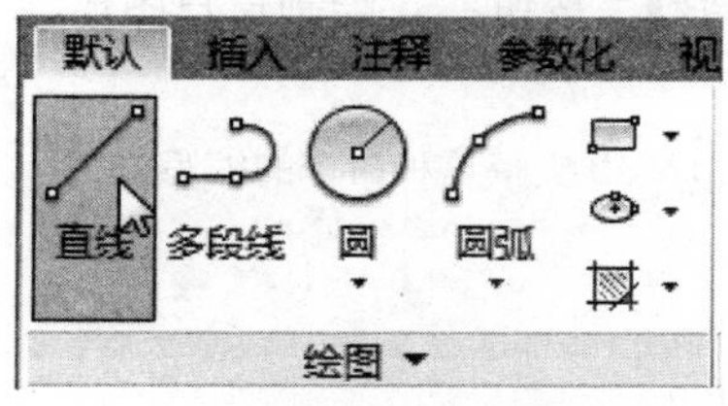


图 3-3 绘图面

2. 操作格式

命令:LINE↙

指定第一个点：(输入直线段的起点，用光标指定点或者指定点的坐标)

指定下一点或[放弃(U)]:(输入直线段的端点)

指定下一点或[放弃(U)]:(输入下一条直线段的端点。输入选项U表示放弃前面的输入;右击,"确认"命令,或按回车键结束命令)

指定下一点或[闭合(C)/放弃(U)]:(输入下一条直线段的端点,或输入选项C使图形闭合,结束命令)

3. 选项说明

(1)在响应"指定下一点:"时,若输入U或选择快捷菜单中的"放弃"命令,则取消刚刚画出的线段。连续输入U并回车,即可连续取消相应的线段。

(2)在命令行的"命令:"提示下输入U,则取消上次执行的命令。

(3)在响应"指定下一点:"时,若输入C或选择快捷菜单中的"闭合"命令,可以使绘制的折线封闭并结束操作。也可以直接输入长度值,绘制定长的直线段。

(4)若要画水平线和铅垂线,可按F8键进入正交模式。

(5)若要准确画线到某一特定点,可用对象捕捉工具。

(6)利用F6键切换坐标形式,便于确定线段的长度和角度。

(7)从命令行输入命令时,可输入某一命令的大写字母。例如,输入L(LINE)即可执行绘制直线命令,这样执行有关命令更加快捷。

(8)若要绘制带宽度信息的直线,可从"对象特性"工具栏的"线宽控制"列表框中选择线的宽度。

(9)若设置动态数据输入方式(单击状态栏上的DYN按钮),则可以动态输入坐标值或长度值。下面的命令同样可以设置动态数据输入方式,效果与非动态数据输入方式类似。除了特别需要,以后不再强调,而只按非动态数据输入方式输入相关数据。

### 3.1.2 实例——窗户

绘制如图3-4所示的一个窗户图形。

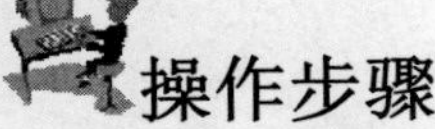

光盘\动画演示\第3章\窗户.avi

## 操作步骤

单击"绘图"工具栏中的"直线"按钮,绘制窗户图形,命令行中的提示与操作如下:

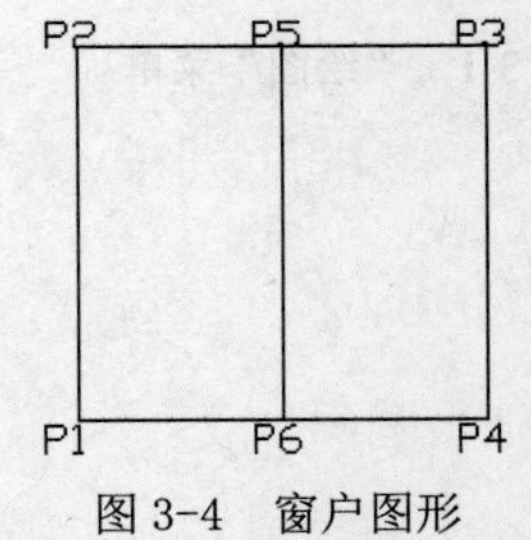


图3-4 窗户图形

命令:L↙(LINE命令的缩写,AutoCAD支持这种命令的缩写方式,其效果与完整命令名一样)

LINE 指定第一个点:120,120↙

指定下一点或[放弃(U)]:120,400↙

指定下一点或[放弃(U)]:420,400↙

指定下一点或[闭合(C)/放弃(U)]:420,120↙

指定下一点或[闭合(C)/放弃(U)]:120,120↙

指定下一点或[闭合(C)/放弃(U)]:↙

```
命令:↙（直接回车表示重复执行上次命令）
LINE 指定第一点:270,400↙
指定下一点或[放弃(U)]:270,120↙
指定下一点或[放弃(U)]:↙
```

### 3.1.3 构造线

构造线是指在两个方向上无限延长的直线。构造线主要用作绘图时的辅助线。当绘制多视图时，为了保持投影联系，可先画出若干条构造线，再以构造线为基准画图。

1．执行方式

命令行：XLINE

菜单栏："绘图"→"构造线"

工具栏："绘图"→"构造线"

功能区：单击"默认"选项卡"绘图"面板中的"构造线"按钮

2．操作格式

```
命令: XLINE↙
指定点或 [水平(H)/垂直(V)/角度(A)/二等分(B)/偏移(O)]:（指定点 1）
指定通过点:（指定通过点 2，绘制一条双向无限长直线）
指定通过点:（继续指定点，继续绘制线，如图 3-5a 所示，回车结束）
```

3．选项说明

（1）执行选项中有"指定点""水平""垂直""角度""二等分"和"偏移"6 种方式可以绘制构造线，分别如图 3-5 所示。

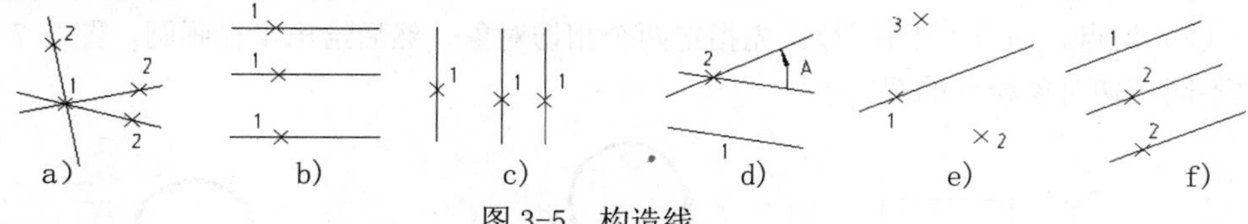


图 3-5　构造线

（2）这种线可以模拟手工作图中的辅助作图线，用特殊的线型显示，在绘图输出时可不作输出。这种线常用于辅助作图的定位线。

## 3.2　绘制圆弧类对象

AutoCAD 2015 提供了 5 种圆弧对象，包括圆、圆弧、圆环、椭圆和椭圆弧。

### 3.2.1　圆

AutoCAD 2015 提供了多种画圆方式，可根据不同需要选择不同的方法。

1．执行方式

命令行：CIRCLE

菜单栏："绘图"→"圆"

工具栏："绘图"→"圆"

功能区：单击“默认”选项卡“绘图”面板中的“圆”下拉菜单（如图 3-6 所示）

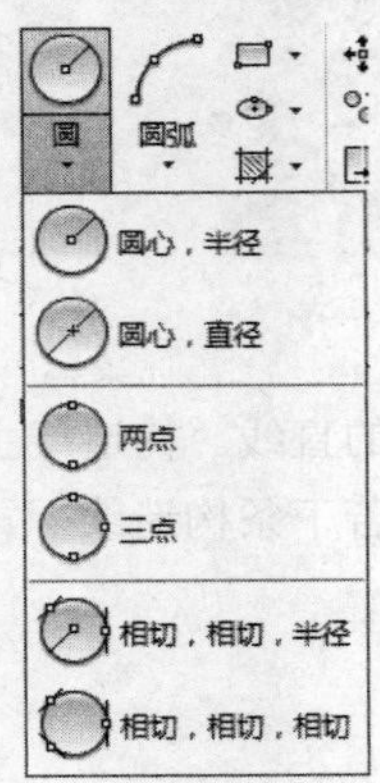


图 3-6　“圆”下拉菜单

2. 操作格式

命令:CIRCLE↙

指定圆的圆心或[三点(3P)/两点(2P)/切点、切点、半径(T)]:(指定圆心)

指定圆的半径或[直径(D)]:(直接输入半径数值或用鼠标指定半径长度)

指定圆的直径<默认值>:(输入直径数值或用鼠标指定直径长度)

3. 选项说明

（1）三点(3P)：用指定圆周上 3 点的方法画圆。依次输入 3 个点，即可绘制出一个圆。

（2）两点(2P)：根据直径的两端点画圆。依次输入两个点，即可绘制出一个圆，两点间的距离为圆的直径。

（3）切点、切点、半径(T)：先指定两个相切对象，然后给出半径画圆。图 3-7 所示为指定不同相切对象绘制的圆。

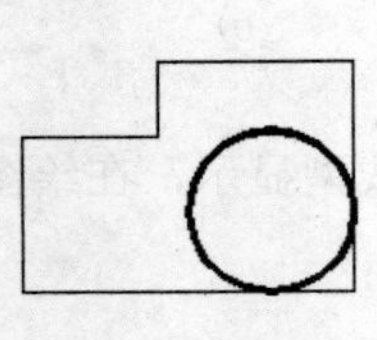

三点(3P)

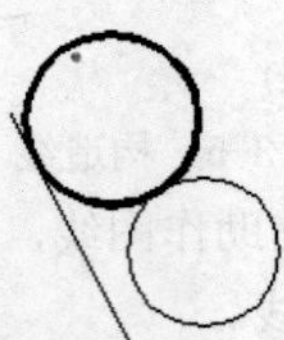

两点(2P)

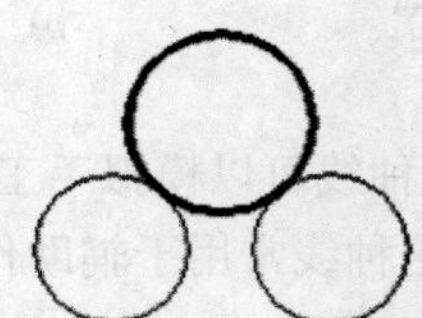

相切、相切、半径(T)

图 3-7　圆与另外两个对象相切

注意

相切对象可以是直线、圆、圆弧、椭圆等图线，这种绘制圆的方式在圆弧连接中经常使用。

圆与圆相切的 3 种情况分析。绘制一个圆与另外两个圆相切，切圆决定于选择切点的位置和切圆半径的大小。图 3-8 所示是一个圆与另外两个圆相切的 3 种情况，图 a 为外切时切点的选择情况；图 b 为与一个圆内切而与另一个圆外切时切点的选择情况；图 c 为内切时切点的选择情况。假定 3 种情况下的条件相同，后两种情况对切圆半径的大小有限制，半径太小时不能出现内切情况。

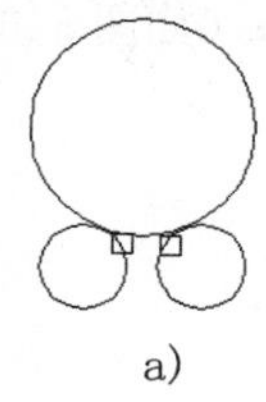
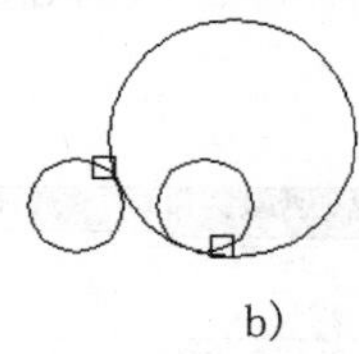
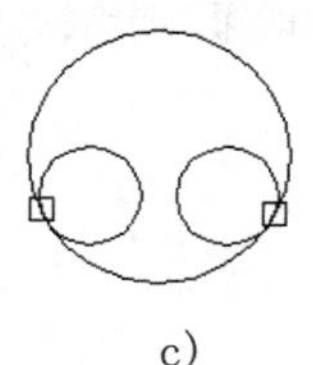

a)　　b)　　c)

图 3-8　相切类型

绘制圆时单击“绘图”工具栏中的“圆”按钮，显示出绘制圆的 6 种方法。其中，“相切、相切、相切”是菜单执行途径特有的方法，用于选择 3 个相切对象以绘制圆。

### 3.2.2　实例——连环圆

绘制如图 3-9 所示的一个连环圆。

光盘\动画演示\第 3 章\连环圆.avi

## 操作步骤

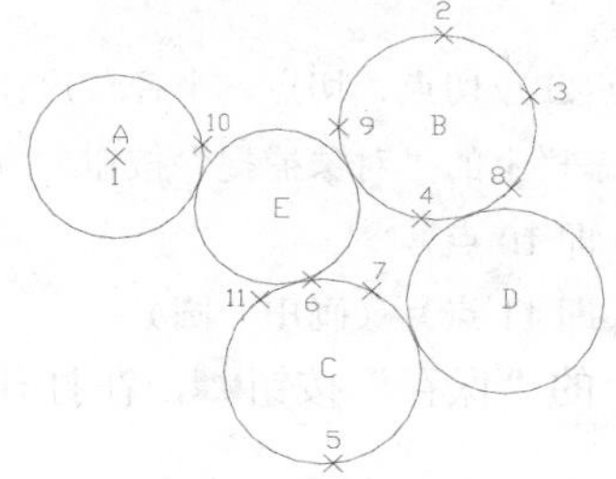


图 3-9　连环圆

**01** 单击“绘图”工具栏中的“圆”按钮，绘制 A 圆，命令行中的提示与操作如下：

命令:circle↙

指定圆的圆心或[三点(3P)/两点(2P)/切点、切点、半径(T)]:150,160↙(即 1 点)

指定圆的半径或[直径(D)]:40↙（画出 A 圆）

**02** 单击“绘图”工具栏中的“圆”按钮，绘制 B 圆，命令行中的提示与操作如下：

命令:circle↙

指定圆的圆心或[三点(3P)/两点(2P)/切点、切点、半径(T)]:3P↙（三点画圆方式，或在动态输入模式下，按下下拉箭头，打开动态菜单，如图 3-10 所示，选择“三点”选项）

指定圆上的第一个点:300,220↙（即 2 点）

指定圆上的第二个点:340,190↙（即 3 点）

指定圆上的第三个点:290,130↙（即 4 点）（画出 B 圆）

**03** 单击“绘图”工具栏中的“圆”按钮，绘制 C 圆，命令行中的提示与操作如下：

命令:circle↙

指定圆的圆心或[三点(3P)/两点(2P)/切点、切点、半径(T)]:2P↙（两点画圆方式）

指定圆直径的第一个端点:250,10↙（即 5 点）

```
指定圆直径的第二个端点:240,100↙（即 6 点）（画出 C 圆）
```

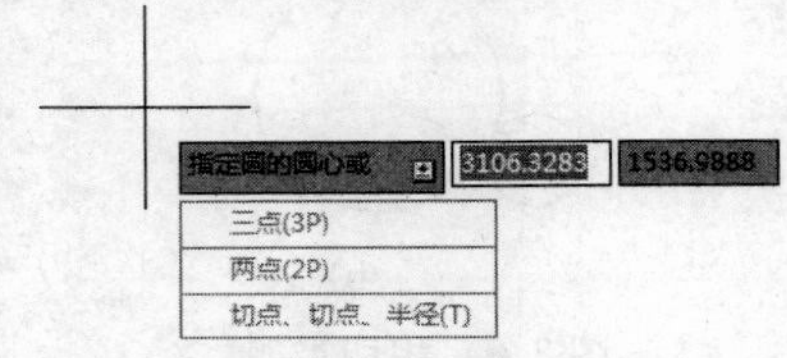


图 3-10　动态菜单

**04** 单击“绘图”工具栏中的“圆”按钮，绘制 D 圆，命令行中的提示与操作如下：

```
命令:circle↙
指定圆的圆心或[三点(3P)/两点(2P)/切点、切点、半径(T)]:t↙（相切、相切、半径画圆方式，系统自动打开“切点”捕捉功能）
指定对象与圆的第一个切点::（在 7 点附近选中 C 圆）
指定对象与圆的第二个切点:（在 8 点附近选中 B 圆）
指定圆的半径:<45.2769>:45↙（画出 D 圆）
```

**05** 选择菜单栏中的“绘图”→“圆”→“相切、相切、相切”命令,绘制 E 圆，命令行中的提示与操作如下：

```
命令:circle↙
指定圆的圆心或[三点(3P)/两点(2P)/切点、切点、半径(T)]:3P↙
指定圆上的第一个点:（打开状态栏上的“对象捕捉”按钮）_tan 到（即 9 点）
指定圆上的第二个点:_tan 到（即 10 点）
指定圆上的第三个点:_tan 到（即 11 点）（画出 E 圆）
```

**06** 单击“标准”工具栏上的“保存”按钮，在打开的“图形另存为”对话框中输入文件名保存即可。

### 3.2.3　圆弧

AutoCAD 2015 提供了多种画圆弧的方法，可根据不同的情况选择不同的方式。

1．执行方式

命令行：ARC（A）

菜单栏：“绘图”→“圆弧”

工具栏：“绘图”→“圆弧”

功能区：单击“默认”选项卡“绘图”面板中的“圆弧”下拉菜单（如图 3-11 所示）。

2．操作格式

```
命令:ARC↙
指定圆弧的起点或[圆心(C)]:（指定起点）
指定圆弧的第二个点或[圆心(C)/端点(E)]:（指定第二点）
指定圆弧的端点:（指定端点）
```

3．选项说明

（1）用命令行方式画圆弧时可以根据系统提示选择不同的选项，具体功能和使用“绘制”菜单中的“圆弧”子菜单提供的 11 种方式相似，如图 3-12 所示。

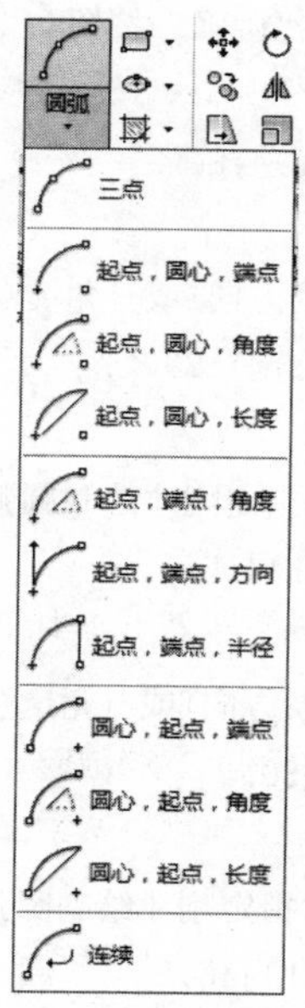


图 3-11　“圆弧”下拉菜单

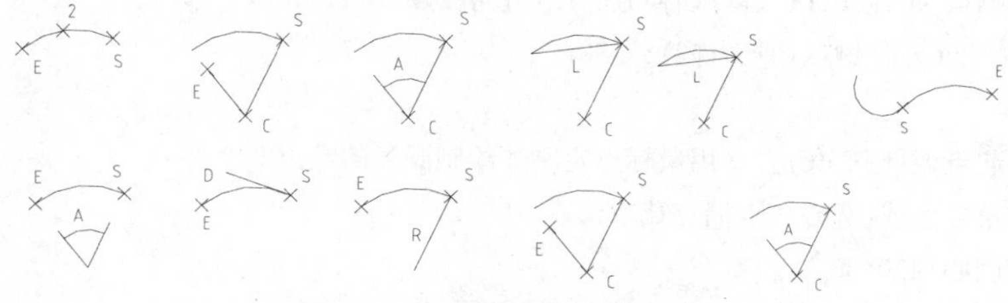

图 3-12 11 种绘制圆弧的方法

（2）需要强调的是“连续”方式，绘制的圆弧与上一线段或圆弧相切，继续画圆弧段，因此提供端点即可。

### 3.2.4　实例——梅花

绘制如图 3-13 所示的梅花。

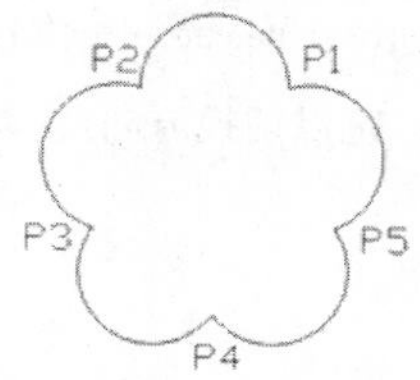


图 3-13　圆弧组成的梅花图案

光盘路径

光盘\动画演示\第 3 章\梅花.avi

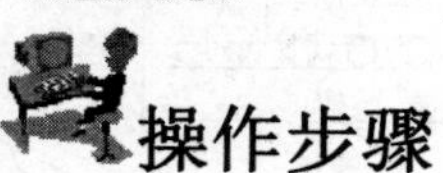

操作步骤

命令:ARC↙（单击“绘图”工具栏中的“圆弧”按钮，下同）
指定圆弧的起点或[圆心(C)]:140,110↙
指定圆弧的第二个点或[圆心(C)/端点(E)]:E↙
指定圆弧的端点:@40<180↙
指定圆弧的中心点(按住 Ctrl 键以切换方向)或 [角度(A)/方向(D)/半径(R)]:R↙
指定圆弧的半径(按住 Ctrl 键以切换方向):20↙
命令:ARC↙
指定圆弧的起点或[圆心(C)]:（用鼠标指定刚才绘制圆弧的端点 P2）
指定圆弧的第二个点或[圆心(C)/端点(E)]:E↙
指定圆弧的端点:@40<252↙
指定圆弧的中心点(按住 Ctrl 键以切换方向)或 [角度(A)/方向(D)/半径(R)]:A↙
指定夹角(按住 Ctrl 键以切换方向):180↙
命令:ARC↙
指定圆弧的起点或[圆心(C)]:（用鼠标指定刚才绘制圆弧的端点 P3）
指定圆弧的第二个点或[圆心(C)/端点(E)]:C↙
指定圆弧的圆心:@20<324↙
指定圆弧的端点(按住 Ctrl 键以切换方向)或 [角度(A)/弦长(L)]: A↙
指定夹角(按住 Ctrl 键以切换方向): 180↙
命令:ARC↙
指定圆弧的起点或[圆心(C)]:（用鼠标指定刚才绘制圆弧的端点 P4）
指定圆弧的第二点或[圆心(C)/端点(E)]:C↙
指定圆弧的圆心:@20<36↙
指定圆弧的端点(按住 Ctrl 键以切换方向)或 [角度(A)/弦长(L)]: l↙
指定弦长(按住 Ctrl 键以切换方向): 40↙
命令:ARC↙
指定圆弧的起点或[圆心(C)]:（用鼠标指定刚才绘制圆弧的端点 P5）
指定圆弧的第二点或[圆心(C)/端点(E)]:E↙
指定圆弧的端点:（用鼠标指定刚才绘制圆弧的端点 P1）
指定圆弧的中心点(按住 Ctrl 键以切换方向)或 [角度(A)/方向(D)/半径(R)]: D↙
指定圆弧起点的相切方向(按住 Ctrl 键以切换方向): @20,6↙
最后图形如图 3-13 所示。

### 3.2.5 圆环

可以通过指定圆环的内、外直径绘制圆环，也可以绘制填充圆。图 3-14 所示的车轮即是用圆环绘制的。

1. 执行方式

命令行：DONUT

菜单栏：“绘图”→“圆环”

图 3-14 车轮

功能区：单击“默认”选项卡“绘图”面板中的“圆环”按钮。

2. 操作格式

命令:DONUT↙

指定圆环的内径<默认值>：(指定圆环内径)

指定圆环的外径<默认值>:(指定圆环外径)

指定圆环的中心点或<退出>:(指定圆环的中 心点)

指定圆环的中心点或<退出>:(继续指定圆环的中心点，则继续绘制相同内外径的圆环。用回车、空格键或鼠标右键结束命令，如图 3-15a 所示)

3. 选项说明

(1) 若指定内径为零，画出实心填充圆（如图 3-15b 所示）。

(2) 用命令 FILL 可以控制圆环是否填充，命令行提示如下：

命令:FILL↙

输入模式[开(ON)/关(OFF)]<开>:（选择 ON 表示填充，选择 OFF 表示不填充，如图 3-15c 所示）

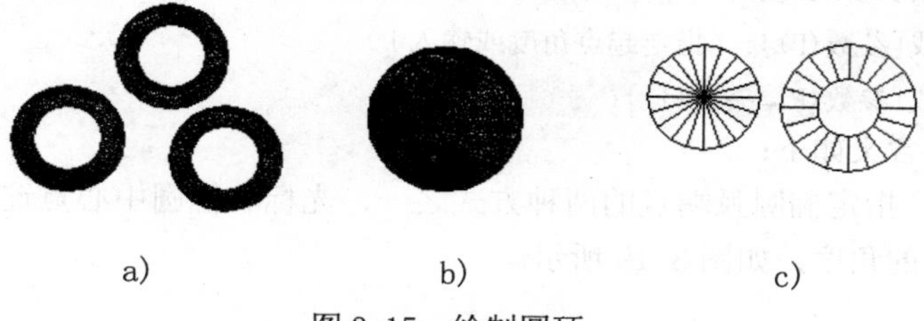

a)　　　b)　　　c)

图 3-15　绘制圆环

### 3.2.6　椭圆与椭圆弧

1. 执行方式

命令行：ELLIPSE

菜单栏：“绘图”→“椭圆”→“圆弧”

工具栏：“绘图”→“椭圆”或“绘图”→“椭圆弧”

功能区：单击“默认”选项卡“绘图”面板中的“椭圆”下拉菜单（如图 3-16 所示）。

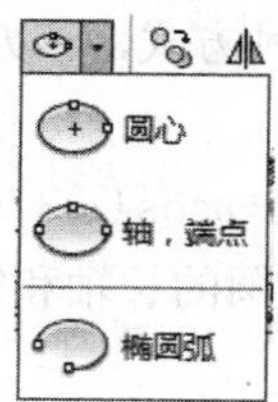


图 3-16　“椭圆”下拉菜单

2. 操作格式

命令:ELLIPSE↙

指定椭圆的轴端点或[圆弧(A)/中心点(C)]:（指定轴端点 1，如图 3-17 所示）

指定椭圆弧的轴端点或 [中心点(C)]:

指定轴的另一个端点:（指定轴端点 2，如图 3-13 所示）

指定另一条半轴长度或[旋转(R)]:

```
指定起点角度或 [参数(P)]:
指定端点角度或 [参数(P)/夹角(I)]:
```

3. 选项说明

(1)指定椭圆的轴端点：根据两个端点定义椭圆的第一条轴。第一条轴的角度确定了整个椭圆的角度。第一条轴既可以定义椭圆的长轴，也可以定义椭圆的短轴。

(2)旋转(R)：通过绕第一条轴旋转圆来创建椭圆。相当于将一个圆绕椭圆轴翻转一个角度后的投影视图，如图 3-18 所示。

(3)中心点(C)：通过指定的中心点创建椭圆。

(4)圆弧(A)：用于创建一段椭圆弧。与单击“绘制”工具栏中的“椭圆弧”按钮，功能相同。其中，第一条轴的角度确定了椭圆弧的角度。第一条轴既可以定义椭圆弧长轴，也可以定义椭圆弧短轴。选择该项，系统继续提示，具体如下：

```
指定椭圆弧的轴端点或[中心点(C)]:（指定端点或输入 C）
指定轴的另一个端点:（指定另一端点）
指定另一条半轴长度或 [旋转(R)]:（指定另一条半轴长度或输入 R）
指定起点角度或[参数(P)]:（指定起点角度或输入 P）
指定端点角度或[参数(P)/夹角(I)]:
```

其中，各选项含义如下：

1）起点角度：指定椭圆弧端点的两种方式之一，光标和椭圆中心点连线与水平线的夹角为椭圆端点位置的角度，如图 3-19 所示。

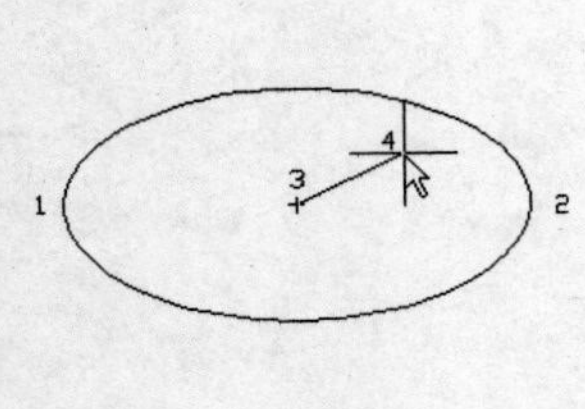


图 3-17　椭圆

图 3-18　旋转

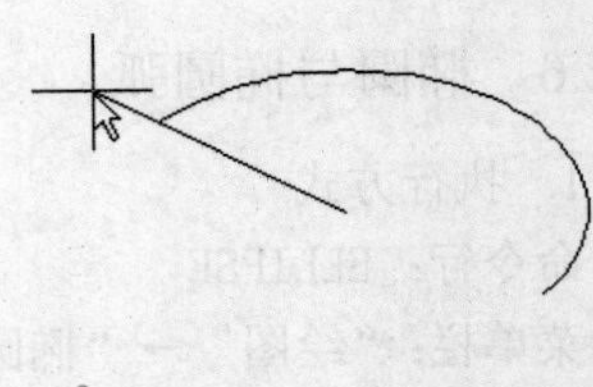

图 3-19　椭圆弧

2）参数(P)：指定椭圆弧端点的另一种方式，该方式同样是指定椭圆弧端点的角度，但通过以下矢量参数方程式创建椭圆弧。

$$p(u)=c+a\cos(u)+b\sin(u)$$

式中，$c$ 是椭圆的中心点，$a$ 和 $b$ 分别是椭圆的长轴和短轴，$u$ 为光标与椭圆中心点连线的夹角。

3）夹角(I)：定义从起始角度开始的包含角度。

4）中心点（C)：通过指定的中心点创建椭圆。

5）旋转（R)：通过绕第一条轴旋转圆来创建椭圆。相当于将一个圆绕椭圆轴翻转一个角度后的投影视图。

### 3.2.7　实例——洗脸盆

绘制如图 3-20 所示的洗脸盆。

光盘\动画演示\第 3 章\洗脸盆.avi

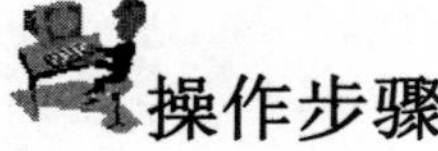

## 操作步骤

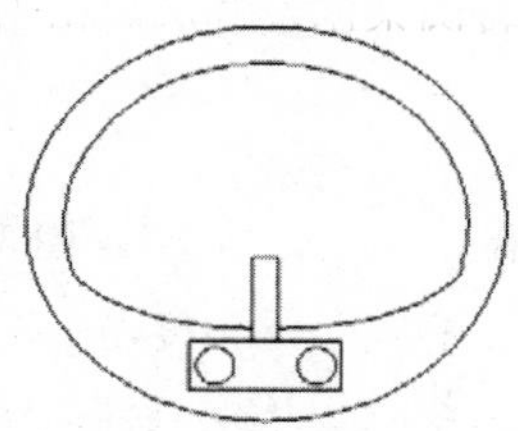

图 3-20　洗脸盆图形

**01** 单击“绘图”工具栏中的“直线”按钮，绘制水龙头图形，绘制结果如图 3-21 所示。

**02** 单击“绘图”工具栏中的“圆”按钮，绘制两个水龙头旋钮，绘制结果如图 2-22 所示。

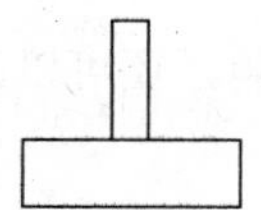

图 3-21　绘制水龙头

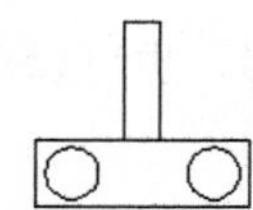

图 3-22　绘制旋钮

**03** 单击“绘图”工具栏中的“椭圆”按钮，绘制脸盆外沿，命令行中的提示与操作如下：

```
命令:_ellipse
指定椭圆的轴端点或[圆弧(A)/中心点(C)]:（用光标指定椭圆轴端点）
指定轴的另一个端点:（用光标指定另一端点）
指定另一条半轴长度或[旋转(R)]:（用光标在屏幕上拉出另一半轴长度）
```

结果如图 3-23 所示。

**04** 单击“绘图”工具栏中的“椭圆弧”按钮，绘制脸盆部分内沿，命令行中的提示与操作如下：

```
命令:_ellipse
指定椭圆的轴端点或[圆弧(A)/中心点(C)]:a
指定椭圆弧的轴端点或[中心点(C)]:C↙
指定椭圆弧的中心点:（捕捉上步绘制的椭圆中心点）
指定轴的端点:(适当指定一点)
指定另一条半轴长度或[旋转(R)]:R↙
指定绕长轴旋转的角度:（用光标指定椭圆轴端点）
指定起点角度或[参数(P)]:（用光标拉出起始角度）
指定端点角度或[参数(P)/包含角度(I)]:（用光标拉出终止角度）
```

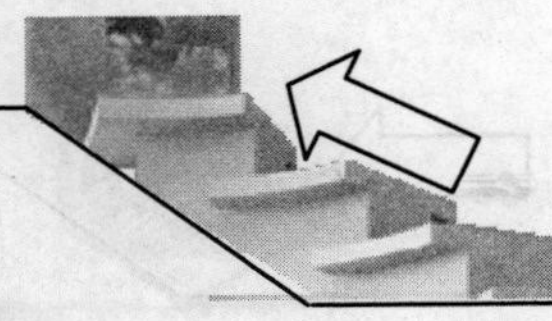



结果如图 3-24 所示。

05 单击“绘图”工具栏中的“圆弧”按钮，绘制脸盆内沿其他部分，最终结果如图 3-24 所示。

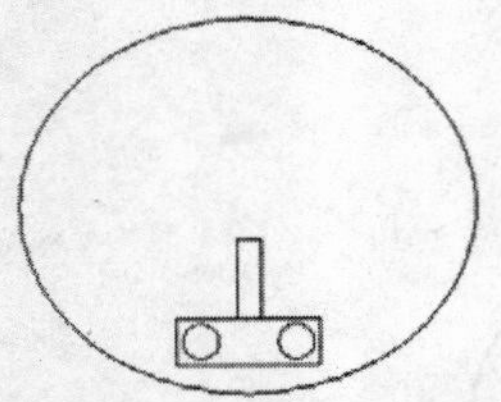

图 3-23　绘制脸盆外沿

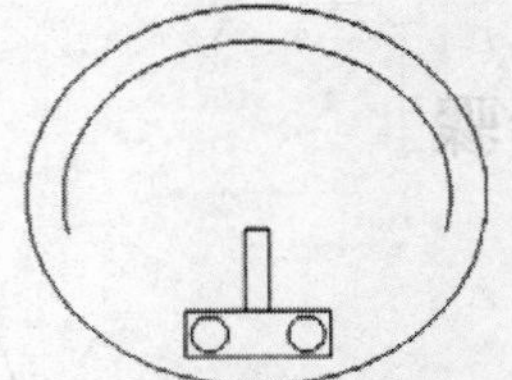

图 3-24　绘制脸盆部分内沿

## 3.3　绘制多边形和点

AutoCAD 2015 提供了直接绘制矩形和多边形的方法，还提供了点、等分点、测量点的绘制方法，可根据需要选择。

### 3.3.1　矩形

用户可以直接绘制矩形，也可以对矩形倒角或倒圆角，还可以改变矩形的线宽。

1．执行方式

命令行：RECTANG（REC）

菜单：“绘图”→“矩形”

工具栏：“绘图”→“矩形”

功能区：单击“默认”选项卡“绘图”面板中的“矩形”按钮。

2．操作格式

```
命令:RECTANG↙
指定第一个角点或[倒角(C)/标高(E)/圆角(F)/厚度(T)/宽度(W)]:（指定一点）
指定另一个角点或[面积(A)/尺寸(D)/旋转(R)]:
```

3．选项说明

第一个角点：通过指定两个角点确定矩形，如图 3-25a 所示。

倒角(C)：指定倒角距离，绘制带倒角的矩形，如图 3-25b 所示，每一个角点的逆时针和顺时针方向的倒角可以相同，也可以不同。其中，第一个倒角距离是指角点逆时针方向倒角距离，第 2 个倒角距离是指角点顺时针方向倒角距离。

标高(E)：指定矩形标高（Z 坐标），即把矩形画在标高为 Z，和 XOY 坐标面平行的平面上，并作为后续矩形的标高值。

圆角(F)：指定圆角半径，绘制带圆角的矩形，如图 3-25c 所示。

厚度(T)：指定矩形的厚度，如图 3-25d 所示。

宽度(W)：指定线宽，如图 3-25e 所示。

面积(A)：指定面积和长或宽创建矩形。选择该项，系统提示如下：

```
输入以当前单位计算的矩形面积<20.0000>:（输入面积值）
```

```
计算矩形标注时依据[长度(L)/宽度(W)]<长度>:（回车或输入 W）
输入矩形长度<4.0000>:（指定长度或宽度）
```

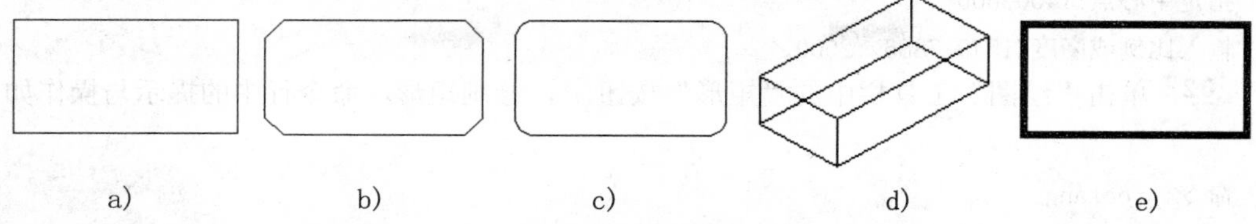

a)　　b)　　c)　　d)　　e)

图 3-25　绘制矩形

指定长度或宽度后，系统自动计算出另一个维度后绘制出矩形。如果矩形被倒角或圆角，则在长度或宽度计算中会考虑此设置，如图 3-26 所示。

尺寸(D)：使用长和宽创建矩形。第二个指定点将矩形定位在与第一角点相关的 4 个位置之一内。

旋转(R)：旋转所绘制的矩形的角度。选择该项，系统提示如下：

```
指定旋转角度或[拾取点(P)]<45>:（指定角度）
指定另一个角点或[面积(A)/尺寸(D)/旋转(R)]:（指定另一个角点或选择其他选项）
```

指定旋转角度后，系统按指定角度创建矩形，如图 3-27 所示。

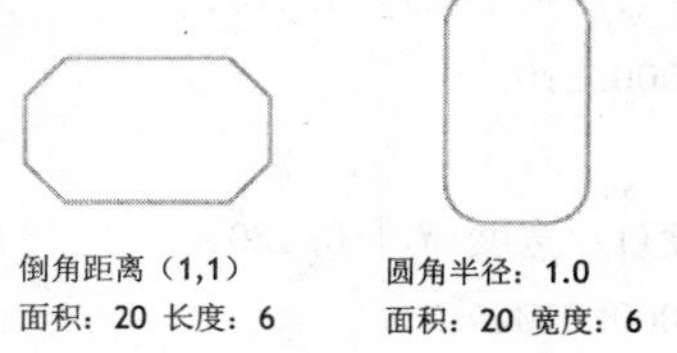



图 3-26　按面积绘制矩形

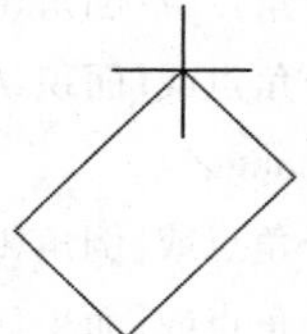

图 3-27　按指定旋转角度创建矩形

## 3.3.2　实例——台阶三视图

绘制如图 3-28 所示的台阶三视图（俯视图、主视图、左视图）。

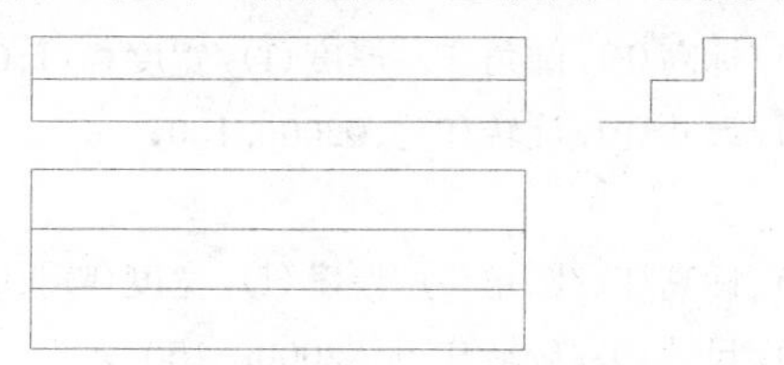

图 3-28　台阶三视图

光盘\动画演示\第 3 章\台阶三视图.avi

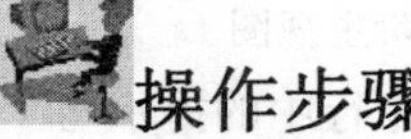

### 操作步骤

**01** 单击“缩放”工具栏上的“中心缩放”按钮，缩放图形至合适的比例，命令行中的提示与操作如下：

```
命令:'_zoom
```

```
指定窗口角点，输入比例因子(nX 或 nXP)，或[全部(A)/中心点(C)/动态(D)/范围(E)/上一个(P)/比例(S)/窗口(W)]<实时>:_c↙
指定中心点:1400,600 ↙
输入比例或高度<1549.7885>:2000↙
```

**02** 单击“绘图”工具栏中的“矩形”按钮，绘制矩形，命令行中的提示与操作如下：

```
命令:_rectang
指定第一个角点或[倒角(C)/标高(E)/圆角(F)/厚度(T)/宽度(W)]:0,0↙
指定另一个角点或[面积(A)/尺寸(D)/旋转(R)]:@2000,210↙
```

绘制结果如图 3-29 所示。

图 3-29　绘制矩形

**03** 单击“绘图”工具栏中的“矩形”按钮，绘制台阶俯视图，命令行中的提示与操作如下：

```
命令:_rectang
指定第一个角点或[倒角(C)/标高(E)/圆角(F)/厚度(T)/宽度(W)]:0,210↙
指定另一个角点或[面积(A)/尺寸(D)/旋转(R)]:@2000,210↙
命令:_rectang↙
指定第一个角点或[倒角(C)/标高(E)/圆角(F)/厚度(T)/宽度(W)]:0,420↙
指定另一个角点或[面积(A)/尺寸(D)/旋转(R)]:@2000,210↙
```

绘制结果如图 3-30 所示。

**04** 单击“绘图”工具栏中的“矩形”按钮，绘制台阶主视图，命令行中的提示与操作如下：

```
命令:_rectang
指定第一个角点或[倒角(C)/标高(E)/圆角(F)/厚度(T)/宽度(W)]:0,950↙
指定另一个角点或[面积(A)/尺寸(D)/旋转(R)]:@2000,150↙
命令:_rectang ↙
指定第一个角点或[倒角(C)/标高(E)/圆角(F)/厚度(T)/宽度(W)]:0,950 ↙
指定另一个角点或[面积(A)/尺寸(D)/旋转(R)]:@2000,-150 ↙
```

绘制结果如图 3-31 所示。

图 3-30　绘制台阶俯视图

图 3-31　绘制台阶主视图

**05** 单击“绘图”工具栏中的“直线”按钮，绘制台阶左视图，命令行中的提示与操作如下：

```
命令:_line
指定第一个点:2300,800↙
```

```
指定下一点或 [放弃(U)]:@210,0↙
指定下一点或 [放弃(U)]:@0,150↙
指定下一点或 [闭合(C)/放弃(U)]:@210,0↙
指定下一点或 [闭合(C)/放弃(U)]:@0,150↙
指定下一点或 [闭合(C)/放弃(U)]:@210,0↙
指定下一点或 [闭合(C)/放弃(U)]:@0,-300↙
指定下一点或 [闭合(C)/放弃(U)]:c↙
```

绘制结果如图 3-28 所示。

### 3.3.3 多边形

在 AutoCAD 2015 中可以绘制边数为 3～1024 的多边形，非常方便。

1. 执行方式

命令行：POLYGON

菜单栏：“绘图”→“多边形”

工具栏：“绘图”→“多边形”

功能区：单击“默认”选项卡“绘图”面板中的“多边形”按钮。

2. 操作格式

```
命令:POLYGON↙
输入侧边数<4>:（指定多边形的边数，默认值为 4）
指定正多边形的中心点或[边(E)]:（指定中心点）
输入选项 [内接于圆(I)/外切于圆(C)] <I>:
指定圆的半径:
```

输入选项[内接于圆(I)/外切于圆(C)]<I>:（指定是内接于圆或外切于圆，I 表示内接于圆，如图 3-32a 所示，C 表示外切于圆，如图 3-32b 所示）

指定圆的半径:（指定外切圆或内接圆的半径）

3. 选项说明

如果选择“边”选项，则只要指定多边形的一条边，系统就会按逆时针方向创建该正多边形，如图 3-32c 所示。

a)　　b)　　c)

图 3-32　画正多边形

### 3.3.4 点

1. 执行方式

命令行：POINT

菜单栏：“绘图”→“点”→“多点”

工具栏：“绘图”→“点”

功能区：单击“默认”选项卡“绘图”面板中的“多点”按钮

2. 操作格式

```
命令:POINT↙
当前点模式:  PDMODE=0  PDSIZE=0.0000
指定点:（指定点所在的位置）
```

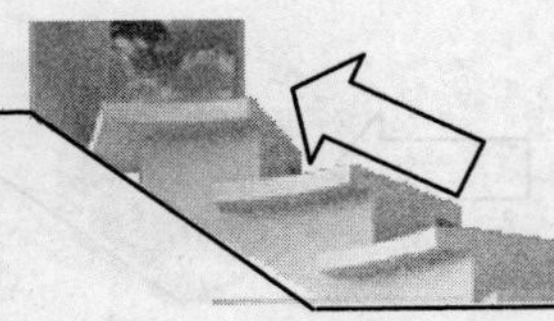



3. 选项说明

（1）通过菜单方法操作时如图 3-33 所示，“单点”命令表示只输入一个点，“多点”命令表示可输入多个点。

（2）可以打开状态栏中的“对象捕捉”开关设置点捕捉模式，帮助用户拾取点。

（3）点在图形中的表示样式，共有 20 种。可通过单击“绘图”工具栏中的“点”按钮 ，在打开的“点样式”对话框中进行设置，如图 3-34 所示。

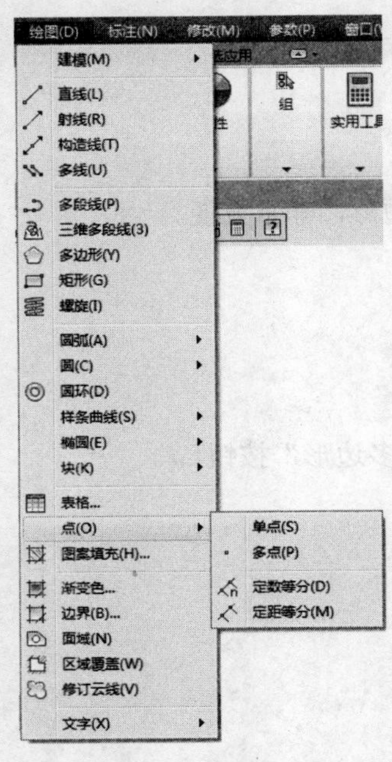


图 3-33 “点”子菜单

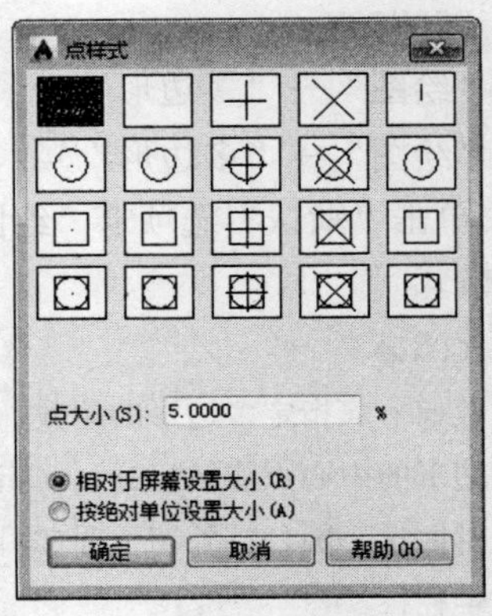


图 3-34 “点样式”对话框

## 3.3.5 等分点

1. 执行方式

命令行：DIVIDE（DIV）

菜单栏：“绘图”→“点”→“定数等分”

功能区：单击“默认”选项卡“绘图”面板中的“定数等分”按钮 。

2. 操作格式

命令：DIVIDE↙

选择要定数等分的对象：（选择要等分的实体）

输入线段数目或 [块(B)]：（指定实体的等分数，绘制结果如图 3-35a 所示）

3. 选项说明

（1）等分数范围为 2～32767。

（2）在等分点处按当前点样式设置画出等分点。

（3）在第二个提示行中选择“块(B)”选项时，表示在等分点处插入指定的块(BLOCK)。

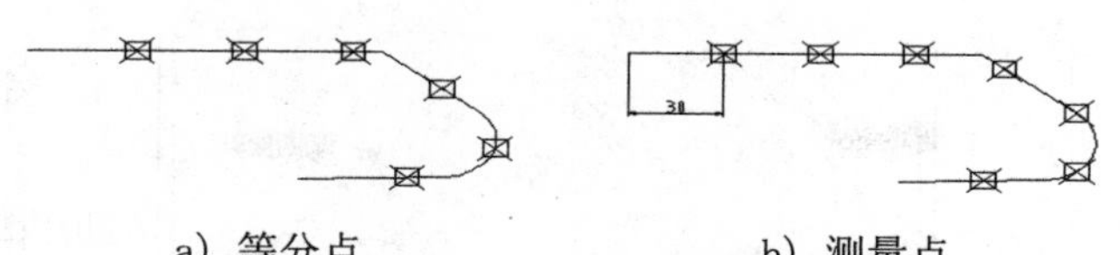
a）等分点　　　b）测量点

图 3-35　绘制等分点和测量点

### 3.3.6　测量点

1. 执行方式

命令行：MEASURE（缩写名：ME）

菜单："绘图"→"点"→"定距等分"

功能区：单击"默认"选项卡"绘图"面板中的"定距等分"按钮。

2. 操作格式

```
命令:MEASURE↙
选择要定距等分的对象:（选择要设置测量点的实体）
指定线段长度或[块(B)]:（指定分段长度，绘制结果如图 3-31b 所示）
```

3. 选项说明

（1）设置的起点一般是指指定线的绘制起点。

（2）在第二个提示行中选择"块(B)"选项时，表示在测量点处插入指定的块，后续操作与上节等分点类似。

（3）在等分点处，按当前点样式设置绘制出等分点。

（4）最后一个测量段的长度不一定等于指定分段长度。

### 3.3.7　实例——楼梯

绘制如图 3-36 所示的楼梯。

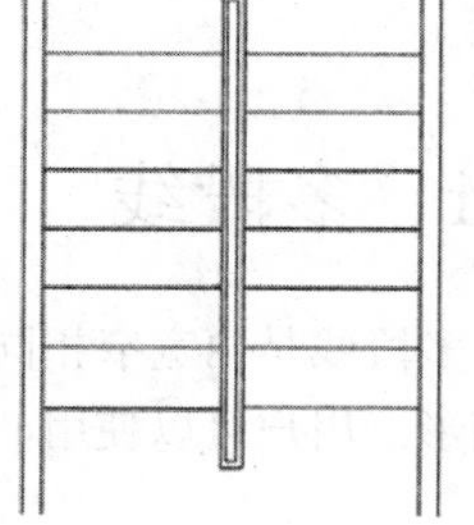
图 3-36　绘制楼梯

光盘\动画演示\第 3 章\楼梯.avi

## 操作步骤

01 单击"绘图"工具栏中的"直线"按钮，绘制墙体与扶手，如图 3-37 所示。

02 设置点样式。选择菜单栏中的"格式"→"点样式"命令，在打开的"点样式"对话框中选择"X"样式。

03 选择菜单命令：选择菜单栏中的"绘图"→"点"→"定数等分"命令，以左边扶手外面线段为对象，数目为 8 进行等分，如图 3-38 所示。

04 单击"绘图"工具栏中的"直线"按钮，分别以等分点为起点，左边墙体上的点为终点绘制水平线段，如图 3-39 所示。

05 按住 Delete 键，删除绘制的点，如图 3-40 所示。

06 相同方法绘制另一侧楼梯，结果如图 3-36 所示。

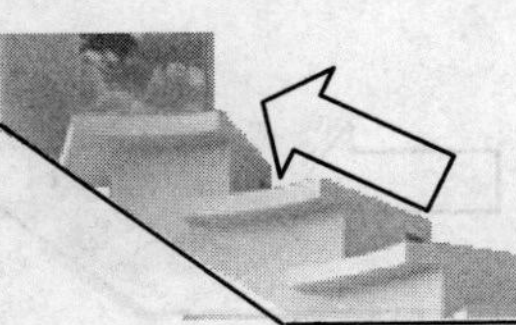


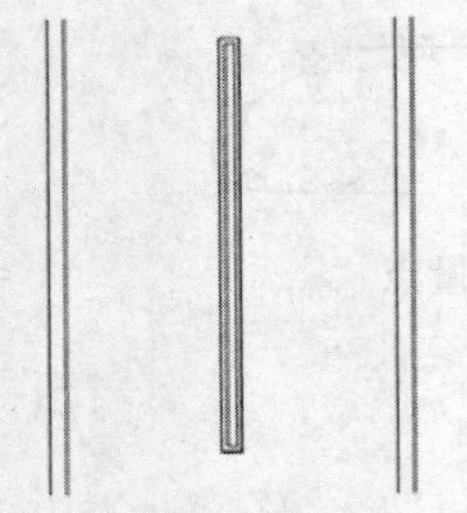

图 3-37　绘制墙体与扶手

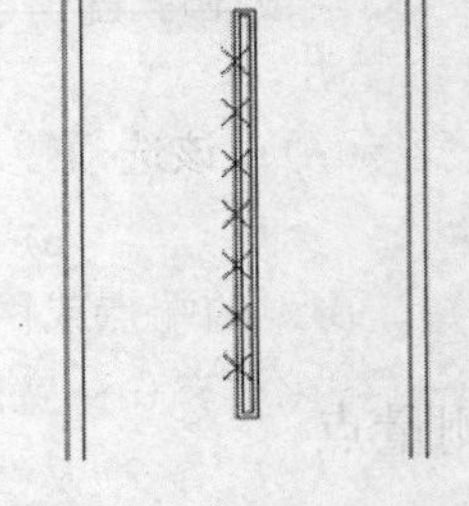

图 3-38　绘制等分点

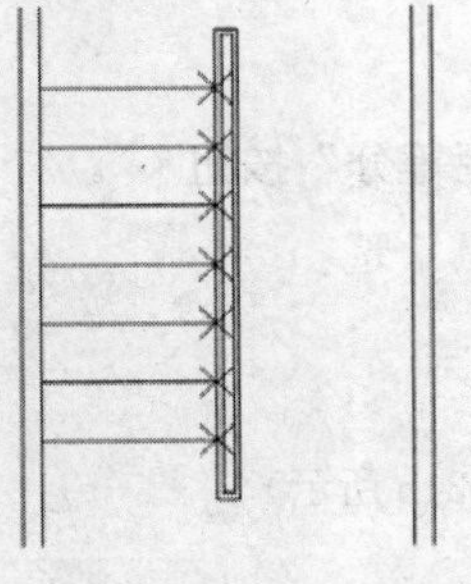

图 3-39　绘制水平线

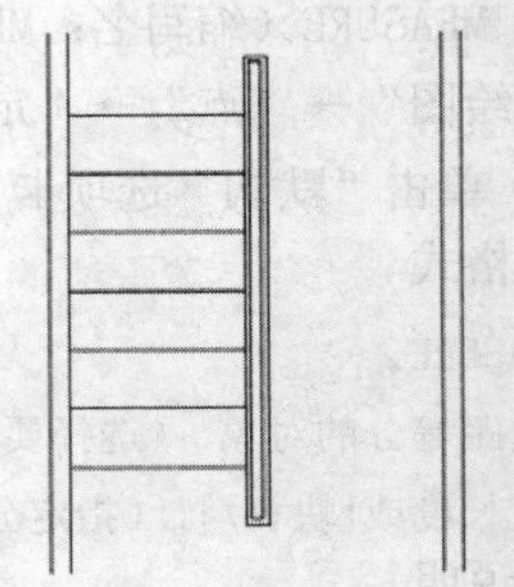

图 3-40　删除点

## 3.4　多段线

多段线是由宽窄相同或不同的线段和圆弧组合而成的。图 3-41 所示是利用多段线绘制的图形。用户可以使用 PEDIT（多段线编辑）命令对多段线进行各种编辑。

图 3-41　用多段线绘制的图形

### 3.4.1　绘制多段线

1. 执行方式

命令行：PLINE（PL）

菜单："绘图"→"多段线"

工具栏："绘图"→"多段线"

功能区：单击"默认"选项卡"绘图"面板中的"多段线"按钮。

2. 操作格式

```
命令:PLINE↙
指定起点:(指定多段线的起点)
当前线宽为 0.0000
```

指定下一个点或[圆弧(A)/半宽(H)/长度(L)/放弃(U)/宽度(W)]:(指定多段线的下一点)

3. 选项说明

(1)圆弧(A):该选项使PLINE命令由绘制直线方式变为绘制圆弧方式,并给出绘制圆弧的提示。

(2)指定圆弧的端点或[角度(A)/圆心(CE)/闭合(CL)/方向(D)/半宽(H)/直线(L)/半径(R)/第二个点(S)/放弃(U)/宽度(W)]:

(3)闭合(CL):系统从当前点到多段线的起点以当前宽度画一条直线,构成封闭的多段线,并结束PLINE命令的执行。

(4)半宽(H):该选项用来确定多段线的半宽度。

(5)长度(L):确定多段线的长度。

(6)放弃(U):可以删除多段线中刚画出的直线段(或圆弧段)。

(7)宽度(W):确定多段线的宽度,操作方法与"半宽"选项类似。

### 3.4.2 编辑多段线

1. 执行方式

命令行:PEDIT(PE)

菜单:"修改"→"对象"→"多段线"

工具栏:"修改II"→"编辑多段线"

右健快捷菜单:编辑多段线

功能区:单击"默认"选项卡"修改"面板中的"编辑多段线"按钮(如图3-42所示)。

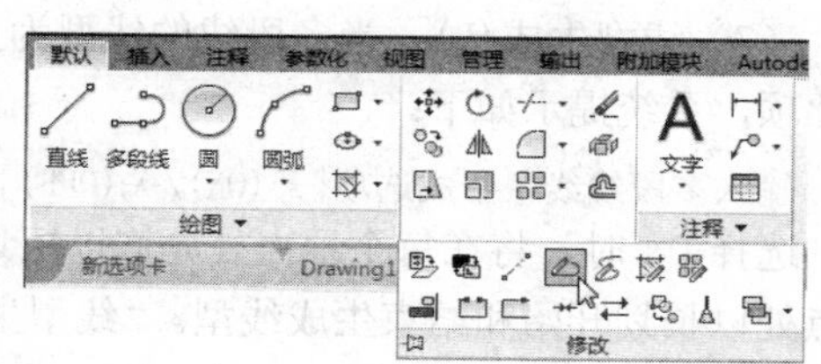

图3-42 "修改"面板

2. 操作格式

命令:PEDIT↙

选择多段线或[多条(M)]:(选择一条要编辑的多段线)

输入选项[闭合(C)/合并(J)/宽度(W)/编辑顶点(E)/拟合(F)/样条曲线(S)/非曲线化(D)/线型生成(L)/反转(R)/放弃(U)]:

3. 选项说明

(1)合并(J):以选中的多段线为主体,合并其他直线段、圆弧和多段线,使其成为一条多段线。能合并的条件是各段端点首尾相连,如图3-43所示。

(2)宽度(W):修改整条多段线的线宽,使其具有同一线宽,如图3-44所示。

(3)编辑顶点(E):选择该项后,在多段线起点处出现一个斜的十字叉"×",即当前顶点的标记,并在命令行出现进行后续操作的提示。

[下一个(N)/上一个(P)/打断(B)/插入(I)/移动(M)/重生成(R)/拉直(S)/切向(T)/宽度(W)/退出(X)]<N>:

这些选项允许用户进行移动、插入顶点和修改任意两点间的线宽等操作。

(4)拟合(F):将指定的多段线生成由光滑圆弧连接的圆弧拟合曲线,该曲线经过多段线的各顶点,如图3-45所示。

(5)样条曲线(S):将指定的多段线以各顶点为控制点生成B样条曲线,如图3-46所示。

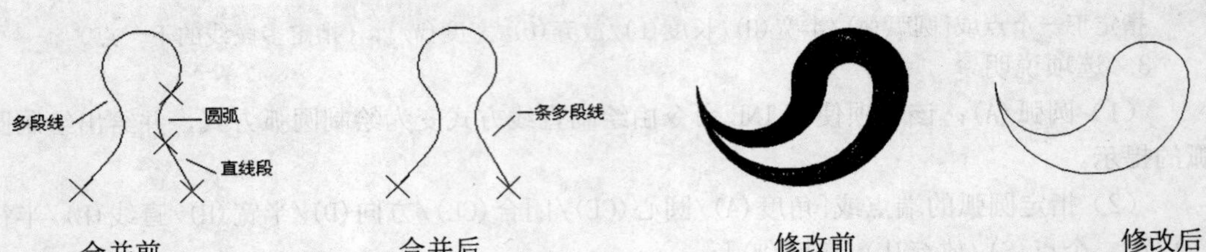


图 3-43　合并多段线　　　　图 3-44　修改整条多段线的线宽

（6）非曲线化(D)：将指定的多段线中的圆弧由直线代替。对于选用“拟合(F)”或“样条曲线(S)”选项后生成的圆弧拟合曲线或样条曲线，则删去生成曲线时新插入的顶点，恢复成由直线段组成的多段线。

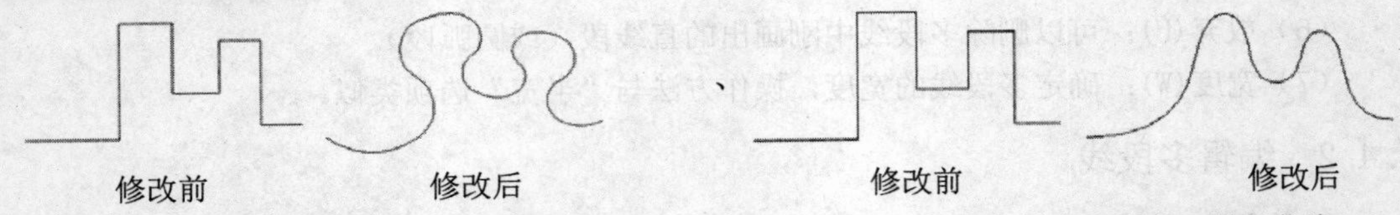


图 3-45　生成圆弧拟合曲线　　　　图 3-46　生成 B 样条曲线

（7）线型生成(L)：当多段线的线型为点画线时，控制多段线的线型生成方式开关。选择此项，系统提示如下：

```
输入多段线线型生成选项[开(ON)/关(OFF)] <关>:
```

选择 ON 时，将在每个顶点处允许以短划开始和结束生成线型；选择 OFF 时，将在每个顶点处以长划开始和结束生成线型。“线型生成”不能用于带变宽线段的多段线，如图 3-47 所示。

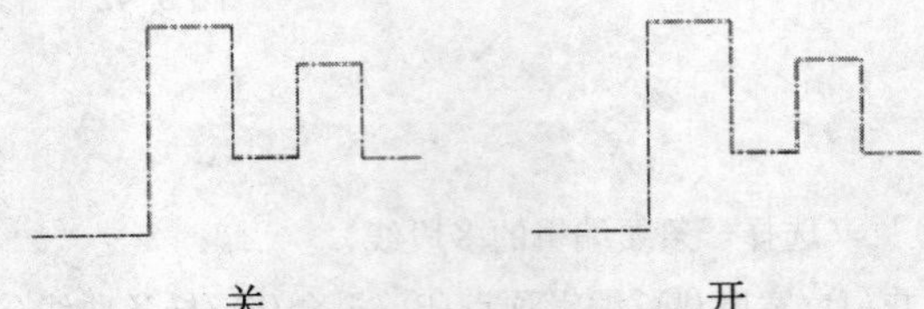


图 3-47　控制多段线的线型（线型为点画线时）

### 3.4.3　实例——鼠标

绘制如图 3-48 所示的鼠标。

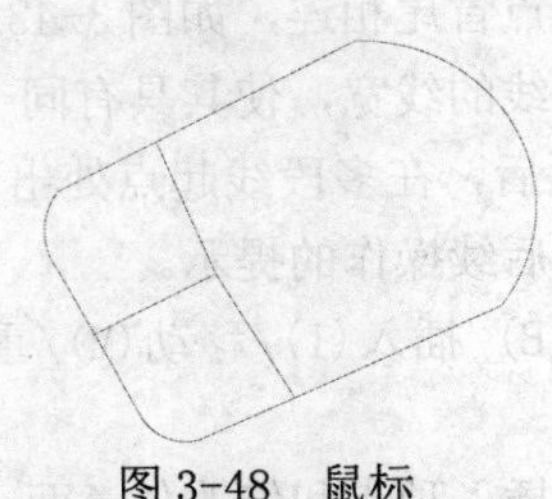

图 3-48　鼠标

光盘\动画演示\第 3 章\鼠标.avi

## 操作步骤

**01** 单击“绘图”工具栏中的“多段线”按钮，绘制鼠标轮廓线，命令行中的提示与操作如下：

命令:_pline↙
指定起点:2.5,50↙
当前线宽为 0.0000
指定下一个点或[圆弧(A)/半宽(H)/长度(L)/放弃(U)/宽度(W)]:59,80↙
指定下一点或[圆弧(A)/闭合(C)/半宽(H)/长度(L)/放弃(U)/宽度(W)]:a↙
指定圆弧的端点(按住 Ctrl 键以切换方向)或
[角度(A)/圆心(CE)/闭合(CL)/方向(D)/半宽(H)/直线(L)/半径(R)/第二个点(S)/放弃(U)/宽度(W)]: S↙
指定圆弧上的第二个点:89.5,62↙
指定圆弧的端点:86.6,26.7↙
指定圆弧的端点(按住 Ctrl 键以切换方向)或
[角度(A)/圆心(CE)/闭合(CL)/方向(D)/半宽(H)/直线(L)/半径(R)/第二个点(S)/放弃(U)/宽度(W)]: l↙
指定下一点或[圆弧(A)/闭合(C)/半宽(H)/长度(L)/放弃(U)/宽度(W)]:29,0↙
指定下一点或[圆弧(A)/闭合(C)/半宽(H)/长度(L)/放弃(U)/宽度(W)]:a↙
指定圆弧的端点(按住 Ctrl 键以切换方向)或
[角度(A)/圆心(CE)/闭合(CL)/方向(D)/半宽(H)/直线(L)/半径(R)/第二个点(S)/放弃(U)/宽度(W)]: 18,5.3↙
指定圆弧的端点(按住 Ctrl 键以切换方向)或
[角度(A)/圆心(CE)/闭合(CL)/方向(D)/半宽(H)/直线(L)/半径(R)/第二个点(S)/放弃(U)/宽度(W)]: L↙
指定下一点或[圆弧(A)/闭合(C)/半宽(H)/长度(L)/放弃(U)/宽度(W)]:2.5,34.6↙
指定下一点或[圆弧(A)/闭合(C)/半宽(H)/长度(L)/放弃(U)/宽度(W)]:a↙
指定圆弧的端点(按住 Ctrl 键以切换方向)或
[角度(A)/圆心(CE)/闭合(CL)/方向(D)/半宽(H)/直线(L)/半径(R)/第二个点(S)/放弃(U)/宽度(W)]: CL↙

绘制结果如图 3-49 所示。

图 3-49 绘制鼠标轮廓线

**02** 单击“绘图”工具栏中的“直线”按钮，绘制鼠标左右键，命令行中的提示与操作如下：

命令:_line↙
指定第一个点:47.2,8.5↙
指定下一点或 [放弃(U)]:32.4,33.6↙
指定下一点或 [放弃(U)]:21.3,60.2↙

```
指定下一点或 [闭合(C)/放弃(U)]:↙
命令:line↙
指定第一个点:32.4,33.6↙
指定下一点或[放弃(U)]:9,21.7↙
指定下一点或[放弃(U)]:↙
```

最终结果见图 3-49。

注 意

（1）利用 PLINE 命令可以画不同宽度的直线、圆和圆弧。但在实际绘制工程图时，不是利用 PLIME 命令在屏幕上画出具有宽度信息的图形，而是利用 LINE、ARC、CIRCLE 等命令画出不具有（或具有）宽度信息的图形。

（2）多段线是否填充受 FILL 命令的控制。执行该命令，输入 OFF，即可使填充处于关闭状态。

## 3.5 样条曲线

样条曲线常用于绘制不规则的轮廓，如窗帘的皱褶等。

### 3.5.1 绘制样条曲线

1. 执行方式

命令行：SPLINE

菜单栏：“绘图”→“样条曲线”

工具栏：“绘图”→“样条曲线”

功能区：单击“默认”选项卡“绘图”面板中的“样条曲线拟合”按钮或“样条曲线控制点”按钮（如图 3-50 所示）

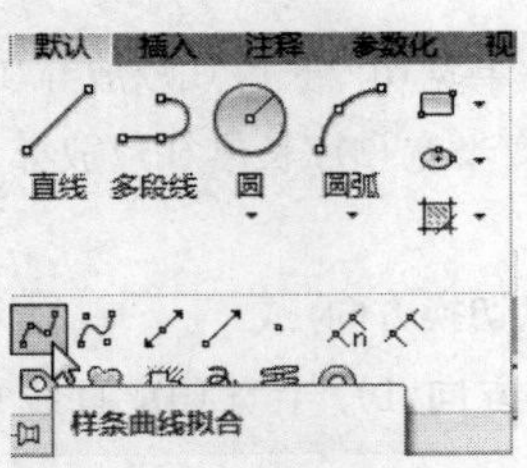


图 3-50 “绘图”面板

2. 操作格式

```
命令:SPLINE↙
当前设置: 方式=拟合    节点=弦
指定第一个点或[方式(M)/节点(K)/对象(O)]:（指定一点或选择“对象(O)”选项）
输入下一个点或 [起点切向(T)/公差(L)]:
输入下一个点或 [端点相切(T)/公差(L)/放弃(U)]:
```

输入下一个点或［端点相切(T)/公差(L)/放弃(U)/闭合(C)］:

3. 选项说明

（1）方式（M）：控制是使用拟合点还是使用控制点来创建样条曲线。选项会因选择的是使用拟合点创建样条曲线的选项还是使用控制点创建样条曲线的选项而异。

（2）节点：指定节点参数化，它会影响曲线在通过拟合点时的形状。

（3）对象(O)：将二维或三维的二次或三次样条曲线的拟合多段线转换为等价的样条曲线，然后（根据 DelOBJ 系统变量的设置）删除该拟合多段线。

（4）起点切向（T）：基于切向创建样条曲线。

（5）端点相切（T）：停止基于切向创建曲线。可通过指定拟合点继续创建样条曲线。

（6）公差（L）：指定距样条曲线必须经过的指定拟合点的距离。公差应用于除起点和端点外的所有拟合点。

（7）变量控制：系统变量 Splframe 用于控制绘制样条曲线时是否显示样条曲线的线框。将该变量的值设置为 1 时，会显示出样条曲线的线框。图 3-51a 中的样条曲线带有线框，图 3-51b 表明了样条曲线的应用。

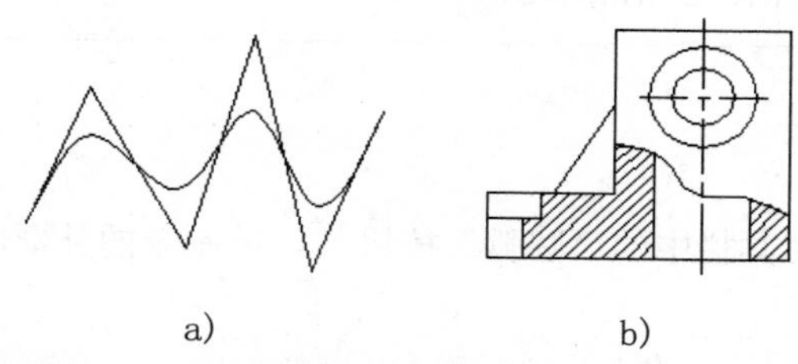


图 3-51 样条曲线

## 3.5.2 编辑样条曲线

1. 执行方式.

命令行：SPLINEDIT

菜单栏："修改"→"对象"→"样条曲线"

工具栏："修改 II"→"编辑样条曲线"

右键快捷菜单：编辑样条曲线

功能区：单击"默认"选项卡"修改"面板中的"编辑样条曲线"按钮。

2. 操作格式

命令:SPLINEDIT↙

选择样条曲线:（选择要编辑的样条曲线。若选择的样条曲线是用 SPLINE 命令创建的，其近似点以夹点的颜色显示出来；若选择的样条曲线是用 PLINE 命令创建的，其控制点以夹点的颜色显示出来。）

输入选项[闭合(C)/合并(J)/拟合数据(F)/编辑顶点(E)/转换为多段线(P)/反转(R)/放弃(U)/退出(X)]:

3. 选项说明

（1）拟合数据(F)：编辑近似数据。选择该项后，创建该样条曲线时指定的各点以小方格的形式显示出来。

（2）编辑顶点(E)：精密调整样条曲线定义。

（3）转换为多段线(P)：将样条曲线转换为多段线。

（4）反转(R)：翻转样条曲线的方向。该项操作主要用于应用程序。

### 3.5.3 实例——雨伞

绘制如图 3-52 所示的雨伞。

图 3-52　雨伞图形

光盘\动画演示\第 3 章\雨伞.avi

## 操作步骤

**01** 单击“绘图”工具栏中的“圆弧”按钮，绘制伞的外框，命令行中的提示与操作如下：

```
命令:ARC↙
指定圆弧的起点或[圆心(C)]:C↙
指定圆弧的圆心:（在屏幕上指定圆心）
指定圆弧的起点:（在屏幕上圆心位置右边指定圆弧的起点）
指定圆弧的端点(按住 Ctrl 键以切换方向)或 [角度(A)/弦长(L)]: A↙
指定夹角(按住 Ctrl 键以切换方向): 180↙（注意角度的逆时针转向）
```

**02** 单击“绘图”工具栏中的“样条曲线”按钮，绘制伞的底边，命令行中的提示与操作如下：

```
命令:SPLINE↙
指定第一个点或[方式(M)/节点(K)/对象(O)]:（指定样条曲线的第一个点 1，如图 3-53 所示）
输入下一点:[起点切向(T)/公差(L)]:（指定样条曲线的下一个点 2）
输入下一个点或[端点相切(T)/公差(L)/放弃(U)/闭合(C)]:（指定样条曲线的下一个点 3）
输入下一个点或[端点相切(T)/公差(L)/放弃(U)/闭合(C)]:（指定样条曲线的下一个点 4）
输入下一个点或[端点相切(T)/公差(L)/放弃(U)/闭合(C)]:（指定样条曲线的下一个点 5）
输入下一个点或[端点相切(T)/公差(L)/放弃(U)/闭合(C)]:（指定样条曲线的下一个点 6）
输入下一个点或[端点相切(T)/公差(L)/放弃(U)/闭合(C)]:（指定样条曲线的下一个点 7）
输入下一个点或[端点相切(T)/公差(L)/放弃(U)/闭合(C)]:↙
```

**03** 单击“绘图”工具栏中的“圆弧”按钮，绘制伞面辐条，命令行中的提示与操作如下：

```
命令:ARC↙
指定圆弧的起点或[圆心(C)]:(在圆弧大约正中点 8 位置指定圆弧的起点，如图 3-54 所示)
指定圆弧的第二个点或[圆心(C)/端点(E)]:(在点 9 位置指定圆弧的第二个点)
指定圆弧的端点:(在点 2 位置指定圆弧的端点)
```

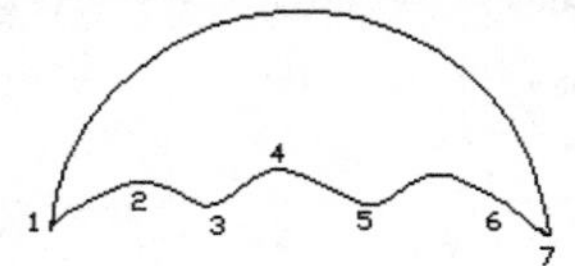


图 3-53　绘制伞边

重复“圆弧”命令绘制其他雨伞辐条，绘制结果如图 3-55 所示。

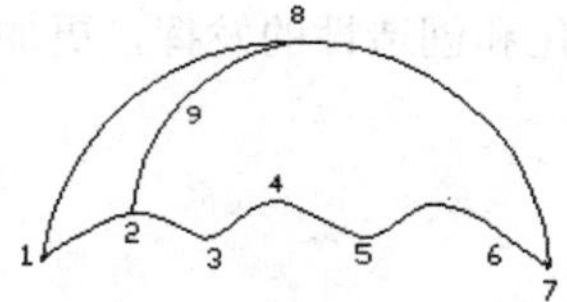


图 3-54　绘制伞面辐条

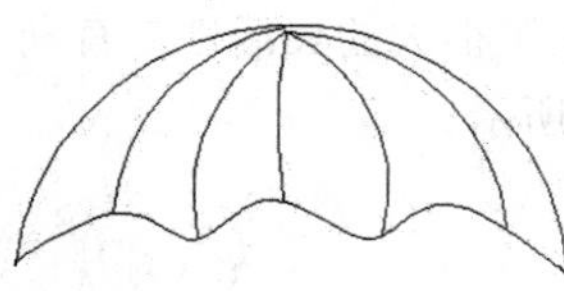

图 3-55　绘制伞面

**04** 单击“绘图”工具栏中的“多段线”按钮，绘制伞顶和伞把，命令行中的提示与操作如下：

```
命令:PLINE↙
指定起点:(在图 3-54 点 8 位置指定伞顶起点)
当前线宽为 3.0000
指定下一个点或[圆弧(A)/半宽(H)/长度(L)/放弃(U)/宽度(W)]:W↙
指定起点宽度<3.0000>:4↙
指定端点宽度<4.0000>:2↙
指定下一个点或[圆弧(A)/半宽(H)/长度(L)/放弃(U)/宽度(W)]:(指定伞顶终点)
指定下一点或[圆弧(A)/闭合(C)/半宽(H)/长度(L)/放弃(U)/宽度(W)]: U↙(位置不合适，取消)
指定下一个点或[圆弧(A)/半宽(H)/长度(L)/放弃(U)/宽度(W)]:(重新在往上适当位置指定伞顶终点)
指定下一点或[圆弧(A)/闭合(C)/半宽(H)/长度(L)/放弃(U)/宽度(W)]:(鼠标右击确认)
命令:PLINE↙
指定起点:(在图 3-54 点 8 正下方点 4 位置附近指定伞把起点)
当前线宽为 2.0000
指定下一个点或[圆弧(A)/半宽(H)/长度(L)/放弃(U)/宽度(W)]:H↙
指定起点半宽<1.0000>:1.5↙
指定端点半宽<1.5000>:↙
指定下一个点或[圆弧(A)/半宽(H)/长度(L)/放弃(U)/宽度(W)]:(往下适当位置指定下一点)
指定下一点或[圆弧(A)/闭合(C)/半宽(H)/长度(L)/放弃(U)/宽度(W)]:A↙
指定圆弧的端点(按住 Ctrl 键以切换方向)或
```

```
[角度(A)/圆心(CE)/闭合(CL)/方向(D)/半宽(H)/直线(L)/半径(R)/第二个点(S)/放弃(U)/宽度(W)]:(指定圆弧的端点)
指定圆弧的端点(按住 Ctrl 键以切换方向)或
[角度(A)/圆心(CE)/闭合(CL)/方向(D)/半宽(H)/直线(L)/半径(R)/第二个点(S)/放弃(U)/宽度(W)]:(鼠标右击确认)
```

最终绘制的图形如图 3-52 所示。

## 3.6 徒手线和云线

徒手线和云线是两种不规则的线。这两种线正是由于其不规则和随意性，给刻板规范的工程图绘制带来了很大的灵活性，有利于绘制者个性化和创造性的发挥，更加真实于现实世界。如图 3-56 所示。

图 3-56　徒手线与云线

### 3.6.1　绘制徒手线

绘制徒手线主要是通过移动定点设备（如鼠标）来实现，用户可以根据自己的需要绘制任意图形形状。比如，个性化的签名或印鉴等。

画徒手线的时候，定点设备就像画笔一样。单击定点设备将把“画笔”放到屏幕上，这时可以进行绘图，再次单击将提起画笔并停止绘图。徒手线由许多条线段组成。每条线段都可以是独立的对象或多段线。可以设置线段的最小长度或增量。

1. 执行方式

命令行：SKETCH

2. 操作格式

```
命令:SKETCH↙
类型 = 直线　增量 = 1.0000　公差 = 0.5000
指定草图或[类型(T)/增量(I)/公差(L)]:
指定草图:
```

3. 选项说明

（1）类型(T)：指定手画线的对象类型。

（2）增量(I)/：定义每条手画直线段的长度。定点设备所移动的距离必须大于增量值，才能生成一条直线。

（3）公差(L)：对于样条曲线，指定样条曲线的曲线布满手画线草图的紧密程度。

### 3.6.2 绘制修订云线

修订云线是由连续圆弧组成的多段线以构成云线形对象，主要是作为对象标记使用。可以从头开始创建修订云线，也可以将闭合对象（例如圆、椭圆、闭合多段线或闭合样条曲线）转换为修订云线。将闭合对象转换为修订云线时，如果系统变量 DELOBJ 设置为 1（默认值），原始对象将被删除。

可以为修订云线的弧长设置默认的最小值和最大值。绘制修订云线时，可以使用拾取点选择较短的弧线段来更改圆弧的大小。也可以通过调整拾取点来编辑修订云线的单个弧长和弦长。

1. 执行方式

命令行：REVCLOUD

菜单栏：“绘图”→“修订云线”

工具栏：“绘图”→“修订云线”

功能区：单击“默认”选项卡“绘图”面板中的“修订云线”按钮

2. 操作格式

```
命令:REVCLOUD↙
最小弧长: 2.0000    最大弧长: 2.0000   样式:普通
指定起点或[弧长(A)/对象(O)/样式(S)]<对象>::
```

3. 选项说明

（1）指定起点：在屏幕上指定起点，并拖动鼠标指定云线路径。

（2）弧长(A)：指定组成云线的圆弧的弧长范围。选择该项，系统继续提示：

指定最小弧长<0.5000>:（指定一个值或回车）

指定最大弧长<0.5000>:（指定一个值或回车）

（3）对象(O)：将封闭的图形对象转换成云线，包括圆、圆弧、椭圆、矩形、多边形、多段线和样条曲线等。选择该项，系统继续提示：

选择对象：（选择对象）

反转方向[是(Y)/否(N)]<否>：（选择是否反转）

修订云线完成。

（4）样式（S)：指定修订云线的样式。选择该项，系统继续提示：

选择圆弧样式 [普通(N)/手绘(C)] <普通>：选择修订云线的样式

## 3.7 多线

多线是指由多条平行线构成的直线，连续绘制的多线是一个图元。多线内的直线线型可以相同，也可以不同，图 3-57 给出了几种多线形式。多线常用于建筑图的绘制。在绘制多线前应该对多线样式进行定义，然后用定义的样式绘制多线。

图 3-57　多线

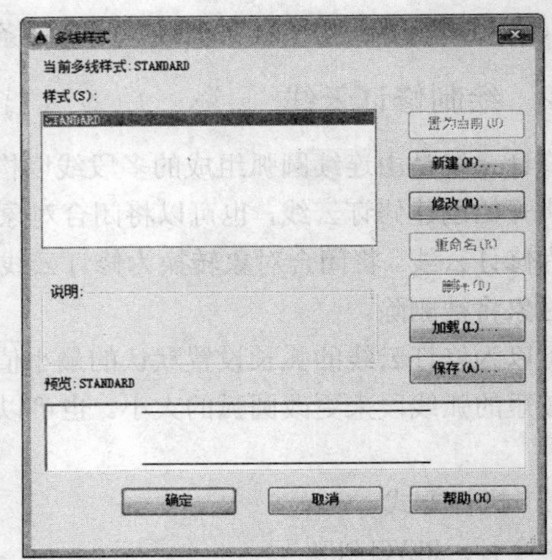


图 3-58　“多线样式”对话框

### 3.7.1　定义多线样式

1. 执行方式

命令行：MLSTYLE

菜单栏：“格式”→“多线样式”

2. 操作格式

命令：MLSTYLE↙

执行该命令后，打开如图 3-58 所示的“多线样式”对话框。在该对话框中，用户可以对多线样式进行定义、保存和加载等操作。

### 3.7.2　实例——定义多线样式

定义如图 3-59 所示的多线样式。

光盘\动画演示\第 3 章\定义多线样式.avi

**操作步骤**

01 选择菜单栏中的“格式”→“多线样式”命令，打开“多线样式”对话框。

02 在“多线样式”对话框中单击“新建”按钮，打开“创建新的多线样式”对话框，如图 3-60 所示。

图 3-59　绘制的多线

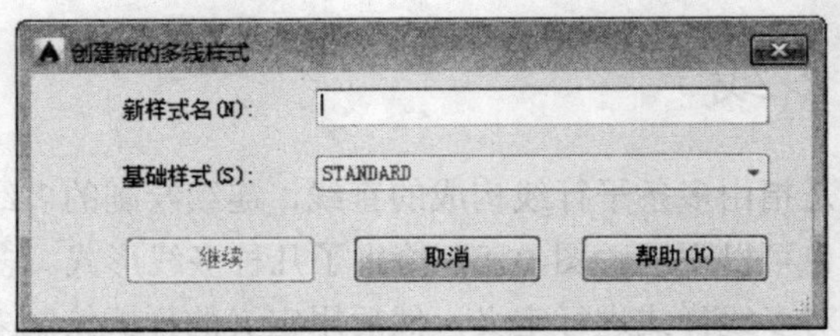


图 3-60　“创建新的多线样式”对话框

**03** 在“创建新的多线样式”对话框的“新样式名”文本框中输入“THREE”，单击“继续”按钮。

**04** 系统打开“新建多线样式”对话框，如图 3-61 所示。

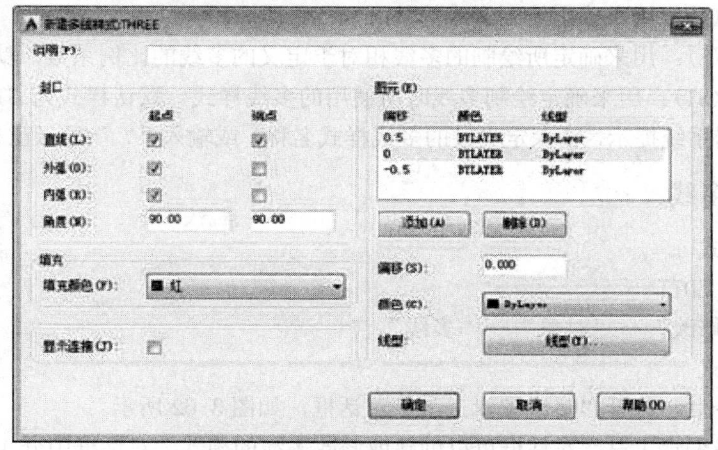

图 3-61 “新建多线样式”对话框

**05** 在“封口”选项组中可以设置多线起点和端点的特性，包括以直线、外弧还是内弧封口，以及封口线段或圆弧的角度。

**06** 在“填充颜色”下拉列表中可以选择多线填充的颜色。

**07** 在“图元”选项组中可以设置组成多线的元素的特性。单击“添加”按钮，可以为多线添加元素；反之，单击“删除”按钮，可以为多线删除元素。在“偏移”文本框中可以设置选中的元素的位置偏移值。在“颜色”下拉列表中可以为选中元素选择颜色。单击“线型”按钮，可以为选中元素设置线型。

**08** 设置完毕后，单击“确定”按钮，系统返回“多线样式”对话框，在“样式”列表中会显示刚才设置的多线样式名，选择该样式，单击“置为当前”按钮，则将此多线样式设置为当前样式。下面的预览框中会显示出当前多线样式。

**09** 单击“确定”按钮，完成多线样式设置。图 3-59 所示即为按图 3-61 设置的多线样式绘制的效果。

### 3.7.3 绘制多线

1. 执行方式

命令行：MLINE

菜单栏：“绘图”→“多线”

3. 操作格式

命令：MLINE↙

当前设置：对正 = 上，比例 = 20.00，样式 = STANDARD

指定起点或[对正(J)/比例(S)/样式(ST)]：(指定起点)

指定下一点：（给定下一点）

指定下一点或[放弃(U)]：（继续给定下一点绘制线段。输入 U，则放弃前一段的绘制；右击或回车，结束命令）

3. 选项说明

（1）指定起点：执行该选项后（即输入多线的起点），系统会以当前的线型样式、比例和对正方式绘制多线。默认状态下，多线的形式是距离为 1 的平行线。

（2）对正(J)：用来确定绘制多线的基准（上、无、下）。

（3）比例(S)：用来确定所绘制的多线相对于定义的多线的比例系数，默认为 1.00。

（4）样式(ST)：用来确定绘制多线时所使用的多线样式，默认样式为 STANDARD。执行该选项后，根据系统提示，输入定义过的多线样式名称，或输入“？”显示已有的多线样式。

### 3.7.4　编辑多线

1. 执行方式

命令行：MLEDIT

菜单栏：“修改”→“对象”→“多线”

2. 操作格式

执行该命令后，打开“多线编辑工具”对话框，如图 3-62 所示。

利用“多线编辑工具”对话框可以创建或修改多线的模式。对话框中分 4 列显示了示例图形。其中，第 1 列管理十字交叉形式的多线，第 2 列管理 T 形多线，第 3 列管理拐角接合点和节点，第 4 列管理多线被剪切或连接的形式。

选择某个示例图形，然后单击“确定”按钮，就可以调用该项编辑功能。

下面以“十字打开”为例介绍多线编辑方法：把选择的两条多线进行打开交叉。选择该选项后，出现如下提示：

```
选择第一条多线:（选择第一条多线）
选择第二条多线:（选择第二条多线）
```

选择完毕后，第二条多线被第一条多线横断交叉。系统继续提示，具体如下：

```
选择第一条多线或[放弃（U）]:
```

可以继续选择多线进行操作（选择“放弃（U）”功能会撤销前次操作）。操作过程和执行结果如图 3-63 所示。

图 3-62　“多线编辑工具”对话框

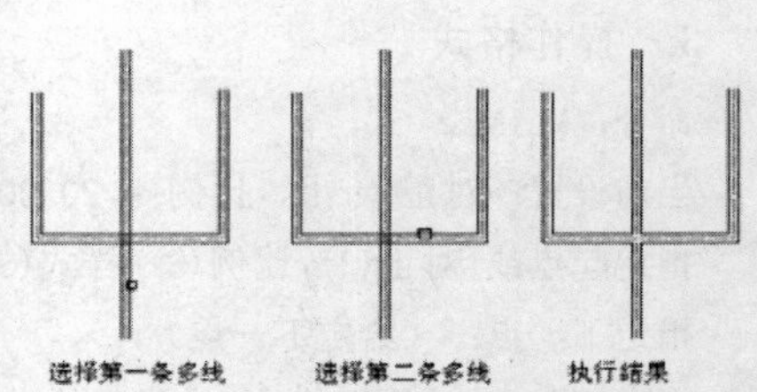


图 3-63　十字打开

### 3.7.5 实例——墙体

定义如图 3-64 所示的墙体。

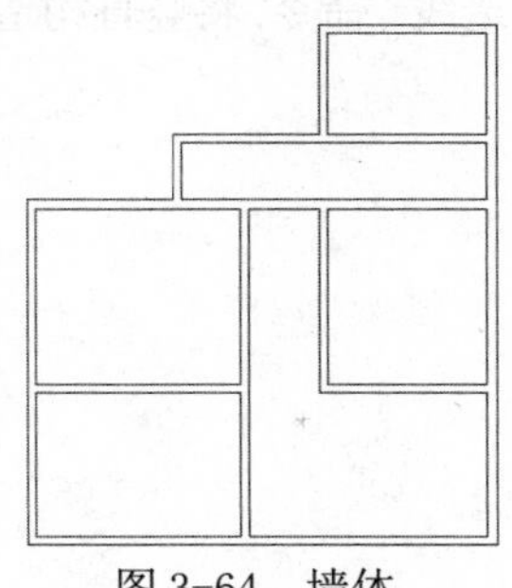

图 3-64 墙体

光盘\动画演示\第 3 章\墙体.avi

## 操作步骤

**01** 单击“绘图”工具栏中的“构造线”按钮，绘制出一条水平构造线和一条竖直构造线，组成“十”字辅助线，命令行中的提示与操作如下：

```
命令:_xline
指定点或[水平(H)/垂直(V)/角度(A)/二等分(B)/偏移(O)]:h↙
指定通过点:(适当指定一点)
指定通过点:↙
命令:_xline
指定点或[水平(H)/垂直(V)/角度(A)/二等分(B)/偏移(O)]:v↙
指定通过点:(适当指定一点)
指定通过点:↙
```

结果如图 3-65 所示。

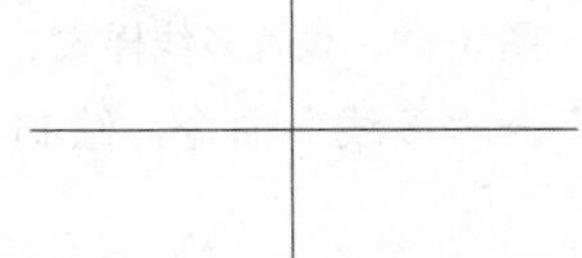

图 3-65 “十”字辅助线

**02** 单击“绘图”工具栏中的“构造线”按钮，绘制辅助线，命令行中的提示与操作如下：

```
命令:XLINE↙
指定点或[水平(H)/垂直(V)/角度(A)/二等分(B)/偏移(O)]:O↙
指定偏移距离或[通过(T)]<通过>:4500↙
选择直线对象:(选择刚绘制的水平构造线)
指定向哪侧偏移:(指定上边一点)
```

```
选择直线对象:(继续选择刚绘制的水平构造线)
```

重复“构造线”命令，将偏移的水平构造线依次向上偏移 5100、1800 和 3000，绘制的水平构造线如图 3-66 所示。重复“构造线”命令，将竖直构造线，向右偏移依次是 3900、1800、2100 和 4500，结果如图 3-67 所示。

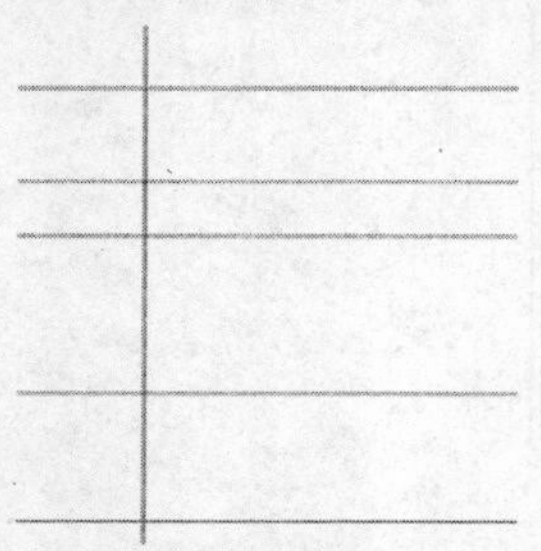

图 3-66　水平方向的主要辅助线

图 3-67　居室的辅助线网格

**03** 选择菜单栏中的“格式”→“多线样式”命令，系统打开“多线样式”对话框，在该对话框中单击“新建”按钮，系统打开“创建新的多线样式”对话框，在该对话框的“新样式名”文本框中键入“墙体线”，单击“继续”按钮。

**04** 系统打开“新建的多线样式”对话框，进行如图 3-68 所示的设置。

图 3-68　设置多线样式

**05** 选择菜单栏中的“绘图”→“多线”命令，绘制多线墙体。命令行中的提示与操作如下：

```
命令:MLINE↙
当前设置: 对正 = 上，比例 = 20.00，样式 = STANDARD
指定起点或[对正(J)/比例(S)/样式(ST)]:S↙
输入多线比例<20.00>:1↙
当前设置: 对正 = 上，比例 = 1.00，样式 = STANDARD
指定起点或[对正(J)/比例(S)/样式(ST)]:J↙
输入对正类型[上(T)/无(Z)/下(B)]<上>:Z↙
当前设置: 对正 = 无，比例 = 1.00，样式 = STANDARD
指定起点或[对正(J)/比例(S)/样式(ST)]:(在绘制的辅助线交点上指定一点)
```

```
指定下一点:(在绘制的辅助线交点上指定下一点)
指定下一点或[放弃(U)]:(在绘制的辅助线交点上指定下一点)
指定下一点或[闭合(C)/放弃(U)]:(在绘制的辅助线交点上指定下一点)
……
指定下一点或[闭合(C)/放弃(U)]:C↙
```

重复“多线”命令，根据辅助线网格绘制多线，绘制结果如图 3-69 所示。

**06** 选择菜单栏中的“修改”→“对象”→“多线”命令，系统打开“多线编辑工具”对话框，如图 3-70 所示。选择其中的“T 形合并”选项，确认后，命令行中的提示与操作如下：

```
命令:MLEDIT↙
选择第一条多线:(选择多线)
选择第二条多线:(选择多线)
选择第一条多线或[放弃(U)]:(选择多线)
……
选择第一条多线或[放弃(U)]:↙
```

重复“编辑多线”命令，继续进行多线编辑，编辑的最终结果如图 3-64 所示。

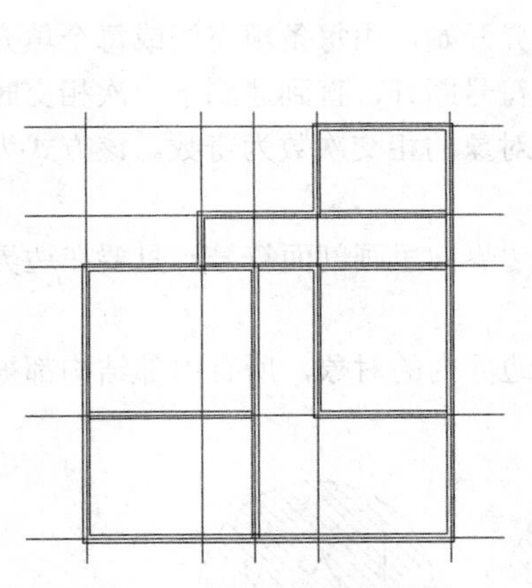

图 3-69　全部多线绘制结果

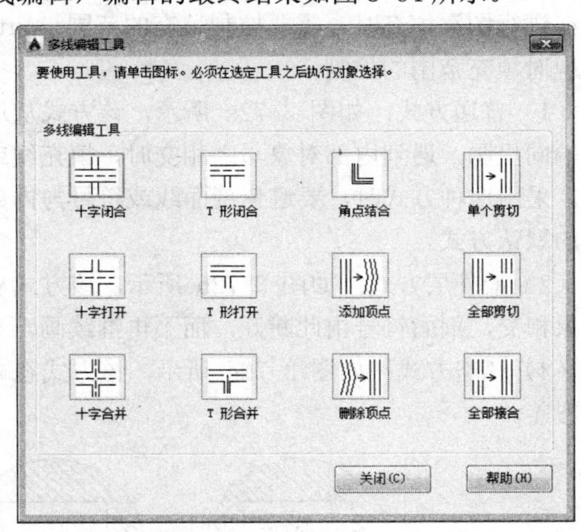


图 3-70　“多线编辑工具”对话框

# 3.8　图案填充

当需要用一个重复的图案(pattern)填充一个区域时，可以使用 BHATCH 命令建立一个相关联的填充阴影对象，即所谓的图案填充。

## 3.8.1　基本概念

1. 图案边界

当进行图案填充时，首先要确定填充图案的边界。定义边界的对象只能是直线、双向射线、单向射线、多义线、样条曲线、圆弧、圆、椭圆、椭圆弧、面域等对象或用这些对象定义的块，而且作为边界的对象在当前屏幕上必须全部可见。

2．孤岛

在进行图案填充时，把位于总填充域内的封闭区域称为孤岛，如图3-71所示。在用BHATCH命令填充时，AutoCAD 允许以拾取点的方式确定填充边界，即在希望填充的区域内任意点取一点，AutoCAD 会自动确定出填充边界，同时也确定该边界内的岛。如果用户是以点取对象的方式确定填充边界的，则必须确切地点取这些岛，有关知识将在下一节中介绍。

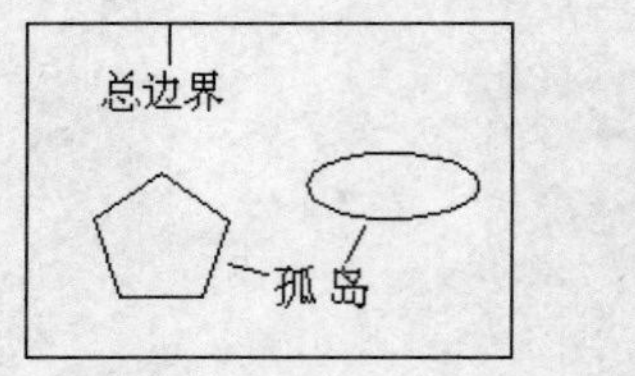

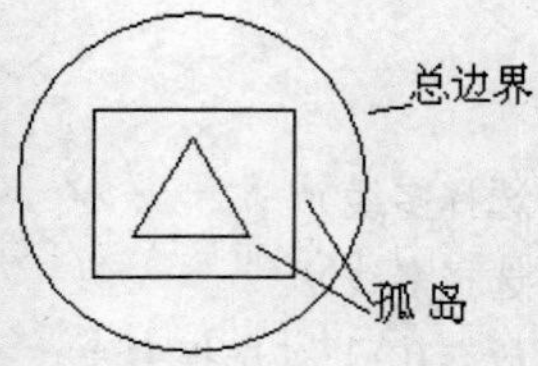


图3-71　孤岛

3．填充方式

在进行图案填充时，需要控制填充的范围，AutoCAD 系统为用户设置了以下 3 种填充方式实现对填充范围的控制：

（1）普通方式：如图 3-72a 所示，该方式从边界开始，由每条填充线或每个填充符号的两端向里画，遇到内部对象与之相交时，填充线或符号断开，直到遇到下一次相交时再继续画。采用这种方式时，要避免剖面线或符号与内部对象的相交次数为奇数。该方式为系统内部的默认方式。

（2）最外层方式：如图 3-72b 所示，该方式从边界向里画剖面符号，只要在边界内部与对象相交，剖面符号由此断开，而不再继续画。

（3）忽略方式：如图 3-72c 所示，该方式忽略边界内的对象，所有内部结构都被剖面符号覆盖。

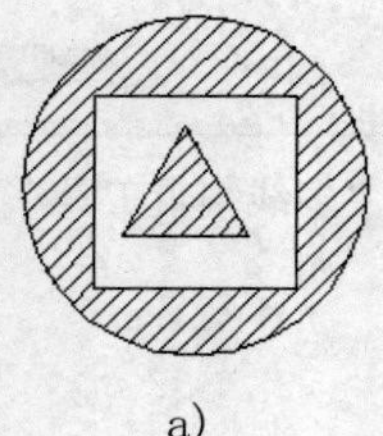
a)
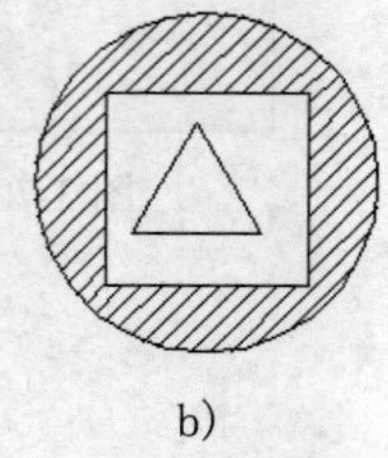
b)

c)

图3-72　填充方式

### 3.8.2　图案填充的操作

1．执行方式

命令行：BHATCH

菜单："绘图"→"图案填充"

工具栏："绘图"→"图案填充"

功能区：单击“默认”选项卡“绘图”面板中的“图案填充”按钮▨。

2. 操作格式

执行上述命令后系统打开图 3-73 所示的“图案填充创建”选项卡，各选项组和按钮含义：

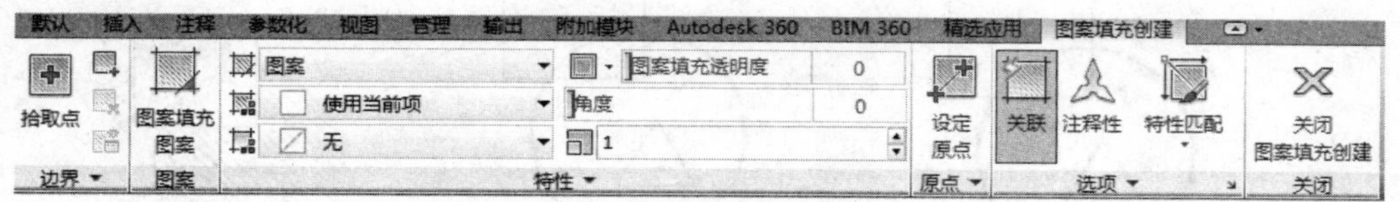


图 3-73 “图案填充创建”选项卡

3. 选项说明

（1）“边界”面板：

1）拾取点：通过选择由一个或多个对象形成的封闭区域内的点，确定图案填充边界（如图 3-74 所示）。指定内部点时，可以随时在绘图区域中单击鼠标右键以显示包含多个选项的快捷菜单。

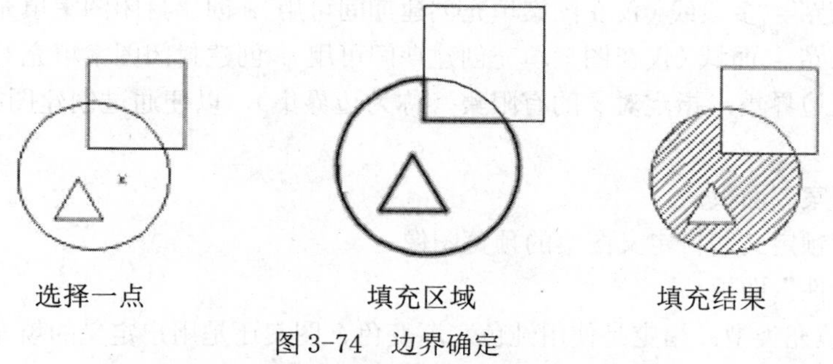


图 3-74 边界确定

2）选择边界对象：指定基于选定对象的图案填充边界。使用该选项时，不会自动检测内部对象，必须选择选定边界内的对象，以按照当前孤岛检测样式填充这些对象（如图 3-75 所示）。

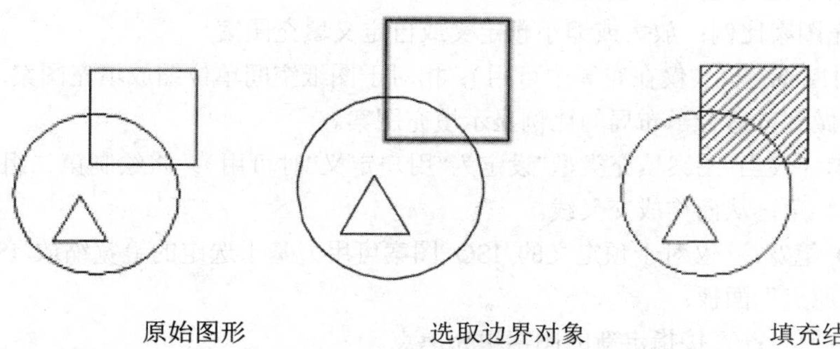


图 3-75 选取边界对象

3）删除边界对象：从边界定义中删除之前添加的任何对象（如图 3-76 所示）。

4）重新创建边界：围绕选定的图案填充或填充对象创建多段线或面域，并使其与图案填充对象相关联（可选）。

5）显示边界对象：选择构成选定关联图案填充对象的边界的对象，使用显示的夹点可修改图案填充边界。

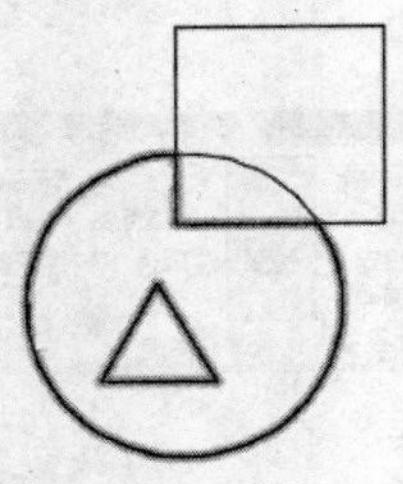
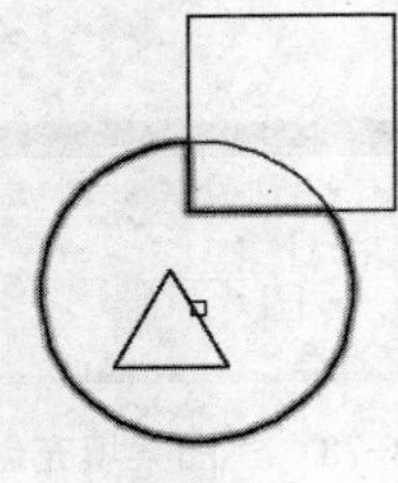
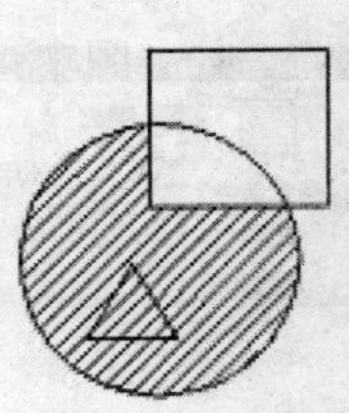

选取边界对象　　删除边界　　填充结果

图 3-76　删除“岛”后的边界

6）保留边界对象

指定如何处理图案填充边界对象。选项包括：

①不保留边界（仅在图案填充创建期间可用）：不创建独立的图案填充边界对象。

②保留边界 - 多段线（仅在图案填充创建期间可用）：创建封闭图案填充对象的多段线。

③保留边界 - 面域（仅在图案填充创建期间可用）：创建封闭图案填充对象的面域对象。

④选择新边界集：指定对象的有限集（称为边界集），以便通过创建图案填充时的拾取点进行计算。

（2）“图案”面板：

显示所有预定义和自定义图案的预览图像。

（3）“特性”面板

1）图案填充类型：指定是使用纯色、渐变色、图案还是用户定义的填充。

2）图案填充颜色：替代实体填充和填充图案的当前颜色。

3）背景色：指定填充图案背景的颜色。

4）图案填充透明度：设定新图案填充或填充的透明度，替代当前对象的透明度。

5）图案填充角度：指定图案填充或填充的角度。

6）填充图案比例：放大或缩小预定义或自定义填充图案　。

7）相对图纸空间（仅在布局中可用）：相对于图纸空间单位缩放填充图案。使用此选项，可很容易地做到以适合于布局的比例显示填充图案。

8）双向（仅当“图案填充类型”设定为“用户定义”时可用）：将绘制第二组直线，与原始直线成 90 ° 角，从而构成交叉线。

9）ISO 笔宽：（仅对于预定义的 ISO 图案可用）基于选定的笔宽缩放 ISO 图案。

（4）“原点”面板：

1）设定原点：直接指定新的图案填充原点。

2）左下：将图案填充原点设定在图案填充边界矩形范围的左下角。

3）右下：将图案填充原点设定在图案填充边界矩形范围的右下角。

4）左上：将图案填充原点设定在图案填充边界矩形范围的左上角。

5）右上：将图案填充原点设定在图案填充边界矩形范围的右上角。

6）中心：将图案填充原点设定在图案填充边界矩形范围的中心。

7）使用当前原点：将图案填充原点设定在 HPORIGIN 系统变量中存储的默认位置。

8）存储为默认原点：将新图案填充原点的值存储在 HPORIGIN 系统变量中。

（5）“选项”面板：

1）关联：指定图案填充或填充为关联图案填充。关联的图案填充或填充在用户修改其边界对象时将会更新。

2）注释性：指定图案填充为注释性。此特性会自动完成缩放注释过程，从而使注释能够以正确的大小在图纸上打印或显示。

3）特性匹配：

使用当前原点：使用选定图案填充对象（除图案填充原点外）设定图案填充的特性。

使用源图案填充的原点：使用选定图案填充对象（包括图案填充原点）设定图案填充的特性。

4）允许的间隙：设定将对象用作图案填充边界时可以忽略的最大间隙。默认值为 0，此值指定对象必须封闭区域而没有间隙。

5）创建独立的图案填充：控制当指定了几个单独的闭合边界时，是创建单个图案填充对象，还是创建多个图案填充对象。

6）孤岛检测：

普通孤岛检测：从外部边界向内填充。如果遇到内部孤岛，填充将关闭，直到遇到孤岛中的另一个孤岛。

外部孤岛检测：从外部边界向内填充。此选项仅填充指定的区域，不会影响内部孤岛。

忽略孤岛检测：忽略所有内部的对象，填充图案时将通过这些对象。

7）绘图次序：为图案填充或填充指定绘图次序。选项包括不更改、后置、前置、置于边界之后和置于边界之前。

（6）“关闭”面板：

关闭“图案填充创建”：退出 HATCH 并关闭上下文选项卡。也可以按 Enter 键或 Esc 键退出 HATCH。

### 3.8.3 渐变色的操作

执行方式

命令行：GRADIENT

菜单：选择菜单栏中的“绘图”→“ 渐变色”命令。

工具栏：单击“绘图”工具栏中的“图案填充”按钮。

功能区：单击“默认”选项卡“绘图”面板中的“渐变色”按钮

## 操作步骤

执行上述命令后系统打开图 3-77 所示的“图案填充创建”选项卡，各面板中的按钮含义与图案填充的类似，这里不再赘述。

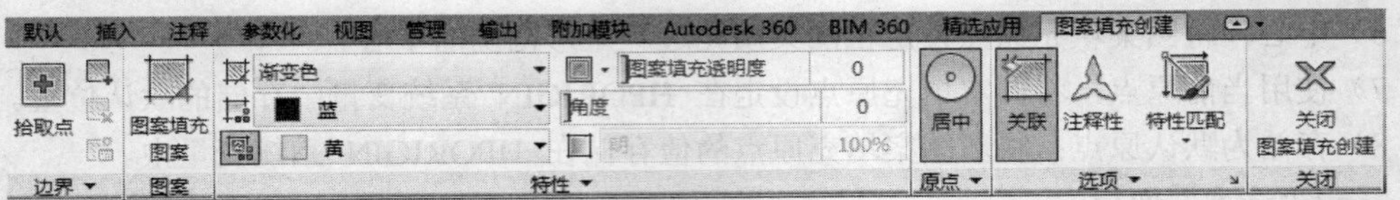


图 3-77 “图案填充创建”选项卡

## 3.8.4 边界的操作

1. 执行方式

命令行：BOUNDARY

功能区：单击“默认”选项卡“绘图”面板中的“边界”按钮

2. 操作格式

执行上述命令后系统打开图 3-78 所示的“边界创建”对话框。

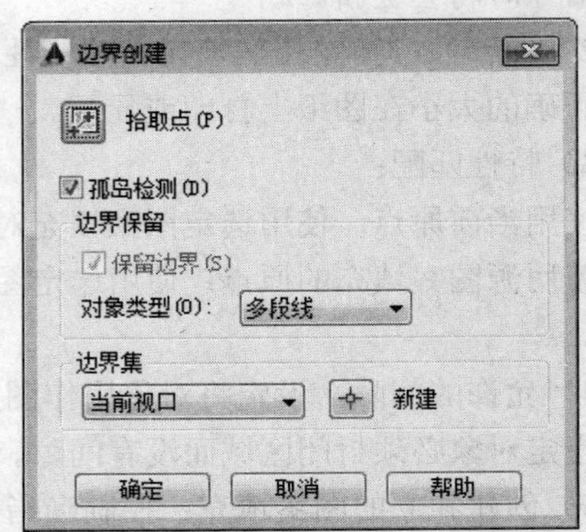


图 3-78 “边界创建”对话框

3. 选项说明

拾取点：根据围绕指定点构成封闭区域的现有对象来确定边界。

孤岛检测：控制 BOUNDARY 命令是否检测内部闭合边界，该边界称为孤岛。

对象类型：控制新边界对象的类型。BOUNDARY 将边界作为面域或多段线对象创建。

边界集：定义通过指定点定义边界时，BOUNDARY 要分析的对象集。

## 3.8.5 编辑填充的图案

利用 HATCHEDIT 命令可以编辑已经填充的图案。

执行方式

命令行：HATCHEDIT

菜单栏：“修改”→“对象”→“图案填充”

工具栏：“修改 II”→“编辑图案填充”

功能区：单击“默认”选项卡“修改”面板中的“编辑图案填充”按钮。

快捷菜单：选中填充的图案右击，在打开的快捷菜单中选择“图案填充编辑”命令（如图 3-79 所示）

快捷方法：直接选择填充的图案，打开“图案填充编辑器”选项卡（如图 3-80 所示）

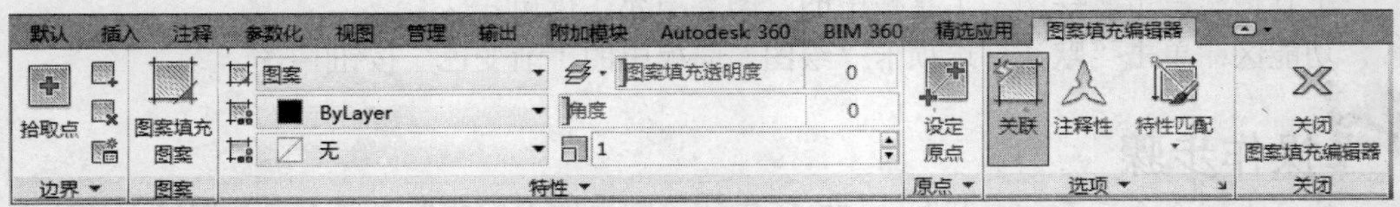


图 3-79 “图案填充编辑器”选项卡

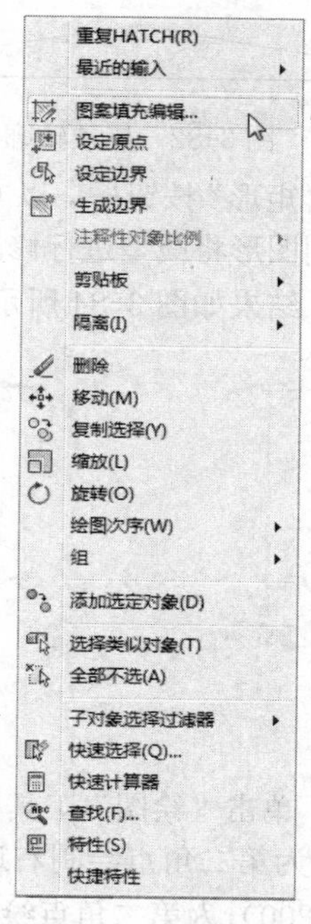


图 3-80　快捷菜单

### 3.8.6　实例——小房子

绘制如图 3-81 所示的小房子。

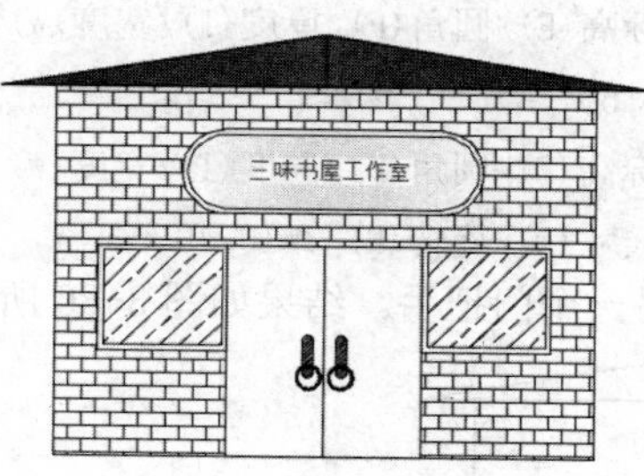


图 3-81　小房子

光盘\动画演示\第 3 章\小房子.avi

## 操作步骤

**01** 单击“绘图”工具栏中的“直线”按钮，以{（0，500）、（@600，0）}为端点坐标绘制直线。

重复“直线”命令，单击状态栏中的“对象捕捉”按钮，捕捉绘制好的直线的中点为起点，以（@0，50）为第二点坐标绘制直线。连接各端点，完成屋顶轮廓的绘制，结果如图 3-82 所示。

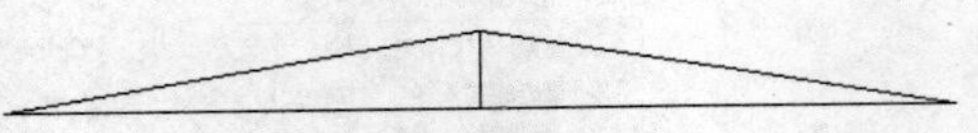

图 3-82 屋顶轮廓

**02** 单击“绘图”工具栏中的“矩形”按钮▭，以（50，500）为第一角点，（@500，-350）为第二角点绘制墙体轮廓，选择绘制图形将线型进行修改，结果如图 3-83 所示。

单击状态栏中的“线宽”按钮，结果如图 3-84 所示。

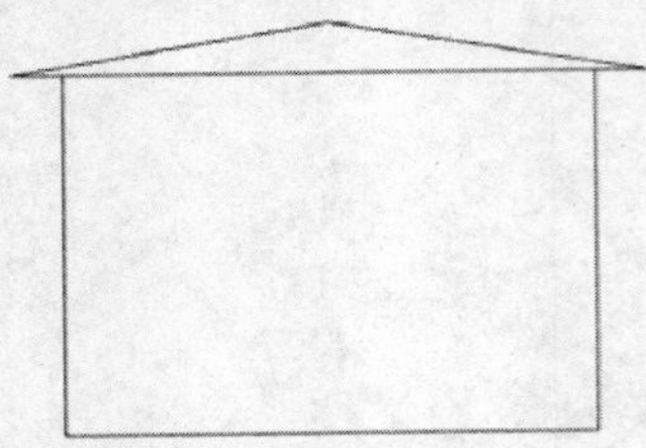

图 3-83 墙体轮廓

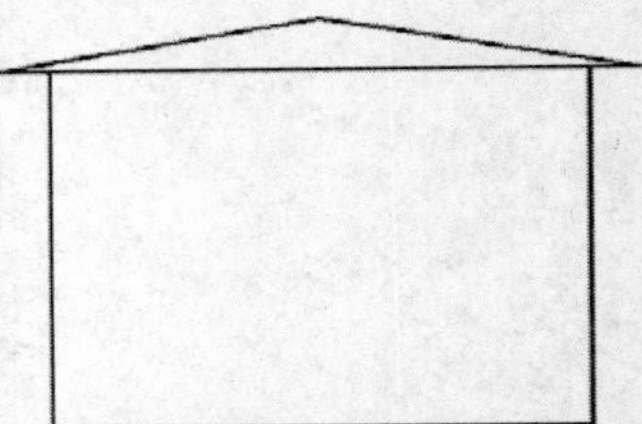

图 3-84 显示线宽

**03** 绘制门。

❶将“门窗”层设置为当前层。单击“绘图”工具栏中的“矩形”按钮▭，以墙体底面中点作为第一角点，以（@90，200）为第二角点绘制右边的门，重复“矩形”命令，以墙体底面中点作为第一角点，以（@-90，200）为第二角点绘制左边的门，结果如图 3-85 所示。

❷单击“绘图”工具栏中的“矩形”按钮▭，在适当的位置绘制一个长度为 10，高度为 40，倒圆半径为 5 的矩形作为门把手，命令行中的提示与操作如下：

```
命令:rectang↙
指定第一个角点或[倒角(C)/标高(E)/圆角(F)/厚度(T)/宽度(W)]:f↙
指定矩形的圆角半径<0.0000>:5↙
指定第一个角点或[倒角(C)/标高(E)/圆角(F)/厚度(T)/宽度(W)]:（在图上选取合适的位置）
指定另一个角点或[面积(A)/尺寸(D)/旋转(R)]:@10,40↙
```

重复“矩形”命令，绘制另一个门把手。结果如图 3-86 所示。

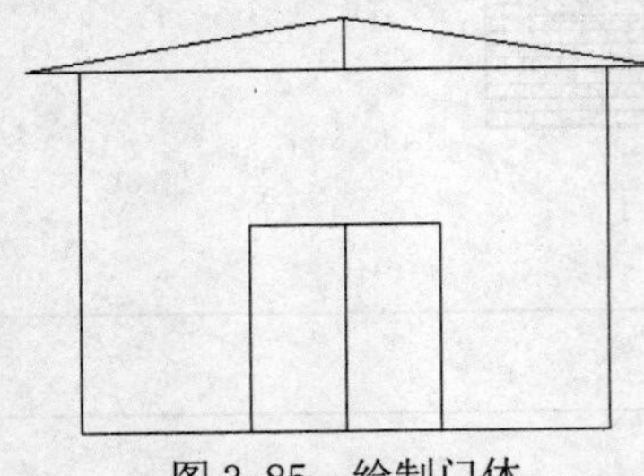

图 3-85 绘制门体

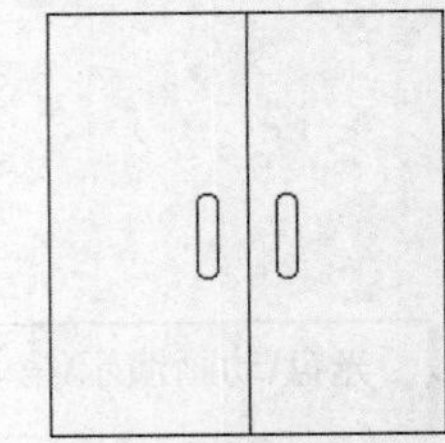

图 3-86 绘制门把手

❸选择菜单栏中的“绘图”→“圆环”命令，在适当的位置绘制两个内径为 20，外径为 24 的圆环作为门环，命令行中的提示与操作如下：

```
命令:donut↙
指定圆环的内径<30.0000>:20↙
指定圆环的外径<35.0000>:24↙
指定圆环的中心点或<退出>:（适当指定一点）
指定圆环的中心点或<退出>:（适当指定一点）
```

指定圆环的中心点或<退出>:↙

结果如图 3-87 所示。

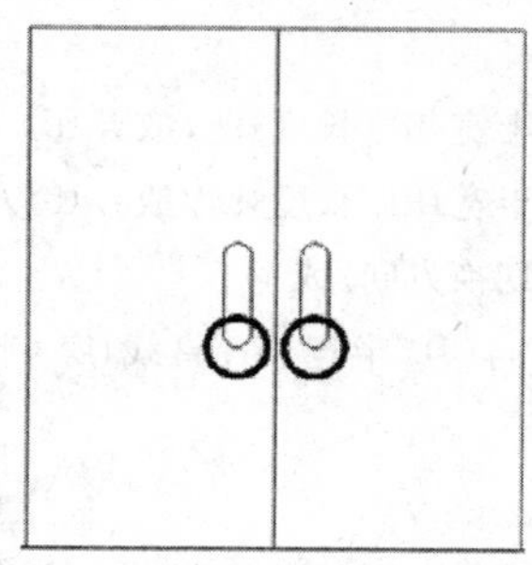

图 3-87　绘制门环

**04** 单击“绘图”工具栏中的“矩形”按钮，绘制外玻璃窗，指定门的左上角点为第一个角点，指定第二点为（@-120，-100）；接着指定门的右上角点为第一个角点，指定第二点为（@120，-100）。

重复“矩形”命令，以（205，345）为第一角点，（@ -110,-90）为第二角点绘制左边内玻璃窗，以（505，345）为第一角点，（@-110,-90）为第二角点绘制右边的内玻璃窗，结果如图 3-88 所示。

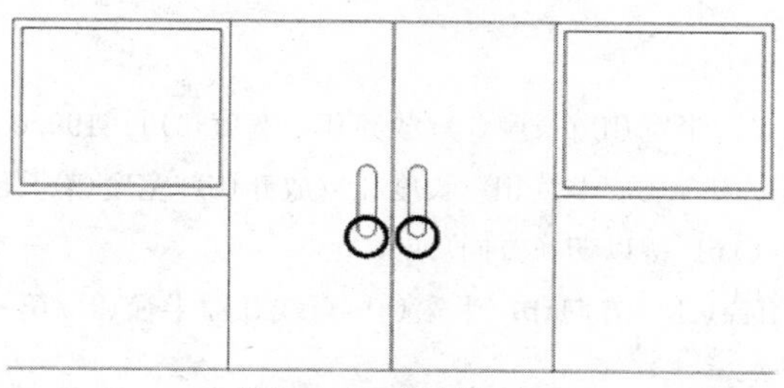

图 3-88　绘制窗户

**05** 单击“绘图”工具栏中的“多段线”按钮绘制多段线，绘制牌匾，命令行中的提示与操作如下：

```
命令: PLINE
指定起点:
当前线宽为 0.0000
指定下一个点或[圆弧(A)/半宽(H)/长度(L)/放弃(U)/宽度(W)]:@200,0
指定下一点或[圆弧(A)/闭合(C)/半宽(H)/长度(L)/放弃(U)/宽度(W)]:a
指定圆弧的端点(按住 Ctrl 键以切换方向)或
[角度(A)/圆心(CE)/闭合(CL)/方向(D)/半宽(H)/直线(L)/半径(R)/第二个点(S)/放弃(U)/宽度(W)]: a
指定夹角:180
指定圆弧的端点(按住 Ctrl 键以切换方向)或 [圆心(CE)/半径(R)]: r
指定圆弧的半径:40
```

```
指定圆弧的弦方向(按住 Ctrl 键以切换方向) <0>: 90
指定圆弧的端点(按住 Ctrl 键以切换方向)或
[角度(A)/圆心(CE)/闭合(CL)/方向(D)/半宽(H)/直线(L)/半径(R)/第二个点(S)/放弃(U)/宽度(W)]: l
指定下一点或[圆弧(A)/闭合(C)/半宽(H)/长度(L)/放弃(U)/宽度(W)]:@-200,0
指定下一点或[圆弧(A)/闭合(C)/半宽(H)/长度(L)/放弃(U)/宽度(W)]:a
指定圆弧的端点(按住 Ctrl 键以切换方向)或
[角度(A)/圆心(CE)/闭合(CL)/方向(D)/半宽(H)/直线(L)/半径(R)/第二个点(S)/放弃(U)/宽度(W)]: a
指定夹角:180
指定圆弧的端点(按住 Ctrl 键以切换方向)或[圆心(CE)/半径(R)]:r
指定圆弧的半径:40
指定圆弧的弦方向(按住 Ctrl 键以切换方向)<180>:270
指定圆弧的端点(按住 Ctrl 键以切换方向)或[角度(A)/圆心(CE)/闭合(CL)/方向(D)/半宽(H)/直线(L)/半径(R)/第二个点(S)/放弃(U)/宽度(W)]:CL
```

重复“多段线”命令，绘制变牌内侧的图形，命令行中的提示与操作如下：

```
命令: PLINE
指定起点:
当前线宽为 0.0000
指定下一个点或[圆弧(A)/半宽(H)/长度(L)/放弃(U)/宽度(W)]:@190,0
指定下一点或[圆弧(A)/闭合(C)/半宽(H)/长度(L)/放弃(U)/宽度(W)]:a
指定圆弧的端点(按住 Ctrl 键以切换方向)或
[角度(A)/圆心(CE)/闭合(CL)/方向(D)/半宽(H)/直线(L)/半径(R)/第二个点(S)/放弃(U)/宽度(W)]: a
指定夹角:180
指定圆弧的端点(按住 Ctrl 键以切换方向)或 [圆心(CE)/半径(R)]: r
指定圆弧的半径:35
指定圆弧的弦方向(按住 Ctrl 键以切换方向) <0>: 90
指定圆弧的端点(按住 Ctrl 键以切换方向)或
[角度(A)/圆心(CE)/闭合(CL)/方向(D)/半宽(H)/直线(L)/半径(R)/第二个点(S)/放弃(U)/宽度(W)]: l
指定下一点或[圆弧(A)/闭合(C)/半宽(H)/长度(L)/放弃(U)/宽度(W)]:@-190,0
指定下一点或[圆弧(A)/闭合(C)/半宽(H)/长度(L)/放弃(U)/宽度(W)]:a
指定圆弧的端点(按住 Ctrl 键以切换方向)或
[角度(A)/圆心(CE)/闭合(CL)/方向(D)/半宽(H)/直线(L)/半径(R)/第二个点(S)/放弃(U)/宽度(W)]: a
指定夹角:180
指定圆弧的端点(按住 Ctrl 键以切换方向)或[圆心(CE)/半径(R)]:r
```

指定圆弧的半径:35

指定圆弧的弦方向(按住 Ctrl 键以切换方向)<180>:270

指定圆弧的端点(按住 Ctrl 键以切换方向)或[角度(A)/圆心(CE)/闭合(CL)/方向(D)/半宽(H)/直线(L)/半径(R)/第二个点(S)/放弃(U)/宽度(W)]:CL

结果如图 3-89 所示

**提示**

单击“修改”工具栏中的“偏移”按钮，选择上步绘制的多段线为偏移对象向内进行偏移，偏移距离为 5。(此命令在后面一章将会讲的到)

**06** 单击“绘图”工具栏中的“多行文字”按钮A，输入牌匾中的文字，命令行中的提示与操作如下：

命令：MTEXT

指定第一角点：(用光标拾取第一点后，屏幕上显示出一个矩形文本框)

指定对角点或[高度(H)/对正(J)/行距(L)/旋转(R)/样式(S)/宽度(W)]：(拾取另外一点作为对角点)

此时将打开“多行文字编辑器”。在该对话框输入书店的名称，并设置字体的属性，设置之后的图形如图 3-90 所示。(“多行文字”命令在后面将会讲到)

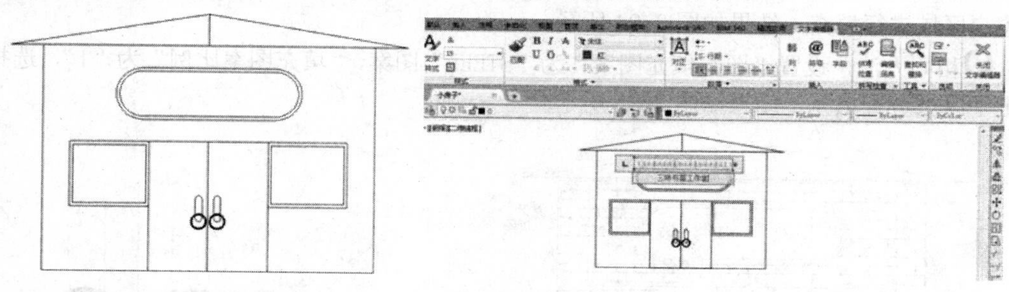

图 3-89　牌匾轮廓　　图 3-90　牌匾文字

单击“确定”按钮，即可完成牌匾的绘制，如图 3-91 所示。

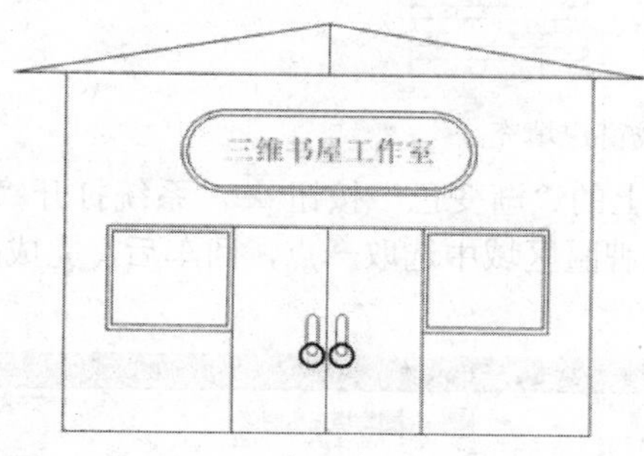


图 3-91　牌匾

**07** 图案的填充主要包括 5 部分：墙面、玻璃窗、门把手、牌匾和屋顶的填充。单击“绘图”工具栏中的“图案填充”按钮，选择适当的图案，即可分别将填充完成这五部分图形。

❶单击“绘图”工具栏上的“图案填充”按钮，系统打开“图案填充创建”选项卡，如图 3-92 所示，设置“图案填充图案”为“BRICK”图案，“填充图案比例”为“2”，在墙面区域中选取一点，回车后，完成墙面的填充，如图 3-93 所示。

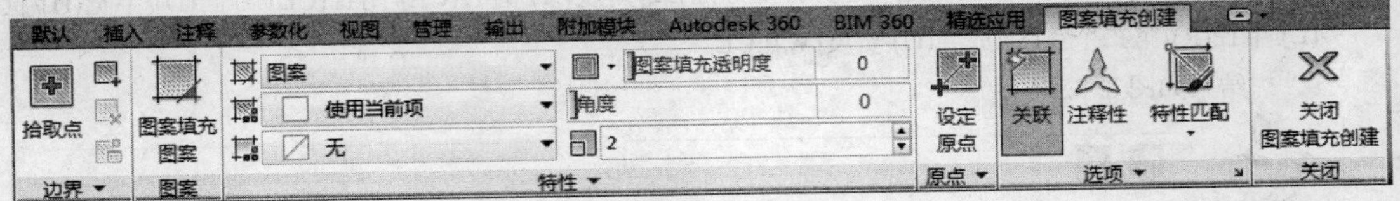


图 3-92 “图案填充创建”选项卡

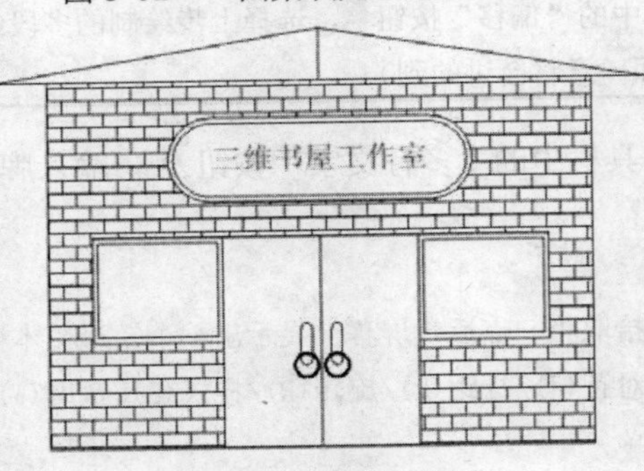


图 3-93 完成墙面填充

❷相同方法，设置“图案填充图案”为“ANSI33”图案，“填充图案比例”为“4”，选择窗户区域进行填充，结果如图 3-94 所示。

❸相同方法，设置“图案填充图案”为“STEEL”图案，“填充图案比例”为“1”，选择门把手区域进行填充，结果如图 3-95 所示。

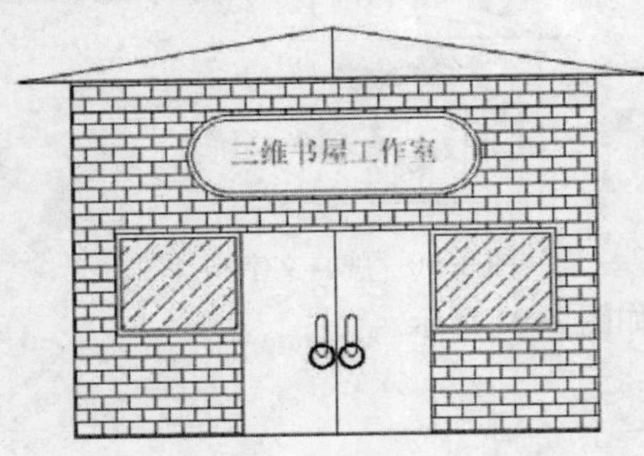


图 3-94 完成窗户填充

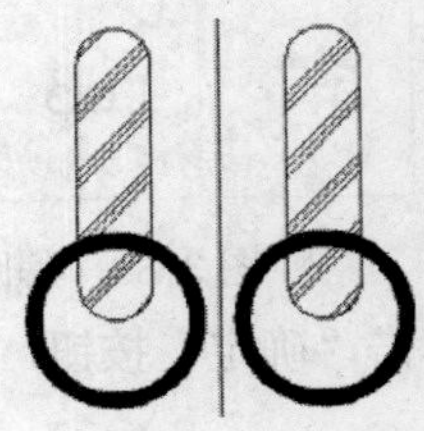

图 3-95 完成门把手填充

❹单击“绘图”工具栏上的“渐变色”按钮，系统打开“图案填充创建”选项卡，设置参数如图 3-96 所示。在牌匾区域中选取一点，回车后，完成牌匾的填充，如图 3-97 所示。

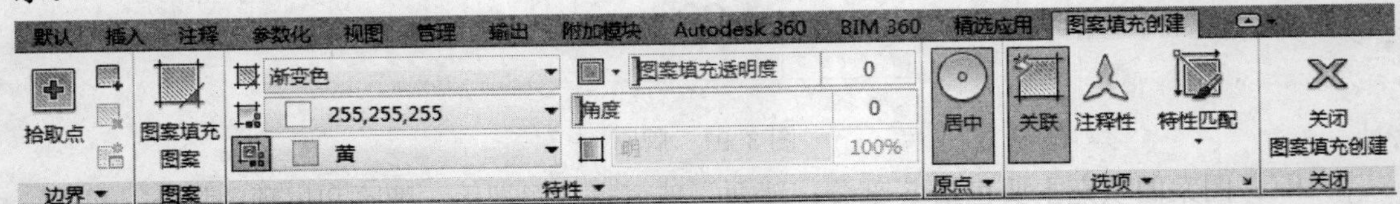


图 3-96 “图案填充创建”选项卡

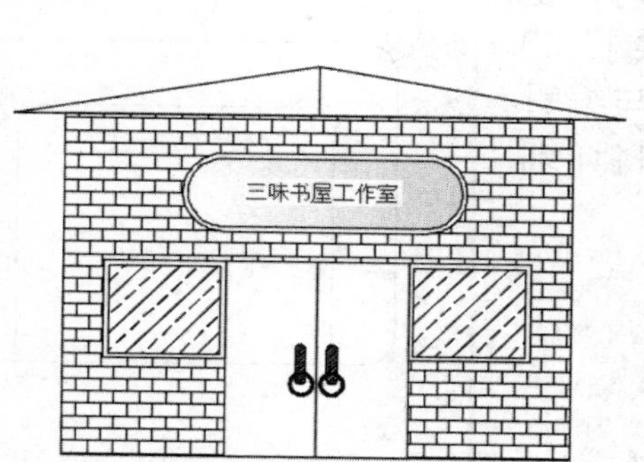


图 3-97　完成牌匾填充

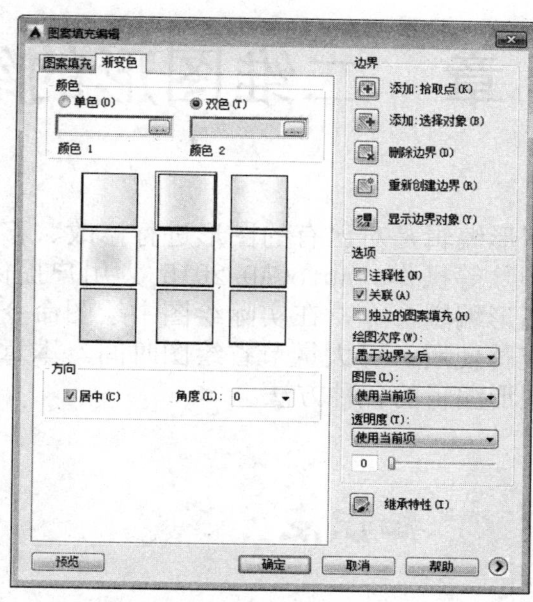


图 3-98　“图案填充编辑”对话框

完成牌匾的填充后，如果需要对渐变色进行更改，这时可以选择菜单栏中的“修改”→“对象”→“图案填充”，系统打开“图案填充编辑”对话框，重新设置，如图 3-98 所示，单击“确定”按钮，完成牌匾填充图案的修改，如图 3-99 所示。

❺同样方法，打开“图案填充创建”选项卡，设置填充参数，如图 3-100 所示，选择屋顶区域进行填充，结果如图 3-81 所示。

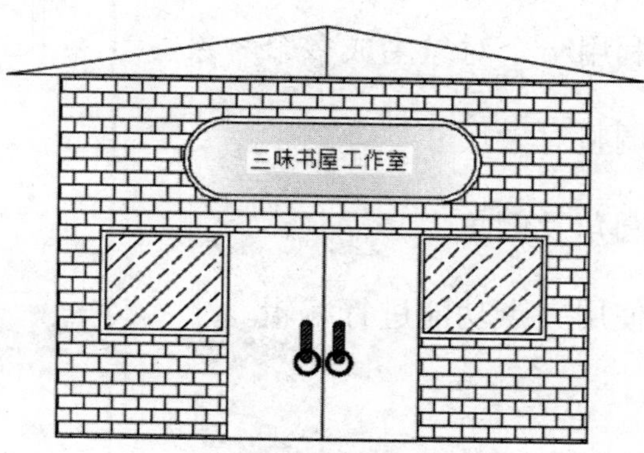


图 3-99　编辑填充图案

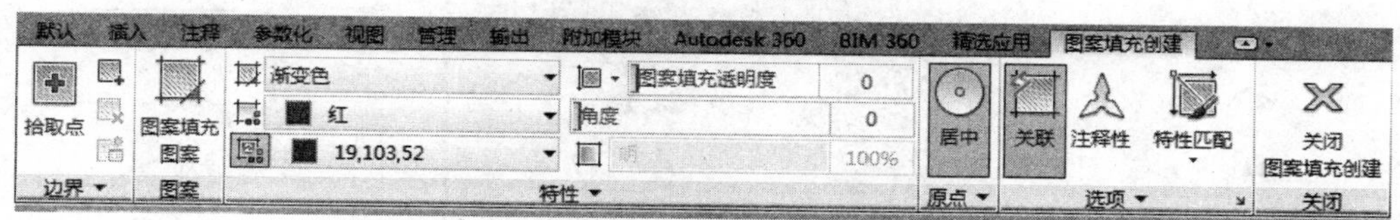


图 3-100　“图案填充创建”选项卡

# 第 4 章　二维图形的编辑

图形编辑是对已有的图形进行修改、移动、复制和删除等操作。AutoCAD 2015 为用户提供了 30 多种图形编辑命令，在实际绘图中绘图命令与编辑命令交替使用，可大量节省绘图时间。本章将详细介绍图形编辑的各种方法。

- 构造选择集及快速选择对象
- 删除与恢复
- 调整对象位置
- 利用一个对象生成多个对象
- 调整对象尺寸
- 圆角及倒角
- 使用夹点功能进行编辑

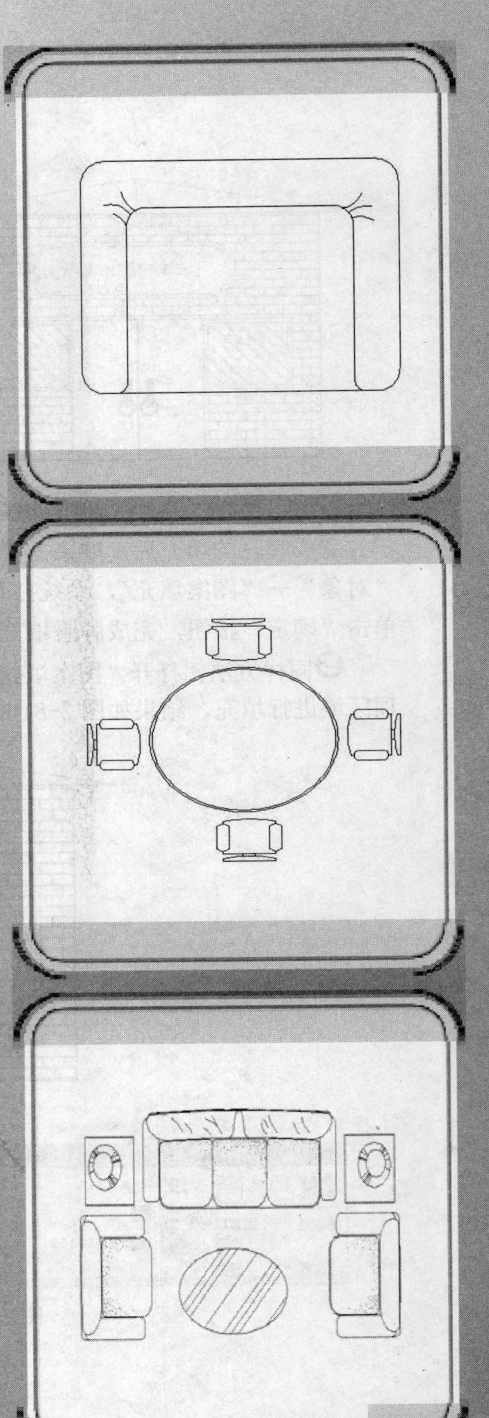

# 4.1 构造选择集及快速选择对象

## 4.1.1 构造选择集

当用户执行某个编辑命令时，命令行提示如下：

选择对象：

此时系统要求用户从屏幕上选择要进行编辑的对象，即构造选择集，并且光标的形状由十字光标变成了一个小方框（即拾取框）。编辑对象时需要构造对象的选择集。选择集可以是单个的对象，也可以由多个对象组成。可以在执行编辑命令之前构造选择集，也可以在选择编辑命令之后构造选择集。

可以使用下列任意一种方法构造选择集。

（1）先选择一个编辑命令，然后选择对象并回车，结束操作。

（2）输入 SELECT 命令，然后选择对象并回车，结束操作。

（3）用定点设备选择对象，然后调用编辑命令。

下面结合 SELECT 命令说明选择对象的方法。

SELECT 命令可以单独使用，也可以在执行其他编辑命令时被自动调用。此时屏幕提示：

选择对象：

等待用户以某种方式选择对象作为回答。AutoCAD 2015 提供多种选择方式，可以键入“？”查看这些选择方式。选择该选项后，出现如下提示：

需要点或窗口(W)/上一个(L)/窗交(C)/框(BOX)/全部(ALL)/栏选(F)/圈围(WP)/圈交(CP)/编组(G)/添加(A)/删除(R)/多个(M)/前一个(P)/放弃(U)/自动(AU)/单个(SI)/子对象/对象

选择对象：

上面各选项含义如下：

（1）点：是系统默认的一种对象选择方式，用拾取框直接去选择对象，选中的目标以高亮显示。选中一个对象后，命令行提示仍然是“选择对象:”，用户可以接着选择。选完后按回车键，以结束对象的选择。选择模式和拾取框的大小可以通过“选项”对话框进行设置，操作如下：

选择菜单栏中的“工具”→“选项”命令，打开“选项”对话框，然后打开“选择集”选项卡，如图 4-1 所示。利用该选项卡可以设置选择模式和拾取框的大小。

（2）窗口(W)：用由两个对角顶点确定的矩形窗口选取位于其范围内部的所有图形，与边界相交的对象不会被选中。指定对角顶点时应该按照从左向右的顺序，如图 4-2 所示。

（3）上一个(L)：在“选择对象:”提示下键入 L 后回车，系统会自动选取最后绘出的一个对象。

（4）窗交(C)：该方式与上述“窗口”方式类似，区别在于它不但选择矩形窗口内部的对象，也选中与矩形窗口边界相交的对象。选择的对象如图 4-3 所示。

（5）框(BOX)：使用时系统根据用户在屏幕上给出的两个对角点的位置而自动引用“窗口”或“窗交”选择方式。若从左向右指定对角点，为“窗口”方式；反之，为“窗交”方式。

（6）全部(ALL)：选取图面上所有对象。

（7）栏选(F)：临时绘制一些直线，这些直线不必构成封闭图形，凡是与这些直线相交的对象均被选中。执行结果如图 4-4 所示。

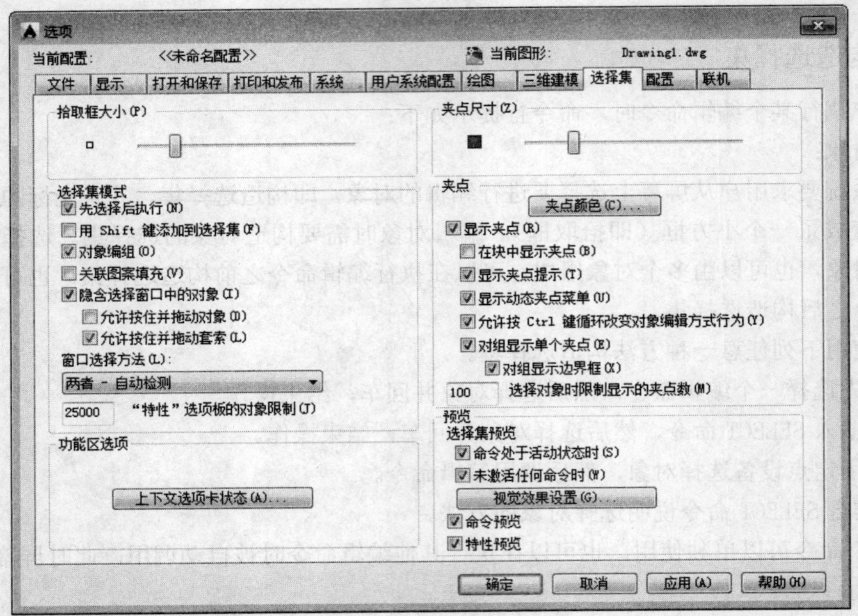


图 4-1 “选择集”选项卡

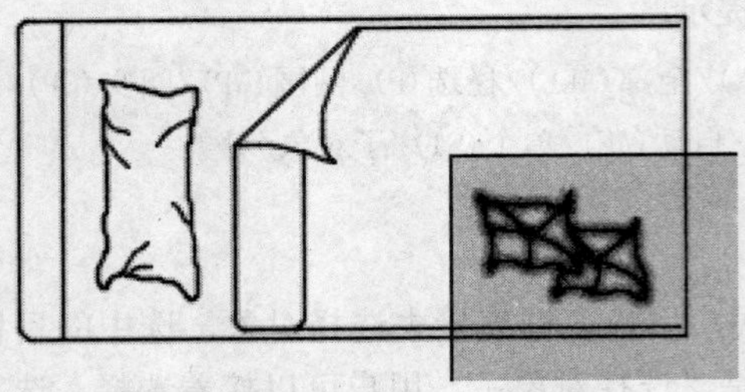

图中深色覆盖部分为选择窗口

选择后的图形

图 4-2 窗口对象选择方式

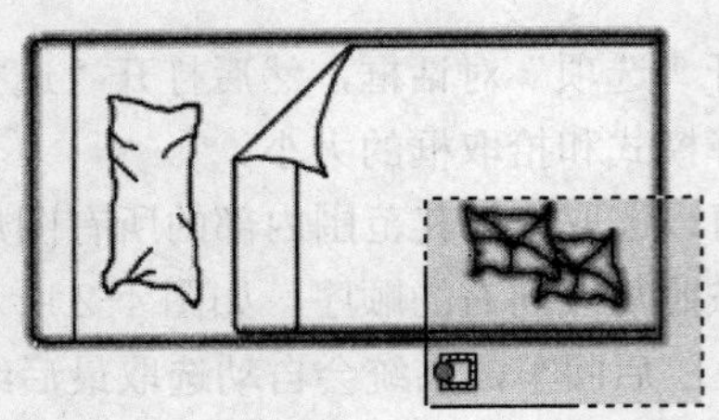

图中深色覆盖部分为选择窗口

选择后的图形

图 4-3 “窗交”对象选择方式

(8) 圈围(WP)：使用一个不规则的多边形来选择对象。根据提示，用户顺次输入构成多边形所有顶点的坐标，直到最后用回车作出空回答结束操作，系统将自动连接第一个顶点与最后一个顶点形成封闭的多边形。凡是被多边形围住的对象均被选中（不包括边界）。执行结果如图 4-5 所示。

(9) 圈交(CP)：类似于“圈围”方式，在提示后键入 CP，后续操作与 WP 方式相同。区

别在于：与多边形边界相交的对象也被选中。

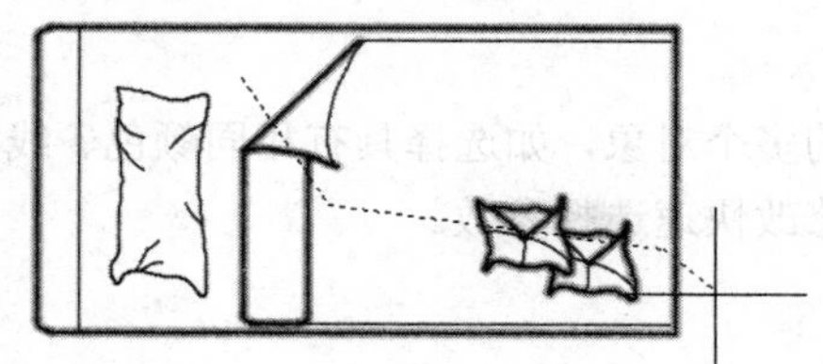

图中虚线为选择栏

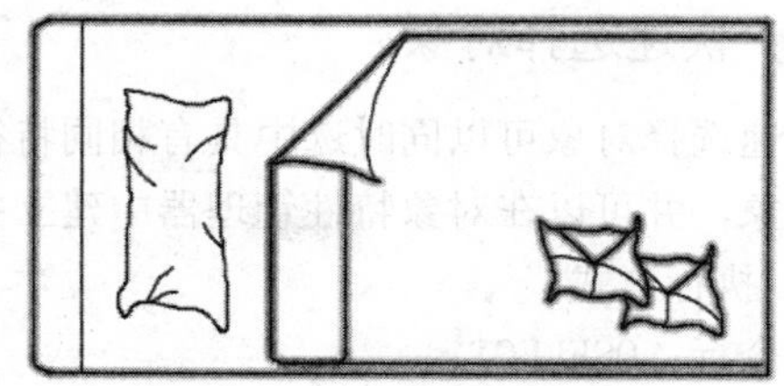

选择后的图形

图 4-4 “栏选”对象选择方式

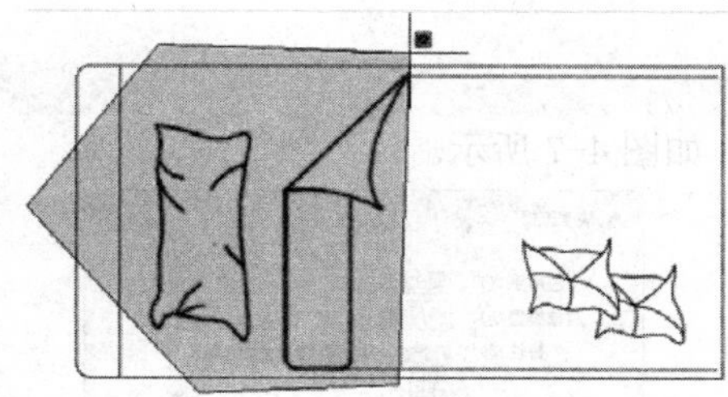

图中十字线所拉出深色多边形为选择窗口

选择后的图形

图 4-5 “圈围”对象选择方式

（10）编组(G)：使用预先定义的对象组作为选择集。事先将若干个对象组成组，用组名引用。

（11）添加(A)：添加下一个对象到选择集。也可用于从移走模式（Remove）到选择模式的切换。

（12）删除(R)：按住 Shift 键选择对象可以从当前选择集中移走该对象。对象由高亮显示状态变为正常状态。

（13）多个(M)：指定多个点，不高亮显示对象。这种方法可以加快在复杂图形上的对象选择过程。若两个对象交叉，指定交叉点两次则可以选中这两个对象。

（14）上一个(P)：用关键字 P 回答“选择对象：”的提示，则把上次编辑命令最后一次构造的选择集或最后一次使用 Select（DDSELECT）命令预置的选择集作为当前选择集。这种方法适用于对同一选择集进行多种编辑操作。

（15）放弃（U)：用于取消加入进选择集的对象。

（16）自动(AU)：选择结果视用户在屏幕上的选择操作而定。如果选中单个对象，则该对象即为自动选择的结果；如果选择点落在对象内部或外部的空白处，系统会提示：

指定对角点：

此时，系统会采取一种窗口的选择方式。对象被选中后，变为虚线形式，并高亮显示。

（17）单个(SI)：选择指定的第一个对象或对象集，而不继续提示进行进一步的选择。

提示

若矩形框从左向右定义，即第一个选择的对角点为左侧的对角点，矩形框内部的对象被选中，框外部及与矩形框边界相交的对象不会被选中。若矩形框从右向左定义，矩形框内部及与矩形框边界相交的对象都会被选中。

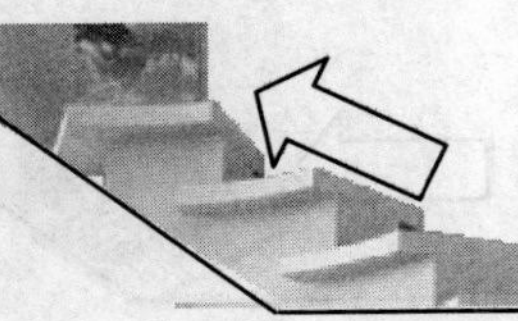



### 4.1.2　快速选择对象

快速选择对象可以同时选中具有相同特征的多个对象，如选择具有相同颜色、线型或线宽的对象，并可以在对象特性管理器中建立并修改快速选择参数。

1. 执行方式

命令行：QSELECT

菜单栏："工具"→"快速选择"

右键快捷菜单：快速选择（如图 4-6 所示）

2. 操作格式

```
命令:QSELECT↙
```

执行上述命令后，打开"快速选择"对话框，如图 4-7 所示。

图 4-6　右键快捷菜单

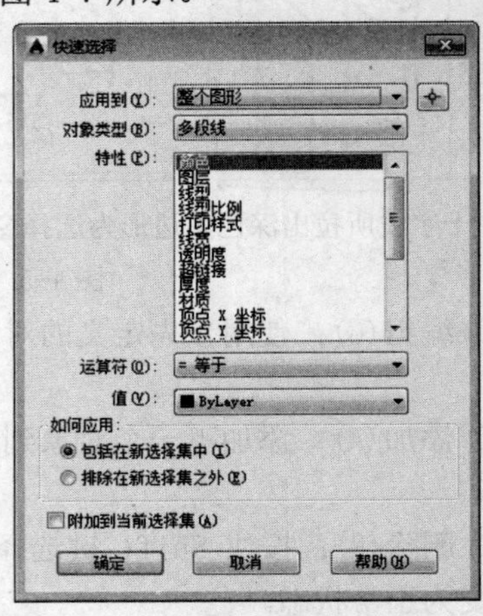



图 4-7　"快速选择"对话框

3. 选项说明

（1）应用到：确定范围，可以是整张图，也可以是当前的选择集。

（2）对象类型：指出要选择的对象类型。

（3）特性：在该列表框中列出了作为过滤依据的对象特性。

（4）运算符：用 4 种运算符来确定所选择特性与特性值之间的关系，有等于、大于、小于和不等于。

（5）值：根据所选特性，指定特性的值，也可以从列表中选取。

（6）如何应用：选择是"包括在新选择集中"还是"排除在新选择集之外"。

（7）附加到当前选择集：让用户多次运用不同的快速选择，从而产生累加选择集。

## 4.2　删除与恢复

### 4.2.1　删除命令

1. 执行方式

命令行：ERASE

菜单栏："修改"→"删除"如图 4-8 所示。

工具栏："修改"→"删除"如图 4-9 所示。

右键快捷菜单：删除

功能区：单击"默认"选项卡"修改"面板中的"删除"按钮。

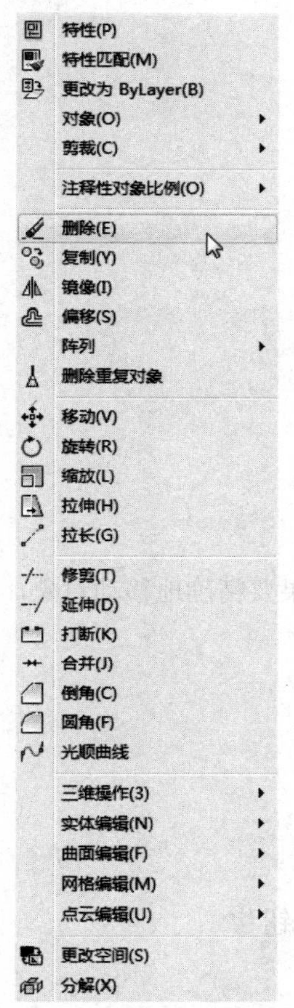


图 4-8 "修改"菜单

图 4-9 "修改"工具栏

2. 操作格式

可以先选择对象，调用"删除"命令；也可以先调用"删除"命令，再选择对象。选择对象时可以使用前面介绍的各种选择对象的方法。

当选择多个对象时，多个对象都被删除；若选择的对象属于某个对象组，则该对象组的所有对象都被删除。

### 4.2.2 恢复命令

若不小心误删除了图形，可以使用恢复命令 OOPS 恢复误删除的对象。

1. 执行方式

命令行：OOPS 或 U

工具栏："标准"→"放弃"

快捷键：Ctrl+Z

2. 操作格式

命令:OOPS↙

### 4.2.3 清除命令

此命令与“删除”命令功能完全相同。

1. 执行方式

菜单栏：“编辑”→“删除”

快捷键：Del

2. 操作格式

执行上述命令后，系统提示如下

选择对象:（选择要清除的对象，按回车键执行清除命令）

## 4.3 调整对象位置

### 4.3.1 移动

移动对象是将对象位置平移，而不改变对象的方向和大小。如果要精确地移动对象，需要配合使用捕捉、坐标、夹点和对象捕捉模式。

1. 执行方式

命令行：MOVE

菜单栏：“修改”→“移动”

工具栏：“修改”→“移动”

右键快捷菜单：移动

功能区：单击“默认”选项卡“修改”面板中的“移动”按钮。

2. 操作格式

命令:MOVE↙

选择对象:（选择对象）

指定基点或[位移(D)]<位移>:（指定基点或移至点）

指定第二个点或<使用第一个点作为位移>:

3. 选项说明

（1）如果对“指定第二个点或<使用第一个点作为位移>:”提示不输入而回车，则第一次输入的值为相对坐标@X，Y。选择的对象从它当前的位置以第一次输入的坐标为位移量而移动。

（2）可以使用夹点进行移动。当对所操作的对象选取基点后，按空格键以切换到“移动”模式。

### 4.3.2 对齐

可以通过移动、旋转或倾斜一个对象来使该对象与另一个对象对齐。此命令既适用于三

维对象，也适用于二维对象。

1. 执行方式

命令行：ALIGN

菜单栏："修改"→"三维操作"→"对齐"

2. 操作格式

```
命令: ALIGN↙
指定第一个源点:
指定第一个目标点:
指定第二个源点:
指定第二个目标点:
指定第三个源点或<继续>:
是否基于对齐点缩放对象？[是(Y)/否(N)] <否>:
```

### 4.3.3 实例——管道对齐

用窗口(W)选择框选择要对齐的对象去对齐管道段，如图 4-10c 所示。

光盘\动画演示\第 4 章\管道对齐.avi

## 操作步骤

01 在命令行中输入"ALIGN"命令。

02 用窗口(W)选择框选择要对齐的对象，如图 4-10a 所示。

03 指定第一个源点，如图 4-10b 中所示的点 3。然后指定第一个目标点，如图 4-10b 中所示的点 4。

04 指定第二个源点，如图 4-10b 中所示的点 5，然后指定第二个目标点，如图 4-10b 中所示的点 6。回车，此时系统提示如下：

```
是否基于对齐点缩放对象？[是（Y）/否（N）]<N>:
```

05 输入 Y 并回车，即可缩放对象并使对齐点对齐，如图 4-10c 所示。

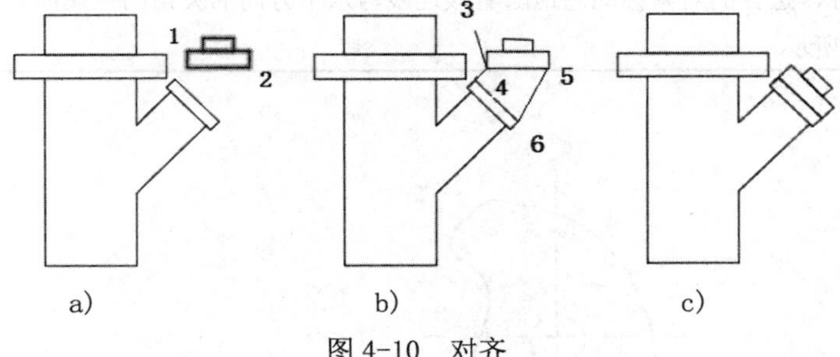


图 4-10 对齐

### 4.3.4 旋转

旋转是将所选对象绕指定点（即基点）旋转至指定的角度，以便调整对象的位置。

1. 执行方式

命令行：ROTATE

菜单：“修改”→“旋转”

工具栏：“修改”→“旋转”

右键快捷菜单：旋转

功能区：单击“默认”选项卡“修改”面板中的“旋转”按钮。

2. 操作格式

```
命令:ROTATE↙
UCS 当前的正角方向: ANGDIR=逆时针  ANGBASE=0
选择对象:(选择要旋转的对象)
指定基点:(指定旋转的基点，在对象内部指定一个坐标点)
指定旋转角度或[复制(C)/参照(R)] <0>:(指定旋转角度或其他选项)
```

3. 选项说明.

(1) 复制(C)：选择该项，旋转对象的同时保留原对象，如图 4-11 所示。

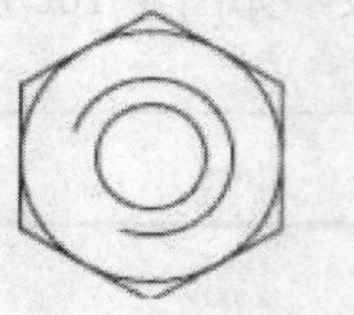

旋转前

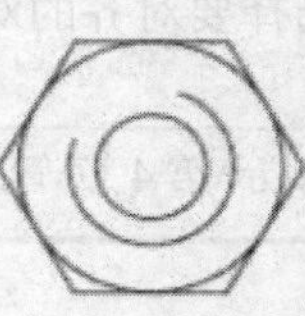

旋转后

图 4-11　复制旋转

(2) 参照(R)：采用参考方式旋转对象时，系统提示如下：

指定参照角<0>:(指定要参考的角度，默认值为 0)

指定新角度:(输入旋转后的角度值)

操作完毕后，对象被旋转至指定的角度位置。

提 示

可以用拖动鼠标的方法旋转对象。选择对象并指定基点后，从基点到当前光标位置会出现一条连线，移动鼠标，选择的对象会动态地随着该连线与水平方向的夹角的变化而旋转，回车确认旋转操作，如图 4-12 所示。

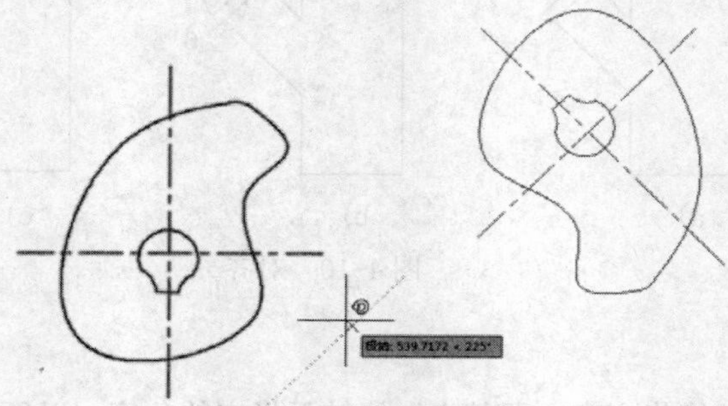

图 4-12　拖动鼠标旋转对象

# 4.4 利用一个对象生成多个对象

## 4.4.1 复制

根据需要，可以将选择的对象复制一次，也可以复制多次（即多重复制）。在复制对象时，需要创建一个选择集并为复制对象指定一个起点和终点，这两点分别称为基点和第二个位移点，可位于图形内的任何位置。

1. 执行方式

命令行：COPY

菜单栏："修改"→"复制"

工具栏："修改"→|"复制"

右键快捷菜单：复制选择

功能区：单击"默认"选项卡"修改"面板中的"复制"按钮。

2. 操作格式

```
命令:COPY↙
选择对象: (选择要复制的对象)
```

用前面介绍的对象选择方法选择一个或多个对象，回车结束选择操作。系统继续提示：

```
当前设置: 复制模式 = 多个
指定基点或[位移(D)/模式(O)]<位移>:(指定基点或位移)
指定第二个点或[阵列(A)]<使用第一个点作为位移>:
指定第二个点或[阵列(A)/退出(E)/放弃(U)]<退出>:
```

3. 选项说明

（1）位移（D）：直接输入位移值，表示以选择对象时的拾取点为基准，以拾取点坐标为移动方向纵横比，以移动指定位移后确定的点为基点。例如，选择对象时拾取点坐标为（2，3），输入位移为5，则表示以（2，3）点为基准，沿纵横比为3∶2的方向移动5个单位所确定的点为基点。

（2）模式（O）：控制是否自动重复该命令。图4-13所示为将水盆复制后形成的洗手间图形。

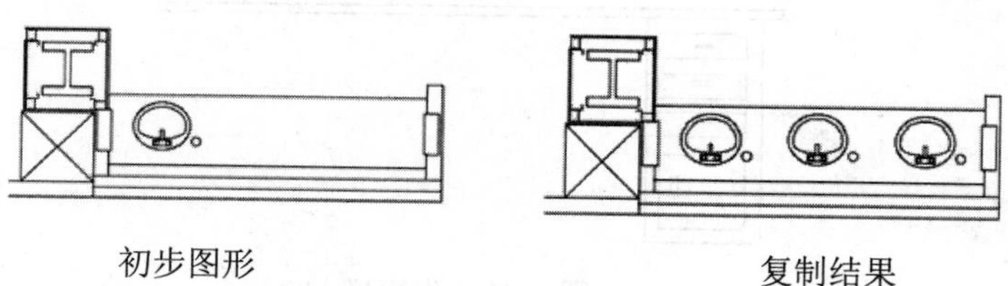

初步图形　　　　复制结果

图4-13　洗手间

使用第一个点作为位移：将第一个点当作相对于X、Y、Z的位移。例如，如果指定基点为2、3并在下一个提示下按回车键，则该对象从它当前的位置开始在X方向上移动两个单位，在Y方向上移动3个单位。

## 4.4.2 实例——办公桌（一）

绘制如图4-14所示的办公桌。

图 4-14 办公桌一

光盘路径

光盘\动画演示\第 4 章\办公桌一.avi

## 操作步骤

01 单击“绘图”工具栏中的“矩形”按钮，在合适的位置绘制矩形，如图 4-15 所示。

02 单击“绘图”工具栏中的“矩形”按钮，在合适的位置绘制一系列的矩形，结果如图 4-16 所示。

03 单击“绘图”工具栏中的“矩形”按钮，在合适的位置绘制一系列的矩形，结果如图 4-17 所示。

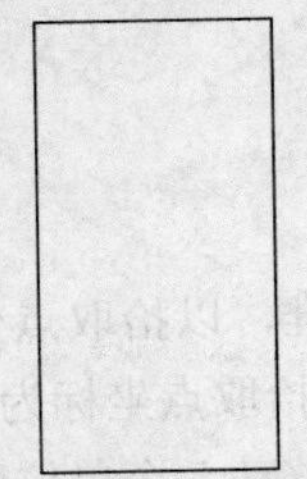

图 4-15 作矩形

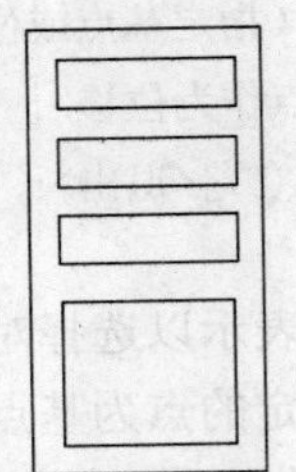

图 4-16 作矩形

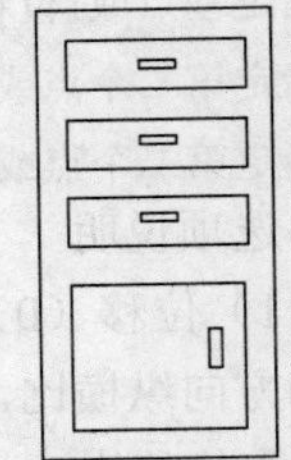

图 4-17 作矩形

04 单击“绘图”工具栏中的“矩形”按钮，在合适的位置绘制一矩形，结果如图 4-18 所示。

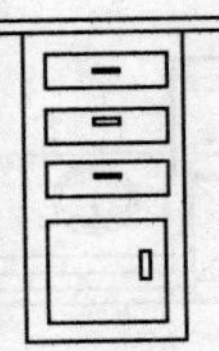

图 4-18 作矩形

05 单击“修改”工具栏中的“复制”按钮，将办公桌左边的一系列矩形复制到右边，完成办公桌的绘制。命令行中的提示与操作如下：

```
命令:copy↙
选择对象:（选取左边的一系列矩形）
选择对象:↙
当前设置:  复制模式 = 多个
```

指定基点或[位移(D)] <位移>:（选取左边的一系列矩形任意指定一点）

指定第二个点或[阵列(A)]<使用第一个点作为位移>:（打开状态栏上的“正交”开关，指定适当位置一点）

指定第二个点或[阵列(A)/退出(E)/放弃(U)] <退出>:↙

结果如图 4-14 所示。

### 4.4.3 镜像

将指定的对象按给定的镜像线作反像复制，即镜像。镜像操作适用于对称图形，是一种常用的编辑方法。

1. 执行方式

命令行：MIRROR

菜单栏：“修改”→“镜像”

工具栏：“修改”→“镜像”

功能区：单击“默认”选项卡“修改”面板中的“镜像”按钮（如图 4-19 所示）。

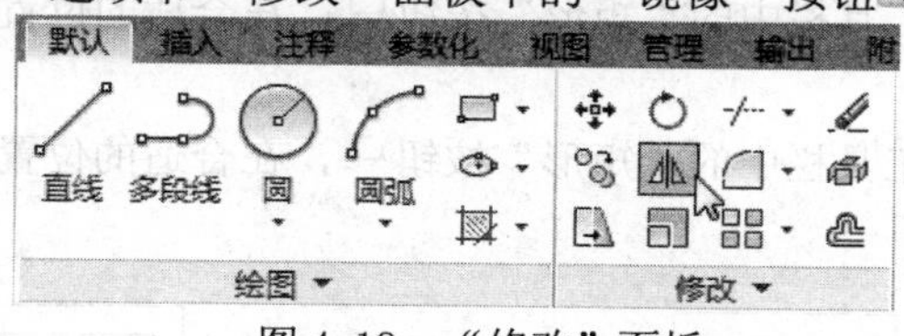


图 4-19　“修改”面板

2. 操作格式

命令：MIRROR↙

选择对象：（选择要镜像的对象）

指定镜像线的第一点:（指定镜像线的第一个点）

指定镜像线的第二点:（指定镜像线的第二个点）

要删除源对象吗？[是(Y)/否(N)]<N>:（确定是否删除源对象）

这两点确定一条镜像线，被选择的对象以该线为对称轴进行镜像。包含该线的镜像平面与用户坐标系统的 XY 平面垂直，即镜像操作工作在与用户坐标系统的 XY 平面平行的平面上。

### 4.4.4 实例——办公桌（二）

绘制如图 4-20 所示的办公桌图形。

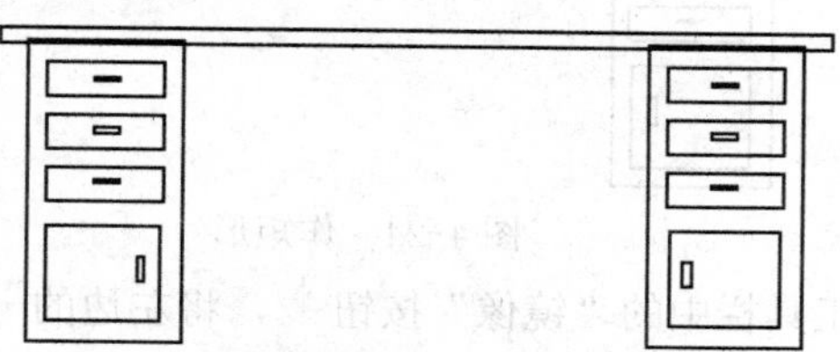

图 4-20　办公桌二

光盘\动画演示\第 4 章\办公桌二.avi

## 操作步骤

**01** 单击“绘图”工具栏中的“矩形”按钮□，在合适的位置绘制矩形，如图 4-21 所示。

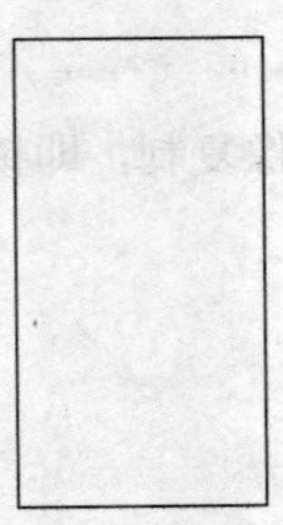

图 4-21　作矩形

**02** 单击“绘图”工具栏中的“矩形”按钮□，在合适的位置绘制一系列的矩形，结果如图 4-22 所示。

**03** 单击“绘图”工具栏中的“矩形”按钮□，在合适的位置绘制一系列的矩形，结果如图 4-23 所示。

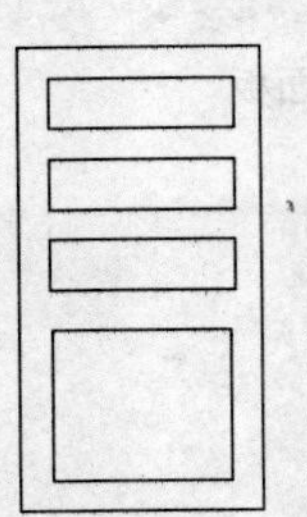

图 4-22　作矩形

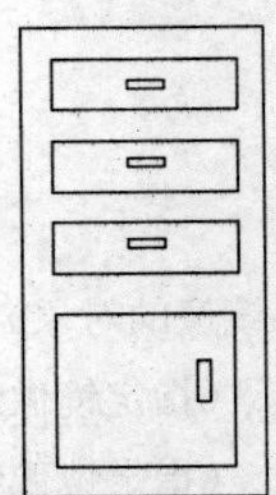

图 4-23　作矩形

**04** 单击“绘图”工具栏中的“矩形”按钮□，在合适的位置绘制一矩形，结果如图 4-24 所示。

图 4-24　作矩形

**05** 单击“修改”工具栏中的“镜像”按钮，将左边的一系列矩形以桌面矩形的顶边中点和底边中点为轴镜像，命令行中的提示与操作如下：

```
命令：MIRROR↙
选择对象：(选取左边的一系列矩形) ↙
选择对象：↙
指定镜像线的第一点:选择桌面矩形的底边中点
```

指定镜像线的第二点:选择桌面矩形的顶边中点

要删除源对象吗？[是(Y)/否(N)]<N>:↙

结果如图 4-20 所示。读者可以比较用“复制”命令和“镜像”绘制的办公桌，图 4-14 和图 4-20 所示。

### 4.4.5　阵列

阵列按环形或矩形排列形式复制对象或选择集。对于环形阵列，可以控制复制对象的数目和是否旋转对象。对于矩形阵列，可以控制行和列的数目以及间距。图 4-25 所示分别是矩形阵列和环形阵列的示例。

1. 执行方式

命令行：ARRAY

菜单栏：“修改”→“阵列”→“矩形阵列”或“路径阵列”或“环形阵列”

工具栏：修改→矩形阵列，修改→路径阵列，修改→环形阵列

功能区：单击“默认”选项卡“修改”面板中的“矩形阵列”按钮/“路径阵列”按钮/“环形阵列”按钮（如图 4-26 所示）

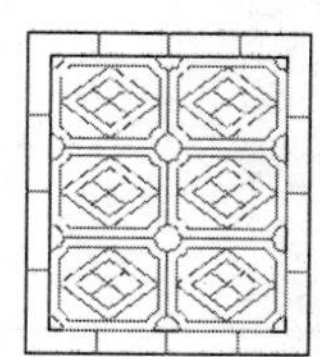

矩形阵列　　环形阵列

图 4-25　阵列

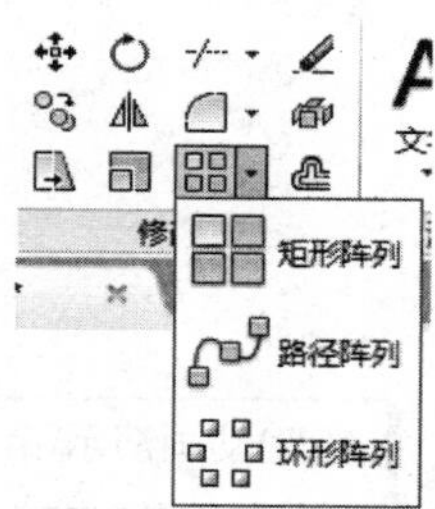


图 4-26　“修改”面板

2. 操作格式

命令：ARRAY↙

选择对象：（使用对象选择方法）

输入阵列类型[矩形（R）/路径（PA）/极轴（PO）]<矩形>:（选择一种阵列类型）

类型=路径 关联=是

3. 选项说明

（1）矩形（R）：将选定对象的副本分布到行数、列数和层数的任意组合。选择该选项后出现如下提示：

选择夹点以编辑阵列或［关联(AS)/基点(B)/计数(COU)/间距(S)/列数(COL)/行数(R)/层数(L)/退出(X)］<退出>：（通过夹点，调整阵列间距，列数，行数和层数；也可以分别选择各选项输入数值）

（2）路径（PA）：沿路径或部分路径均匀分布选定对象的副本。选择该选项后出现如下提示：

选择路径曲线:（选择一条曲线作为阵列路径）

选择夹点以编辑阵列或[关联(AS)/方法(M)/基点(B)/切向(T)/项目(I)/行(R)/层(L)/对齐项目

(A)/Z 方向(Z)/退出(X)]<退出>:(通过夹点，调整阵行数和层数；也可以分别选择各选项输入数值)

（3）极轴（PO）：在绕中心点或旋转轴的环形阵列中均匀分布对象副本。选择该选项后出现如下提示：

指定阵列的中心点或[基点(B)/旋转轴(A)]:(选择中心点、基点或旋转轴)

选择夹点以编辑阵列或[关联(AS)/基点(B)/项目(I)/项目间角度(A)/填充角度(F)/行(ROW)/层(L)/旋转项目(ROT)/退出(X)]<退出>:(通过夹点，调整角度，填充角度；也可以分别选择各选项输入数值)

### 4.4.6 实例——餐桌

绘制如图 4-27 所示的餐桌。

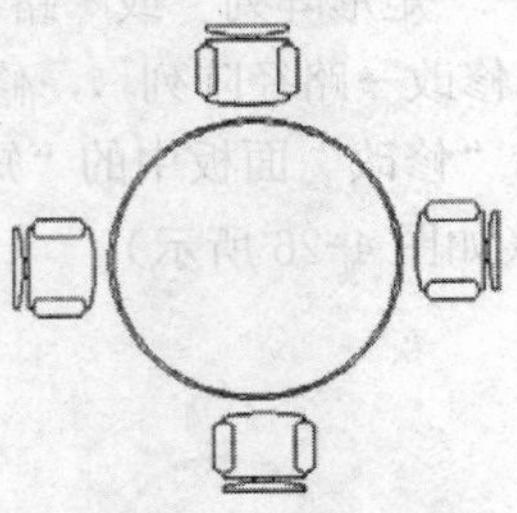

图 4-27 餐桌

光盘\动画演示\第 4 章\餐桌.avi

## 操作步骤

**01** 设置绘图环境。选择菜单栏中的“格式”→“图形界限”命令，设置图幅：297×210。

**02** 绘制椅子。单击“绘图”工具栏中的“直线”按钮，绘制直线，结果如图 4-28 所示。

单击“修改”工具栏中的“复制”按钮，复制直线，命令行中的提示与操作如下：

```
命令:copy↙
选择对象:(分别选择各段直线)
选择对象:↙
当前设置: 复制模式 = 多个
指定基点或[位移(D)/模式(O)]<位移>:
指定第二个点或[阵列(A)]<使用第一个点作为位移>:
指定第二个点或[阵列(A)/退出(E)/放弃(U)]<退出>:
```

结果如图 4-29 所示。

**03** 单击“绘图”工具栏中的“直线”按钮和“圆弧”按钮，绘制靠背，结果如图 4-30 所示。

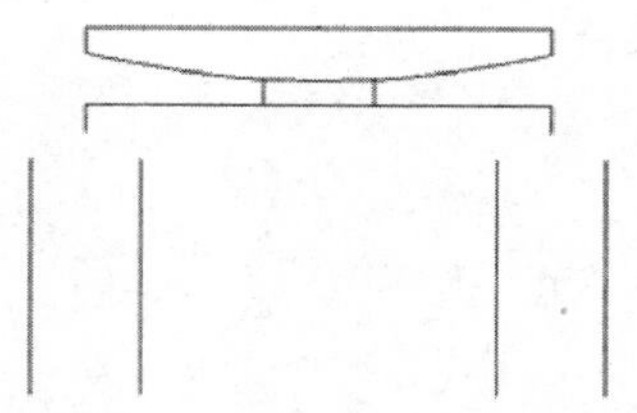

图 4-28　绘制直线

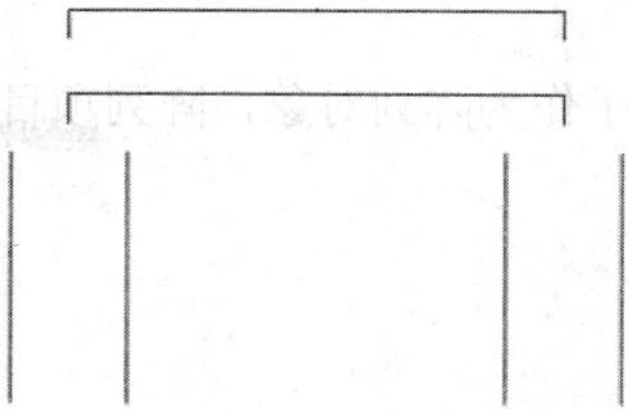

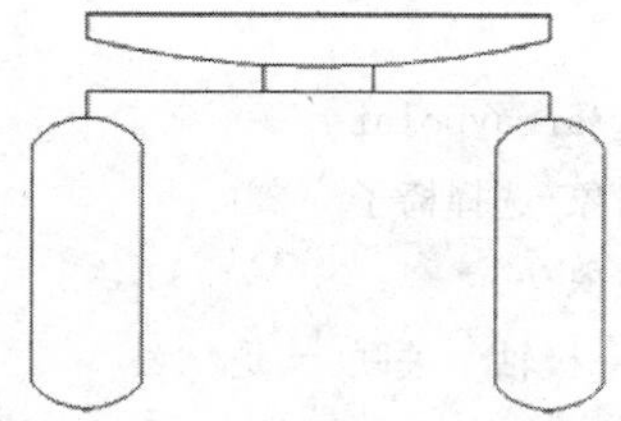

图 4-29　复制直线

**04** 单击“绘图”工具栏中的“直线”按钮和“圆弧”按钮，绘制扶手，结果如图 4-31 所示。

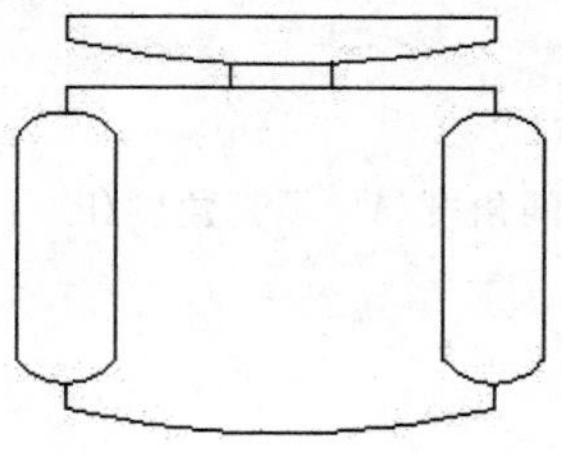

图 4-30　绘制靠背

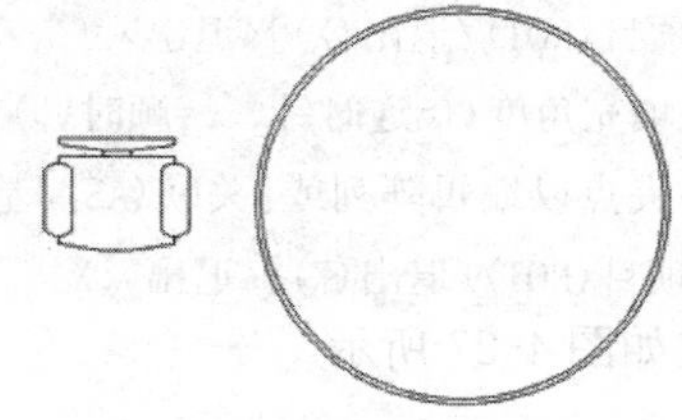

图 4-31　绘制扶手

**05** 细化图形。完成椅子轮廓的绘制，结果如图 4-32 所示。

**06** 单击“绘图”工具栏中的“圆”按钮和单击“修改”工具栏中的“偏移”按钮，绘制两个同心圆，结果如图 4-33 所示。（在后面会讲到“偏移”命令）

图 4-32　细化图形

图 4-33　绘制桌子

**07** 单击“修改”工具栏中的“旋转”按钮，旋转椅子，完成桌椅的布置，命令行中的提示与操作如下：

```
命令:rotate↙
UCS 当前的正角方向: ANGDIR=逆时针   ANGBASE=0
选择对象:（框选椅子）
指定对角点:
找到 21 个
选择对象:↙
指定基点:（指定椅背中心点）
指定旋转角度或 [参照(R)]:90↙
```

单击“修改”工具栏中的“移动”按钮，将椅子移动到合适的位置，结果如图 4-34 所示。

**08** 单击“修改”工具栏中的“环形阵列”按钮，指定桌面圆心为阵列中心点，选择椅子作为阵列对象，阵列项目为4，命令行中的提示与操作如下：

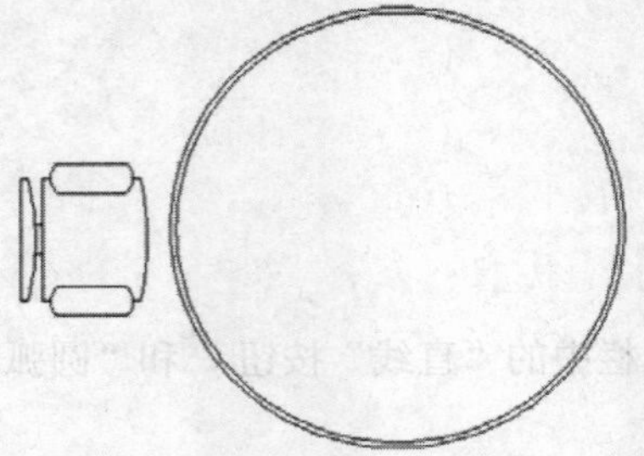

图4-34　布置桌椅

```
命令：_arraypolar
选择对象:选择椅子
选择对象:
类型 = 极轴  关联 = 是
指定阵列的中心点或[基点(B)/旋转轴(A)]:选取圆桌圆心
选择夹点以编辑阵列或[关联(AS)/基点(B)/项目(I)/项目间角度(A)/填充角度(F)/行(ROW)/层(L)/旋转项目(ROT)/退出(X)]<退出>:i
输入阵列中的项目数或[表达式(E)] <6>:4
选择夹点以编辑阵列或[关联(AS)/基点(B)/项目(I)/项目间角度(A)/填充角度(F)/行(ROW)/层(L)/旋转项目(ROT)/退出(X)]<退出>:f
指定填充角度(+=逆时针、-=顺时针)或 [表达式(EX)]<360>:
选择夹点以编辑阵列或[关联(AS)/基点(B)/项目(I)/项目间角度(A)/填充角度(F)/行(ROW)/层(L)/旋转项目(ROT)/退出(X)]<退出>:X
```

结果如图4-27所示。

### 4.4.7　偏移

偏移是根据确定的距离和方向，在不同的位置创建一个与选择的对象相似的新对象。可以偏移的对象包括直线、圆弧、圆、二维多段线、椭圆、椭圆弧、参照线、射线和平面样条曲线等。

1.　执行方式

命令行：OFFSET

菜单："修改"→"偏移"

工具栏："修改"→"偏移"。

功能区：单击"默认"选项卡"修改"面板中的"偏移"按钮。

2.　操作格式

```
命令:OFFSET↙
当前设置: 删除源=否  图层=源  OFFSETGAPTYPE=0
指定偏移距离或[通过(T)/删除(E)/图层(L)]<通过>：（指定距离值）
选择要偏移的对象，或[退出(E)/放弃(U)]<退出>:（选择要偏移的对象，回车会结束操作）
```

指定要偏移的那一侧上的点，或[退出(E)/多个(M)/放弃(U)]<退出>:（指定偏移方向）

3. 选项说明

（1）指定偏移距离：输入一个距离值，或回车使用当前的距离值，系统把该距离值作为偏移距离，如图 4-35 所示。

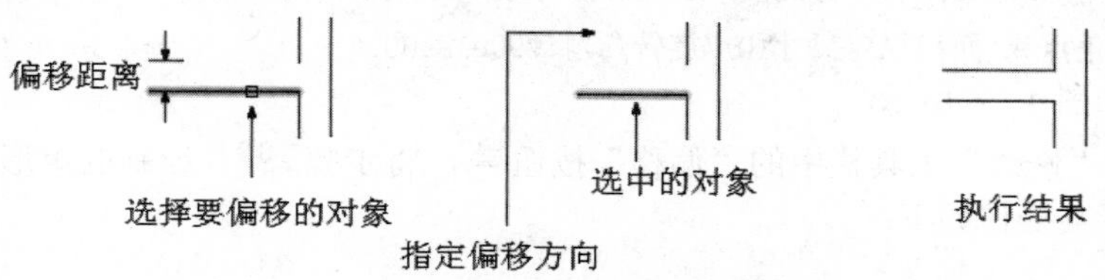


图 4-35 指定距离偏移对象

（2）通过(T)：指定偏移的通过点，选择该选项后会出现如下提示。

选择要偏移的对象，或[退出(E)/放弃(U)]<退出>:（选择要偏移的对象，回车会结束操作）

指定通过点或[退出(E)/多个(M)/放弃(U)]<退出>:（指定偏移对象的一个通过点）

操作完毕后系统根据指定的通过点绘出偏移对象，如图 4-36 所示。

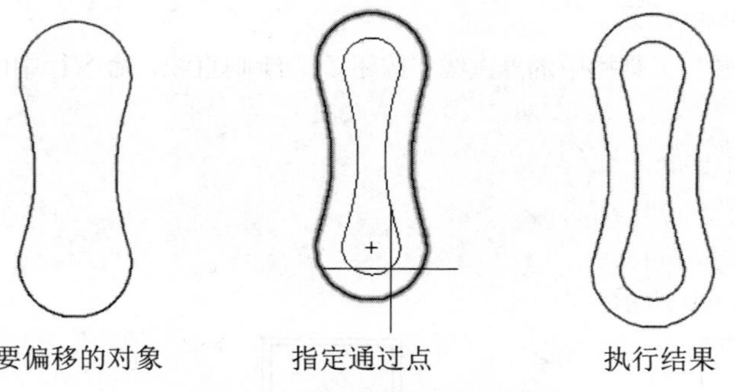


图 4-36 指定通过点偏移对象

### 4.4.8 实例——门

绘制如图 4-37 所示的门。

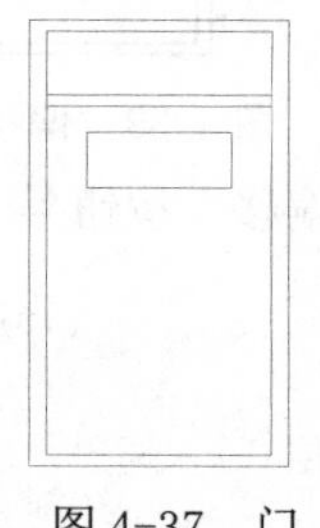

图 4-37 门

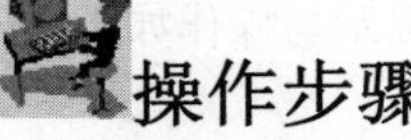

光盘\动画演示\第 4 章\门.avi

### 操作步骤

01 选择菜单栏中的“视图”→“缩放”→“实时”命令，将图形界面缩放至适当大小。

**02** 单击“绘图”工具栏中的“矩形”按钮，绘制矩形，命令行中的提示与操作如下：

```
命令:_rectang
指定第一个角点或[倒角(C)/标高(E)/圆角(F)/厚度(T)/宽度(W)]:0,0↙
指定另一个角点或[面积(A)/尺寸(D)/旋转(R)]:@900,2400↙
```

绘制结果如图 4-38 所示。

**03** 单击“修改”工具栏中的“偏移”按钮，将步骤 **02** 绘制的矩形向内偏移，命令行中的提示与操作如下：

```
命令:_offset
当前设置: 删除源=否  图层=源  OFFSETGAPTYPE=0
指定偏移距离或[通过(T)/删除(E)/图层(L)]<通过>:60↙
选择要偏移的对象，或[退出(E)/放弃(U)]<退出>:(选择上述矩形)
指定要偏移的那一侧上的点，或[退出(E)/多个(M)/放弃(U)]<退出>:(选择矩形内侧)
选择要偏移的对象，或[退出(E)/放弃(U)]<退出>:
```

绘制结果如图 4-39 所示。

**04** 单击“绘图”工具栏中的“直线”按钮，绘制直线，命令行中的提示与操作如下：

```
命令:_line
指定第一个点:60,2000↙
指定下一点或[放弃(U)]:@780,0↙
指定下一点或[放弃(U)]:↙
```

绘制结果如图 4-40 所示。

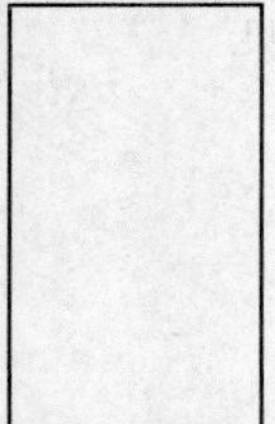
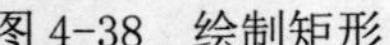
图 4-38　绘制矩形

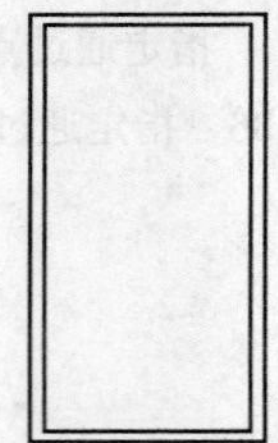
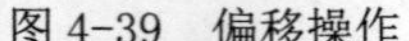
图 4-39　偏移操作

图 4-40　绘制直线

**05** 单击“修改”工具栏中的“偏移”按钮，将步骤 **04** 绘制的直线向下偏移，命令行中的提示与操作如下：

```
命令:_offset
指定偏移距离或[通过(T)/删除(E)/图层(L)]<通过>:60↙
选择要偏移的对象，或[退出(E)/放弃(U)]<退出>:(选择上述绘制的直线)
指定要偏移的那一侧上的点，或[退出(E)/多个(M)/放弃(U)]<退出>:(选择直线下方)
选择要偏移的对象，或[退出(E)/放弃(U)] <退出>:↙
```

绘制结果如图 4-41 所示。

**06** 单击“绘图”工具栏中的“矩形”按钮，绘制矩形，命令行中的提示与操作如下：

```
命令:_rectang
指定第一个角点或[倒角(C)/标高(E)/圆角(F)/厚度(T)/宽度(W)]:200,1500↙
```

指定另一个角点或[面积(A)/尺寸(D)/旋转(R)]:700,1800↙

绘制结果如图 4-42 所示。

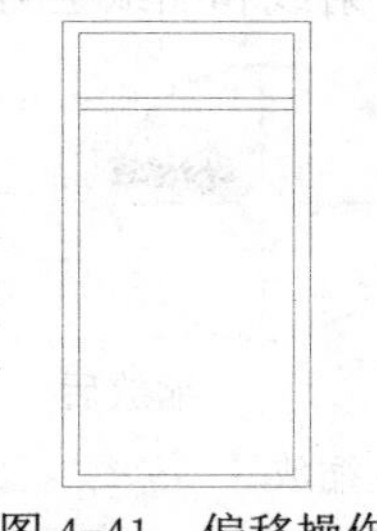

图 4-41　偏移操作

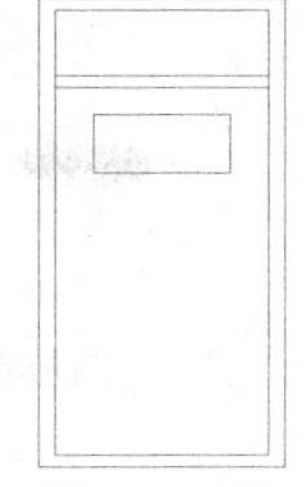

图 4-42　门

## 4.5　调整对象尺寸

### 4.5.1　缩放

缩放是使对象整体放大或缩小，通过指定一个基点和比例因子来缩放对象。

1. 执行方式

命令行：SCALE

菜单："修改"→"缩放"

工具栏："修改"→"缩放"

右键快捷菜单：缩放

2. 操作格式

命令：SCALE↙

选择对象:（选择要缩放的对象）

指定基点:（指定缩放操作的基点）

指定比例因子或[复制(C)/参照(R)]<1.0000>:

3. 选项说明

（1）采用参考方式缩放对象时，系统提示如下：

指定参照长度<1.0000>:（指定参考长度值）

指定新长度或[点(P)]<1.0000>:（指定新长度值）

若新长度值大于参考长度值则放大对象；否则缩小对象。操作完毕后，系统以指定的点为基点按指定的比例因子缩放对象。如果选择"点(p)"选项，则指定两点来定义新的长度。

（2）可以用拖动鼠标的方法缩放对象。选择对象并指定基点后，从基点到当前光标位置会出现一条连线，线段的长度即为比例大小。移动鼠标，选择的对象会动态地随着连线长度的变化而缩放，回车会确认缩放操作。

（3）选择"复制(C)"选项时，可以复制缩放对象，即缩放对象时保留原对象，如图 4-43 所示。

### 4.5.2　修剪

用指定的边界（由一个或多个对象定义的剪切边）修剪指定的对象。剪切边可以是直线、圆弧、圆、多段线、椭圆、样条曲线、构造线、射线和图纸空间中的视口。

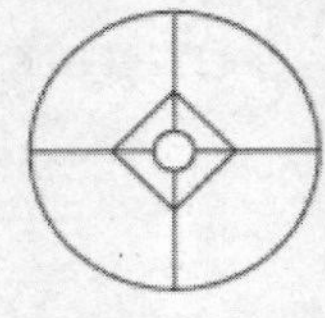

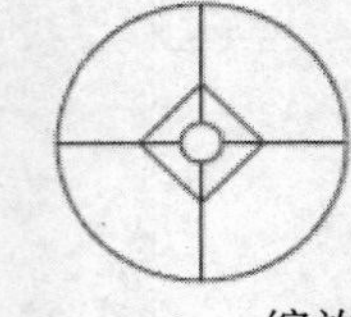

缩放前　　　　缩放后

图 4-43　复制缩放

1. 执行方式

命令行：TRIM

菜单栏："修改"→"修剪"

工具栏："修改"→"修剪"

功能区：单击"默认"选项卡"修改"面板中的"修剪"按钮。

2. 操作格式

```
命令:TRIM↙
当前设置: 投影=UCS，边=无
选择剪切边...
选择对象或<全部选择>:(选择用作修剪边界的对象)
选择要修剪的对象，或按住 Shift 键选择要延伸的对象，或[栏选(F)/窗交(C)/投影(P)/边(E)/删除(R)/放弃(U)]:
```

3. 选项说明

（1）在选择对象时，如果按住 Shift 键，系统就自动将"修剪"命令转换成"延伸"命令，"延伸"命令将在下一小节介绍。

（2）选择"边"选项时，可以选择对象的修剪方式。

1）延伸(E)：延伸边界进行修剪，在此方式下，如果剪切边没有与要修剪的对象相交，系统会延伸剪切边直至与对象相交，然后再修剪，如图 4-44 所示。

2）不延伸(N)：不延伸边界修剪对象，只修剪与剪切边相交的对象。

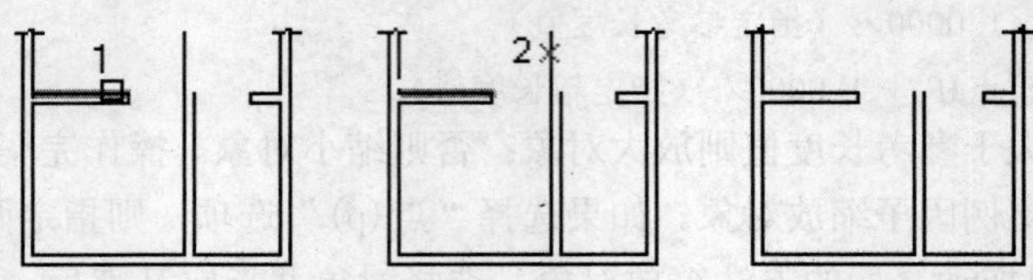


选择剪切边　选择要修剪的对象　修剪后的结果

图 4-44　延伸方式修剪对象

（3）选择"栏选(F)"选项时，系统以栏选的方式选择被修剪对象，如图 4-45 所示。

（4）选择"窗交(C)"选项时，系统以窗交方式选择被修剪对象，如图 4-46 所示。

（5）被选择的对象可以互为边界和被修剪对象，此时系统会在选择的对象中自动判断边界。

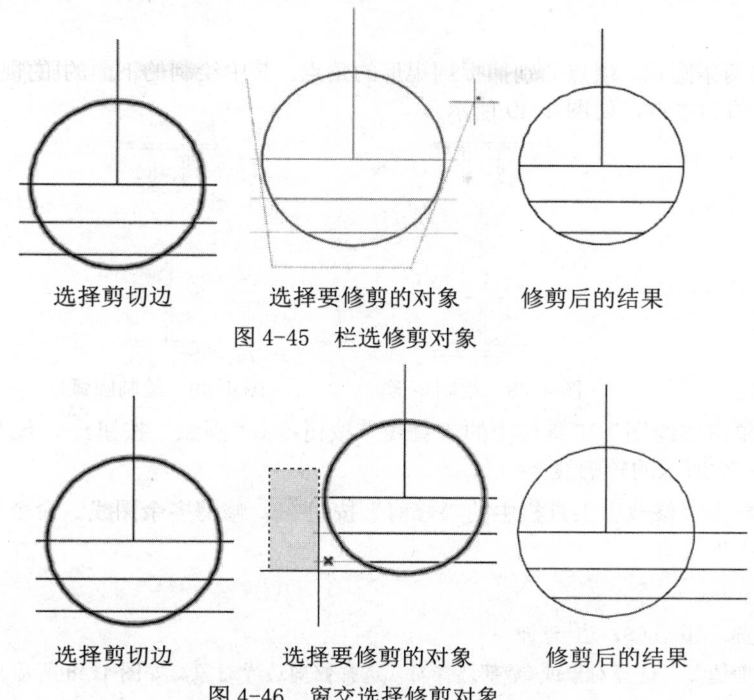


图 4-45　栏选修剪对象

图 4-46　窗交选择修剪对象

### 4.5.3　实例——落地灯

绘制如图 4-47 所示的落地灯。

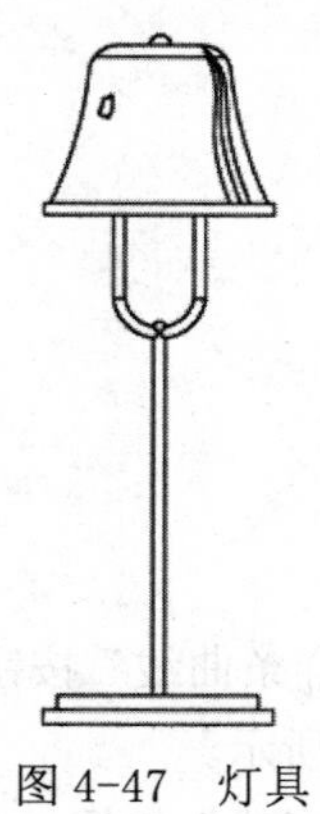

图 4-47　灯具

光盘\动画演示\第 4 章\灯具.avi

## 操作步骤

**01** 单击“绘图”工具栏中的“矩形”按钮，绘制轮廓线。单击“修改”工具栏中的“镜像”按钮，使轮廓线左右对称，如图 4-48 所示。

**02** 单击“绘图”工具栏中的“圆弧”按钮和单击“修改”工具栏中的“偏移”按

钮，绘制两条圆弧，端点分别捕捉到矩形的角点，其中绘制的下面的圆弧中间一点捕捉到中间矩形上边的中点，如图 4-49 所示。

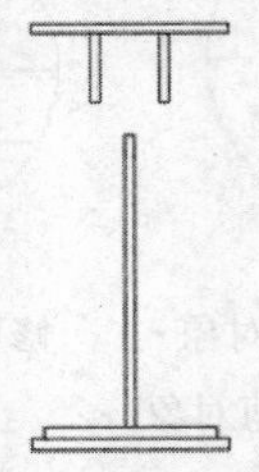

图 4-48　绘制矩形　　　　图 4-49　绘制圆弧

**03** 单击“绘图”工具栏中的“直线”按钮、“圆弧”按钮，绘制灯柱上的结合点，如图 4-50 所示的轮廓线。

**04** 单击“修改”工具栏中的“修剪”按钮，修剪多余图线。命令行中的提示与操作如下：

命令:_trim↙

当前设置:投影=UCS，边=延伸

选择修剪边... 选择对象或<全部选择>:（选择修剪边界对象，如图 4-48 所示）↙

选择对象:（选择修剪边界对象）↙

选择对象:↙

选择要修剪的对象，或按住 Shift 键选择要延伸的对象，或[投影(P)/边(E)/放弃(U)]:（选择修剪对象，如图 4-48 所示）↙

修剪结果如图 4-51 所示。

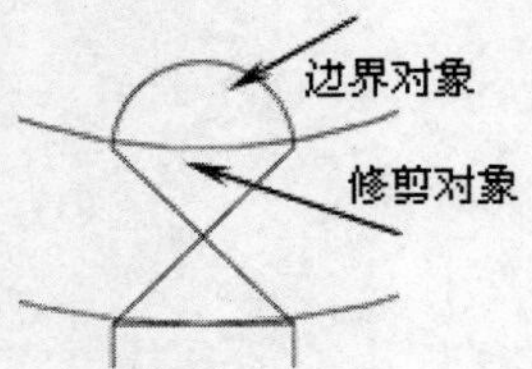


图 4-50　绘制多线段

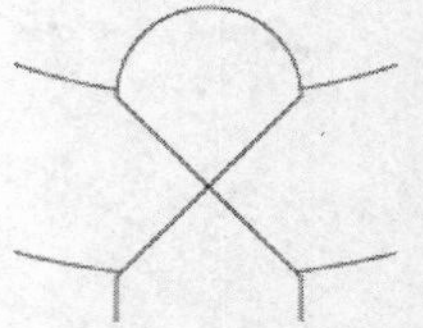

图 4-51　修剪图形

**05** 单击“绘图”工具栏中的“样条曲线”按钮和单击“修改”工具栏中的“镜像”按钮，绘制灯罩轮廓线，如图 4-52 所示。

**06** 单击“绘图”工具栏中的“直线”按钮，补齐灯罩轮廓线，直线端点捕捉对应样条曲线端点，如图 4-53 所示。

**07** 单击“绘图”工具栏中“圆弧”按钮，绘制灯罩顶端的突起，如图 4-54 所示。

**08** 单击“绘图”工具栏中的“样条曲线”按钮，绘制灯罩上的装饰线，最终结果如图 4-47 所示。

### 4.5.4　延伸

延伸是将对象延伸至另一个对象的边界线（或隐含边界线）。

1. 执行方式

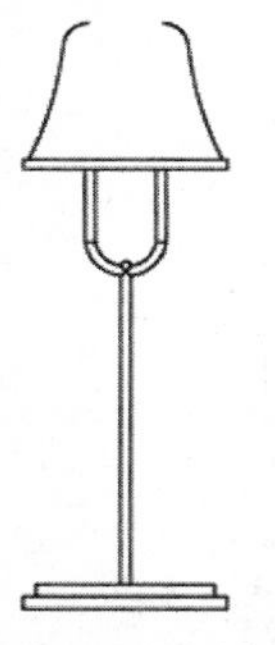

图 4-52　绘制样条曲线

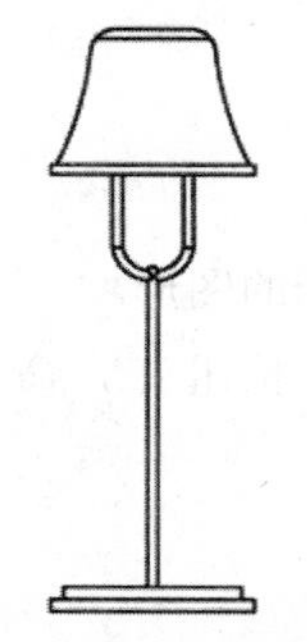

图 4-53　绘制直线

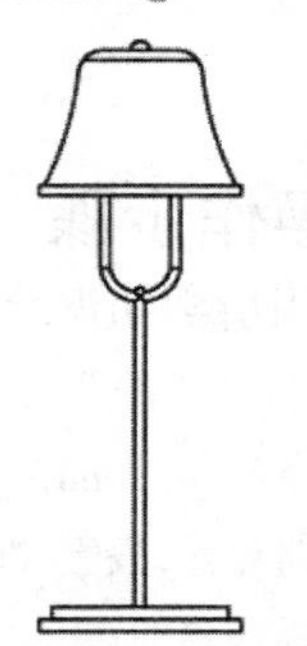

图 4-54　绘制圆弧

命令行：EXTEND

菜单栏："修改"→"延伸"

工具栏："修改"→"延伸"

功能区：单击"默认"选项卡"修改"面板中的"延伸"按钮

2．操作格式

命令：EXTEND↙

当前设置:投影=UCS，边=无

选择边界的边...

选择对象或<全部选择>:（选择边界对象，若直接回车，则选择所有对象作为可能的边界对象）

选择要延伸的对象，或按住 Shift 键选择要修剪的对象，或[栏选(F)/窗交(C)/投影(P)/边(E)/放弃(U)]:

3．选项说明

（1）如果要延伸的对象是适配样条多段线，则延伸后会在多段线的控制框上增加新节点。如果要延伸的对象是锥形的多段线，AutoCAD 2010 会修正延伸端的宽度，使多段线从起始端平滑地延伸至新的终止端。如果延伸操作导致终止端的宽度可能为负值，则取宽度值为 0，如图 4-55 所示。

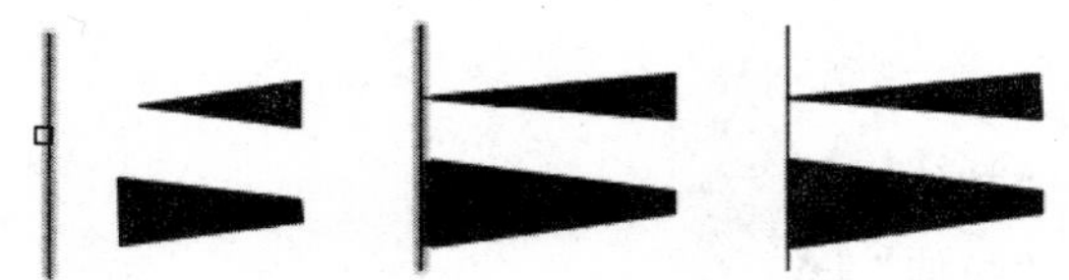

选择边界对象　选择要延伸的多义线　延伸后的结果

图 4-55　延伸对象

（2）切点也可以作为延伸边界。

（3）选择对象时，如果按住 Shift 键，系统就自动将"延伸"命令转换成"修剪"命令。

### 4.5.5　实例——车轮

将图 4-56a 中车轮的轮辐直线延伸到由一个车轮的边界。

光盘\动画演示\第 4 章\车轮.avi

## 操作步骤

利用所学知识绘制如图 4-54a 所示的图形。

单击“修改”工具栏中的“延伸”按钮，命令行提示与操作如下：

```
命令：_extend↙
当前设置:投影=UCS，边=无
选择边界的边...
选择对象或<全部选择>:（选择小圆作为延伸边界对象，如图 4-56a 所示）找到 1 个↙
选择对象:
选择要延伸的对象，或按住 Shift 键选择要修剪的对象，或
[栏选(F)/窗交(C)/投影(P)/边(E)/放弃(U)]:{选择要延伸的对象（8 条直线），如图 4-56b 所示}
选择要延伸的对象，或按住 Shift 键选择要修剪的对象，或
[栏选(F)/窗交(C)/投影(P)/边(E)/放弃(U)]:↙
```

延伸结果如图 4-56c 所示。

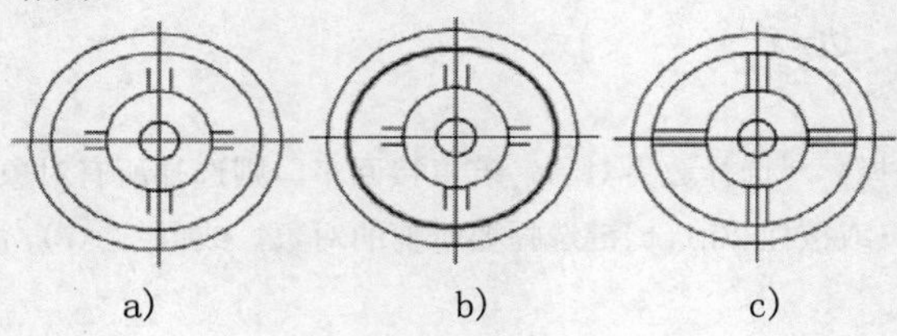


图 4-56　延伸对象

### 4.5.6　拉伸

拉伸是指拖拉选择的对象，使对象的形状发生改变。要拉伸对象，首先要用交叉窗口或交叉多边形选择要拉伸的对象，然后指定拉伸的基点和位移量。

1．执行方式

命令行：STRETCH

菜单栏：“修改”→“拉伸”

工具栏：“修改”→“拉伸”

功能区：单击“默认”选项卡“修改”面板中的“拉伸”按钮

2．操作格式

```
命令:STRETCH↙
以交叉窗口或交叉多边形选择要拉伸的对象...
选择对象:C↙
指定第一个角点: 指定对角点: 找到 2 个（采用交叉窗口的方式选择要拉伸的对象）
指定基点或[位移(D)]<位移>:（指定拉伸的基点）
指定第二个点或<使用第一个点作为位移>:（指定拉伸的移至点）
```

此时，若指定第二个点，系统将根据这两点决定的矢量拉伸对象。若直接回车，系统会把第一个点作为 X 和 Y 轴的分量值。拉伸（STRETCH）移动完全包含在交叉窗口内的顶点和

端点。部分包含在交叉窗口内的对象将被拉伸。

### 4.5.7 拉长

非闭合的直线、圆弧、多段线、椭圆弧和样条曲线的长度可以通过拉长改变，也可以改变圆弧的角度。

1. 执行方式

命令行：LENGTHEN

菜单栏："修改"→"拉长"

功能区：单击"默认"选项卡"修改"面板中的"拉长"按钮

2. 操作格式

命令:LENGTHEN↙

选择要测量的对象或[增量(DE)/百分比(P)/总计(T)/动态(DY)] <总计(T)>:（选定对象）

当前长度: 30.5001（给出选定对象的长度，如果选择圆弧，则还将给出圆弧的包含角）

选择要测量的对象或[增量(DE)/百分比(P)/总计(T)/动态(DY)] <总计(T)>:DE↙（选择拉长或缩短的方式，如选择"增量(DE)"方式）

输入长度增量或[角度(A)] <0.0000>:10↙（输入长度增量数值。如果选择圆弧段，则可输入选项A给定角度增量）

选择要修改的对象或[放弃(U)]:（选定要修改的对象，进行拉长操作）

选择要修改的对象或[放弃(U)]:（继续选择，回车结束命令）

3. 选项说明

（1）增量(DE)：用来指定一个增加的长度或角度。

（2）百分数(P)：按对象总长的百分比来改变对象的长度。

（3）全部(T)：指定对象总的绝对长度或包含的角度。

（4）动态(DY)：用拖动鼠标的方法来动态地改变对象的长度。

### 4.5.8 打断

打断是通过指定点删除对象的一部分或将对象分断。

1. 执行方式

命令行：BREAK

菜单栏："修改"→"打断"

工具栏："修改"→"打断"

功能区：单击"默认"选项卡"修改"面板中的"打断"按钮。

2. 操作格式

命令:BREAK↙

选择对象:（选择要打断的对象）

指定第二个打断点或[第一点(F)]:（指定第二个断开点或输入F）

3. 选项说明

（1）如果选择"第一点(F)"，AutoCAD 2015 将丢弃前面的第一个选择点，重新提示用户指定两个断开点。

（2）打断对象时，需要确定两个断点。可以将选择对象处作为第一个断点，然后指定第二个断点；还可以先选择整个对象，然后指定两个断点。

（3）如果仅想将对象在某点打断，则可直接应用“修改”工具栏中的“打断于点”按钮。

（4）打断命令主要用于删除断点之间的对象，因为某些删除操作是不能由ERASE和TRIM命令完成的。例如，圆的中心线和对称中心线过长时可利用打断操作进行删除。

### 4.5.9　光顺曲线

在两条选定直线或曲线之间的间隙中创建样条曲线。

1. 执行方式

命令行：BLEND

菜单栏：“修改”→“光顺曲线”

工具栏：“修改”→“光顺曲线”

2. 操作格式

```
命令：BLEND↙
连续性=相切
选择第一个对象或[连续性（CON）]：CON
输入连续性[相切（T）/平滑（S）]<相切>：
选择第一个对象或[连续性（CON）]：
选择第二个点：
```

3. 选项说明

（1）连续性（CON）：在两种过渡类型中指定一种。

（2）相切（T）：创建一条3阶样条曲线，在选定对象的端点处具有相切(G1)连续性 。

（3）平滑（S）：创建一条5阶样条曲线，在选定对象的端点处具有曲率(G2)连续性。

如果使用“平滑”选项，请勿将显示从控制点切换为拟合点。此操作将样条曲线更改为3阶，这会改变样条曲线的形状。

### 4.5.10　分解

1. 执行方式

命令行：EXPLODE

菜单栏：“修改”→“分解”

工具栏：“修改”→“分解”

功能区：单击“默认”选项卡“修改”面板中的“分解”按钮。

2. 操作格式

```
命令:EXPLODE↙
选择对象:（选择要分解的对象）
```

选择一个对象后，该对象会被分解。系统将继续提示该行信息，允许分解多个对象。

此命令可以对块、二维多段线、宽多段线、三维多段线、复合线、多文本、区域等进行分解。选择的对象不同，分解的结果就不同。

### 4.5.11 合并

合并功能可以将直线、圆、椭圆弧和样条曲线等独立的线段合并为一个对象，如图 4-57 所示。

1. 执行方式

命令行：JOIN

菜单栏："修改"→"合并"

工具栏："修改"→"合并"

功能区：单击"默认"选项卡"修改"面板中的"合并"按钮。

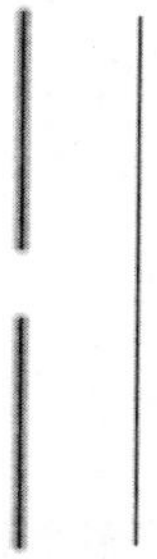

2. 操作格式

图 4-57　合并对象

```
命令:JOIN↙
选择源对象:(选择一个对象)
选择要合并到源的直线:(选择另一个对象)
找到 1 个
选择要合并到源的直线:↙
已将 1 条直线合并到源
```

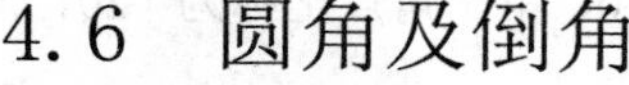

## 4.6 圆角及倒角

### 4.6.1 圆角

圆角是通过一个指定半径的圆弧光滑地连接两个对象。可以进行圆角的对象有直线、非圆弧的多段线段、样条曲线、构造线、射线、圆、圆弧和椭圆。圆角半径由 AutoCAD 自动计算。

1. 执行方式

命令行：FILLET

菜单栏："修改"→"圆角"

工具栏："修改"→"圆角"

功能区：单击"默认"选项卡"修改"面板中的"圆角"按钮。

3. 操作格式

```
命令:FILLET↙
当前设置: 模式 = 修剪，半径 = 0.0000
选择第一个对象或[放弃(U)/多段线(P)/半径(R)/修剪(T)/多个(M)]:(选择第一个对象或其他选项)
选择第二个对象，或按住 Shift 键选择对象以应用角点或 [半径(R)]:(选择第二个对象)
```

3. 选项说明

(1) 多段线(P)：在一条二维多段线的两段直线段的节点处插入圆滑的弧。选择多段线后，系统会根据指定的圆弧半径把多段线各顶点用圆滑的弧连接起来。

(2) 半径(R)：确定圆角半径。

(3) 修剪(T)：决定在圆滑连接两条边时，是否修剪这两条边，如图 4-58 所示。

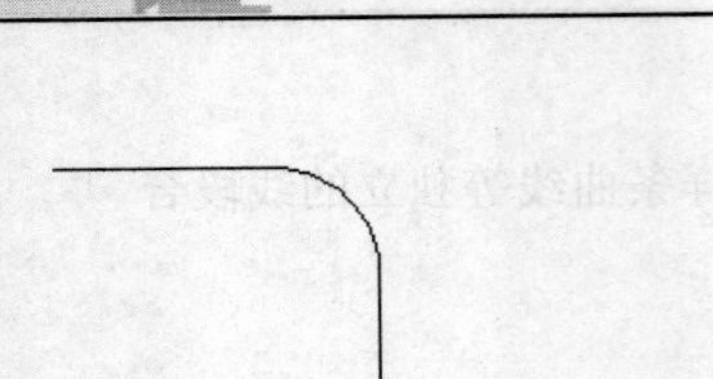

修剪方式　　不修剪方式

图 4-58　圆角连接

（4）多个(M)：同时对多个对象进行圆角编辑，而不必重新启用命令。按住 Shift 键并选择两条直线，可以快速创建零距离倒角或零半径圆角。

### 4.6.2　实例——沙发

绘制如图 4-59 所示的沙发。

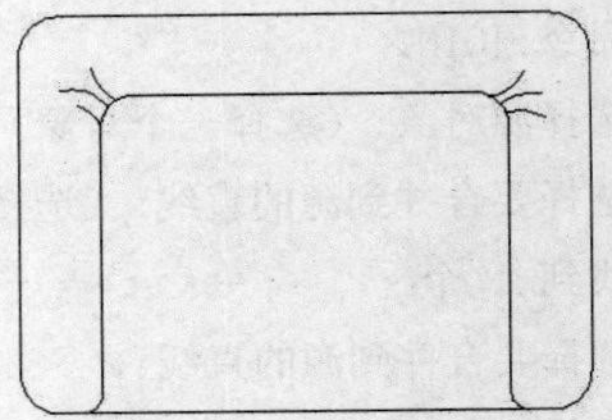

图 4-59　沙发

光盘路径

光盘\动画演示\第 4 章\沙发.avi

#### 操作步骤

**01** 单击“绘图”工具栏中的“矩形”按钮，绘制圆角为 10，第一角点坐标为（20，20），长度、宽度分别为 140、100 的矩形沙发的外框。

**02** 单击“绘图”工具栏中的“直线”按钮，绘制连续线段，坐标分别为（40,20）、（@0,80）、（@100,0）、（@0,-80），绘制结果如图 4-60 所示。

图 4-60　绘制初步轮廓

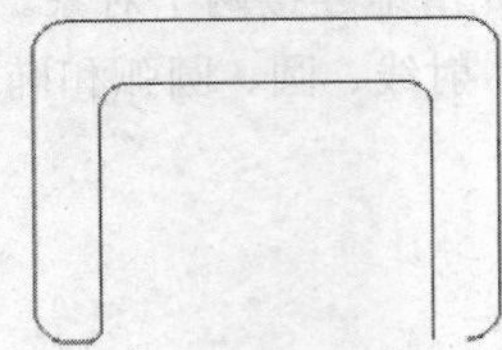

图 4-61　绘制倒圆

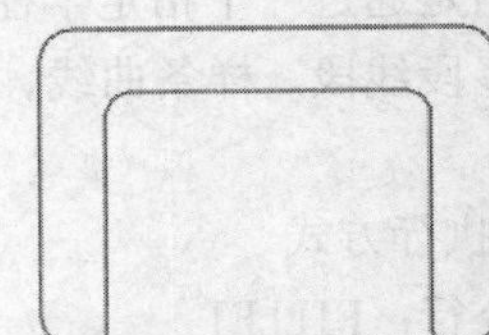

图 4-62　完成倒圆角

**03** 单击“修改”工具栏中的“分解”按钮、“圆角”按钮、“延伸”按钮和“修剪”按钮，绘制沙发的大体轮廓，命令行中提示与操作如下：

命令:explode↙

选择对象:（选择外部倒圆矩形）

选择对象:↙

命令:F FILLET

当前设置: 模式 = 修剪，半径 = 0.0000

选择第一个对象或[放弃(U)/多段线(P)/半径(R)/修剪(T)/多个(M)]:r

指定圆角半径<0.0000>:6

选择第一个对象或[放弃(U)/多段线(P)/半径(R)/修剪(T)/多个(M)]:（选择内部四边形左边的竖直线）

选择第一个对象或[放弃(U)/多段线(P)/半径(R)/修剪(T)/多个(M)]:（选择内部四边形上边的水

平线）

选择第一个对象或[放弃(U)/多段线(P)/半径(R)/修剪(T)/多个(M)]:（选择内部四边形右边的竖直线）

选择第二个对象，或按住 Shift 键选择对象以应用角点或 [半径(R)]:（选择内部四边形下边的水平线）

命令: extend↙

当前设置: 投影=UCS，边=无

选择边界的边...

选择对象或<全部选择>:（选择右下角的圆弧）

选择对象:↙

选择要延伸的对象，或按住 Shift 键选择要修剪的对象，或[栏选(F)/窗交(C)/投影(P)/边(E)/放弃(U)]:（选择图 4-61 左端的短水平线）

选择要延伸的对象，或按住 Shift 键选择要修剪的对象，或[栏选(F)/窗交(C)/投影(P)/边(E)/放弃(U)]:↙

**04** 单击“修改”工具栏中的“圆角”按钮，对内部四边形的右下端进行圆角处理。

**05** 单击“修改”工具栏中的“延伸”按钮，以矩形左下角的圆角圆弧为边界，对内部四边形右边下端进行延伸，绘制结果如图 4-62 所示。

**06** 单击“绘图”工具栏中的“圆弧”按钮，绘制沙发皱纹。在沙发拐角位置绘制 6 条圆弧，结果如图 4-59 所示。

### 4.6.3 倒角

倒角是通过延伸（或修剪）使两个不平行的线型对象相交或利用斜线连接。例如，对由直线、多段线、参照线和射线等构成的图形对象进行倒角。AutoCAD 采用两种方法确定连接两个线型对象的斜线：

（1）指定斜线距离。斜线距离是指从被连接的对象与斜线的交点到被连接的两个对象可能的交点之间的距离，如图 4-63 所示。

（2）指定斜线角度和一个斜线距离。采用这种方法用斜线连接对象时，需要输入两个参数：斜线与一个对象的斜线距离和斜线与另一个对象的夹角，如图 4-64 所示。

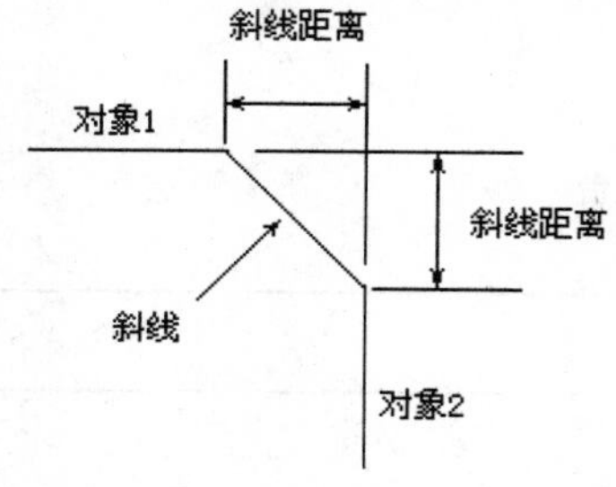


图 4-63　斜线距离

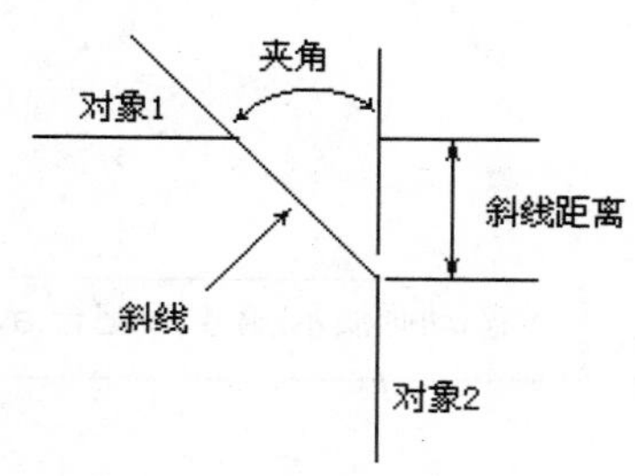


图 4-64　斜线距离与夹角

1. 执行方式

命令行：CHAMFE

菜单栏：“修改”→“倒角”

工具栏："修改"→"倒角"

功能区：单击"默认"选项卡"修改"面板中的"圆角"按钮。

2. 操作格式

```
命令:CHAMFER↙
("修剪"模式) 当前倒角距离 1 = 0.0000，距离 2 = 0.0000
选择第一条直线或[放弃(U)/多段线(P)/距离(D)/角度(A)/修剪(T)/方式(E)/多个(M)]:(选择第一条直线或其他选项)
选择第二条直线，或按住 Shift 键选择直线以应用角点或 [距离(D)/角度(A)/方法(M)]:(选择第二条直线)
```

3. 选项说明

（1）若设置的倒角距离太大或倒角角度无效，系统会给出错误提示信息。

（2）当两个倒角距离均为零时，CHAMFER 命令会使选定的两条直线相交，但不产生倒角。

（3）执行"倒角"命令后，系统提示中各选项的含义如下：

1）多段线(P)：对多段线的各个交叉点进行倒角。

2）距离(D)：确定倒角的两个斜线距离。

3）角度(A)：选择第一条直线的斜线距离和第一条直线的倒角角度。

4）修剪(T)：用来确定倒角时是否对相应的倒角边进行修剪。

5）方式(E)：用来确定是按距离(D)方式还是按角度(A)方式进行倒角。

6）威者多个(M)：同时对多个对象进行倒角编辑。

### 4.6.4 实例——吧台

利用"倒角"命令绘制如图 4-65 所示的吧台。

图 4-65 吧台

光盘\动画演示\第 4 章\吧台.avi

#### 操作步骤

**01** 选择菜单栏中的"格式"→"图形界限"命令，设置图幅为 297×210。

**02** 单击"绘图"工具栏中的"直线"按钮，绘制一条水平直线和一条竖直直线，结果如图 4-66 所示。单击"修改"工具栏中的"偏移"按钮，将竖直直线分别向右偏移

8、4、6，将水平直线向上偏移 6，结果如图 4-67 所示。

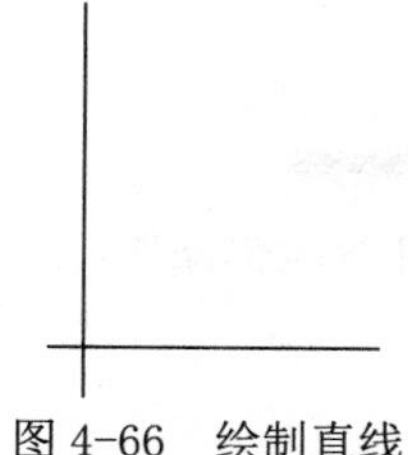
图 4-66 绘制直线

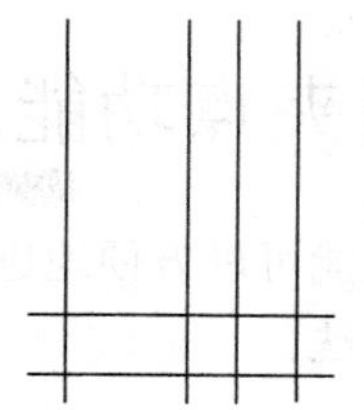
图 4-67 偏移处理

**03** 单击“修改”工具栏中的“倒角”按钮，将图形进行倒角处理，命令行中的提示与操作如下：

命令:chamfer↙

(“修剪”模式) 当前倒角距离 1 = 0.0000，距离 2 = 0.0000

选择第一条直线或[放弃(U)/多段线(P)/距离(D)/角度(A)/修剪(T)/方式(E)/多个(M)]:d↙

指定第一个倒角距离<0.0000>:6↙

指定第二个倒角距离<6.0000>:↙

选择第一条直线或[放弃(U)/多段线(P)/距离(D)/角度(A)/修剪(T)/方式(E)/多个(M)]:(选择最右侧的线)

选择第二条直线，或按住 Shift 选择直线以应用角点或 [距离(D)/角度(A)/方法(M)]:(选择最下侧的水平线)

重复“倒角”命令，将其他交线进行倒角处理，结果如图 4-68 所示。

**04** 单击“修改”工具栏中“镜像”按钮，将图形镜像处理，结果如图 4-69 所示。

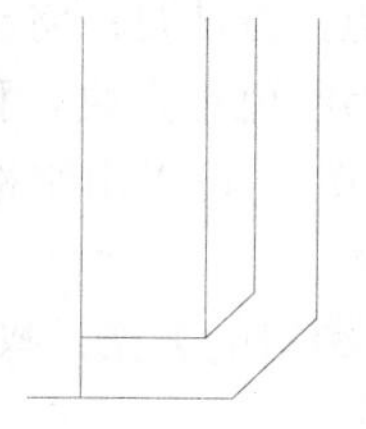
图 4-68 倒角处理

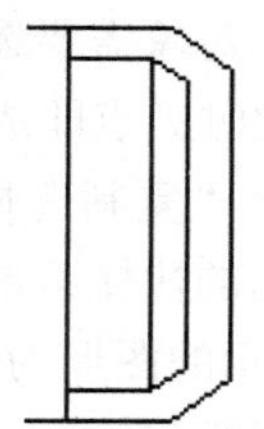
图 4-69 镜像处理

**05** 单击“绘图”工具栏中的“直线”按钮，绘制门，结果如图 4-70 所示。

**06** 单击“绘图”工具栏中的“圆”按钮、“圆弧”按钮和“直线”按钮，绘制座椅，结果如图 4-71 所示。

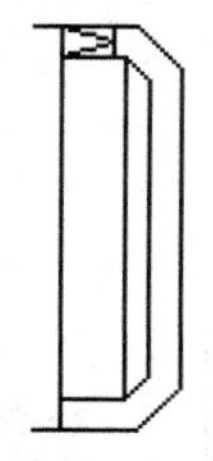
图 4-70 绘制门

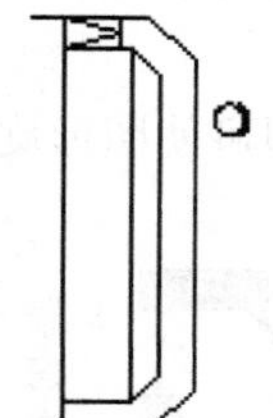
图 4-71 绘制座椅

**07** 单击“修改”工具栏中的“矩形阵列”按钮，选择座椅为阵列对象，设置阵列行数为 6，列数为 1，行间距为-10，结果如图 4-68 所示。

# 4.7 使用夹点功能进行编辑

使用夹点功能可以方便地进行移动、旋转、缩放、拉伸等编辑操作，这是编辑对象非常方便和快捷的方法。

## 4.7.1 夹点概述

在使用“先选择后编辑”方式选择对象时，可点取欲编辑的对象，或按住鼠标左键拖出一个矩形框，框住欲编辑的对象。松开后，所选择的对象上就出现若干个小正方形，同时对象高亮显示。这些小正方形称为夹点，如图 4-72 所示。夹点表示了对象的控制位置。夹点的大小及颜色可以在图 4-3 所示的“选项”对话框中调整。若要移去夹点，可按 Esc 键。要从夹点选择集中移去指定对象，在选择对象时按住 Shift 键。

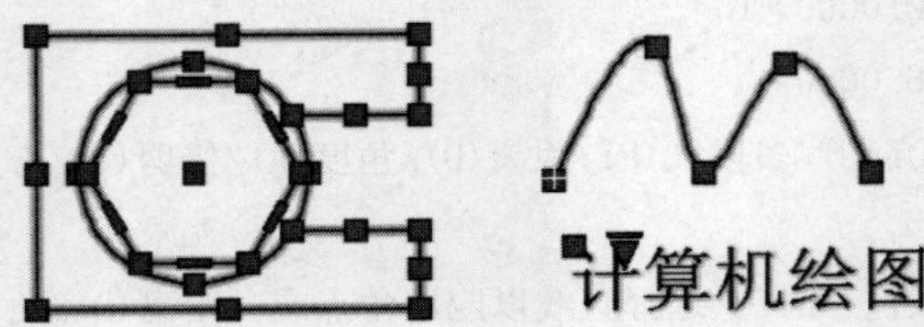


图 4-72　夹点

## 4.7.2 使用夹点进行编辑

使用夹点功能编辑对象需要选择一个夹点作为基点，方法是：将十字光标的中心对准夹点，单击鼠标左键，此时夹点即成为基点，并且显示为红色小方块。利用夹点进行编辑的模式有“删除”、“移动”、“复制选择”、“旋转”或“缩放”。可以用空格键、回车键或快捷菜单（单击鼠标右键弹出的快捷菜单）循环切换这些模式。

下面以图 4-73 所示的图形为例说明使用夹点进行编辑的方法，操作步骤如下：

（1）选择图形，显示夹点，如图 4-73a 所示。

（2）点取图形右下角夹点，命令行提示如下：

指定拉伸点或[基点（B）/复制(c)/放弃（U）/退出（X）]：

移动鼠标拉伸图形，如图 4-73b 所示。

（3）右击，在打开的快捷菜单中选择“旋转”命令，将编辑模式从“拉伸”切换到“旋转”，如图 4-73c 所示。

（4）单击并回车，即可使图形旋转。

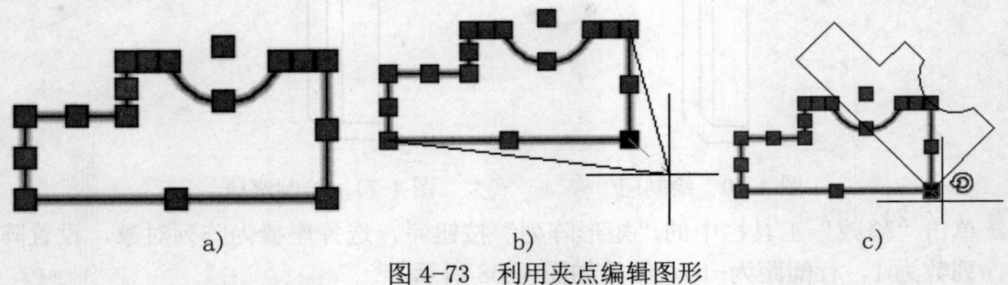

a)　　b)　　c)

图 4-73　利用夹点编辑图形

有关拉伸、移动、旋转、比例和镜像的编辑功能以及利用夹点进行编辑的详细内容右以参见下面相应的章节。

### 4.7.3 实例——花瓣

在夹点的旋转模式下进行花瓣的多重复制操作。

光盘\动画演示\第 4 章\花瓣.avi

**操作步骤**

01 单击“绘图”工具栏中的“椭圆”按钮，绘制一个椭圆形，如图 4-74a 所示。

02 选择要旋转的椭圆。

03 将椭圆最下端的夹点作为基点。

04 按空格键，切换到旋转模式。

05 输入 C 并回车。

06 将对象旋转到一个新位置并单击。该对象被复制，并围绕基点旋转，如图 4-74b 所示。

07 旋转并单击以便复制多个对象，回车结束操作，结果如图 4-74c 所示。

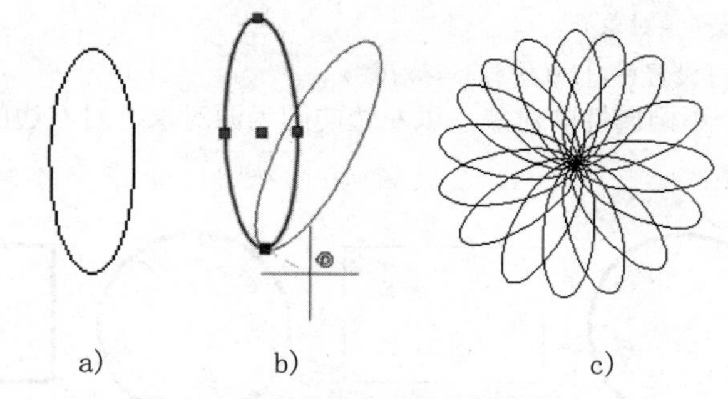


图 4-74 夹点状态下的旋转复制

## 4.8 特性与特性匹配

### 4.8.1 修改对象属性

1. 执行方式

命令行：DDMODIFY 或 PROPERTIES

菜单栏：“修改”→“特性”

工具栏：“标准”→“特性”

功能区：单击“默认”选项卡“特性”面板中的“对话框启动器”按钮

2. 操作格式

命令：DDMODIFY↙

打开“特性”面板，如图 4-75 所示。利用它可以方便地设置或修改对象的各种属性。

不同的对象属性种类和值不同，修改属性值后，对象将被赋予新的属性。

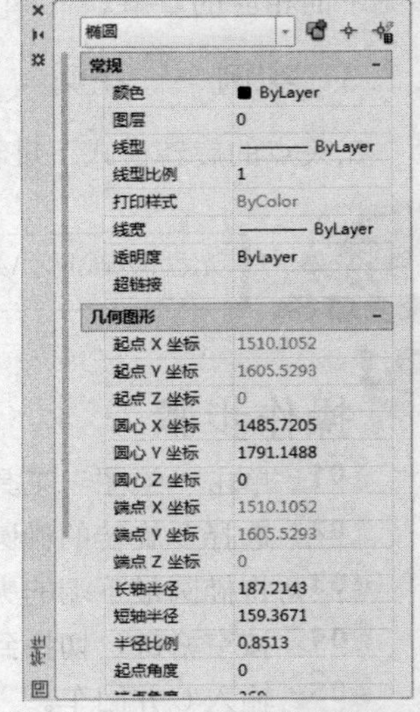


图 4-75 “特性”面板

### 4.8.2 特性匹配

特性匹配是将一个对象的某些或所有特性复制到另一个或多个对象上。可以复制的特性包括颜色、图层、线型、线型比例、厚度以及标注、文字和图案填充特性。特性匹配的命令是 Matchprop。

1. 执行方式

命令行：MATCHPROP

菜单栏：“修改”→“特性匹配”

功能区：单击“默认”选项卡“特性”面板中的“特性匹配”按钮

2. 操作格式

命令:MATCHPROP↙

选择源对象:（选择源对象）

选择目标对象或 [设置(S)]:（选择目标对象）

图 4-76a 为两个不同属性的对象，以左边的圆为源对象，对右边的矩形进行属性匹配，结果如图 4-76b 所示。

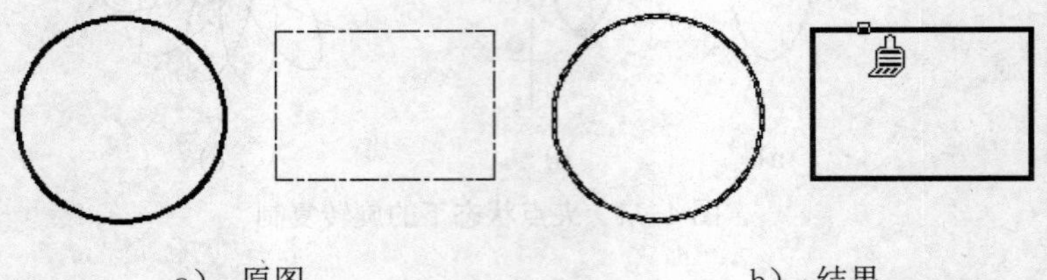

a） 原图　　b） 结果

图 4-76 特性匹配

## 4.9 综合实例——沙发茶几

在前面学习的基础上，为了使读者能综合运用绘图和编辑命令绘制出复杂图形，本节给出一个综合实例，如图 4-77 所示，以提高读者的绘图水平。

光盘\动画演示\第 4 章\沙发茶几.avi

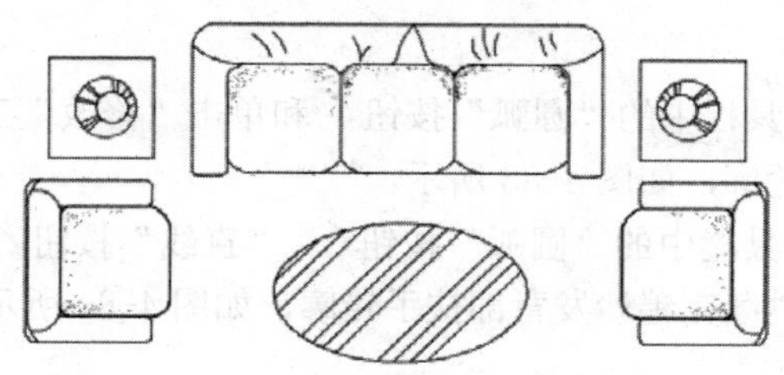

图 4-77　沙发茶几

## 操作步骤

**01** 单击“绘图”工具栏中的“直线”按钮，绘制其中单个沙发造型。如图 4-78 所示。

**02** 单击“绘图”工具栏中的“圆弧”按钮，将沙发面 4 边连接起来，得到完整的沙发面，如图 4-79 所示。

图 4-78　创建沙发面 4 边　　　　图 4-79　连接边角

**03** 单击“绘图”工具栏中的“直线”按钮，绘制侧面扶手，如图 4-80 所示。

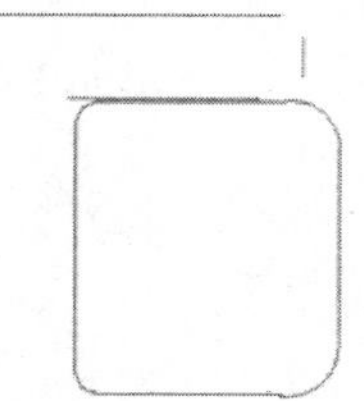

图 4-80　绘制扶手

**04** 单击“绘图”工具栏中的“圆弧”按钮，绘制侧面扶手弧边线，如图 4-81 所示。

**05** 单击“修改”工具栏中的“镜像”按钮，镜像绘制另外一个方向的扶手轮廓，如图 4-82 所示。

图 4-81　绘制扶手弧边线　　　　图 4-82　创建另外一侧扶手

06 单击“绘图”工具栏中的“圆弧”按钮和单击“修改”工具栏中的“镜像”按钮，绘制沙发背部扶手轮廓，如图 4-83 所示。

07 单击“绘图”工具栏中的“圆弧”按钮、“直线”按钮和单击“修改”工具栏中的“镜像”按钮，继续完善沙发背部扶手轮廓，如图 4-84 所示。

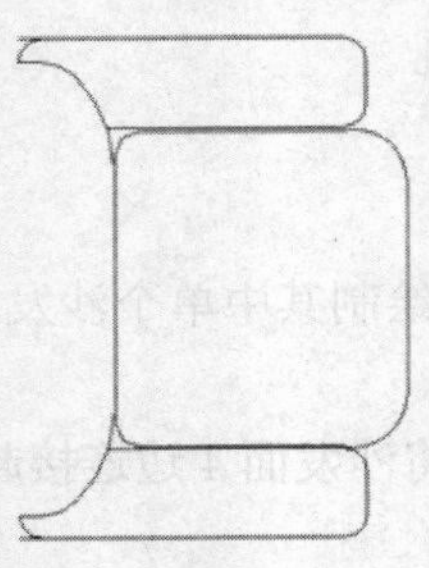
图 4-83　创建背部扶手

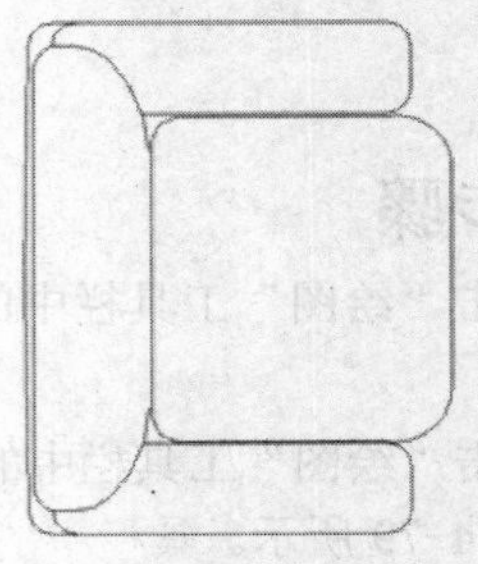
图 4-84　完善背部扶手

08 单击“修改”工具栏中的“偏移”按钮，对沙发面造型进行修改，使其更为形象，如图 4-85 所示。

09 单击“绘图”工具栏中的“点”按钮，在沙发座面上绘制点，细化沙发面造型，如图 4-86 所示，命令行中的提示与操作如下：

```
命令:POINT（输入画点命令）
当前点模式:  PDMODE=99  PDSIZE=25.0000（系统变量的 PDMODE、PDSIZE 设置数值）
指定点:（使用鼠标在屏幕上直接指定点的位置，或直接输入点的坐标）
```

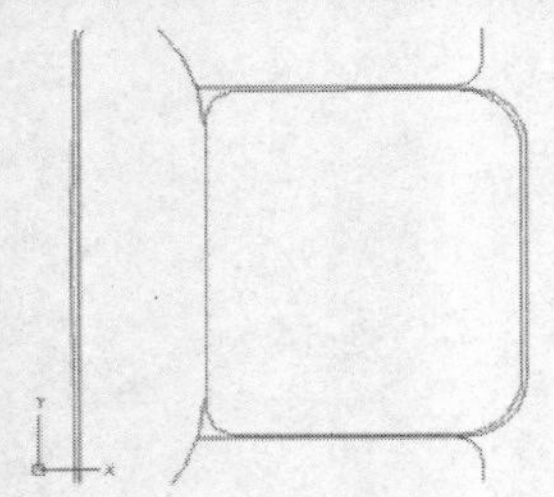
图 4-85　修改沙发面

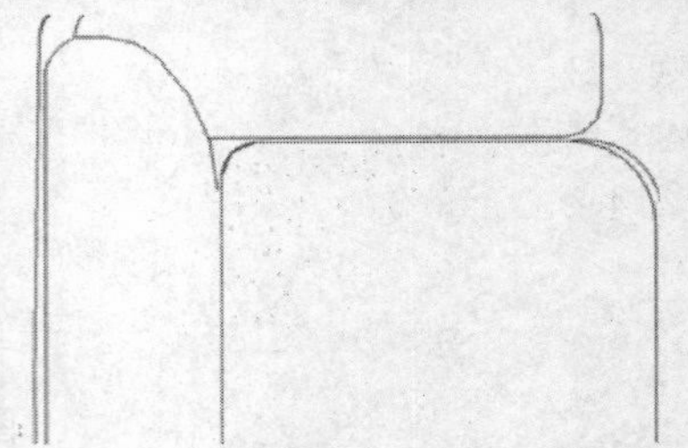
图 4-86　细化沙发面

10 单击“修改”工具栏中的“镜像”按钮，进一步细化沙发面造型，使其更为形象，如图 4-87 所示。

11 采用相同的方法，绘制 3 人座的沙发造型，如图 4-88 所示。

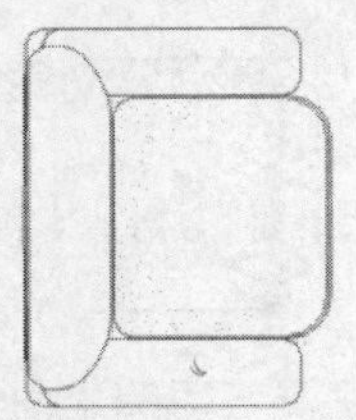
图 4-87　完善沙发面

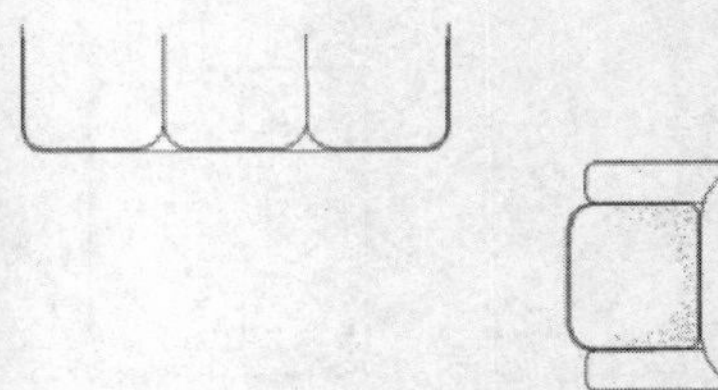
图 4-88　绘制 3 座沙发

**12** 单击“绘图”工具栏中的“直线”按钮、“圆弧”按钮和单击“修改”工具栏中的“镜像”按钮，绘制扶手造型，如图 4-89 所示。

**13** 单击“绘图”工具栏中的“圆弧”按钮、“直线”按钮，绘制 3 人座沙发背部造型，如图 4-90 所示。

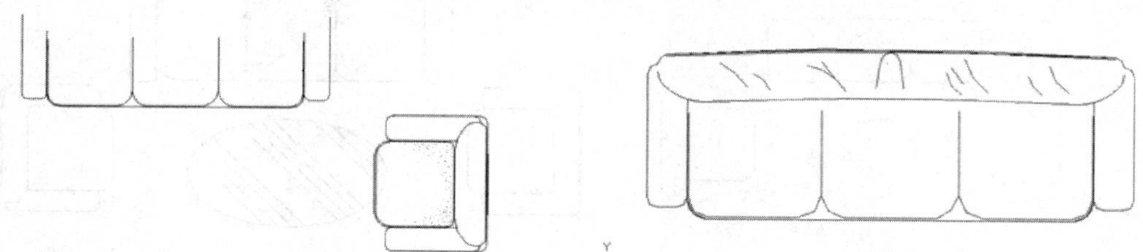

图 4-89　绘制 4 座沙发扶手　　图 4-90　建立 3 人座背部造型

**14** 单击“绘图”工具栏中的“点”按钮，对 3 人座沙发面造型进行细化，如图 4-91 所示。

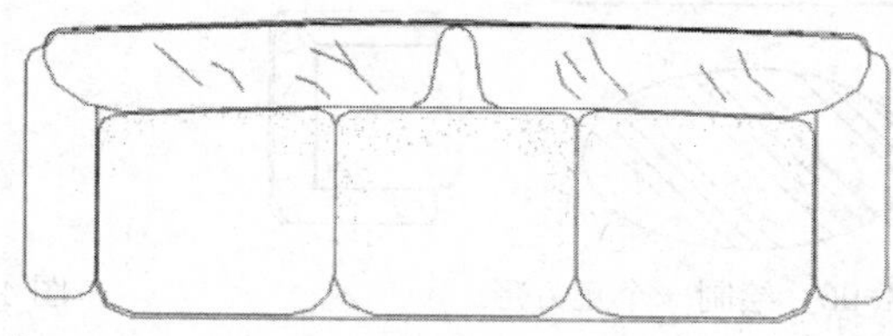

图 4-91　细化 3 人座沙发面

**15** 单击“修改”工具栏中的“移动”按钮，调整 2 个沙发造型的位置，结果如图 4-92 所示。

**16** 单击“修改”工具栏中的“镜像”按钮，对单个沙发进行镜像，得到沙发组造型，如图 4-93 所示。

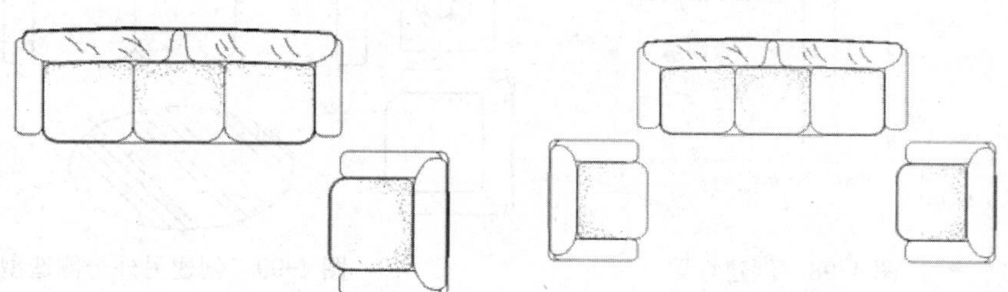

图 4-92　调整沙发位置　　图 4-93　沙发组

**17** 单击“绘图”工具栏中的“椭圆”按钮，绘制 1 个椭圆形建立椭圆形的茶几造型，如图 4-94 所示。

**18** 单击“绘图”工具栏中的“图案填充”按钮，对茶几进行填充图案。如图 4-95 所示。

**19** 单击“绘图”工具栏中的“多边形”按钮，绘制沙发之间的桌面灯造型，如图 4-96 所示。

**20** 单击“绘图”工具栏中的“圆”按钮，绘制两个大小和圆心位置不同的圆形，如图 4-97 所示。

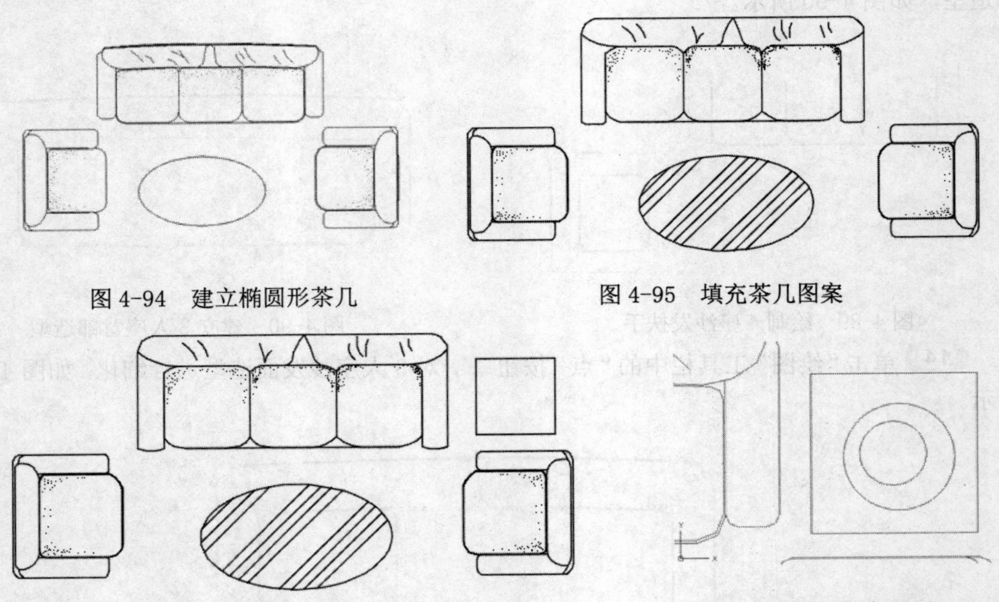

图 4-94　建立椭圆形茶几

图 4-95　填充茶几图案

图 4-96　绘制一个正方形

图 4-97　绘制 2 个圆形

**21** 单击“绘图”工具栏中的“直线”按钮，绘制随机斜线形成灯罩效果，如图 4-98 所示。

**22** 单击“修改”工具栏中的“镜像”按钮，进行镜像得到两个沙发桌面灯造型，如图 4-99 所示。

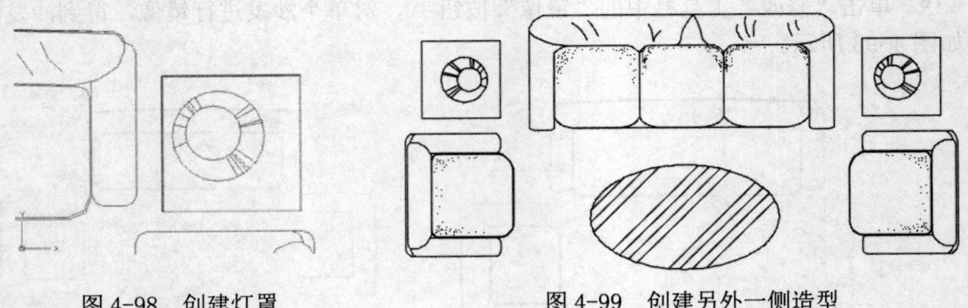

图 4-98　创建灯罩

图 4-99　创建另外一侧造型

# 第 5 章　快速绘图工具

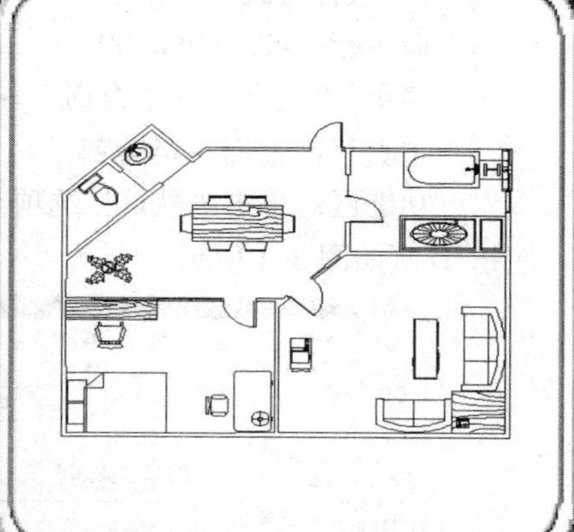

为了方便绘图，提高绘图效率，AutoCAD 提供了一些快速绘图工具，包括图块及其图块属性、设计中心、工具选项板等。这些工具的一个共同特点是可以将分散的图形通过一定的方式组织成一个单元，在绘图时将这些单元插入到图形中，达到提高绘图速度和图形标准化的目的。

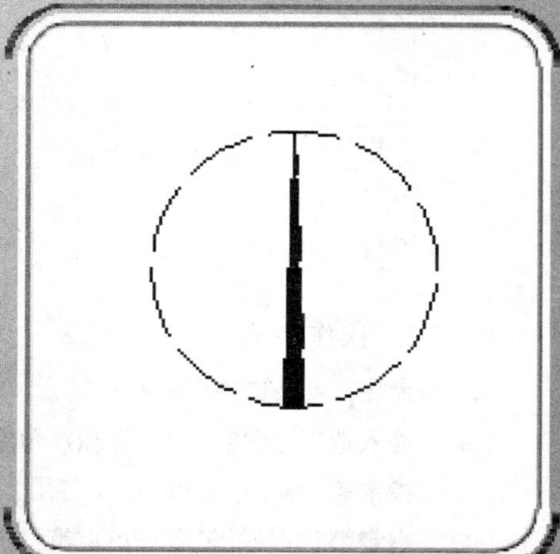

- 查询工具
- 图块
- 设计中心
- 工具选项板

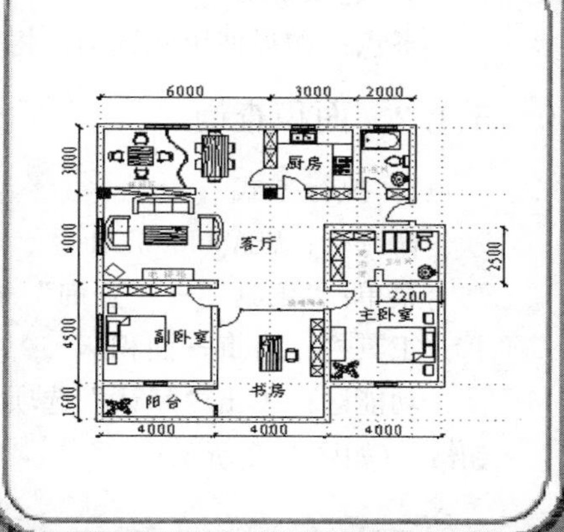

# 5.1　查询工具

## 5.1.1　距离查询

1. 执行方式

命令行：MEASUREGEOM

菜单："工具"→"查询"→"距离"

工具栏：查询→距离

功能区：单击"默认"选项卡"实用工具"面板上的"测量"下拉菜单中的"距离"按钮（如图 5-1 所示）

图 5-1　"测量"下拉菜单

2. 操作格式

```
命令：MEASUREGEOM
输入选项[距离(D)/半径(R)/角度(A)/面积(AR)/体积(V)]<距离>:距离
指定第一点:指定点
指定第二点或[多点]:指定第二点或输入 m 表示多个点
输入选项[距离(D)/半径(R)/角度(A)/面积(AR)/体积(V)/退出(X)]<距离>:退出
```

3. 选项说明

多点：如果使用此选项，将基于现有直线段和当前橡皮线即时计算总距离。

## 5.1.2　面积查询

1. 执行方式

命令行：MEASUREGEOM

菜单："工具"→"查询"→"面积"

工具栏：查询→面积

功能区：单击"默认"选项卡"实用工具"面板上的"测量"下拉菜单中的"面积"按钮（如图 5-2 所示）

图 5-2 “测量”下拉菜单

2. 操作格式

命令：MEASUREGEOM

输入选项[距离(D)/半径(R)/角度(A)/面积(AR)/体积(V)]<距离>:面积

指定第一个角点或[对象(O)/增加面积(A)/减少面积(S)/退出(X)]<对象>:选择选项

3. 选项说明

在工具选项板中，系统设置了一些常用图形的选项卡，这些选项卡可以方便用户绘图。

（1）指定角点：计算由指定点所定义的面积和周长。

（2）增加面积：打开“加”模式，并在定义区域时即时保持总面积。

（3）减少面积：从总面积中减去指定的面积。

# 5.2 图块

## 5.2.1 图块操作

1. 图块定义

执行方式

命令行：BLOCK。

菜单栏：绘图→块→创建命令。

工具栏：绘图→创建块。

功能区：单击“默认”选项卡“块”面板中的“创建”按钮（如图 5-3 所示）或单击“插入”选项卡“块定义”面板中的“创建块”按钮（如图 5-4 所示）

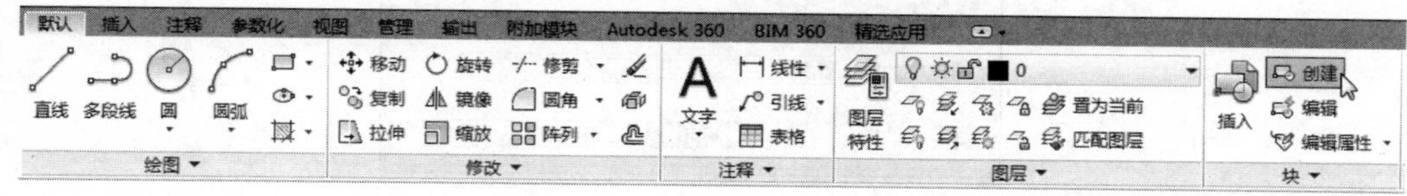


图 5-3 “块”面板

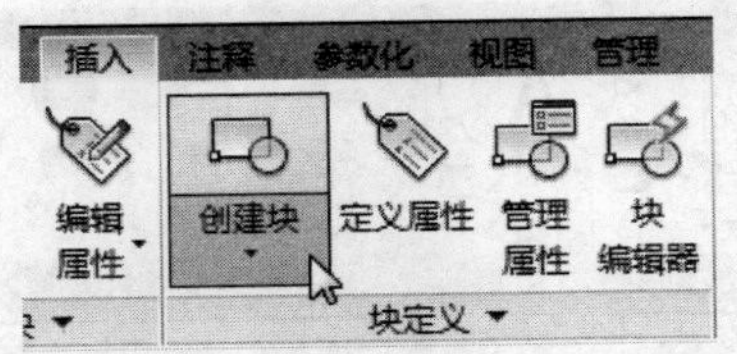


图 5-4 “块定义”面板

执行上述命令，系统打开图 5-5 所示的“块定义”对话框，利用该对话框指定定义对象和基点以及其他参数，可定义图块并命名。

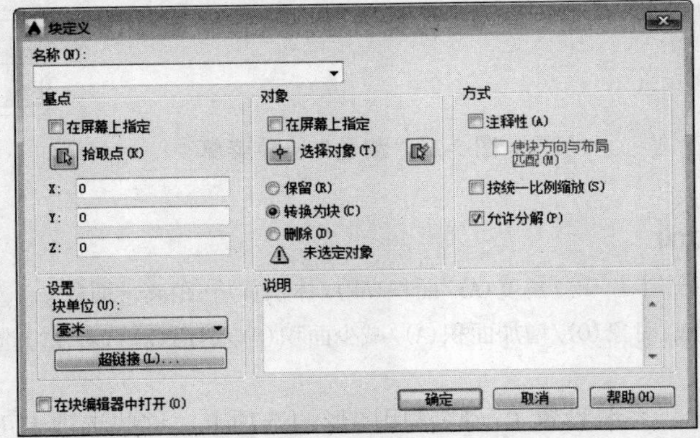


图 5-5 “块定义”对话框

2．图块保存

执行方式

命令行：WBLOCK。

功能区：单击“插入”选项卡“块定义”面板中的“写块”按钮。

执行上述命令，系统打开如图 5-6 所示的“写块”对话框。利用此对话框可把图形对象保存为图块或把图块转换成图形文件。

图 5-6 “写块”对话框

3. 图块插入

执行方式

命令行：INSERT

菜单栏：插入→块。

工具栏：插入→插入块或绘图→插入块。

功能区：单击“默认”选项卡“块”面板中的“插入”按钮或单击“插入”选项卡“块”面板中的“插入”按钮。

执行上述命令，系统打开“插入”对话框，如图 5-7 所示。利用此对话框设置插入点位置、插入比例以及旋转角度可以指定要插入的图块及插入位置。

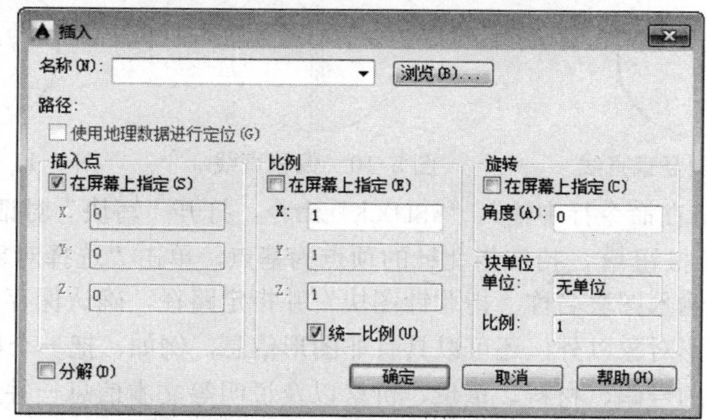


图 5-7 “插入”对话框

### 5.2.2 实例——指北针图块

绘制一个指北针图块，如图 5-8 所示。本例应用二维绘图及编辑命令绘制指北针，利用“写块”命令，将其定义为图块。

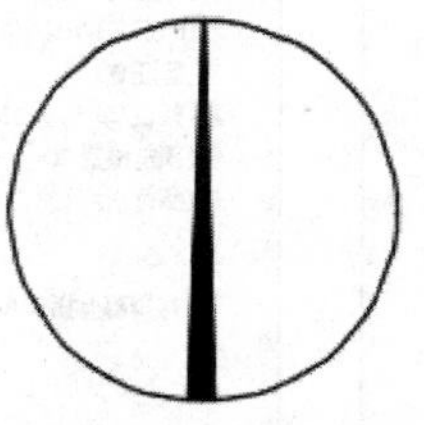

图 5-8 指北针图块

光盘\动画演示\第 5 章\指北针.avi

## 操作步骤

**01** 绘制圆。单击“绘图”工具栏中的“圆”按钮，绘制一个直径为 24 的圆。

**02** 绘制竖直直线。单击“绘图”工具栏中的“直线”按钮，绘制圆的竖直直径，结果如图 5-9 所示。

**03** 偏移直线。单击“修改”工具栏中的“偏移”按钮，使直径向左右两边各偏移

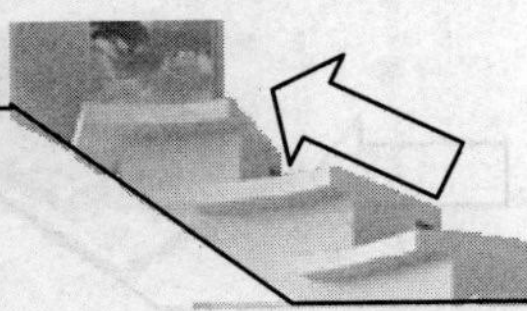

1.5，如图 5-10 所示。

**04** 修剪处理。单击“修改”工具栏中的“修剪”按钮，选取圆作为修剪边界，修剪偏移后的直线。

**05** 绘制直线。单击“绘图”工具栏中的“直线”按钮，绘制直线，结果如图 5-11 所示。

**06** 删除直线。单击“修改”工具栏中的“删除”按钮，删除多余直线。

**07** 图案填充。单击“绘图”工具栏中的“图案填充”按钮，选择图案填充选项板的“SOLID”图标，选择指针作为图案填充对象进行填充，结果如图 5-8 所示。

图 5-9　绘制竖直直线

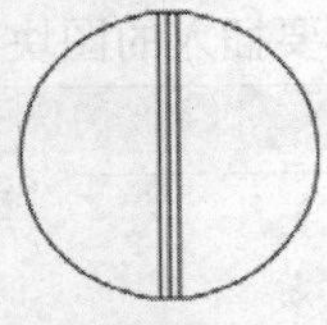

图 5-10　偏移直线

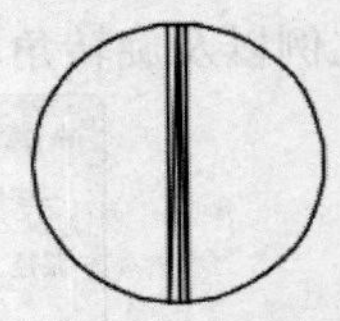

图 5-11　绘制直线

**08** 保存图块。在命令行中输入“WBLOCK”命令，打开“写块”对话框，如图 5-12 所示。单击 “拾取点”按钮，拾取指北针的顶点为基点，单击“选择对象”按钮，拾取下面的图形为对象，输入图块名称“指北针图块”并指定路径，确认保存。

图块除了包含图形对象以外，还可以具有非图形信息，例如，把一个椅子的图形定义为图块后，还可把椅子的号码、材料、重量、价格以及说明等文本信息一并加入到图块当中。图块的这些非图形信息叫作图块的属性，它是图块的一个组成部分，与图形对象一起构成一个整体，在插入图块时 AutoCAD 把图形对象连同属性一起插入到图形中。

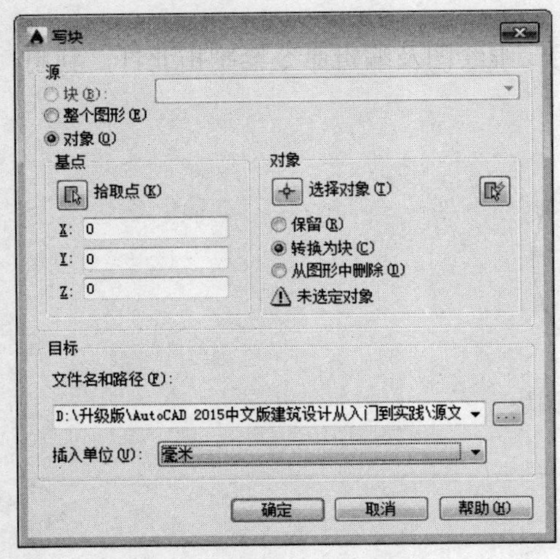


图 5-12　“写块”对话框

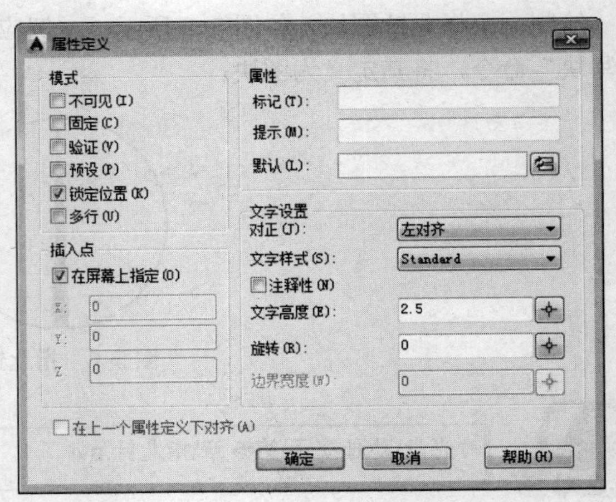


图 5-13　“属性定义”对话框

### 5.2.3　定义图块属性

1. 执行方式

命令行：attdef

菜单栏：“绘图”→“块”→“定义属性”

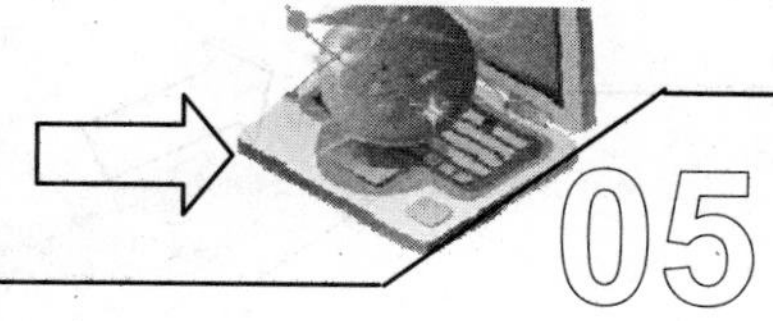


功能区：单击“默认”选项卡“块”面板中的“定义属性”按钮或单击“插入”选项卡“块定义”面板中的“定义属性”按钮

2. 操作格式

命令:attdef↙

执行上述命令后，系统打开“属性定义”对话框，如图 5-13 所示。

3. 选项说明

(1)“模式”选项组：确定属性的模式。

1)“不可见”复选框：选中此复选框则属性为不可见显示方式，即插入图块并输入属性值后，属性值在图中并不显示出来。

2)“固定”复选框：选中此复选框则属性值为常量，即属性值在属性定义时给定，在插入图块时 AutoCAD 不再提示输入属性值。

3)“验证”复选框：选中此复选框，当插入图块时 AutoCAD 重新显示属性值并让用户验证该值是否正确。

4)“预置”复选框：选中此复选框，当插入图块时 AutoCAD 自动把事先设置好的默认值赋予属性，而不再提示输入属性值。

5)“锁定位置”复选框：选中此复选框，当插入图块时 AutoCAD 锁定块参照中属性的位置。解锁后，属性可以相对于使用夹点编辑的块的其他部分移动，并且可以调整多行属性的大小。

6)“多行”复选框：指定属性值可以包含多行文字。选中此复选框后，可以指定属性的边界宽度。

(2)“属性”选项组：用于设置属性值。在每个文本框中 AutoCAD 允许输入不超过 256 个字符。

1)“标记”文本框：输入属性标签。属性标签可由除空格和感叹号以外的所有字符组成，AutoCAD 自动把小写字母改为大写字母。

2)“提示”文本框：输入属性提示。属性提示是插入图块时 AutoCAD 要求输入属性值的提示，如果不在此文本框内输入文本，则以属性标签作为提示。如果在“模式”选项组选中“固定”复选框，即设置属性为常量，则不需要设置属性提示。

3)“默认”文本框：设置默认的属性值。可把使用次数较多的属性值作为默认值，也可不设默认值。

(3)“插入点”选项组：确定属性文本的位置。可以在插入时由用户在图形中确定属性文本的位置，也可在 X、Y、Z 文本框中直接输入属性文本的位置坐标。

(4)“文字设置”选项组设置属性文本的对齐方式、文本样式、字高和旋转角度。

(5)“在上一个属性定义下对齐”复选框：选中此复选框表示把属性标签直接放在前一个属性的下面，而且该属性继承前一个属性的文本样式、字高和倾斜角度等特性。

## 5.2.4 修改图块属性的定义

在定义图块之前，可以对属性的定义加以修改，不仅可以修改属性标签，还可以修改属性提示和属性默认值。

1. 执行方式

命令行：ddedit

菜单栏："修改"→"对象"→"文字"→"编辑"

2. 操作格式

```
命令:ddedit↙
选择注释对象:
```

在此提示下选择要修改的属性定义，AutoCAD 打开"编辑属性定义"对话框，如图 5-14 所示，该对话框表示要修改的属性的标记为"文字"，提示为"数值"，无默认值，可在各文本框中对各项进行修改。

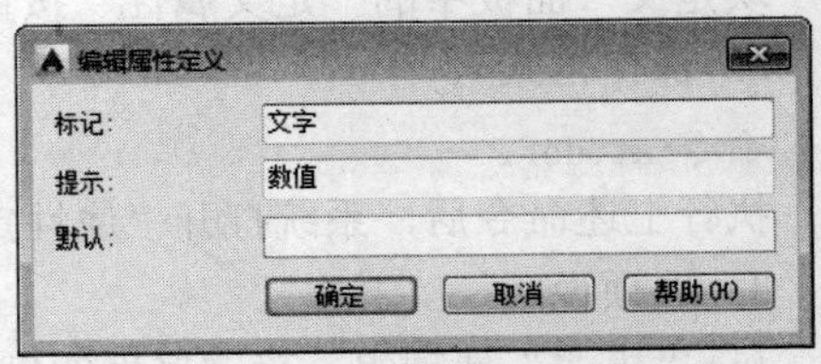


图 5-14 "编辑属性定义"对话框

### 5.2.5 编辑图块属性

当属性被定义到图块中，甚至图块被插入到图形中之后，还可以对属性进行编辑。利用 attedit 命令可以通过对话框对指定图块的属性值进行修改，利用 attedit 命令不仅可以修改属性值，而且可以对属性的位置、文本等其他设置进行编辑。

1. 执行方式

命令行：attedit

菜单："修改"→"对象"→"属性"→"单个"

工具栏："修改 II"→"编辑属性"

功能区：单击"插入"选项卡"块"面板中的"编辑属性"按钮

2. 操作格式

```
命令:attedit↙
选择块参照:
```

此时光标变为拾取框，选择要修改属性的图块，打开图 5-15 所示的"编辑属性"对话框，对话框中显示出所选图块中包含的前 8 个属性的值，可对这些属性值进行修改。如果该图块中还有其他的属性，可单击"上一个"或"下一个"按钮对它们进行观察和修改。

当通过菜单执行上述命令时，系统打开"增强属性编辑器"对话框，如图 5-16 所示。该对话框不仅可以编辑属性值，还可以编辑属性的文字选项和图层、线型、颜色等特性值。

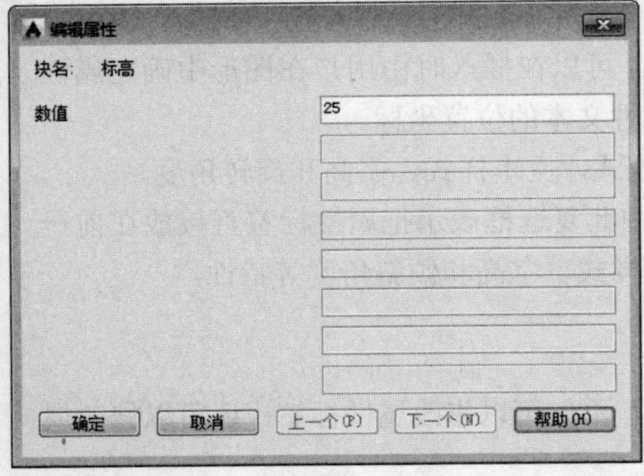


图 5-15 "编辑属性"对话框

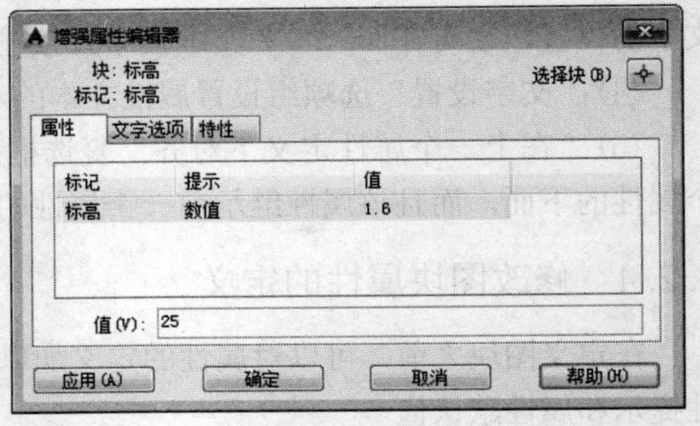


图 5-16 "增强属性编辑器"对话框

另外，还可以通过“块属性管理器”对话框来编辑属性。方法是：单击“修改Ⅱ”工具栏中的“块属性管理器”按钮，打开“块属性管理器”对话框，如图 5-17 所示。单击“编辑”按钮，打开“编辑属性”对话框，如图 5-18 所示，可以通过该对话框编辑属性。

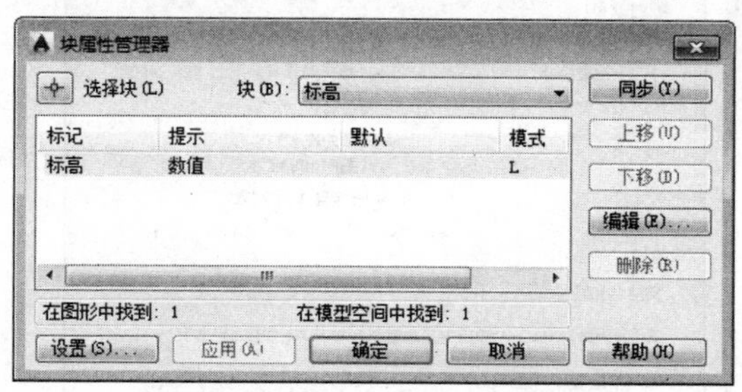


图 5-17 “块属性管理器”对话框

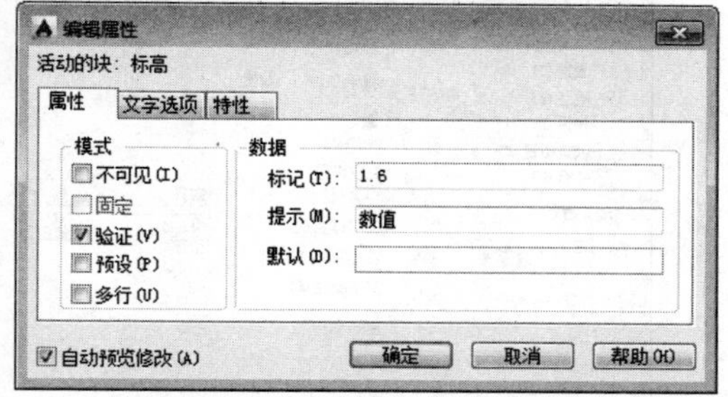


图 5-18 “编辑属性”对话框

### 5.2.6 实例——标注标高

标注如图 5-19 所示的穹顶展览馆立面图形中的标高符号。

光盘\动画演示\第 5 章\标注标高.avi

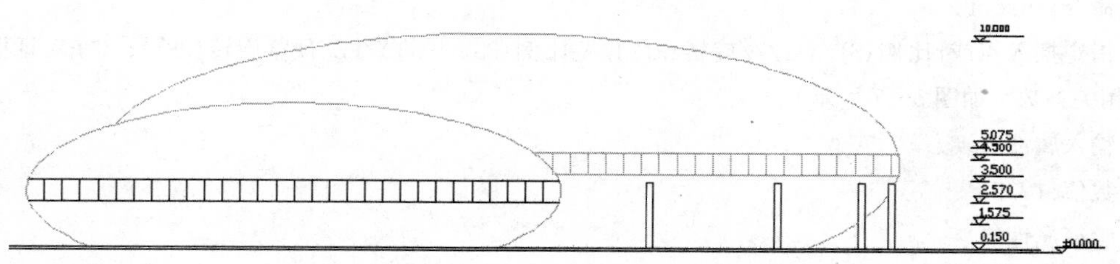


图 5-19 标注标高符号

## 操作步骤

**01** 单击“绘图”工具栏中的“直线”按钮，绘制如图 5-20 所示的标高符号图形。

图5-20 绘制标高符号

**02** 选择菜单栏中的“绘图”→“块”→“定义属性”命令，打开“属性定义”对话框，进行如图 5-21 所示的设置，其中模式为“验证”，插入点为粗糙度符号水平线中点，确认退出。

**03** 在命令行中输入“WBLOCK”命令，打开“写块”对话框，如图 5-22 所示。拾取图 5-8 中图形的下尖点为基点，以此图形为对象，输入图块名称并指定路径，确认退出。

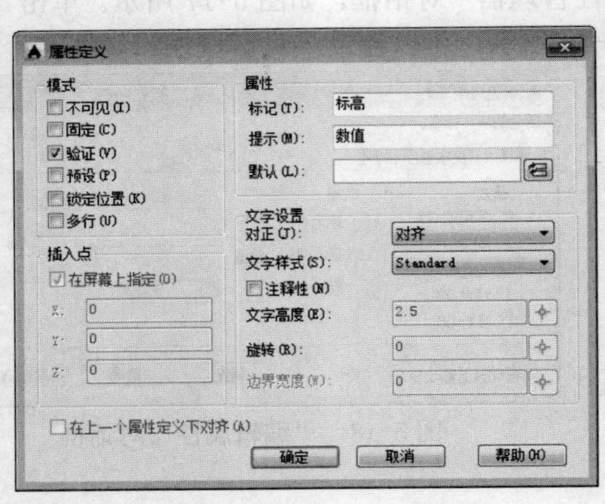

图 5-21 “属性定义”对话框

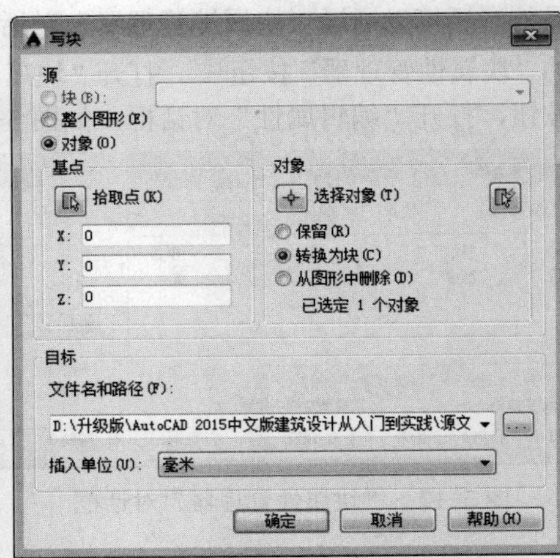

图 5-22 “写块”对话框

**04** 单击“绘图”工具栏中的“插入块”按钮，打开“插入”对话框，如图 5-23 所示。单击“浏览”按钮找到刚才保存的图块，在屏幕上指定插入点和旋转角度，将该图块插入到如图 5-20 所示的图形中，这时，命令行会提示输入属性，并要求验证属性值，此时输入标高数值 0.150，就完成了一个标高的标注，命令行中的提示与操作如下：

命令:insert↙

指定插入点或[比例(S)/X/Y/Z/旋转(R)/预览比例(PS)/PX/PY/PZ/预览旋转(PR)]:（在对话框中指定相关参数，如图 5-17 所示）

输入属性值

数值:12.5↙

验证属性值

数值<12.5>:↙

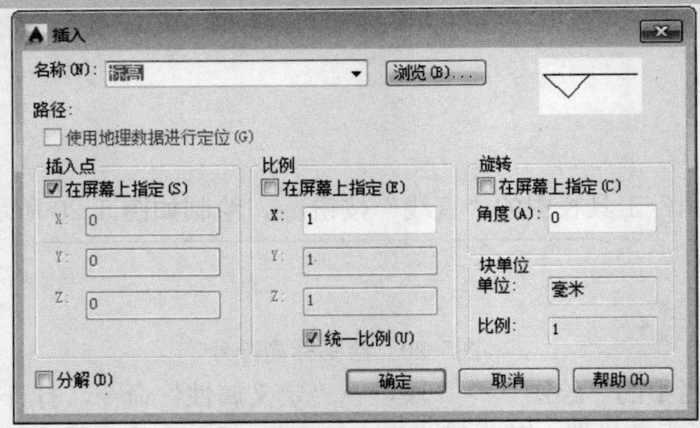

图 5-23 “插入”对话框

**05** 单击“绘图”工具栏中的“插入块”按钮，插入标高符号图块，并输入不同的属性值作为标高数值，直到完成所有标高符号标注。

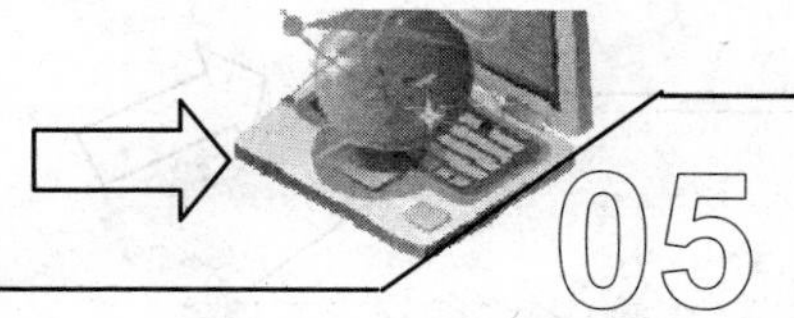


# 5.3 设计中心

使用 AutoCAD 2015 设计中心可以很容易地组织设计内容，并把它们拖动到自己的图形中。可以使用 AutoCAD 2015 设计中心窗口的内容显示框，来观察用 AutoCAD 2015 设计中心的资源管理器所浏览资源的细目。

## 5.3.1 启动设计中心

执行方式

命令行：adcenter

菜单："工具"→"选项板"→"设计中心"

工具栏："标准"→"设计中心"

快捷键：Ctrl+2

功能区：单击"视图"选项卡"选项板"面板中的"设计中心"按钮。

执行上述命令后，系统打开"设计中心"对话框。第一次启动设计中心时，默认打开的选项卡为"文件夹"。内容显示区采用大图标显示，左边的资源管理器采用树型显示方式，浏览资源的同时在内容显示区显示所浏览资源的有关细目或内容，如图 5-24 所示。也可以搜索资源，方法与 Windows 资源管理器类似。

可以依靠鼠标拖动边框来改变 AutoCAD 2015 设计中心资源管理器和内容显示区以及 AutoCAD 2015 绘图区的大小，但内容显示区的最小尺寸应能显示两列大图标。

如果要改变 AutoCAD 2015 设计中心的位置，可在 AutoCAD 2015 设计中心工具条的上部用鼠标拖动它，松开鼠标后，AutoCAD 2015 设计中心便处于当前位置，到新位置后，仍可以用鼠标改变改变各窗口的大小。也可以通过设计中心边框左边下方的"自动隐藏"按钮来自动隐藏设计中心。

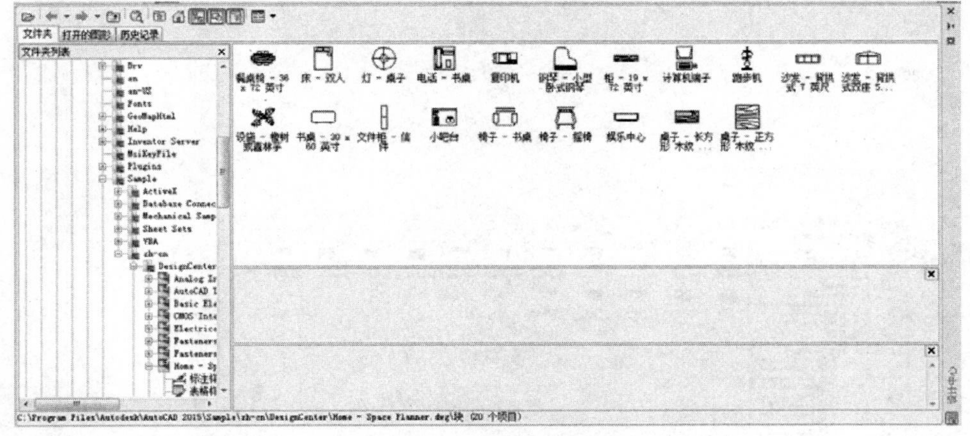

图 5-24 AutoCAD 2015设计中心的资源管理器和内容显示区

## 5.3.2 实例——绘制居室平面图

利用设计中心绘制如图 5-25 所示的居室布置平面图。

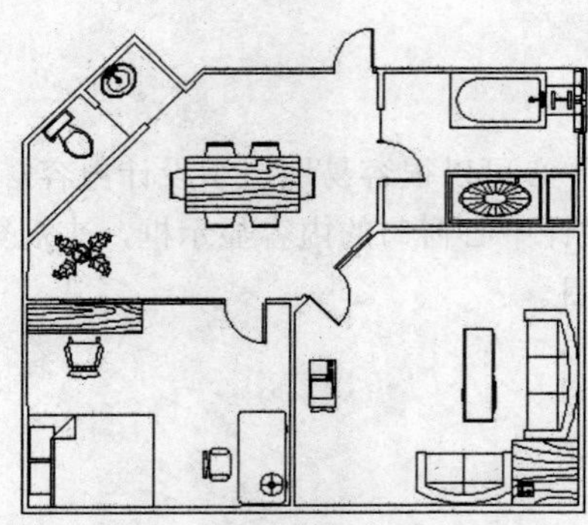

图 5-25　居室布置平面图

光盘\动画演示\第 5 章\居室布置平面.avi

## 操作步骤

**01** 利用前面学过的绘图命令与编辑命令绘制住房结构截面图。其中，进门为餐厅，左手边为厨房，右手边为卫生间，正对面为客厅，客厅左边为寝室。

**02** 单击“标准”工具栏中的“工具选项板窗口”按钮，打开工具选项板。在工具选项板中右击，选择快捷菜单中的“新建选项板”命令，创建新的工具选项板选项卡并命名为“住房”。

**03** 单击“标准”工具栏中的“设计中心”按钮，打开“设计中心”选项板，将设计中心中的“kitchens”、“house designer”、“home space planner”图块拖动到工具选项板的“住房”选项卡中，如图 5-26 所示。

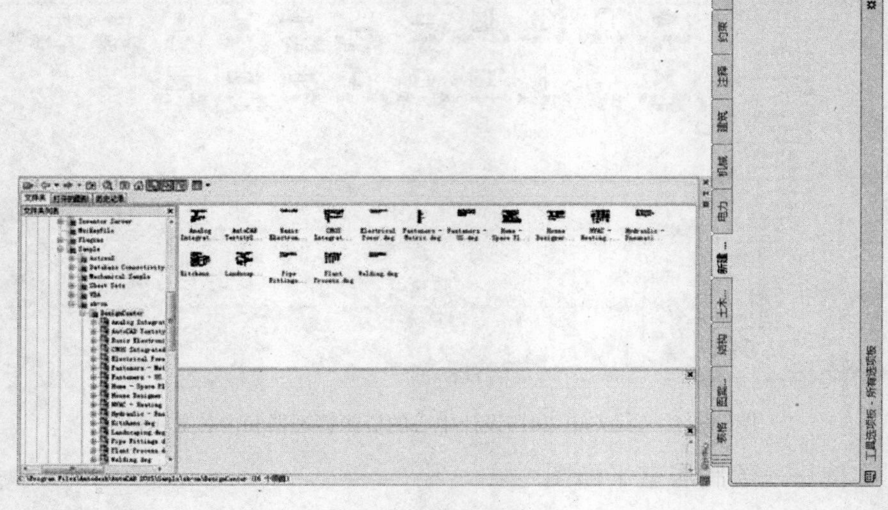

图 5-26 向工具选项板中添加设计中心图块

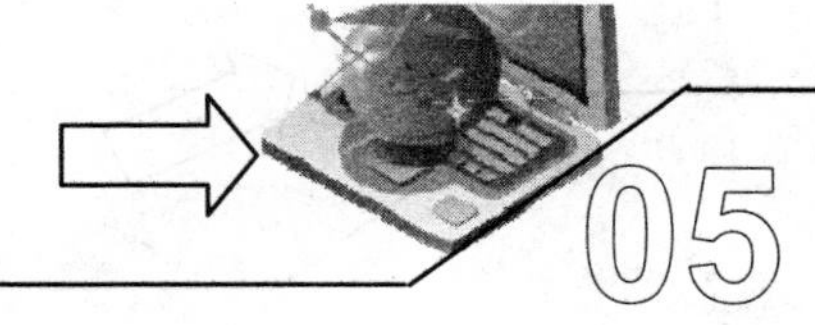


**04** 布置餐厅。将工具选项板中的“home space planner”图块拖动到当前图形中，利用缩放命令调整图块与当前图形的相对大小，如图 5-27 所示。对该图块进行分解操作，将“home space planner”图块分解成单独的小图块集。将图块集中的“饭桌”和“植物”图块拖动到餐厅适当的位置，如图 5-28 所示。

**05** 采用相同的方法，布置居室其他房间。

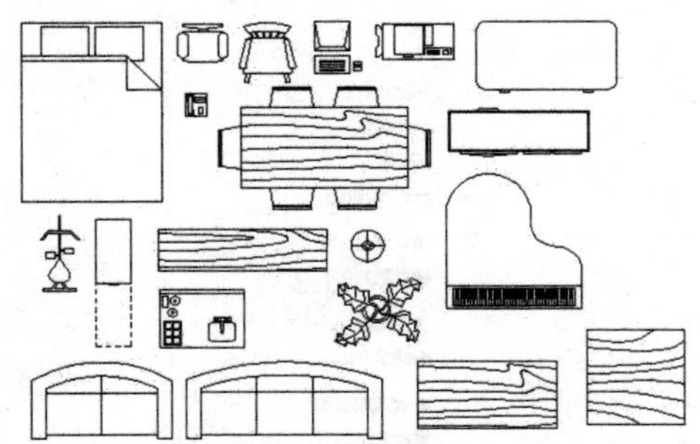

图 5-27　将“home space planner”图块拖动到当前图形

图 5-28　布置餐厅

# 5.4　工具选项板

工具选项板提供组织、共享和放置块及填充图案的有效方法。它还可以包含由第三方开发人员提供的自定义工具。

## 5.4.1　打开工具选项板

1. 执行方式

命令行：toolpalettes

菜单：“工具”→“选项板”→“工具选项板”

工具栏：“标准”→“工具选项板”

快捷键：Ctrl+3

功能区：单击“视图”选项卡“选项板”面板中的“设计中心”按钮。

2. 操作格式

命令：toolpalettes↙

执行上述命令后，系统自动打开“工具选项板”对话框，如图 5-29 所示。

在工具选项板中，系统设置了一些常用图形选项卡，这些常用图形可以方便绘图。

## 5.4.2　工具选项板的显示控制

1. 移动和缩放工具选项板

可以用鼠标按住工具选项板的深色边框，拖动鼠标即可移动工具选项板。将光标指向工具选项板边缘，出现双向伸缩箭头，按住鼠标左键拖动即可缩放工具选项板。

2. 自动隐藏工具选项板

在工具选项板的深色边框下面有一个“自动隐藏”按钮，单击该按钮即可自动隐藏工具选项板，再次单击，则自动打开工具选项板。

3.“透明度”控制

在工具选项板的深色边框下面有一个“特性”按钮，单击该按钮，打开快捷菜单，如图 5-30 所示。选择“透明”命令，打开“透明”对话框，通过调节按钮可以调节工具选项板的透明度。

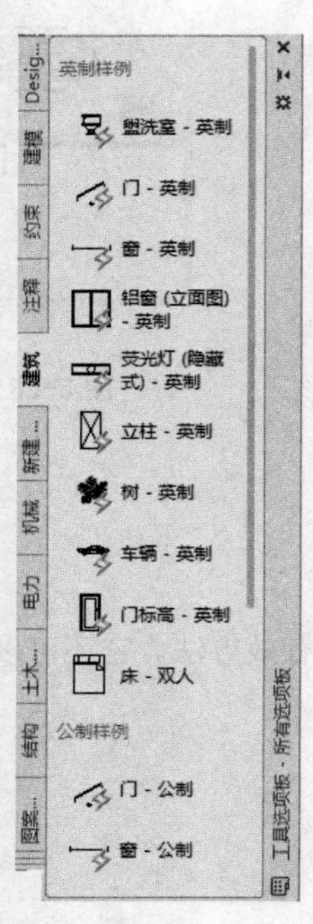


图 5-29　工具选项板

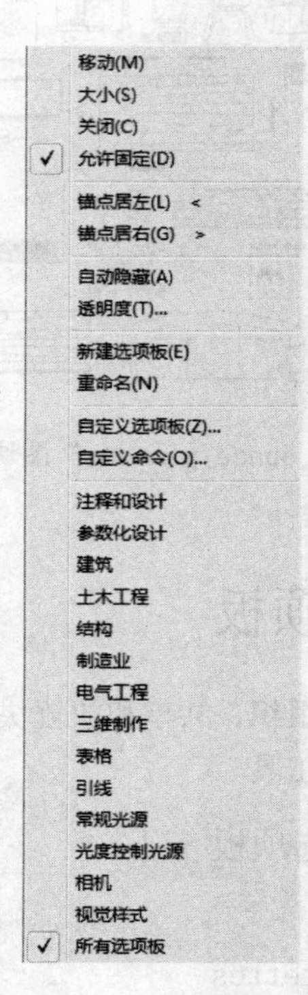


图 5-30　快捷菜单

## 5.4.3　新建工具选项板

可以建立新工具板，这样有利于个性化作图，也能够满足特殊作图需要。

1. 执行方式

命令行：customize

菜单：“工具”|“自定义”|“工具选项板”

快捷菜单：在任意工具栏上单击右键，然后选择“自定义选项板”

工具选项板：“特性”|“自定义选项板”（或新建选项板）

2. 操作格式

命令：customize↙

执行上述命令后，系统打开“自定义”对话框，如图 5-31 所示。在“选项板”列表框中单击鼠标右键，打开快捷菜单，如图 5-32 所示，选择“新建选项板”选项，在打开的对话框中可以为新建的工具选项板命名。确定后工具选项板中就增加了一个新的选项卡，如图 5-33 所示。

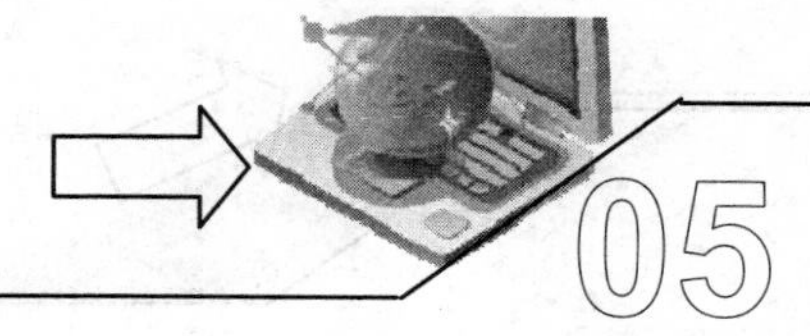

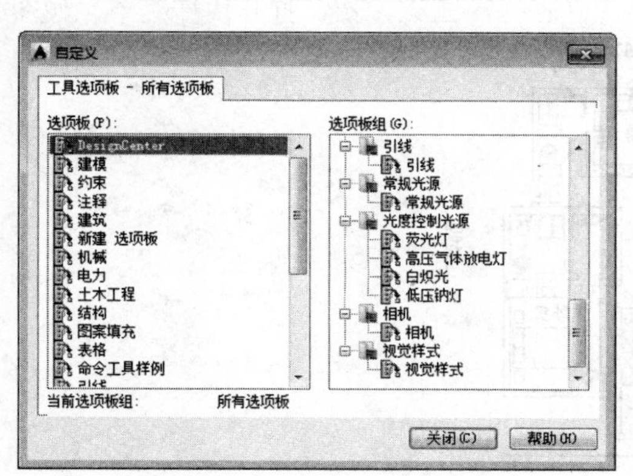

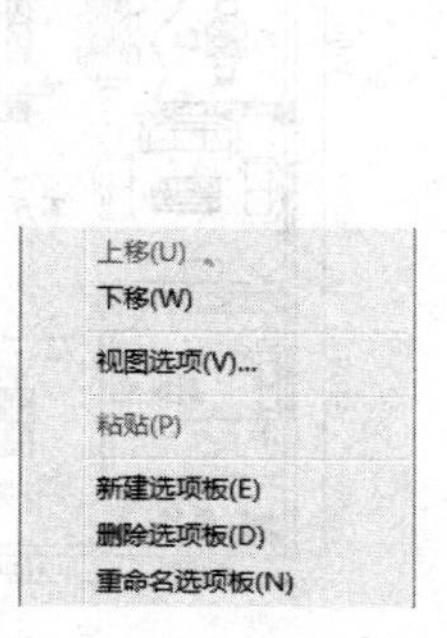

图 5-31 “自定义”对话框　　图 5-32 选择“新建选项板”选项　　图 5-33 新增选项卡

### 5.4.4 向工具选项板中添加内容

可以将图形、块和图案填充从设计中心拖动到工具选项板上。例如，在 Designcenter 文件夹上右键单击鼠标，系统打开右键快捷菜单，从中选择“创建块的工具选项板”命令，如图 5-34a 所示。设计中心中存储的图元就出现在工具选项板中新建的 Designcenter 选项卡上，

如图 5-34b 所示。这样就可以将设计中心与工具选项板结合起来，建立一个快捷方便的工具选项板。将工具选项板中的图形拖动到另一个图形中时，图形将作为块插入。

另外，还可以使用“剪切”“复制”和“粘贴”功能将一个工具选项板中的工具移动或复制到另一个工具选项板中。

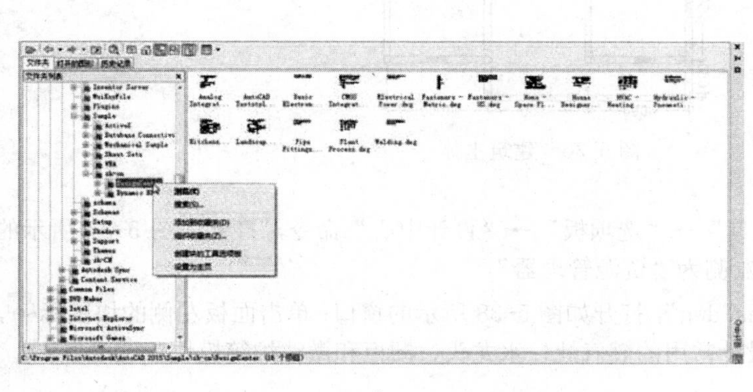

a)

b)

图 5-34 将存储的图元创建成“设计中心”工具选项板

## 5.5 综合实例——绘制居室室内布置平面图

利用设计中心和工具选项板辅助绘制如图 5-35 所示的居室室内布置平面图。

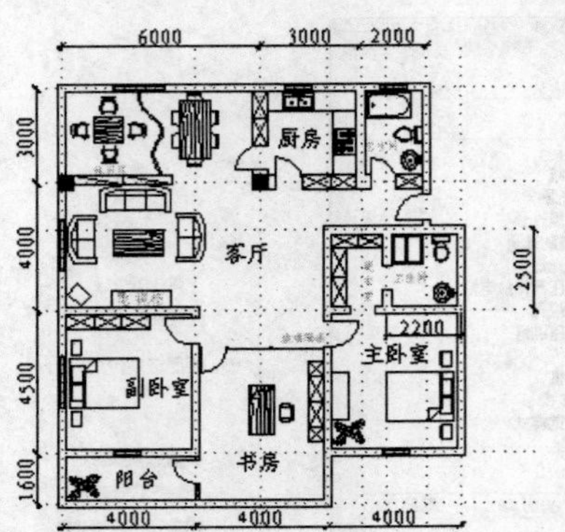


图 5-35 居室平面图

光盘\动画演示\第 5 章\绘制居室室内布置平面.avi

### 操作步骤

**01** 绘制建筑主体图。单击“绘图”工具栏中的“直线”按钮和“圆弧”按钮，绘制建筑主体图，结果如图 5-36 所示。

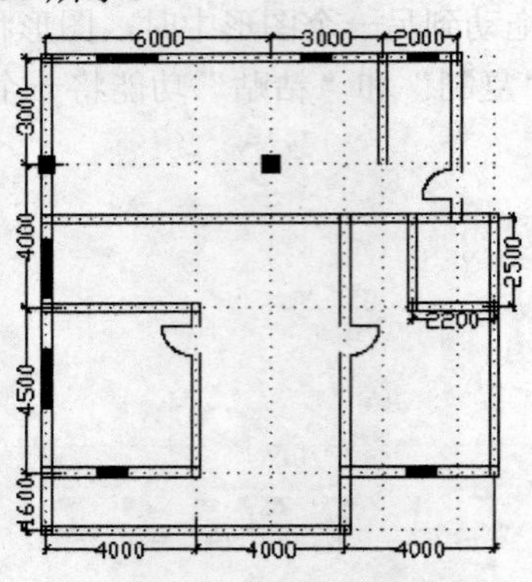


图 5-36 建筑主体

**02** 启动设计中心。

❶选择菜单栏中的“工具”→“选项板”→“设计中心”命令，打开如图 5-37 所示的设计中心面板，其中面板的左侧为“资源管理器”。

❷双击左侧的“Kitchens.dwg”，打开如图 5-38 所示的窗口；单击面板左侧的块图标，出现如图 5-39 所示的厨房设计常用的燃气灶、水龙头、橱柜和微波炉等模块。

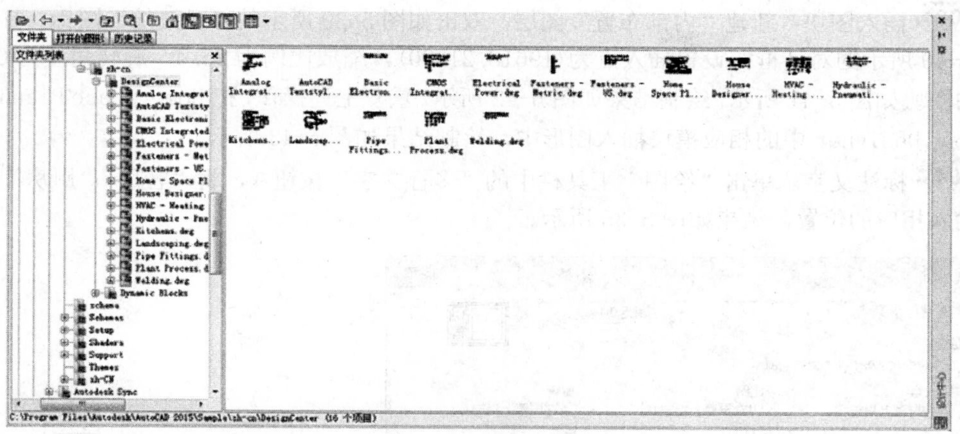


图 5-37　设计中心

图 5-38　双击“Kitchens.dwg”文件

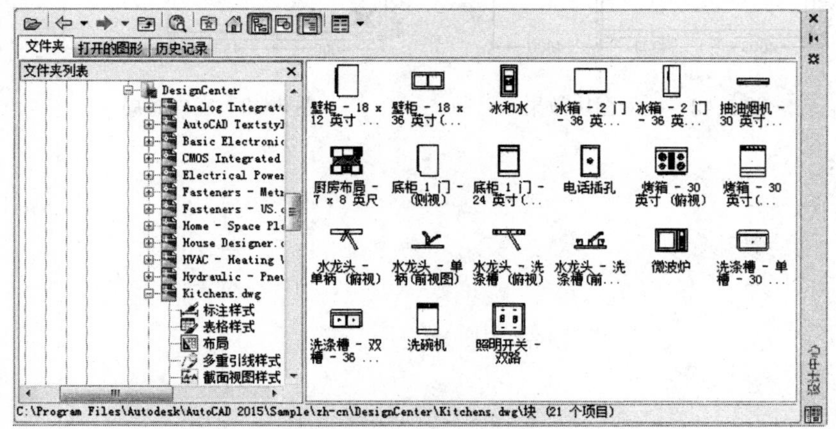


图 5-39　图形模块

**03** 插入图块。新建“内部布置”图层，双击如图 5-39 所示的“微波炉”图标，打开如图 5-40 所示的对话框，设置插入点为(19618,21000)，缩放比例为 25.4，旋转角度为 0，插入的图块如图 5-41 所示，绘制结果如图 5-42 所示。重复上述操作，把 Home-Space Planner 与 House Designer 中的相应模块插入图形中，绘制结果如图 5-43 所示。

**04** 标注文字。单击“绘图”工具栏中的“多行文字”按钮A，将“客厅”“厨房”等名称输入相应的位置，结果如图 5-35 所示。

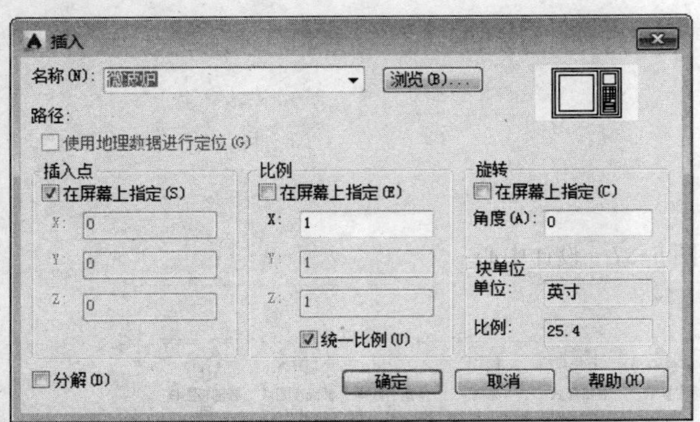


图 5-40 “插入”对话框

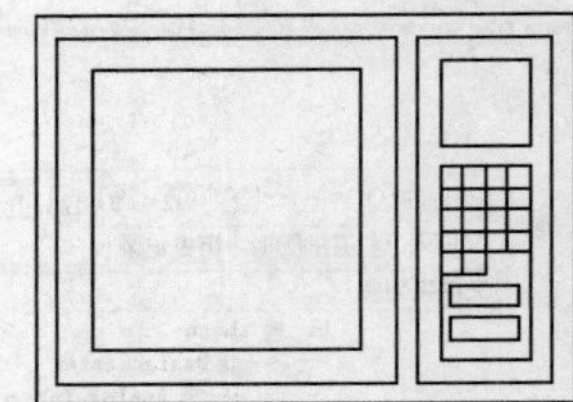

图 5-41 插入的图块

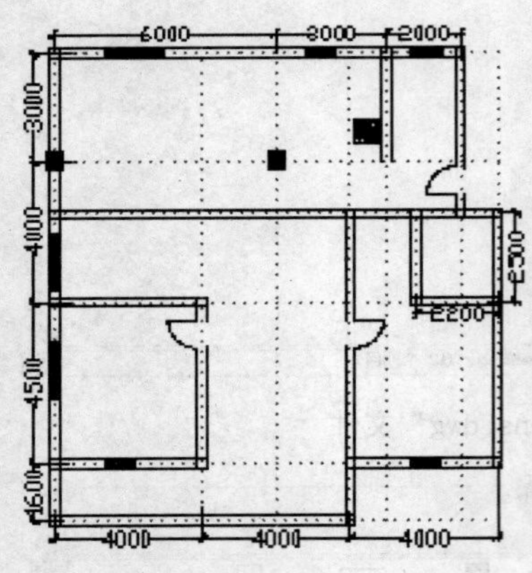


图 5-42 插入图块效果

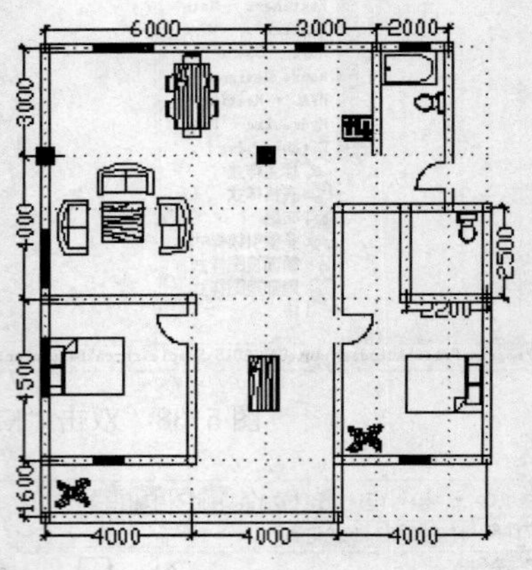


图 5-43 室内布局

# 第 6 章　文字与表格

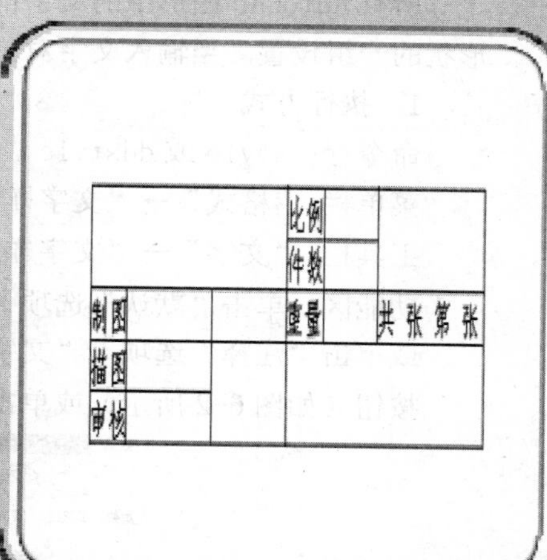


文字注释是图形中很重要的一部分内容，进行各种设计时，通常不仅要绘出图形，还要在图形中标注一些文字，如技术要求、注释说明等，对图形对象加以解释。AutoCAD 提供了多种写入文字的方法，本章将介绍文本的注释和编辑功能。图表在 AutoCAD 图形中也有大量的应用，如明细表、参数表和标题栏等，对此本章也有相关介绍。

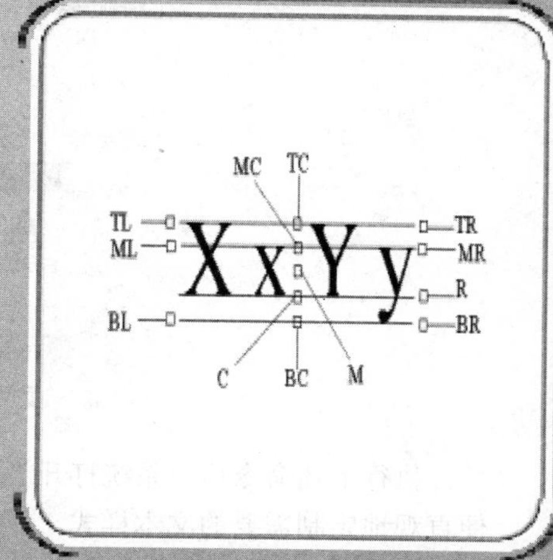


- 文本样式
- 文本的标注
- 文本的编辑
- 表格

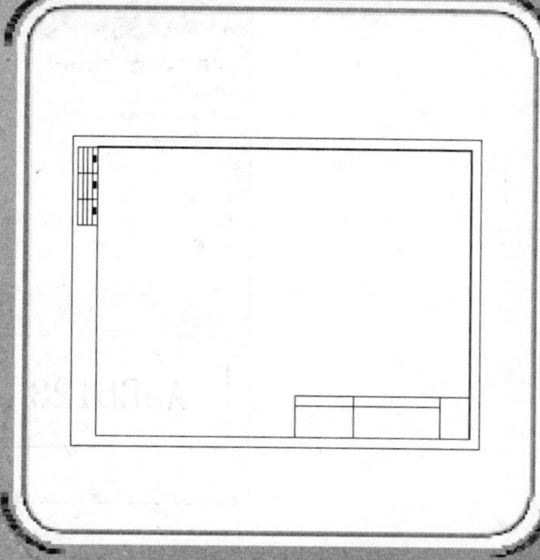

## 6.1 文本样式

所有 AutoCAD 图形中的文字都有和其相对应的文本样式。文本样式是用来控制文字基本形状的一组设置。当输入文字对象时，AutoCAD 使用当前设置的文本样式。

1. 执行方式

命令行：style 或 ddstyle

菜单栏："格式"→"文字样式"

工具栏："文字"→"文字样式"

功能区：单击"默认"选项卡"注释"面板中的"文字样式"按钮（如图 6-1 所示）或单击"注释"选项卡"文字"面板上的"文字样式"下拉菜单中的"管理文字样式"按钮（如图 6-2 所示）或单击"注释"选项卡"文字"面板中"对话框启动器"按钮

图 6-1 "注释"面板

图 6-2 "文字"面板

执行上述命令后，系统打开"文字样式"对话框，如图 6-3 所示。通过这个对话框可方便直观地定制需要的文本样式，或对已有样式进行修改。

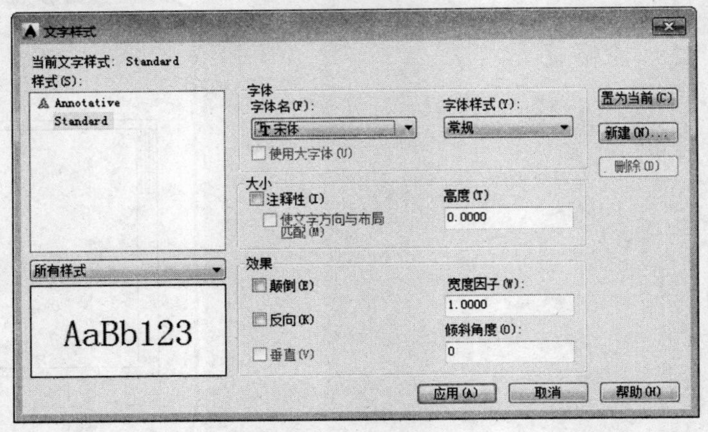


图 6-3 "文字样式"对话框

2. 选项说明

（1）“样式”选项组：用于命名新样式名或对已有样式名进行相关操作。单击“新建”按钮，AutoCAD 打开如图 6-4 所示“新建文字样式”对话框。在对话框中可以为新建的样式输入名字。

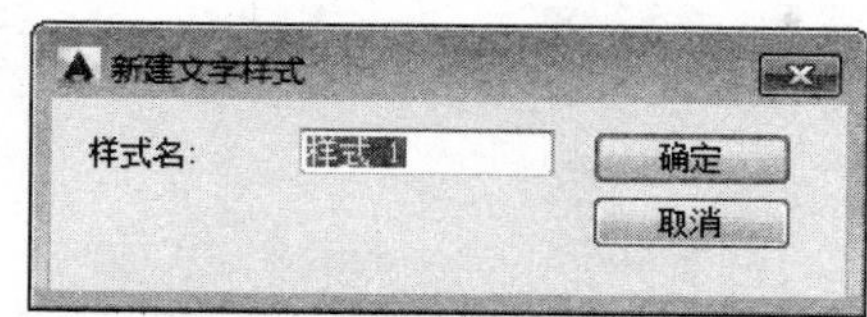

图 6-4 “新建文字样式”对话框

（2）“字体”选项组：用来确定文本样式使用的字体文件、字体风格及字高等。其中如果在此文本框中输入一个数值，则作为创建文字时的固定字高，在用 TEXT 命令输入文字时，AutoCAD 不再提示输入字高参数。如果在此文本框中设置字高为 0，AutoCAD 则会在每一次创建文字时提示输入字高。在 AutoCAD 中，除了它固有的 SHX 形状字体文件外，还可以使用 TrueType 字（如字体、楷体等）。

（3）“大小”选项组：

1）“注释性”复选框：指定文字为注释性文字。

2）“使文字方向与布局匹配”复选框：指定图纸空间视口中的文字方向与布局方向匹配。如果清除“注释性”选项，则该选项不可用。

3）高度：设置文字高度。如果输入 0.0，则每次用该样式输入文字时，文字默认高度值为 0.2。输入大于 0.0 的高度则可为该样式设置固定的文字高度。在相同的高度设置下，TrueType 字体显示的高度要小于 SHX 字体。如果选择“注释性”选项，则将设置要在图纸空间中显示的文字的高度。

（4）“效果”选项组：

1）“颠倒”复选框：选中此复选框，表示将文本文字倒置标注。

2）“反向”复选框：确定是否将文本文字反向标注。

3）“垂直”复选框：确定文本是水平标注还是垂直标注。此复选框选中时为垂直标注，否则为水平标注。

提示

本复选框只有在 SHX 字体下才可用。

4）宽度因子：设置宽度系数，确定文本字符的宽、高比。当比例系数为 1 时表示将按字体文件中定义的宽、高比标注文字；当此系数小于 1 时文字会变窄，大于 1 时会变宽。

5）倾斜角度：用于确定文字的倾斜角度。角度为 0 时不倾斜，为正时向右倾斜，为负时向左倾斜。

（5）“应用”按钮：确认对文本样式的设置。当建立新的样式或者对现有样式的某些特征进行修改后都需要单击此按钮，AutoCAD 确认所做的改动。

## 6.2 文本的标注

在制图过程中文字传递了很多设计信息，它可能是一个很长、很复杂的说明，也可能是一个简短的文字信息。当需要标注的文本不太长时，可以利用 Text 命令创建单行文本。当需要标注很长、很复杂的文字信息时，可以用 Mtext 命令创建多行文本。

### 6.2.1 单行文本的标注

1. 执行方式

命令行：text

菜单栏："绘图"→"文字"→"单行文字"

工具栏："文字"→"单行文字"

功能区：单击"默认"选项卡"注释"面板中的"单行文字"按钮或单击"注释"选项卡"文字"面板中的"单行文字"按钮

2. 操作格式

```
命令:text↙
```

选择相应的菜单项或在命令行中输入 TEXT 命令后回车，AutoCAD 提示：

```
当前文字样式: "Standard"  文字高度: 2.5000  注释性: 否  对正: 左
指定文字的起点或[对正(J)/样式(S)]:
```

3. 选项说明

（1）指定文字的起点：在此提示下直接在作图屏幕上选取一点作为文本的起始点，AutoCAD 提示如下：

```
指定高度<0.2000>:(确定字符的高度)
指定文字的旋转角度<0>:(确定文本行的倾斜角度)
输入文字:(输入文本)
```

在此提示下输入一行文本后回车，AutoCAD 继续显示"输入文字:"提示，待全部输入完后在此提示下直接回车，则退出 Text 命令。可见，由 Text 命令也可创建多行文本，只是这种多行文本的每一行就是一个对象，不能对多行文本同时进行操作。

**提示**

当前文本样式中设置的字符高度为 0 时，在使用 Text 命令时 AutoCAD 才出现要求用户确定字符高度的提示。

AutoCAD 允许将文本行倾斜排列，具体方法是在"指定文字的旋转角度 <0>:"提示下输入文本行的倾斜角度或在屏幕上拉出一条直线来指定倾斜角度。

（2）对正(J)：在上面的提示下键入 J，用来确定文本的对齐方式，对齐方式决定文本的哪一部分与所选的插入点对齐。执行此选项，AutoCAD 提示如下：

```
输入选项 [左(L)/居中(C)/右(R)/对齐(A)/中间(M)/布满(F)/左上(TL)/中上(TC)/右上(TR)/左中(ML)/正中(MC)/右中(MR)/左下(BL)/中下(BC)/右下(BR)]:
```

在此提示下选择一个选项作为文本的对齐方式。当文本串水平排列时，AutoCAD 为标注文本串定义了如图 6-5 所示的底线、基线、中线和顶线，各种对齐方式如图 6-6 所示，图中大写字母对应上述提示中各命令。下面以“对齐”为例进行简要说明。

图 6-5　文本行的底线、基线、中线和顶线

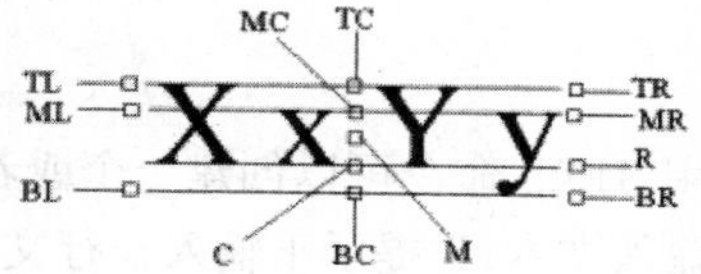


图 6-6　文本的对齐方式

选择“对齐（A）”选项，要求用户指定文本行基线的起始点与终止点的位置，AutoCAD 提示如下：

```
指定文字基线的第一个端点:(指定文本行基线的起点位置)
指定文字基线的第二个端点:(指定文本行基线的终点位置)
输入文字:（输入一行文本后回车）
输入文字:（继续输入文本或直接回车结束命令）
```

结果所输入的文本字符均匀地分布于指定的两点之间，如果两点间的连线不水平，则文本行倾斜放置，倾斜角度由两点间的连线与 X 轴的夹角确定；字高、字宽根据两点间的距离、字符的多少以及文本样式中设置的宽度系数自动确定。指定了两点之后，每行输入的字符越多，字宽和字高越小。

其他选项与“对齐”选项类似，不再赘述。

实际绘图时，有时需要标注一些特殊字符，例如直径符号、上划线或下划线、温度符号等，由于这些符号不能直接从键盘上输入，AutoCAD 提供了一些控制码，用来实现这些要求。控制码用两个百分号（%%）加一个字符构成，常用的控制码见表 6-1。

表 6-1　AutoCAD 常用控制码

| 符号 | 功能 | 符号 | 功能 |
|---|---|---|---|
| %%O | 上划线 | \u+0278 | 电相位 |
| %%U | 下划线 | \u+E101 | 流线 |
| %%D | “度”符号 | \u+2261 | 标识 |
| %%P | 正负符号 | \u+E102 | 界碑线 |
| %%C | 直径符号 | \u+2260 | 不相等 |
| %%% | 百分号 | \u+2126 | 欧姆 |
| \u+2248 | 几乎相等 | \u+03A9 | 欧米加 |
| \u+2220 | 角度 | \u+214A | 地界线 |
| \u+E100 | 边界线 | \u+2082 | 下角标2 |
| \u+2104 | 中心线 | \u+00B2 | 平方 |
| \u+0394 | 差值 | | |

其中，“%%O”和“%%U”分别是上划线和下划线的开关，第一次出现此符号开始画上划线和下划线，第二次出现此符号上划线和下划线终止。例如在“Text:”提示后输入“I want to %%U go to Beijing%%U.”，则得到如图 6-7 上行所示的文本行；输入“50%%D+%% C75%%P12”，则得到如图 6-7 下行所示的文本行。

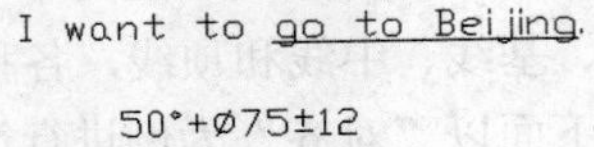

I want to go to Beijing.

50°+Ø75±12

图6-7 文本行

用 TEXT 命令可以创建一个或若干个单行文本，也就是说用此命令可以标注多行文本。在“输入文本:”提示下输入一行文本后回车，AutoCAD 继续提示“输入文本:”，可输入第二行文本，依次类推，直到文本全部输完，再在此提示下直接回车，结束文本输入命令。每一次回车就结束一个单行文本的输入，每一个单行文本是一个对象，可以单独修改其文本样式、字高、旋转角度和对齐方式等。

用 Text 命令创建文本时，在命令行输入的文字同时显示在屏幕上，而且在创建过程中可以随时改变文本的位置，只要将光标移到新的位置，然后单击鼠标，则当前行结束，随后输入的文本在新的位置出现。用这种方法可以把多行文本标注到屏幕的任何地方。

### 6.2.2 多行文本的标注

1. 执行方式

命令行：mtext

菜单栏：“绘图”→“文字”→“多行文字”

工具栏：“绘图”→“多行文字”A或“文字”→“多行文字”A

功能区：单击“默认”选项卡“注释”面板中的“多行文字”按钮A或单击“注释”选项卡“文字”面板中的“多行文字”按钮A

2. 操作格式

```
命令:mtext↙
当前文字样式:"Standard" 文字高度: 2.5 注释性: 否
指定第一个角点:(指定矩形框的第一个角点)
指定对角点或[高度(H)/对正(J)/行距(L)/旋转(R)/样式(S)/宽度(W)/栏(C)]:
```

3. 选项说明

（1）指定对角点：直接在屏幕上选取一个点作为矩形框的第二个角点，AutoCAD 以这两个点为对角点形成一个矩形区域，其宽度作为将来要标注的多行文本的宽度，而且第一个点作为第一行文本顶线的起点。响应后 AutoCAD 打开如图 6-8 所示的“文字编辑器”选项卡”和“多行文字编辑器”，可利用此编辑器输入多行文本并对其格式进行设置。关于该对话框中各项的含义及编辑器功能，稍后再详细介绍。

（2）对正(J)：确定所标注文本的对齐方式。执行此选项后，AutoCAD 提示如下：

```
输入对正方式[左上(TL)/中上(TC)/右上(TR)/左中(ML)/正中(MC)/右中(MR)/左下(BL)/中下(BC)/右下(BR)]<左上(TL)>:
```

这些对齐方式与 Text 命令中的各对齐方式相同，不再重复。选取一种对齐方式后回车，AutoCAD 回到上一级提示。

（3）行距(L)：确定多行文本的行间距，这里所说的行间距是指相邻两文本行的基线之间的垂直距离。执行此选项后，AutoCAD 提示：

输入行距类型[至少(A)/精确(E)]<至少(A)>:

在此提示下有两种方式确定行间距："至少"方式和"精确"方式。在"至少"方式下，AutoCAD 根据每行文本中最大的字符自动调整行间距；在"精确"方式下，AutoCAD 给多行文本赋予一个固定的行间距。可以直接输入一个确切的间距值，也可以输入"nx"的形式，其中，n 是一个具体数，表示行间距设置为单行文本高度的 n 倍，而单行文本高度是本行文本字符高度的 1.66 倍。

（4）旋转(R)：确定文本行的倾斜角度。执行此选项后，AutoCAD 提示如下：

指定旋转角度<0>:(输入倾斜角度)

输入角度值后按 Enter 键，系统返回到"指定对角点或[高度(H)/对正(J)/行距(L)/旋转(R)/样式(S)/宽度(W)/栏(C)]:"的提示。

（5）样式(S)：确定当前的文本样式。

（6）宽度(W)：指定多行文本的宽度。可在屏幕上选取一点与前面确定的第一个角点组成的矩形框的宽作为多行文本的宽度。也可以输入一个数值，精确设置多行文本的宽度。

在创建多行文本时，只要给定了文本行的起始点和宽度后，AutoCAD 就会打开如图 6-8 所示的"文字编辑器"选项卡和"多行文字编辑器"，该编辑器包含一个"文字格式"对话框和一个右键快捷菜单。用户可以在编辑器中输入和编辑多行文本，包括设置字高、文本样式以及倾斜角度等。

（7）栏（C）：根据栏宽、栏间距宽度和栏高组成矩形框，打开如图 6-8 所示的"文字编辑器"选项卡和"多行文字编辑器"。

（8）"文字编辑器"选项卡：用来控制文本文字的显示特性。可以在输入文本文字前设置文本的特性，也可以改变已输入的文本文字特性。要改变已有文本文字显示特性，首先应选择要修改的文本，选择文本的方式有以下 3 种：

1）将光标定位到文本文字开始处，按住鼠标左键，拖到文本末尾。

2）双击某个文字，则该文字被选中。

3）3 次单击鼠标，则选中全部内容。

下面介绍选项卡中部分选项的功能：

（1）"高度"下拉列表框：确定文本的字符高度，可在文本编辑框中直接输入新的字符高度，也可从下拉列表中选择已设定过的高度。

（2）"**B**"和"*I*"按钮：设置黑体或斜体效果，只对 TrueType 字体有效。

（3）"删除线"按钮 A：用于在文字上添加水平删除线。

（4）"下划线" U 与"上划线" O 按钮：设置或取消上（下）划线。

（5）"堆叠"按钮 $\frac{b}{a}$：即层叠/非层叠文本按钮，用于层叠所选的文本，也就是创建分数形式。当文本中某处出现"/"："^"或"#"这 3 种层叠符号之一时可层叠文本，方法是选中需层叠的文字，然后单击此按钮，则符号左边的文字作为分子，右边的文字作为分母。AutoCAD 提供了 3 种分数形式，如果选中"abcd/efgh"后单击此按钮，得到如图 6-9a 所示的分数形式；如果选中"abcd^efgh"后单击此按钮，则得到如图 6-9b 所示的形式，此形式多用于标注极限偏差；如果选中"abcd # efgh"后单击此按钮，则创建斜排的分数形式，如图 6-9c 所示。如果选中已经层叠的文本对象后单击此按钮，则恢复到非层叠形式。

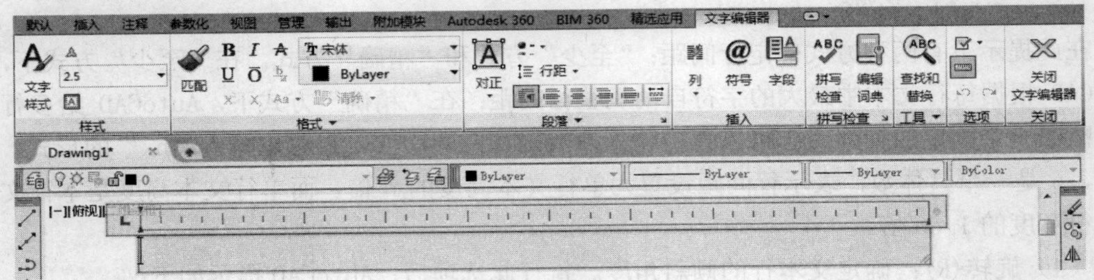

图 6-8 “文字编辑器”选项卡

（6）“倾斜角度”下拉列表框 0/：设置文字的倾斜角度。

提示

倾斜角度与斜体效果是两个不同的概念，前者可以设置任意倾斜角度，后者是在任意倾斜角度的基础上设置斜体效果，如图 6-10 所示。其中，第一行倾斜角度为 0°，非斜体；第二行倾斜角度为 6°，斜体；第三行倾斜角度为 12°。

（7）“符号”按钮 @：用于输入各种符号。单击该按钮，系统打开符号列表，如图 6-11 所示，可以从中选择符号输入到文本中。

（8）“插入字段”按钮：插入一些常用或预设字段。单击该按钮，系统打开“字段”对话框，如图 6-12 所示，用户可以从中选择字段插入到标注文本中。

（9）“追踪”按钮 a·b：增大或减小选定字符之间的空隙。

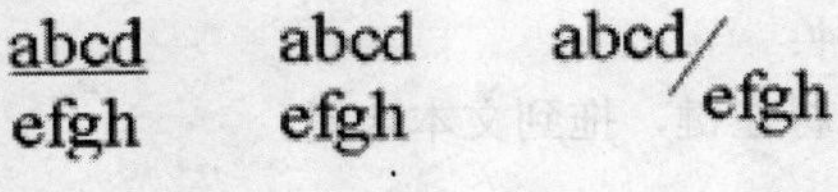

abcd
efgh

a）

abcd
efgh

b）

abcd/efgh

c）

图 6-9 文本层叠

建筑设计
建筑设计
建筑设计

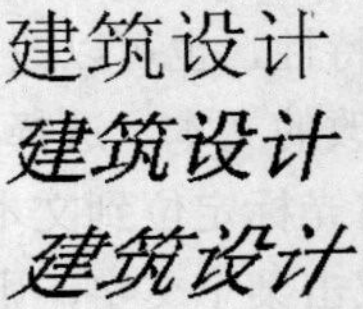

图 6-10 倾斜角度与斜体效果

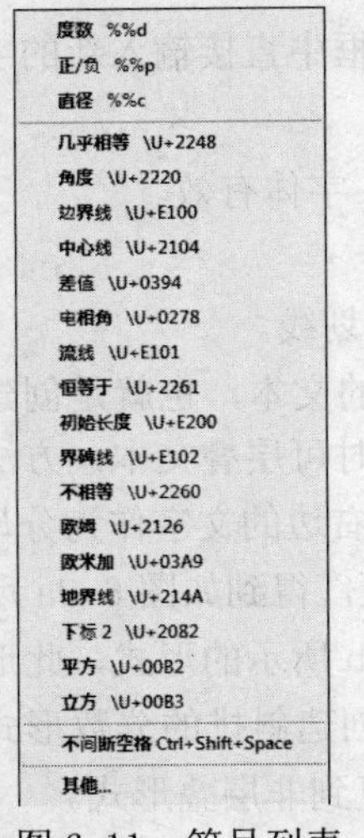


图 6-11 符号列表

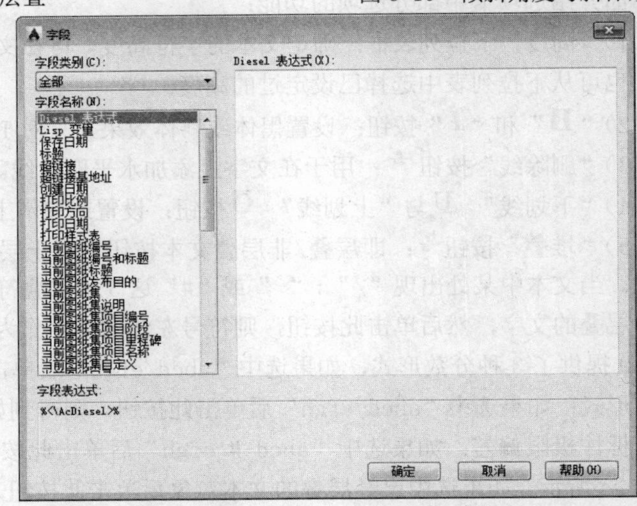


图 6-12 “字段”对话框

（10）“多行文字对正”按钮：显示“多行文字对正”菜单，并且有9个对齐选项可用。

（11）“宽度因子”按钮：扩展或收缩选定字符。

（12）“上标”按钮：将选定文字转换为上标，即在键入线的上方设置稍小的文字。

（13）“下标”按钮：将选定文字转换为下标，即在键入线的下方设置稍小的文字。

（14）“清除格式”下拉列表：删除选定字符的字符格式，或删除选定段落的段落格式，或删除选定段落中的所有格式。

1）关闭：如果选则此选项，将从应用了列表格式的选定文字中删除字母、数字和项目符号。不更改缩进状态。

2）以数字标记：应用将带有句点的数字用于列表中的项的列表格式。

3）以字母标记：应用将带有句点的字母用于列表中的项的列表格式。如果列表含有的项多于字母中含有的字母，可以使用双字母继续序列。

4）以项目符号标记：应用将项目符号用于列表中的项的列表格式。

5）启动：在列表格式中启动新的字母或数字序列。如果选定的项位于列表中间，则选定项下面的未选中的项也将成为新列表的一部分。

6）继续：将选定的段落添加到上面最后一个列表然后继续序列。如果选择了列表项而非段落，选定项下面的未选中的项将继续序列。

7）允许自动项目符号和编号：在键入时应用列表格式。以下字符可以用作字母和数字后的标点并不能用作项目符号：句点（.）、逗号（,）、右括号（)）、右尖括号（>）、右方括号（]）和右花括号（}）。

8）允许项目符号和列表：如果选择此选项，列表格式将应用到外观类似列表的多行文字对象中的所有纯文本。

9）拼写检查：确定键入时拼写检查处于打开还是关闭状态。

10）编辑词典：显示“词典”对话框，从中可添加或删除在拼写检查过程中使用的自定义词典。

11）标尺：在编辑器顶部显示标尺。拖动标尺末尾的箭头可更改文字对象的宽度。列模式处于活动状态时，还显示高度和列夹点。

（15）段落：为段落和段落的第一行设置缩进。指定制表位和缩进，控制段落对齐方式、段落间距和段落行距如图6-13所示。

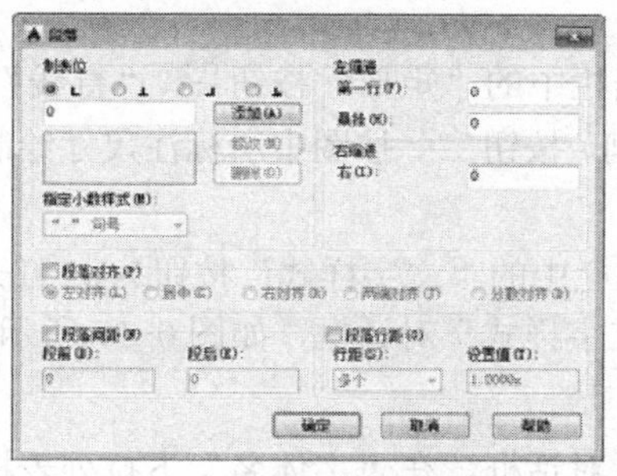

图6-13 “段落”对话框

（16）输入文字：选择此项，系统打开“选择文件”对话框，如图6-14所示。选择任

意 ASCII 或 RTF 格式的文件。输入的文字保留原始字符格式和样式特性，但可以在多行文字编辑器中编辑和格式化输入的文字。选择要输入的文本文件后，可以替换选定的文字或全部文字，或在文字边界内将插入的文字附加到选定的文字中。输入文字的文件必须小于 32K。

（17） 编辑器设置：显示“文字格式”工具栏的选项列表。有关详细信息，请参见编辑器设置。

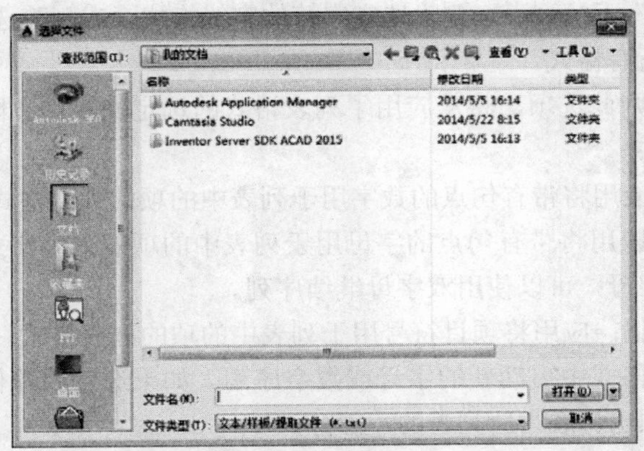


图 6-14 “选择文件”对话框

## 6.2.3 实例——标题栏

绘制如图 6-15 所示的标题栏。

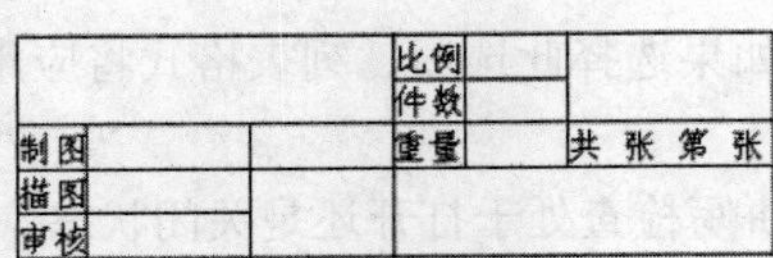


图 6-15 标题栏

光盘\动画演示\第 6 章\标题栏.avi

## 操作步骤

**01** 单击“绘图”工具栏中的“矩形”按钮、“直线”按钮和单击“修改”工具栏中的“偏移”按钮、“修剪”按钮，按图中所标注尺寸绘制标题栏图框。结果如图 6-16 所示。

**02** 单击“样式”工具栏中的“文字样式”按钮，打开“文字样式”对话框；单击“新建”按钮，打开“新建文字样式”对话框，如图 6-17 所示。采用默认的“样式 1”文字样式名，确认退出。

**03** 返回“文字样式”对话框，在“字体名”下拉列表框中选择“仿宋”选项；在“宽度因子”文本框中将宽度比例设置为0.7；将文字高度设置为5，如图6-18所示。单击“应用”按钮，再单击“关闭”按钮。

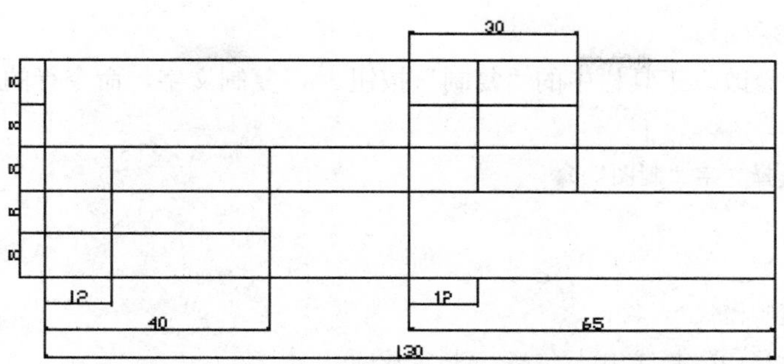


图 6-16　绘制标题栏图框

图 6-17　“新建文字样式”对话框

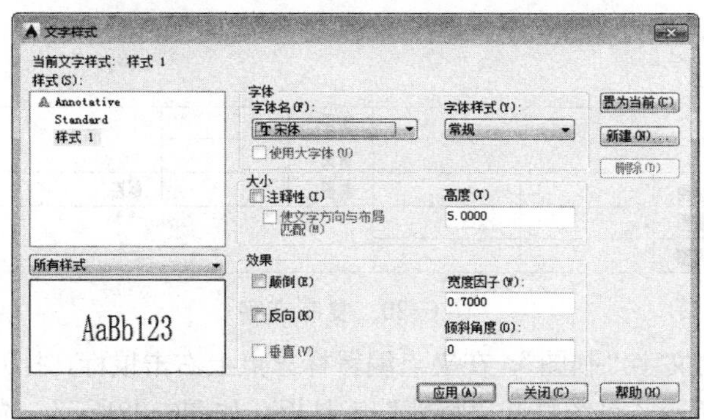


图 6-18　“文字样式”对话框

**04** 单击“绘图”工具栏中的“多行文字”按钮 A，标注和移动文字。首先标注标题栏中的文字，命令行中的提示与操作如下：

命令: _mtext↙

当前文字样式:　“样式 1”　文字高度:　5.0000　注释性:　否　对正:　左

指定文字的起点或[对正(J)/样式(S)]:（指定文字输入的起点）

指定第一角点:↙

指定对角点或 [高度(H)/对正(J)/行距(L)/旋转(R)/样式(S)/宽度(W)/栏(C)]:↙

然后在标题栏的指定位置输入文字“制图”。

命令:move↙

选择对象:（选择刚标注的文字）

找到 1 个

选择对象:↙

指定基点或[位移(D)]<位移>:（指定一点）

指定第二个点或<使用第一个点作为位移>:（指定适当的一点，使文字刚好处于图框中间位置）

结果如图6-19所示。

**05** 单击"修改"工具栏中的"复制"按钮，复制文字，命令行的提示与操作如下：

```
命令:copy↙
选择对象:（选择文字"制图"）
找到 1 个
选择对象:↙
当前设置:  复制模式 = 多个
指定基点或[位移(D) /模式(O)]<位移>:(指定基点)
指定第二个点或[阵列(A)]<使用第一个点作为位移>:（指定第二点）
指定第二个点或[阵列(A)/退出(E)/放弃(U)]<退出>:（指定第二点）
```

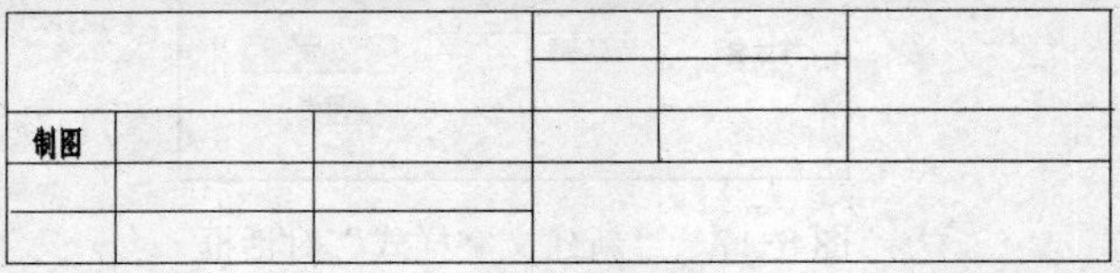

图 6-19　标注和移动文字

结果如图6-20所示。

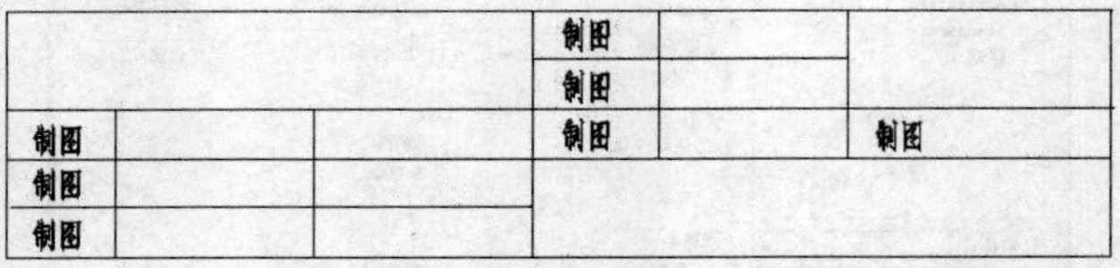

图 6-20　复制文字

**06** 选中复制的文字"制图"，在夹点编辑标志点上右击鼠标，打开快捷菜单，选择"特性"选项，如图6-21所示。系统打开"特性"工具板，如图6-22所示；选中"文字"选项组中的内容选项，将其中的文字"制图"改为"描图"。使用同样的方法修改其他文字，结果如图6-15所示。

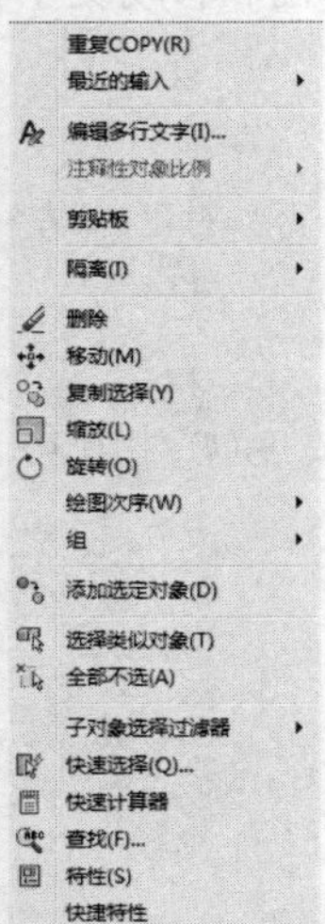


图 6-21　选择"特性"选项

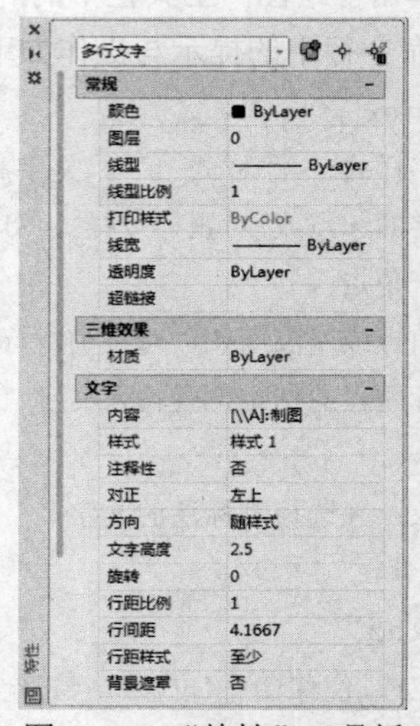


图 6-22　"特性"工具板

## 6.3 文本的编辑

1. 执行方式

命令行：ddedit

菜单栏："修改"→"对象"→"文字"→"编辑"

工具栏："文字"→"编辑"

快捷菜单："修改多行文字"或"编辑文字"

2. 操作格式

```
命令:ddedit↙
选择注释对象或 [放弃(U)]:
```

要求选择想要修改的文本，同时光标变为拾取框。用拾取框单击对象，如果选取的文本是用text命令创建的单行文本，则以高亮度显示该文本，可对其进行修改；如果选取的文本是用mtext命令创建的多行文本，选取后则打开"文字编辑器"选项卡，如图6-8所示，可根据前面的介绍对各项设置或内容进行修改。

## 6.4 表格

### 6.4.1 定义表格样式

和文字样式一样，所有AutoCAD图形中的表格都有和其相对应的表格样式。当插入表格对象时，AutoCAD使用当前设置的表格样式。表格样式是用来控制表格基本形状和间距的一组设置。模板文件acad.dwt和acadiso.dwt中定义了名为Standard的默认表格样式。

1. 执行方式

命令行：tablestyle

菜单栏："格式"→"表格样式"

工具栏："样式"→"表格样式管理器"

功能区：单击"默认"选项卡"注释"面板中的"表格样式"按钮（如图6-23所示）或单击"注释"选项卡"表格"面板上的"表格样式"下拉菜单中的"管理表格样式"按钮（如图6-24所示）或单击"注释"选项卡"表格"面板中"对话框启动器"按钮。

图 6-23 "注释"面板

2. 操作格式

```
命令:tablestyle↙
```

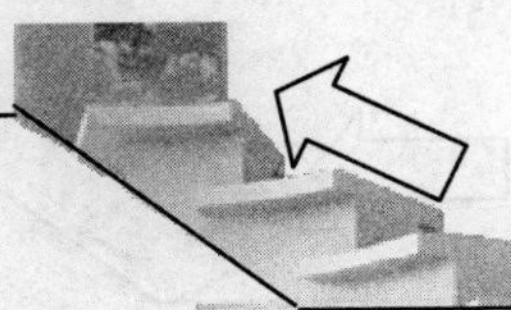



执行上述命令后，系统打开“表格样式”对话框，如图6-25所示。

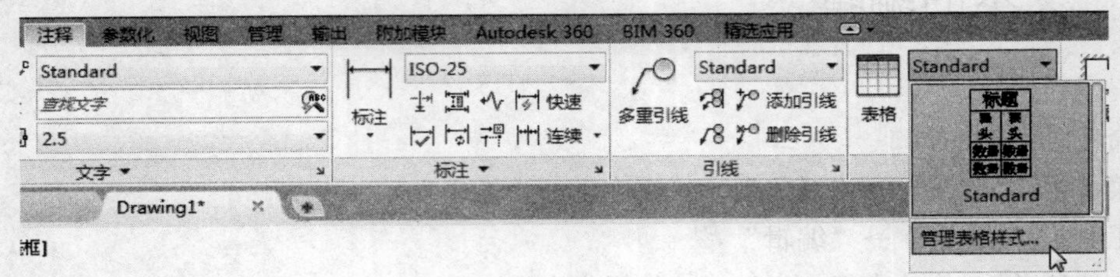

图 6-24 “表格”面板

3. 选项说明

单击“新建”按钮，打开“创建新的表格样式”对话框，如图6-26所示。输入新的表格样式名后，单击“继续”按钮，打开“新建表格样式”对话框，如图6-27所示，从中可以定义新的表格样式。

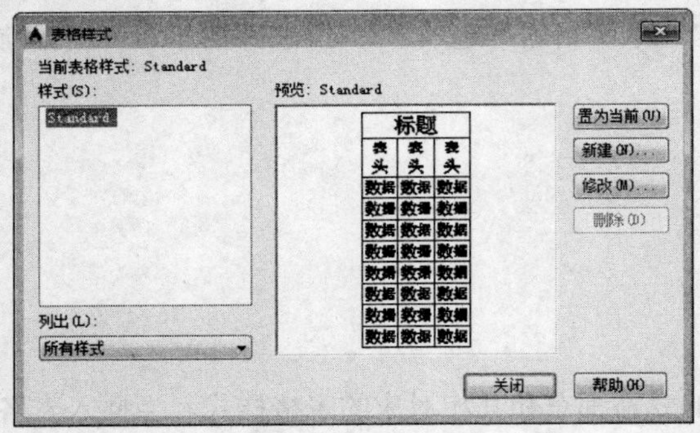

图 6-25 “表格样式”对话框

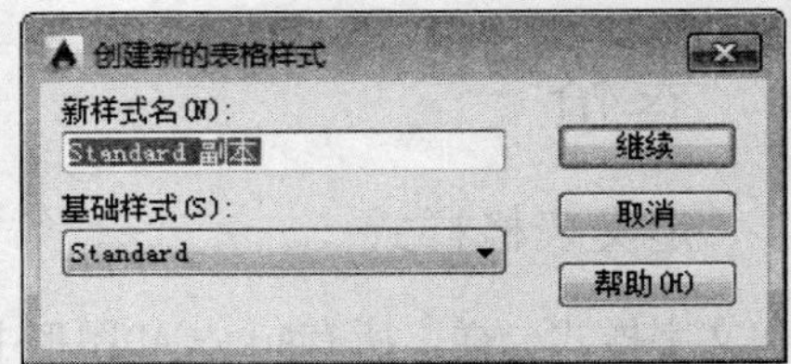

图 6-26 “创建新的表格样式”对话框

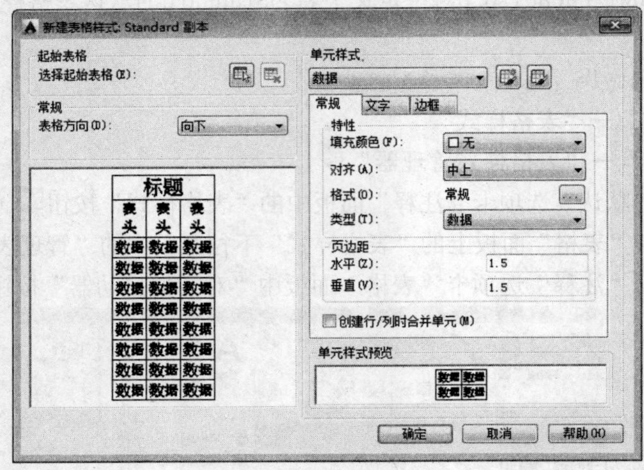

图 6-27 “新建表格样式”对话框

（1）“起始表格”选项组：选择起始表格，可以在图形中选择一个要应用新表格样式设置的表格。

（2）“常规”选项组

表格方向：包括“向下”和“向上”选项。选择“向上”选项是指创建由下而上读取的表格，标题行和列标题行都在表格的底部；选择“向下”选项是指创建由上而下读取的表格，标题行和列标题行都在表格的顶部。

（3）“单元样式”选项组：选择要应用到表格的单元样式，或通过单击该下拉列表右侧的按钮，创建一个新单元样式。

（4）“常规”选项卡

1）填充颜色：指定填充颜色。选择“无”或选择一种背景色，或者单击“选择颜色”按钮，在弹出的“选择颜色”对话框中选择适当的颜色。

2）对齐：为单元内容指定一种对齐方式。“中心”指水平对齐；“中间”指垂直对齐。

3）格式：设置表格中各行的数据类型和格式。单击右边的省略号按钮弹出“表格单元格式”对话框，从中可以进一步定义格式选项。

4）类型：将单元样式指定为标签或数据，在包含起始表格的表格样式中插入默认文字时使用，也用于在工具选项板上创建表格工具的情况。

5）页边距 - 水平：设置单元中的文字或块与左右单元边界之间的距离。

6）页边距 - 垂直：设置单元中的文字或块与上下单元边界之间的距离。

7）创建行/列时合并单元：将使用当前单元样式创建的所有新行或列合并到一个单元中。

（5）“文字”选项卡

1）文字样式：指定文字样式。选择文字样式，或单击右边的省略号按钮弹出“文字样式”对话框，可创建新的文字样式。

2）文字高度：指定文字高度。此选项仅在选定文字样式的文字高度为0时适用。如果选定的文字样式指定了固定的文字高度，则此选项不可用。

3）文字颜色：指定文字颜色。选择一种颜色，或者单击“选择颜色”按钮，在弹出的“选择颜色”对话框中选择适当的颜色。

4）文字角度：设置文字角度，默认文字角度为0°。可输入-359°～359°之间任何角度。

（6）“边框”选项卡

1）线宽：设置要用于显示边界的线宽。如果使用加粗的线宽，必须修改单元边距才能看到文字。

2）线型：通过单击边框按钮，设置线型以应用于指定边框。

3）颜色：指定颜色以应用于显示的边界。单击“选择颜色”按钮，在弹出的“选择颜色”对话框中选择适当的颜色。

4）双线：指定选定的边框为双线型。可以通过在“间距”文本框中输入值来更改行距。

5）边框显示按钮：应用选定的边框选项。单击此按钮可以将选定的边框选项应用到所有的单元边框，包括外部边框、内部边框、底部边框、左边框、顶部边框、右边框或无边框。

在“表格样式”对话框中单击“修改”按钮可以对当前表格样式进行修改，方式与新建表格样式相同。

### 6.4.2 创建表格

在设置好表格样式后，用户可以利用table命令创建表格。

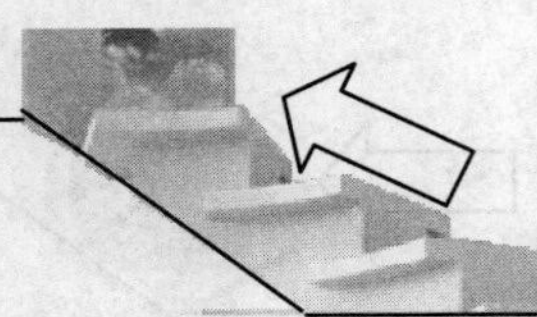



1. 执行方式

命令行：table

菜单栏：“绘图”→“表格”

工具栏：“绘图”→“表格”

功能区：单击“默认”选项卡“注释”面板中的“表格”按钮或单击“注释”选项卡“表格”面板中的“表格”按钮

2. 操作格式

```
命令:table↙
```

执行上述命令后，系统打开“插入表格”对话框，如图6-28所示。

3. 选项说明

（1）“表格样式”选项组：可以在“表格样式名称”下拉列表框中选择一种表格样式，也可以单击后面的按钮新建或修改表格样式。

（2）“插入选项”选项组

1）“从空表格开始”单选按钮：创建可以手动填充数据的空表格。

2）“自数据链接”单选按钮：通过启动数据链接管理器连接电子表格中的数据来创建表格。

3）“自图形中的对象数据（数据提取）”单选按钮：启动“数据提取”向导来创建表格。

（3）“插入方式”选项组

1）“指定插入点”单选按钮：指定表左上角的位置。可以使用鼠标，也可以在命令行输入坐标值。如果将表的方向设置为由下而上读取，则插入点位于表的左下角。

2）“指定窗口”单选按钮：指定表的大小和位置。可以使用鼠标，也可以在命令行输入坐标值。选定此选项时，行数、列数、列宽和行高取决于窗口的大小以及列和行设置。

（4）“列和行设置”选项组：指定列和行的数目以及列宽与行高。

（5）“设置单元样式”选项组：指定第一行、第二行和所有其他行单元样式为标题、表头或者数据样式。

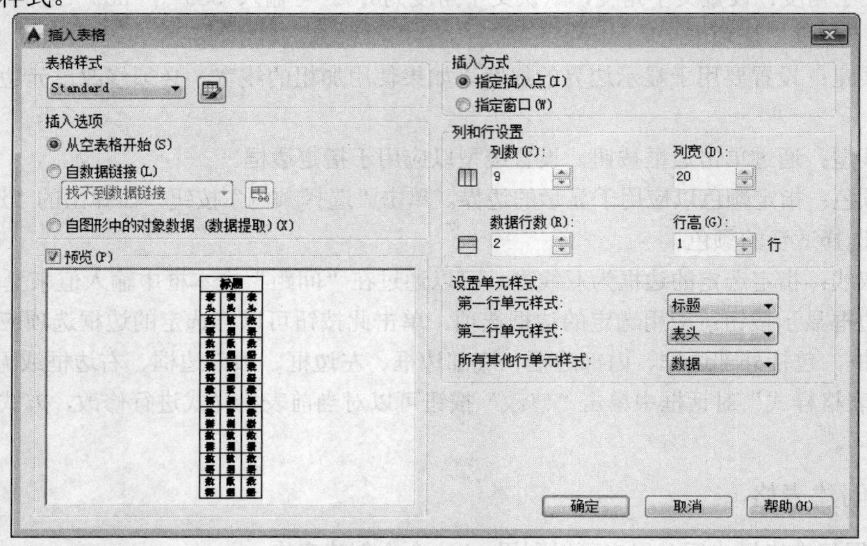


图6-28 “插入表格”对话框

**注 意**

在“插入方式”选项组中选中“指定窗口”单选按钮后，列与行设置的两个参数中只能指定一个，另外一个由指定窗口大小自动等分指定。

在图6-28的“插入表格”对话框中进行相应设置后，单击“确定”按钮，系统在指定的插入点或窗口自动插入一个空表格，并显示“文字编辑器”选项卡，用户可以逐行逐列输入相应的文字或数据，如图6-29所示。

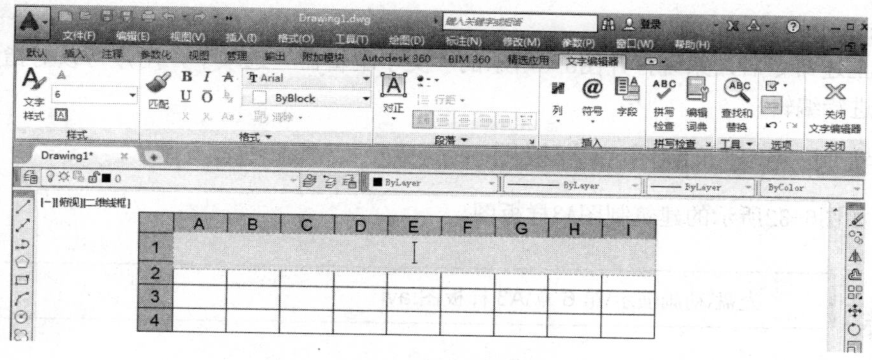


图 6-29 “文字编辑器”选项卡

**提 示**

在插入后的表格中选择某一个单元格，单击后出现钳夹点，通过移动钳夹点可以改变单元格的大小，如图 6-30 所示。

图 6-30 改变单元格大小

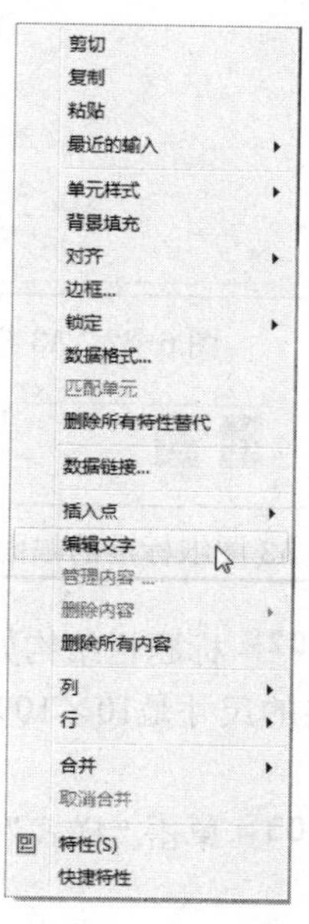


图 6-31 选择“编辑文字”选项

### 6.4.3 编辑表格文字

1. 执行方式

命令行：tabledit

快捷菜单：选定表和一个或多个单元后，单击右键，然后选择快捷菜单中的“编辑文字”选项（如图6-31所示）

鼠标：在表格单元内双击

2. 操作格式

```
命令:tabledit↙
```

执行上述命令后，系统打开图6-8所示的“文字编辑器’选项卡，用户可以对指定表格单元的文字进行编辑。

### 6.4.4 实例——建筑制图 A3 样板图

绘制如图6-32所示的建筑制图A3样板图。

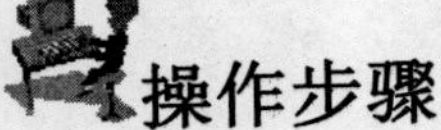

光盘\动画演示\第 6 章\A3 样板图.avi

#### 操作步骤

**01** 单击“绘图”工具栏中的“矩形”按钮，绘制一个两个角点的坐标分别为（25，10）和（410，287）的矩形作为图框，如图6-33所示。

图 6-32 A3 样板图

图 6-33 绘制矩形

注 意

A3 图纸标准的幅面大小是 420×297，这里留出了带装订边的图框到图纸面边界的距离。

**02** 标题栏结构如图6-34所示，由于分隔线并不整齐，所以可以先绘制一个9×4（每个单元格的尺寸是10×10）的标准表格，然后在此基础上编辑合并单元格，形成如图6-32所示的形式。

**03** 单击“样式”工具栏中的“表格样式”按钮，打开“表格样式”对话框，如图6-35所示。

**04** 单击“修改”按钮，打开“修改表格样式”对话框，在“单元样式”下拉列表框中选择“数据”选项，在下面的“文字”选项卡中将“文字高度”设置为8，如图6-36所示。再打开“常规”选项卡，将“页边距”选项组中的“水平”和“垂直”参数都设置成1，如图6-37所示。

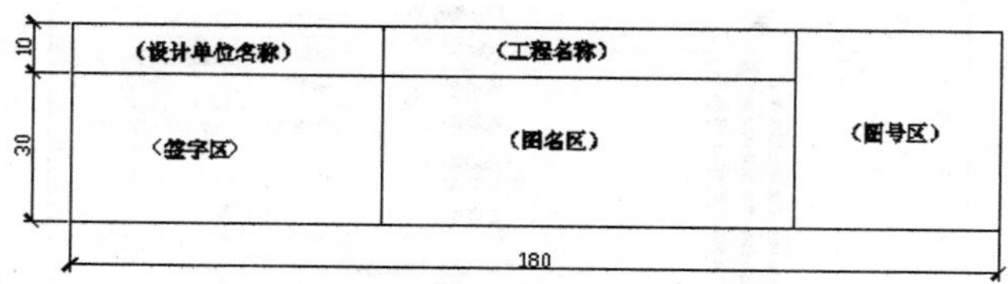


图 6-34　标题栏示意图

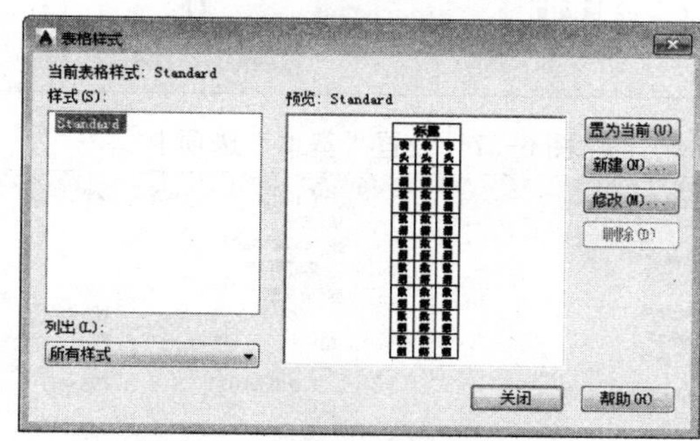


图 6-35　“表格样式”对话框

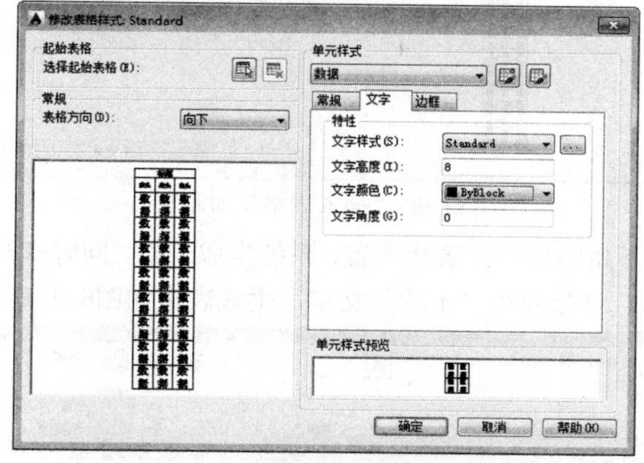


图 6-36　“修改表格样式”对话框

提　示

表格的行高=文字高度+2×垂直页边距，此处设置为8+2×1=10。

**05** 确认后返回到“表格样式”对话框，单击“关闭”按钮退出。

**06** 单击“绘图”工具栏中的“表格”按钮，系统打开“插入表格”对话框，在“列和行设置”选项组中将“列”设置为9，将“列宽”设置为20，将“数据行”设置为2（加上标题行和表头行共4行），将“行高”设置为1行（即为10）；在“设置单元样式”选项组中将“第一行单元样式”与“第二行单元样式”和“第三行单元样式”都设置为“数据”，如图6-38所示。

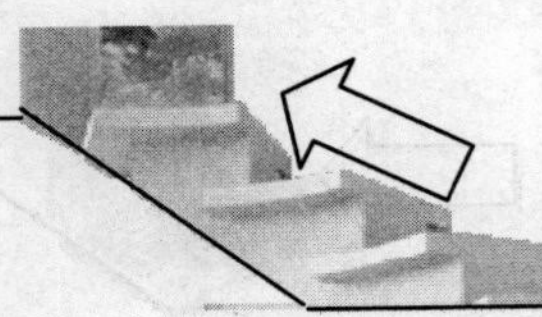

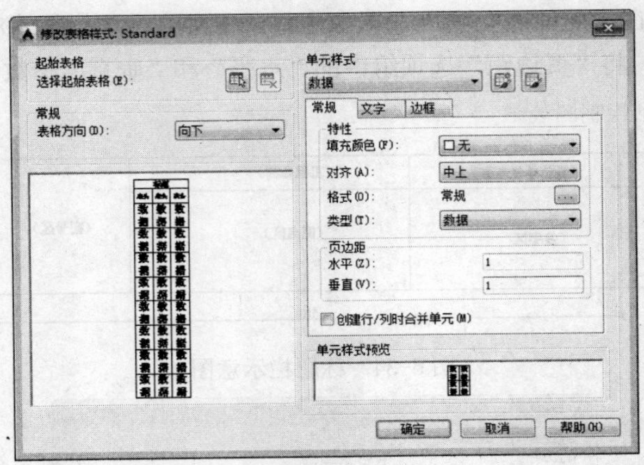

图 6-37　设置“基本”选项卡

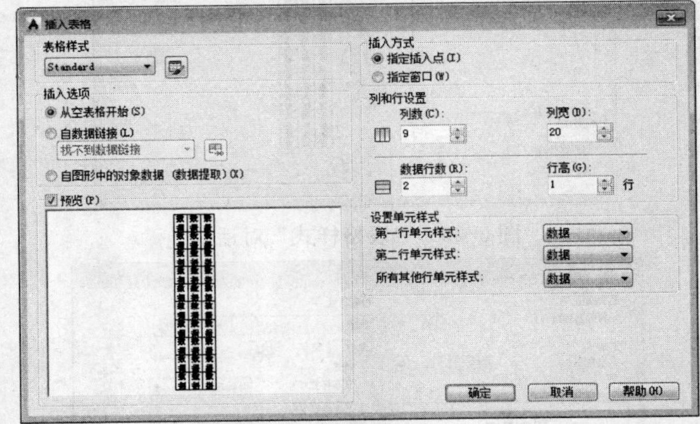

图 6-38　“插入表格”对话框

**07** 在图框线右下角附近指定表格位置，系统生成表格，同时打开“表格和文字编辑器”选项卡，如图6-39所示，直接回车，不输入文字，生成表格如图6-40所示。

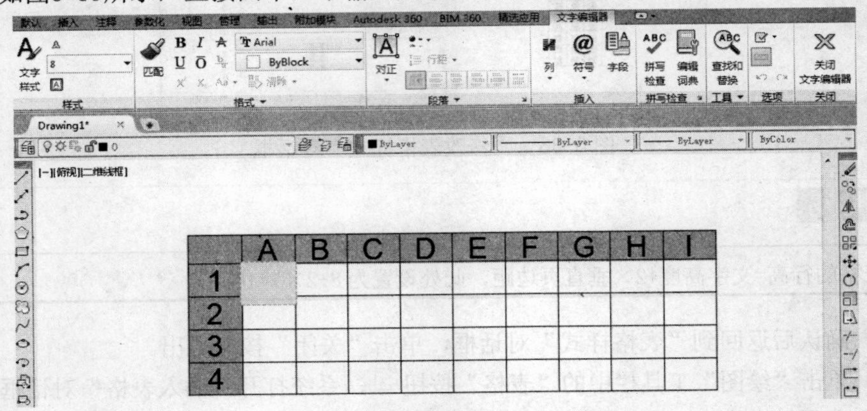

图 6-39　表格和文字编辑器

**08** 刚生成的标题栏无法准确确定与图线框的相对位置，需要移动。单击“绘图”工具栏中的“移动”按钮，将刚绘制的表格准确放置在图框的右下角，如图6-41所示，命令行中

的提示与操作如下：

```
命令:move↙
选择对象:（选择刚绘制的表格）
选择对象:↙
指定基点或[位移(D)] <位移>:（捕捉表格的右下角点）
指定第二个点或<使用第一个点作为位移>:（捕捉图线框的右下角点）
```

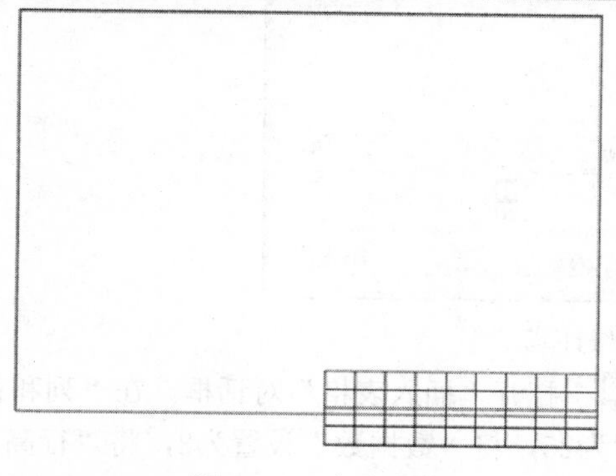

图 6-40　生成表格

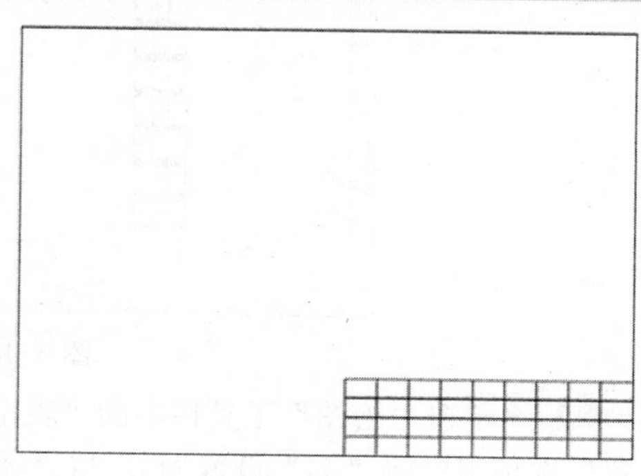

图 6-41　移动表格

**09** 单击A1单元格，按住Shift键，同时选择B1和C1单元格，在“表格”编辑器中单击“合并单元格”按钮，在其下拉菜单中选择“全部”命令，如图6-42所示。

**10** 使用同样方法对其他单元格进行合并，结果如图6-43所示。

**11** 会签栏具体大小和样式如图6-44所示。下面采取与标题栏相同的方法进行绘制。

**12** 在“修改表格样式”对话框中，将“文字”选项卡中的“文字高度”设置为4，如图6-45所示；再设置“常规”选项卡中“页边距”选项组的“水平”和“垂直”参数都为0.5。

图 6-42　合并单元格

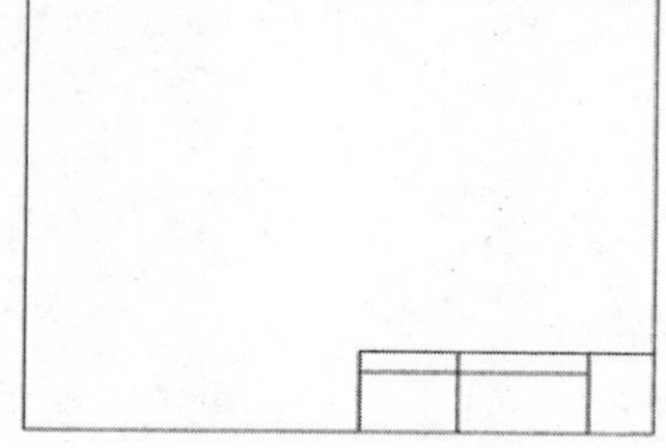

图 6-43　完成标题栏单元格编辑

| （专业） | （姓名） | （日期） |
| --- | --- | --- |
| | | |
| | | |
| | | |

25　25　25（各行高 5）

图 6-44 会签栏示意图

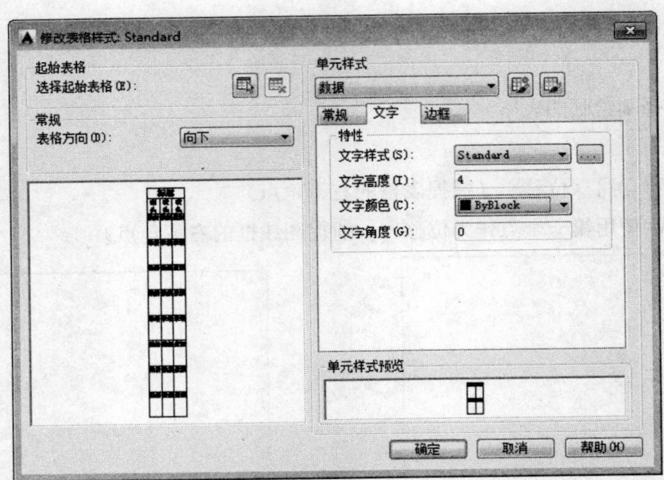

图 6-45　设置表格样式

**13** 单击“绘图”工具栏中的“表格”按钮，打开“插入表格”对话框，在“列和行设置”选项组中将“列”设置为3，将“列宽”设置为25，将“数据数”设置为2，将“行高”设置为1行；在“设置单元样式”选项组中将“第一行单元样式”“第二行单元样式”和“所有其他行单元样式”都设置为“数据”，如图6-46所示。在表格中输入文字，结果如图6-47所示。

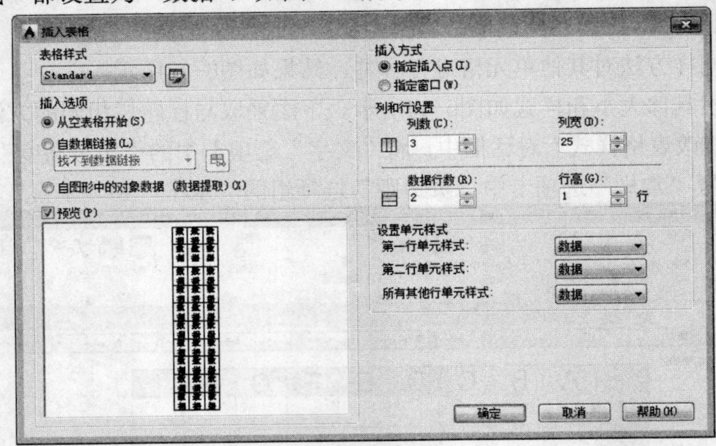

图 6-46　设置表格的行和列

**14** 单击“修改”工具栏中的“旋转”按钮，旋转会签栏，命令行中的提示与操作如下：

```
命令:rotate↙
UCS 当前的正角方向: ANGDIR=逆时针  ANGBASE=0
选择对象:(选择刚绘制好的会签栏)
选择对象:↙
指定基点:(捕捉会签栏的左上角)
指定旋转角度,或[复制(C)/参照(R)]<0>:-90↙
```

结果如图6-48所示。

| 单位 | 姓名 | 日期 |
|---|---|---|
| | | |
| | | |
| | | |

图 6-47　会签栏的绘制

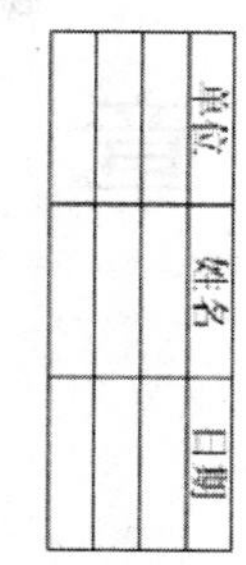


图 6-48　旋转会签栏

单击“修改”工具栏中“移动”按钮，将会签栏移动到图线框左上角，结果如图6-49所示。

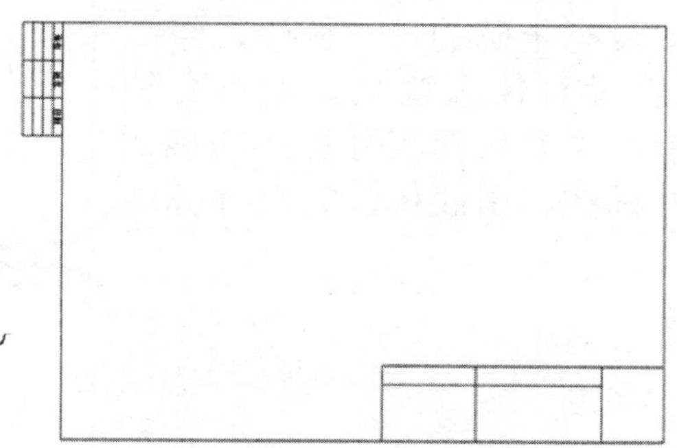

图 6-49　绘制完成的样板图

**15** 选择菜单栏中的“文件”→“另存为”命令，打开“图形另存为”对话框，将图形保存为“DWT”格式的文件即可，如图6-50所示。

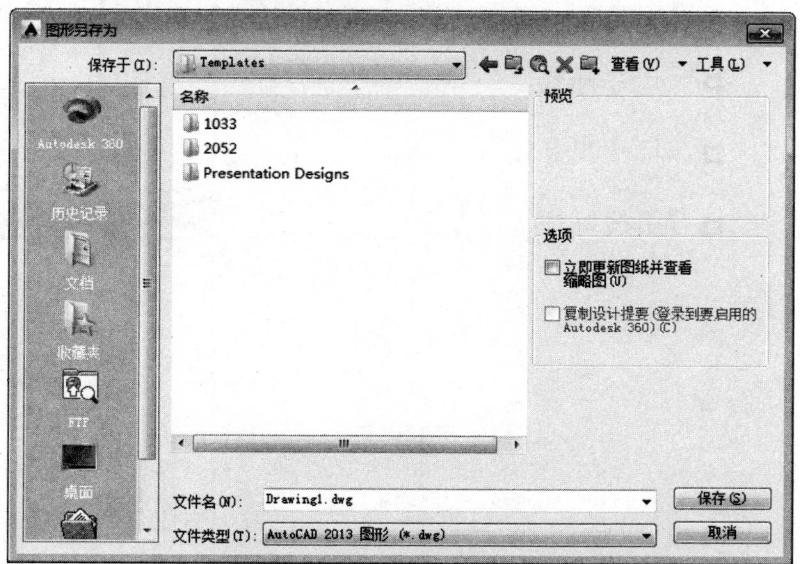


图 6-50　“图形另存为”对话框

# 第 7 章　尺寸标注

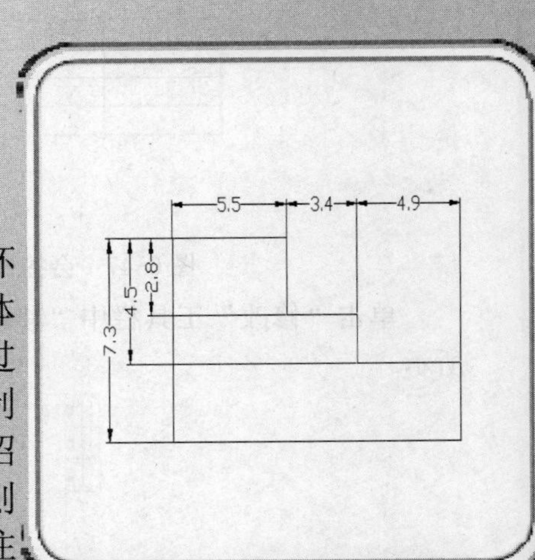


尺寸标注是绘图设计过程当中相当重要的一个环节。因为图形的主要作用是表达物体的形状，而物体各部分的真实大小和各部分之间的确切位置只能通过尺寸标注来表达。因此，没有正确的尺寸标注，绘制出的图样对于加工制造就没有什么意义。本章介绍 AutoCAD 的尺寸标注功能，主要包括尺寸标注的规则与组成、尺寸样式、尺寸标注、引线标注、尺寸标注编辑等知识。

- 尺寸样式
- 标注尺寸
- 引线标注

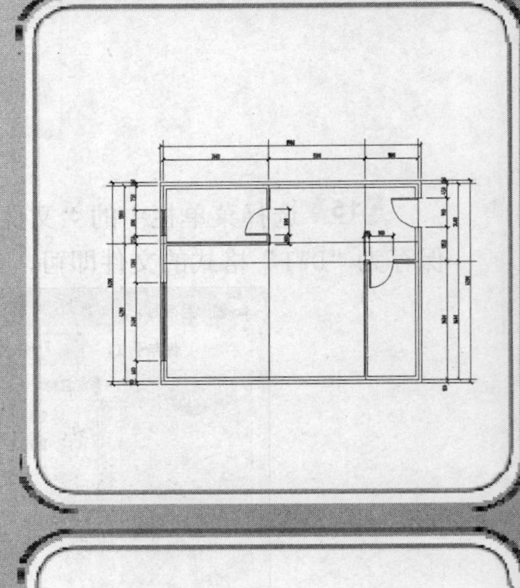

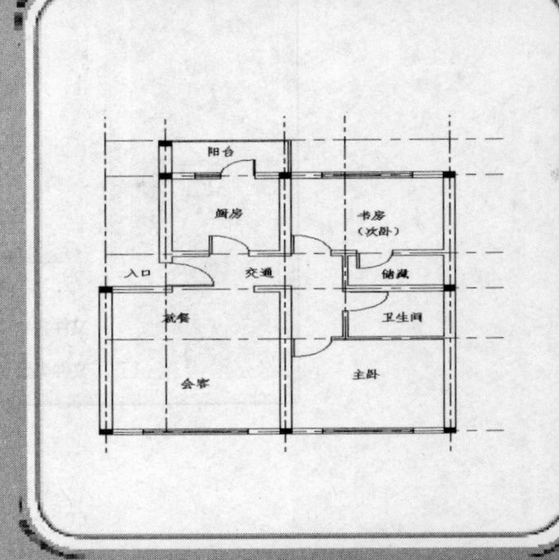

# 7.1 尺寸样式

组成尺寸标注的尺寸界线、尺寸线、尺寸文本及箭头等可以采用多种多样的形式，实际标注一个几何对象的尺寸时，它的尺寸标注以什么形态出现取决于当前所采用的尺寸标注样式。标注样式决定尺寸标注的形式，包括尺寸线、尺寸界线、箭头和中心标记的形式以及尺寸文本的位置、特性等。在 AutoCAD 2015 中可以利用“标注样式管理器”对话框方便地设置自己需要的尺寸标注样式。下面介绍如何定制尺寸标注样式。

## 7.1.1 新建或修改尺寸样式

在进行尺寸标注之前，要建立尺寸标注的样式。如果不建立尺寸样式而直接进行标注，系统使用默认的名称为 Standard 的样式。如果认为使用的标注样式有某些设置不合适，也可以修改标注样式。

1．执行方式

命令行：dimstyle

菜单栏：“格式”→“标注样式”或“标注”→“标注样式”

工具栏：“标注”→“标注样式”

功能区：单击“默认”选项卡“注释”面板中的“标注样式”按钮或单击“注释”选项卡“标注”面板上的“标注样式”下拉菜单中的“管理标注样式”按钮或单击“注释”选项卡“标注”面板中“对话框启动器”按钮。

2．操作格式

```
命令:dimstyle↙
```

执行上述命令后，系统打开“标注样式管理器”对话框，如图 7-1 所示。利用此对话框可方便直观地设置和浏览尺寸标注样式，包括建立新的标注样式、修改已存在的样式、设置当前尺寸标注样式、对样式进行重命名以及删除一个已存在的样式等。

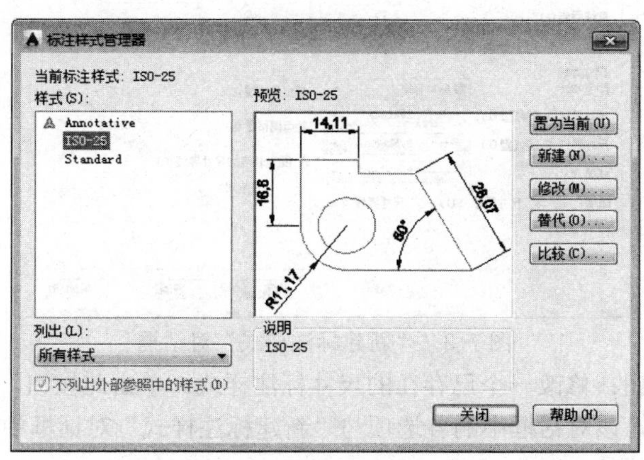


图 7-1 “标注样式管理器”对话框

3．选项说明

（1）“置为当前”按钮：单击此按钮，把在“样式”列表框中选中的样式设置为当前样式。

（2）“新建”按钮：定义一个新的尺寸标注样式。单击此按钮，AutoCAD 打开“创建新标注样式”对话框，如图 7-2 所示，利用此对话框可创建一个新的尺寸标注样式。其中各选项的功能：

1）新样式名：给新的尺寸标注样式命名。

2）基础样式：选取创建新样式所基于的标注样式。单击其下拉列表框右侧的下三角按钮，出现当前已有的样式列表，从中选取一个作为定义新样式的基础，新的样式是在这个样式的基础上修改一些特性得到的。

3）用于：指定新样式应用的尺寸类型。单击其下拉列表框右侧的下三角按钮，出现尺寸类型列表，如果新建样式应用于所有尺寸，则选择“所有标注”；如果新建样式只应用于特定的尺寸标注（例如只在标注直径时使用此样式），则选取相应的尺寸类型。

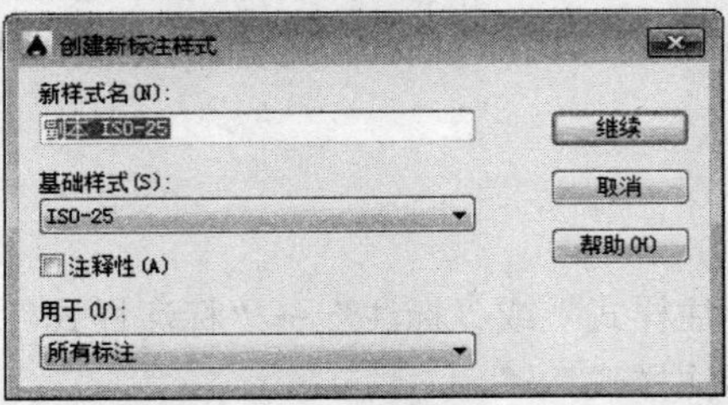


图 7-2　“创建新标注样式”对话框

4）继续：各选项设置好以后，单击“继续”按钮，AutoCAD 打开“新建标注样式”对话框，如图 7-3 所示，利用此对话框可对新样式的各项特性进行设置。该对话框中各部分的含义和功能将在后面介绍。

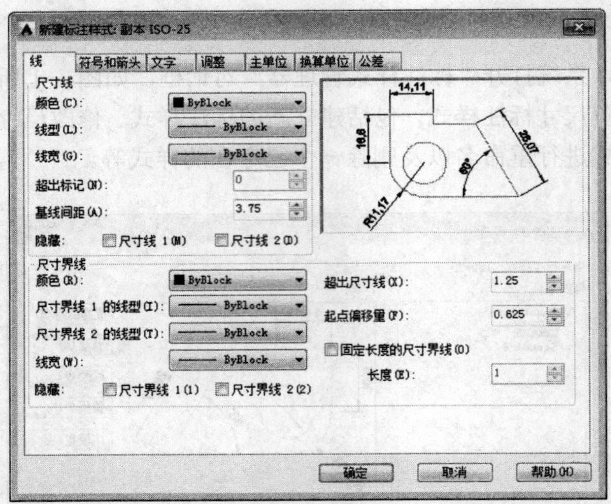


图 7-3　“新建标注样式”对话框

（3）“修改”按钮：修改一个已存在的尺寸标注样式。单击此按钮，AutoCAD 将打开“修改标注样式”对话框，该对话框中的各选项与“新建标注样式”对话框中完全相同，可以在此对已有标注样式进行修改。

（4）“替代”按钮：设置临时覆盖尺寸标注样式。单击此按钮，AutoCAD 打开“替代当前样式”对话框，该对话框中各选项与“新建标注样式”对话框完全相同，可改变选项的设置覆

盖原来的设置，但这种修改只对指定的尺寸标注起作用，而不影响当前尺寸变量的设置。

（5）“比较”按钮：比较两个尺寸标注样式在参数上的区别，或浏览一个尺寸标注样式的参数设置。单击此按钮，AutoCAD 打开“比较标注样式”对话框，如图 7-4 所示。可以把比较结果复制到剪贴板上，然后再粘贴到其他的 Windows 应用软件上。

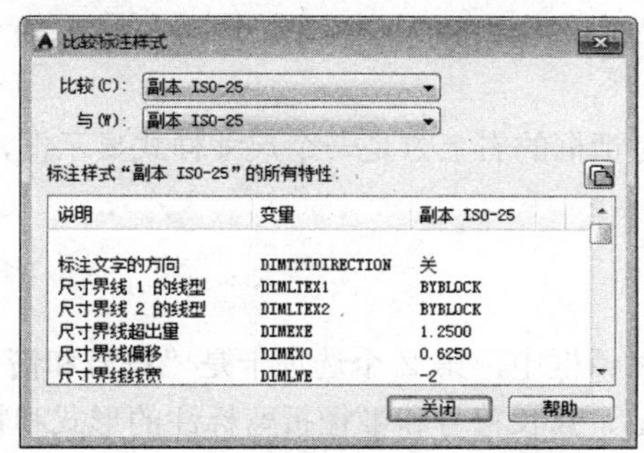


图 7-4 “比较标注样式”对话框

### 7.1.2 线

在“新建标注样式”对话框中，第一个选项卡是“线”，如图 7-3 所示。该选项卡用于设置尺寸线、尺寸界线的形式和特性。

1.“尺寸线”选项组

该选项组用于设置尺寸线的特性。

选项说明

（1）“颜色”下拉列表框：设置尺寸线的颜色。可直接输入颜色名字，也可从下拉列表中选择，如果选取“选择颜色”，AutoCAD 将打开“选择颜色”对话框供选择其他颜色。

（2）“线宽”下拉列表框：设置尺寸线的线宽，下拉列表中列出了各种线宽的名字和宽度。AutoCAD 把设置值保存在 DIMLWD 变量中。

（3）“超出标记”微调框：当尺寸箭头设置为短斜线、短波浪线等，或尺寸线上无箭头时，可利用此微调框设置尺寸线超出尺寸界线的距离。其相应的尺寸变量是 DIMDLE。

（4）“基线间距”微调框：设置以基线方式标注尺寸时，相邻两尺寸线之间的距离，相应的尺寸变量是 DIMDLI。

（5）“隐藏”复选框组：确定是否隐藏尺寸线及相应的箭头。选中“尺寸线 1”复选框表示隐藏第一段尺寸线，选中“尺寸线 2”复选框表示隐藏第二段尺寸线。相应的尺寸变量为 DIMSD1 和 DIMSD2。

2.“尺寸界线”选项组

该选项组用于确定尺寸界线的形式。

选项说明

（1）“颜色”下拉列表框：设置尺寸界线的颜色。

（2）“线宽”下拉列表框：设置尺寸界线的线宽，AutoCAD 把其值保存在 DIMLWE 变量中。

（3）“超出尺寸线”微调框：确定尺寸界线超出尺寸线的距离，相应的尺寸变量是 DIMEXE。

（4）“起点偏移量”微调框：确定尺寸界线的实际起始点相对于指定的尺寸界线的起始点的偏移量，相应的尺寸变量是 DIMEXO。

（5）“隐藏”复选框组：确定是否隐藏尺寸界线。选中“尺寸界线 1”复选框表示隐藏第一段尺寸界线，选中“尺寸界线 2”复选框表示隐藏第二段尺寸界线。相应的尺寸变量为 DIMSE1 和 DIMSE2。

（6）“固定长度的尺寸界线”复选框：选中该复选框，系统以固定长度的尺寸界线标注尺寸。可以在下面的“长度”微调框中输入长度值。

3. 尺寸样式显示框

在“新建标注样式”对话框的右上方是一个尺寸样式显示框，该框以样例的形式显示设置的尺寸样式。

## 7.1.3 符号和箭头

在“新建标注样式”对话框中，第 2 个选项卡是“符号和箭头”，如图 7-5 所示。该选项卡用于设置箭头、圆心标记、弧长符号和半径折弯标注的形式和特性。

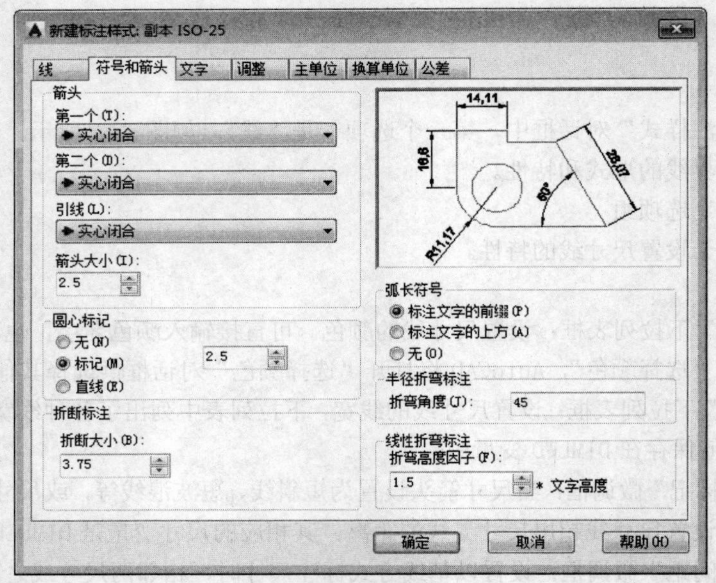


图 7-5 “符号和箭头”选项卡

1.“箭头”选项组

设置尺寸箭头的形式，AutoCAD 提供了多种多样的箭头形状，列在“第一个”和“第二个”下拉列表框中，另外还允许采用用户自定义的箭头形状。两个尺寸箭头可以采用相同的形式，也可以采用不同的形式。

（1）“第一个”下拉列表框：用于设置第一个尺寸箭头的形式。可在下拉列表框中选择，其中列出了各种箭头形式的名字以及各类箭头的形状。一旦确定了第一个箭头的类型，第二个箭头则自动与其匹配，要想第二个箭头取不同的形状，可在“第二个”下拉列表框中设定。AutoCAD 把第一个箭头类型名存放在尺寸变量 DIMBLK1 中。

（2）“第二个”下拉列表框：确定第二个尺寸箭头的形式，可与第一个箭头不同。AutoCAD 把第二个箭头的名字存放在尺寸变量 DIMBLK2 中。

（3）“引线”下拉列表框：确定引线箭头的形式。

（4）“箭头大小”微调框：设置箭头的大小，相应的尺寸变量是DIMASZ。

2.“圆心标记”选项组

设置半径标注、直径标注和中心标注中的中心标记和中心线的形式。相应的尺寸变量是DIMCEN。其中各项的含义如下：

（1）无：既不产生中心标记，也不产生中心线。这时DIMCEN的值为0。

（2）标记：中心标记为一个记号。AutoCAD将标记大小以一个正值存放在DIMCEN中。

（3）直线：中心标记采用中心线的形式。AutoCAD将中心线的大小以一个负的值存放在DIMCEN中。

（4）“大小”微调框：设置中心标记和中心线的大小和粗细。

3．折断标注

控制折断标注的间距宽度。

折断大小显示和设置用于折断标注的间距大小。

4.“弧长符号”选项组

控制弧长标注中圆弧符号的显示。其中有3个单选按钮：

（1）标注文字的前缀：将弧长符号放在标注文字的前面，如图7-6a所示。

（2）标注文字的上方：将弧长符号放在标注文字的上方，如图7-6b所示。

（3）无：不显示弧长符号，如图7-6c所示。

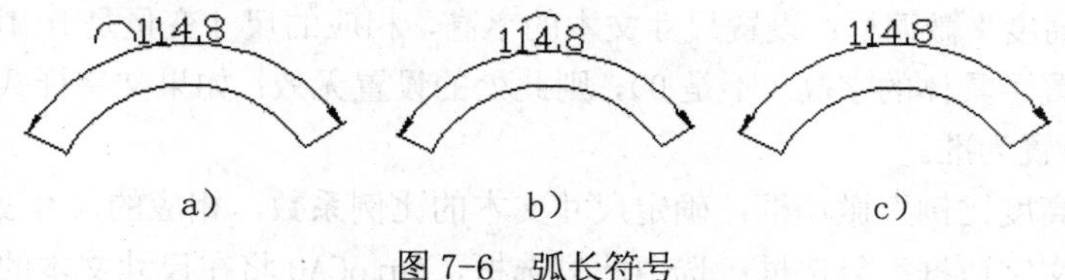


图7-6　弧长符号

5．半径折弯标注

控制折弯（Z字型）半径标注的显示。

折弯半径标注通常在圆或圆弧的中心点位于页面外部时创建。

折弯角度：确定折弯半径标注中，尺寸线的横向线段的角度（DIMJOGANG 系统变量）。

6．线性折弯标注

控制线性标注折弯的显示。

当标注不能精确表示实际尺寸时，通常将折弯线添加到线性标注中。通常，实际尺寸比所需值小。

### 7.1.4　文字

在“新建标注样式”对话框中，第3个选项卡是“文字”选项卡，如图7-7所示。该选项卡用于设置尺寸文本的形式、位置和对齐方式等。

1.“文字外观”选项组

（1）“文字样式”下拉列表框：选择当前尺寸文本采用的文本样式。可在下拉列表框中选取一个样式，也可单击右侧的□按钮，打开“文字样式”对话框，以创建新的文字样式或对文字样式进行修改。AutoCAD将当前文字样式保存在DIMTXSTY系统变量中。

（2）“文字颜色”下拉列表框：设置尺寸文本的颜色，其操作方法与设置尺寸线颜色的方法相同。与其对应的尺寸变量是DIMCLRT。

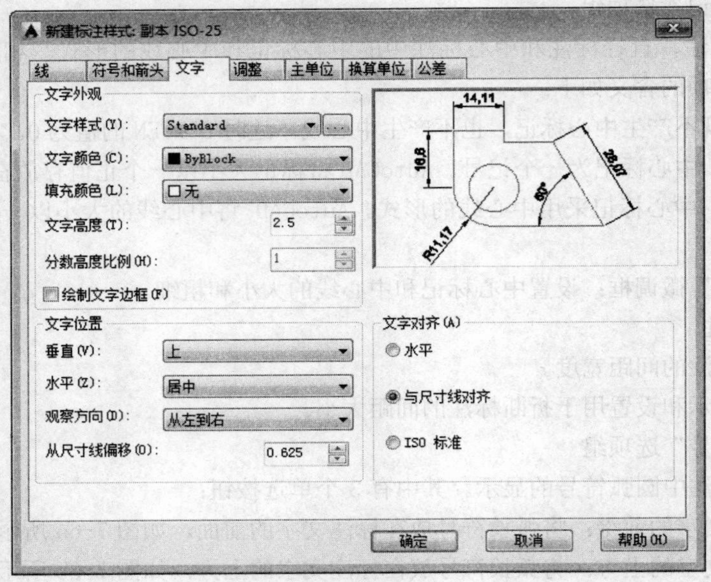

图7-7 “文字”选项卡

(3)“文字高度”微调框：设置尺寸文本的字高，相应的尺寸变量是DIMTXT。如果选用的文字样式中已设置了具体的字高（不是0），则此处的设置无效；如果文字样式中设置的字高为0，才以此处的设置为准。

(4)“分数高度比例”微调框：确定尺寸文本的比例系数，相应的尺寸变量是DIMTFAC。

(5)“绘制文字边框”复选框：选中此复选框，AutoCAD将在尺寸文本的周围加上边框。

2.“文字位置”选项组

(1)“垂直”下拉列表框：确定尺寸文本相对于尺寸线在垂直方向的对齐方式，相应的尺寸变量是DIMTAD。在该下拉列表框中可选择的对齐方式有4种：

1)居中：将尺寸文本放在尺寸线的中间，此时DIMTAD＝0。

2)上：将尺寸文本放在尺寸线的上方，此时DIMTAD＝1。

3)外部：将尺寸文本放在远离第一条尺寸界线起点的位置，即和所标注的对象分列于尺寸线的两侧，此时DIMTAD＝2。

4)JIS：使尺寸文本的放置符合JIS（日本工业标准）规则，此时DIMTAD＝3。

上面4种文本布置方式如图7-8所示。

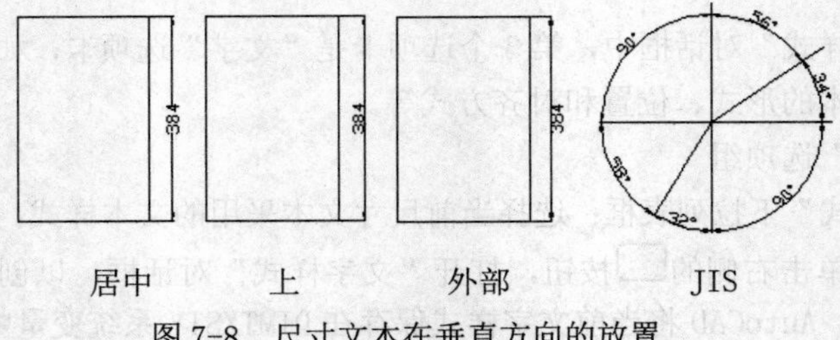

居中　上　外部　JIS

图7-8 尺寸文本在垂直方向的放置

（2）“水平”下拉列表框：用来确定尺寸文本相对于尺寸线和尺寸界线在水平方向的对齐方式，相应的尺寸变量是 DIMJUST。在下拉列表框中可选择的对齐方式有 5 种，如图 7-9 所示。

（3）“从尺寸线偏移”微调框：当尺寸文本放在断开的尺寸线中间时，此微调框用来设置尺寸文本与尺寸线之间的距离（尺寸文本间隙），这个值保存在尺寸变量 DIMGAP 中。

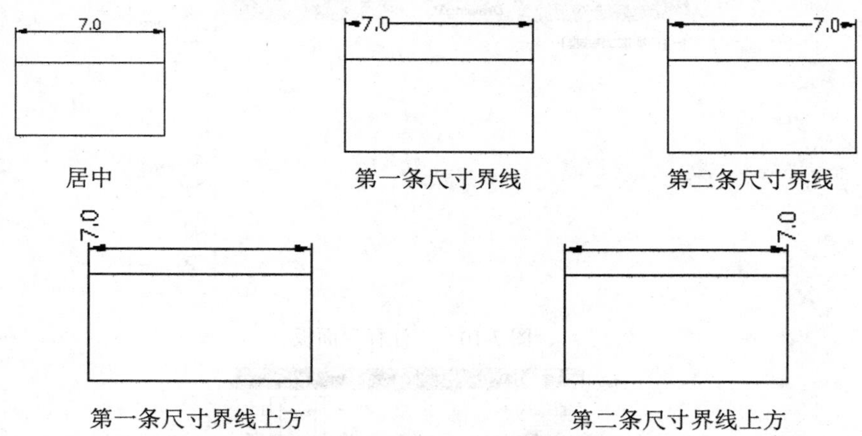


图 7-9　尺寸文本在水平方向的放置

3．“文字对齐”选项组

用来控制尺寸文本排列的方向。当尺寸文本在尺寸界线之内时，与其对应的尺寸变量是 DIMTIH；当尺寸文本在尺寸界线之外时，与其对应的尺寸变量是 DIMTOH。

（1）“水平”单选按钮：尺寸文本沿水平方向放置。不论标注什么方向的尺寸，尺寸文本总保持水平。

（2）“与尺寸线对齐”单选按钮：尺寸文本沿尺寸线方向放置。

（3）“ISO 标准”单选按钮：当尺寸文本在尺寸界线之间时，沿尺寸线方向放置；在尺寸界线之外时，沿水平方向放置。

# 7.2　标注尺寸

正确地进行尺寸标注是设计绘图工作中非常重要的一个环节，AutoCAD 2015 提供了方便快捷的尺寸标注方法，可通过执行命令实现，也可利用菜单或工具图标实现。本节重点介绍如何对各种类型的尺寸进行标注。

## 7.2.1　线性标注

1．执行方式

命令行：dimlinear（缩写名：dimlin）

菜单栏：“标注”→“线性”

工具栏：“标注”→“线性”

功能区：单击“默认”选项卡“注释”面板中的“线性”按钮（如图 7-10 所示）或单击“注释”选项卡“标注”面板中的“线性”按钮（如图 7-11 所示）

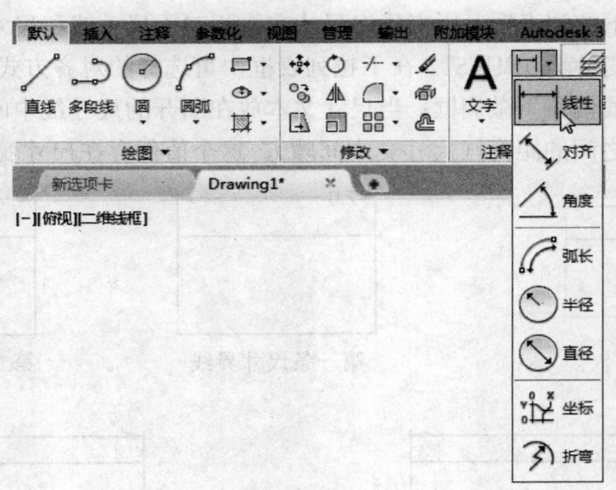


图 7-10 “注释”面板

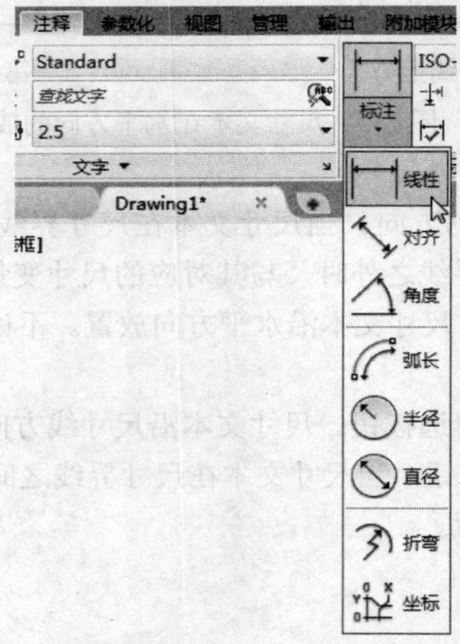


图 7-11 “标注”面板

2. 操作格式

```
命令:dimlin↙
指定第一个尺寸界线原点或<选择对象>:
```

3. 选项说明

直接回车：直接回车选择要标注的对象或确定尺寸界线的起始点。

光标变为拾取框，并且在命令行给出如下提示：

选择标注对象：用拾取框点取要标注尺寸的线段

指定尺寸线位置或[多行文字(M)/文字(T)/角度(A)/水平(H)/垂直(V)/旋转(R)]:

其中各项的含义如下：

（1）指定尺寸线位置：确定尺寸线的位置。可移动鼠标选择合适的尺寸线位置，然后回车或单击，AutoCAD 将自动测量所标注线段的长度并标注出相应的尺寸。

（2）多行文字(M)：用多行文字编辑器确定尺寸文本。

（3）文字(T)：在命令行提示下输入或编辑尺寸文本。选择此选项后，AutoCAD 提示如下：

输入标注文字 <默认值>:

其中的默认值是AutoCAD自动测量得到的被标注线段的长度，直接回车即可采用此长度值，也可输入其他数值代替默认值。当尺寸文本中包含默认值时，可使用尖括号“< >”表示默认值。

（4）角度(A)：确定尺寸文本的倾斜角度。

（5）水平(H)：水平标注尺寸，不论标注什么方向的线段，尺寸线均水平放置。

（6）垂直(V)：垂直标注尺寸，不论被标注线段沿什么方向，尺寸线总保持垂直。

（7）旋转(R)：输入尺寸线旋转的角度值，旋转标注尺寸。

指定第一条尺寸界线原点：指定第一条与第二条尺寸界线的起始点。

### 7.2.2 对齐标注

1. 执行方式

命令行：dimaligned

菜单栏：“标注”→“对齐”

工具栏：“标注”→“对齐”

功能区：单击“默认”选项卡“注释”面板中的“对齐”按钮或单击“注释”选项卡“标注”面板中的“对齐”按钮

2. 操作格式

```
命令:dimaligned↙
指定第一个尺寸界线原点或 <选择对象>:
这种命令标注的尺寸线与所标注轮廓线平行，标注的是起始点到终点之间的距离尺寸。
```

### 7.2.3 实例——标注台阶尺寸

对图 7-12a 所示的台阶进行标注。

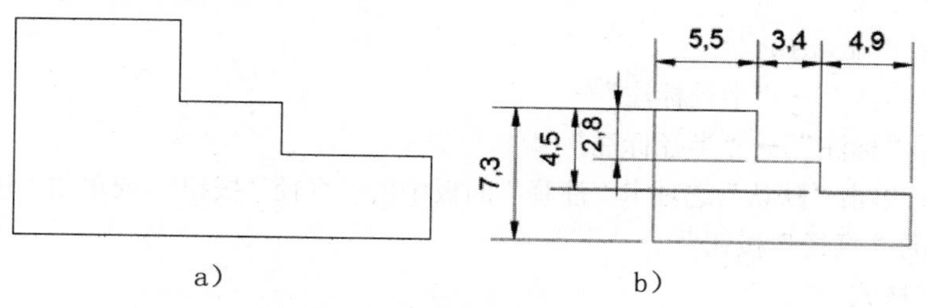


图 7-12 标注台阶尺寸

光盘\动画演示\第 7 章\台阶尺寸.avi

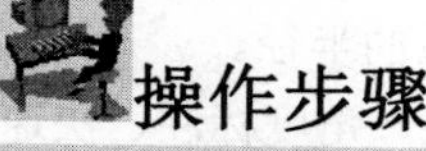

操作步骤

```
命令：dimdli↙
```

```
输入 DIMDLI 的新值 <0.5000>：1↙（调整基准标注尺寸间隙）
命令：_dimlinear
指定第一个尺寸界线原点或<选择对象>：（捕捉尺寸界线原点）
指定第二条尺寸界线原点：（捕捉尺寸界线原点）
指定尺寸线位置或[多行文字(M)/文字(T)/角度(A)/水平(H)/垂直(V)/旋转(R)]：（指定尺寸线位置）
标注文字 =2.8
命令：_dimbaseline
指定第二条尺寸界线原点或[放弃(U)/选择(S)]<选择>：（指定第二条尺寸界线原点）
标注文字 =4.5
指定第二条尺寸界线原点或[放弃(U)/选择(S)]<选择>：（指定第二条尺寸界线原点）
标注文字 =7.3
指定第二条尺寸界线原点或[放弃(U)/选择(S)]<选择>：↙
命令：_dimlinear
指定第一个尺寸界线原点或<选择对象>：（捕捉尺寸界线原点）
指定第二条尺寸界线原点：（捕捉尺寸界线原点）
指定尺寸线位置或[多行文字(M)/文字(T)/角度(A)/水平(H)/垂直(V)/旋转(R)]：（指定尺寸线位置）
标注文字 =5.5
命令：_dimcontinue
指定第二条尺寸界线原点或[放弃(U)/选择(S)]<选择>：（指定第二条尺寸界线原点）
标注文字 =3.4
指定第二条尺寸界线原点或[放弃(U)/选择(S)]<选择>：（指定第二条尺寸界线原点）
标注文字 =4.9
指定第二条尺寸界线原点或[放弃(U)/选择(S)]<选择>：（指定第二条尺寸界线原点）
```

### 7.2.4 半径标注

1. 执行方式

命令行：dimradius

菜单："标注"→"半径标注"

工具栏："标注"→"半径标注"

功能区：单击"默认"选项卡"注释"面板中的"直径"按钮或单击"注释"选项卡"标注"面板中的"直径"按钮

2. 操作格式

```
命令：dimradius↙
选择圆弧或圆：（选择要标注半径的圆或圆弧）
指定尺寸线位置或[多行文字(M)/文字(T)/角度(A)]：（确定尺寸线的位置或选择某一选项）
```

可以选择"多行文字(M)"项、"文字(T)"项或"角度(A)"项来输入、编辑尺寸文本或确定尺寸文本的倾斜角度，也可以直接确定尺寸线的位置标注出指定圆或圆弧的半径。

除了上面介绍的这些标注，其他还有直径标注、圆心标记、中心线标注、角度标注、快速标注等标注，这里不再赘述。

## 7.2.5 实例——标注居室平面图尺寸

标注如图 7-13 所示的居室平面图尺寸。

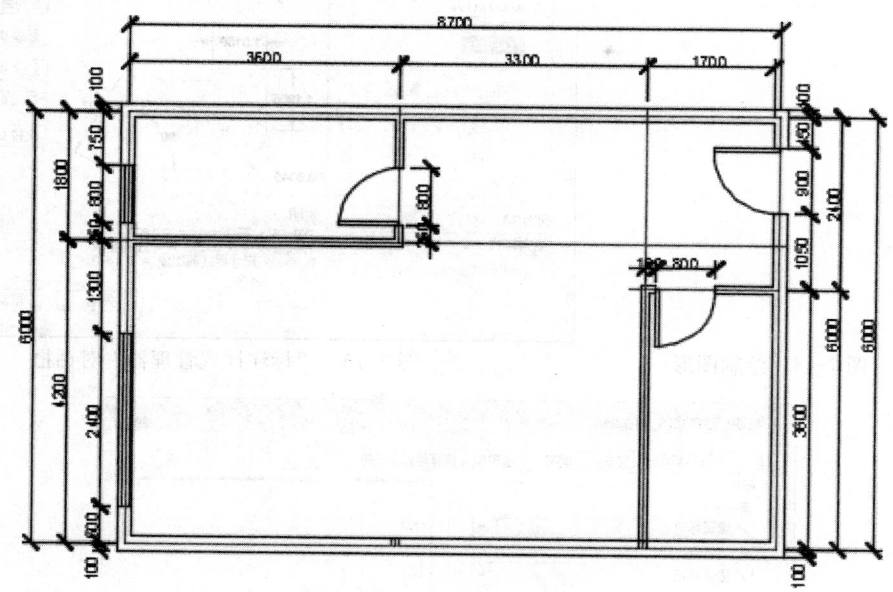

图 7-13 标注居室平面图尺寸

光盘\动画演示\第 7 章\标注居室平面图.avi

### 操作步骤

**01** 利用直线、多线、矩形、圆弧命令以及镜像、复制、偏移、倒角、旋转等编辑命令绘制图形，如图 7-14 所示。

**02** 单击“标注”工具栏中“标注样式”按钮，系统打开“标注样式管理器”对话框，如图 7-15 所示。单击“新建”按钮，在打开的“创建新标注样式”对话框中设置新样式名为“S_50_轴线”；单击“继续”按钮，打开“新建标注样式”对话框。在如图 7-16 所示的“符号和箭头”选项卡中，设置箭头为“建筑标记”；其他参数按默认设置，完成后确认退出。

**03** 将鼠标移到任一工具栏上，单击右键，打开右键菜单，如图 7-17 所示，单击“标注”选项使其前面出现对勾，即可调出“标注”工具栏，如图 7-18 所示，并将它移动到合适的位置。

**04** 首先将“S_50_轴线”样式置为当前状态，并把墙体和轴线的上侧放大显示，如图 7-19 所示；然后，单击“标注”工具栏上的“快速标注”按钮，当命令行提示“选择要标注的几何图形”时，依次选中竖向的 4 条轴线，单击右键确定选择，向外拖动鼠标到适当位置确定，该尺寸就标好了，如图 7-20 所示。

**05** 单击“标注”工具栏上的“快速标注”按钮，完成竖向轴线尺寸的标注，结果如图 7-21 所示。

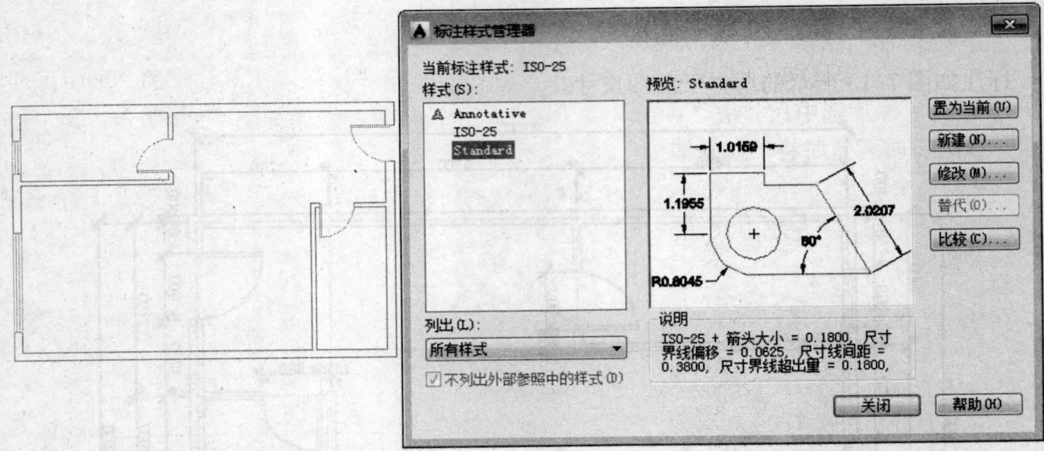


图 7-14　绘制图形　　　　图 7-15　“标注样式管理器”对话框

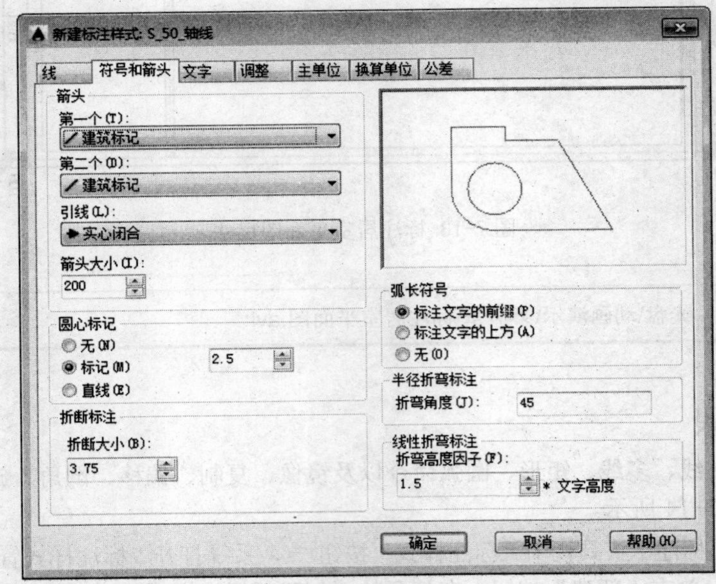


图 7-16　设置“符号和箭头”选项卡

图 7-17 显示“标注”工具栏　　　　图 7-18　“标注”工具栏

**06** 对于门窗洞口尺寸，有的地方用“快速标注”不太方便，现改用“线性标注”。单击“标注”工具栏上的“线性”按钮，依次选择尺寸的两个界线源点，完成每一个需要标注的尺寸，结果如图 7-22 所示。

**07** 对于其中自动生成指引线标注的尺寸值，现单击“标注”工具栏上的“编辑标注文字”按钮，然后选中尺寸值，将它们逐个调整到适当位置，结果如图 7-23 所示。为了便于操作，在调整时可暂时将“对象捕捉”功能关闭。

**08** 设置其他细部尺寸和总尺寸。采用同样的方法完成其他细部尺寸和总尺寸的标注，结果如图 7-13 所示。注意总尺寸的标注位置。

**09** 选择菜单栏中的“文件”→“另存为”命令，保存图形。

命令:Saveas↙（将绘制完成的图形以“标注居室平面图尺寸.dwg”为文件名保存在指定的路径中）

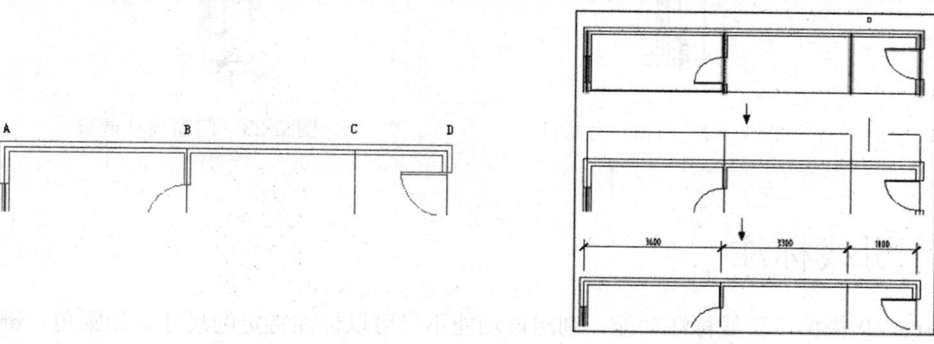


图 7-19　放大显示墙体　　　图 7-20　水平标注操作过程示意图

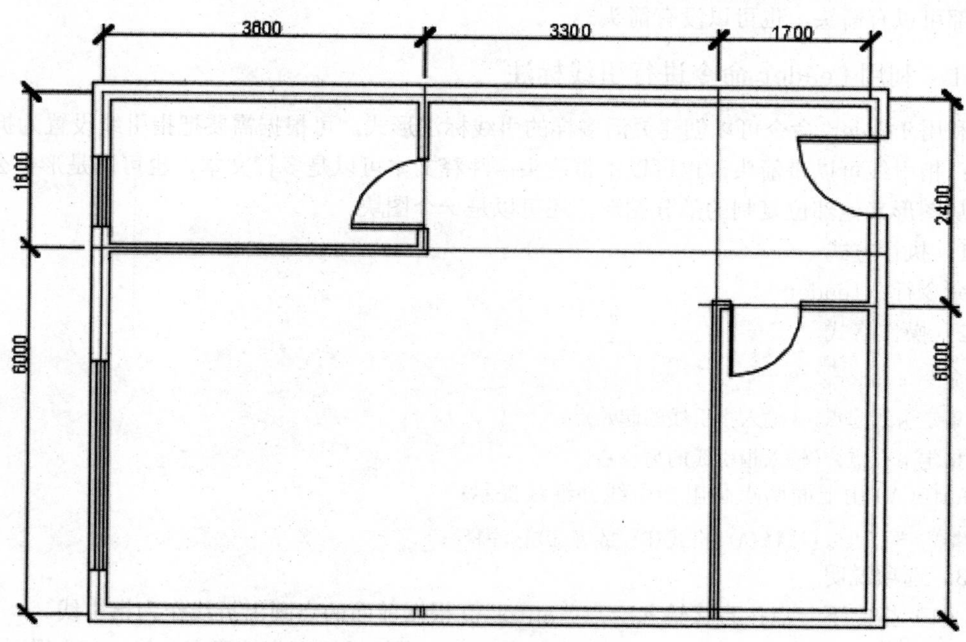


图 7-21　完成轴线标注

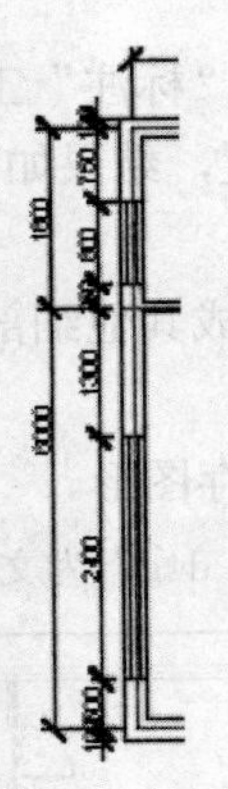

图 7-22　门窗尺寸标注

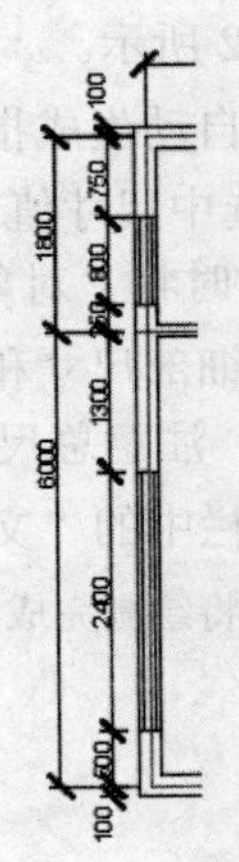

图 7-23　门窗尺寸调整

# 7.3　引线标注

AutoCAD 提供了引线标注功能，利用该功能不仅可以标注特定的尺寸，如圆角、倒角等，还可以在图中添加多行旁注、说明。在引线标注中，指引线可以是折线，也可以是曲线，指引线端部可以有箭头，也可以没有箭头。

## 7.3.1　利用 Leader 命令进行引线标注

利用 Leader 命令可以创建灵活多样的引线标注形式，可根据需要把指引线设置为折线或曲线；指引线可以带箭头，也可以不带箭头；注释文本可以是多行文本，也可以是形位公差，或是从图形其他部位复制的部分图形，还可以是一个图块。

1. 执行方式

命令行：leader

2. 操作格式

```
命令:leader↙
指定引线起点:(输入指引线的起始点)
指定下一点:(输入指引线的另一点)
```

AutoCAD 由上面两点画出指引线并继续提示：

```
指定下一点或[注释(A)/格式(F)/放弃(U)]<注释>:
```

3. 选项说明

（1）指定下一点：直接输入一点，AutoCAD 根据前面的点画出折线作为指引线。

（2）<注释>：输入注释文本，为默认项。在上面的提示下直接回车，AutoCAD 提示如下：

```
输入注释文字的第一行或<选项>:
```

如果在此提示下输入第一行文本后回车，可继续输入第二行文本，如此反复执行，直到输入全部注释文本，然后在此提示下直接回车，AutoCAD 会在指引线终端标注出所输入的多行文本，并结束 Leader 命令。

如果在上面的提示下直接回车，AutoCAD 提示如下：

输入注释选项[公差(T)/副本(C)/块(B)/无(N)/多行文字(M)]<多行文字>:

在此提示下可选择一个注释选项或直接回车，即选择“多行文字”选项。

（3）格式(F)：确定指引线的形式。选择该项后，AutoCAD 提示如下：

输入引线格式选项[样条曲线(S)/直线(ST)/箭头(A)/无(N)]<退出>：（选择指引线形式，或直接回车回到上一级提示）

其中各选项含义如下。

1）样条曲线(S)：设置指引线为样条曲线。

2）直线(ST)：设置指引线为折线。

3）箭头(A)：在指引线的起始位置画箭头。

4）无(N)：在指引线的起始位置不画箭头。

5）<退出>：此项为默认选项，选取该项退出“格式”选项。

### 7.3.2 利用 qLeader 命令进行引线标注

利用 qLeader 命令可以快速生成指引线及注释，而且可以通过命令行优化对话框进行用户自定义，由此可以消除不必要的命令行提示，取得最高的工作效率。

1. 执行方式

命令行：qleader

2. 操作格式

命令:qleader↙

指定第一个引线点或[设置(S)]<设置>:

3. 选项说明

（1）指定第一个引线点：在上面的提示下确定一点作为指引线的第一点，AutoCAD 提示：

指定下一点:（输入指引线的第二点）

指定下一点:（输入指引线的第三点）

AutoCAD 提示输入的点的数目由“引线设置”对话框确定，如图 7-24 所示。输入完指引线的点后 AutoCAD 提示：

指定文字宽度<0.0000>:（输入多行文本的宽度）

输入注释文字的第一行<多行文字(M)>:

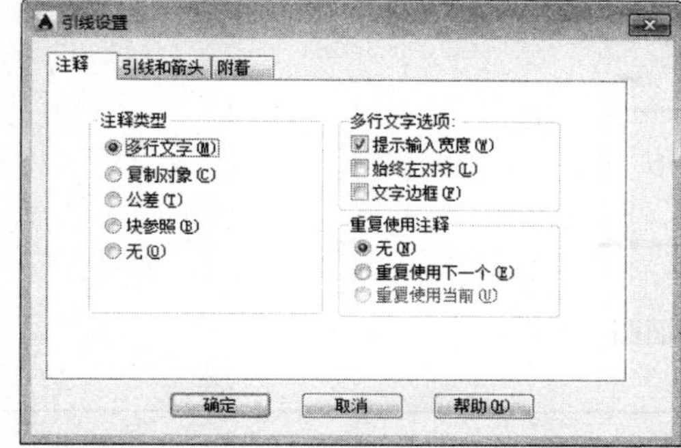


图 7-24 “引线设置”对话框

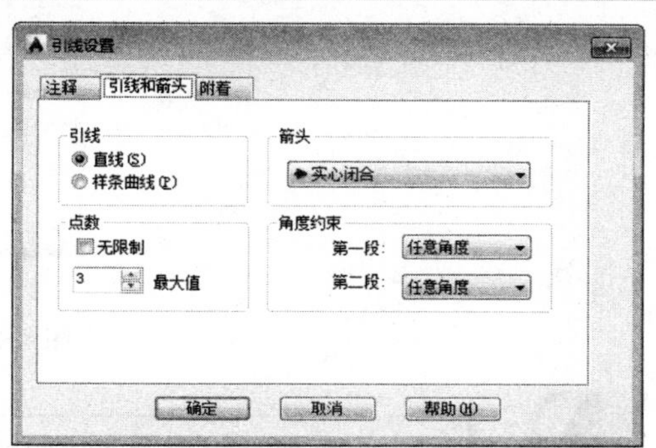


图 7-25 “引线和箭头”选项卡

此时，有两种命令输入选择。

如果在命令行输入第一行文本，系统继续提示如下：

输入注释文字的下一行:（输入另一行文本）

输入注释文字的下一行:（输入另一行文本或回车）

如果选择“多行文字(M)”选项，将打开多行文字编辑器，输入、编辑多行文字。输入完毕后直接回车，将结束 qLeader 命令并把多行文本标注在指引线的末端附近。

（2）设置：在上面的提示下直接回车或键入 S，将打开如图 7-24 所示的“引线设置”对话框，允许对引线标注进行设置。该对话框包含：

1）“注释”选项卡如图 7-24 所示，用于设置引线标注中注释文本的类型、多行文本的格式，并确定注释文本是否多次使用。

2）“引线和箭头”选项卡如图 7-25 所示，用来设置引线标注中指引线和箭头的形式。其中，“点数”选项组设置执行 qLeader 命令时 AutoCAD 提示输入的点的数目。注意，设置的点数要比希望的指引线的段数多 1。可利用微调框进行设置，如果选中“无限制”复选框，AutoCAD 会一直提示输入点直到连续回车两次为止。“角度约束”选项组设置第一段和第二段指引线的角度约束。

3）“附着”选项卡如图 7-26 所示，设置注释文本和指引线的相对位置。如果最后一段指引线指向右边，AutoCAD 自动把注释文本放在右侧；如果最后一段指引线指向左边，AutoCAD 自动把注释文本放在左侧。利用该选项卡中左侧和右侧的单选按钮，分别设置位于左侧和右侧的注释文本与最后一段指引线的相对位置，二者可相同，也可不同。

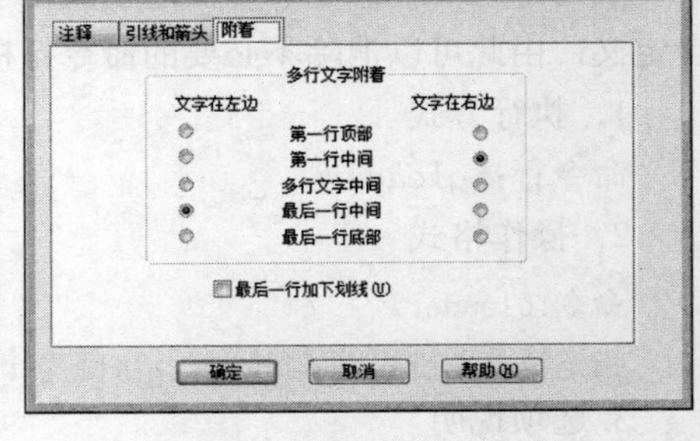


图 7-26 “附着”选项卡

## 7.3.3 实例——标注户型平面图尺寸

对如图7-27所示的户型平面图进行标注。

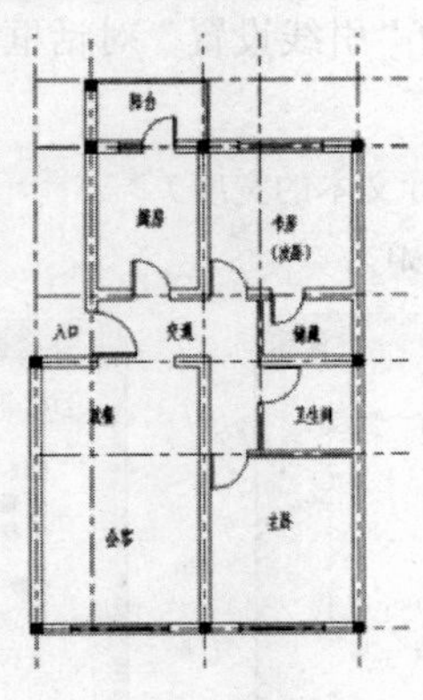

图 7-27 平面图

光盘\动画演示\第 7 章\标注户型平面图.avi

## 操作步骤

**01** 打开“源文件\第7章\平面图.dwg”，对其进行文字和尺寸标注。

**02** 建立“尺寸”图层，参数如图7-28所示，并置为当前层。

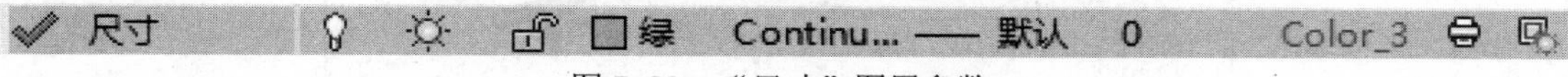


图 7-28　“尺寸”图层参数

**03** 设置标注样式。标注样式的设置应该跟绘图比例相匹配。如前所述，该平面图以实际尺寸绘制，并以 1∶100的比例输出。

**04** 单击“标注”工具栏中“标注样式”按钮，打开“标注样式管理器”对话框，新建一个标注样式，命名为“建筑”，单击“继续”按钮，如图7-29所示。

**05** 将“建筑”样式中的参数按图7-30～图7-33所示逐项进行设置。单击“确定”按钮后回到“标注样式管理器”对话框，将“建筑”样式设为当前标注样式，如图7-34所示。

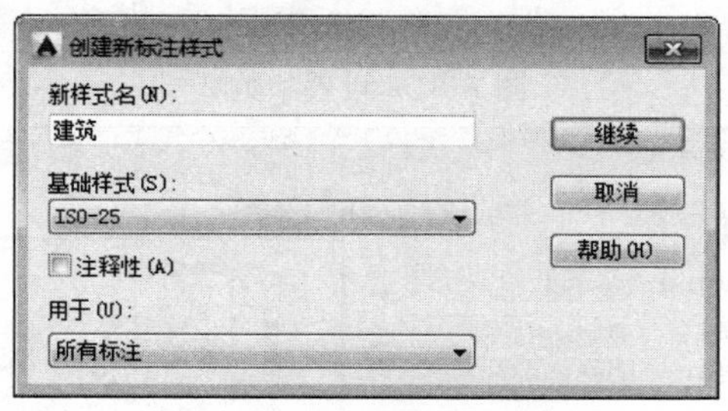


图 7-29　新建标注样式

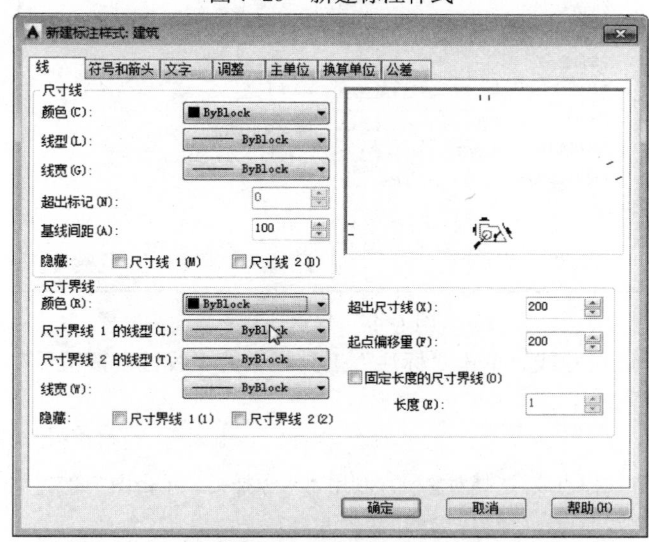


图 7-30　设置参数 1

**06** 进行尺寸标注。以图7-27底部的尺寸标注为例。该部分尺寸分为三道，第一道为墙体宽度及门窗宽度，第二道为轴线间距，第三道为总尺寸。

**07** 在任意工具栏的空白处单击鼠标右键，在打开的快捷菜单中选择“标注”项，如图7-35所示将“标注”工具栏显示在屏幕上，以便使用。

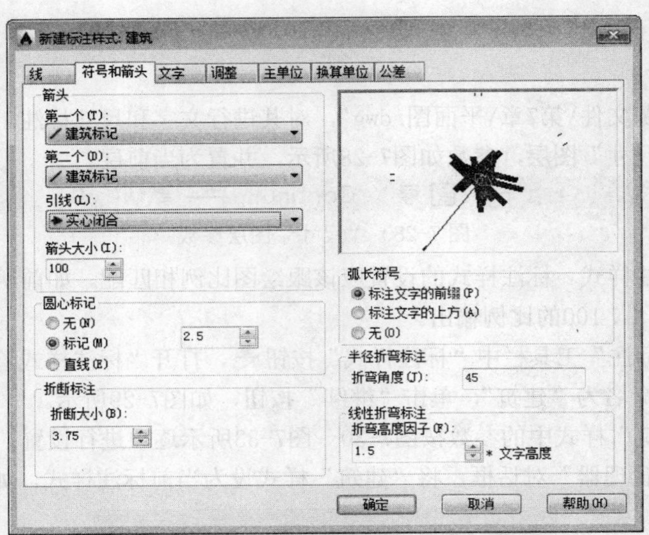

图 7-31　设置参数 2

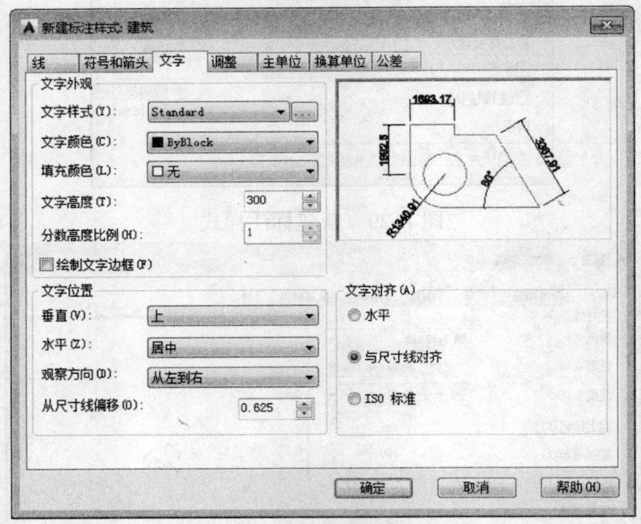

图 7-32　设置参数 3

**08** 绘制第一道尺寸线。单击“标注”工具栏上的“线性”按钮，如图7-36所示，命令行中的提示与操作如下：

```
命令:_dimlinear
指定第一个尺寸界线原点或<选择对象>:(利用“对象捕捉”单击图 7-37 中的 A 点)
指定第二条尺寸界线原点:(捕捉图 7-37 中的 B 点)
指定尺寸线位置或[多行文字(M)/文字(T)/角度(A)/水平(H)/垂直(V)/旋转(R)]:@0,-1200 (回车)
```

**09** 结果如图7-38所示。上述操作也可以在选取A、B两点后，直接向外拖动鼠标确定尺寸线的放置位置。

**10** 单击“标注”工具栏中的“线性”按钮，继续标注尺寸，命令行中的提示与操作如下：

命令:_dimlinear

指定第一个尺寸界线原点或<选择对象>:(单击图 7-37 中的 B 点)

指定第二条尺寸界线原点:(捕捉图 7-37 中的 C 点)

指定尺寸线位置或[多行文字(M)/文字(T)/角度(A)/水平(H)/垂直(V)/旋转(R)]:@0,-1200(回车,也可以直接捕捉上一道尺寸线位置)

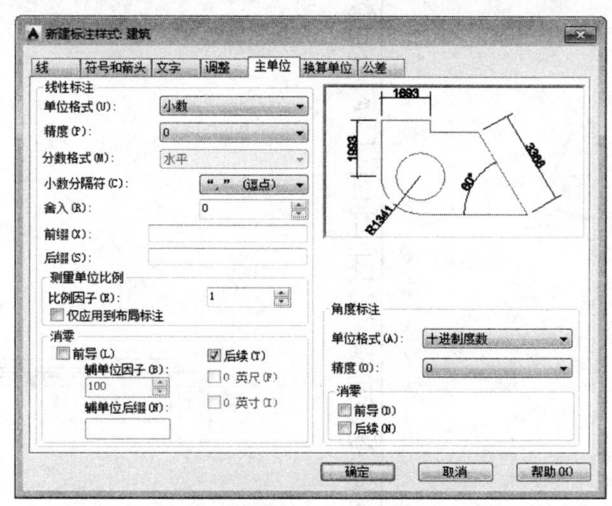


图 7-33　设置参数

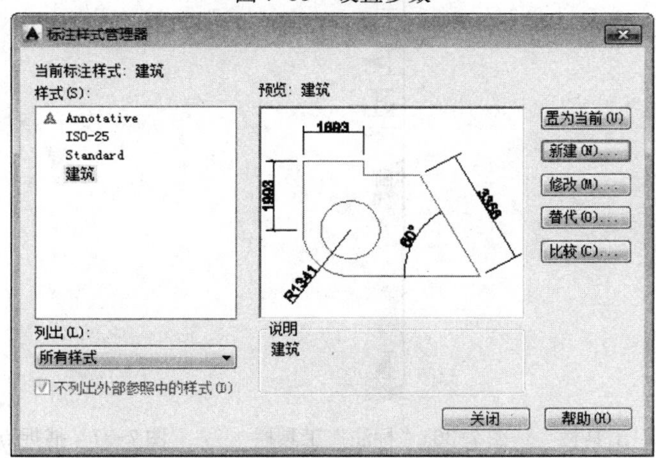


图 7-34　将"建筑"样式置为当前标注样式

结果如图7-39所示。

**11** 采用同样的方法依次绘出全部第一道尺寸,结果如图7-40所示。此时发现,如图7-41所示的尺寸字样120与750出现重叠,现在将它移开。单击120,该尺寸处于选中状态;再用光标选中中间的蓝色方块标记,将120字样移至外侧适当位置后单击"确定"按钮。采用同样的办法处理右侧的120字样,结果如图7-42所示。

**12** 单击"标注"工具栏中的"线性"按钮,绘制第二道尺寸,命令行中的提示与操作如下:

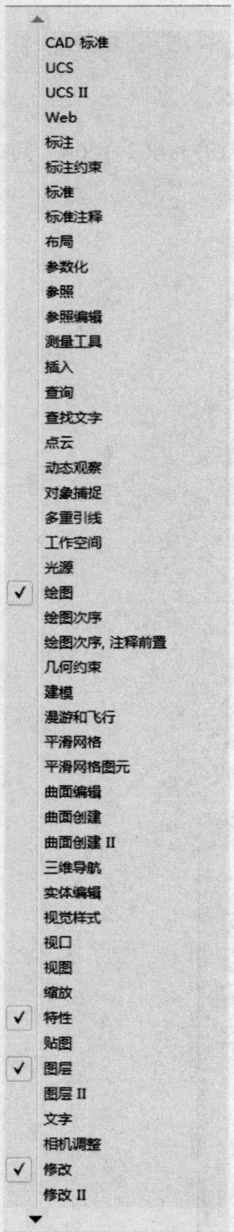

图 7-35　显示“标注”工具栏

图 7-36　“标注”工具栏

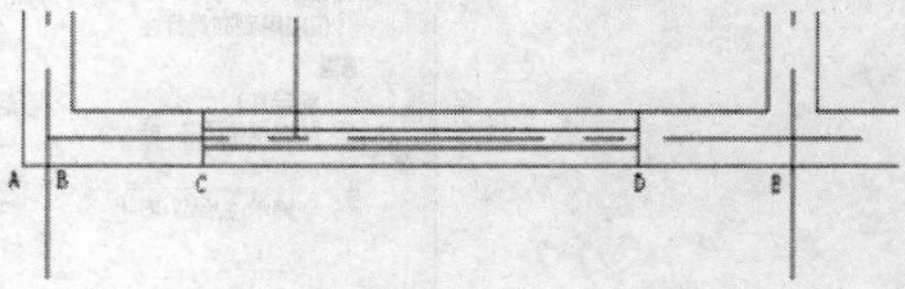

图 7-37　捕捉点示意图

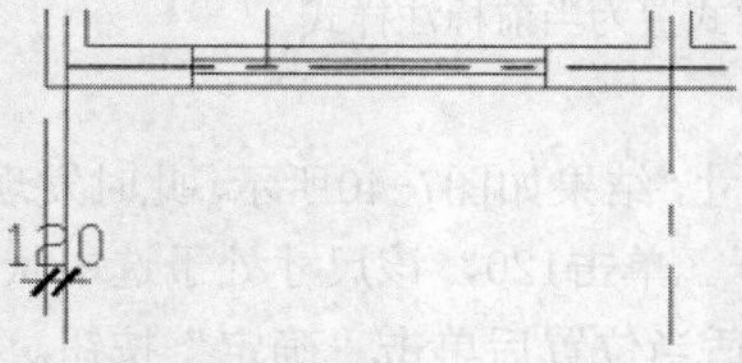

图 7-38　尺寸 1

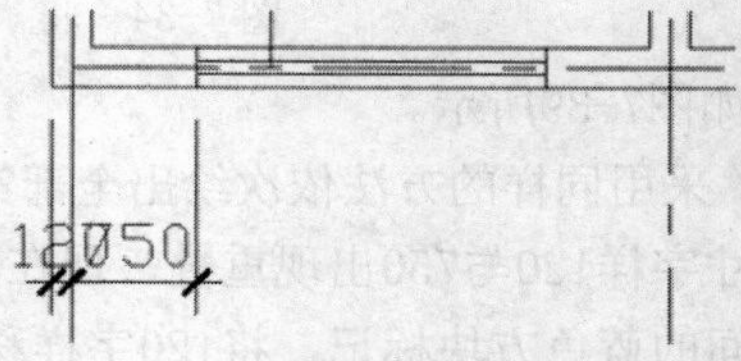

图 7-39　尺寸 2

```
命令:_dimlinear
指定第一个尺寸界线原点或<选择对象>:（捕捉图 7-42 中的 A 点）
```

```
指定第二条尺寸界线原点:（捕捉图 7-42 中的 B 点）
指定尺寸线位置或
[多行文字(M)/文字(T)/角度(A)/水平(H)/垂直(V)/旋转(R)]:@0,-800 （回车）
```

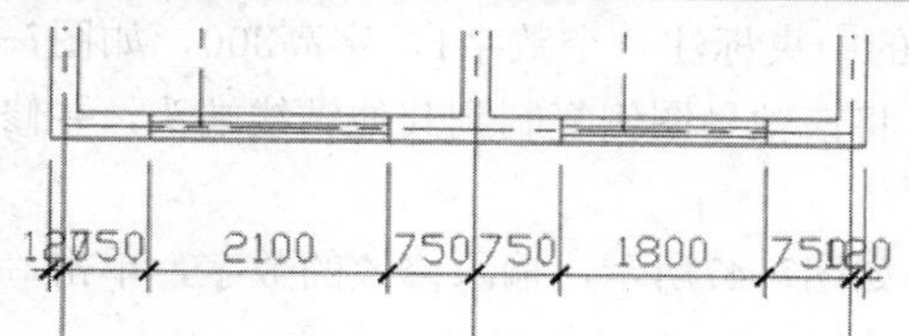


图 7-40　尺寸 3

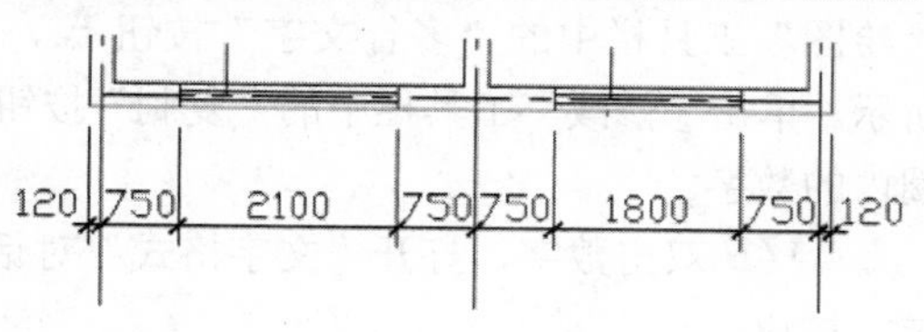


图 7-41　第一道尺寸

**提示**

处理字样重叠的问题时，也可以在标注样式中进行相关设置，这样计算机会自动处理，但处理效果有时不太理想，也可以单击“标注”工具栏上的“编辑标注文字”按钮来调整文字位置，读者不妨试一试。

结果如图7-43所示。

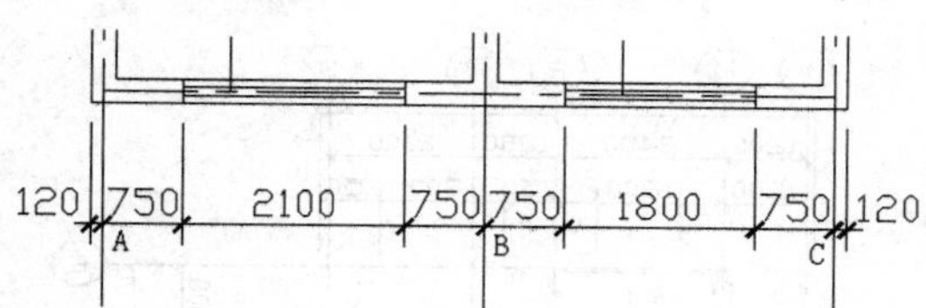


图 7-42　捕捉点示意图

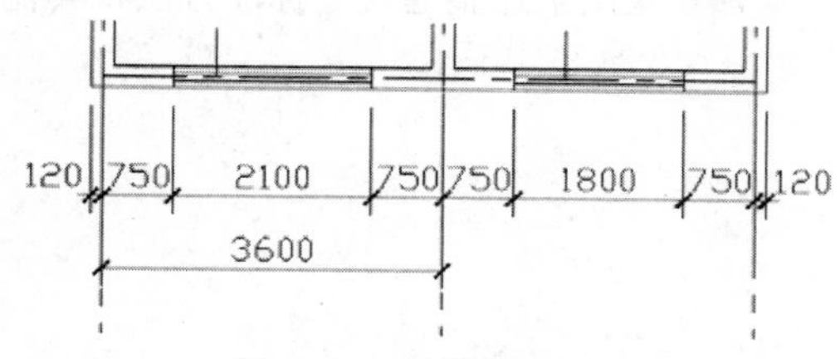


图 7-43　轴线尺寸 1

**13** 单击“标注”工具栏中的“线性”按钮，分别捕捉B、C点，完成第二道尺寸，结果如图7-44所示。

**14** 单击“标注”工具栏中的“线性”按钮，绘制第三道尺寸，命令行中的提示与操作如下：

```
命令:_dimlinear
指定第一个尺寸界线原点或<选择对象>:（捕捉左下角外墙角点）
指定第二条尺寸界线原点或:（捕捉右下角外墙角点）
指定尺寸线位置或[多行文字(M)/文字(T)/角度(A)/水平(H)/垂直(V)/旋转(R)]:@0,-2800（回车）
```

结果如图7-45所示。

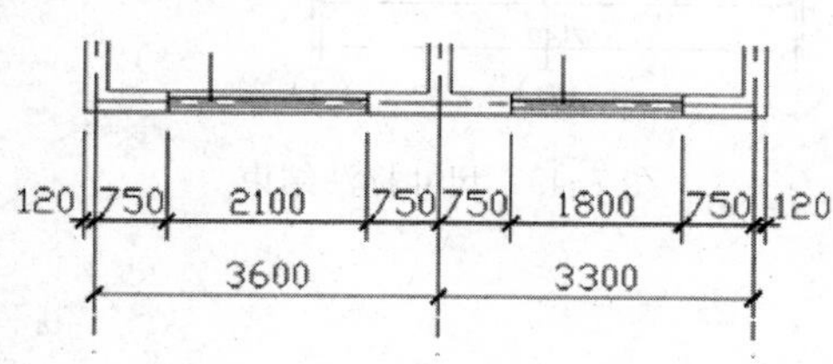


图 7-44　第二道尺寸

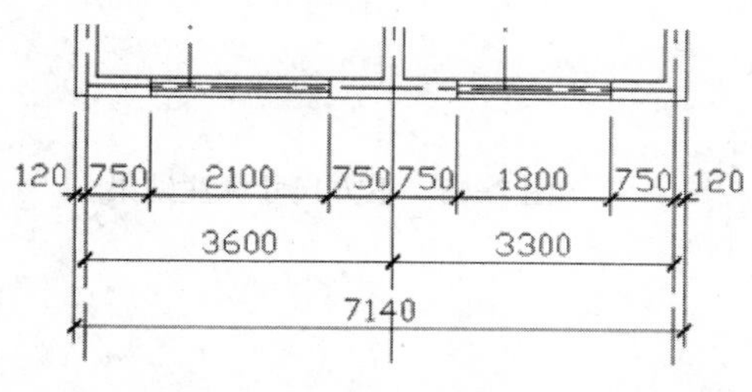


图 7-45　第三道尺寸

**15** 进行轴号标注。根据规范要求，横向轴号一般用阿拉伯数字1、2、3…标注，纵向轴号用字母A、B、C…标注。

**16** 单击“绘图”工具栏中的“圆”按钮，在轴线端绘制一个直径为800的圆，单击“绘图”工具栏中的“多行文字”按钮，在圆的中央标注一个数字1，字高300，如图7-46所示。单击“修改”工具栏中的“复制”按钮，将该轴号图例复制到其他轴线端头，并修改圈内的数字。

**17** 双击数字，打开“文字格式”对话框，如图7-47所示，输入修改的数字，单击“确定”按钮。

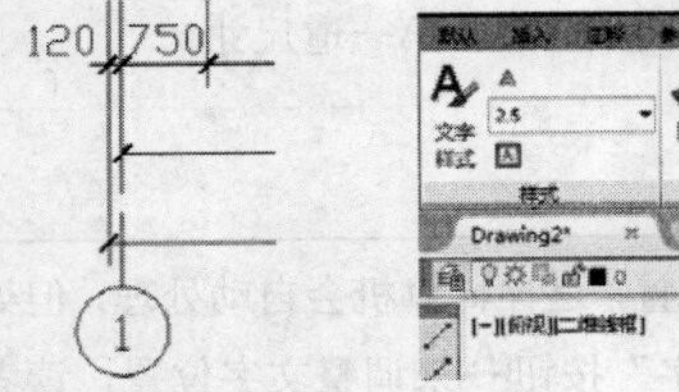


图 7-46　轴号 1

图 7-47　编辑文字

**18** 轴号标注结束后结果如图7-48所示。

**19** 采用上述整套尺寸标注方法将其他方向的尺寸标注完成，结果如图 7-49 所示。

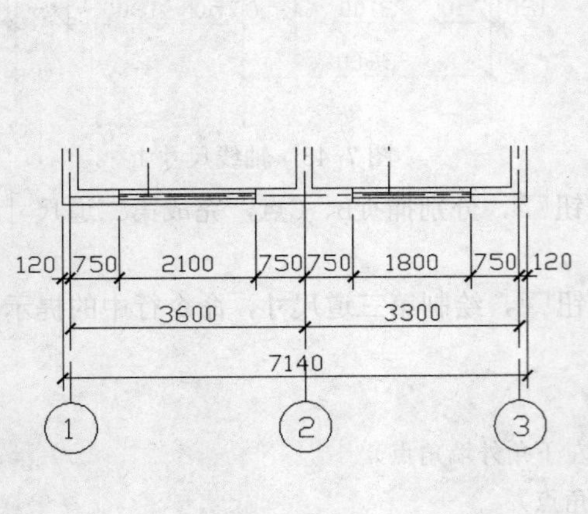


图 7-48　下方尺寸标注结果

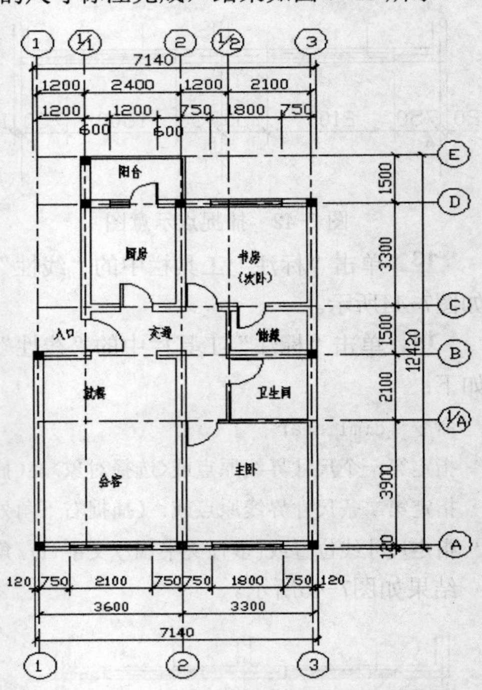


图 7-49　尺寸标注结束

# 第 8 章　建筑设计基础

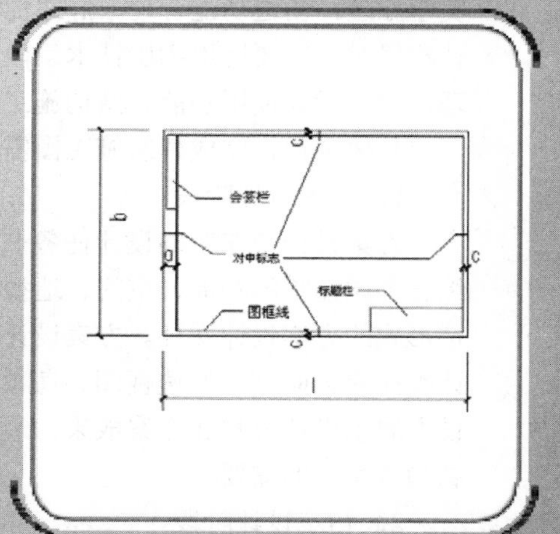


建筑设计是指建筑物在建造之前，设计者按照建设任务将施工过程和使用过程中所存在的或可能发生的问题事先做好通盘的设想，拟定好解决这些问题的办法、方案，并用图样和文件表达出来。

本章将简要介绍建筑设计的一些基本知识，包括建筑设计特点、建筑设计要求与规范、建筑设计内容等。

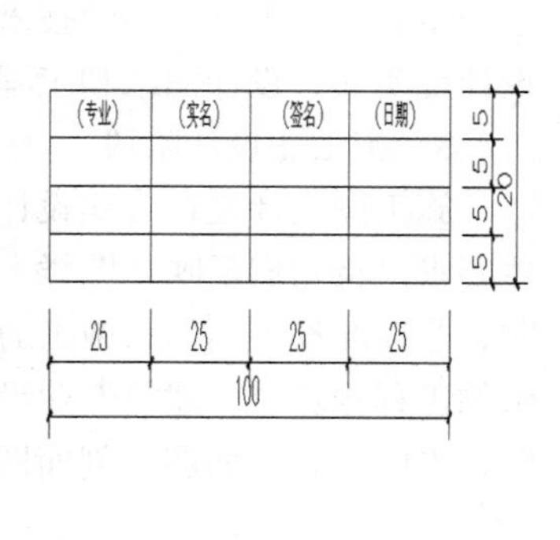


- 建筑设计概述
- 建筑制图基础知识

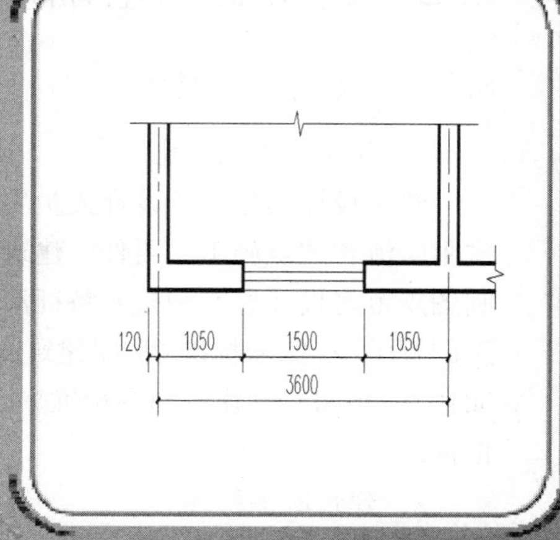

## 8.1 建筑设计概述

建筑设计是根据建筑物的使用性质、所处环境和相应的标准，运用物质技术手段和建筑美学原理，创造功能合理、舒适优美、满足人们物质和精神生活需要的室内外空间环境。设计构思时，需要运用物质技术手段，如各类装饰材料和设施设备等；还需要遵循建筑美学原理，综合考虑使用功能、结构施工、材料设备、造价标准等多种因素。

具体来说，完成建筑施工图需要经过以下几个阶段：

1. 方案设计阶段

方案设计是在明确设计任务书和建设方要求的前提下，遵照国家有关设计标准和规范，综合考虑建筑的功能、空间、造型、环境、材料、技术等因素，做出一个设计方案，形成一定形式的方案设计文件。方案设计文件总体上包括设计说明书、总图、建筑设计图样以及设计委托或合同规定的透视图、鸟瞰图、模型或模拟动画等方面。方案设计文件一方面要向建设方展示设计思想和方案成果，最大限度地突出方案的优势；另一方面，还要满足下一步编制初步设计的需要。

2. 初步设计阶段

初步设计是方案设计和施工图设计之间承前启后的阶段。它在方案设计的基础上吸取各方面的意见和建议，推敲、完善、优化设计方案，初步考虑结构布置、设备系统和工程概算，进一步解决各工种之间的技术协调问题，最终形成初步设计文件。初步设计文件总体上包括设计说明书、设计图纸和工程概算书 3 个部分，其中包括设备表、材料表等内容。

3. 施工图设计阶段

施工图设计是在方案设计和初步设计的基础上，综合建筑、结构、设备等各个工种的具体要求，将它们反映在图样上，完成建筑、结构、设备全套图样，目的在于满足设备材料采购、非标准设备制作和施工的要求。施工图设计文件总体上包括所有专业设计图样和合同要求的工程预算书。建筑专业设计文件应包括图样目录、施工图设计说明、设计图样（包括总图、平面图、立面图、剖面图、大样图、节点详图）、计算书。计算书由设计单位存档。

## 8.2 建筑制图基础知识

### 8.2.1 建筑制图概述

1. 建筑制图的概念

建筑设计图是建筑设计人员用来表达设计思想、传达设计意图的技术文件，是方案投标、技术交流和建筑施工的要件。建筑制图是根据正确的制图理论及方法，按照国家统一的建筑制图规范将设计思想和技术特征清晰、准确地表现出来。建筑图样包括方案图、初设图、施工图等类型。国家标准《房屋建筑制图统一标准》(GB/T 50001—2010)、《总图制图标准》(GB/T 50103—2010)、《建筑制图标准》（GB/T 50104—2010）是建筑专业手工制图和计算机制图的依据。

2. 建筑制图程序

建筑制图的程序是与建筑设计的程序相对应的。从整个设计过程来看，按照设计方案图、初设图、施工图的顺序来进行，后面阶段的图样在前一阶段的基础上做深化、修改和完善。就每个阶段来看，一般遵循平面、立面、剖面、详图的过程来绘制。至于每种图样的制图程序，将在后面章节结合 AutoCAD 操作来讲解。

### 8.2.2 建筑制图的要求及规范

1. 图幅、标题栏及会签栏

图幅即图面的大小，分为横式和立式两种。根据国家标准规定，按图面长和宽的大小确定图幅的等级。建筑常用的图幅有 A0（也称 0 号图幅，其余类推）、A1、A2、A3 及 A4，每种图幅的长宽尺寸见表 8-1，表中的尺寸代号意义如图 8-1 和图 8-2 所示。

表 8-1 图幅标准 （mm）

| 图幅代号 / 尺寸代号 | A0 | A1 | A2 | A3 | A4 |
|---|---|---|---|---|---|
| *b*×1 | 841×1189 | 594×841 | 420×594 | 297×420 | 210×297 |
| *c* | 10 | | | 5 | |
| *a* | 25 | | | | |

A0～A3 图样可以对长边进行加长，但短边一般不应加长，加长尺寸见表 8-2。如有特殊需要，可采用 *b*×1=841mm×891mm 或 1189mm×1261mm 的幅面。

标题栏包括设计单位名称、工程名称区、签字区、图名区以及图号区等内容。其一般格式如图 8-3 所示，如今不少设计单位喜欢比较个性化的标题栏格式，但仍必须包括这几项内容。

会签栏是为各工种负责人审核后签名用的表格，它包括专业、实名、日期等内容，如图 8-4 所示。对于不需要会签的图样，可以不设此栏。

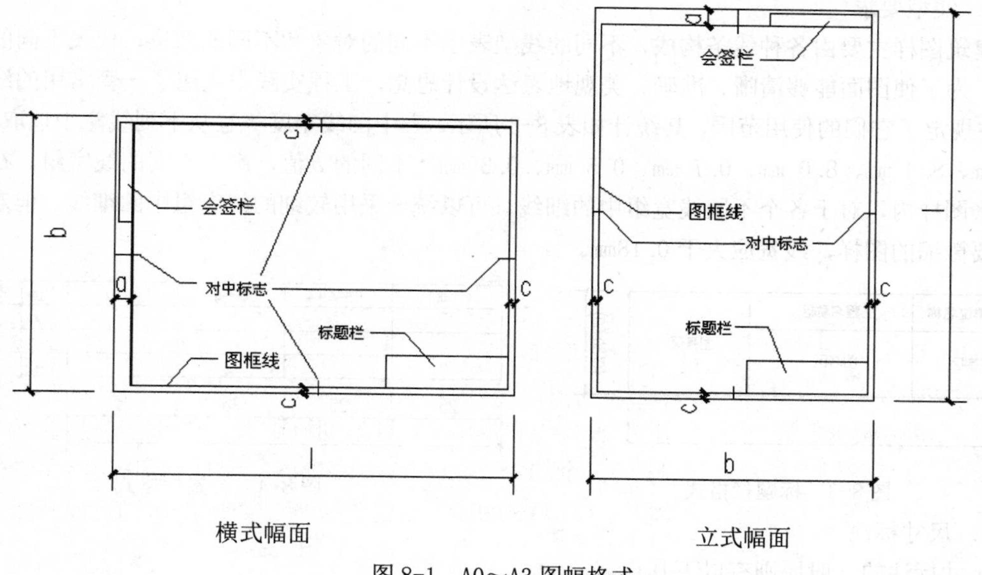


图 8-1 A0～A3 图幅格式

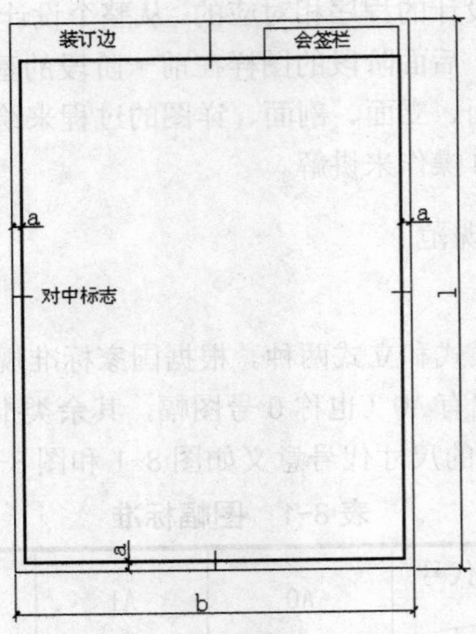


图 8-2　A4 立式图幅格式

**表 8-2　图样长边加长尺寸**　（mm）

| 图幅 | 长边尺寸 | 长边加长后的尺寸 |
|---|---|---|
| A0 | 1189 | 1486　1635　1783　1932　2080　2230　2378 |
| A1 | 841 | 1051　1261　1471　1682　1892　2102 |
| A2 | 594 | 743　891　1041　1189　1338　1486　1635　1783　1932　2080 |
| A3 | 420 | 630　841　1051　1261　1471　1682　1892 |

此外，需要微缩复制的图样，其一个边上应附有一段准确米制尺度，4 个边上均附有对中标志。米制尺度的总长应为 100mm，分格应为 10mm。对中标志应画在图样各边长的中点处，线宽应为 0.35mm，伸入框内应为 5mm。

2．线型要求

建筑图样主要由各种线条构成，不同的线型表示不同的对象和不同的部位，代表不同的含义。为了使图面能够清晰、准确、美观地表达设计思想，工程实践中采用了一套常用的线型，并规定了它们的使用范围，其统计如表 8-3 所示。表中图线宽度 $b$ 宜从下列线宽中选取：2.0 mm、8.4 mm、8.0 mm、0.7 mm、0.5 mm、0.35mm。不同的 $b$ 值，产生不同的线宽组。在同一张图样内，对于各个不同线宽组中的细线，可以统一采用较细的线宽组中的细线。但对于需要微缩的图样，线宽应大于 0.18mm。

| 设计单位名称 | 工程名称区 | 图号区 |
|---|---|---|
| 签字区 | 图名区 | |

（总长 180，高 40(30,50)）

图 8-3　标题栏格式

| （专业） | （实名） | （签名） | （日期） |
|---|---|---|---|
| | | | |
| | | | |
| | | | |

（各栏宽 25、25、25、25，总长 100；各行高 5、5、5、5，总高 20）

图 8-4　会签栏格式

3．尺寸标注

尺寸标注的一般原则有以下几点。

表 8-3　常用线型统计表

| 名称 | | 线型 | 线宽 | 适用范围 |
|---|---|---|---|---|
| 实 线 | 粗 | | $b$ | 建筑平面图、剖面图、构造详图被剖切的主要构件截面轮廓线；建筑立面图外轮廓线；图框线；剖切线；总图中的新建建筑物轮廓 |
| | 中 | | 0.5$b$ | 建筑平面、剖面中被剖切的次要构件的轮廓线；建筑平面图、立面图、剖面图构配件的轮廓线；详图中的一般轮廓线 |
| | 细 | | 0.25$b$ | 尺寸线、图例线、索引符号、材料线及其他细部刻画用线等 |
| 虚 线 | 中 | | 0.5$b$ | 主要用于构造详图中不可见的实物轮廓；平面图中的起重机轮廓；拟扩建的建筑物轮廓 |
| | 细 | | 0.25$b$ | 其他不可见的次要实物轮廓线 |
| 点画线 | 细 | | 0.25$b$ | 轴线、构配件的中心线、对称线等 |
| 折断线 | 细 | | 0.25$b$ | 省画图样时的断开界线 |
| 波浪线 | 细 | | 0.25$b$ | 构造层次的断开界线，有时也表示省略图中的断开界线 |

（1）尺寸标注应力求准确、清晰、美观大方。同一张图样中，标注风格应保持一致。

（2）尺寸线应尽量标注在图样轮廓线以外，从内到外依次标注从小到大的尺寸，不能将大尺寸标在内部，而小尺寸标在外部，如图 8-5 所示。

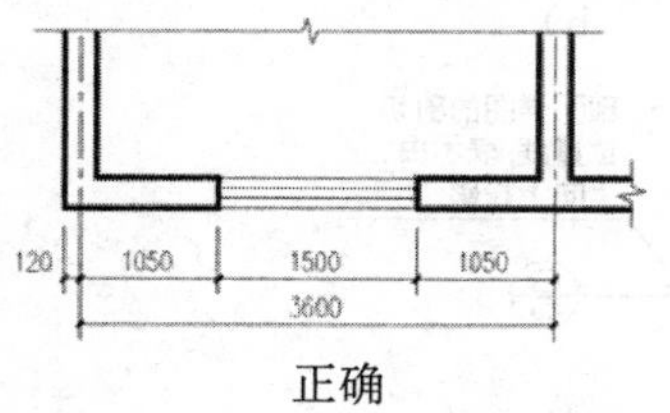


正确

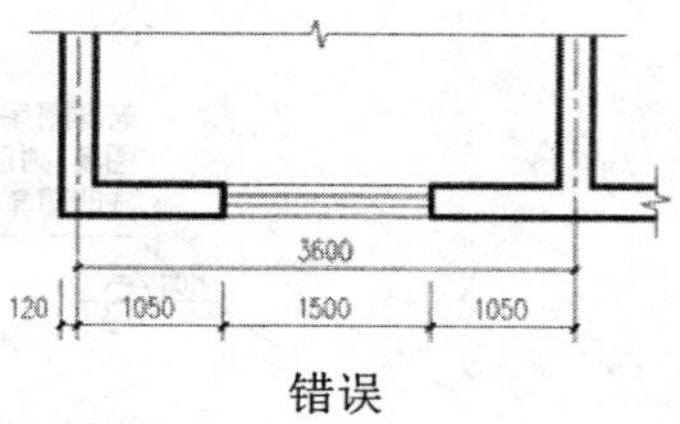


错误

图 8-5　尺寸标注正误对比

（3）最里面的一道尺寸线与图样轮廓线之间的距离不应小于 10mm，两道尺寸线之间的距离一般为 7～10mm。

（4）尺寸界线朝向图样的端头距图样轮廓的距离应大于等于 2mm，不宜直接与之相连。

（5）在图线拥挤的地方，应合理安排尺寸线的位置，但不宜与图线、文字及符号相交；可以考虑将轮廓线用作尺寸界线，但不能作为尺寸线。

（6）对于室内设计图中连续重复的构配件等，当不易标明定位尺寸时，可在总尺寸的控制下，不用数值而用“均分”或“EQ”字样表示定位尺寸，如图 8-6 所示。

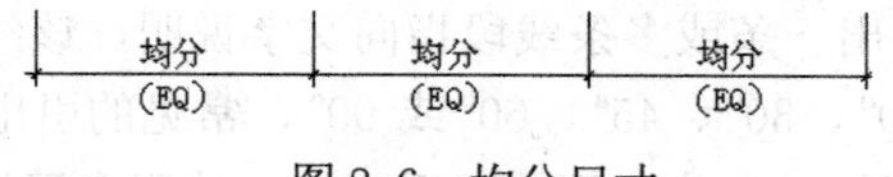


图 8-6　均分尺寸

4. 文字说明

对于一幅完整的图样中用图线方式表现得不充分和无法用图线表示的地方，需要进行文字说明，例如，设计说明、材料名称、构配件名称、构造做法、统计表及图名等。文字说明是图样内容的重要组成部分，制图规范对文字标注中的字体、字的大小、字体字号搭配等方面作了一些具体规定。

（1）一般原则：字体端正，排列整齐，清晰准确，美观大方，避免过于个性化的文字标注。

（2）字体：一般标注推荐采用仿宋字体，对于大标题、图册封面、地形图等中的汉字，也可采用其他字体，但应易于辨认。

（3）字的大小：标注的文字高度要适中。同一类型的文字采用同一大小的字。较大的字用于概括性的说明内容，较小的字用于细致的说明内容。文字的字高应从如下系列中选用：3.5mm、5mm、7mm、10mm、14mm、20mm。如需书写更大的字，其高度应按$\sqrt{2}$的比值递增。注意字体及大小搭配的层次感。

5. 常用图示标志

（1）详图索引符号及详图符号：建筑平面图、立面图、剖面图中，在需要另设详图表示的部位标注一个索引符号，以表明该详图的位置，这个索引符号即详图索引符号。详图索引符号采用细实线绘制，圆圈直径为 10mm。如图 8-7 所示，图 d～g 用于索引剖面详图，当详图就在本张图样上时，采用图 a 的形式，详图不在本张图样时，采用图 b～g 的形式。

详图符号即详图的编号，用粗实线绘制，圆圈直径为 14mm，如图 8-8 所示。

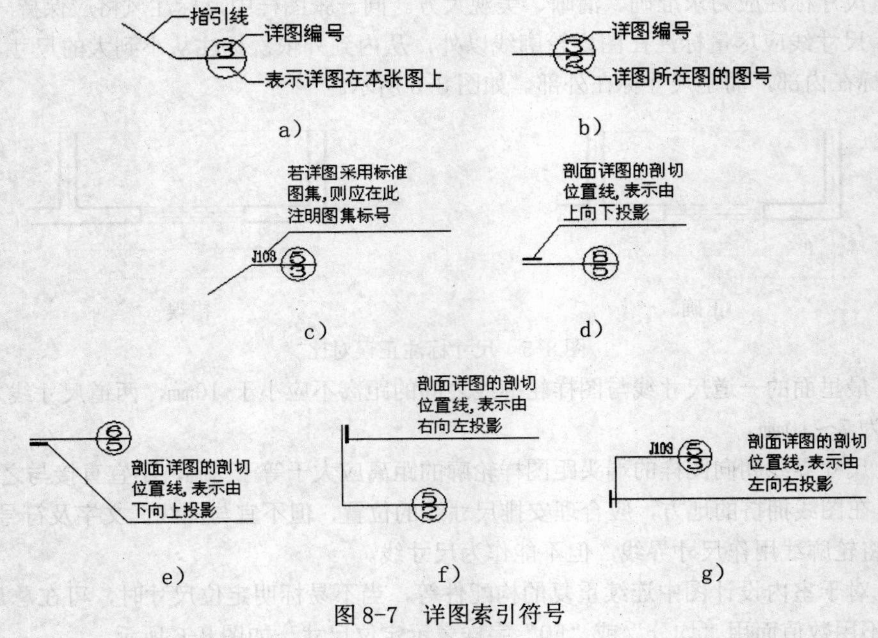


图 8-7　详图索引符号

（2）引出线：由图样引出一条或多条线段指向文字说明，该线段就是引出线。引出线与水平方向的夹角一般采用 0°、30°、45°、60°或 90°，常见的引出线形式如图 8-9 所示。图 a～d、i 为普通引出线，图 e～h 为多层构造引出线。使用多层构造引出线时，注意构造

分层的顺序应与文字说明的分层顺序一致。文字说明可以放在引出线的端头，如图 8-9a～h 所示，也可放在引出线水平段之上，如图 8-9i 所示。

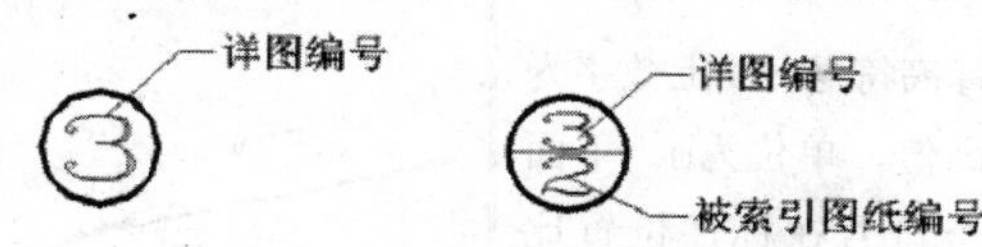


图 8-8　详图符号

（3）内视符号：标注在平面图中，用于表示室内立面图的位置及编号，建立平面图和室内立面图之间的联系。内视符号的形式如图 8-10 所示。图中立面图编号可用英文字母或阿拉伯数字表示，黑色的箭头指向表示的立面方向。图 a 为单向内视符号；图 b 为双向内视符号；图 c 为四向内视符号，其中，A、B、C、D 按顺时针标注。

其他符号图例统计见表 8-4 和表 8-5。

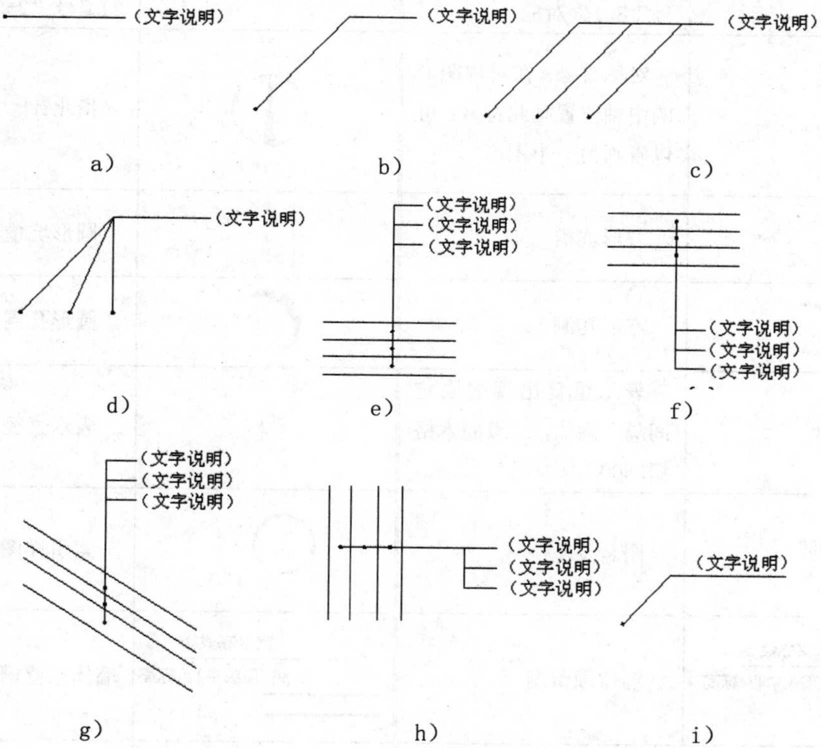

（文字说明）

a）　b）　c）　d）　e）　f）　g）　h）　i）

图 8-9　引出线形式

a）　b）　c）

图 8-10　内视符号

表 8-4　建筑常用符号图例

| 符号 | 说明 | 符号 | 说明 |
|---|---|---|---|
| 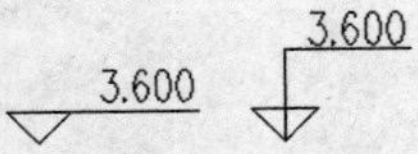 3.600　3.600 | 标高符号，线上数字为标高值，单位为m。下面一个符号在标注位置比较拥挤时采用 | 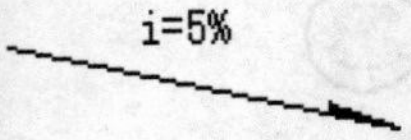 i=5% | 表示坡度 |
| 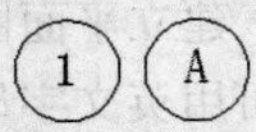 1　A | 轴线号 | 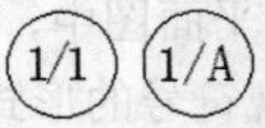 1/1　1/A | 附加轴线号 |
| 1　1 | 标注剖切位置的符号，标数字的方向为投影方向，“1”与剖面图的编号“8-1”对应 | 2　2 | 标注绘制断面图的位置，标数字的方向为投影方向，“2”与断面图的编号“2-2”对应 |
|   | 对称符号。在对称图形的中轴位置画此符号，可以省画另一半图形 |   | 指北针 |
|   | 方形坑槽 |   | 圆形坑槽 |
|   | 方形孔洞 |   | 圆形孔洞 |
| @ | 表示重复出现的固定间隔，例如，“双向木格栅@500” | $\phi$ | 表示直径，如 $\phi$30 |
| 平面图 1:100 | 图名及比例 | 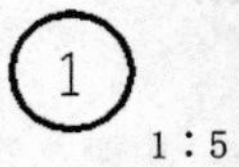 1　1：5 | 索引详图名及比例 |
| 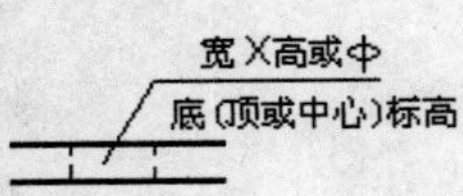 宽×高或Φ 底(顶或中心)标高 | 墙体预留洞 | 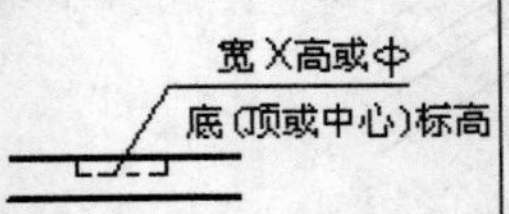 宽×高或Φ 底(顶或中心)标高 | 墙体预留槽 |
| 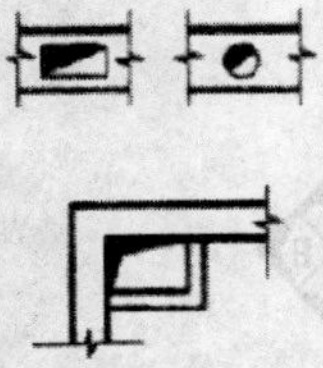  | 烟道 | 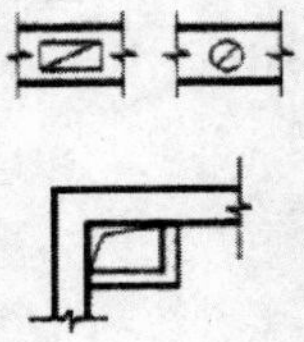  | 通风道 |

6. 常用材料符号

建筑图中经常应用材料图例来表示材料，在无法用图例表示的地方也采用文字说明。常

用的图例汇集见表 8-6。

表 8-5　总图常用图例

| 符号 | 说明 | 符号 | 说明 |
|---|---|---|---|
|  | 新建建筑物。粗线绘制<br>需要时，▲表示出入口位置，X表示层数。轮廓线以±0.00处外墙定位轴线或外墙皮线为准。需要时，地上建筑用中实线绘制，地下建筑用细虚线绘制 |  | 原有建筑。细线绘制 |
|  | 拟扩建的预留地或建筑物。中虚线绘制 |  | 新建地下建筑或构筑物。粗虚线绘制 |
|  | 拆除的建筑物。用细实线表示 |  | 建筑物下面的通道 |
|  | 广场铺地 |  | 台阶，箭头指向表示向上 |
|  | 烟囱。实线为下部直径，虚线为基础。必要时，可注写烟囱高度和上下口直径 |  | 实体性围墙 |
|  | 通透性围墙 |  | 挡土墙。被挡土在“突出”的一侧 |
|  | 填挖边坡。边坡较长时，可在一端或两端局部表示 |  | 护坡。边坡较长时，可在一端或两端局部表示 |
| X323.38<br>Y586.32 | 测量坐标 | A123.21<br>B789.32 | 建筑坐标 |
| 32.36(±0.00) | 室内标高 | 32.36 | 室外标高 |

7. 常用绘图比例

下面列出常用的绘图比例，读者可根据实际情况灵活使用。

1)总图：1∶500，1∶1000，1∶2000。

2)平面图：1∶50，1∶100，1∶150，1∶200，1∶300。

3)立面图：1∶50，1∶100，1∶150，1∶200，1∶300。

4)剖面图：1∶50，1∶100，1∶150，1∶200，1∶300。

5)局部放大图：1∶10，1∶20，1∶25，1∶30，1∶50。

6)配件及构造详图：1∶1，1∶2，1∶5，1∶10，1∶15，1∶20，1∶25，1∶30，1∶50。

表8-6 常用材料图例

| 材料图例 | 说明 | 材料图例 | 说明 |
| --- | --- | --- | --- |
|  | 自然土壤 |  | 夯实土壤 |
|  | 毛石砌体 |  | 普通转 |
|  | 石材 |  | 砂、灰土 |
|  | 空心砖 |  | 松散材料 |
|  | 混凝土 |  | 钢筋混凝土 |
|  | 多孔材料 |  | 金属 |
|  | 矿渣、炉渣 |  | 玻璃 |
|  | 纤维材料 |  | 防水材料，根据绘图比例大小选用其中一种 |
|  | 木材 |  | 液体，须注明液体名称 |

## 8.2.3 建筑制图的内容及编排顺序

1．建筑制图内容

建筑制图的内容包括总图、平面图、立面图、剖面图、构造详图和透视图、设计说明、图样封面、图样目录等方面。

2．图样编排顺序

图样编排顺序一般应为图样目录、总图、建筑图、结构图、给水排水图、暖通空调图、电气图等。对于建筑专业，一般顺序为目录、施工图设计说明、附表（装修做法表、门窗表等)、平面图、立面图、剖面图、详图等。

# 第 9 章　绘制建筑总平面图

建筑总平面图用来表达整个建筑基地的总体布局，表达新建建筑物及构筑物位置、朝向及周边环境关系。它是建筑设计中必不可少的要件。由于建筑总平面图设计涉及的专业知识较多，内容繁杂，因而常为初学者所忽视或回避。在本章中，重点介绍应用 AutoCAD 2015 制作建筑总平面图的一些常用操作方法。至于相关的设计知识，特别是场地设计的知识，读者可以参看有关书籍。

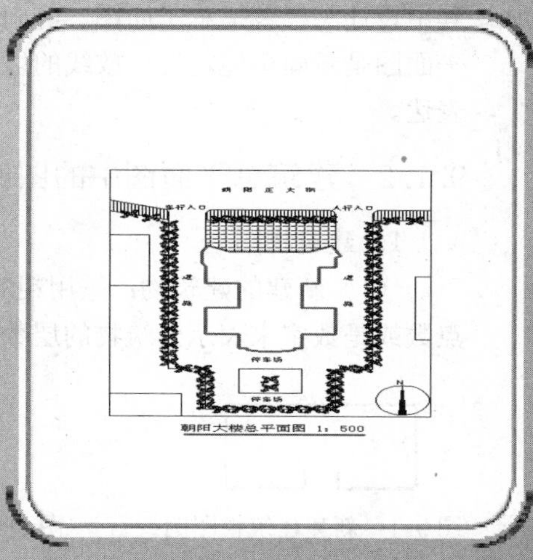


- 建筑总平面图绘制概述
- 绘制幼儿园总平面图
- 绘制广场总平面图

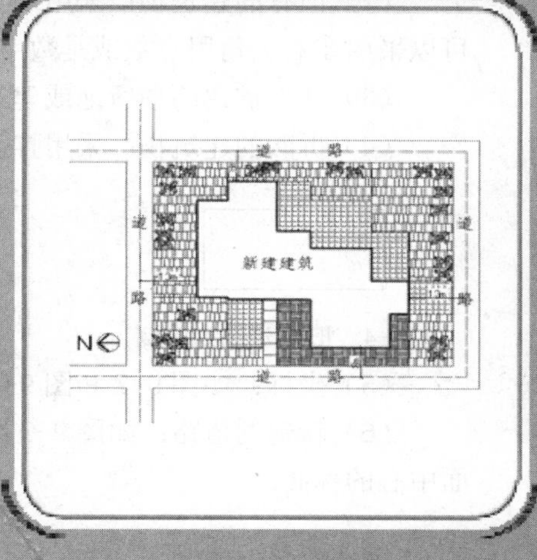

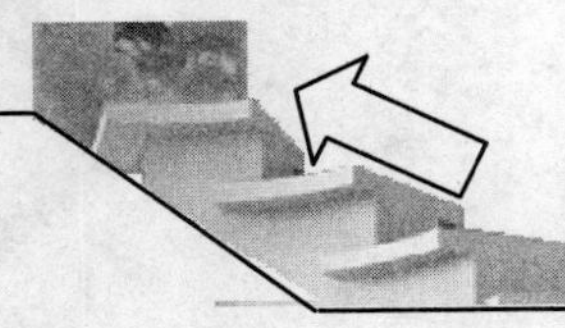



# 9.1 建筑总平面图绘制概述

## 9.1.1 建筑总平面图内容概括

建筑总平面专业设计成果包括设计说明书、设计图样以及根据合同规定的鸟瞰图、模型等。总平面图只是其中设计图样部分。在不同设计阶段，总平面图除了具备其基本功能外，表达设计意图的深度和倾向有所不同。

在方案设计阶段，总平面图体现新建建筑物的大小、形状及与周边道路、房屋、绿地、广场和红线之间的空间关系，同时传达室外空间设计效果。因此，方案图在具有必要的技术性的基础上，还强调艺术性的体现。就目前的情况来看，除了绘制 CAD 线条图，还需对线条图进行套色、渲染处理或制作鸟瞰图、模型等。

在初步设计阶段，进一步推敲总平面设计中涉及到各种因素和环节（如道路红线、建筑红线或用地界线、建筑控制高度、容积率、建筑密度、绿地率、停车位数以及总平面布局、周围环境、空间处理、交通组织、环境保护、文物保护、分期建设等），推敲方案的合理性、科学性和可实施性，进一步准确落实各种技术指标，深化竖向设计，为施工图设计作准备。

在施工图设计阶段，总平面专业设计成果包括图样目录、设计说明、设计图样、计算书。其中设计图样包括总平面图、竖向布置图、土方图、管道综合图、景观布置图及详图等。总平面图是新建房屋定位、放线的以及布置施工现场的依据。因此必需要详细、准确、清楚地表达。

## 9.1.2 建筑总平面图中的图例说明

1. 建筑物图列

（1）新建的建筑物：采用粗实线来表示，如图 9-1 所示。当有需要时可以在右上角用点数或是数字来表示建筑物的层数，如图 9-2 和图 9-3 所示。

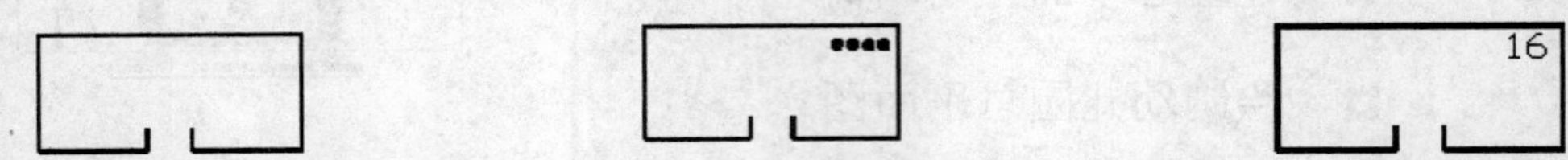



图 9-1 新建建筑物图例　　图 9-2 以点表示层数（4 层）　　图 9-3 以数字表示层数（16 层）

（2）旧有的建筑物：采用细实线来表示，如图 9-4 所示。同新建建筑物图例一样，也可以采用在右上角用点数或是数字来表示建筑物的层数。

（3）计划扩建的预留地或建筑物：采用虚线来表示，如图 9-5 所示。

（4）拆除的建筑物：采用打上叉号的细实线来表示，如图 9-6 所示。

图 9-4 旧有建筑物图例　　图 9-5 计划中的建筑物图例　　图 9-6 拆除的建筑物图例

（5）坐标：如图 9-7 和图 9-8 所示。注意两种不同坐标的表示方法。

（6）新建的道路：如图 9-9 所示。其中，“R8”表示道路的转弯半径为 8m，30.10 为路面中心的标高。

图 9-7　测量坐标图例

图 9-8　施工坐标图例

（7）旧有的道路：如图 9-10 所示。

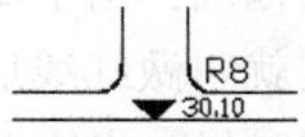


图 9-9　新建的道路图例

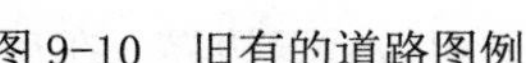

图 9-10　旧有的道路图例

（8）计划扩建的道路：如图 9-11 所示。

（9）拆除的道路：如图 9-12 所示。

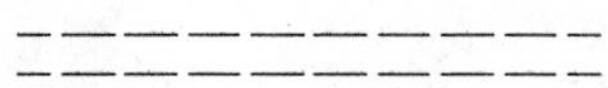

图 9-11　计划扩建的道路图例

图 9-12　拆除的道路图例

2．用地范围

建筑师手中得到的地形图（或基地图）中一般都标明了本建设项目的用地范围。实际上，并不是所有用地范围内都可以布置建筑物。在这里，关于场地界限的几个概念及其关系需要明确，也就是常说的红线及退红线问题。

（1）建设用地边界线：指业主获得土地使用权的土地边界线，也称为地产线、征地线，如图 9-13 所示的 ABCD 范围。用地边界线范围表明地产权所属，是法律上权利和义务关系界定的范围。但并不是所有用地面积都可以用来开发建设。如果其中包括城市道路或其他公共设施，则要保证它们的正常使用（图 9-13 中的用地界限内就包括了城市道路）。

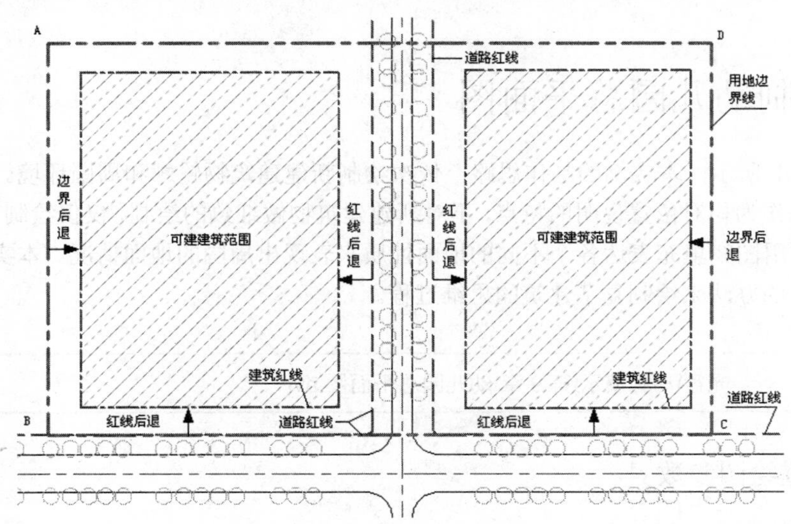


图 9-13　各用地控制线之间的关系

（2）道路红线：指规划的城市道路路幅的边界线。也就是说，两条平行的道路红线之间为城市道路（包括居住区级道路）用地。建筑物及其附属设施的地下、地表部分如基础、地下室、台阶等不允许突出道路红线。地上部分主体结构不允许突入道路红线，在满足当地城市规划部门的要求下，允许窗罩、遮阳、雨篷等构件突入，具体规定详见《民用建筑设计通则》(GB50359-2005)。

（3）建筑红线：指城市道路两侧控制沿街建筑物或构筑物（如外墙、台阶等）靠临街面的界线，又称建筑控制线。建筑控制线划定可建造建筑物的范围。由于城市规划要求，在用地界线内需要由道路红线后退一定距离确定建筑控制线，这就叫做红线后退。如果考虑到在相邻建筑之间按规定留出防火间距、消防通道和日照间距的时候，也需要由用地边界后退一定的距离，这叫做后退边界。在后退的范围内可以修建广场、停车场、绿化、道路等，但不可以修建建筑物。至于建筑突出物的相关规定，与道路红线相同。

在拿到基地图时，除了明确地物、地貌外，就是要搞清楚其中对用地范围的具体限定，为建筑设计作准备。

### 9.1.3 建筑总平面图绘制步骤

一般情况下，在 AutoCAD 中建筑总平面图绘制步骤是：

1．地形图的处理

包括地形图的插入、描绘、整理、应用等。

2．总平面布置

包括建筑物、道路、广场、停车场、绿地、场地出入口布置等内容。

3．各种文字及标注

包括文字、尺寸、标高、坐标、图表、图例等内容。

4．布图

包括插入图框、调整图面等。

## 9.2 绘制幼儿园总平面图

如图 9-14 所示，本实例的制作思路：依次绘制新建建筑物轮廓和周围环境。充分利用总平面图只是作为相对位置说明的特点，不对新建建筑物做细致的绘制，仅仅绘制其轮廓线。此外，充分利用图案填充表达各个不同的地面性质来表现出周围的地面情况。本实例主要体现了采用简单的办法来绘制复杂建筑的思维过程。

光盘\动画演示\第 9 章\幼儿园总平面图.avi

### 9.2.1 设置绘图参数

01 设置线型。

❶本实例需要加载点画线线型，选择菜单栏中的“格式”→“线型”命令，系统打开“线型管理器”对话框。单击右边的“加载”按钮打开“加载或重载线型”对话框，如图 9-15 所示。该对话框中显示出了当前的线型库文件“acadiso.lin”，以及该文件中定义的全部线

型。我们选择 ACAD_ISO04W100 作为绘制建筑轴线用的点画线，在“可用线型”列表中找到 ACAD_ISO04W100 线型，单击“确定”按钮即可加载该线型。

❷系统返回“线型管理器”对话框，选择刚刚加载的 ACAD_ISO04W100 线型，在下边的“详细信息”列表框中的“全局比例因子”文本框中输入 150，使得该线型的显示满足 1:1 比例绘图下显示的需要，如图 9-16 所示，单击“确定”按钮完成线型设置。

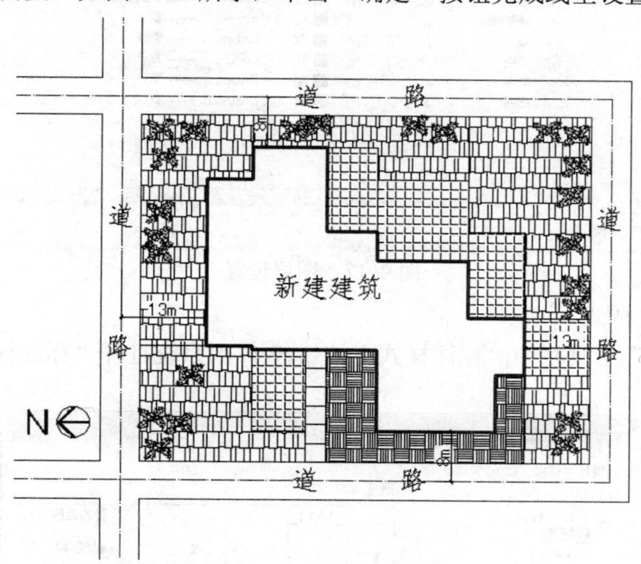


图 9-14　幼儿园总平面图

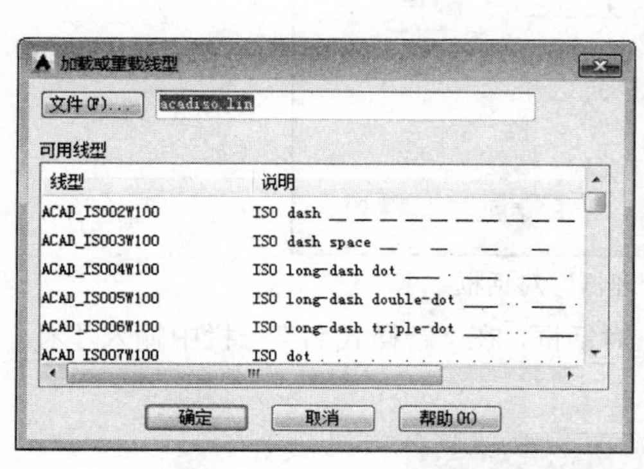


图 9-15　“加载或重载线型”对话框

图 9-16　“线型管理器”对话框

**02** 设置图层。

❶单击“图层”工具栏中的“图层特性管理器”按钮，即可打开“图层特性管理器”对话框。

❷在对话框中单击上边的新建图层命令图标，生成一个名叫“图层 1”的图层，修改图层名称为“辅助线”，图层颜色为红色。

❸新建图层“轴线”，指定颜色为红色。新建图层“粗线”和“细线”，指定颜色为红色，“粗线”的线宽为 0.3mm。新建图层“文字”“填充”“标注”，指定颜色为蓝色，其他设置采

用默认设置。这样就得到初步的图层设置，如图 9-17 所示。

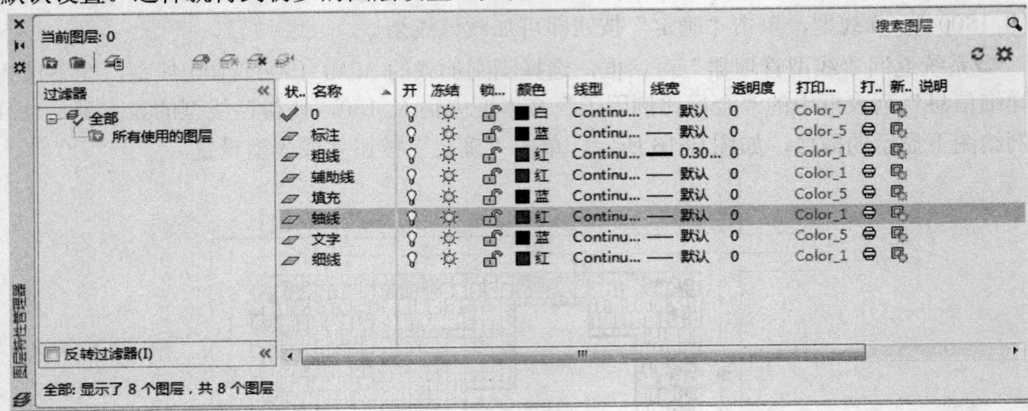

图 9-17　图层设置

**03** 设置标注样式。

❶单击“格式”工具栏中“标注样式”按钮，则系统打开“标注样式管理器”对话框，如图 9-18 所示。

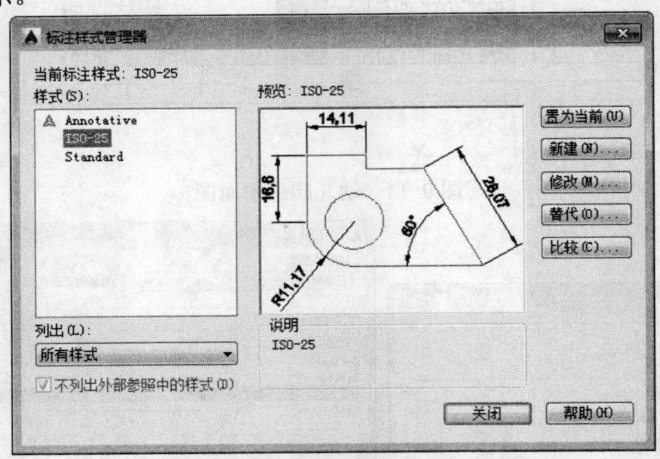

图 9-18　“标注样式管理器”对话框

❷选择“新建”按钮，则进入“新建标注样式”对话框，在“新样式名”一栏中输入“米单位标注”，如图 9-19 所示。

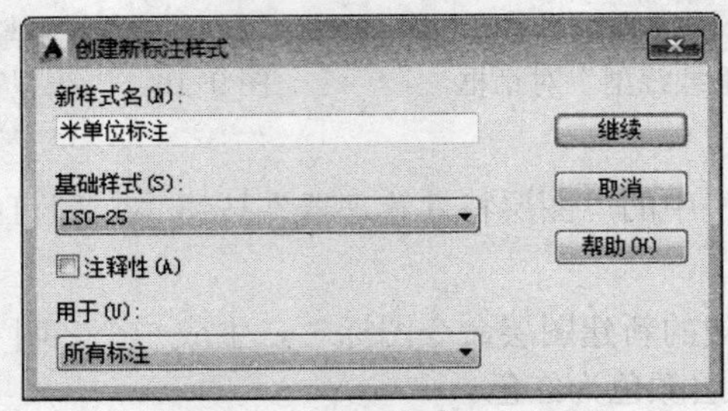

图 9-19　“新建标注样式”对话框

❸单击“确定”按钮，进入“新建标注样式：米单位标注”对话框，选择“线”选项卡，

设定“尺寸界限”列表框中的“超出尺寸线”为400，选择“符号和箭头”选项卡，单击“箭头”列表框中的“第一个”按钮右边的▼，在打开的下拉列表中选择“建筑标记”，单击“第二个”按钮右边的▼，在弹出的下拉列表中选择“建筑标记”，并设定“箭头大小”为1000，这样就完成了“符号和箭头”选项卡的设置，设置结果如图9-20所示。

图9-20 设置“符号和箭头”选项卡

❹选择“文字”选项卡，单击“文字样式”后边的…按钮，打开“文字样式”对话框，单击“新建”按钮，建立新的文字样式“米单位”，取消“使用大字体”前边的“√”号，然后在单击“字体名”下边的下拉按钮▼，从打开的下拉选单中选择“黑体”，设定“文字高度”为2000，如图9-21所示。最后单击“关闭”按钮关闭“文字样式”对话框。

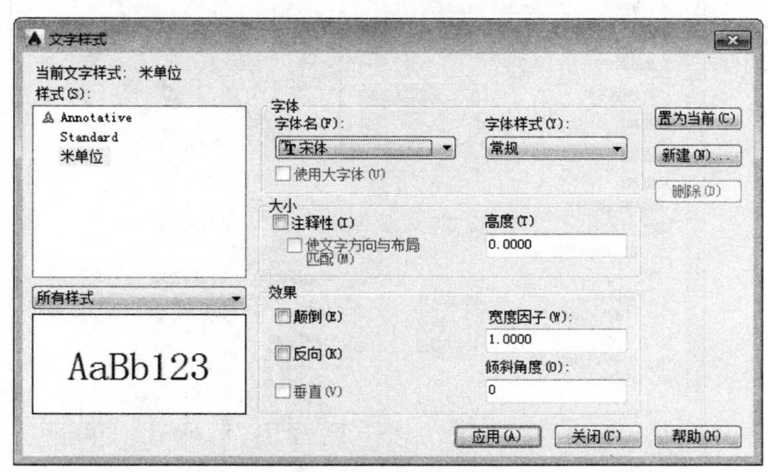


图9-21 “文字样式”对话框

❺在“文字外观”列表框中的“文字高度”右边的文本框中填入2000，在“文字位置”

列表框中的“从尺寸线偏移”右边的文本框中填入 200。这样就完成了“文字”选项卡的设置，结果如图 9-22 所示。

❻选择“主单位”选项卡，在“线性标注”列表框中的“后缀”右边的文本框中填入“m”，表明以米为单位进行标注，在“测量单位比例”列表框中的“比例因子”右边的文本框中填入 0.001。这样就完成了“主单位”选项卡的设置，结果如图 9-23 所示。单击“确定”按钮返回“标注样式管理器”对话框，选择“米单位标注”样式，单击右边的“置为当前”

最后单击“关闭”按钮返回绘图区。这样就完成了标注样式的设置。

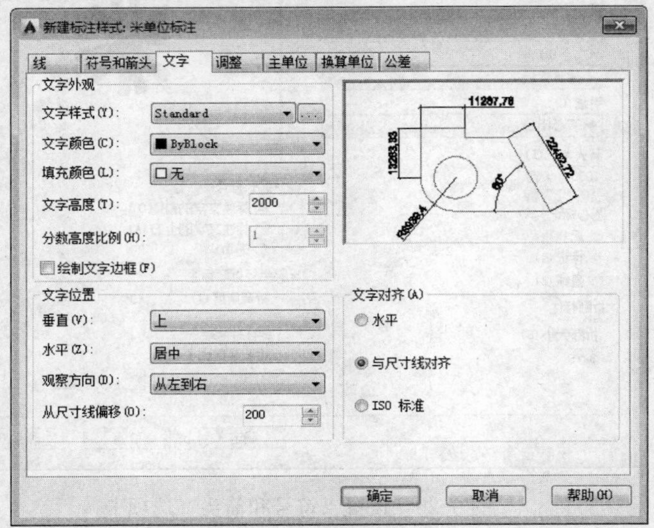


图 9-22 设置“文字”选项卡

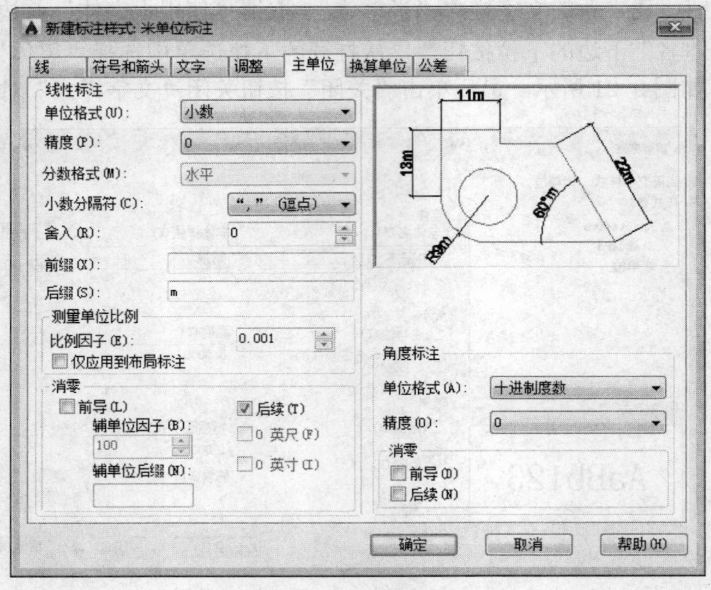


图 9-23 设置“主单位”选项卡

## 9.2.2 绘制总平面图

**01** 绘制辅助线网。

❶单击“图层”工具栏中的“图层特性管理器”按钮，系统打开“图层特性管理器”对话框。在对话框中双击图层“轴线”，使得当前图层是“轴线”。单击“确定”按钮退出“图层特性管理器”对话框。

❷单击“绘图”工具栏中的“构造线”按钮，在“正交”模式下绘制一根竖直构造线和水平构造线，组成“十”字辅助线网，如图 9-24 所示。

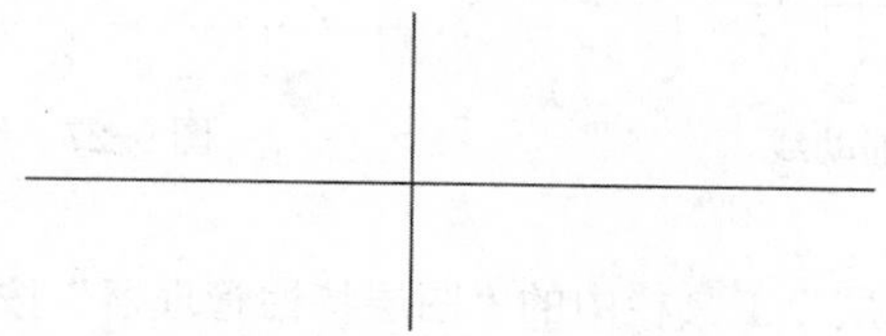

图 9-24 “十”字构造线

❸单击“修改”工具栏中的“偏移”按钮，让竖直构造线往右边连续偏移 13000、6900、11400、7800、13800、4200、4500、13000。重复“偏移”命令，让水平构造线连续往下偏移 8000、5100、8400、4500、9000、4500、600、3900、9000、8000，得到主要轴线网，如图 9-25 所示。

❹选择最外边一圈的辅助线，单击鼠标右键，在打开的快捷菜单中选择“特性”选项，在弹出的特性选项板中选择“线型”，把所选对象的线型改为 ACAD_ISO04W100，并将线型比例修改为 3，就能得到主要的轴线，如图 9-26 所示。

**02** 绘制新建建筑物。

❶单击“图层”工具栏中的“图层特性管理器”按钮，系统打开“图层特性管理器”对话框。在对话框中双击图层“粗线”，使得当前图层是“粗线”。单击“确定”按钮退出“图层特性管理器”对话框。

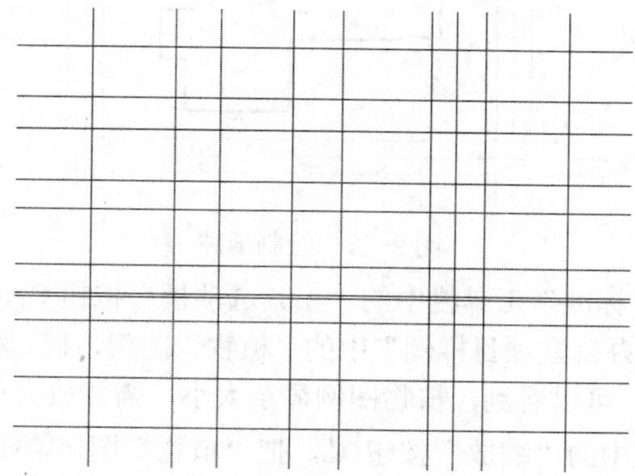

图 9-25 主要辅助线

❷单击“绘图”工具栏中的“直线”按钮，根据轴线网绘制出新建建筑的主要轮廓，结果如图 9-27 所示。

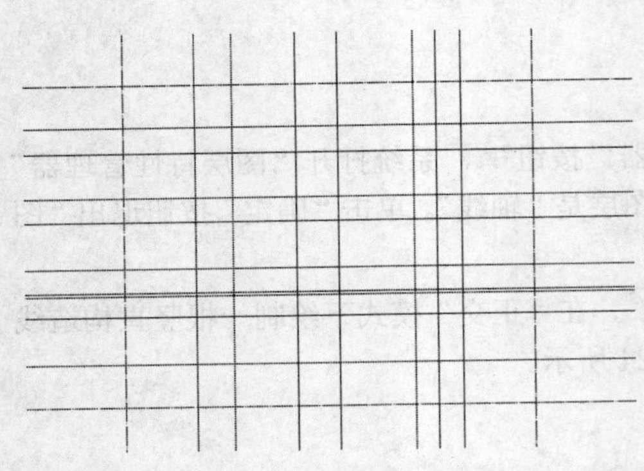

图 9-26　轴线和辅助线

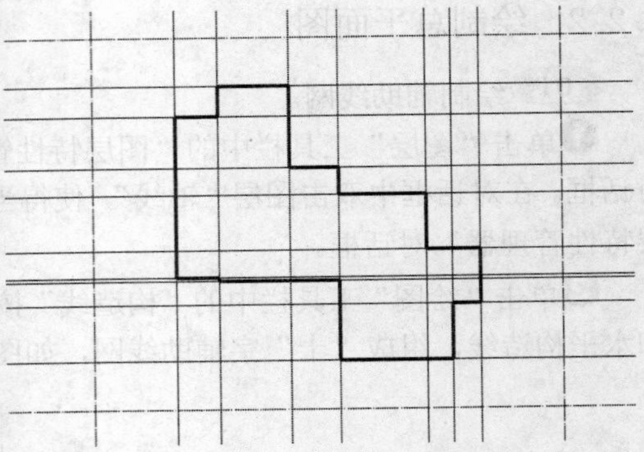

图 9-27　绘制建筑主要轮廓

**03** 绘制辅助设施。

❶绘制道路。单击“图层”工具栏中的“图层特性管理器”按钮，系统打开“图层特性管理器”对话框。在对话框中双击图层“细线”，使得当前图层是“细线”。单击“确定”按钮退出“图层特性管理器”对话框。

单击“修改”工具栏中的“偏移”按钮，让外围四条轴线都往两边偏移 3000，得到道路的初步图。单击“修改”工具栏中的“修剪”按钮，修剪掉道路多于的线条，使得道路整体连贯。

选择所有的道路，单击鼠标右键，在打开的快捷菜单中选择“特性”选项，在打开的特性选项板中选择“图层”，把所选对象的图层改为“细线”，把“线型”改为“默认”，就能得到主要的道路，绘制结果如图 9-28 所示。

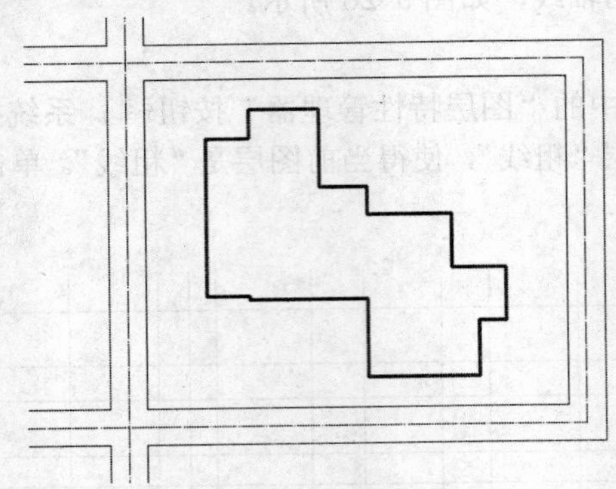

图 9-28　绘制道路

❷布置绿化。单击“标准”工具栏中的“工具选项板”按钮，系统打开如图 9-29 所示的工具选项板，选择“办公室项目样例”中的“植物”图例，把“植物”图例放在一个空白处，如图 9-30 所示，可以看到，植物图例显示太小，需要放大一些。

单击“修改”工具栏中的“缩放”按钮，把“植物”图例的大小放大 4 倍，图例放大前后的显示结果如图 9-30 所示。

单击“修改”工具栏中的“复制”按钮，把“植物”图例复制到各个位置。完成植物的绘制和布置，结果如图 9-31 所示。

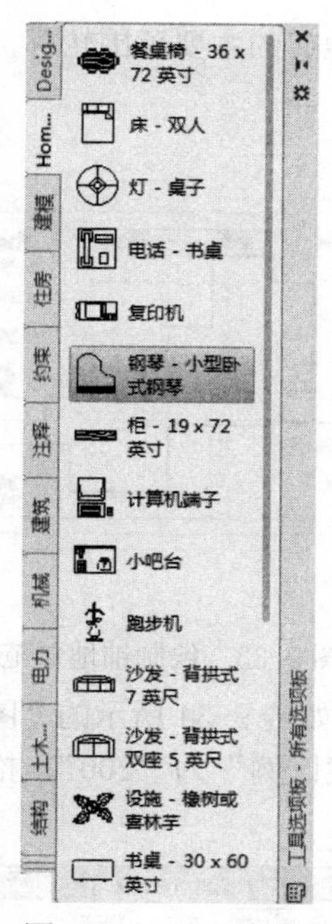


图 9-29　工具选项版

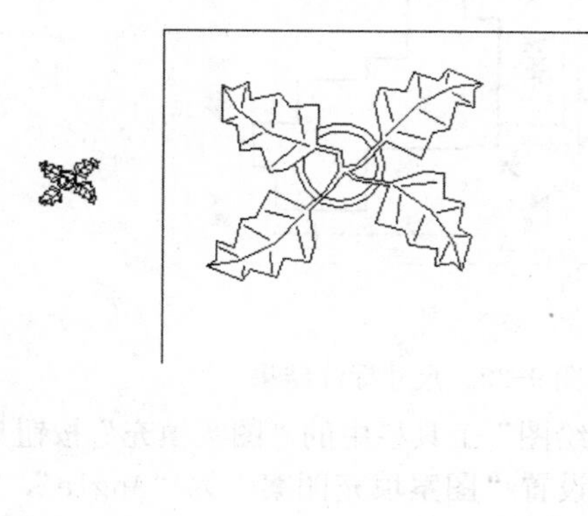

图 9-30　放大前后的植物图例

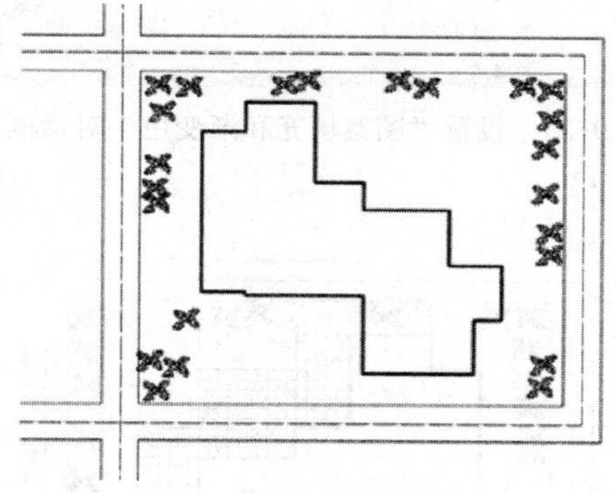

图 9-31　布置绿化植物结果

## 9.2.3　标注和文字

**01** 尺寸标注。

❶单击“图层”工具栏中的“图层特性管理器”按钮，系统打开“图层特性管理器”对话框。在对话框中双击图层“标注”，使得当前图层是“标注”。单击“确定”按钮退出“图层特性管理器”对话框。

❷单击“标注”工具栏中的“对齐”按钮，进行尺寸标柱，在总平面图中，只要标注新建建筑到道路中心线的相对距离即可，标注结果如图 9-32 所示。

**02** 图案填充。

❶单击“图层”工具栏中的“图层特性管理器”按钮，系统打开“图层特性管理器”对话框。在对话框中双击图层“填充”，使得当前图层是“填充”，单击“确定”按钮退出“图层特性管理器”对话框。

❷单击“绘图”工具栏中的“直线”按钮，绘制出铺地砖的主要范围轮廓，绘制结果如图 9-33 所示。

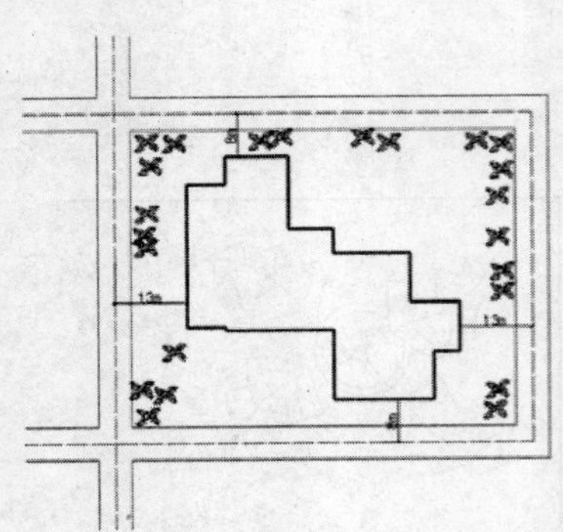

图 9-32　尺寸标注结果

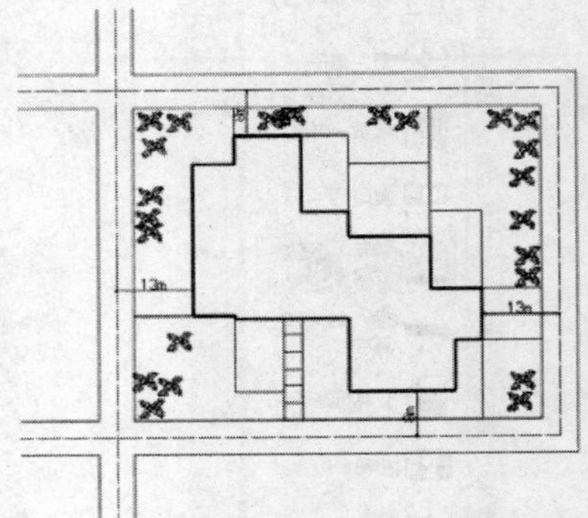

图 9-33　绘制铺地砖范围

❸单击“绘图”工具栏中的“图案填充”按钮，打开 如若 9-34 所示的“图案填充创建”选项卡，设置“图案填充图案”为“Angle”，“填充图案比例”为“200”，拾取填充区域内一点，填充结果如图 9-35 所示。

图 9-34　设置“图案填充和渐变色”对话框

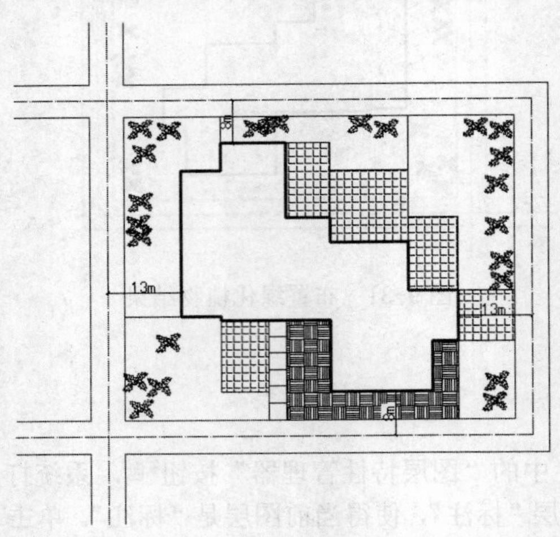

图 9-35　图案填充操作结果

❹单击“绘图”工具栏中的“图案填充”按钮，打开“图案填充创建”选项卡，设置“图案填充图案”为“AR-PARQ1”，“填充图案比例”为 8，拾取填充区域内一点，填充结果如图 9-36 所示。

❺单击“绘图”工具栏中的“图案填充”按钮，打开“图案填充创建”选项卡，设置“图案填充图案”为“AR-RSHKE”，“填充图案比例”为 8，拾取填充区域内一点。

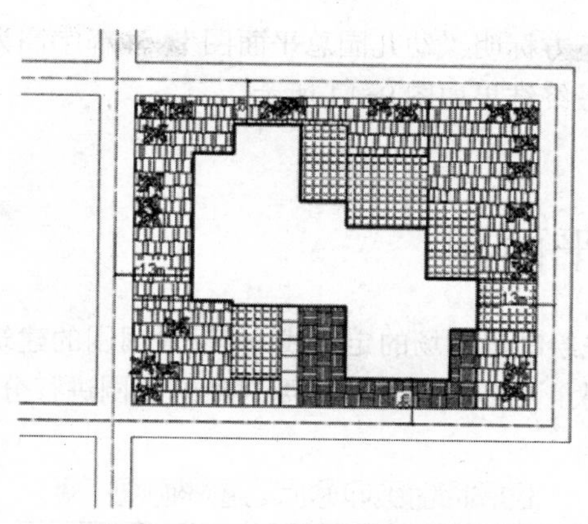

图 9-36　草地图案填充操作结果

**03** 绘制指北针。

❶单击“图层”工具栏中的“图层特性管理器”按钮，系统打开“图层特性管理器”对话框。在对话框中双击图层“文字”，使得当前图层是“文字”，单击“确定”按钮退出“图层特性管理器”对话框。单击“绘图”工具栏中的“圆”按钮，绘制一个半径 2500 的圆。

❷单击“绘图”工具栏中的“直线”按钮，捕捉圆的象限点绘制箭头形状，绘制结果如图 9-37 所示。

❸单击“修改”工具栏中的“偏移”按钮，把箭头两翼往里边偏移 300。重复“偏移”命令，把箭杆往两边各偏移 150，结果如图 9-38 所示。

❹单击“修改”工具栏中的“修剪”按钮，修剪掉多余的线条，得到箭头，结果如图 9-39 所示。

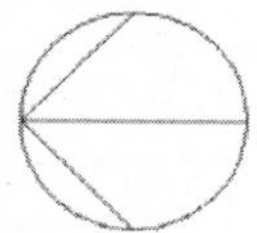

图 9-37　绘制圆和直线

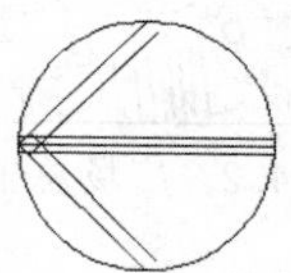

图 9-38　偏移操作结果

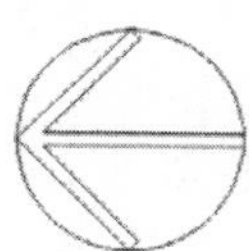

图 9-39　修剪操作结果

❺单击“绘图”工具栏中的“直线”按钮，绘制字母“N”的形状。单击“修改”工具栏中的“偏移”按钮，把字母“N”的两边竖线往两边各偏移 150，中间的斜线往下偏移 150 距离，结果如图 9-40 所示。

❻单击“修改”工具栏中的“修剪”按钮，修剪掉多余的线条，得到字母“N”，结果如图 9-41 所示。

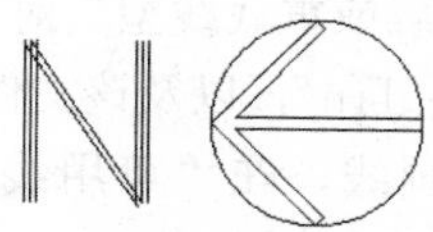

图 9-40　绘制“N”过程

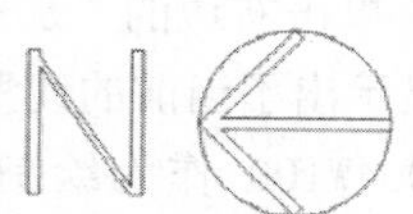

图 9-41　绘制“N”结果

❼单击“绘图”工具栏中的“图案填充”按钮，把箭头填充为 solid。

**04** 文字说明。单击“绘图”工具栏中的“多行文字”按钮**A**，在道路中央标出“道路”，在新建主要建筑中心标出“新建建筑”，注释字高为 3000，字体为仿宋。重复“多行文字”命令，在整个图形的正下方标明“幼儿园总平面图”，注释字高为 5000，字体为仿宋，则总平面图绘制好了，绘制最终结果如图 9-14 所示。

## 9.3 绘制广场总平面图

本实例的制作思路：首先绘制出广场的定位线，然后对周围的建筑和广场主体进行细化。由于涉及到的绘图范围比较大，在绘制过程中主要对绘制范围进行分割，分成小块就比较容易绘制，如图 9-42 所示。

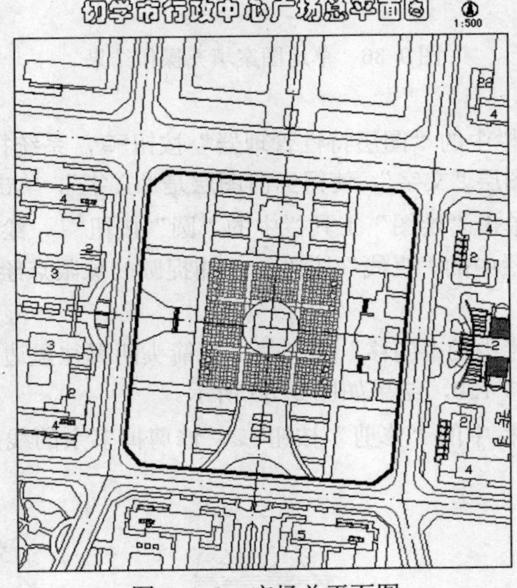


图 9-4,2 广场总平面图

光盘路径

光盘\动画演示\第 9 章\广场总平面图.avi

### 9.3.1 设置绘图参数

**01** 设置线型。

❶本实例需要加载点画线线型，选择菜单栏中的“格式”→“线型”命令，系统打开“线型管理器”对话框，单击右边的“加载”按钮打开“加载或重载线型”对话框，如图 9-43 所示。该对话框中显示出了当前的线型库文件“acadiso.lin”，以及该文件中定义的全部线型。选择 ACAD_ISO04W100 作为绘制建筑轴线用的点画线，在“可用线型”列表中找到 ACAD_ISO04W100 线型，单击“确定”按钮即可加载该线型。

❷系统返回“线型管理器”对话框，选择刚刚加载的 ACAD_ISO04W100 线型，在下边的“详细信息”列表框中的“全局比例因子”文本框中输入 1500，使得该线型显示满足 1：1 比例绘图下显示的需要，如图 9-44 所示，单击“确定”按钮完成线型设置。

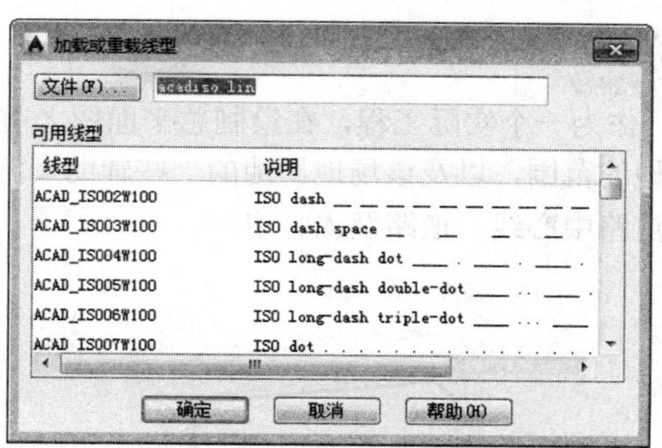

图 9-43 “加载或重载线型”对话框

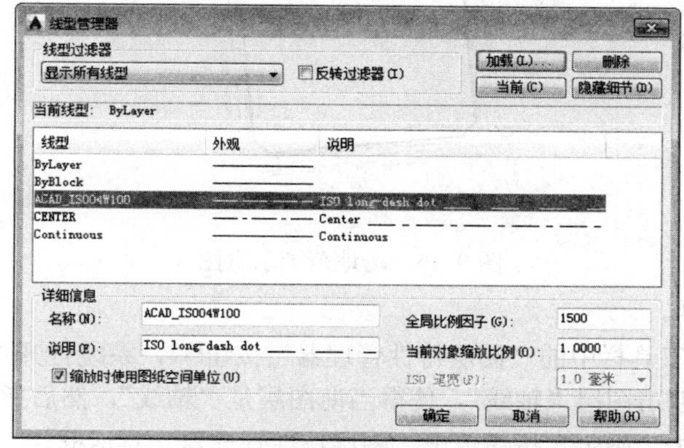

图 9-44 “线型管理器”对话框

**02** 设置图层。

❶单击“图层”工具栏中的“图层特性管理器”按钮，即可打开“图层特性管理器”对话框。

❷在“图层特性管理器”对话框中单击上边的新建图层命令图标，修改图层名称为“轴线”，指定线型为 ACAD_ISO04W100。继续新建图层“建筑”，指定颜色为红色；新建图层“道路”，指定颜色为蓝色；新建图层“填充”，指定颜色代号为 8（灰色）；新建图层“人行道”，指定颜色为洋红色；新建图层“层数”，指定颜色为白色；新建图层“其他”，指定颜色为蓝色；其他设置采用默认设置。这样就得到初步的图层设置，如图 9-45 所示。

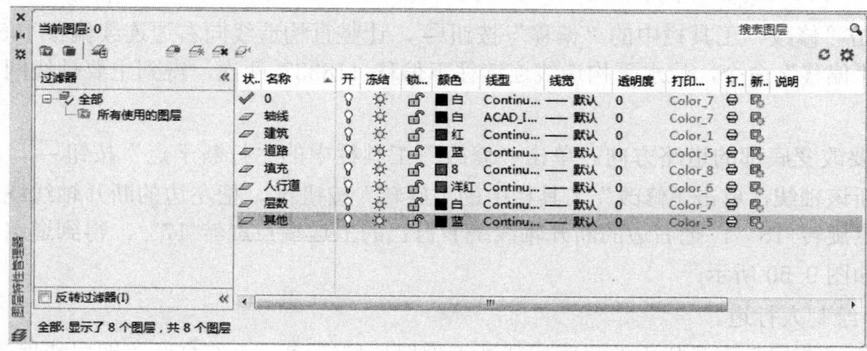

图 9-45 图层设置

## 9.3.2 绘制广场场地范围

**01** 整理场地资料。作为一个实际工程，在绘制总平面图之前应该有设计规划。在地块规划中会明确指出这块地的范围，以及该场地周围的一些辅助设施，如图 9-46 所示。其中，绘制出了地块周围的道路中心线、道路及人行道等。

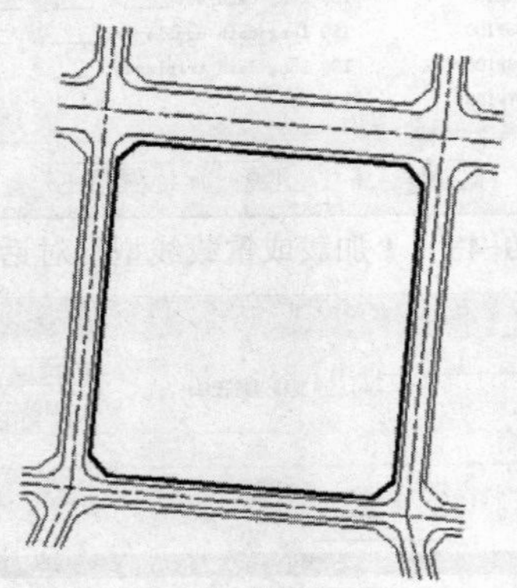

图 9-46 场地范围示意图

**02** 绘制轴线网。

❶单击“图层”工具栏中的“图层特性管理器”按钮，系统打开“图层特性管理器”对话框。在对话框中双击图层“轴线”，使得当前图层是“轴线”，然后指定该图层的线型是 ACAD_ISO04W100，单击“确定”按钮退出“图层特性管理器”对话框。

❷单击“绘图”工具栏中的“构造线”按钮，在正交模式下绘制一根竖直构造线和水平构造线，组成“十”字轴线网，如图 9-47 所示。

❸单击“修改”工具栏中的“旋转”按钮，把“十”字轴线绕着自己的交点旋转-6°，结果如图 9-48 所示。

图 9-47 “十”字轴线　　　图 9-48 转旋操作结果

❹单击“修改”工具栏中的“偏移”按钮，让竖直构造线向右边连续偏移 105000 两次。重复“偏移”命令，让水平构造线连续往下偏移 118337 两次，得到主要轴线网，如图 9-49 所示。

❺需要改变底部的道路方向。单击“修改”工具栏中的“打断于点”按钮，在转弯处交点打断该轴线，单击“修改”工具栏中的“旋转”按钮，把左边的断开轴线绕着自己的上边端点旋转-18°，把右边的断开轴线绕着自己的上边端点旋转 17°，得到道路的中心轴线网，如图 9-50 所示。

**03** 绘制人行道。

❶单击“图层”工具栏中的“图层特性管理器”按钮，系统打开“图层特性管理器”对话框。在对话框中双击图层“人行道”，使得当前图层是“人行道”，单击“确定”按钮退

出“图层特性管理器”对话框。

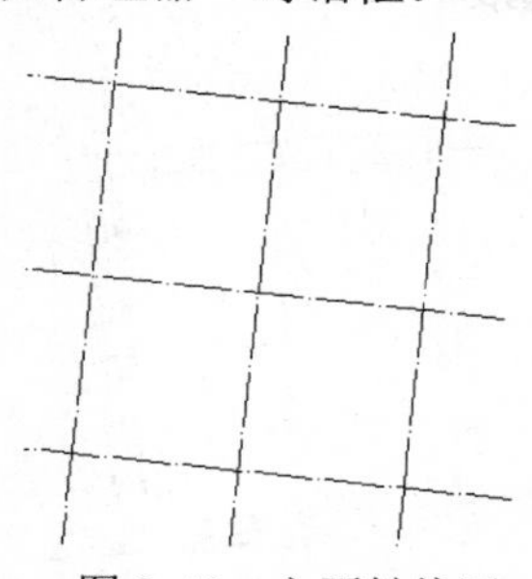

图 9-49 主要轴线网

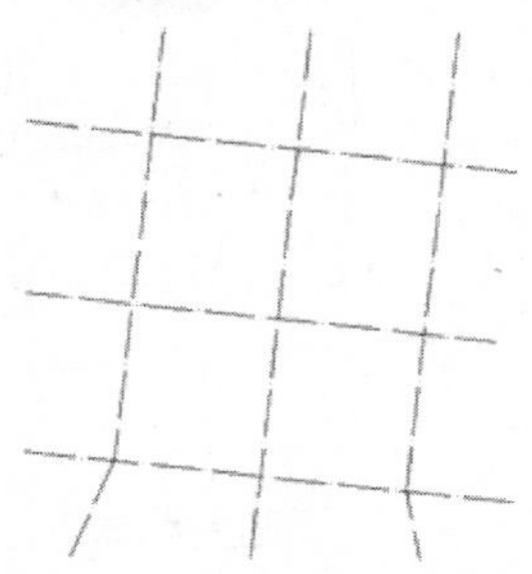

图 9-50 绘制道路轴线网

❷单击“修改”工具栏中的“偏移”按钮，把上边的横道路中心线往两边偏移 20000，其他道路中心线往两边偏移 10000，结果如图 9-51 所示。

❸单击“修改”工具栏中的“修剪”按钮，按下回车键选择自动修剪模式，然后把各个道路交叉点修剪，使得道路连贯，结果如图 9-52 所示。

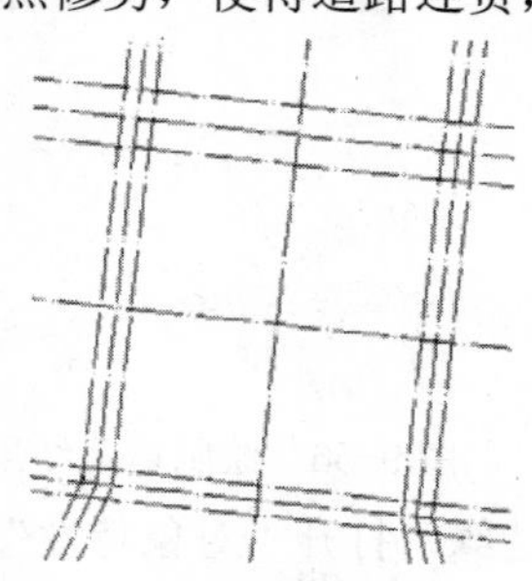

图 9-51 偏移操作结果

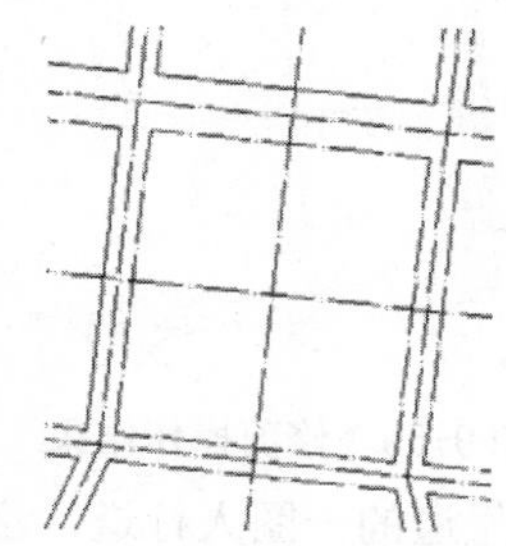

图 9-52 修剪操作结果

❹对人行道进行倒角操作：单击“修改”工具栏中的“倒角”按钮，则系统提示“命令: _chamfer （“修剪”模式）当前倒角距离 1 = 0.0000，距离 2 = 0.0000 选择第一条直线或 [多段线(P)/距离(D)/角度(A)/修剪(T)/方式(M)/多个(U)]:”；输入“D”选择输入倒角距离，系统提示“指定第一个倒角距离<0.0000>:”；输入 12000 作为第一个倒角距离，系统提示“指定第二个倒角距离<12000.0000>:”；直接按下回车键指定第二个倒角距离为 12000，然后给各个路角进行倒角，得到人行道的绘制结果。然后选择全部的人行道，把这些对象所在的图层从“轴线”改到“人行道”，结果如图 9-53 所示。

**04** 绘制道路。

❶单击“图层”工具栏中的“图层特性管理器”按钮，系统打开“图层特性管理器”对话框。在对话框中双击图层“道路”，使得当前图层是“道路”。单击“确定”按钮退出“图层特性管理器”对话框。

❷单击“修改”工具栏中的“偏移”按钮，把上边的横道路中心线往两边偏移 15000，其他道路中心线往两边偏移 6500，结果如图 9-54 所示。

❸单击“修改”工具栏中的“修剪”按钮，按回车键选择自动修剪模式，然后把各个道路交叉点修剪，使得道路连贯，结果如图 9-55 所示。

❹单击“修改”工具栏中的“圆角”按钮，指定圆角半径为 12000，给各个路角进行圆角，得到道路的绘制结果。选择全部的道路，把这些对象所在的图层从“轴线”改到“道

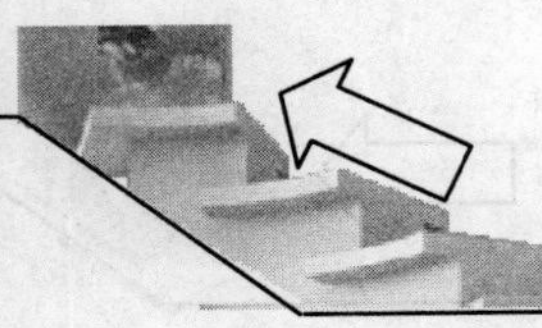



路”，结果如图 9-56 所示。

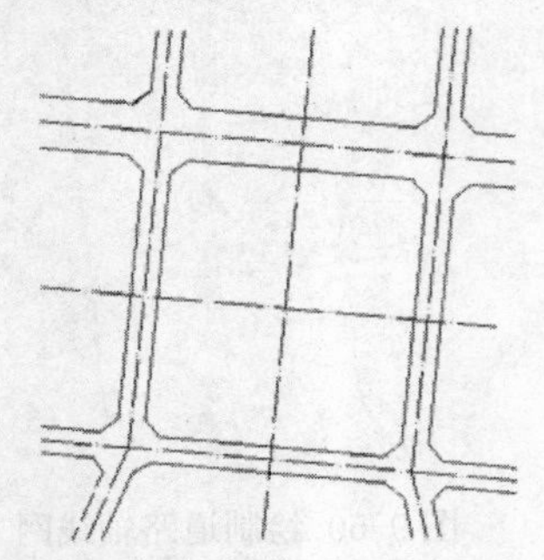

图 9-53　绘制人行道结果

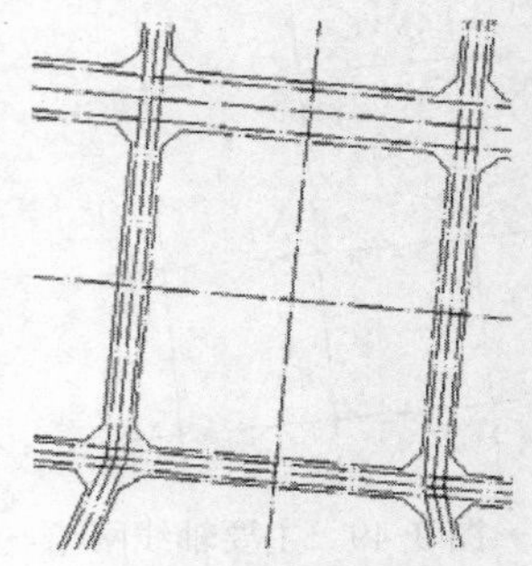

图 9-54　偏移操作结果

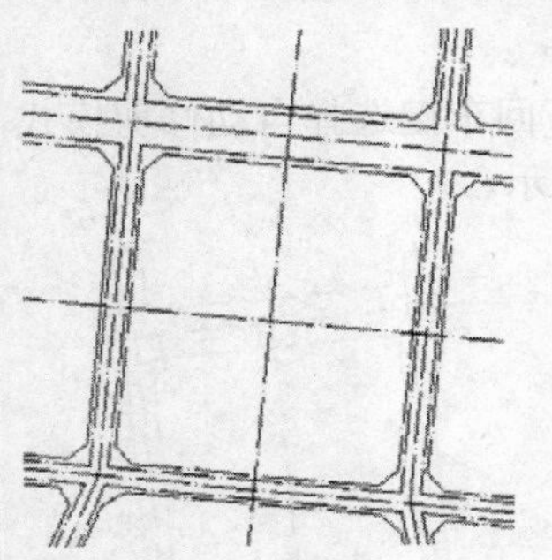

图 9-55　修剪操作结果

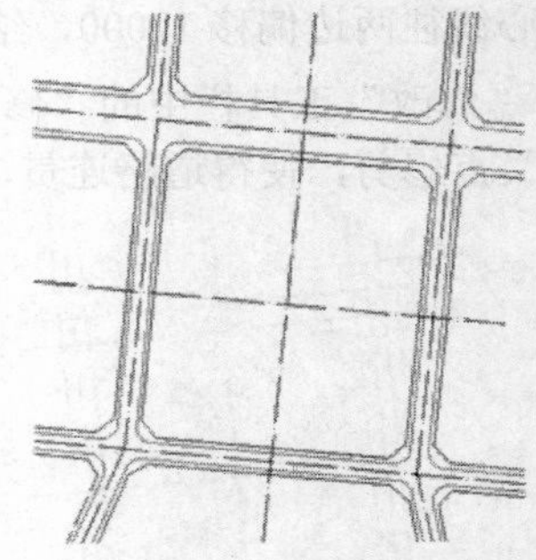

图 9-56　绘制道路结果

❺选中最里边的一圈人行道，这也就是该场地的外边缘，打开“对象特性”工具栏，按照图 9-57 更改其线宽为 0.3mm。如果“线宽”模式没有打开，按下屏幕最下边的“线宽”按钮打开显示线宽模式。

❻单击“绘图”工具栏中的“矩形”按钮▭，绘制一个矩形限制绘图范围，绘制结果如图 9-58 所示。

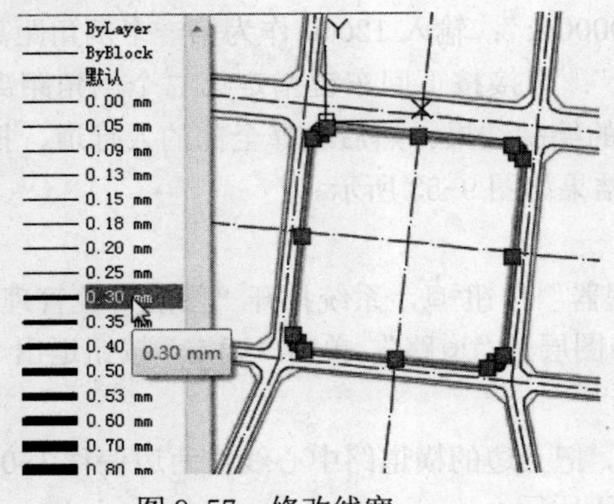


图 9-57　修改线宽

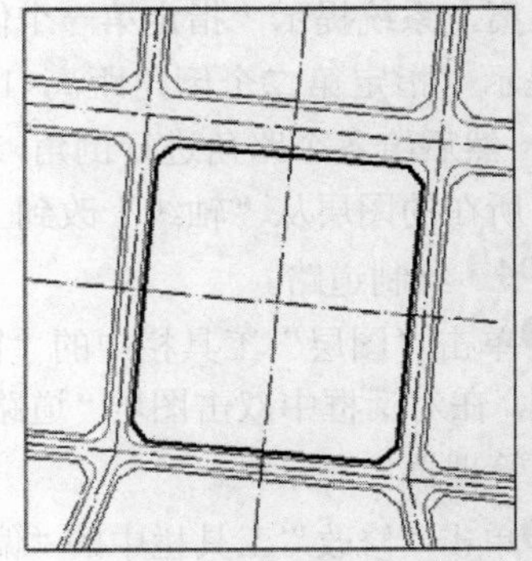

图 9-58　场地范围绘制结果

## 9.3.3　细化广场总平面图

01 细化广场周围。

❶单击“图层”工具栏中的“图层特性管理器”按钮，系统打开“图层特性管理器”对话框。在“图层特性管理器”对话框中双击图层“其他”，使得当前图层是“其他”，单击

“确定”按钮退出“图层特性管理器”对话框。

❷单击“绘图”工具栏中的“直线”按钮，根据周围的具体情况细化总平面图。总平面图上部分绘制结果如图 9-59 所示，其中很小一部分需要使用“圆弧”命令。

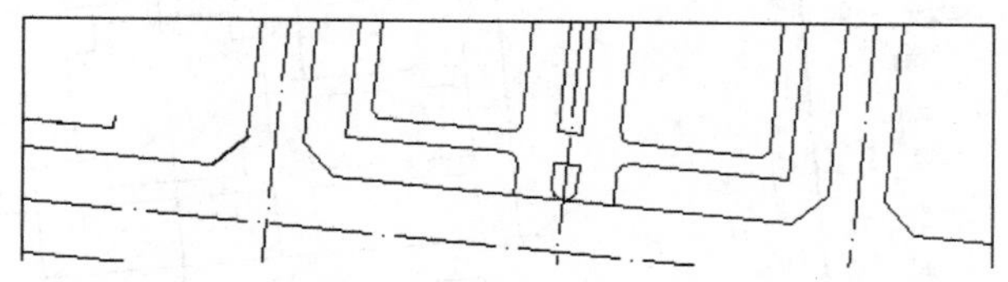

图 9-59　细化图形上部

❸单击“绘图”工具栏中的“直线”按钮，根据具体情况细化总平面图，总平面图左部分绘制结果如图 9-60 所示，右部分绘制结果如图 9-61 所示。

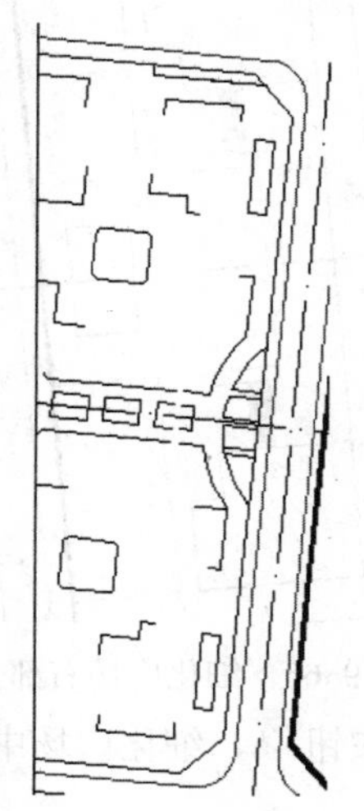

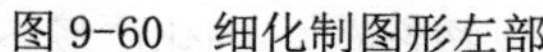

图 9-60　细化制图形左部

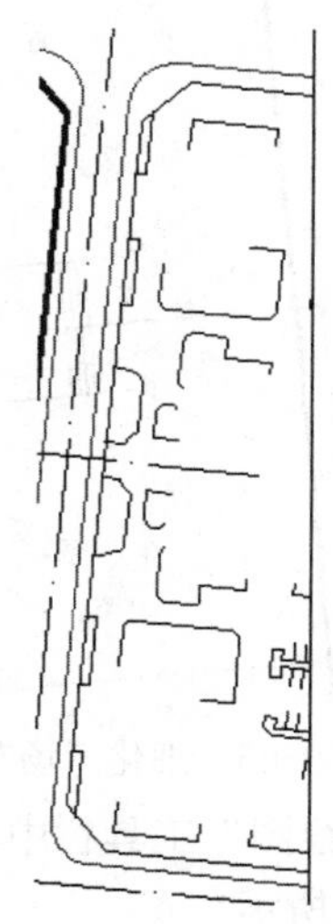

图 9-61　细化图形右部

❹单击“绘图”工具栏中的“直线”按钮，根据具体情况细化总平面图。总平面图下部分绘制结果如图 9-62 所示，其中很小一部分需要使用“圆弧”命令。

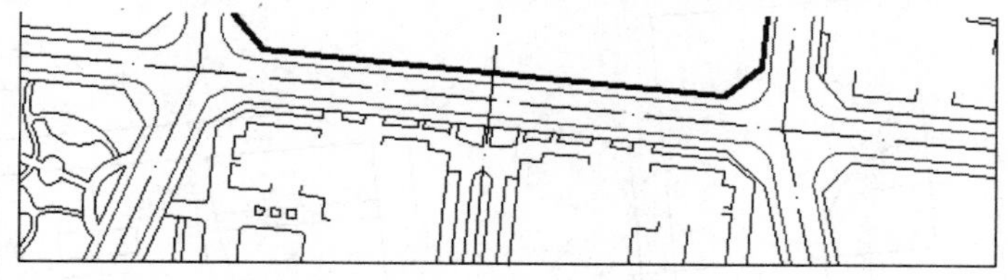

图 9-62　细化图形下部

**02** 细化广场。

❶单击“绘图”工具栏中的“直线”按钮，绘制广场的主要通道，广场通道宽为 6000，绘制结果如图 9-63 所示。

❷单击“绘图”工具栏中的“直线”按钮，细化广场上部分，绘制结果如图 9-64 所示。

❸单击“绘图”工具栏中的“直线”按钮，细化广场，广场左部分绘制结果如图 9-65

所示，广场右部分绘制结果如图 9-66 所示。

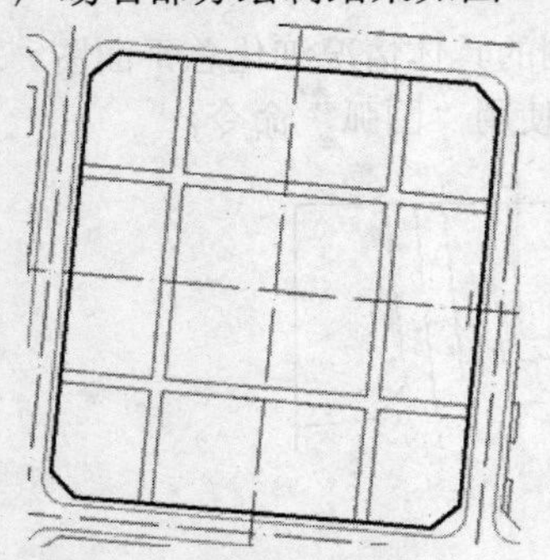
图 9-63　绘制广场通道

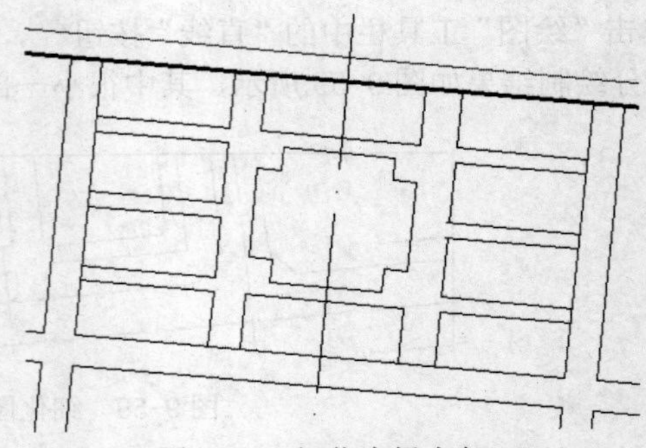
图 9-64　细化广场上部

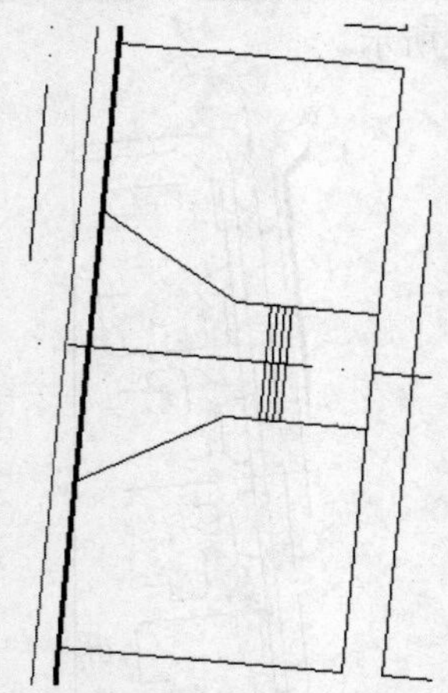
图 9-65　细化广场左部分

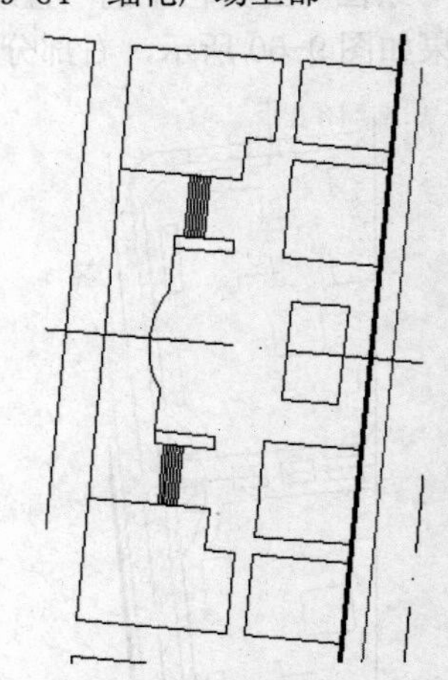
图 9-66　细化广场右部分

❹单击“绘图”工具栏中的“直线”按钮和“圆”按钮，细化广场中部分，绘制结果如图 9-67 所示。

❺单击“绘图”工具栏中的“直线”按钮和“圆弧”按钮，细化广场下部分，绘制结果如图 9-68 所示。

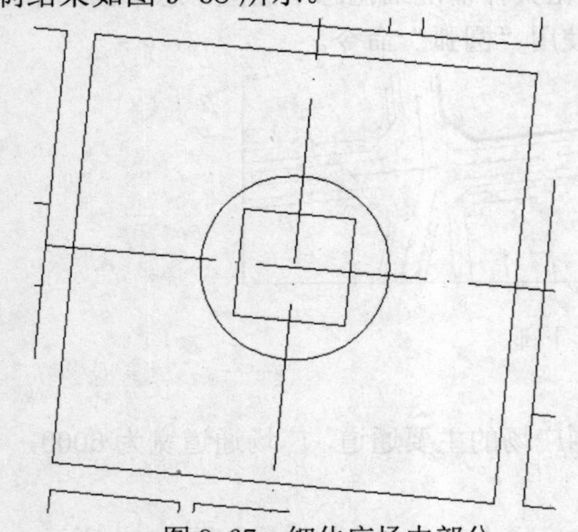
图 9-67　细化广场中部分

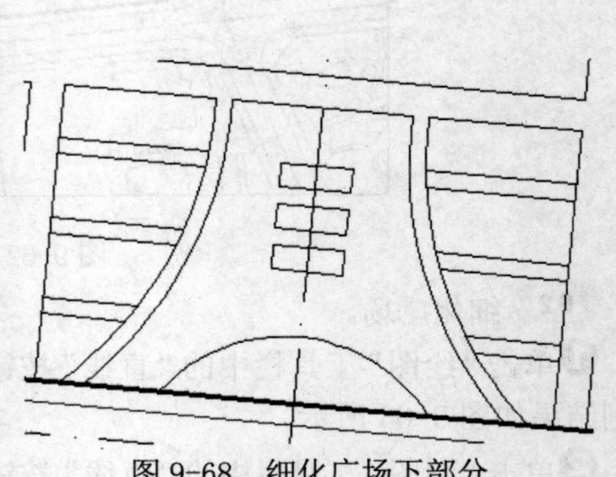
图 9-68　细化广场下部分

❻广场的细化结果如图 9-69 所示。

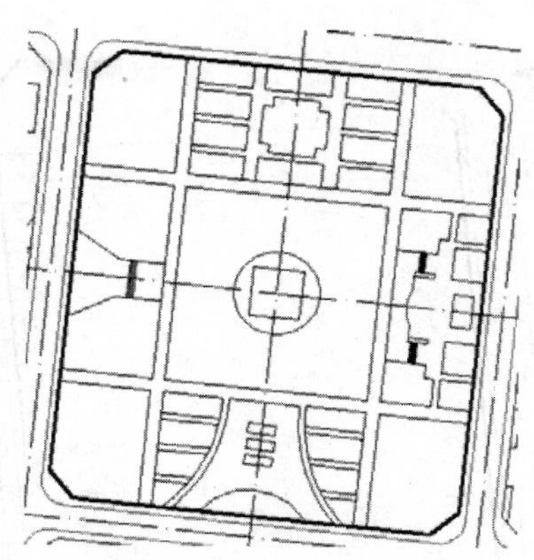
图 9-69　广场的细化结果

## 9.3.4　绘制建筑物

广场周围有不少的建筑物以及雕塑作品需要绘制。

01 绘制广场雕塑。

❶单击“图层”工具栏中的“图层特性管理器”按钮，系统打开“图层特性管理器”对话框。在对话框中双击图层“建筑”，使得当前图层是“建筑”。单击“确定”按钮退出“图层特性管理器”对话框。

❷单击“绘图”工具栏中的“直线”按钮，绘制一些方块来标出广场上的雕塑，总共12 个，绘制结果如图 9-70 所示。

02 绘制周围建筑。

❶左上角和右上角各有一栋建筑物。单击“绘图”工具栏中的“直线”按钮，绘制出这些建筑物的轮廓，绘制结果如图 9-71 所示。

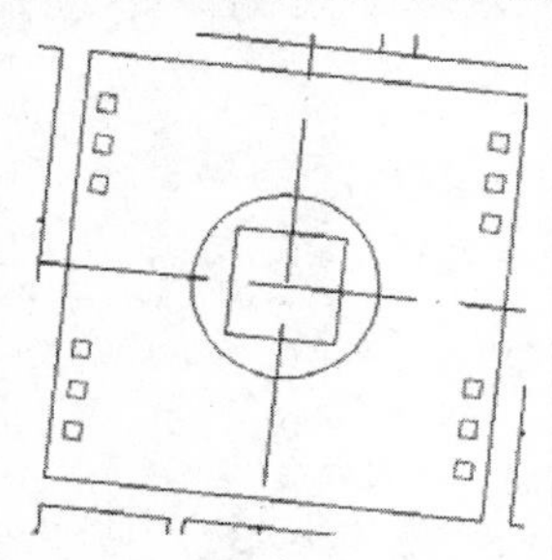
图 9-70　绘制广场雕塑

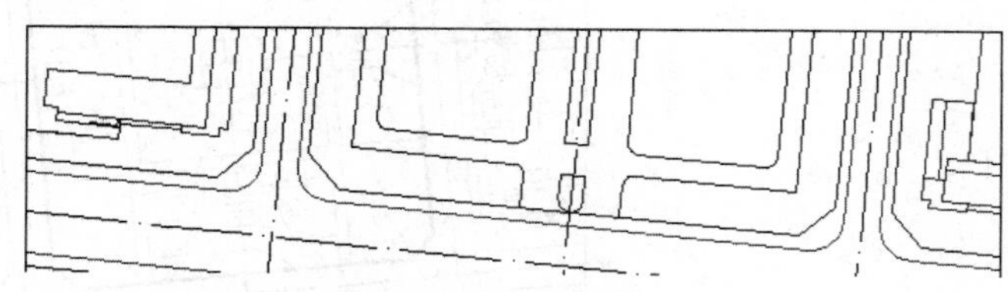
图 9-71　上部分的绘制结果

❷单击“绘图”工具栏中的“直线”按钮，绘制出左边建筑物的轮廓，绘制结果如图9-72 所示。

❸单击“绘图”工具栏中的“直线”按钮和“圆弧”按钮，绘制出右边建筑物的轮廓，绘制结果如图 9-73 所示。

❹单击“绘图”工具栏中的“直线”按钮，绘制出下边建筑物的轮廓，绘制结果如图9-74 所示。

❺全部的建筑绘制完毕，绘制结果如图 9-75 所示。

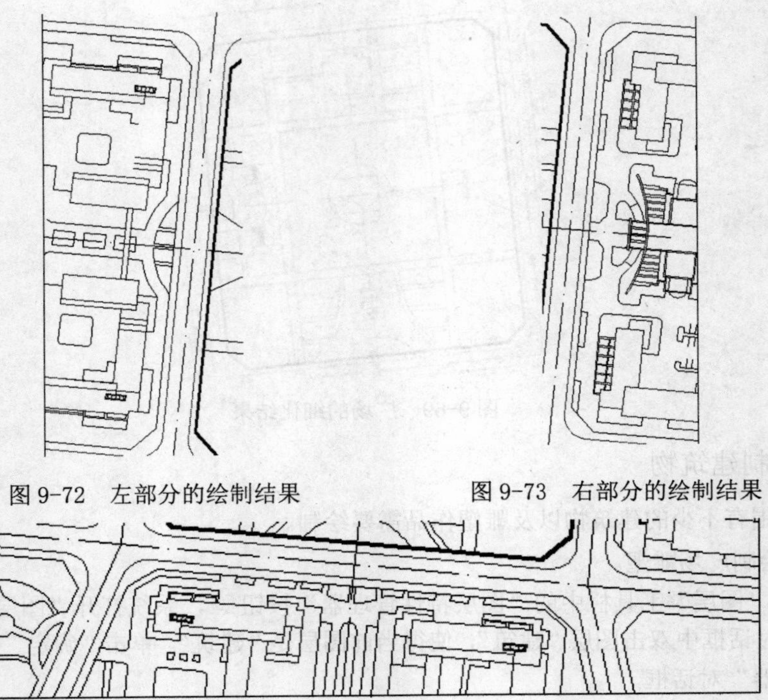

图 9-72　左部分的绘制结果　　　　图 9-73　右部分的绘制结果

图 9-74　下部分的绘制结果

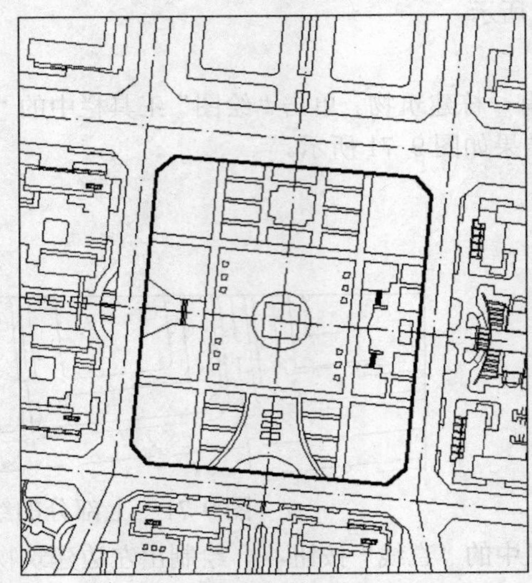

图 9-75　广场的整体绘制结果

### 9.3.5　填充和文字

**01** 填写层数。

❶单击“图层”工具栏中的“图层特性管理器”按钮，系统打开“图层特性管理器”对话框。在对话框中双击图层“层数”，使得当前图层是“层数”，单击“确定”按钮退出“图层特性管理器”对话框。

❷单击“绘图”工具栏中的“多行文字”按钮A，在各个建筑标出其层数，注意指定字高为6000，结果如图 9-76 所示。

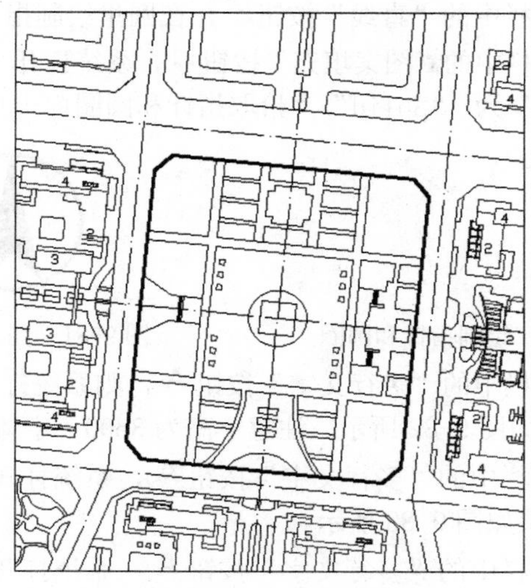

图 9-76　绘制层数

**02** 图案填充。

❶单击“绘图”工具栏中的“图案填充”按钮，系统打开如图 9-77 所示的“图案填充创建”选项卡，设置“图案填充图案”为“NET”,“填充图案比例”为 1000，拾取广场中心内一点，结果如图 9-78 所示。

❷单击“绘图”工具栏中的“图案填充”按钮，系统打开“图案填充创建”选项卡，设置“图案填充图案”为“NET”,“填充图案比例”为 500，图案填充角度为 90°，拾取右边的楼顶内一点，结果如图 9-79 所示。

图 9-77　设置“图案填充创建”选项卡

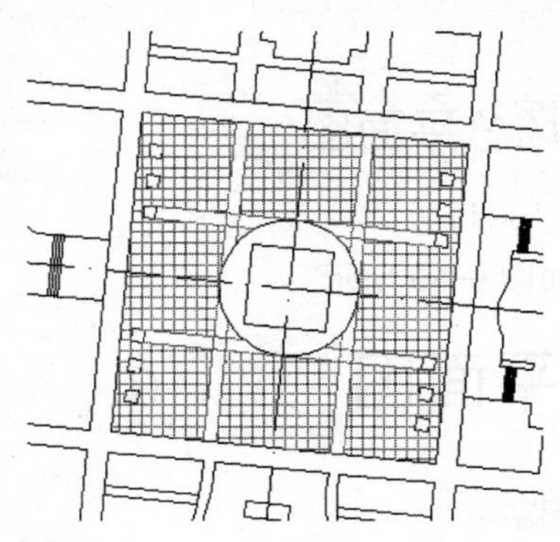

图 9-78　广场中心填充结果

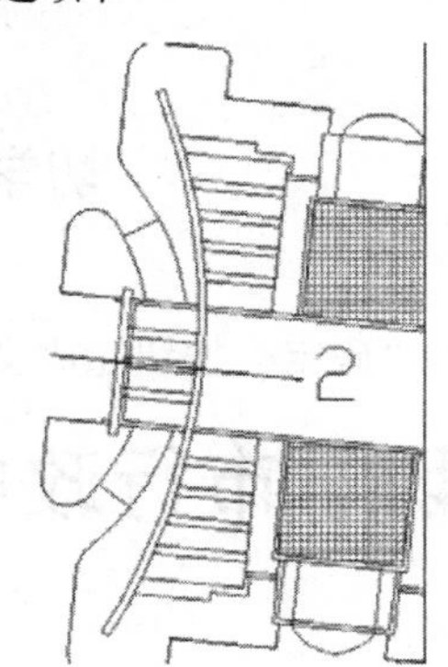


图 9-79　屋顶填充结果

**03** 文字说明。

❶单击“绘图”工具栏中的“圆”按钮，绘制两个同心圆。

❷单击“绘图”工具栏中的“直线”按钮，在圆里绘制指针，结果如图 9-80 所示。

❸单击“绘图”工具栏中的“图案填充”按钮，系统打开 “图案填充创建”选项卡，设置“图案填充图案”为 “Solid”，“拾取指针和圆圈内一点，结果如图 9-81 所示。

图 9-80　绘制指针和圆圈

图 9-81　图案填充结果

❹单击“绘图”工具栏中的“多行文字”按钮，则系统打开“文字编辑器”选项卡，在图标正上边标出“N”，如图 9-82 所示。注意字高为 3600，字体为黑体。

❺单击“绘图”工具栏中的“多行文字”按钮，系统打开“文字编辑器”选项卡，在正下方标出 1:500，结果如图 9-83 所示。

❻单击“绘图”工具栏中的“多行文字”按钮，系统打开“文字格式”对话框，在指北针图标正左边标出“切学市行政中心广场总平面图”，如图 9-84 所示。注意字高为 13750，字体为黑体。

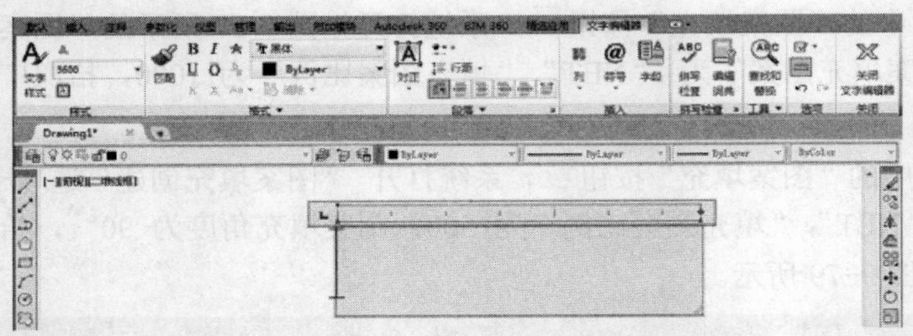

图 9-82　“文字格式”对话框

N

1:500

图 9-83　指北针绘制结果

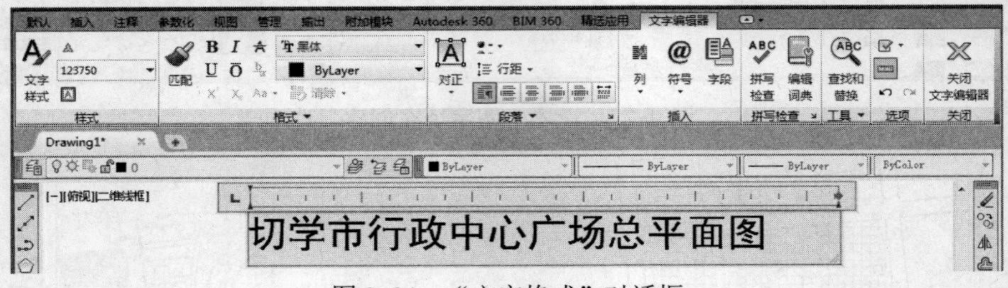


图 9-84　“文字格式”对话框

❼单击“确定”按钮完成文字说明操作，结果如图 9-85 所示。

切学市行政中心广场总平面图

图 9-85　文字说明结果

广场总平面图的最终结果如图 9-42 所示。

# 第 10 章　绘制建筑平面图

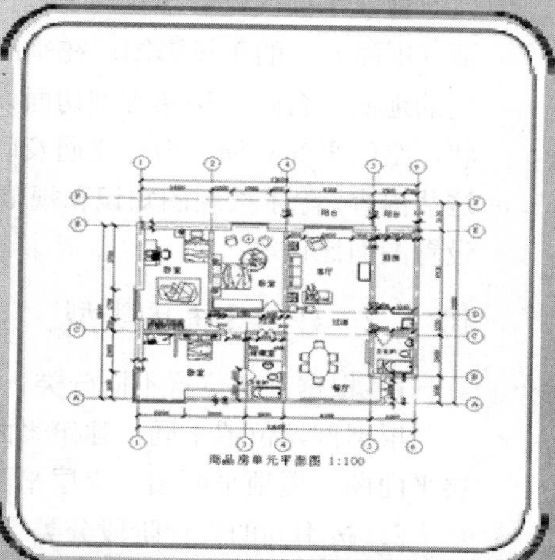

建筑平面图（除屋顶平面图外）是指用假想的水平剖切面，在建筑各层窗台上方将整幢房屋剖开所得到的水平剖面图。建筑平面图是表达建筑物的基本图样之一，它主要反映建筑物的平面布局情况。

本章将讲述建筑平面图的基本知识和一些典型的实例，通过本章学习，帮助读者掌握建筑平面图的绘制方法和技巧。

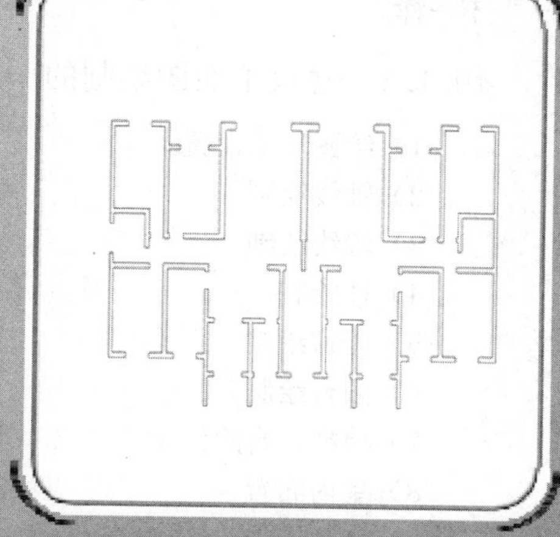

- 建筑平面图绘制概述
- 居室平面图
- 会客中心平面图

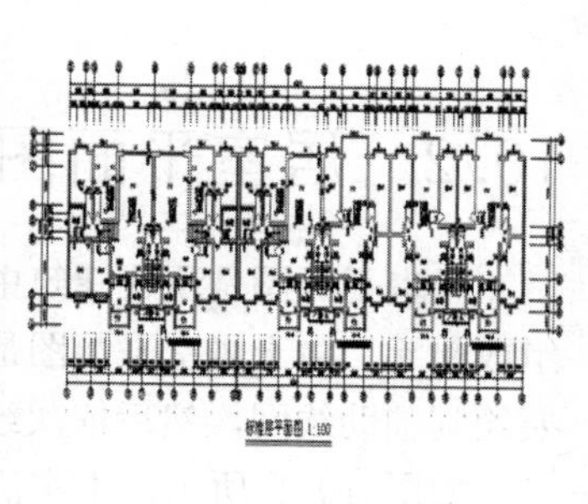

# 10.1 建筑平面图绘制概述

## 10.1.1 建筑平面图内容

建筑平面图是假想在门窗洞口之间用一水平剖切面将建筑物剖成两半，下半部分在水平面（H 面）上的正投影图。在平面图中的主要图形包括剖切到墙、柱、门窗、楼梯，以及看到的地面、台阶、楼梯等剖切面以下的构件轮廓。从平面图中可以看到建筑的平面大小、形状、空间平面布局、内外交通及联系、建筑构配件大小及材料等内容。为了清晰准确地表达这些内容，除了按制图知识和规范绘制建筑构配件平面图形外，还需要标注尺寸及文字说明、设置图面比例等。

## 10.1.2 建筑平面图类型

1. 根据剖切位置不同分类

根据剖切位置不同，建筑平面图可分为地下层平面图、底层平面图、X 层平面图、标准层平面图、屋顶平面图、夹层平面图等。

2. 按不同的设计阶段分类

按不同的设计阶段分为方案平面图、初设平面图和施工平面图。不同阶段图样表达深度不一样。

## 10.1.3 建筑平面图绘制的一般步骤

1）绘图环境设置。

2）轴线绘制。

3）墙线绘制。

4）柱绘制。

5）门窗绘制。

6）阳台绘制。

7）楼梯、台阶绘制。

8）室内布置。

9）室外周边景观（底层平面图）。

10）尺寸、文字标注。

根据工程的复杂程度，上面绘图顺序有可能小范围调整，但总体顺序基本不变。

# 10.2 居室平面图

居室平面图是现代建筑中最广泛用到的一种建筑结构形式，是现代民用建筑中的最基本组成单元。由于居室平面图是一种多平行图线图形，为了准确绘制居室平面图，首先一般需要绘制辅助线网，然后依次绘制墙体、阳台、门窗，最后进行必要文字标注和文字说明。

如图 10-1 所示，本实例的制作思路：依次绘制墙体、门窗和建筑设备，最后进行尺寸

标注和文字说明。在绘制墙体的过程中，首先绘制主墙，然后绘制隔墙，最后进行合并调整。绘制门窗，首先在墙上开出门窗洞，然后在门窗洞上绘制门和窗户。绘制建筑设备，充分利用建筑设备图库中的图例来提高绘图效率。对于建筑平面图，尺寸标注和文字说明是一个非常重要的部分，建筑各个部分的具体大小和材料作法等都以尺寸标注、文字说明为依据，在本实例中都充分体现了这一点。

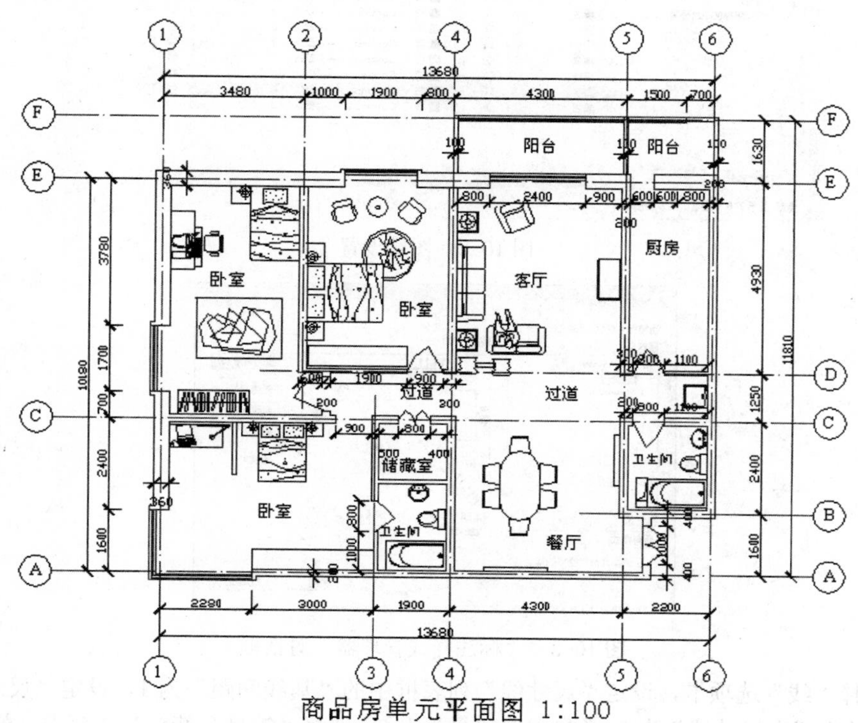


图 10-1 商品房平面图

光盘\动画演示\第 10 章\居室平面图.avi

## 10.2.1 设置绘图参数

**01** 设置图层。

❶单击“图层”工具栏中的“图层特性管理器”按钮，即可打开“图层特性管理器”对话框。

❷在对话框中单击上边的新建图层命令图标，新建图层“轴线”和“窗”，指定图层颜色为洋红色。

❸新建图层“墙体”，指定颜色为红色；新建图层“门”和“设备”，指定颜色为蓝色；新建图层“标注”和“文字”，其他采用默认设置。这样就得到初步的图层设置，如图 10-2 所示。

**02** 设置标注样式。

❶单击菜单栏中的“格式”工具栏中“标注样式”按钮，系统打开“标注样式管理器”对话框，如图 10-3 所示，选择“修改”按钮，进入“修改标注样式：ISO-25”对话框。

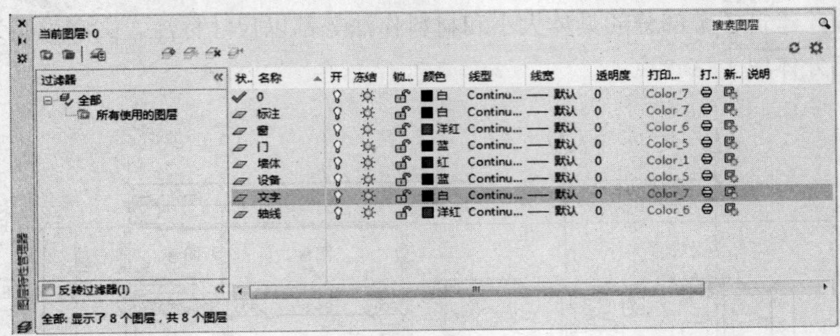


图 10-2　图层设置

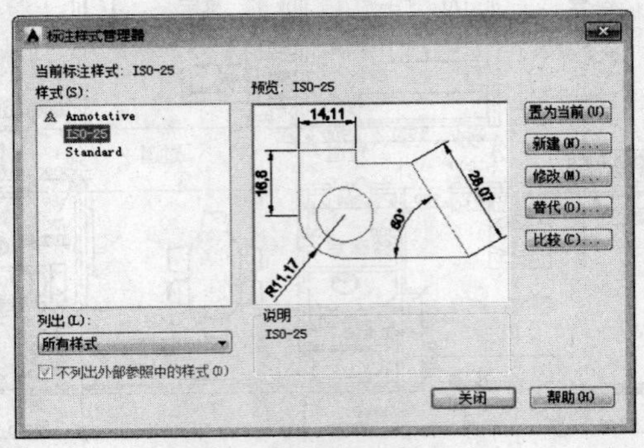


图 10-3　“标注样式管理器”对话框

❷选择“线”选项卡，设定“尺寸线”列表框中的“基线间距”为 1，设定“尺寸界限”列表框中的“超出尺寸线”为 1，“起点偏移量”为 0，选择“符号和箭头”选项卡，单击“箭头”列表框中的“第一个”按钮右边的，在打开的下拉列表中选择“建筑标记”，单击“第二个”按钮右边的，在打开的下拉列表中选择“建筑标记”，并设定“箭头大小”为 2.5，这样就完成了“直线”和“符号和箭头”选项卡的设置，设置结果如图 10-4 所示。

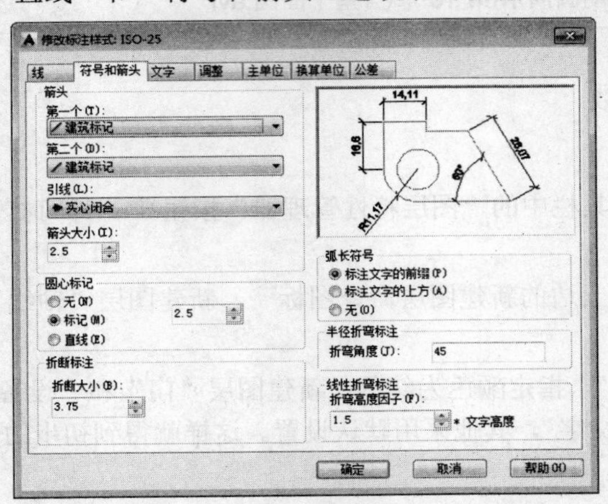


图 10-4　设置“符号和箭头”选项卡

❸选择“文字”选项卡，在“文字外观”列表框中的“文字高度”右边的文本框中填入2。这样就完成了“文字”选项卡的设置，结果如图10-5所示。

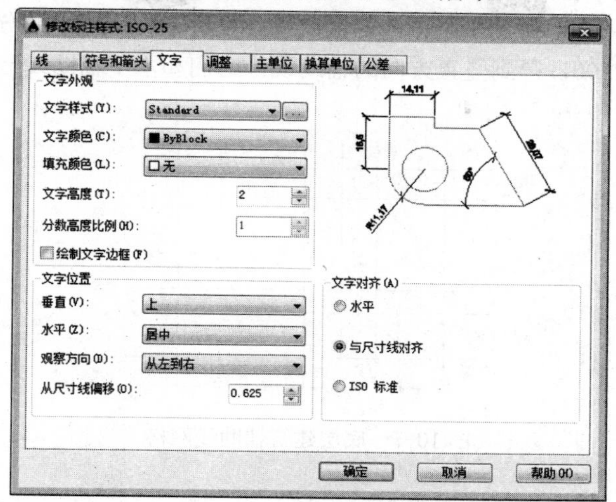

图10-5　设置“文字”选项卡

❹选择“调整”选项卡，在“调整选项”列表框中选择“箭头”单选按钮，在“文字位置”列表框中选择“尺寸线上方，不带引线”单选按钮，在“标注特征比例”列表框中指定“使用全局比例”为100。这样就完成了“调整”选项卡的设置，结果如图10-6所示。单击“确定”按钮返回“标注样式管理器”对话框，最后单击“关闭”按钮返回绘图区。这样就完成了标注样式的设置。

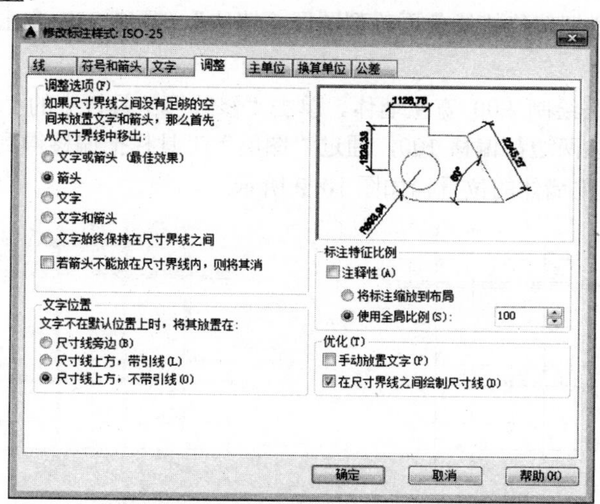

图10-6　设置“调整”选项卡

### 10.2.2　绘制辅助线

**01** 单击“图层”工具栏中的“图层特性管理器”按钮，系统打开“图层特性管理器”对话框。双击图层“轴线”，使得当前图层是“轴线”，单击“确定”按钮退出“图层特性管理器”对话框。

**02** 按下F8键打开“正交”模式。单击“绘图”工具栏中的“构造线”按钮，绘制一条水平构造线和一条竖直构造线，组成“十”字构造线。

**03** 单击“修改”工具栏中的“偏移”按钮，让水平构造线连续分别往上偏移 1600、2400、1250、4930、1630，得到水平方向的辅助线。让竖直构造线连续分别往右偏移 3480、1800、1900、4300、2200，得到竖直方向的辅助线。它们和水平辅助线一起构成正交的辅助线网，如图 10-7 所示。

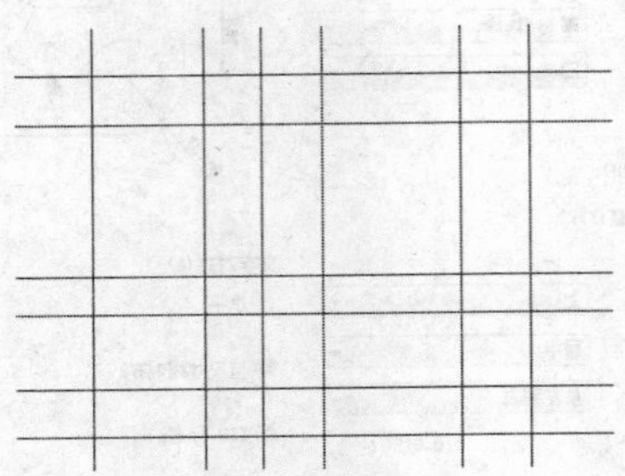

图 10-7　底层建筑辅助线网格

### 10.2.3　绘制墙体

**01** 绘制主墙。

❶单击“图层”工具栏中的“图层特性管理器”按钮，系统打开“图层特性管理器”对话框。双击图层“墙体”，使得当前图层是“墙体”。单击“确定”按钮退出“图层特性管理器”对话框。

❷单击“修改”工具栏中的“偏移”按钮，让一横一竖两根轴线往两边偏移 180，然后通过“图层”工具栏把偏移的线条更改到图层“墙体”，得到 360 宽主墙体的位置，如图 10-8 所示。

❸采用同样的办法绘制 200 宽主墙体。单击“修改”工具栏中的“偏移”按钮，让两横四竖共 6 根轴线往两边都偏移 100，通过“图层”工具栏把偏移得到的线条更改到图层“墙体”，得到 200 宽主墙体的位置，如图 10-9 所示。

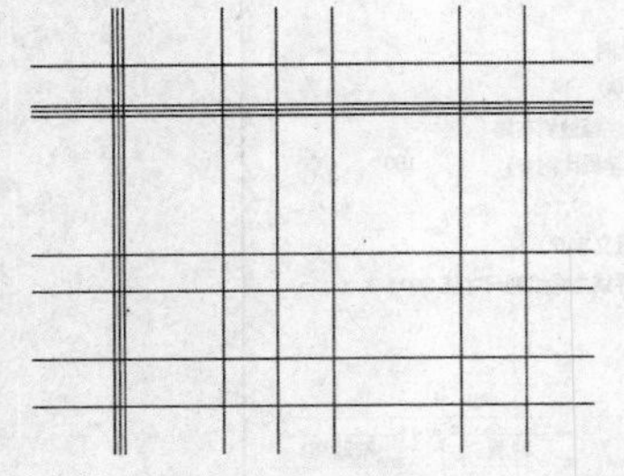

图 10-8　绘制 360 宽主墙体结果

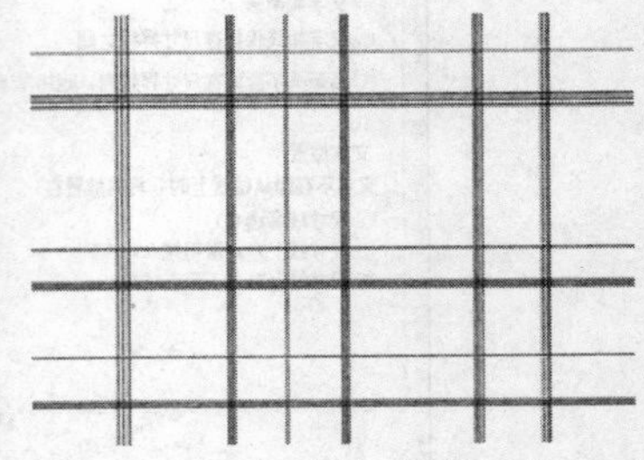

图 10-9　绘制 200 宽主墙体结果

❹单击“修改”工具栏中的“修剪”按钮，把墙体交叉处多余的线条修剪掉，使得墙体连贯，修剪结果如图 10-10 所示。

**02** 绘制隔墙。隔墙宽为 100，主要通过多线来绘制，绘制的具体步骤如下：

❶选择菜单栏中的“格式”→“多线样式”命令，在打开的“多线样式”对话框中，新建多线 100，如图 10-11 所示。单击“多线样式”对话框中的“新建”选项，弹出“新建多线样式”对话框，把其中的元素偏移量设为 50、-50，如图 10-12 所示，单击“确定”按钮，返回“多线样式”对话框，如果当前的多线名称不是 100，单击“添加”按钮即可，然后单

击“确定”按钮完成隔墙墙体多线的设置。

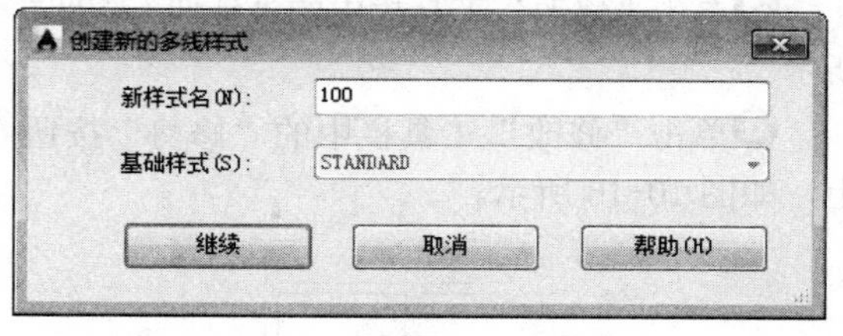


图 10-10　主墙绘制结果

图 10-11　“多线样式”对话框

图 10-12　“新建多线样式”对话框

❷选择菜单栏中的“绘图”→“多线”命令，根据命令提示把对齐方式设为“无”，把多线比例设为 1，注意多线的样式为 100。这样完成多线样式的调节。

❸选择菜单栏中的“绘图”→“多线”命令，根据辅助线网格绘制如图 10-13 所示的隔墙。

**03** 修改墙体。目前的墙体还是不连贯的，而且根据功能需要还要进行必要的改造，具体步骤如下：

❶单击“修改”工具栏中的“偏移”按钮，让右下角的墙体分别往里边偏移 1600，结果如图 10-14 所示。

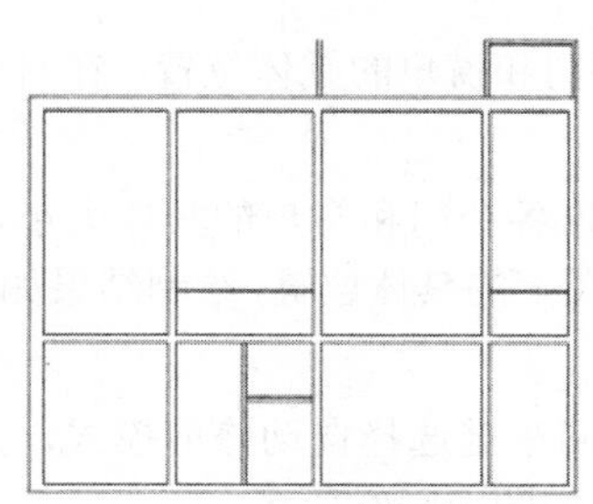

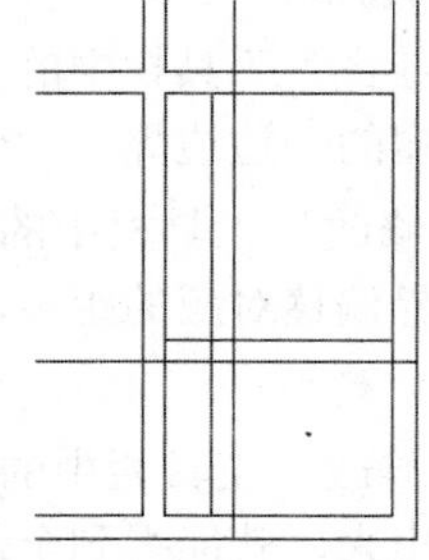

图 10-13　隔墙绘制结果

图 10-14　墙体偏移结果

❷单击“修改”工具栏中的“修剪”按钮，把墙体交叉处多余的线条修剪掉，使得墙体连贯，右下角的修剪结果如图 10-15 所示。

❸单击“修改”工具栏中的“延伸”按钮，修改右上角的墙体，修改结果如图 10-16 所示。

❹单击“修改”工具栏中的“修剪”按钮，把右上角的一些墙体延伸到对面的墙线上，如图 10-16 所示。

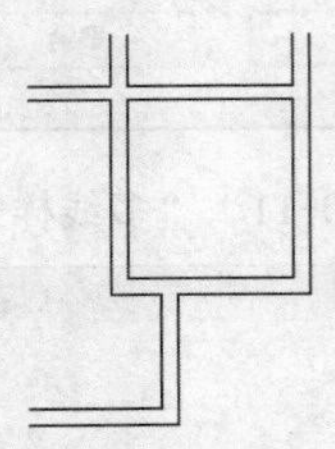
图 10-15　右下角的修改结果

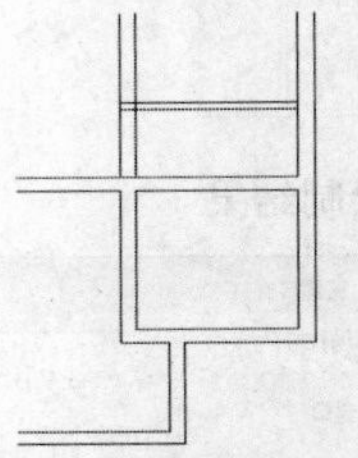
图 10-16　延伸操作结果

❺单击“修改”工具栏中的“修剪”按钮，把墙体交叉处多余的线条修剪掉，使得墙体连贯，右边墙体的修剪结果如图 10-17 所示。

❻单击“修改”工具栏中的“修剪”按钮，修改整个墙体，使得墙体连贯，符合实际功能需要，修改结果如图 10-18 所示。

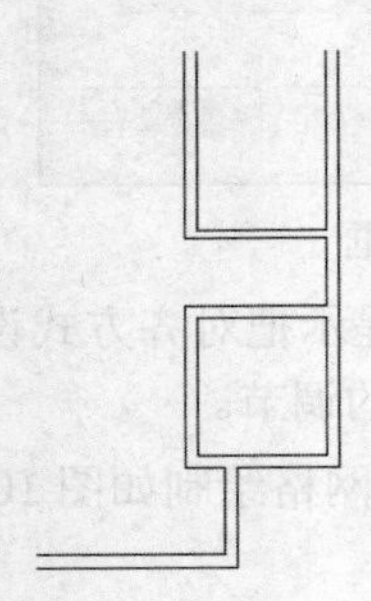
图 10-17　右边墙体的修改结果

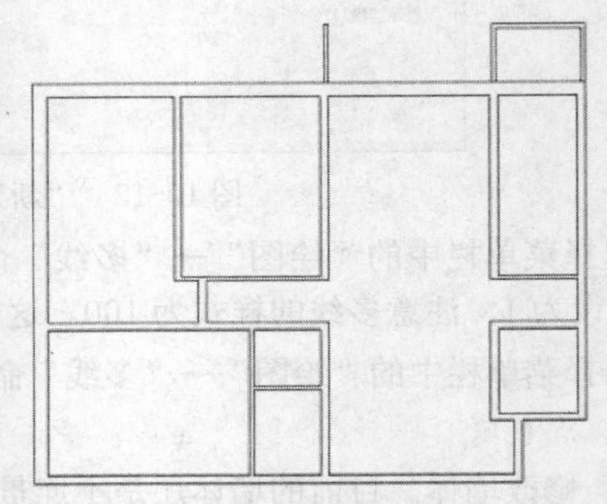
图 10-18　全部墙体的修改结果

### 10.2.4　绘制门窗

**01** 开门窗洞。

❶单击“绘图”工具栏中的“直线”按钮，根据门和窗户的具体位置，在对应的墙上绘制出这些门窗的一边边界。

❷单击“修改”工具栏中的“偏移”按钮，根据各个门和窗户的具体大小，让前边绘制的门窗边界偏移对应的距离，就能得到门窗洞的在图上的具体位置，绘制结果如图 10-19 所示。

❸单击“修改”工具栏中的“修剪”按钮，按回车键选择自动修剪模式，然后把各个门窗洞修剪出来，就能得到全部的门窗洞，绘制结果如图 10-20 所示。

**02** 绘制门。

❶单击“图层”工具栏中的“图层特性管理器”按钮，系统打开“图层特性管理器”对话框。双击图层“门”，使得当前图层是“门”，单击“确定”按钮退出“图层特性管理器”对话框。

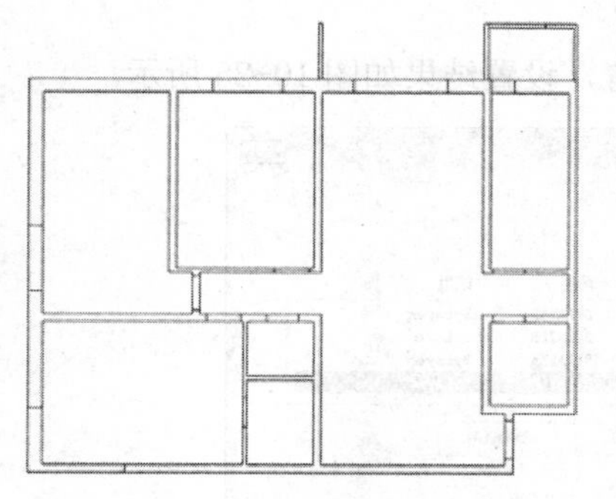

图 10-19　绘制门窗洞线

图 10-20　开门窗洞结果

❷单击“绘图”工具栏中的“直线”按钮，在门上绘制出门板线。

❸单击“绘图”工具栏中的“圆弧”按钮，绘制圆弧表示门的开启方向，就能得到门的图例。双扇门的绘制结果如图 10-21 所示。单扇门的绘制结果如图 10-22 所示。

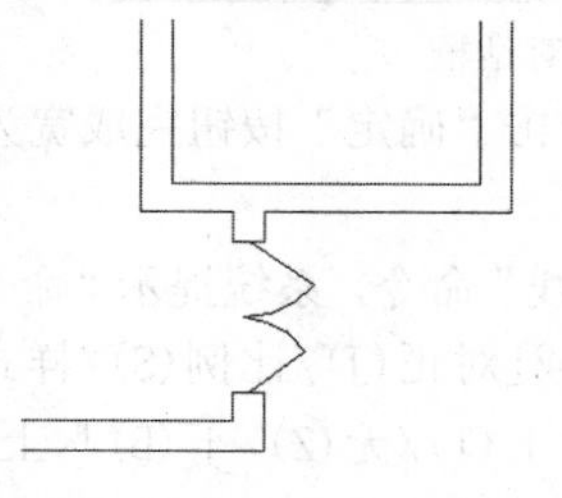

图 10-21　双扇门绘制结果

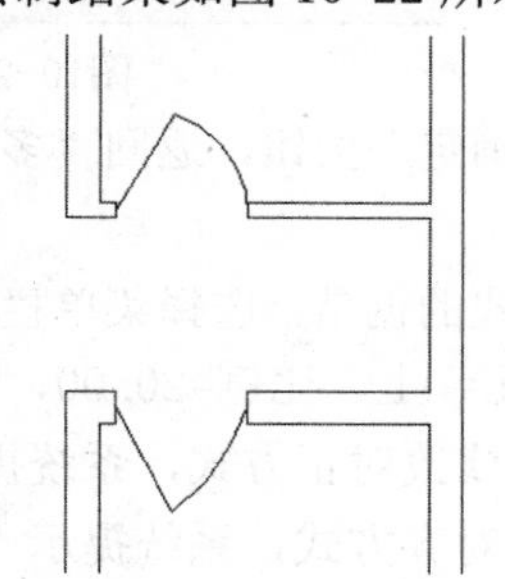

图 10-22　单扇门绘制结果

❹按照同样的方法绘制所有的门，绘制的结果如图 10-23 所示。

**03** 绘制窗。绘制窗户将应用到“多线”这个命令，该命令也叫做“多行平行线”。这里窗户的宽度为 150。绘制窗户的具体步骤如下：

❶选择菜单栏中的“格式”→“多线样式”命令，系统打开“多线样式”对话框。单击“新建”按钮，弹出“新建多线样式”对话框，将新样式名设置为“150”，设置结果如图 10-24 所示。

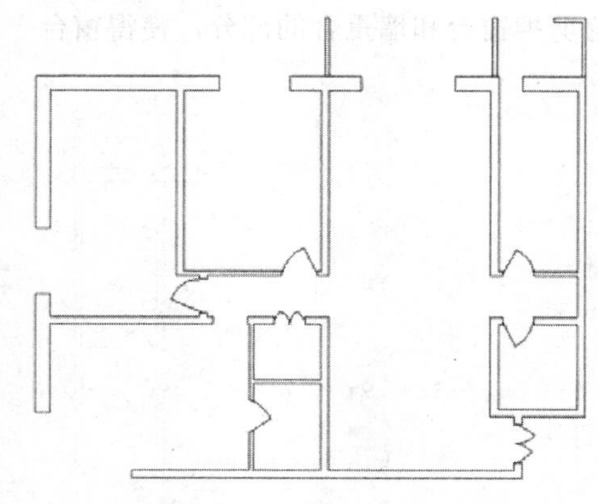

图 10-23　全部门的绘制结果

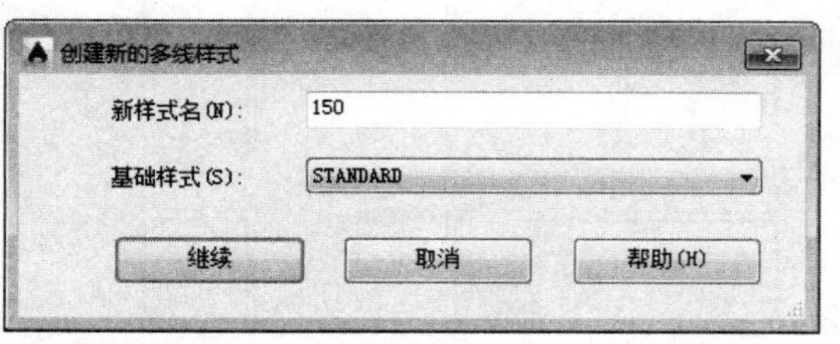

创建新的多线样式

新样式名(N):　150

基础样式(S):　STANDARD

继续　取消　帮助(H)

图 10-24　“多线样式”对话框

❷单击“新建多线样式”对话框中的“继续”按钮，把“偏移”后面的文本框中的元素

偏移量分别设为0、50、100、150。其他采用默认设置，设置结果如图10-25所示。

图10-25 “新建多线样式”对话框

❸单击“确定”按钮，返回“多线样式”对话框。单击“确定”按钮完成宽为150窗户多线的设置。

❹多线样式的调节：选择菜单栏中的“绘图”→“多线”命令，系统提示“命令：_mline 当前设置：对正= 上，比例=20.00，样式=150 指定起点或[对正(J)/比例(S)/样式(ST)]：”。输入“j”选择修改对正方式，系统提示“输入对正类型[上(T)/无(Z)/下(B)]<上>：”。输入“b”选择下边对齐方式，系统提示“当前设置：对正=下，比例=20.00，样式=150 指定起点或[对正(J)/比例(S)/样式(ST)]：”。输入“s”选择修改多线比例，系统提示“输入多线比例<20.00>：”。输入1作为多线的新比例即可。系统提示“当前设置：对正=下，比例=1.00，样式=150 指定起点或[对正(J)/比例(S)/样式(ST)]：”。可以发现：当前的多线比例已经修改为1，多线样式为150，对正方式为“下”。这样就完成了多线样式的调节。

❺单击“绘图”工具栏中的“矩形”按钮，绘制一个100×100的矩形。单击“修改”工具栏中的“复制”按钮，把该矩形复制到各个窗户的外边角上，作为突出的窗台，结果如图10-26所示。图中共复制了6个矩形。

❻单击“修改”工具栏中的“修剪”按钮，修剪掉窗台和墙重合的部分，使得窗台和墙合并连通，修剪结果如图10-27所示。

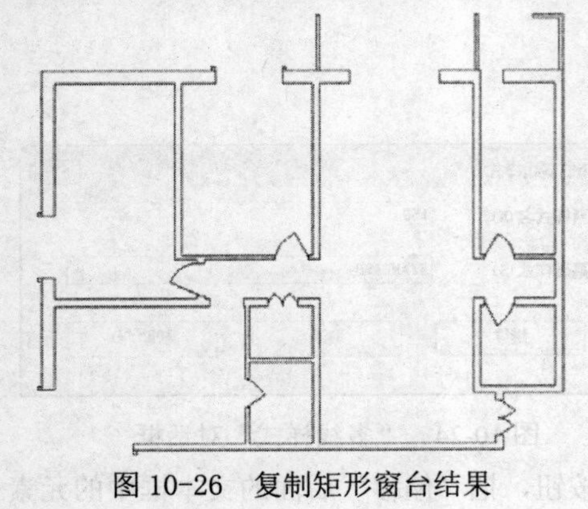

图10-26 复制矩形窗台结果

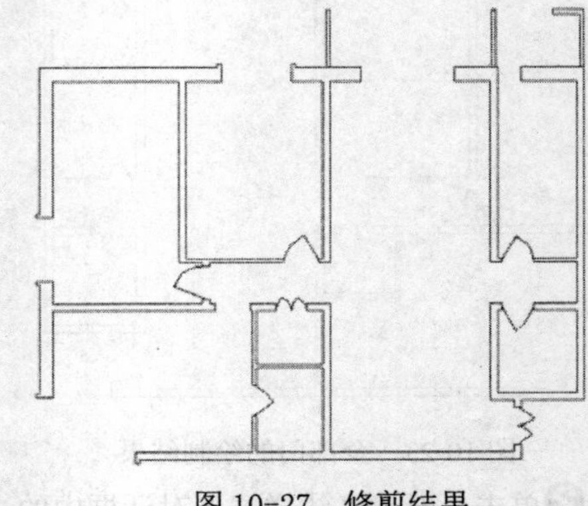

图10-27 修剪结果

❼单击“图层”工具栏中的“图层特性管理器”按钮，系统打开“图层特性管理器”对话框。双击图层“窗”，使得当前图层是“窗”，单击“确定”按钮退出“图层特性管理器”对话框。

❽选择菜单栏中的“绘图”→“多线”命令，根据各个角点绘制如图 10-28 所示的户。

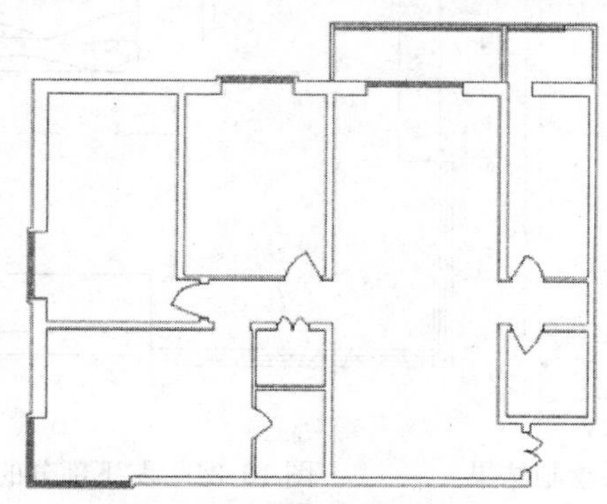

图 10-28　绘制窗户结果

## 10.2.5　绘制建筑设备

01 单击“图层”工具栏中的“图层特性管理器”按钮，系统打开“图层特性管理器”对话框。双击图层“设备”，使得当前图层是“设备”，单击“确定”按钮退出“图层特性管理器”对话框。

02 使用 AutoCAD 程序打开 CAD 图库，选择菜单栏中的“编辑”→“复制”命令，从图库中复制需要的图例，然后返回本章实例，选择菜单栏中的“编辑”→“粘贴”命令，把复制的图例粘贴到实例中，单击“修改”工具栏中的“移动”按钮，把图例移动到合适的地方。

03 采用同样的方法继续复制其余的建筑设备，左上部分的绘制结果如图 10-29 所示。

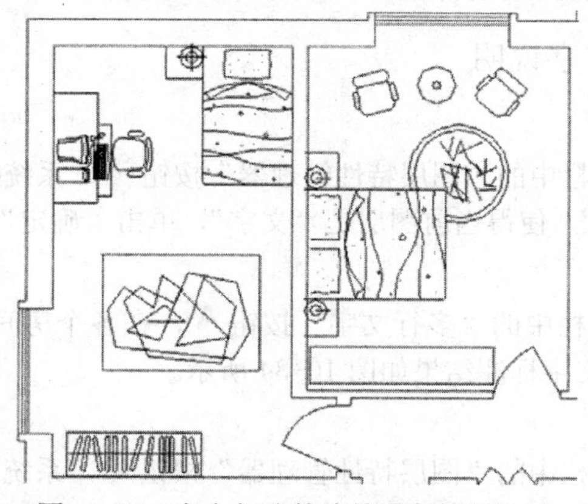

图 10-29　左上部分的建筑设备绘制结果

04 采用同样的方法继续复制其余的建筑设备，右上部分的绘制结果如图 10-30 所示。

05 采用同样的方法继续复制其余的建筑设备，左下部分的绘制结果如图 10-31 所示。

06 采用同样的方法继续复制其余的建筑设备，右下部分的绘制结果如图 10-32 所示。

07 得到全部的建筑设备图，绘制结果如图 10-33 所示。

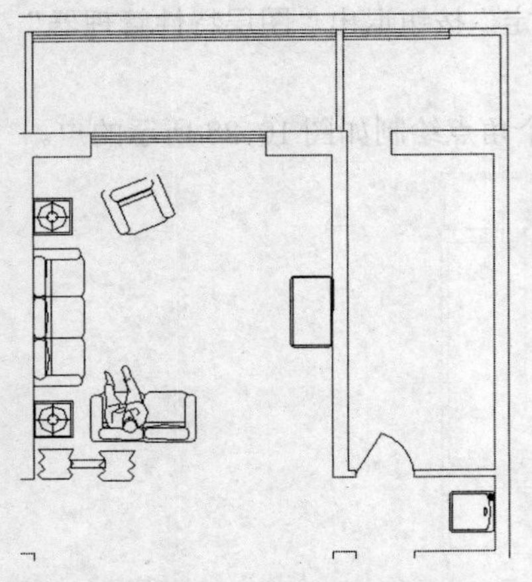

图 10-30　右上部分的建筑设备绘制结果

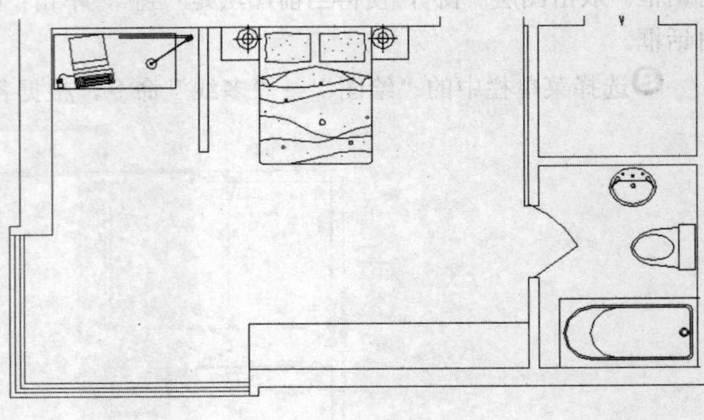

图 10-31　左下部分的建筑设备绘制结果

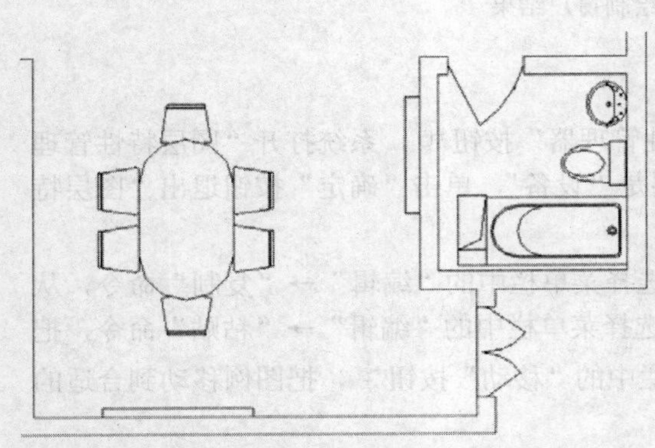

图 10-32　右下部分的建筑设备绘制结果

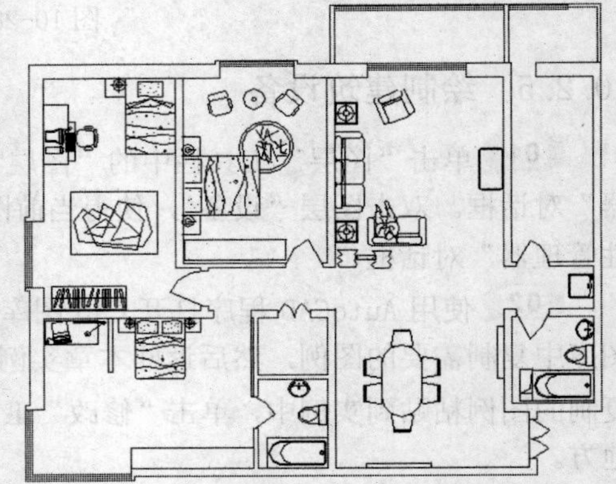

图 10-33　全部建筑设备的绘制结果

## 10.2.6　尺寸标注和文字说明

**01** 文字标注。

❶单击“图层”工具栏中的“图层特性管理器”按钮，系统打开“图层特性管理器”对话框。双击图层“文字”，使得当前图层是“文字”，单击“确定”按钮退出“图层特性管理器”对话框。

❷单击“绘图”工具栏中的“多行文字”按钮A，在各个房间中间进行文字标注，注意设定文字高度为300，文字标注结果如图10-34所示。

**02** 尺寸标注。

❶单击“图层”工具栏中的“图层特性管理器”按钮，系统打开“图层特性管理器”对话框。双击图层“标注”，使得当前图层是“标注”。单击“确定”按钮退出“图层特性管理器”对话框。

❷单击“标注”工具栏中的“对齐”按钮，进行尺寸标注，对建筑物外围标注。

❸单击“标注”工具栏中的“对齐”按钮，进行内部尺寸标注，结果如图10-35所示。

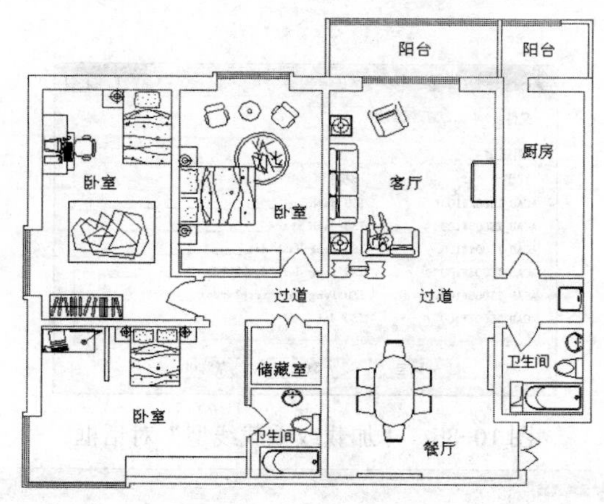


图 10-34　文字说明结果

**03** 轴线编号。要进行轴线间编号，先要绘制轴线，建筑制图上规定使用点画线来绘制轴线。

❶单击“图层”工具栏中的“图层特性管理器”按钮，系统打开“图层特性管理器”对话框。双击图层“轴线”，使得当前图层是“轴线”，单击“确定”按钮退出“图层特性管理器”对话框。

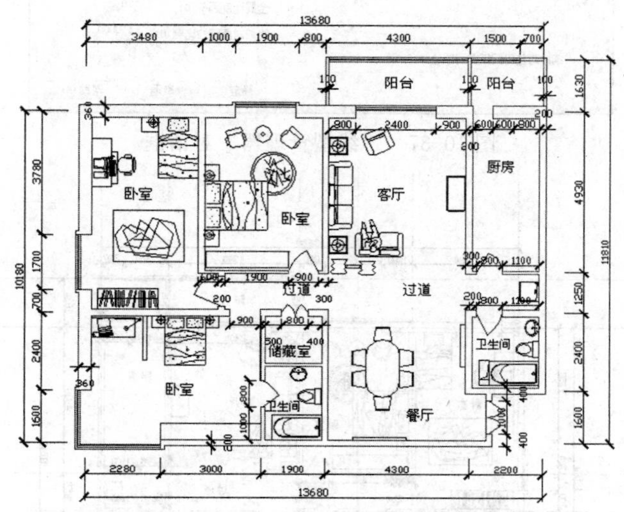


图 10-35　内部的尺寸标注结果

❷需要加载点画线线型，选择菜单栏中的“格式”→“线型”命令，则系统打开“线型管理器”对话框。单击右边的“加载”按钮，打开“加载或重载线型”对话框，如图 10-36 所示。该对话框中显示出了当前的线型库文件“acadiso.lin”，以及该文件中定义的全部线型。选择 ACAD_ISO04W100 作为绘制建筑轴线用的点画线，在“可用线型”列表中找到 ACAD_ISO04W100 线型，单击“确定”按钮即可加载该线型。

❸系统返回“线型管理器”对话框，选择刚刚加载的 ACAD_ISO04W100 线型，在下边的“详细信息”列表框中的“全局比例因子”文本框中输入 50，使得该线型的显示满足 1:1 比例绘图下显示的需要，如图 10-37 所示，单击“确定”按钮完成线型设置。如图 10-38 所示。

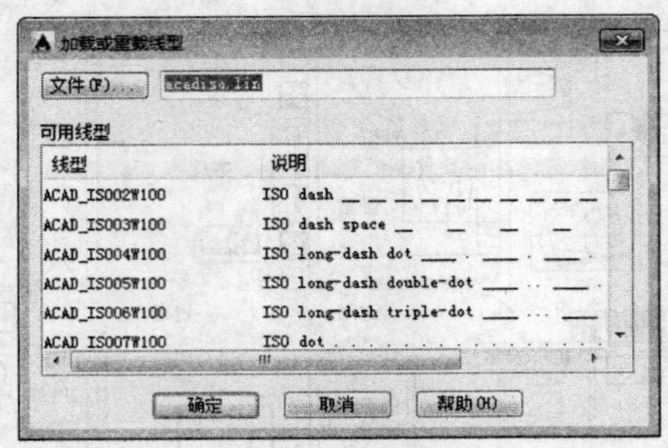


图 10-36 “加载或重载线型”对话框

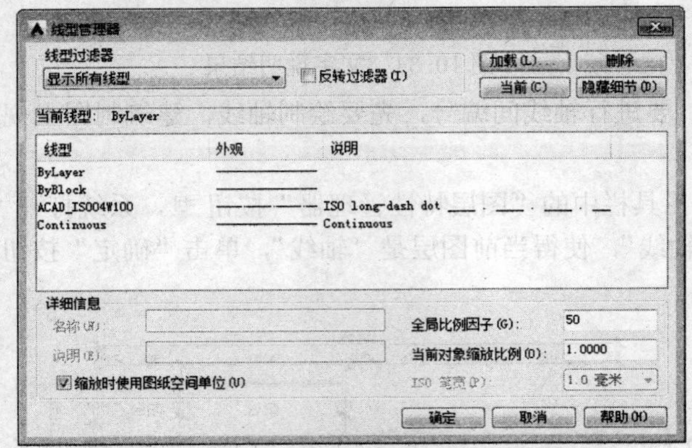


图 10-37 “线型管理器”对话框

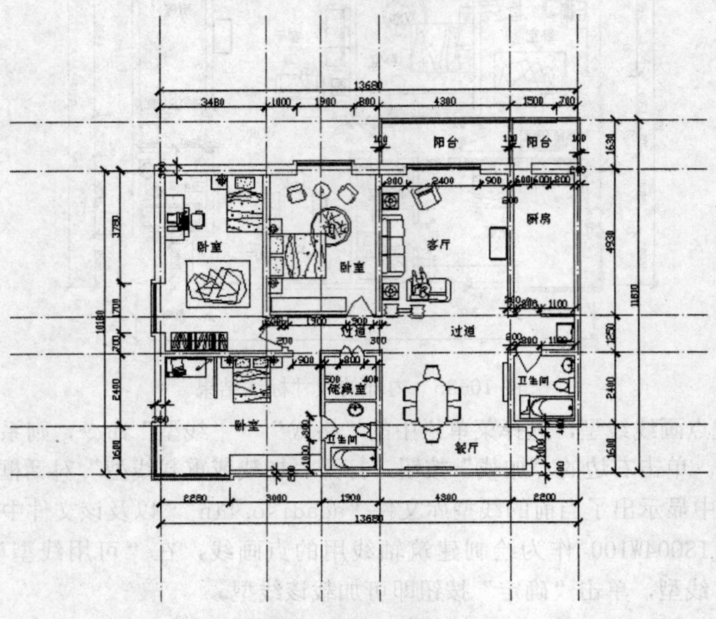


图 10-38 辅助线变更为轴线结果

❹单击“绘图”工具栏中的“构造线”按钮，在尺寸标注的外边绘制构造线，截断轴线单击“修改”工具栏中的“修剪”按钮，修剪掉构造线外边的轴线，结果如图 10-39 所

示。

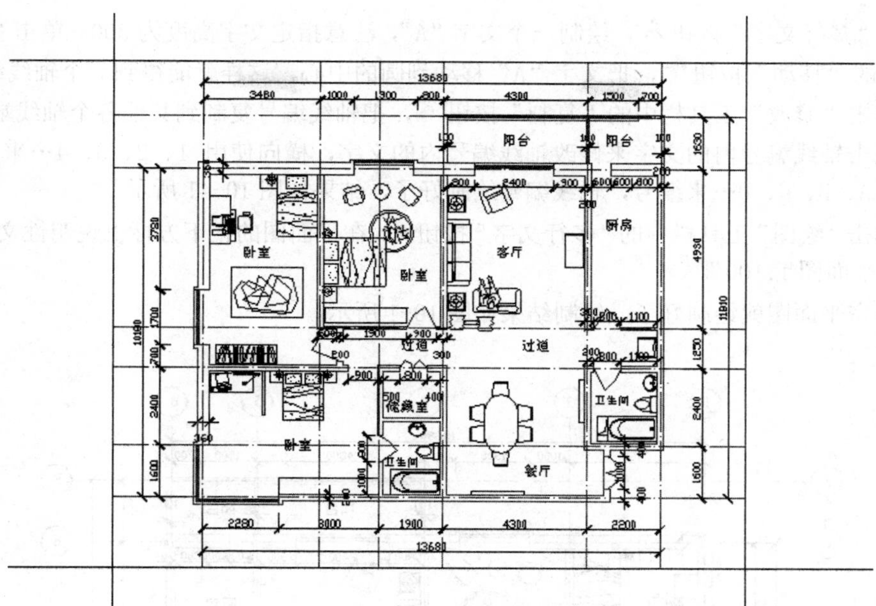


图 10-39　截断轴线结果

❺单击“修改”工具栏中的“删除”按钮，删除掉刚才绘制的构造线。

❻根据实际墙体的长短使用夹点编辑命令把部分轴线缩短到略超出墙体的长度，如图10-40 所示。

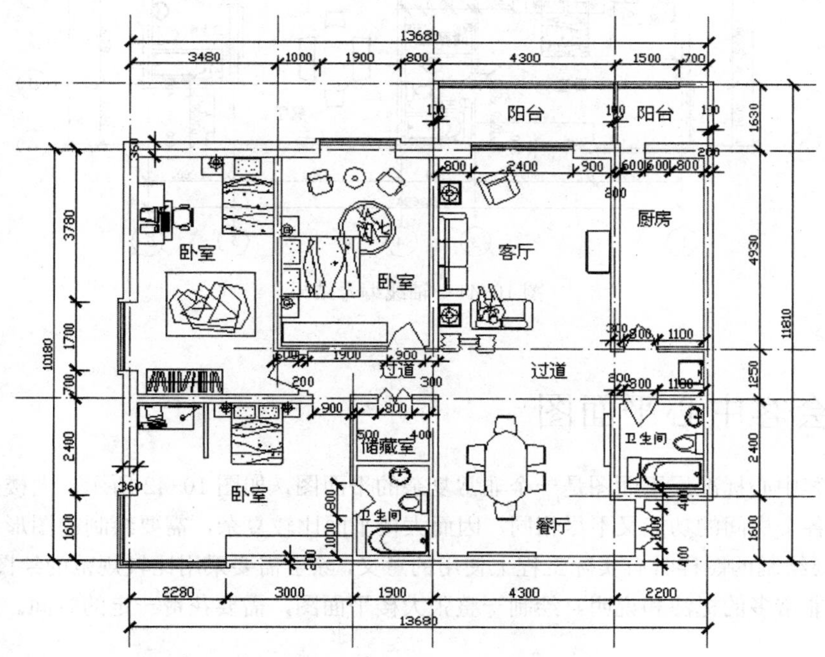


图 10-40　缩短轴线结果

❼单击“绘图”工具栏中的“圆”按钮，绘制一个半径为 400 的圆。单击“绘图”工

具栏中的“多行文字”按钮A，绘制一个文字“A”，注意指定文字高度为300。单击“修改”工具栏中的“移动”按钮，把文字“A”移动到圆的中心，这样就能得到一个轴线编号。

❽单击“修改”工具栏中的“复制”按钮，把轴线编号复制到其他各个轴线端部。

❾双击轴线编号内的文字来修改轴线编号内的文字，横向使用 1、2、3、4…来编号，竖向使用A、B、C、D…来编号，轴线编号绘制好了，结果如图 10-41 所示。

❿单击“绘图”工具栏中的“多行文字”按钮A，在平面图的正下方标上说明性文字“商品房单元平面图 1:100”。

⓫居室平面图就绘制好了，绘制结果如图 10-1 所示。

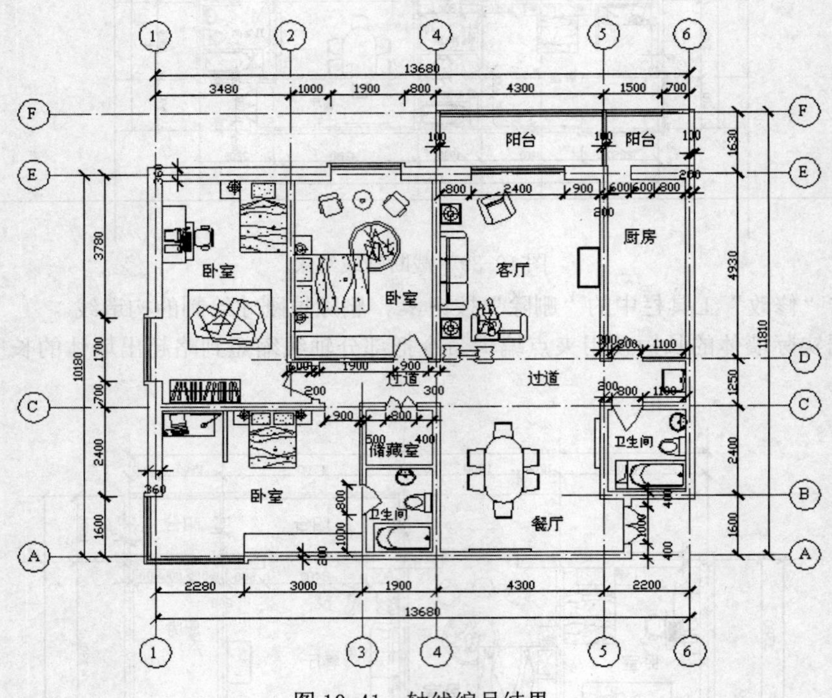


图 10-41　轴线编号结果

# 10.3　会客中心平面图

商务会客中心标准层平面图是一个非常复杂的平面图，如图 10-42 所示。大楼是由许多房间组成，各个房间的功能又不尽相同，因而大楼平面比较复杂，需要绘制的图形元素比较多。如果需要绘制的图样具有实际工程上使用的意义，除了需要采用比较规范的绘图方法外，还需要进行非常多的标注和说明。绘制一整张大楼平面图，需要花费一定的时间。

光盘路径

光盘\动画演示\第 10 章\会客中心平面图.avi

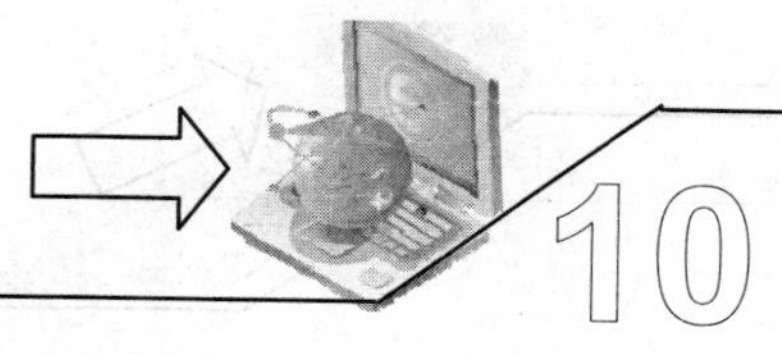

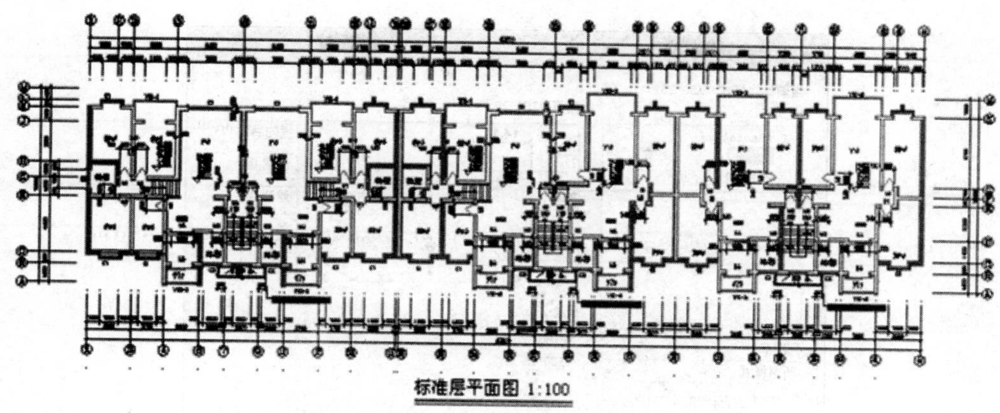


图 10-42　商务会客中心标准层平面图绘制最终结果

## 10.3.1　设置绘图参数

**01** 设置图层。

❶单击“图层”工具栏中的“图层特性管理器”按钮，打开“图层特性管理器”对话框。

❷在对话框中单击上边的新建图层命令图标，新建图层“轴线”和“门窗”，指定图层颜色为洋红色。

❸新建图层“墙”，指定颜色为红色；新建图层“阳台”，指定颜色为蓝色；新建图层“标注”，其他设置采用默认设置。这样就得到初步的图层设置，如图 10-43 所示。

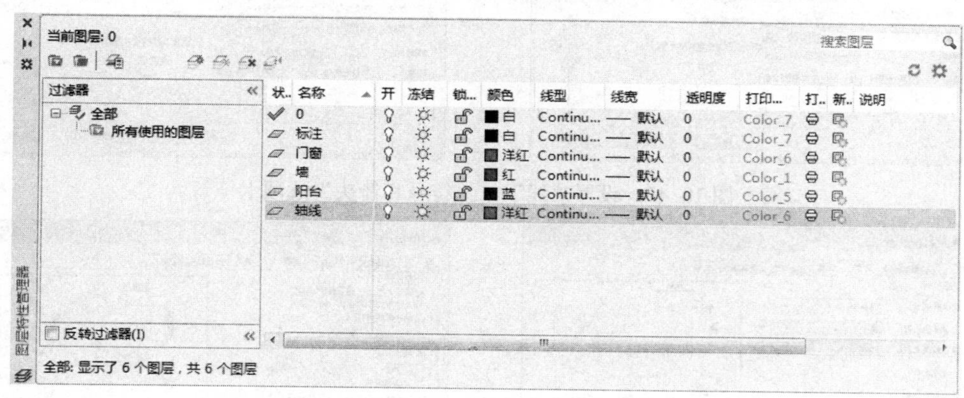


图 10-43　图层设置

**02** 设置标注样式。

❶单击“标注”工具栏中“标注样式”按钮，系统打开“标注样式管理器”对话框，如图 10-44 所示，选择“修改”按钮，则进入“修改标注样式：ISO-25”对话框。

❷选择“线”、“符号和箭头”选项卡，设定“尺寸线”列表框中的“基线间距”为 1，设定“尺寸界限”列表框中的“超出尺寸线”为 1，“起点偏移量”为 0，单击“箭头”列表框中的“第一个”按钮右边的▼，在弹出的下拉列表中选择“建筑标记”，单击“第二个”按钮右边的▼，在弹出的下拉列表中选择“建筑标记”，并设定“箭头大小”为 2.5，这样就完成了“线”、“符号和箭头”选项卡的设置，设置结果如图 10-45 所示。

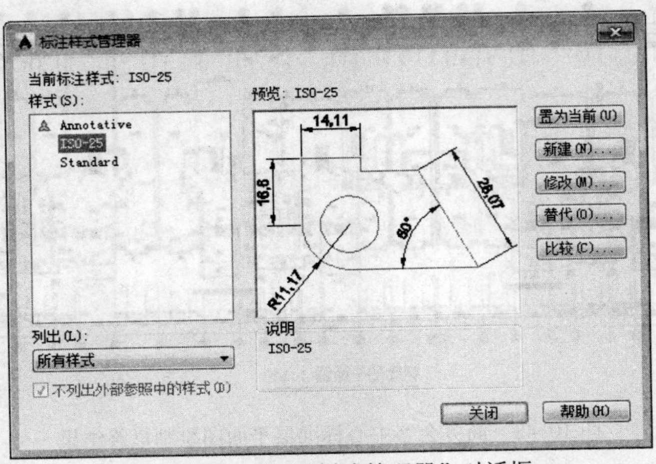


图 10-44 “标注样式管理器”对话框

❸选择“文字”选项卡，在“文字外观”列表框中的“文字高度”右边的文本框中填入 2。这样就完成了“文字”选项卡的设置，结果如图 10-46 所示。

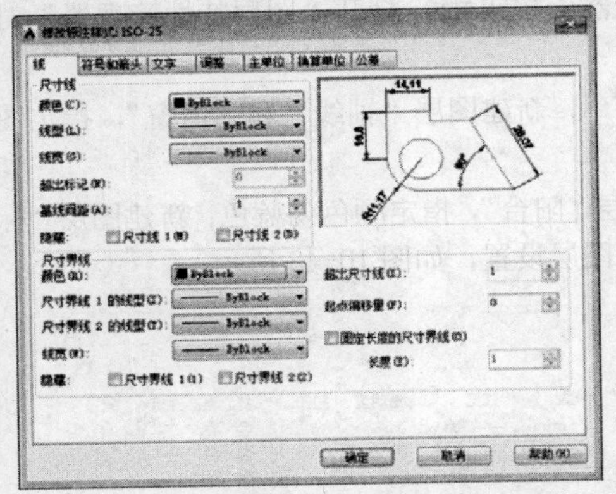

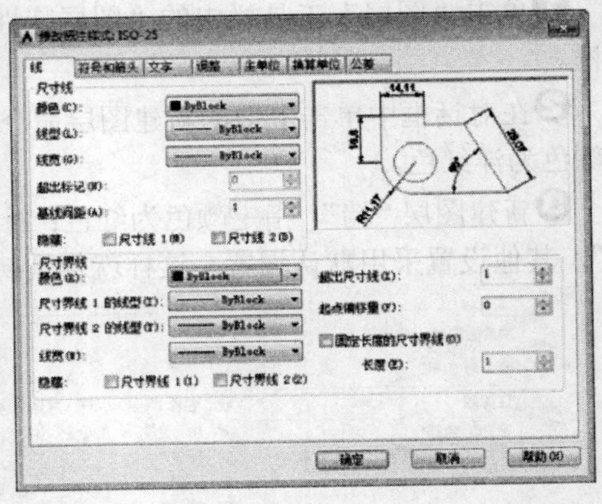

图 10-45 设置“线”、“符号和箭头”选项卡

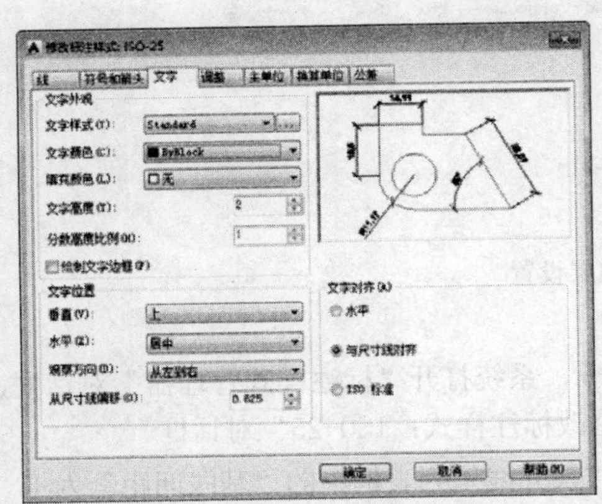

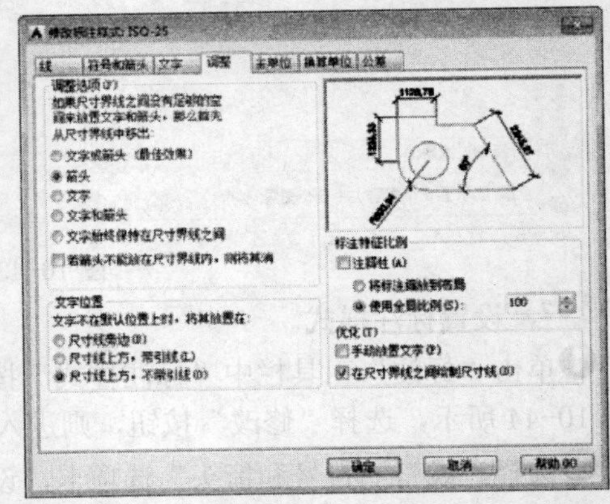

图 10-46 设置“文字”和“调整”选项卡

❹选择“调整”选项卡，在“调整选项”列表框中选择“箭头”单选按钮，在“文字位置”列表框中选择“尺寸线上方，不带引线”单选按钮，在“标注特征比例”列表框中指定

“使用全局比例”为100。这样就完成了“调整”选项卡的设置，结果如图10-47所示。单击“确定”按钮返回“标注样式管理器”对话框，最后单击“关闭”按钮返回绘图区。这样就完成了标注样式的设置。

### 10.3.2 绘制辅助线

01 单击“图层”工具栏中的“图层特性管理器”按钮，系统打开“图层特性管理器”对话框。双击图层“轴线”，使得当前图层是“轴线”。单击“确定”按钮退出“图层特性管理器”对话框。

02 按下F8键打开“正交”模式。单击“绘图”工具栏中的“构造线”按钮，绘制一条水平构造线和一条竖直构造线，组成“十”字构造线。

03 单击“修改”工具栏中的“偏移”按钮，让竖直构造线连续分别往右偏移2300、1200、2700、900、2000、2000、1400、1400、2000、2000、900、2700、1200、2300、300、2300、1200、2700、900、2000、2000、1400、1400、1300、800、2900、300、1200、2100、2100、1200、300、2900、800、1300、1400、1400、1300、800、2900、300、1200、2100，得到竖直方向的辅助线。让水平构造线连续分别往上偏移1500、900、1800、2700、750、750、1250、3250、1200、600、900得到水平方向的辅助线。它们和竖直辅助线一起构成正交的辅助线网，如图10-47所示。

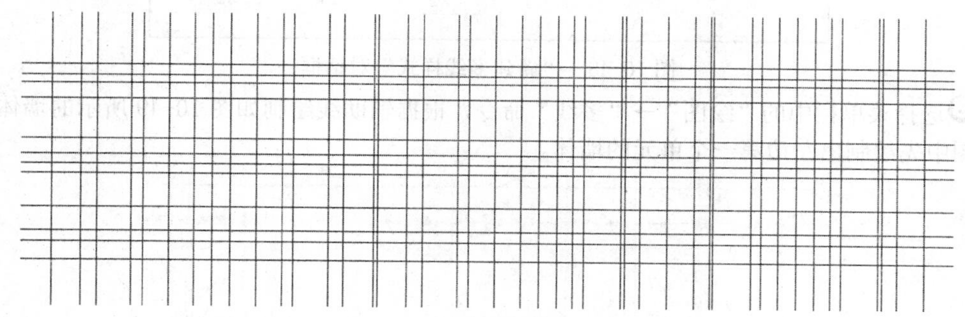

图10-47　底层建筑辅助线网格

### 10.3.3 绘制墙体

01 绘制主墙。

❶单击“图层”工具栏中的“图层特性管理器”按钮，系统打开“图层特性管理器”对话框。双击图层“墙”，使得当前图层是“墙”。单击“确定”按钮退出“图层特性管理器”对话框。

❷选择菜单栏中的“格式”→“多线样式”命令，在打开的“多线样式”对话框中，单击“新建”按钮，在打开的“创建新的多线样式”对话框中输入样式名240，单击“继续”按钮，系统打开“新建多线样式”对话框，在“图元”选项组，把其中的元素偏移量设为120和-120，如图10-48所示。

❸单击“确定”按钮，返回“多线样式”对话框，如果当前的多线名称不是240，则单击“置为当前”按钮即可。然后单击“确定”按钮完成多线的设置。

❹多线样式的调节：选择菜单栏中的“绘图”→“多线”命令，则系统提示“命令：_mline 当前设置：对正= 上，比例=20.00，样式=240　指定起点或[对正(J)/比例(S)/样式(ST)]：”。

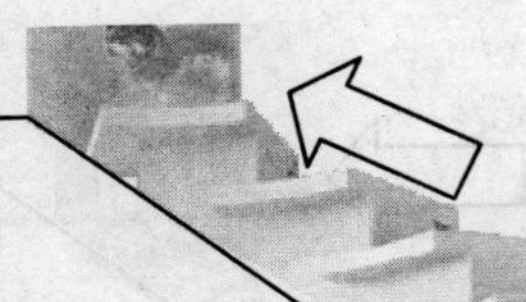



输入“j”选择修改对正方式，系统提示“输入对正类型[上(T)/无(Z)/下(B)]<上>：”。输入“z”选择居中对齐方式，系统提示“当前设置：对正=无，比例=20.00，样式=240　指定起点或[对正(J)/比例(S)/样式(ST)]：”。输入“s”选择修改多线比例，则系统提示“输入多线比例<20.00>：”。输入 1 作为多线的新比例即可。系统提示“当前设置：对正=无，比例=1.00，样式=240　指定起点或[对正(J)/比例(S)/样式(ST)]：”。可以发现：当前的多线比例已经修改为 1，多线样式为 240，对正方式为“无”。这样就完成了多线样式的调节。

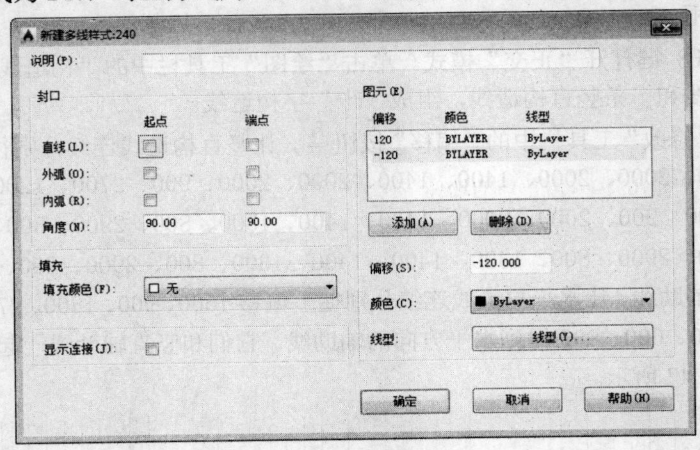


图 10-48　“新建多线样式”对话框

❺选择菜单栏中的“绘图”→“多线”命令，根据辅助线绘制如图 10-49 所示的墙体多线。图中先绘制出左边第一个单元的墙体。

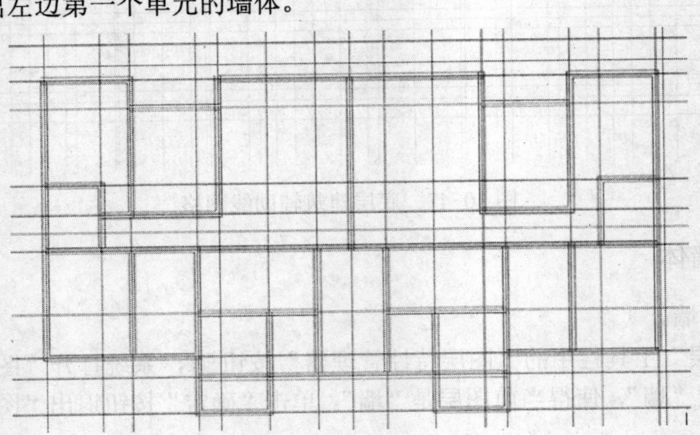

图 10-49　绘制 240 宽主墙体结果

❻单击“修改”工具栏中的“分解”按钮，把全部的多线分解掉。单击“修改”工具栏中的“修剪”按钮，把墙体交叉处多余的线条修剪掉，使得墙体连贯。例如左上角的修剪前的墙体如图 10-50 所示，修剪后的墙体如图 10-51 所示。

❼单击“修改”工具栏中的“修剪”按钮，继续把墙体其余交叉处多余的线条修剪掉，使得墙体整体连贯，该单元全部墙体修剪结果如图 10-52 所示。

**02** 调整墙体。单元中间靠上部有几段墙体是 370 宽，需要在前边的 240 墙体上进行宽度调整，具体步骤如下：

❶单击“修改”工具栏中的“偏移”按钮，让中间的墙体线往外各偏移 65。重复“偏移”命令，让周围的 4 段墙体线往里偏移 130。这样就得到拓宽后的墙体位置，具体如图 10-53 所示。

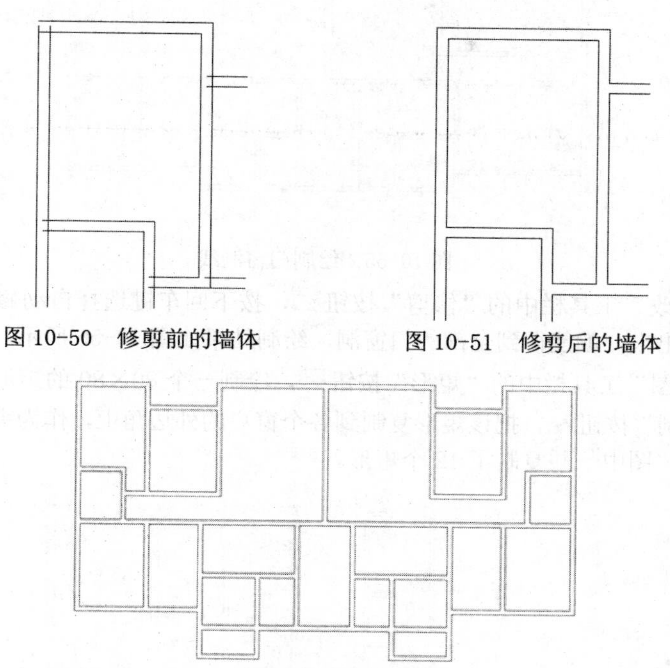

图 10-50　修剪前的墙体　　图 10-51　修剪后的墙体

图 10-52　墙体修剪结果

❷单击“修改”工具栏中的“删除”按钮，删除掉原来的墙线。单击“修改”工具栏中的“修剪”按钮，修剪掉新墙线冒头的部分。单击“修改”工具栏中的“延伸”按钮，把断开的墙体延伸使得连贯，最终调整结果如图 10-54 所示。

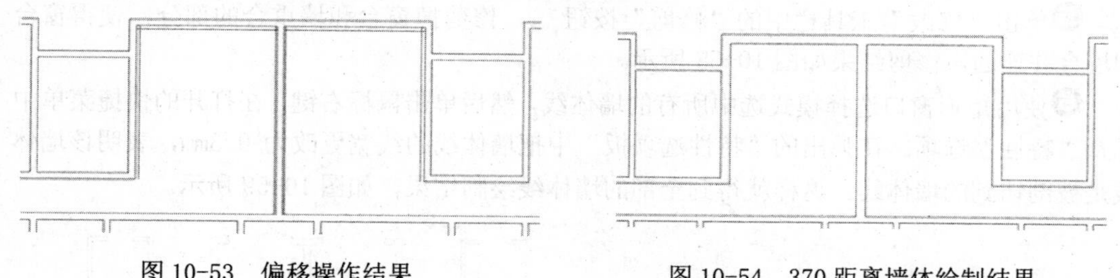

图 10-53　偏移操作结果　　图 10-54　370 距离墙体绘制结果

## 10.3.4　绘制门窗楼梯

**01** 开门窗洞。

❶单击“绘图”工具栏中的“直线”按钮，根据门和窗户的具体位置，在对应的墙上绘制出这些门窗的一边边界。

❷单击“修改”工具栏中的“偏移”按钮，根据各个门和窗户的具体大小，让前边绘制的门窗边界偏移对应的距离，就能得到门窗洞在图上的具体位置，绘制结果如图 10-55 所示。

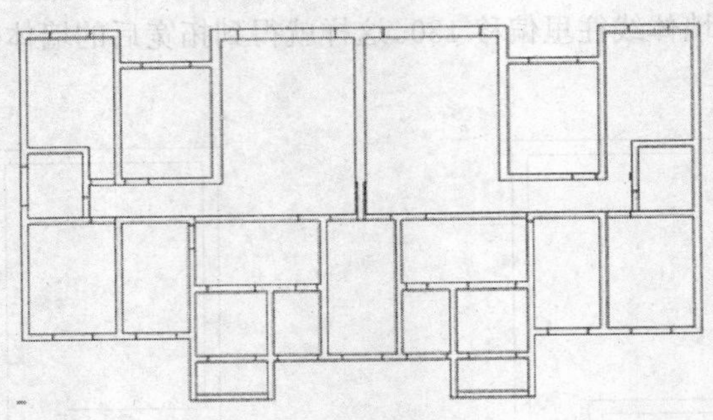

图 10-55　绘制门窗洞线

❸单击“修改”工具栏中的“修剪”按钮，按下回车键选择自动修剪模式，然后把各个门窗洞修剪出来，就能得到全部的门窗洞，绘制结果如图 10-56 所示。

❹单击“绘图”工具栏中的“矩形”按钮，绘制一个 80×80 的矩形。单击“修改”工具栏中的“复制”按钮，把该矩形复制到各个窗户的外边角上，作为突出的窗台，结果如图 10-57 所示，图中一共复制了 12 个矩形。

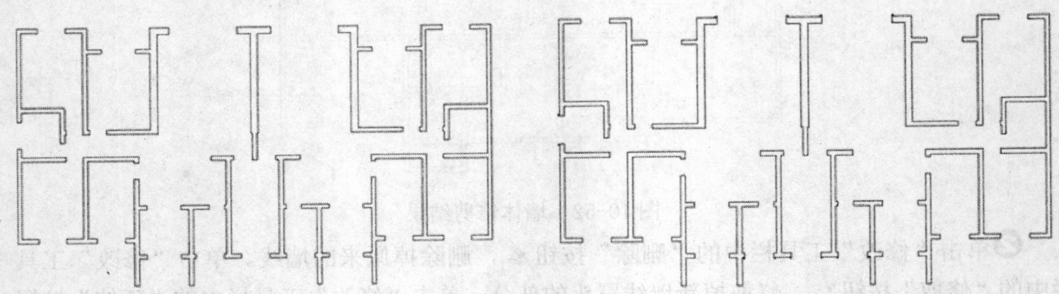

图 10-56　门窗洞修剪结果　　图 10-57　复制小矩形结果

❺单击“修改”工具栏中的“修剪”按钮，修剪掉窗台和墙重合的部分，使得窗台和墙合并连通，修剪结果如图 10-58 所示。

❻使用矩形窗口选择模式选中所有的墙体线，然后单击鼠标右键，在打开的快捷菜单中选择“特性”选项。在弹出的“特性选项板”中把墙体线的线宽更改为 0.3mm，表明该墙体线是被剖切到的墙体线。这样就得到全部的墙体线绘制结果，如图 10-59 所示。

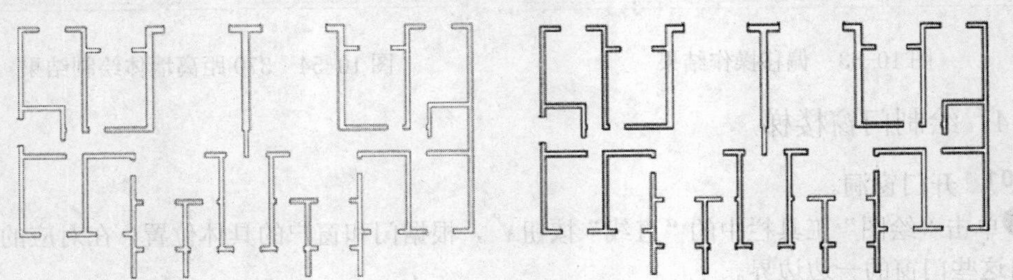

图 10-58　修剪操作结果　　图 10-59　调整线宽结果

**02** 绘制门。

❶单击“图层”工具栏中的“图层特性管理器”按钮，系统打开“图层特性管理器”

对话框。双击图层“门窗”，使得当前图层是“门窗”。单击“确定”按钮退出“图层特性管理器”对话框。

❷单击“绘图”工具栏中的“直线”按钮，在门洞上绘制出门板线。

❸单击“绘图”工具栏中的“圆弧”按钮，绘制圆弧表示门的开启方向，就能得到门的图例。绘制全部门的结果如图 10-60 所示。

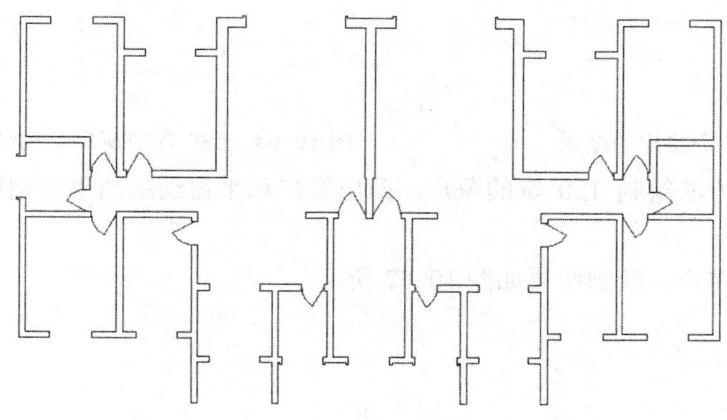

图 10-60　全部门的绘制结果

03 绘制窗。

❶单击“绘图”工具栏中的“直线”按钮，在窗洞中绘制一条直线作为窗边线。

❷单击“修改”工具栏中的“偏移”按钮，把窗边线连续 3 次往下偏移 80，就能得到一个窗户的图例。绘制结果如图 10-61 所示。

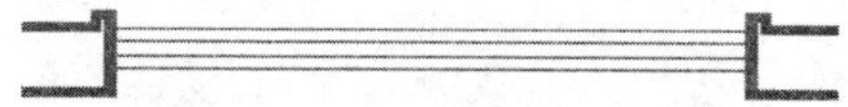

图 10-61　绘制一个窗户的结果

❸采用同样的方法绘制其余的 240 宽的窗户，绘制结果如图 10-62 所示。

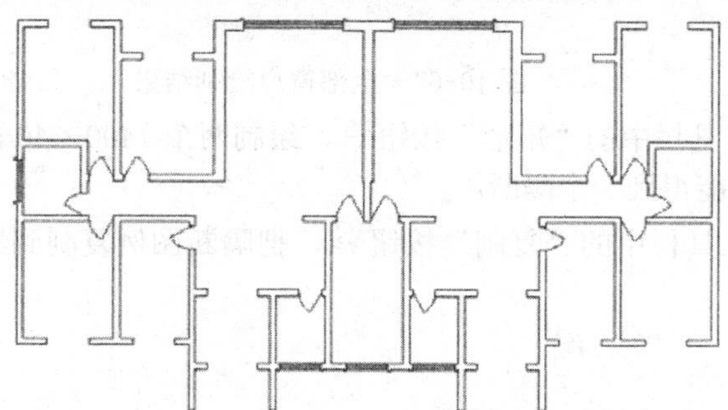

图 10-62　240 距离宽窗户的绘制结果

❹单击“绘图”工具栏中的“多段线”按钮，在左上角的窗洞口绘制多段线。选择上边的一个墙角作为起点，然后输入下一点的坐标“@0,220”，继续输入下一点的坐标“@1500,0”，最后回到对边的角点上。就能得到一条窗边线。

❺单击“修改”工具栏中的“偏移”按钮，把窗边线连续往外偏移 60，3 次，就能得到一个窗户的图例。绘制结果如图 10-63 所示。

❻采用同样的方法绘制其余 180 宽的窗户，绘制结果如图 10-64 所示。

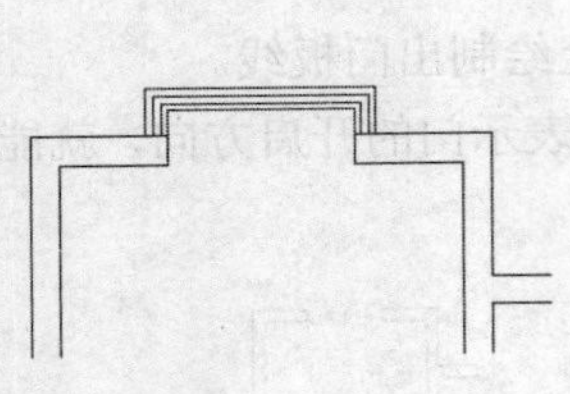
图 10-63 绘制一个窗户的结果

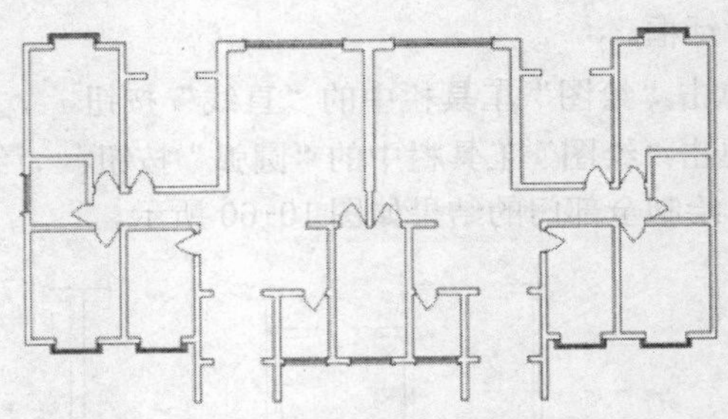
图 10-64 180 宽的窗户绘制结果

❼采用同样的方法绘制 120 宽的窗户，凸出窗户和平窗绘制结果分别如图 10-65 和图 10-66 所示。

❽绘制了全部窗户，绘制结果如图 10-67 所示。

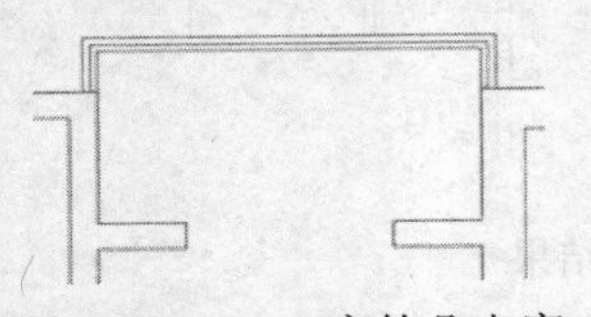
图 10-65 120 宽的凸出窗

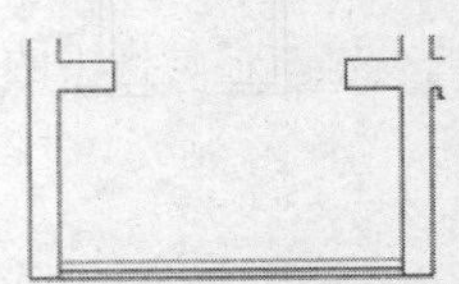
图 10-66 120 宽的平窗

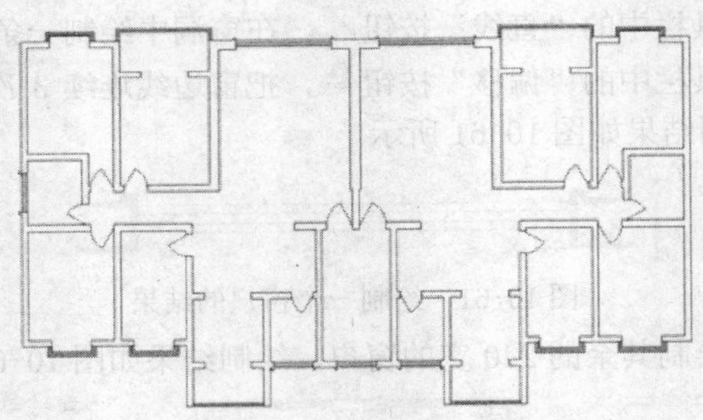
图 10-67 全部窗户绘制结果

❾单击“绘图”工具栏中的“矩形”按钮，绘制两个 1400×40 的矩形，绘制结果如图 10-68 所示。这样就能得到一个隔断。

❿单击“修改”工具栏中的“复制”按钮，把隔断图例复制到其他房间，绘制结果如图 10-69 所示。

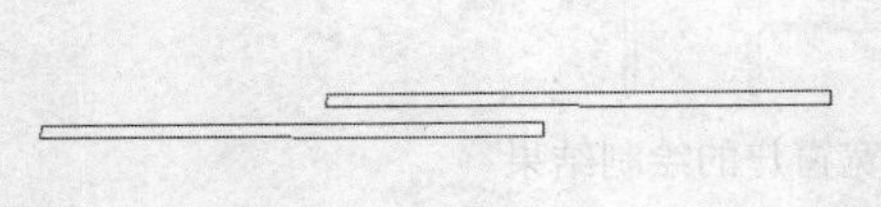
图 10-68 绘制隔断图例结果

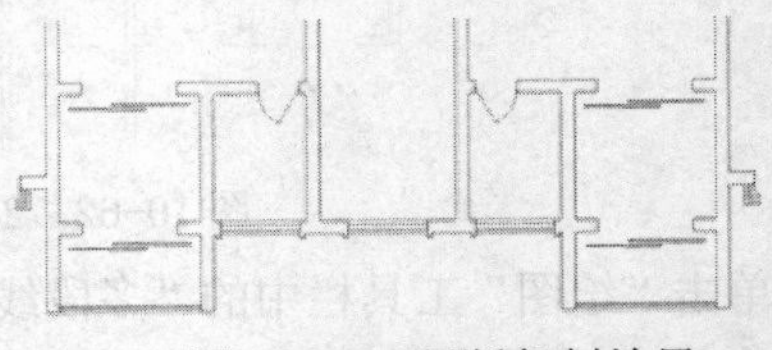
图 10-69 隔断复制结果

**04** 绘制楼梯。

❶单击“图层”工具栏中的“图层特性管理器”按钮，系统打开“图层特性管理器”对话框。新建“楼梯”图层，双击图层“楼梯”，使得当前图层是“楼梯”。单击“确定”按钮退出“图层特性管理器”对话框。

❷单击“绘图”工具栏中的“直线”按钮，根据墙角点绘制楼梯边线，绘制结果如图 10-70 所示。

❸单击“修改”工具栏中的“矩形阵列”按钮，选择楼梯竖直边线作为阵列对象，设置阵列行数为 1，列数为 9，设置列间距为-280，阵列结果如图 10-71 所示。

图 10-70　绘制楼梯边线　　　图 10-71　阵列操作结果

❹单击“修改”工具栏中的“偏移”按钮，把水平直线往上连续偏移 60 距离两次，单击“绘图”工具栏中的“直线”按钮，绘制突出的扶手部分，绘制结果如图 10-72 所示。

❺单击“修改”工具栏中的“修剪”按钮，把多余的部分修剪掉，修剪结果如图 10-73 所示。这样，一个楼梯就绘制好了。

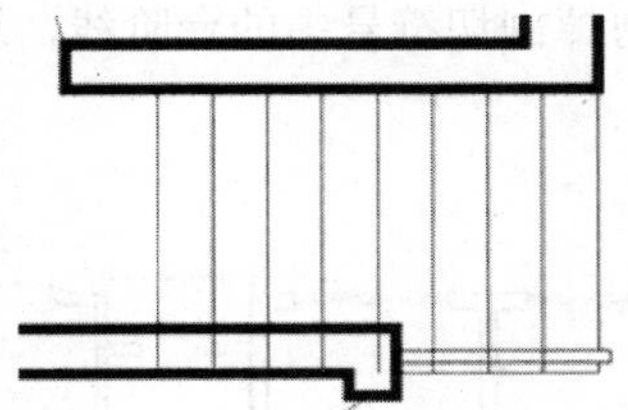

图 10-72　绘制楼梯扶手结果

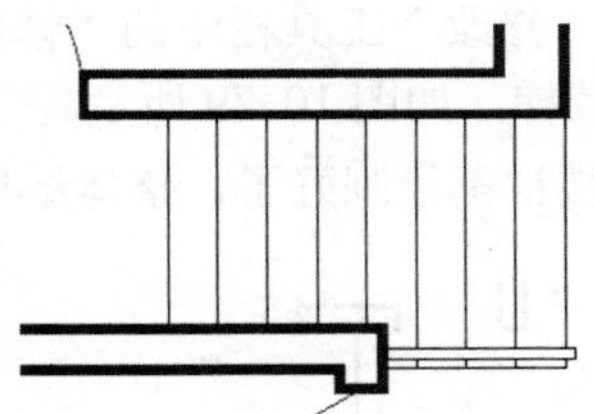

图 10-73　一个楼梯绘制结果

❻单击“修改”工具栏中的“镜像”按钮，选择楼梯作为镜像对象，以单元中间轴线作为镜像轴，得到另外的一个楼梯，如图 10-74 所示。

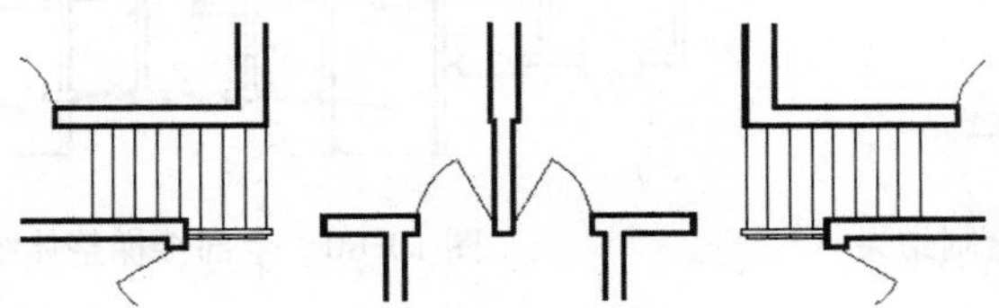

图 10-74　镜像操作结果

❼绘制中间的楼梯。单击“绘图”工具栏中的“直线”按钮，捕捉中间房间的墙边中点绘制直线。单击“绘图”工具栏中的“矩形”按钮，绘制一个 60×2160 的矩形。单击“修改”工具栏中的“偏移”按钮，把矩形往外偏移 60。单击“修改”工具栏中的“移动”按钮，把矩形移动到房间的正中间，结果如图 10-75 所示。

❽单击“修改”工具栏中的“修剪”按钮，修剪掉中间的重合线，这样得到两根台阶线，结果如图 10-76 所示。

❾单击“修改”工具栏中的“偏移”按钮，把两条台阶线往两边分别偏移 252，4 次，得到全部的台阶线。绘制结果如图 10-77 所示。

❿单击“绘图”工具栏中的“直线”按钮，绘制出楼梯剖切符号，绘制结果如图 10-78 所示。

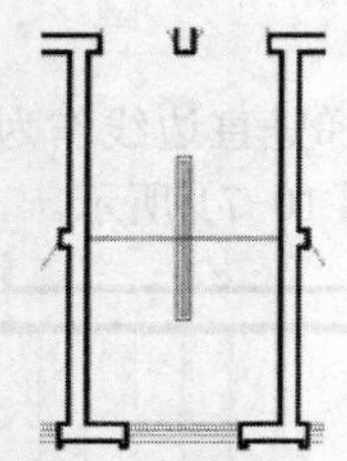

图 10-75　绘制矩形和直线

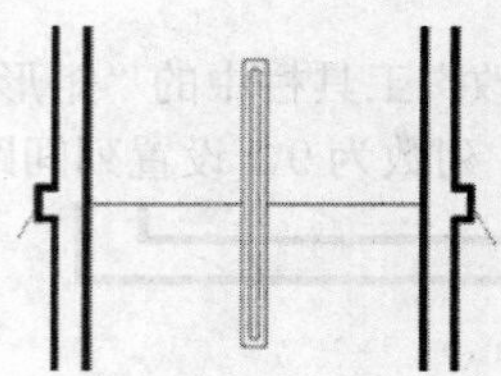

图 10-76　直线修剪结果

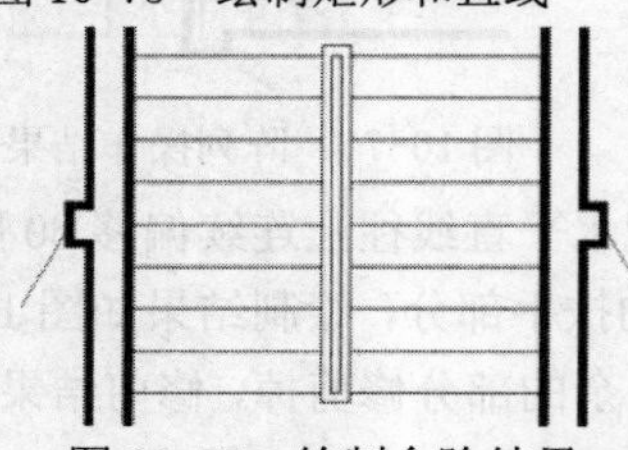

图 10-77　绘制台阶结果

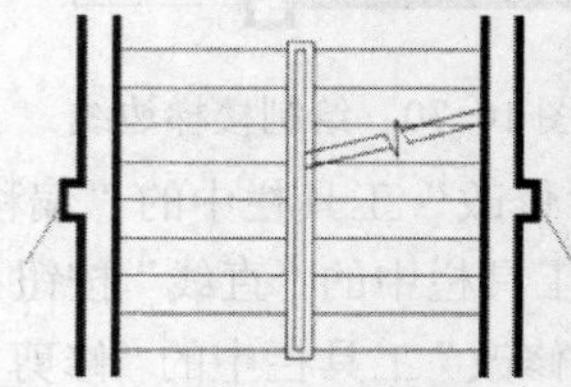

图 10-78　绘制楼梯剖切符号

⓫单击“修改”工具栏中的“修剪”按钮，修剪掉剖切符号中的台阶线，这样就得到了中间的楼梯，如图 10-79 所示。

⓬全部楼梯都绘制好了，整体结果如图 10-80 所示。

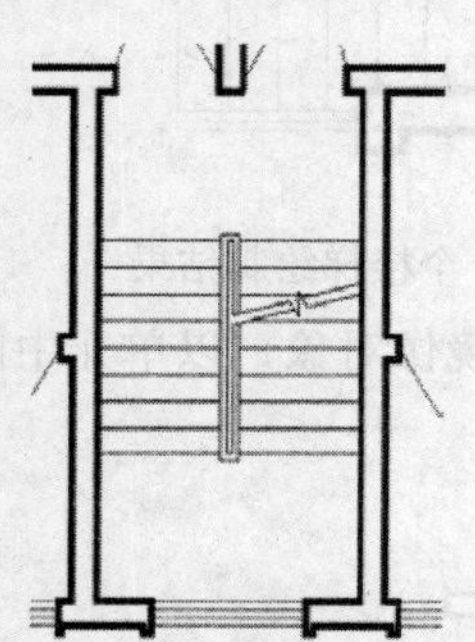

图 10-79　中间楼梯绘制结果

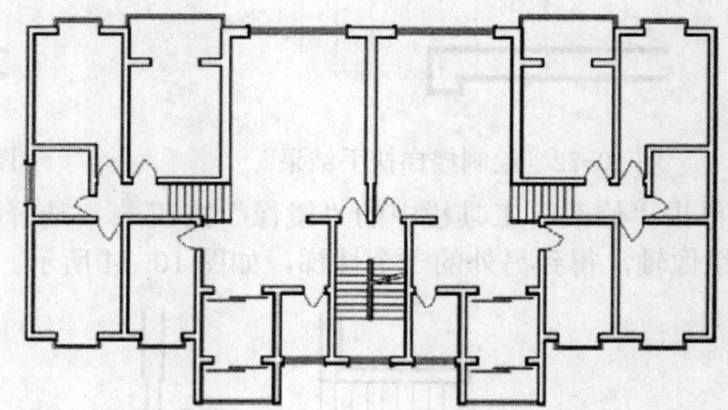

图 10-80　全部楼梯整体绘制结果

### 10.3.5　尺寸和文字标注

**01** 文字标注。

❶单击“图层”工具栏中的“图层特性管理器”按钮，系统打开“图层特性管理器”对话框。新建“文字”图层，双击图层“文字”，使得当前图层是“文字”图层。单击“确定”按钮退出“图层特性管理器”对话框。

❷单击“绘图”工具栏中的“多行文字”按钮A，在各个房间中间进行文字标注，注意设定文字高度为300。在各个楼梯的出入口标上“上”或“下”，表示该楼梯的走向。文字标注结果如图 10-81 所示。

❸建筑制图标准规定在建筑平面图中采用大写字母“M”来表示门，大写字母“C”来表示窗，“YTC”来表示阳台窗。为了表示出平面图中不同的门窗，需要对这些门窗作出标记。单击“绘图”工具栏中的“多行文字”按钮A，采用“M1”“M2”“M3”等标记门，采用“C1”“C2”“C3”等标记窗，采用“YTC1”“YTC2”“YTC3”等标记阳台窗，标记结果如图 10-82

所示，其中字高为 300。

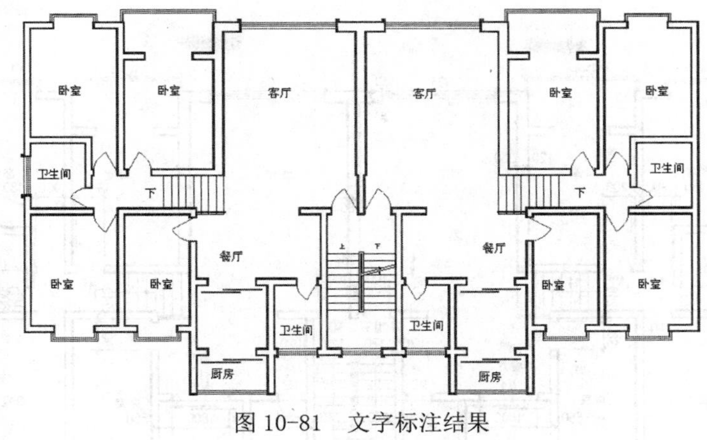


图 10-81　文字标注结果

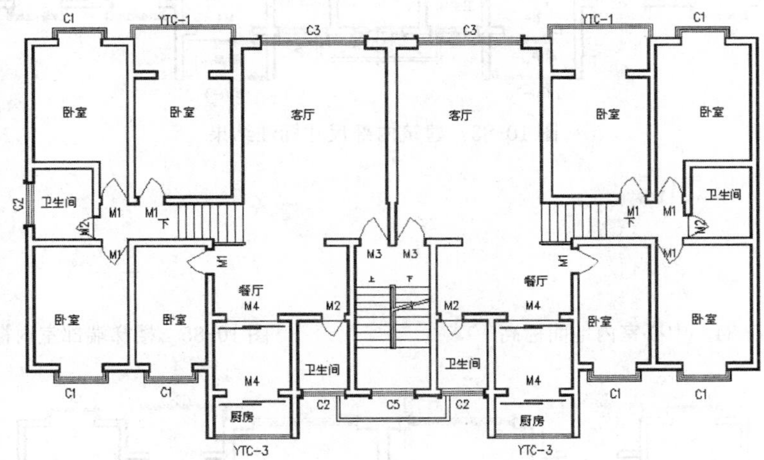


图 10-82　门窗标记结果

**02** 尺寸标注。

❶单击“图层”工具栏中的“图层特性管理器”按钮，系统打开“图层特性管理器”对话框。双击图层“标注”，使得当前图层是“标注”。单击“确定”按钮退出“图层特性管理器”对话框。

❷单击“标注”工具栏中的“对齐”按钮，进行尺寸标注，把建筑物里边的各个建筑部件进行标注，标注结果如图 10-83 所示。

❸进行室内标高标注。这是一个标准层，可以进行多层的标高标注。单击“绘图”工具栏中的“直线”按钮，绘制一个标高符号。单击“绘图”工具栏中的“多行文字”按钮，在标高符号上注明各层的具体到高度。中心室内地面标高如图 10-84 所示。

❹由于这是一个带有室内楼梯的单元房，所以楼梯两端的房间标高是不一样的。另外楼梯端部室内标高如图 10-85 所示。

❺室内标高的整体结果如图 10-86 所示。

❻单击“标注”工具栏中的“对齐”按钮，进行尺寸标注，把建筑物外边的各个建筑部件进行标注，标注结果如图 10-87 所示。建筑外边的尺寸标注一般比较规则，形成多层

次的标注。

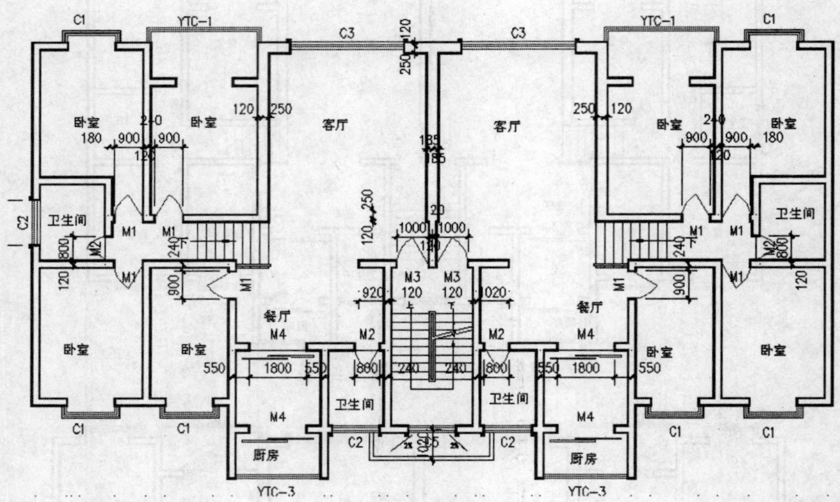


图 10-83　建筑内部尺寸标注结果

图 10-84　中心室内地面标高　　　　　　　　图 10-85　楼梯端部室内标高

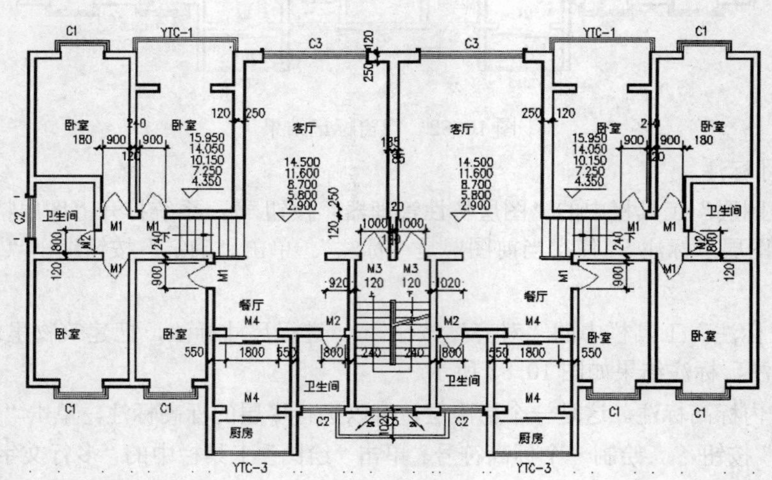


图 10-86　室内标高整体结果

**03** 轴线编号。

❶单击“图层”工具栏中的“图层特性管理器”按钮，系统打开“图层特性管理器”对话框。新建“轴线编号”图层，双击图层“轴线编号”，使得当前图层是“轴线编号”。单击“确定”按钮退出“图层特性管理器”对话框。

❷单击“绘图”工具栏中的“圆”按钮，绘制一个半径为400的圆。单击“绘图”工具栏中的“多行文字”按钮A，绘制一个文字“A”，注意指定文字高度为300。单击“修改”工具栏中的“移动”按钮，把文字“A”移动到圆的中心，这样就能得到一个轴线编号。

❸单击“修改”工具栏中的“复制”按钮，把轴线编号复制到其他各个轴线端部。

❹双击轴线编号内的文字来修改轴线编号内的文字，横向使用1、2、3、4…来编号，竖向使用A、B、C、D…来编号，结果如图10-88所示。

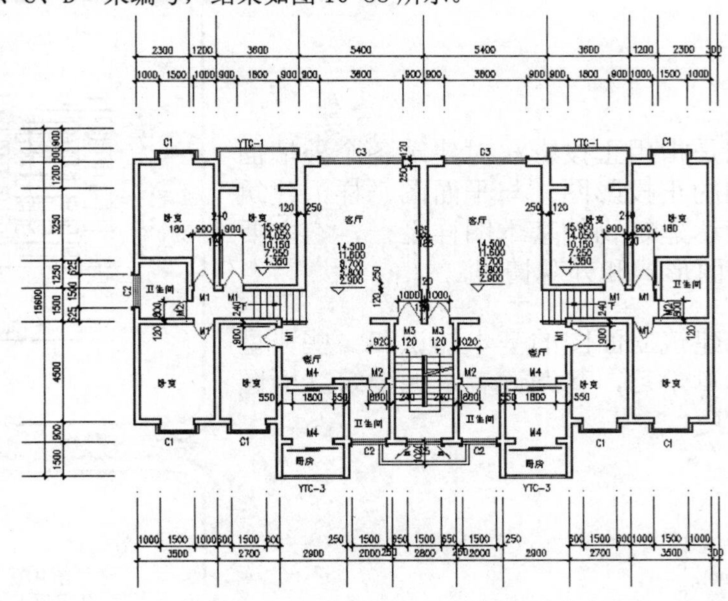


图10-87　外层尺寸标注结果

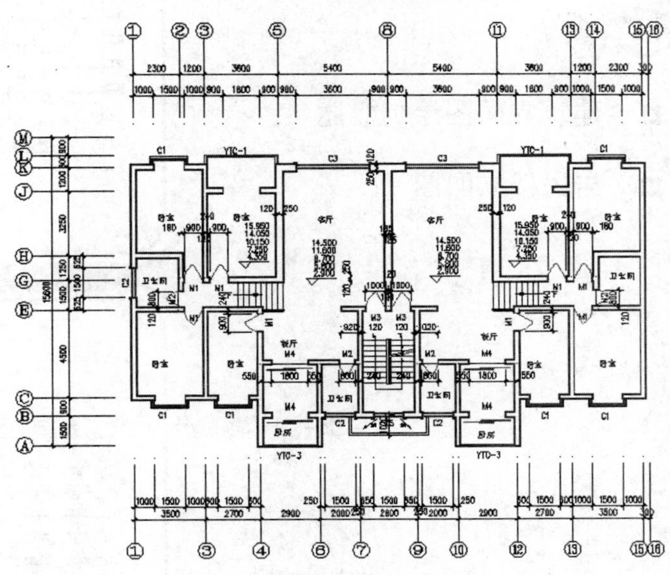


图10-88　轴线编号结果

❺得到一个单元内的全部平面图。采用同样的办法绘制其他的两个单元，绘制最终结果如图10-42所示。这就是大楼标准层平面图的绘制结果。

# 第 11 章　建筑立面图绘制

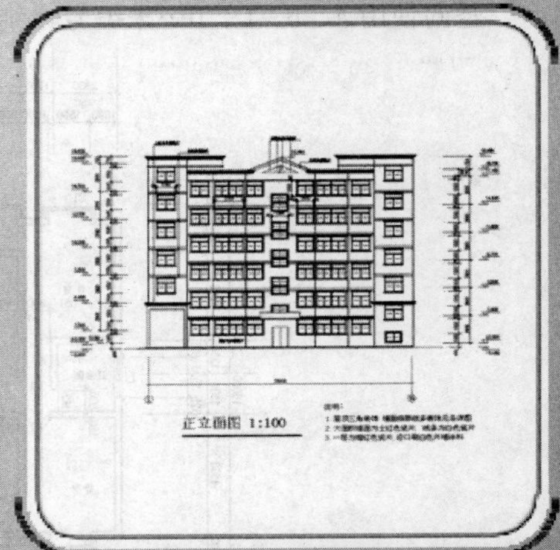


建筑立面图是指用正投影法对建筑各个外墙面进行投影所得到的正投影图。与平面图一样，建筑的立面图也是表达建筑物的基本图样之一，它主要反映建筑物的立面形式和外观情况。

本章将讲述建筑立面图的基本知识和一些典型的实例，通过本章学习，帮助读者掌握建筑立面图的绘制方法和技巧。

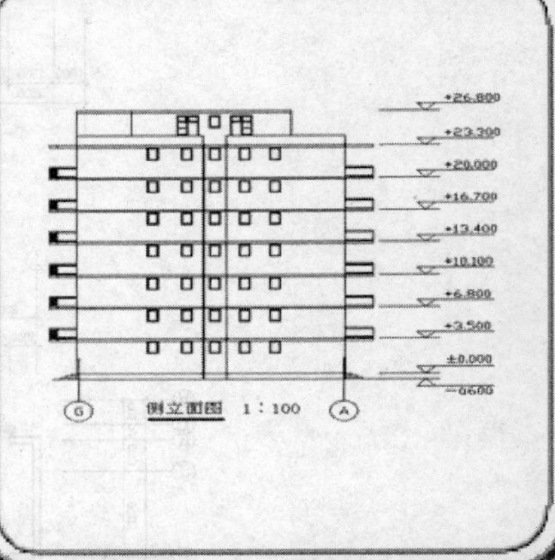


- 建筑立面图绘制概述
- 居民楼立面图

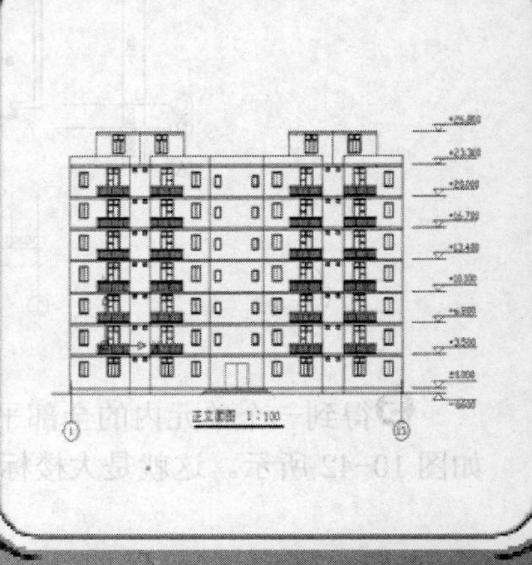

# 11.1 建筑立面图绘制概述

## 11.1.1 建筑立面图的概念

立面图主要是反映房屋的外貌和立面装修的做法，这是因为建筑物给人的外表美感主要来自其立面的造型和装修。反映主要入口或是比较显著地反映建筑物外貌特征一面的立面图叫做正立面图，其余面的立面图相应地称为背立面图和侧立面图。如果按照房屋的朝向来分，可以称为南立面图、东立面图、西立面图和北立面图。如果按照轴线编号来分，也可以有①～⑥立面图、Ⓐ～Ⓓ立面图等。建筑立面图使用大量图例来表示很多细部，这些细部的构造和做法一般都另有详图。如果建筑物有一部分立面不平行于投影面，可以将这一部分展开到与投影面平行，再画出其立面图，然后在其图名后注写“展开”字样。图 11-1 所示是一个建筑立面图的示例。

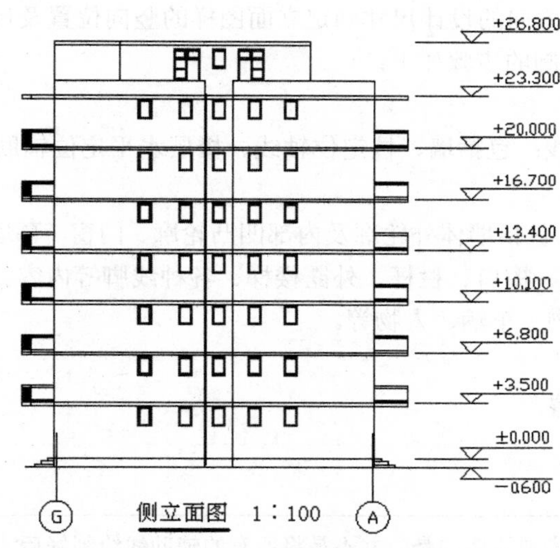


图 11-1 建筑立面图示例

## 11.1.2 建筑立面图的图示内容

（1）室内外的地面线、房屋的勒脚、台阶、门窗、阳台、雨篷；室外的楼梯、墙和柱；外墙的预留孔洞、檐口、屋顶、雨水管、墙面修饰构件等。

（2）外墙各个主要部位的标高。

（3）建筑物两端或分段的轴线和编号。

（4）标出各个部分的构造、装饰节点详图的索引符号。使用图例和文字说明外墙面的装饰材料和做法。

## 11.1.3 建筑立面图的命名方式

建筑立面图命名目的在于能够一目了然地识别其立面的位置。由此可见，各种命名方式都是围绕“明确位置”这一主题来实施的。至于采取哪种方式，则视具体情况而定。

1. 以相对主入口的位置特征命名

以相对主入口的位置特征命名的建筑立面图称为正立面图、背立面图、侧立面图。这种

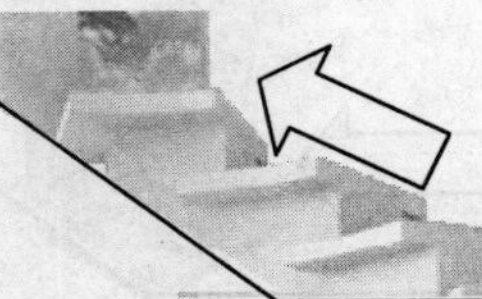



方式一般适用于建筑平面图方正、简单，入口位置明确的情况。

2. 以相对地理方位的特征命名

建筑立面图常称为南立面图、北立面图、东立面图、西立面图。这种方式一般适用于建筑平面图规整、简单，而且朝向相对正南正北偏转不大的情况。

3. 以轴线编号来命名

以轴线编号来命名是指用立面起止定位轴线来命名，比如①-⑥立面图、Ⓕ-Ⓐ立面图等。这种方式命名准确，便于查对，特别适用于平面较复杂的情况。

GB/T 50104 规定，有定位轴线的建筑物，宜根据两端定位轴线号编注立面图名称。无定位轴线的建筑物可按平面图各面的朝向确定名称。

### 11.1.4 建筑立面图绘制的一般步骤

从总体上来说，立面图是在平面图的基础上，引出定位辅助线确定立面图样的水平位置及大小。然后，根据高度方向的设计尺寸确定立面图样的竖向位置及尺寸，从而绘制出一个个图样。通常，立面图绘制的步骤如下：

（1）绘图环境设置。

（2）确定定位辅助线：包括墙、柱定位轴线、楼层水平定位辅助线及其他立面图样的辅助线。

（3）立面图样绘制：包括墙体外轮廓及内部凹凸轮廓、门窗（幕墙）、入口台阶及坡道、雨篷、窗台、窗楣、壁柱、檐口、栏杆、外露楼梯、各种线脚等内容。

（4）配景：包括植物、车辆、人物等。

（5）尺寸、文字标注。

（6）线型、线宽设置。

提示

对上述绘制步骤，需要说明的是，并不是将所有的辅助线绘制好后才绘制图样，而一般是由总体到局部、由粗到细，一项一项地完成。如果将所有的辅助线一次绘出，则会密密麻麻，无法分清。

## 11.2 居民楼立面图

首先绘制底层立面，然后绘制标准层立面，最后会指顶层立面。在绘制建筑背立面图的过程中，是依据正立面图来修改的。在绘制建筑侧立面图的过程中，也是首先绘制底层立面，然后绘制标准层立面，最后会指顶层立面。当然每一个实例都要进行文字说明和尺寸标注，如图11-2所示。

光盘\动画演示\第 11 章\居民楼立面图.avi

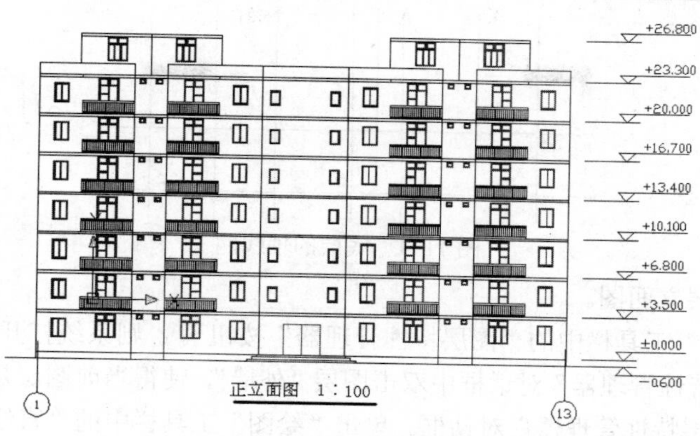


图 11-2 居民楼立面图

### 11.2.1 绘制正立面图

**01** 设置绘图参数。

❶单击“图层”工具栏中的“图层特性管理器”按钮，即可打开“图层特性管理器”对话框。

❷在“图层特性管理器”对话框中单击上边的新建图层命令图标，新建图层“轴线”，指定图层颜色为红色。

❸新建图层“窗”，指定颜色为红色；新建图层“台阶”和“阳台”，指定颜色为蓝色；新建图层“标注”和“外墙”，其他设置采用默认设置。这样就得到初步的图层设置，如图11-3所示。

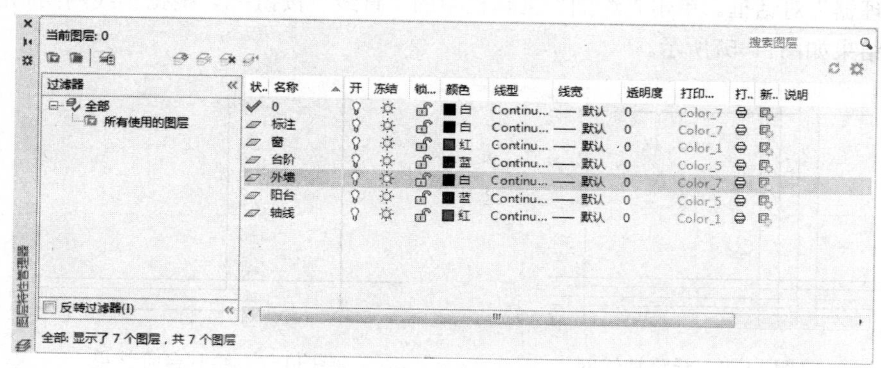


图 11-3 图层设置

**02** 绘制辅助线网。

❶单击“图层”工具栏中的“图层特性管理器”按钮，系统打开“图层特性管理器”对话框。在“图层特性管理器”对话框中双击图层“轴线”，使得当前图层是“轴线”，单击“确定”按钮退出“图层特性管理器”对话框。

❷单击“绘图”工具栏中的“构造线”按钮，绘制一根竖直构造线。单击“修改”工具栏中的“偏移”按钮，连续向右偏移3300、4200、1350、1350、4200、3300、3600，构成正立面图竖直轴线。重复“构造线”命令，绘制一根水平构造线，重复“偏移”命令，把水平构造线往上偏移3500，形成底层的初步轴线网，结果如图11-4所示。

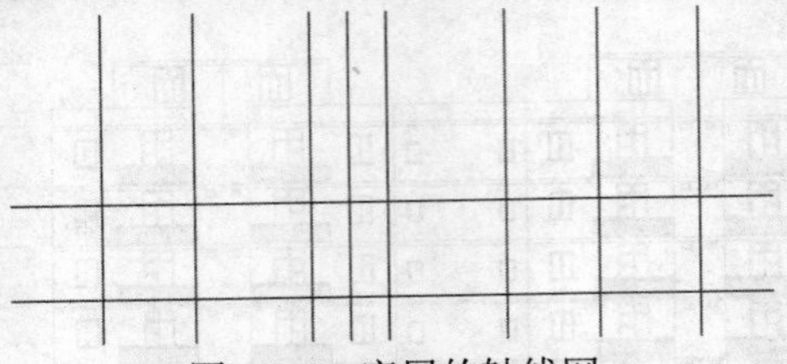
图 11-4　底层的轴线网

03 绘制底层立面图。

❶单击“图层”工具栏中的“图层特性管理器”按钮，则系统打开“图层特性管理器”对话框。在“图层特性管理器”对话框中双击图层“外墙”，使得当前图层是“外墙”。单击“确定”按钮退出“图层特性管理器”对话框。单击“绘图”工具栏中的“直线”按钮，根据轴线网绘制出第一层的大致轮廓，结果如图11-5所示。

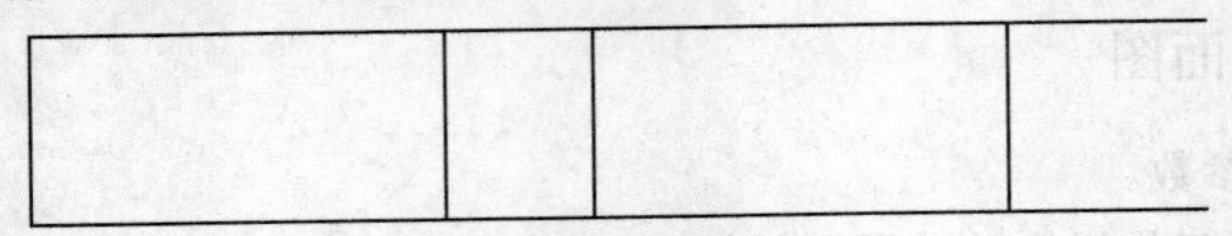
图 11-5　底层轮廓

❷绘制台阶。根据台阶每阶高200，宽400。单击“修改”工具栏中的“偏移”按钮，可以使得水平轴线往下连续偏移200三次，相应的竖直构造线往左连续偏移400两次，形成台阶的轴线网，如图11-6所示。

❸单击“图层”工具栏中的“图层特性管理器”按钮，系统打开“图层特性管理器”对话框。在对话框中双击图层“台阶”，使得当前图层是“台阶”。单击“确定”按钮退出“图层特性管理器”对话框。单击“绘图”工具栏中的“直线”按钮，根据轴线网绘制出台阶的立面图，结果如图11-57所示。

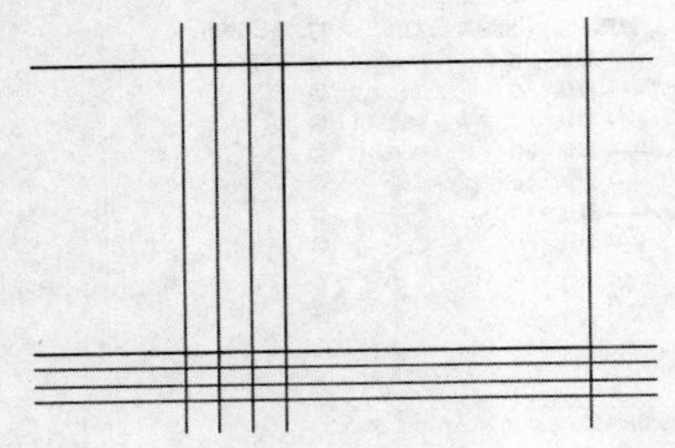
图 11-6　台阶轴线网

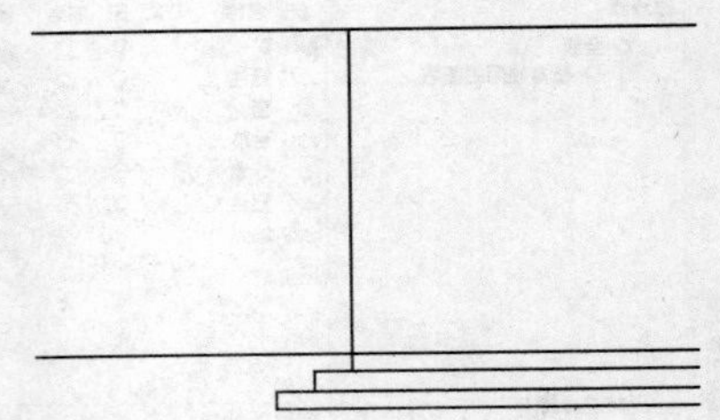
图 11-7　绘制台阶结果

❹将窗图层设为当前图层单击“绘图”工具栏中的“直线”按钮，绘制一个宽1200的推拉窗，绘制结果如图11-8所示。可以灵活使用矩形、偏移、修剪等命令，能更快的提高绘图速度。

❺单击“绘图”工具栏中的“直线”按钮，绘制一个宽1600的大窗，绘制结果如图11-9所示。灵活使用矩形、偏移、修剪等命令，能更快的提高绘图速度。

❻单击“绘图”工具栏中的“矩形”按钮，捕捉两个对角点绘制矩形。单击“修改”工具栏中的“偏移”按钮，把所得矩形往里连续偏移50两次，得到如图11-10所示的小窗。

❼绘制了3个不同大小的窗户。单击“修改”工具栏中的“镜像”按钮，对这3个窗户进行镜像操作，得到底层的所有窗户，结果如图11-11所示。

❽绘制入口大门。单击“绘图”工具栏中的“直线”按钮，绘制大门、楼板线和地面线，完成底层立面图的绘制，绘制结果如图11-12所示。

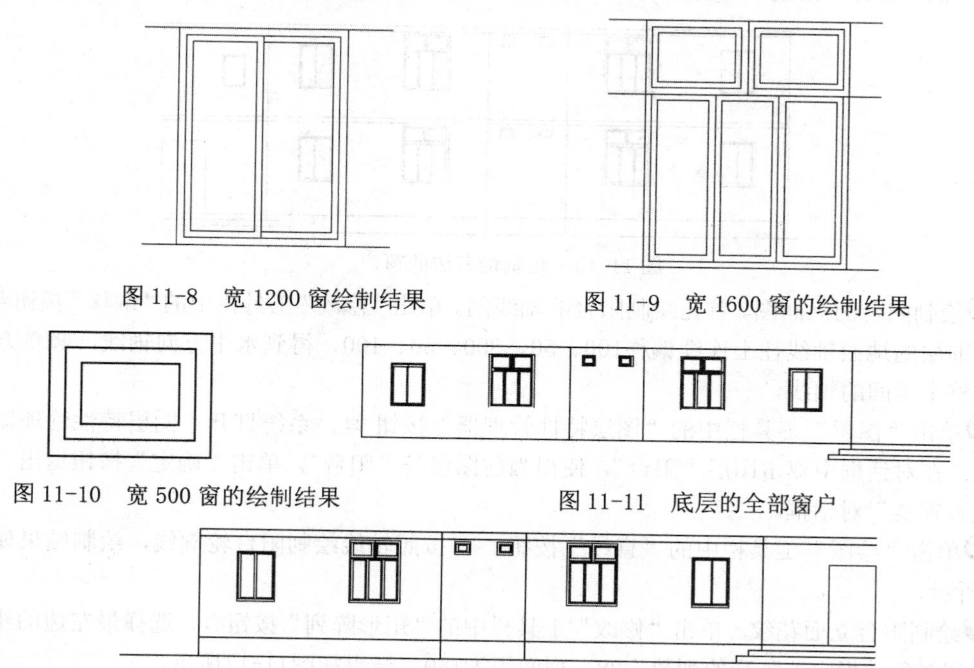

图 11-8　宽 1200 窗绘制结果

图 11-9　宽 1600 窗的绘制结果

图 11-10　宽 500 窗的绘制结果

图 11-11　底层的全部窗户

图 11-12　底层立面图绘制结果

**04** 绘制标准层立面图。

❶根据标准层高度为3300。首先绘制轴线网。单击“修改”工具栏中的“偏移”按钮，所有的相应轴线往上偏移3300距离即可。单击“绘图”工具栏中的“直线”按钮，绘制出标准层外墙的轮廓，结果如图11-13所示。

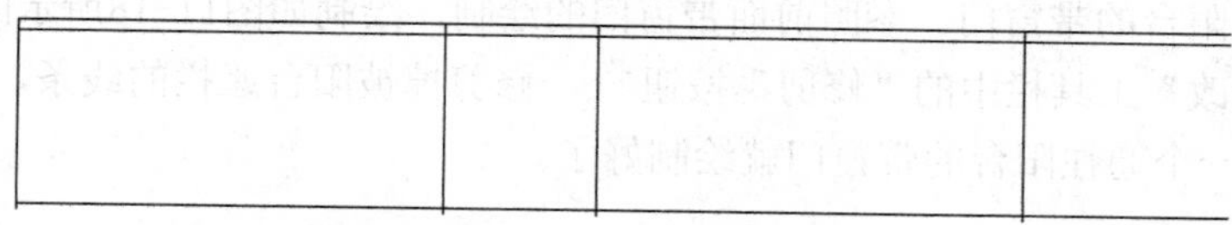

图 11-13　标准层外墙轮廓

❷单击“修改”工具栏中的“复制”按钮，全部选中底层的窗户作为复制对象，把全部窗户复制到第二层，结果如图11-14所示。

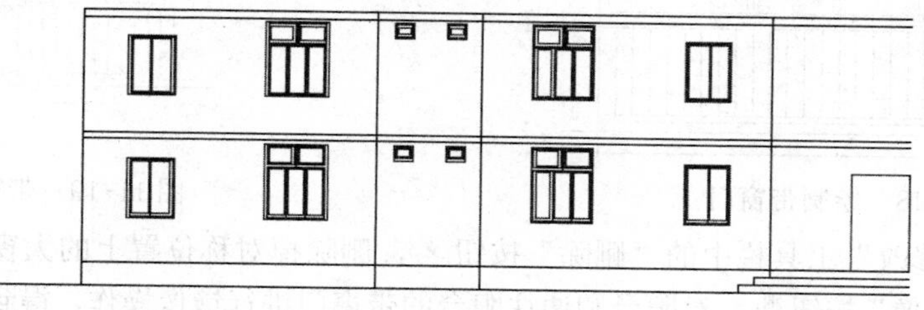

图 11-14　复制标准层窗户

❸单击“绘图”工具栏中的“矩形”按钮，捕捉两个对角点绘制矩形。单击“修改”工具栏中的“偏移”按钮，把所得矩形往里连续偏移50共两次，得到如图11-15所示的小窗。

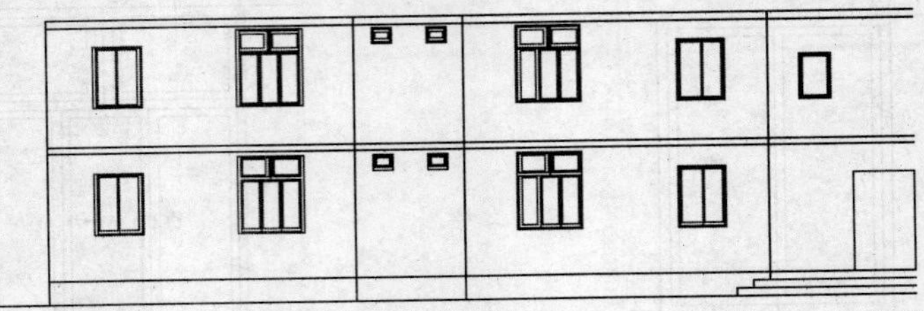

图 11-15　绘制最右边的窗户

❹绘制阳台的立面图。首先绘制阳台的轴线网。单击“修改”工具栏中的“偏移”按钮，使得标准层的地面轴线往上连续偏移100、50、800、50、100，得到水平方向轴线，竖直方向轴线取整个房间的轴线。

❺单击“图层”工具栏中的“图层特性管理器”按钮，系统打开“图层特性管理器”对话框。在对话框中双击图层“阳台”，使得当前图层是“阳台”，单击“确定”按钮退出“图层特性管理器”对话框。

❻单击“绘图”工具栏中的“直线”按钮，按照轴线绘制阳台轮廓线，绘制结果如图11-16所示。

❼绘制阳台立面花纹。单击“修改”工具栏中的“矩形阵列”按钮，选择最左边的线段作为阵列对象，指定着阵列的列数为28，列间距为150，结果如图11-17所示。

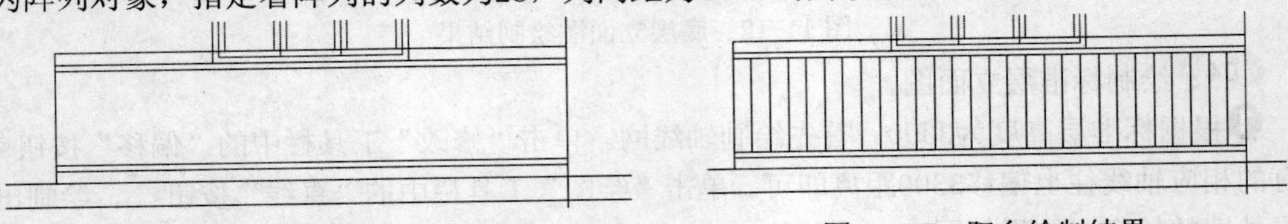

图 11-16　绘制阳台轮廓结果　　图 11-17　阳台绘制结果

❽修改通往阳台的带窗门。参照前面带窗门的绘制，绘制如图11-18所示的带窗门。

❾单击“修改”工具栏中的“修剪”按钮，修剪掉被阳台遮拦的线条，结果如图11-19所示。就这样，一个通往阳台的带窗门就绘制好了。

图 11-18　绘制带窗门

图 11-19　带窗门绘制结果

❿单击“修改”工具栏中的“删除”按钮，删除掉对称位置上的大窗，单击“修改”工具栏中的“镜像”按钮，对阳台和通往阳台的带窗门进行镜像操作，得到另一边的阳台和带窗门。就这样，标准层立面图就绘制好了。底层和标准层的立面图如图11-20所示。

⓫对标准层进行复制操作。单击“修改”工具栏中的“复制”按钮，选中标准层所有的线条作为复制对象，捕捉标准层的最右下角点作为基准点，不断把标准层复制到标准层的最右上角点，总共复制5个标准层，加上原来的一个标准层，共有6个标准层，绘制结果如图11-21所示。

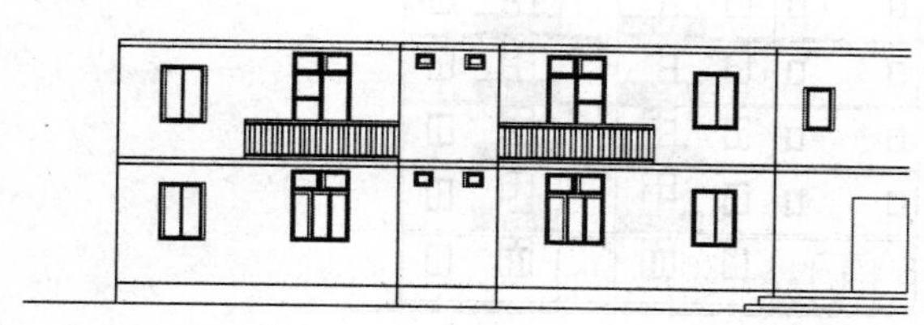

图 11-20　底层和标准层的立面图

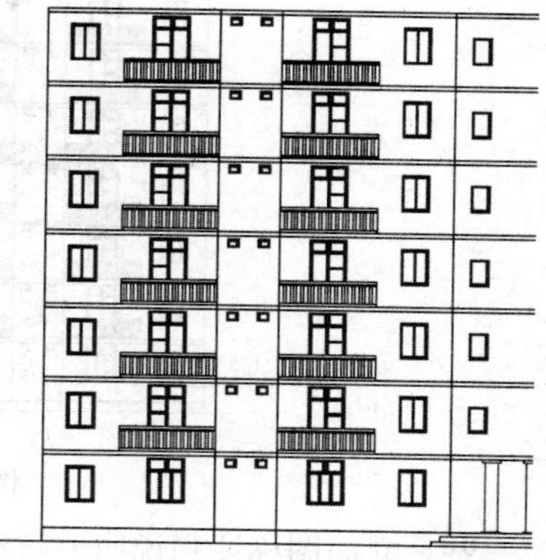

图 11-21　复制标准层结果

**05** 绘制顶层立面图。

❶顶层的层高为3500。单击“绘图”工具栏中的“构造线”按钮，根据顶层建筑平面图定出轴线，单击“绘图”工具栏中的“直线”按钮，根据轴线绘制出顶层墙线轮廓，绘制结果如图11-22所示。

图 11-22　顶层轮廓线

❷单击“修改”工具栏中的“复制”按钮，把底层的大窗复制到顶层窗户的对应处，完成顶层立面图的绘制，如图11-23所示。

❸当前的立面图如图11-24所示。

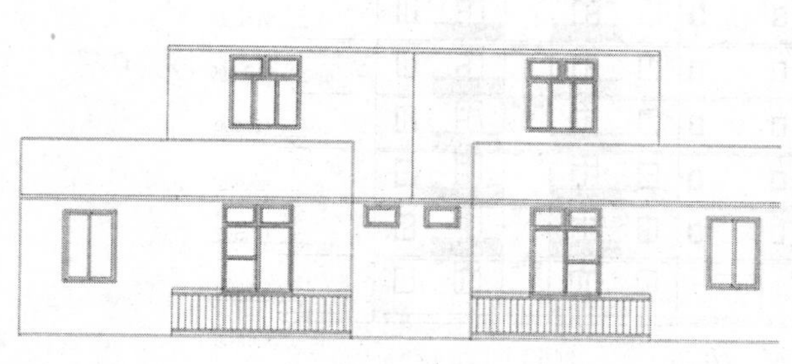

图 11-23　顶层立面图绘制结果

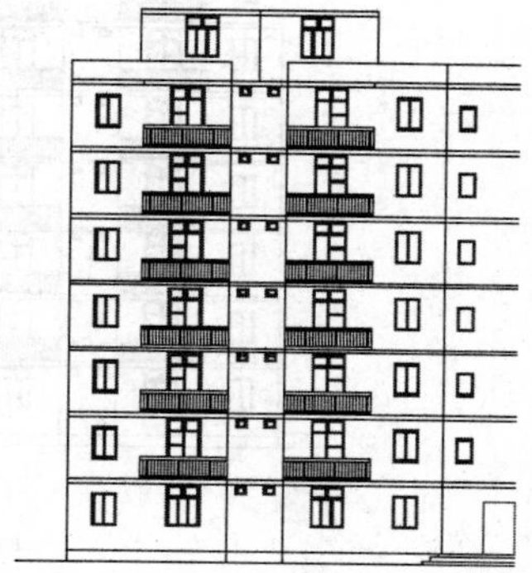

图 11-24　当前的正立面图绘制结果

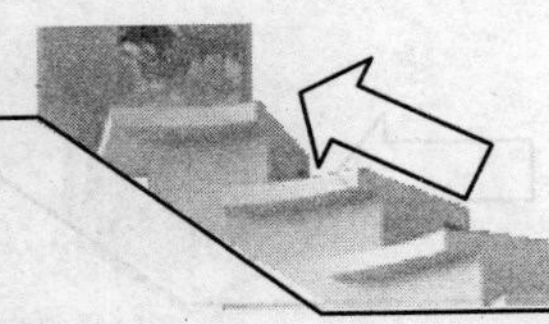



❹单击“修改”工具栏中的“镜像”按钮，选中所有的图形，进行镜像操作，结果如图11-25所示。

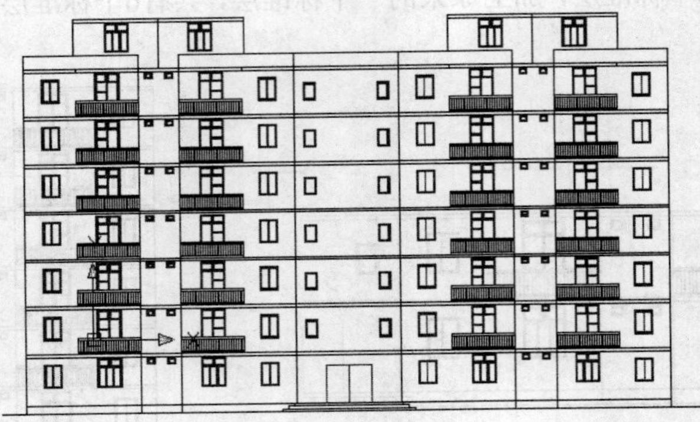

图 11-25　正立面图绘制结果

**06** 立面图标注和说明。

❶单击“图层”工具栏中的“图层特性管理器”按钮，系统打开“图层特性管理器”对话框。在对话框中双击图层“标注”，使得当前图层是“标注”，单击“确定”按钮退出“图层特性管理器”对话框。

❷立面图的标注主要是进行楼层标高的注明。楼层标高主要如下：底层为3.500m，标准层层高为3.300m，顶层层高为3.500m。单击“绘图”工具栏中的“直线”按钮，绘制一个标高符号。单击“修改”工具栏中的“复制”按钮，把标高符号复制到各个需要处。单击“绘图”工具栏中的“多行文字”按钮，在标高符号上方标出具体高度值。标注结果如图11-26所示。

❸绘制两边的定位轴线编号：单击“绘图”工具栏中的“圆”按钮，绘制一个小圆作为轴线编号的圆圈，单击“绘图”工具栏中的“多行文字”按钮，在圆圈内标上文字1，得到1轴的编号。单击“修改”工具栏中的“复制”按钮，复制一个轴线编号到13轴处，并双击其中的文字，把其中的文字改为13。并打开绘图工具栏，重复“多行文字”命令，在图纸的正下方标上文字“正立面图1:00”，得到最终效果图，如图11-27所示。

图 11-26　正立面图标高标注结果

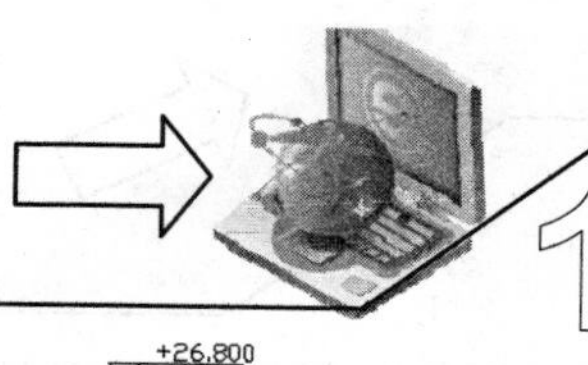


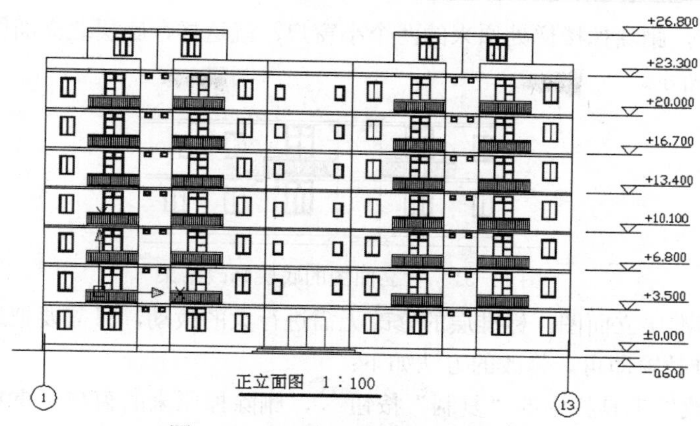


图 11-27 正立面图最终绘制结果

### 11.2.2 绘制背立面图

**01** 整理原有资料。打开正立面图，单击“修改”工具栏中的“删除”按钮，删除掉标准层，只保留底层、一个标准层和顶层，得到背立面图的最初草图，修改结果如图11-28所示。

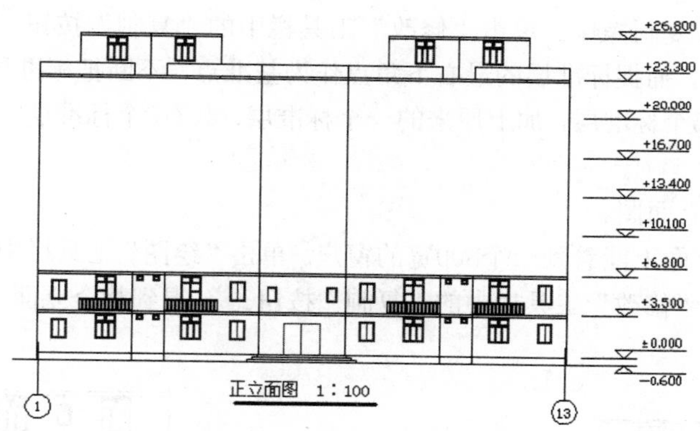


图 11-28 背立面图的最初草图

**02** 修改底层立面图。

❶选择楼梯口台阶处，按照绘制正立面图台阶的同样的方法绘制背立面图的台阶。一半台阶的绘制结果如图11-29所示。单击“修改”工具栏中的“镜像”按钮，进行镜像操作，得到一个完整的台阶立面图，如图11-30所示。

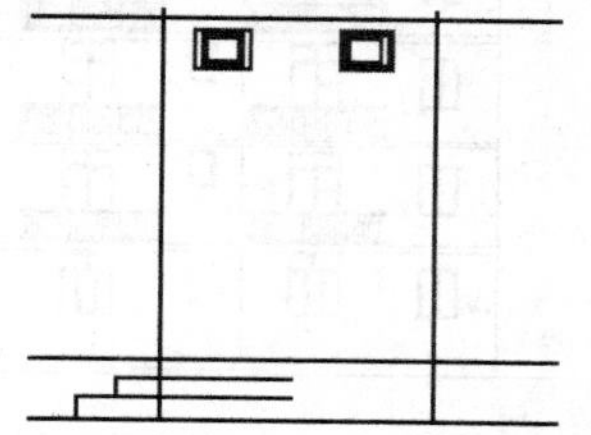

图 11-29 一半台阶的绘制结果

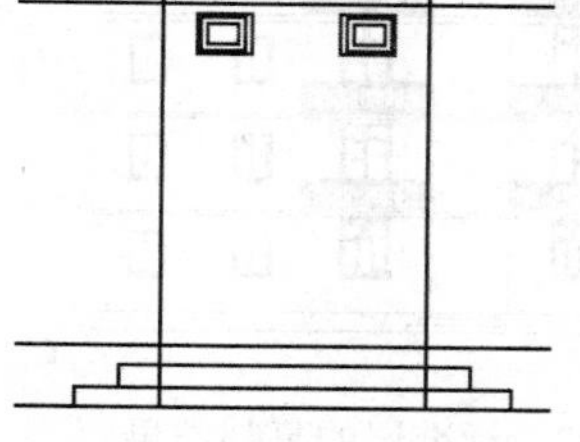

图 11-30 一个完整的台阶

❷处理原来的台阶和大门。单击“修改”工具栏中的“删除”按钮，删除掉原来的台阶和立柱。单击“修改”工具栏中的“复制”按钮，复制一个宽1200的窗户放置到对应位置，

重复“删除”命令，删除掉楼梯处原来的两个小窗户，就这样，底层北立面图就绘制好了，绘制结果如图11-31所示。

图 11-31　背立面图的底层修改结果

03 修改标准层立面图。标准层的修改无需进行大的改动，只需要把最右边的一个窗户修改为宽1200的推拉窗即可。修改的方法如下：

❶单击“修改”工具栏中的“复制”按钮，删除掉原来的窗户。重复“复制”命令，从底层竖直复制对应的一个窗户到相应的位置上，绘制结果如图11-32所示。

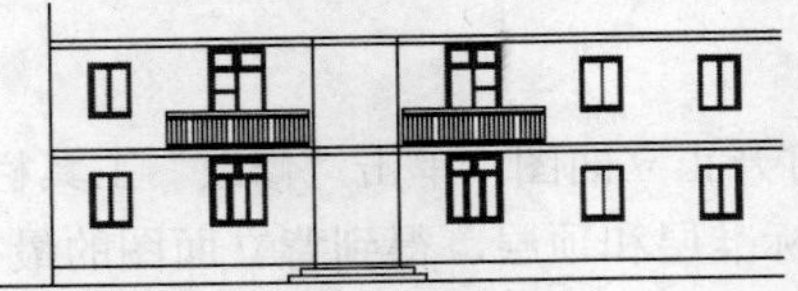

图 11-32　背立面图的标准层修改结果

❷对标准层进行复制操作。单击“修改”工具栏中的“复制”按钮，选中标准层所有的线条作为复制对象，捕捉标准层的最右下角点作为基准点，不断把标准层复制到标准层的最右上角点，总共复制5个标准层，加上原来的一个标准层，共有6个标准层。复制结果如图11-33所示。

04 修改顶层立面图。

❶楼梯间在北立面上能看到一个800宽的窗户。单击“绘图”工具栏中的“直线”按钮，绘制这个窗户，单击“修改”工具栏中的“复制”按钮，得到整个立面上的窗户，绘制结果如图11-34所示。

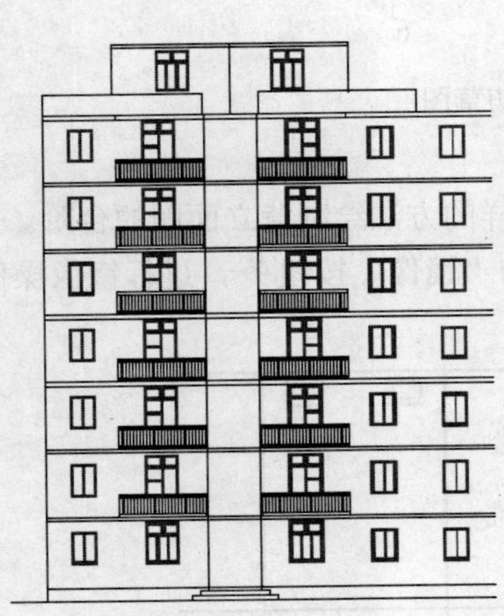

图 11-33　标准层的复制结果

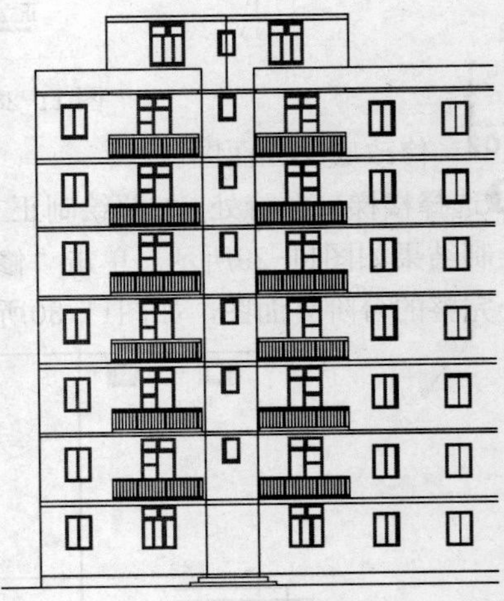

图 11-34　绘制楼梯间的窗户

❷由于楼梯间实际上和大的楼面是在同一个平面上，所以需要把二层以上的楼梯间的墙线去掉。单击“修改”工具栏中的“删除”按钮，去掉这些线条后的图形如图11-35所示。

❸处理顶层的墙线：顶层楼梯间的墙线应该分别往外偏移120距离，单击“修改”工具栏中的“偏移”按钮，偏移后的结果如图11-36所示。

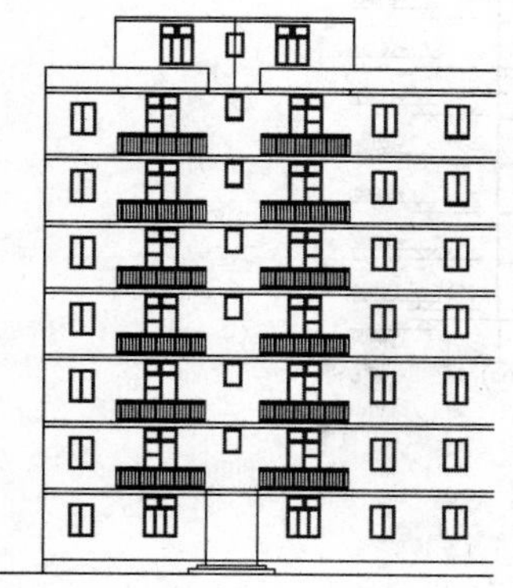

图 11-35　删除楼梯间的墙线

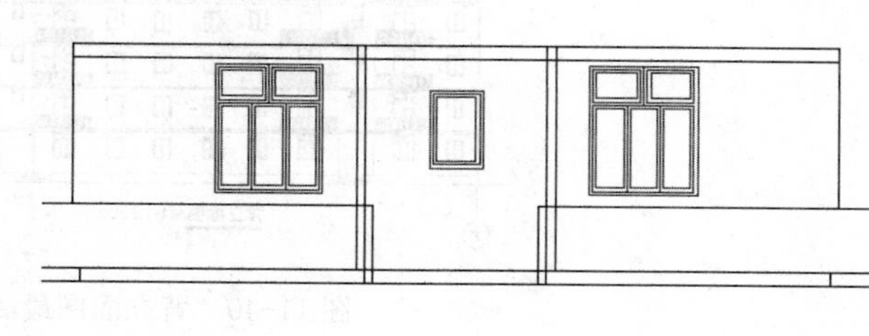

图 11-36　顶层楼梯间墙线偏移结果

❹单击“修改”工具栏中的“修剪”按钮，修剪掉多余的线条，结果如图11-37所示。

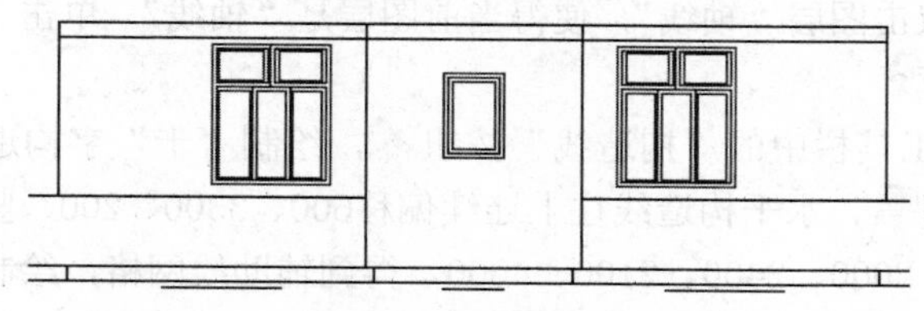

图 11-37　修剪结果

❺单击“修改”工具栏中的“删除”按钮，删除掉顶层最右边的窗户，顶层立面图就修改好了，结果如图11-38所示。

❻单击“修改”工具栏中的“镜像”按钮，进行镜像操作，就能得到全部的背立面图，结果如图11-39所示。

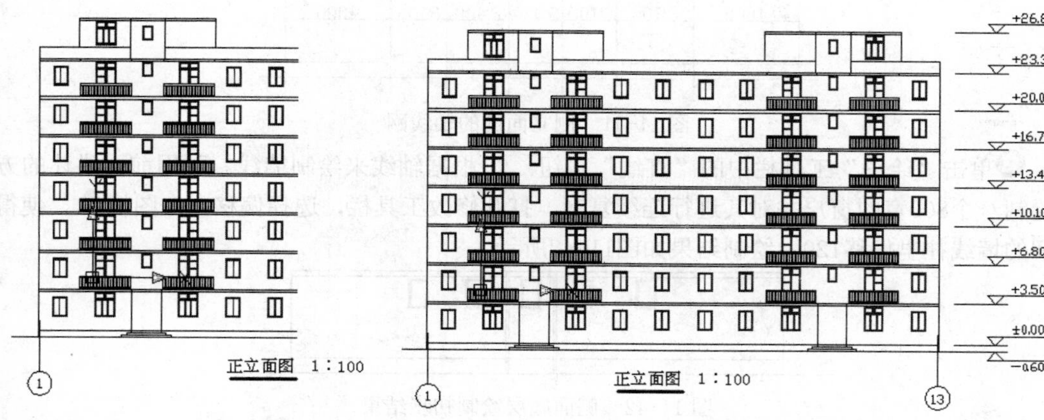


图 11-38　一半的背立面图效果　　图 11-39　全部的背立面图

**05** 尺寸标注和文字说明。双击文字“正立面图1：100”，在打开的“文字格式”对话框中把它修改为“背立面图1：100”字样。就这样，背立面图就修改好了。最终的背立面图效果如图11-40所示。

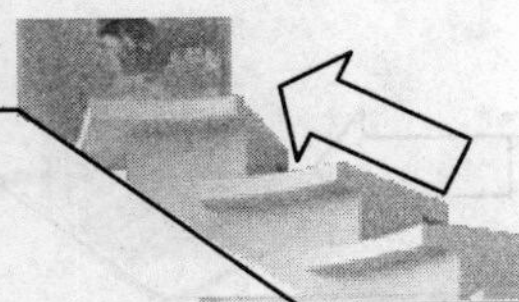



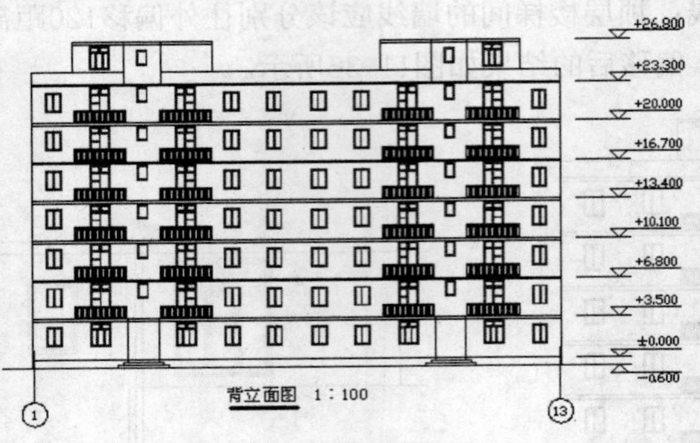


图 11-40　背立面图最终效果

## 11.2.3　绘制建筑侧立面图

**01** 绘制辅助线网。

❶单击“图层”工具栏中的“图层特性管理器”按钮，系统打开“图层特性管理器”对话框。在对话框中双击图层“轴线”，使得当前图层是“轴线”。单击“确定”按钮退出“图层特性管理器”对话框。

❷单击“绘图”工具栏中的“构造线”按钮，绘制“十”字构造线。单击“修改”工具栏中的“偏移”按钮，水平构造线往上连续偏移600、3300、200，竖直构造线往右连续偏移4000、2900、2100、2000、2400、2100、4000，得到辅助线网格，绘制结果如图11-41所示。

**02** 绘制底层立面图。

❶单击“图层”工具栏中的“图层特性管理器”按钮，系统打开“图层特性管理器”对话框。在对话框中双击图层“墙线”，使得当前图层是“墙线”。单击“确定”按钮退出“图层特性管理器”对话框。

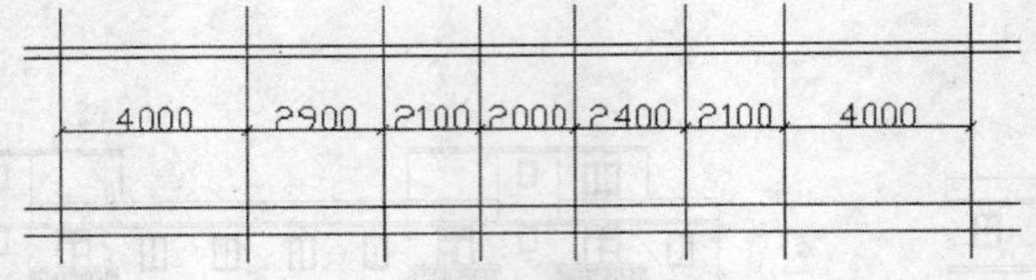


图 11-41　侧立面图的轴线网

❷单击“绘图”工具栏中的“直线”按钮，根据轴线来绘制墙线。利用前面讲述的方法绘制一个800宽的窗户并对其进行连续复制。打开修改工具栏，选择偏移命令图标，使得中间的墙线往里偏移120，绘制结果如图11-42所示。

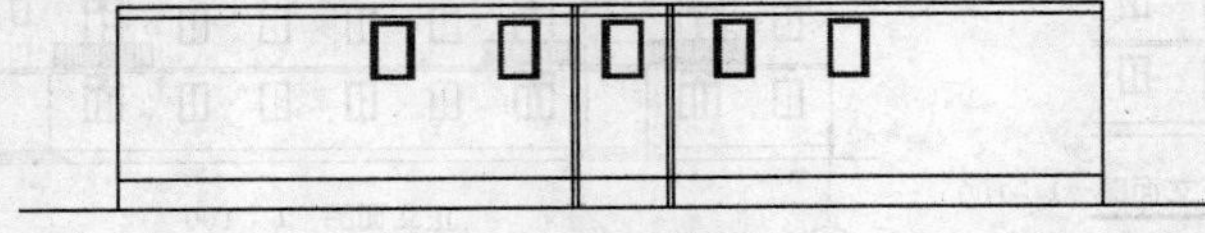

图 11-42　侧面底层绘制初步结果

❸单击“修改”工具栏中的“删除”按钮，删除掉原来的墙线。单击“修改”工具栏中的“偏移”按钮，左边的墙线继续偏移120形成雨水管，如图11-43所示。单击“修改”工具栏中的“修剪”按钮，修剪掉管子中间的线条，并截断管子的下方，形成雨水管，如图11-44所示。

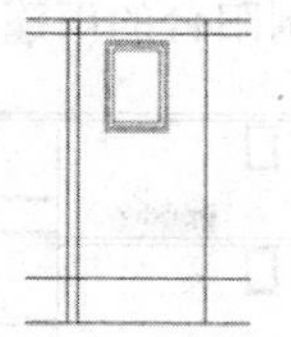

图 11-43　墙线偏移 120

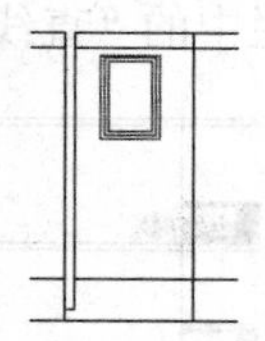

图 11-44　底层雨水管

❹底层的绘制结果如图11-45所示。

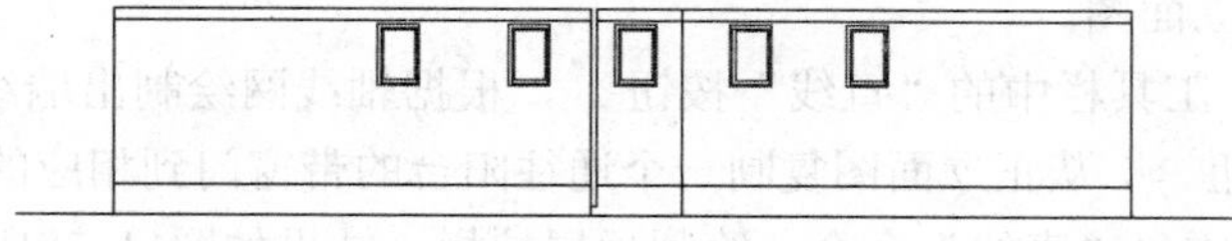

图 11-45　底层绘制结果

**03** 绘制标准层立面图。

❶标准层的高度为3300。单击“绘图”工具栏中的“直线”按钮，绘制基本的墙线和雨水管线。单击“修改”工具栏中的“复制”按钮，把底层的窗户垂直复制到相应位置，结果如图11-46所示。

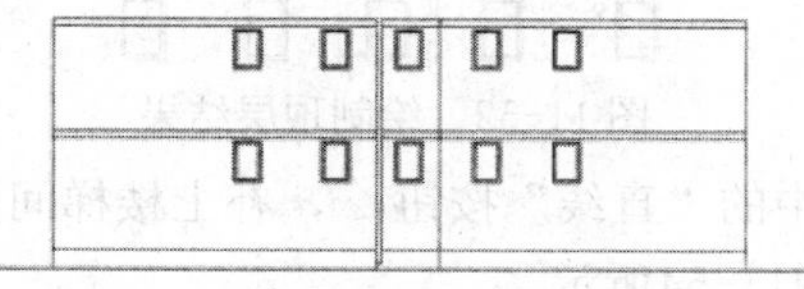

图 11-46　标准层侧面初步图

❷绘制标准层的阳台侧面图。由于阳台带有弧形正面，所以两边的侧面不完全一样。单击“绘图”工具栏中的“构造线”按钮，按照正立面图的阳台轴线绘制出阳台轴线网。单击“绘图”工具栏中的“直线”按钮，绘制出阳台的侧立面图。绘制左边阳台如图11-47所示，绘制右边阳台的结果如图11-48所示。

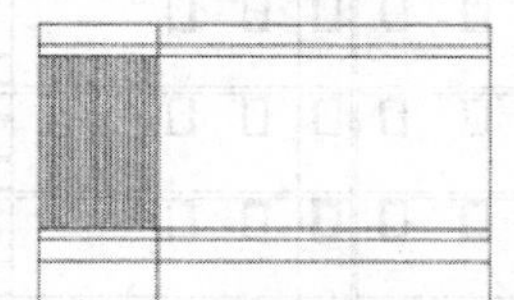

图 11-47　左边的阳台侧立面图

图 11-48　右边的阳台侧立面图

❸单击“绘图”工具栏中的“直线”按钮，绘制底层的台阶，结果如图11-49所示。

❹单击“修改”工具栏中的“复制”按钮，复制其他标准层，绘制结果如图11-50所示。

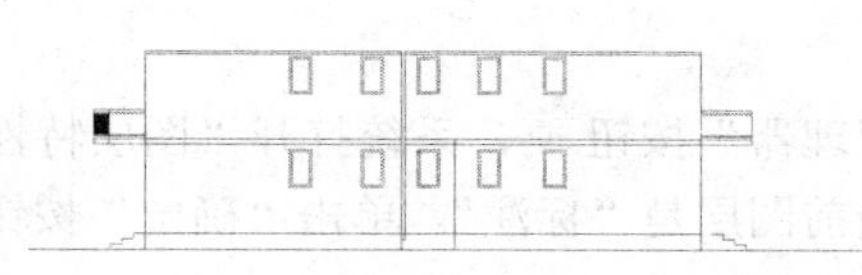

图 11-49　绘制台阶结果

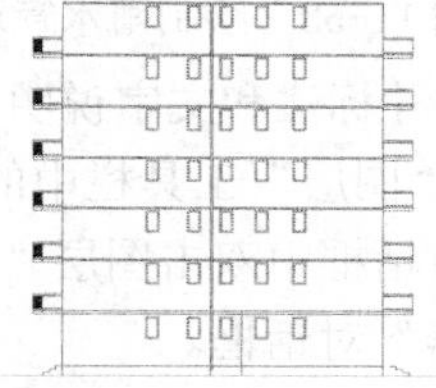

图 11-50　复制绘制标准层结果

❺单击“绘图”工具栏中的“直线”按钮，绘制阳台的雨篷，绘制结果如图11-51所示。

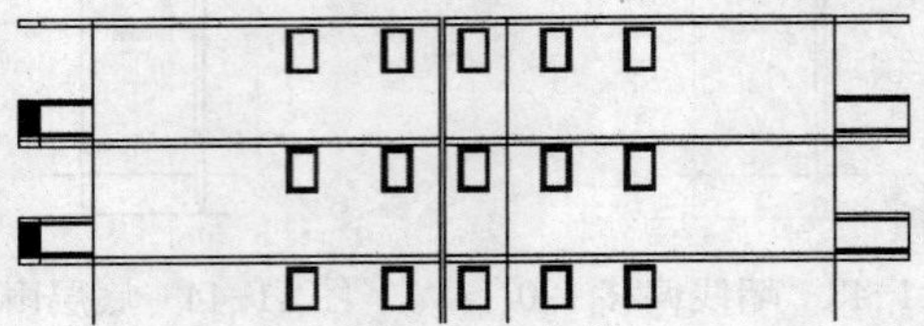

图 11-51　绘制雨篷结果

04 绘制顶层立面图。

❶单击“绘图”工具栏中的“直线”按钮，根据轴线网绘制出墙线。单击“修改”工具栏中的“复制”按钮，从正立面图复制一个通往阳台的带窗门到相应的位置，复制一个800宽的窗户放在正中。重复“直线”命令，绘制顶层护栏，结果如图11-52所示。

❷单击“绘图”工具栏中的“圆弧”按钮，绘制一段圆弧来连结雨水管，绘制结果如图11-53所示。

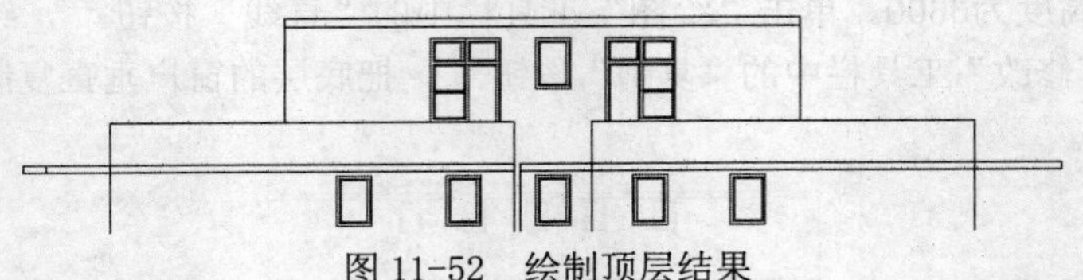

图 11-52　绘制顶层结果

❸单击“绘图”工具栏中的“直线”按钮，补上楼梯间的顶层侧面图。就这样，侧面图就绘制好了，绘制结果如图11-54所示。

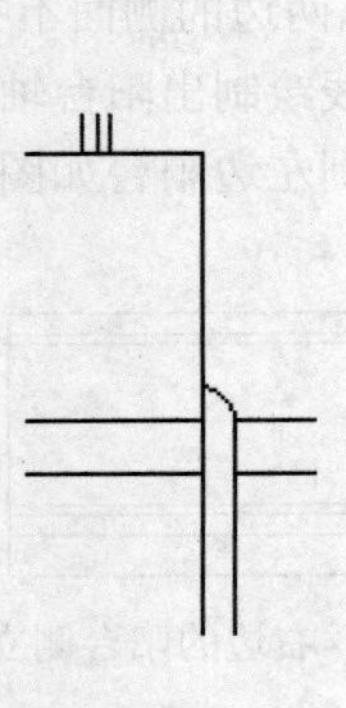

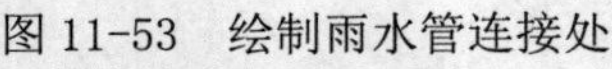

图 11-53　绘制雨水管连接处

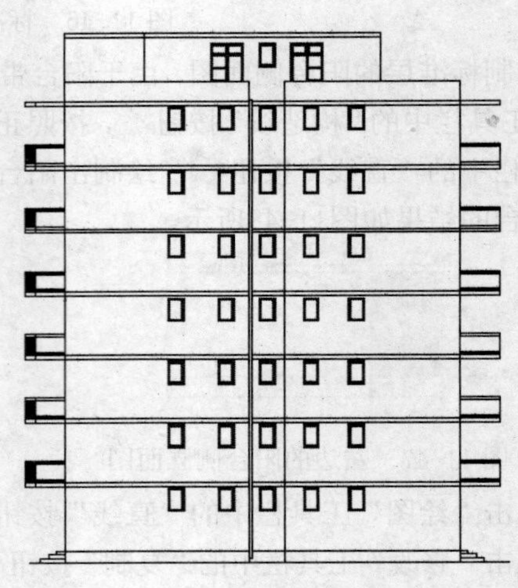

图 11-54　侧面图全部

05 尺寸标注和文字说明。

❶单击“图层”工具栏中的“图层特性管理器”按钮，系统打开“图层特性管理器”对话框。在对话框中双击图层“标注”，使得当前图层是“标注”。单击“确定”按钮退出“图层特性管理器”对话框。

❷打开正立面图，选择菜单栏中的“编辑”　→“带基点复制”命令，把正立面图的标高和文字复制。返回到侧立面图，选择菜单栏中的“编辑”　→“粘贴”命令，把标高和文字粘

贴到相应位置处。

❸双击文字“正立面图1：100”，在弹处的“文字格式”对话框中把它修改为“侧立面图1：100”字样。单击“绘图”工具栏中的“圆”按钮，绘制一个小圆作为轴线编号的圆圈。单击“绘图”工具栏中的“多行文字”按钮A，在圆圈内标上文字“G”，得到G轴的文字编号。单击“修改”工具栏中的“复制”按钮，复制一个轴线编号到A轴处，并双击其中的文字，把其中的文字改为“A”。这样就完成侧立面图的绘制，绘制结果如图11-55所示。

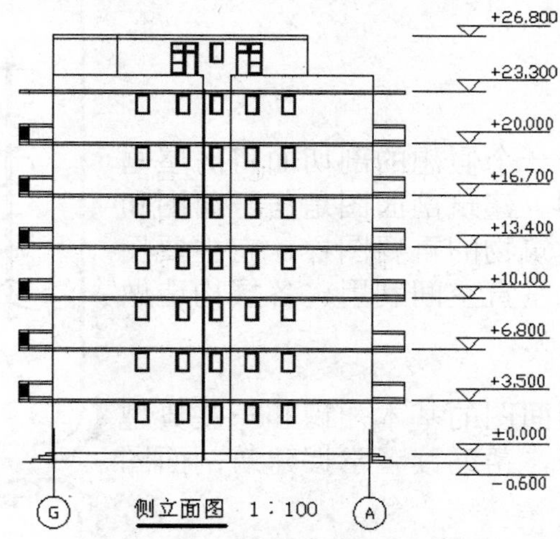


图 11-55　侧立面图最终绘制结果

# 第 12 章　建筑剖面图绘制

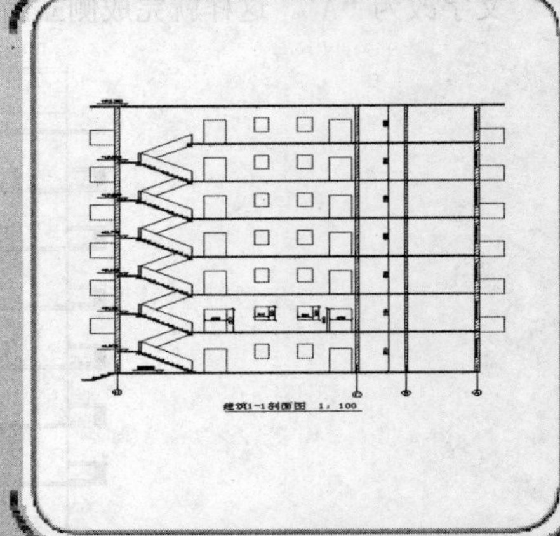

建筑剖面图是指用一个假想的剖切面将房屋垂直剖开所得到的投影图。建筑剖面图是与平面图和立面图相互配合表达建筑物的重要图样，它主要反映建筑物的结构形式、垂直空间利用、各层构造做法和门窗洞口高度等情况。

本章将讲述建筑剖面图的基本知识和一些典型的实例，通过本章学习，帮助读者掌握建筑剖面图的绘制方法和技巧。

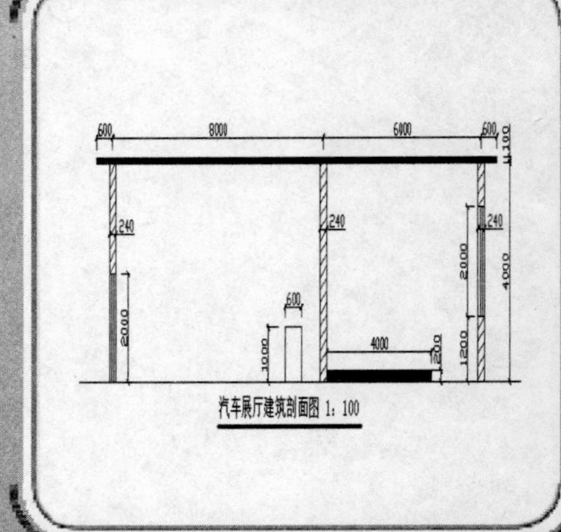


- 建筑剖面图绘制概述
- 绘制居民楼剖面图

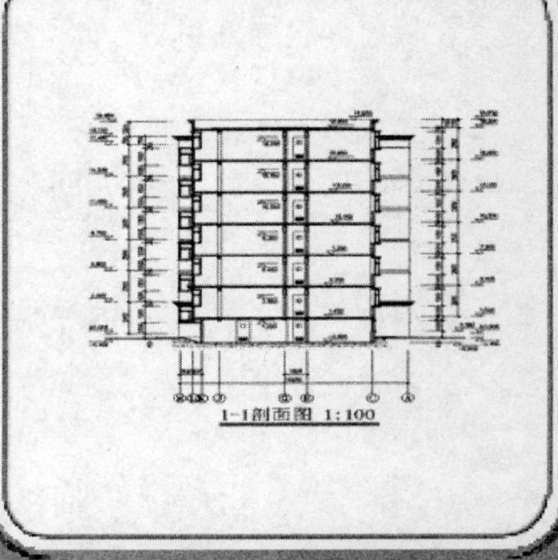

# 12.1 建筑剖面图绘制概述

## 12.1.1 建筑剖面图概述

建筑剖面图就是假想使用一个或多个垂直于外墙轴线的铅垂剖切面，将建筑物剖开后所得的投影图，简称剖面图。剖面图的剖切方向一般是横向（平行于侧面），当然这也不是绝对的要求。剖切位置一般选择在能反映出建筑物内部构造比较复杂和典型的部位，并应通过门窗的位置。多层建筑物应该选择在楼梯间或是层高不同的位置。剖面图上的图名应与平面图上所标注的剖切符号的编号一致，剖面图的断面处理和平面图的处理相同。一个建筑剖面图示例如图 12-1 所示。

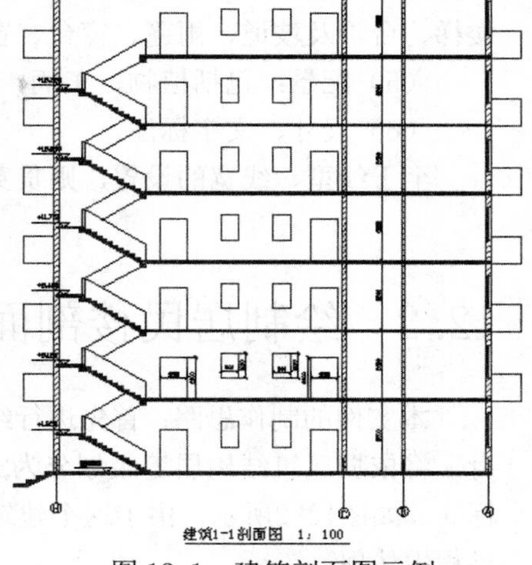


图 12-1 建筑剖面图示例

## 12.1.2 建筑剖面图的图示内容

剖面图的数量是根据建筑物的具体情况和施工需要来确定的。其图示内容包括：

（1）墙、柱及其定位轴线。

（2）室内底层地面、地沟、各层的楼面、顶棚、屋顶、门窗、楼梯、阳台、雨篷、墙洞、防潮层、室外地面、散水、脚踢板等能看到的内容。习惯上可以不画基础的大放脚。

（3）各个部位完成面的标高：室内外地面、各层楼面、各层楼梯平台、檐口或是女儿墙顶面、楼梯间顶面、电梯间顶面的标高。

（4）各部位的高度尺寸：包括外部尺寸和内部尺寸。外部尺寸包括门、窗洞口的高度、层间高度，以及总高度。内部尺寸包括地坑深度、隔断、搁板、平台、室内门窗的高度。

（5）楼面和地面的构造。一般采用引出线指向所说明的部位，按照构造的层次顺序，逐层加以文字说明。

（6）详图的索引符号。

## 12.1.3 剖切位置及投射方向的选择

根据规范规定，剖面图的剖切部位应根据图样的用途或设计深度，在平面图上选择空间复杂、能反映全貌、构造特征以及有代表性的部位剖切。

投射方向一般宜向左、向上，当然也要根据工程情况而定。剖切符号标在底层平面图中，短线的指向为投射方向。剖面图编号标在投射方向一侧，剖切线若有转折，应在转角的外侧加注与该符号相同的编号。

## 12.1.4 剖面图绘制的一般步骤

建筑剖面图一般在平面图、立面图的基础上，并参照平面图、立面图绘制。一般绘制步骤如下：

（1）绘图环境设置。

（2）确定剖切位置和投射方向。

（3）绘制定位辅助线：包括墙、柱定位轴线、楼层水平定位辅助线及其他剖面图样的辅助线。

（4）剖面图样及看线绘制：包括剖到和看到的墙柱、地坪、楼层、屋面、门窗（幕墙）、楼梯、台阶及坡道、雨篷、窗台、窗楣、檐口、阳台、栏杆、各种线脚等内容。

（5）配景：包括植物、车辆、人物等。

（6）尺寸、文字标注。

至于线型、线宽的设置，则贯穿到绘图过程中去。

## 12.2　绘制居民楼剖面图

本实例的制作思路：首先进行绘图系统的设置，然后绘制建筑剖面图本身。对于剖面图本身，将依据建筑结构层等级划分为3个部分：底层、标准层和顶层，最后进行图案填充和文字标注。如图12-2所示，由于这个建筑楼有错层设计，所以在绘制上难度有所提高，具体在讲解过程中体现。

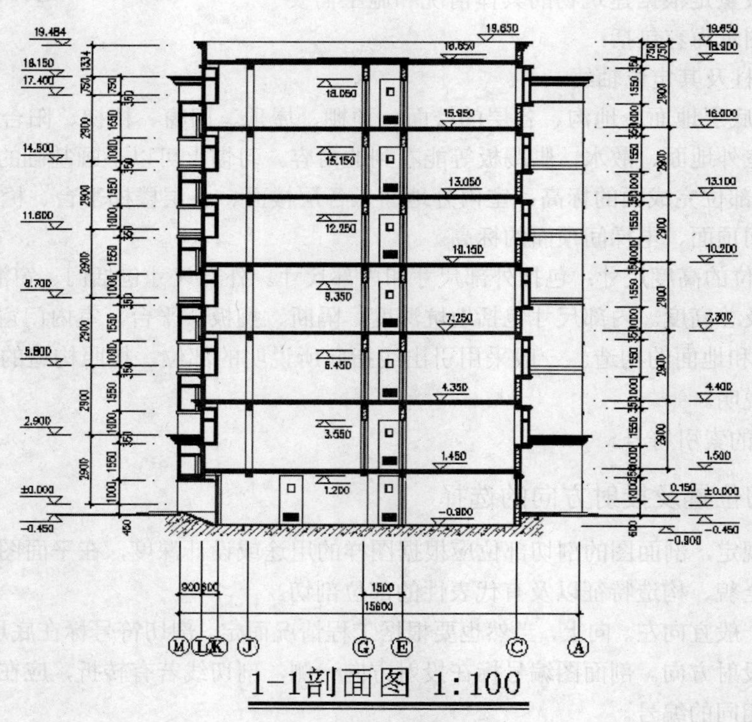


图 12-2　建筑剖面图

光盘路径

光盘\动画演示\第 12 章\居民楼剖面图.avi

### 12.2.1 设置绘图参数

**01** 设置图层。

❶单击“图层”工具栏中的“图层特性管理器”按钮，即可打开“图层特性管理器”对话框。

❷在对话框中单击上边的新建图层命令图标，新建图层“辅助线”，指定图层颜色为红色。

❸新建图层“墙”，指定颜色为红色；新建图层“窗户”，指定颜色为蓝色；新建图层“标注”，其他设置采用默认设置。这样就得到初步的图层设置，如图12-3所示。

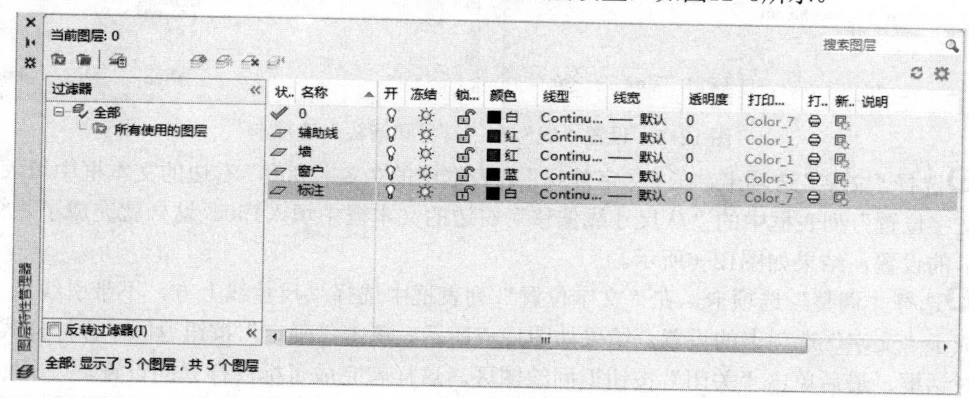

图 12-3 图层设置

**02** 设置标注样式。

❶单击“标注”工具栏中“标注样式”按钮，系统打开“标注样式管理器”对话框，如图12-4所示，选择“修改”按钮，进入“修改标注样式：ISO-25”对话框。

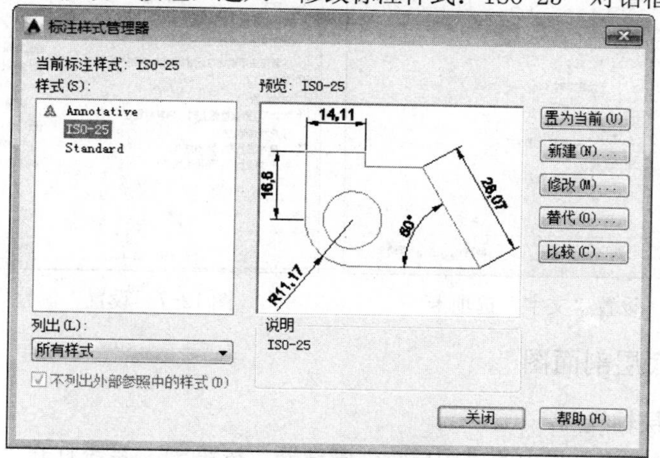

图 12-4 “标注样式管理器”对话框

❷选择“线”选项卡，设定“尺寸界限”列表框中的“超出尺寸线”为150，“起点偏移量”为300；选择“符号和箭头”选项卡，单击“箭头”列表框中的“第一个”按钮右边的，在打开的下拉列表中选择“建筑标记”，单击“第二个”按钮右边的，在打开的下拉列表中选择“建筑标记”，并设定“箭头大小”为200，这样就完成了“线”和“符号和箭头”选项卡的设置，设置结果如图12-5所示。

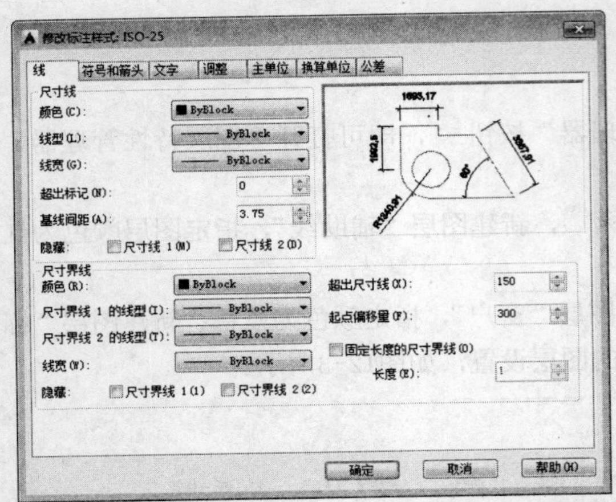

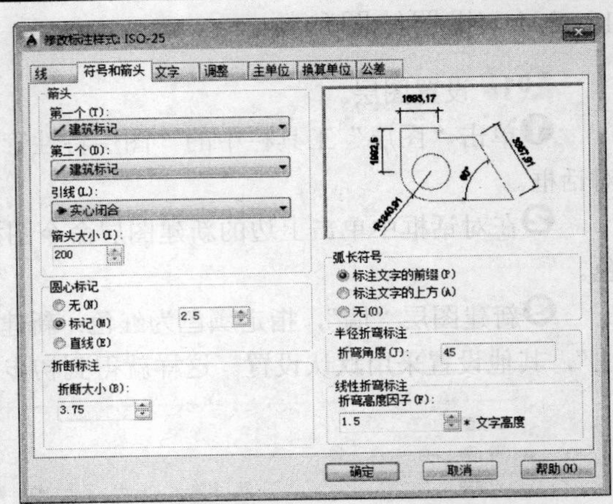

图 12-5　设置“线”和“符号和箭头”选项卡

❸选择“文字”选项卡，在“文字外观”列表框中的“文字高度”右边的文本框中填入300，在“文字位置”列表框中的“从尺寸线偏移”右边的文本框中填入150。这样就完成了“文字”选项卡的设置，结果如图12-6所示。

❹选择“调整”选项卡，在“文字位置”列表框中选择“尺寸线上方，不带引线”。这样就完成了“文字”选项卡的设置，结果如图12-7所示。单击“确定”按钮返回“标注样式管理器”对话框，最后单击“关闭”按钮返回绘图区。这样就完成了标注样式的设置。

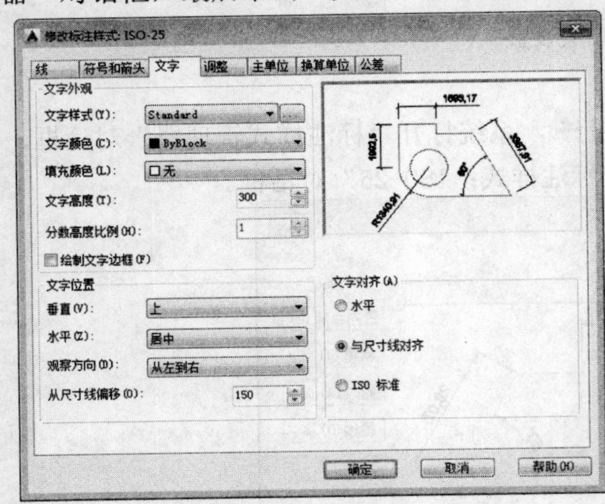

图 12-6　设置“文字”选项卡

图 12-7　设置“调整”选项卡

### 12.2.2　绘制底层剖面图

**01** 绘制底层轴线网。

❶单击“图层”工具栏中的“图层特性管理器”按钮，系统打开“图层特性管理器”对话框。双击图层“辅助线”，使得当前图层是“辅助线”。单击“确定”按钮退出“图层特性管理器”对话框。

❷单击“绘图”工具栏中的“构造线”按钮，绘制一根竖直构造线。单击“修改”工具栏中的“偏移”按钮，连续向右偏移1440、240、960、240、4260、240、1260、240、4260、240、2400。重复“构造线”命令，绘制一根水平构造线，重复“偏移”命令，把水平构造线

往上偏移450、1800、100，形成底层的轴线网，结果如图12-8所示。

**02** 绘制墙体。

❶单击“图层”工具栏中的“图层特性管理器”按钮，系统打开“图层特性管理器”对话框。双击图层“墙”，使得当前图层是“墙”，单击“确定”按钮退出“图层特性管理器”对话框。

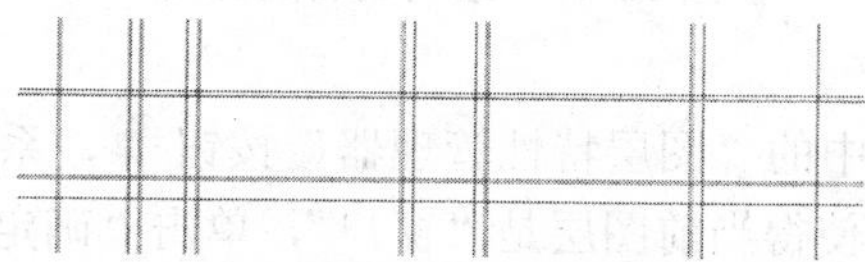

图 12-8　辅助线网绘制结果

❷单击“绘图”工具栏中的“多段线”按钮，指定多段线的宽度为50，然后根据辅助线绘制剖切到的墙体。底层顶板的左端绘制结果如图12-9所示。

❸单击“绘图”工具栏中的“多段线”按钮，继续使用多段线绘制相邻的楼板，其中有一段梁。使用多段线绘制梁和楼板的结果如图12-10所示。

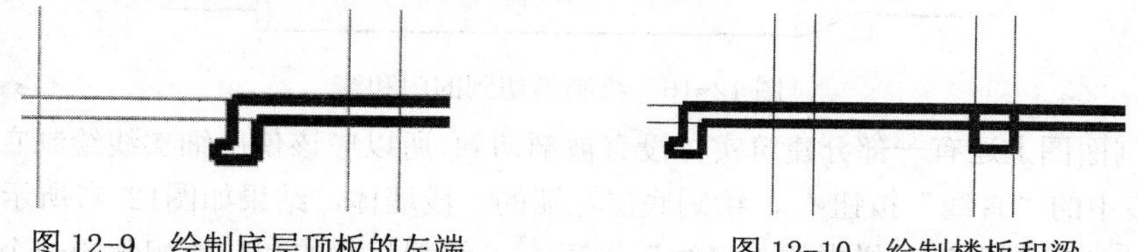

图 12-9　绘制底层顶板的左端　　图 12-10　绘制楼板和梁

❹单击“绘图”工具栏中的“多段线”按钮，继续使用多段线绘制楼板的右端部，绘制结果如图12-11所示。

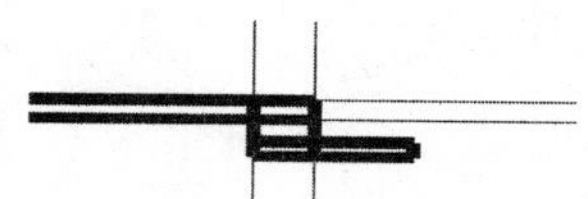

图 12-11　绘制底层顶板的右端

❺底层顶板的剖切效果如图12-12所示。

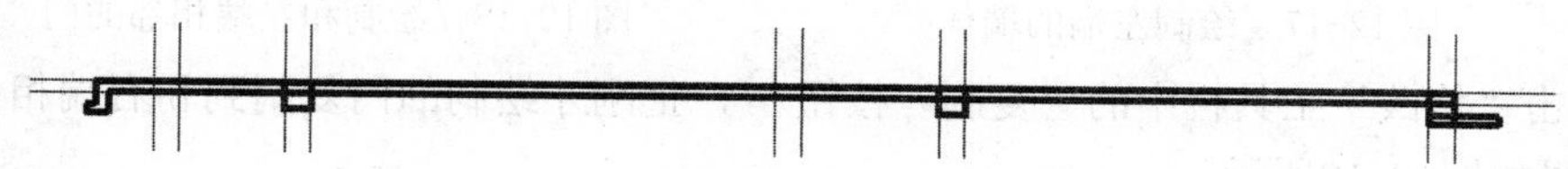

图 12-12　底层顶板的剖切效果

❻单击“绘图”工具栏中的“多段线”按钮，继续使用多段线按照辅助线绘制底层地板的左端部，绘制结果如图12-13所示。

❼单击“绘图”工具栏中的“多段线”按钮，继续使用多段线按照辅助线绘制底层地板的右端部，绘制结果如图12-14所示。

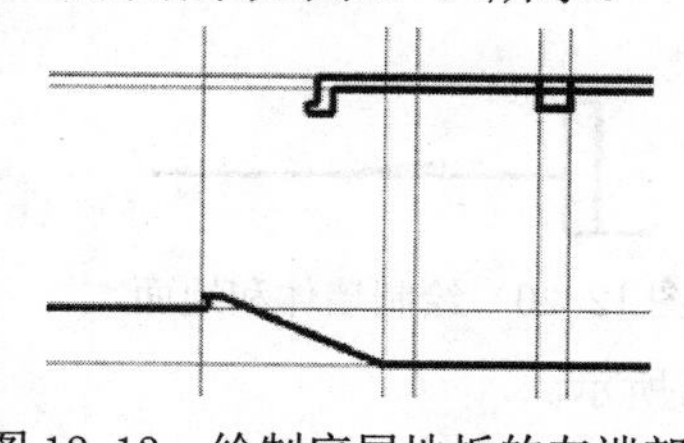

图 12-13　绘制底层地板的左端部

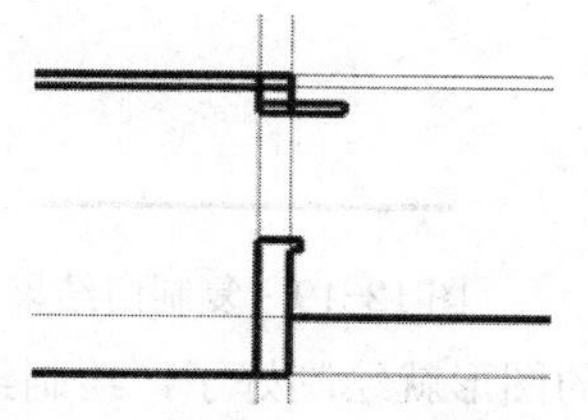

图 12-14　绘制底层地板的右端部

❽底层的剖切效果如图12-15所示。

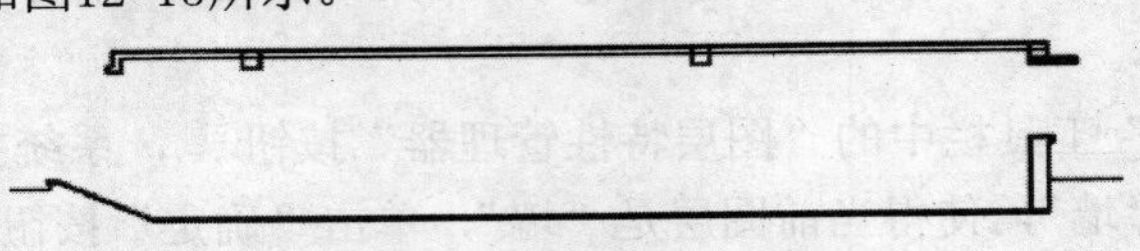

图 12-15　绘制底层剖切线

03 绘制门窗。

❶单击“图层”工具栏中的“图层特性管理器”按钮，系统打开“图层特性管理器”对话框。双击图层“窗户”，使得当前图层是“窗户”，单击“确定”按钮退出“图层特性管理器”对话框。

❷单击“绘图”工具栏中的“直线”按钮，绘制底层上剖切到的门和窗，绘制结果如图12-16所示。

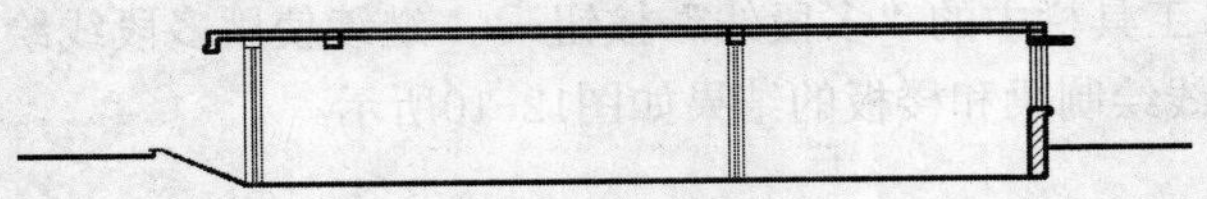

图 12-16　绘制剖切到的门和窗

❸在剖面图上还有一部分建筑实体没有被剖切到，所以应该使用细实线绘制它们。单击“绘图”工具栏中的“直线”按钮，绘制底层左端的一段墙体，结果如图12-17所示。

❹单击“绘图”工具栏中的“直线”按钮，绘制相邻的和左端相邻的一个门，结果如图12-18所示。

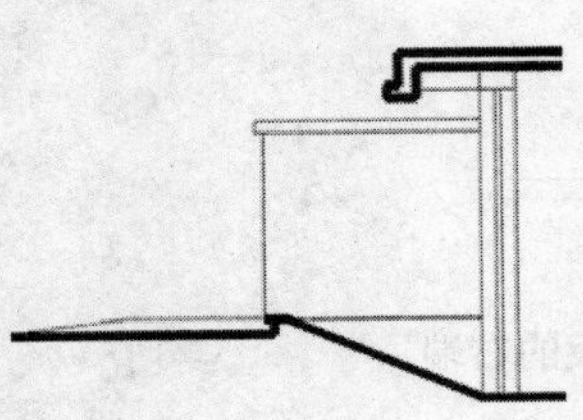

图 12-17　绘制左端的墙体

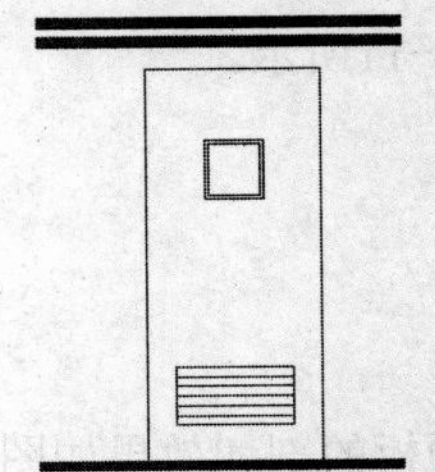

图 12-18　绘制和左端相邻的门

❺单击“修改”工具栏中的“复制”按钮，把刚才绘制的门复制到和右端相邻的门的位置，结果如图12-19所示。

❻单击“绘图”工具栏中的“直线”按钮，绘制右端的墙体和地面，结果如图12-20所示。

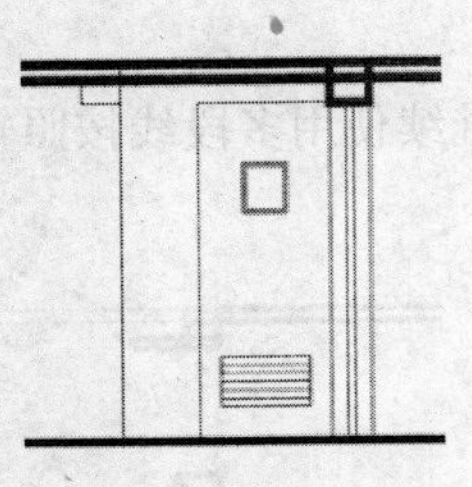

图 12-19　复制门结果

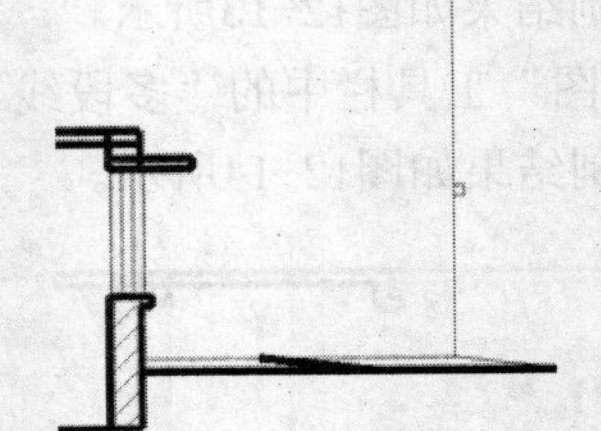

图 12-20　绘制墙体和地面

❼底层的图形就绘制好了，绘制结果如图12-21所示。

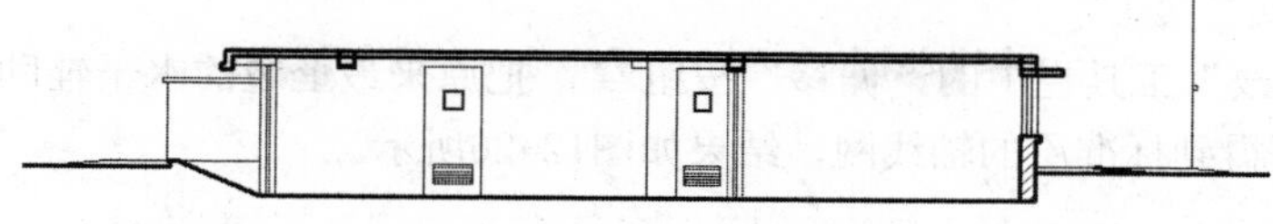

图 12-21　底层绘制结果

**04** 图案填充。

❶单击“绘图”工具栏中的“图案填充”按钮，打开的“图案填充创建”选项卡，设置“图案填充图案”为“SOLID”，拾取填充区域内一点（即剖切到的顶板），单击“绘图”工具栏中的“直线”按钮，在地板下方绘制矩形区域，作为地板钢筋混凝土填充的区域，结果如图12-22所示。

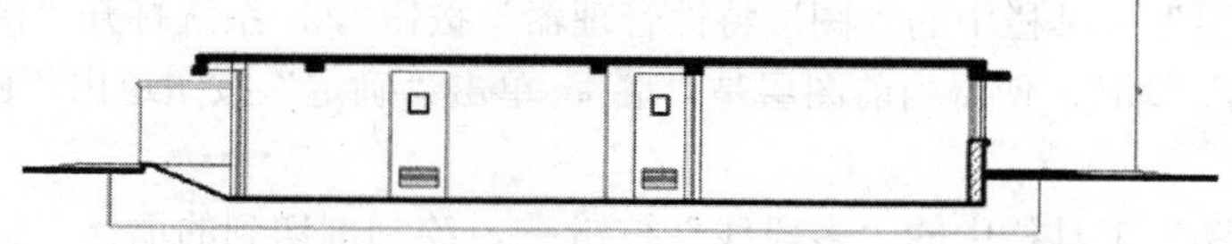

图 12-22　顶板剖切面填充结果

❷单击“绘图”工具栏中的“图案填充”按钮，打开的“图案填充创建”选项卡，设置“图案填充图案”为“ANSI31”，“填充图案比例”为“60”，如图12-23所示，拾取填充好区域内一点（即刚才绘制的矩形区域），完成图案填充操作，结果如图12-24所示。。

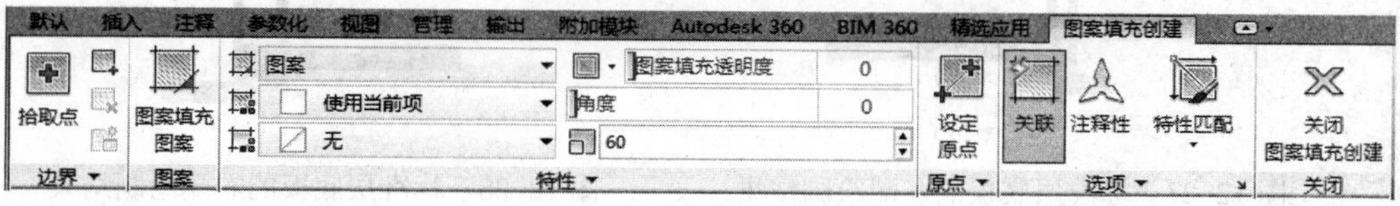

图12-23　“图案填充创建”选项卡

❸单击“绘图”工具栏中的“图案填充”按钮，打开的“图案填充创建”选项卡，设置“图案填充图案”为“AR-CONC”，“填充图案比例”为“4”，再次拾取刚才的填充区域内一点，完成图案填充操作，把矩形线条删除掉，结果如图12-25所示。

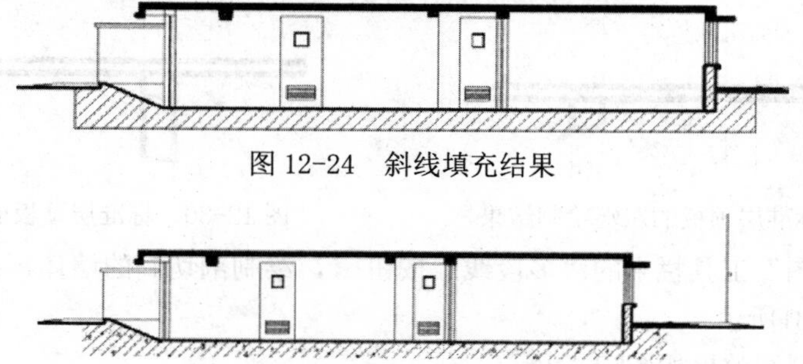

图 12-24　斜线填充结果

图 12-25　钢筋混凝土地板填充结果

### 12.2.3　绘制标准层剖面图

**01** 绘制标准层轴线网。

❶单击“图层”工具栏中的“图层特性管理器”按钮，系统打开“图层特性管理器”对话框。双击图层“辅助线”，使得当前图层是“辅助线”。单击“确定”按钮退出“图层特性

管理器”对话框。

❷单击“修改”工具栏中的“偏移”按钮，把原来最上边的水平辅助线连续往上偏移2800、100，即可得到标准层的轴线网，结果如图12-26所示。

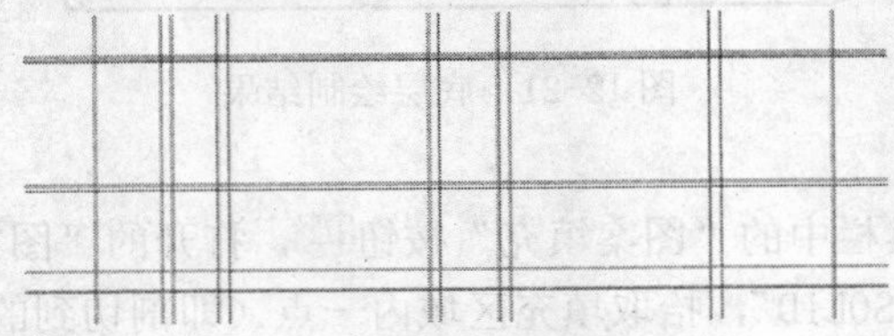

图 12-26 标准层轴线网绘制结果

**02** 绘制墙体。

❶单击“图层”工具栏中的“图层特性管理器”按钮，系统打开“图层特性管理器”对话框。双击图层“墙”，使得当前图层是“墙”。单击“确定”按钮退出“图层特性管理器”对话框。

❷单击“绘图”工具栏中的“多段线”按钮，绘制剖切到的墙体，标准层底板的左端绘制结果如图12-27所示，右端绘制结果如图12-28所示。

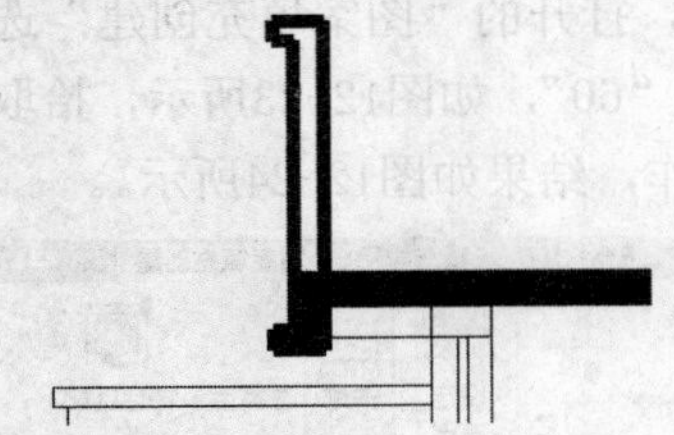

图 12-27 标准层底板的左端绘制结果

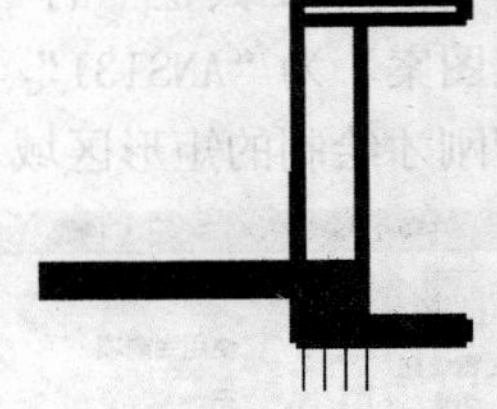

图 12-28 标准层底板的右端绘制结果

❸单击“绘图”工具栏中的“多段线”按钮，绘制剖切到的墙体，标准层顶板的左端绘制结果如图12-29所示。

❹单击“绘图”工具栏中的“多段线”按钮，绘制剖切到的墙体，标准层顶板的中部的梁和楼板绘制结果如图12-30所示。

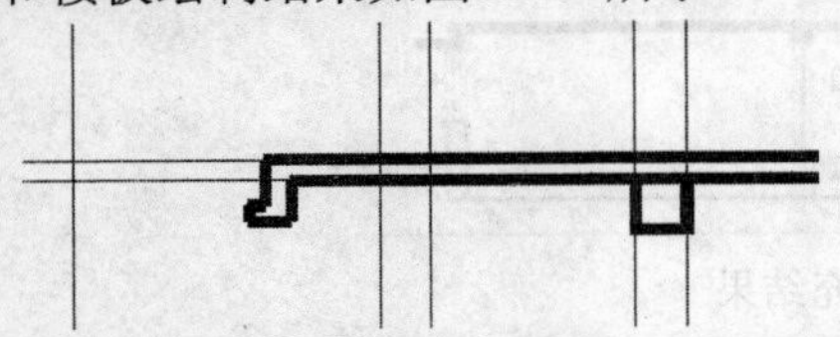

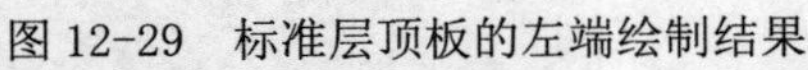

图 12-29 标准层顶板的左端绘制结果

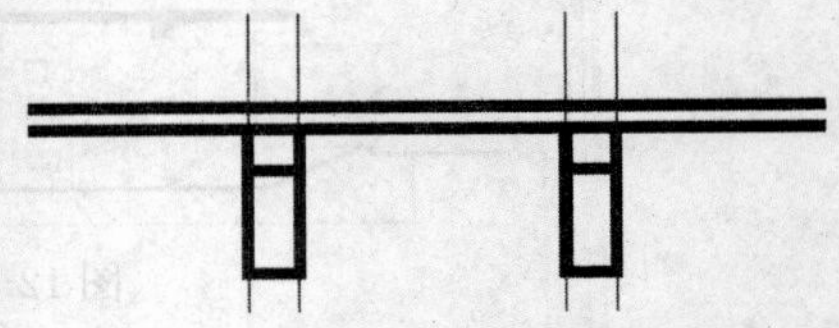

图 12-30 标准层顶板的中部绘制结果

❺单击“绘图”工具栏中的“多段线”按钮，绘制剖切到的墙体，标准层顶板的右端绘制结果如图12-31所示。

❻标准层的剖切效果如图12-32所示。

**03** 绘制门窗。

❶单击“图层”工具栏中的“图层特性管理器”按钮，系统打开“图层特性管理器”对话框。双击图层“窗户”，使得当前图层是“窗户”，单击“确定”按钮退出“图层特性管理器”对话框。

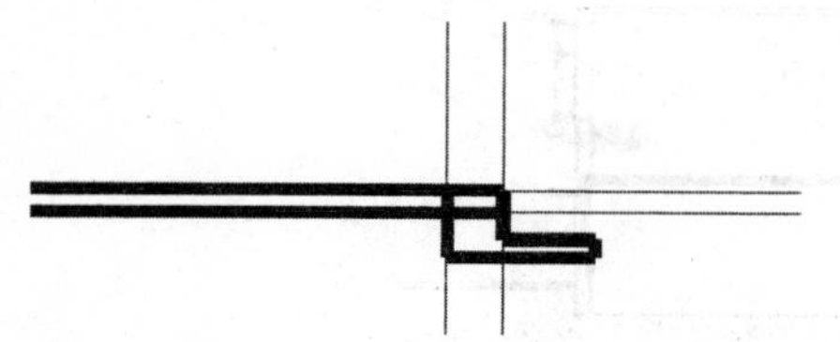

图 12-31　标准层顶板的右端绘制结果

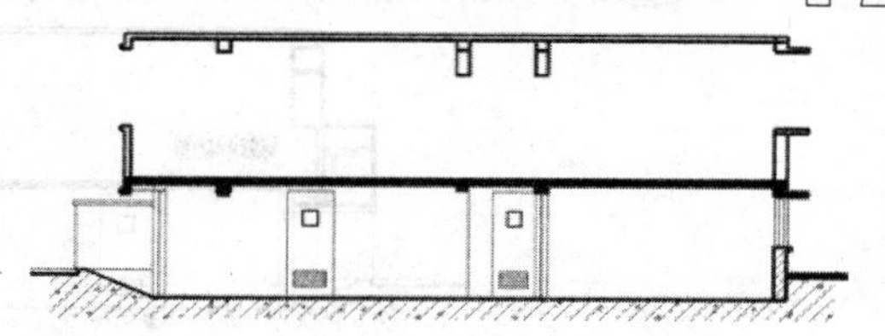

图 12-32　绘制标准层剖切线

❷单击“绘图”工具栏中的“直线”按钮，绘制标准层左端的窗户，绘制结果如图12-33所示。

❸单击“绘图”工具栏中的“直线”按钮，绘制标准层左端的又一个窗户，绘制结果如图12-34所示。

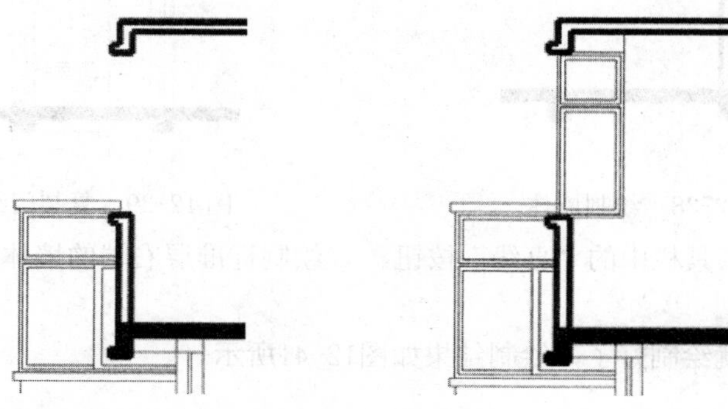

图 12-33　左端的一个窗户　　图 12-34　左端的又一个窗户

❹单击“绘图”工具栏中的“直线”按钮，绘制标准层中间剖切到的门，绘制结果如图12-35所示。

❺单击“绘图”工具栏中的“直线”按钮，绘制标准层右端的窗户，绘制结果如图12-36所示。

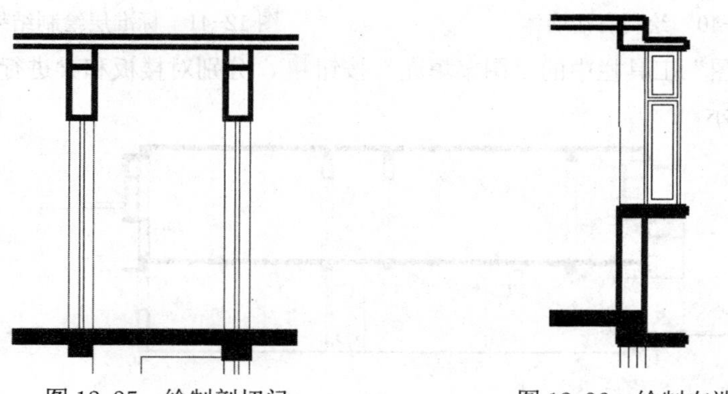

图 12-35　绘制剖切门　　图 12-36　绘制右端窗户

❻标准层的门窗就绘制完成了，绘制效果如图12-37所示。

❼使用细实线绘制标准层上没有剖切到的墙体。单击“绘图”工具栏中的“直线”按钮，绘制标准层左端的一段墙体，结果如图12-38所示。

❽单击“修改”工具栏中的“复制”按钮，把底层的门复制到标准上的对应位置，得到标准层的门，结果如图12-39所示。

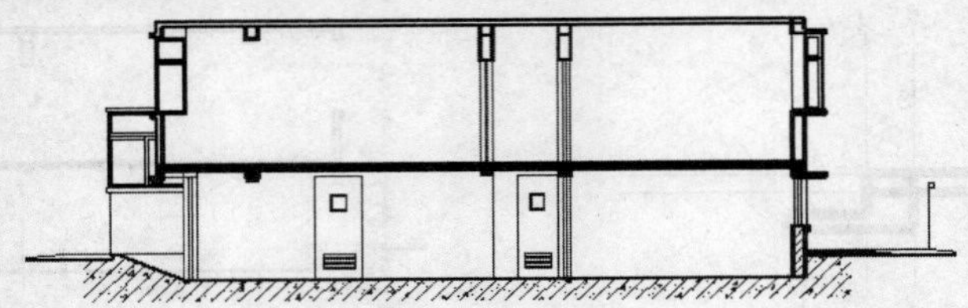

图 12-37　标准层门窗绘制效果

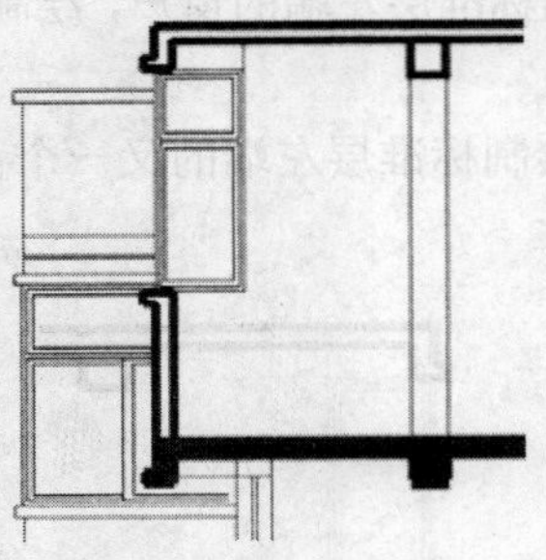

图 12-38　绘制墙体

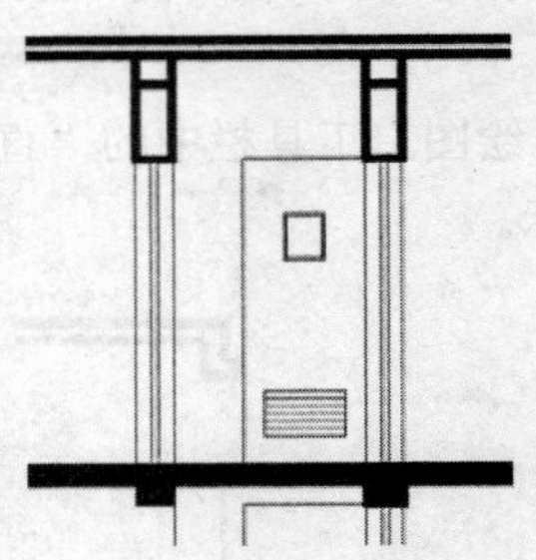

图 12-39　复制门结果

❾单击“绘图”工具栏中的“直线”按钮，绘制标准层右端的墙体，结果如图12-40所示。

❿标准层的图形就绘制好了，绘制结果如图12-41所示。

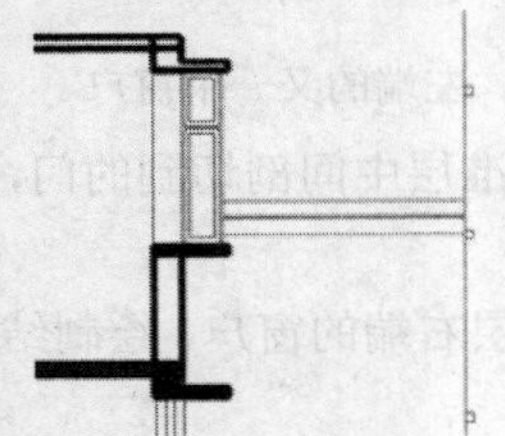

图 12-40　绘制右端墙体

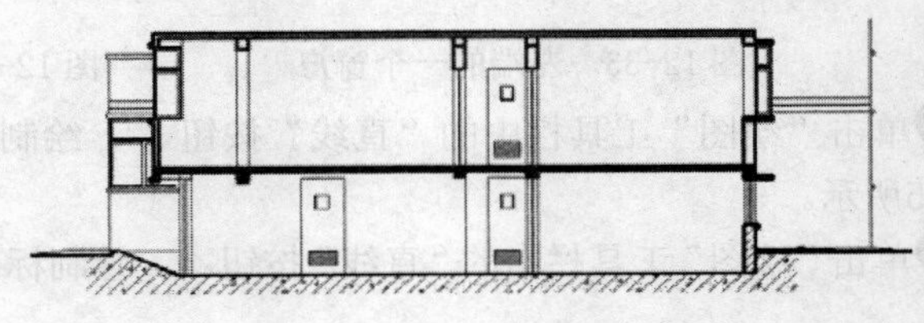

图 12-41　标准层绘制结果

⓫单击“绘图”工具栏中的“图案填充”按钮，分别对楼板和梁进行图案填充，填充效果如图12-42所示。

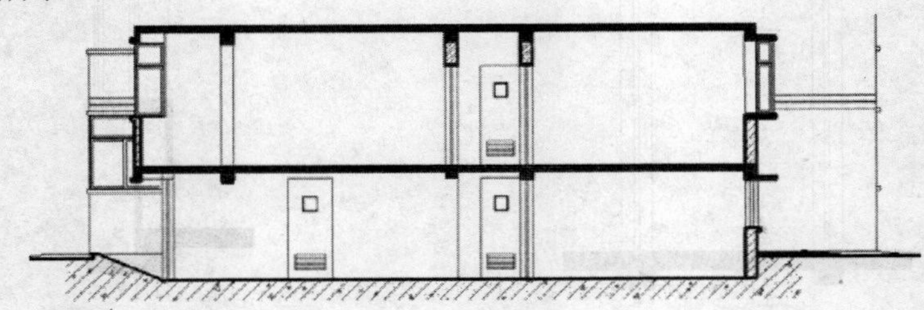

图 12-42　图案填充效果

04 组合标准层。由于大楼在设计上有错层，在组合标准层的时候必须进行一定的调整。具体步骤如下：

❶单击“修改”工具栏中的“复制”按钮，把标准层完全复制到原来的标准层之上，得到两个标准层，结果如图12-43所示。

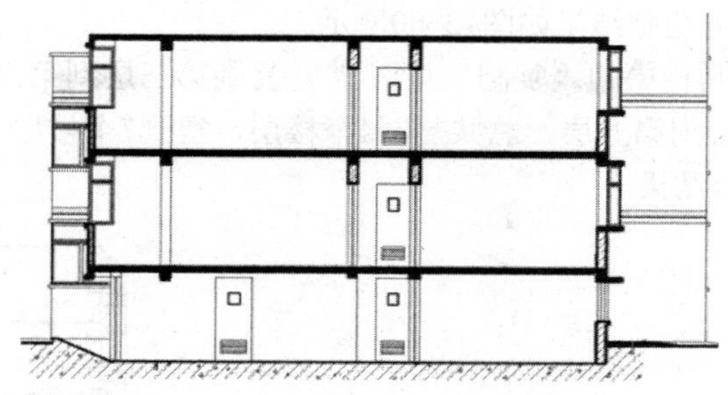

图 12-43　复制标准层结果

❷单击“修改”工具栏中的“删除”按钮，删除掉第二层左边窗户上的水平窗台线。单击“绘图”工具栏中的“多段线”按钮，设定多段线的宽度为0，在窗户上边绘制出如图12-44所示的屋板边线。

❸单击“绘图”工具栏中的“直线”按钮，按照屋板边线绘制水平直线，得到错层的屋板绘制结果，如图12-45所示。

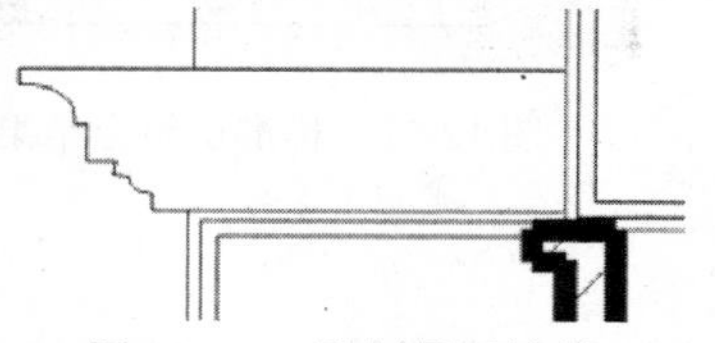

图 12-44　绘制屋板边线

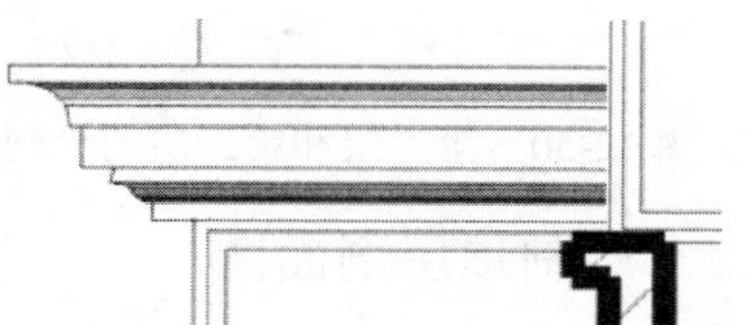

图 12-45　错层屋板左端绘制结果

❹采用同样的方法绘制错层右端的屋板，绘制结果如图12-46所示。

❺单击“修改”工具栏中的“删除”按钮，删除掉第二层顶板的左端，结果如图12-47所示。

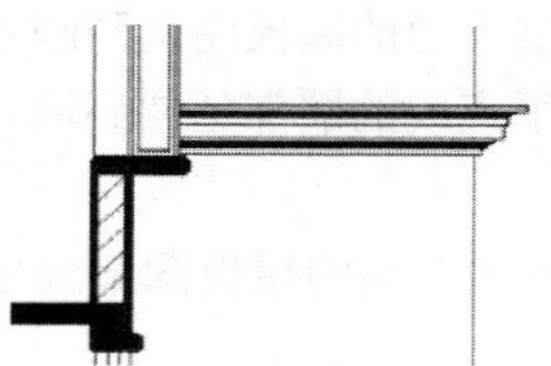

图 12-46　错层屋板右端绘制结果

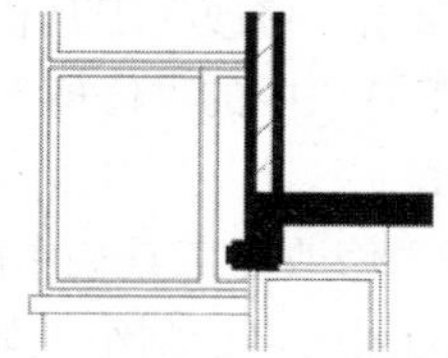

图 12-47　删除第二层顶板的左端

❻单击“修改”工具栏中的“复制”按钮，复制下边的屋板边线到第二层顶板的左端。单击“修改”工具栏中的“修剪”按钮，修剪掉出头的多余线条，得到一个屋檐的边线，绘制结果如图12-48所示。

❼单击“绘图”工具栏中的“图案填充”按钮，把刚绘制的屋檐边线进行图案填充，结果如图12-49所示。

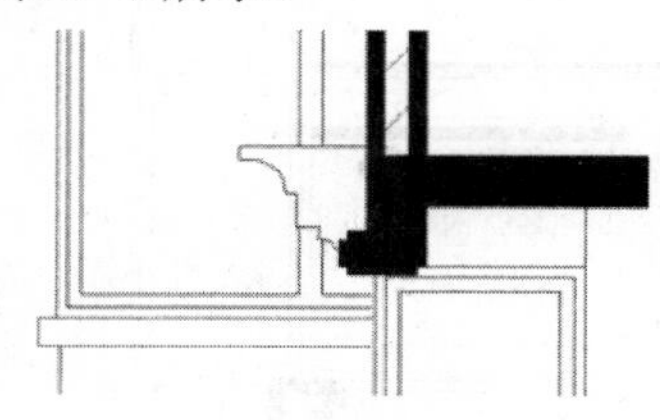

图 12-48　绘制屋檐边线

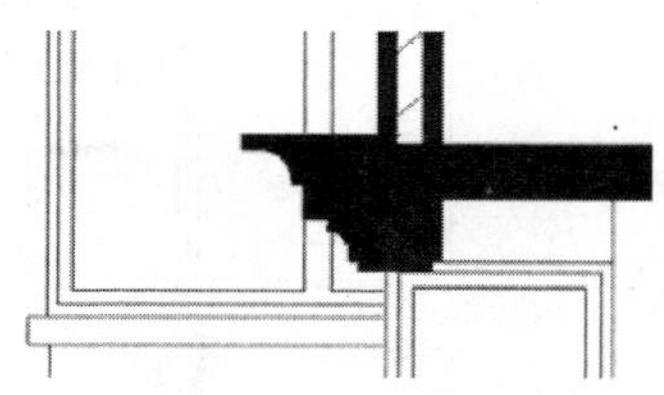

图 12-49　图案填充操作结果

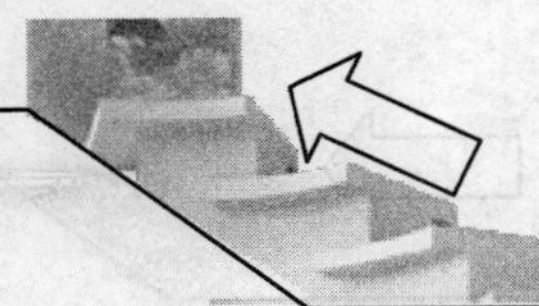


❽第二层和第三层的绘制结果如图12-50所示。

❾单击“修改”工具栏中的“复制”按钮，复制第三层到第三层上边得到第四层，复制第三层到第四层上边得到第五层，总共复制4个楼层，得到7个楼层，绘制结果如图12-51所示。这就是标准层的组合结果。

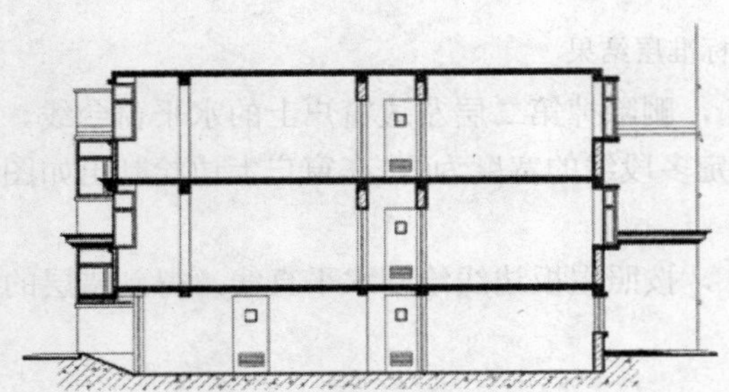
图 12-50　第二层和第三层的绘制结果

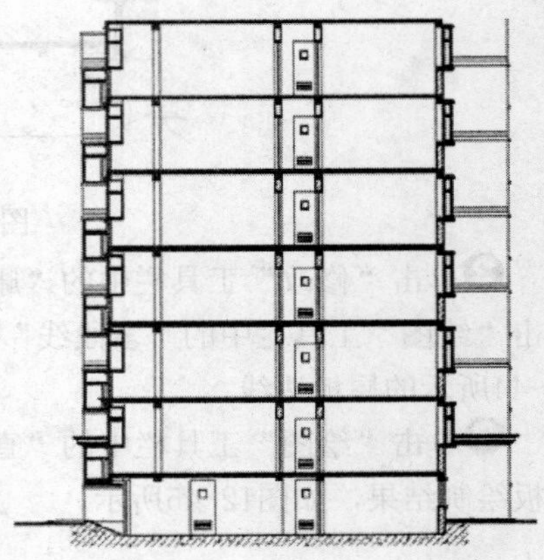
图 12-51　标准层组合结果

## 12.2.4　绘制顶层剖面图

顶层，也就是第七层，现在就是一个标准层，只要在这个标准层的基础上进行修改即可得到顶层剖面图，修改的具体步骤如下：

**01** 修改端部屋板。

❶顶层的左端现在如图12-52所示。单击“修改”工具栏中的“删除”按钮，删除掉窗户的窗台。单击“修改”工具栏中的“复制”按钮，复制下边的屋板图案到刚才的位置。单击“修改”工具栏中的“修剪”按钮，把屋板图案的水平直线的端部延伸到墙边上，结果如图12-53所示。

❷单击“修改”工具栏中的“复制”按钮，复制下边右端的屋板图案到顶层右端，得到顶层右端的屋板，绘制结果如图12-54所示。

**02** 修改顶部屋板。

❶单击“修改”工具栏中的“复制”按钮，复制对应的一段立墙倒顶部的屋板上，得到女儿墙。重复“复制”命令，复制一个檐口图案到女儿墙的顶部，绘制结果如图12-55所示。

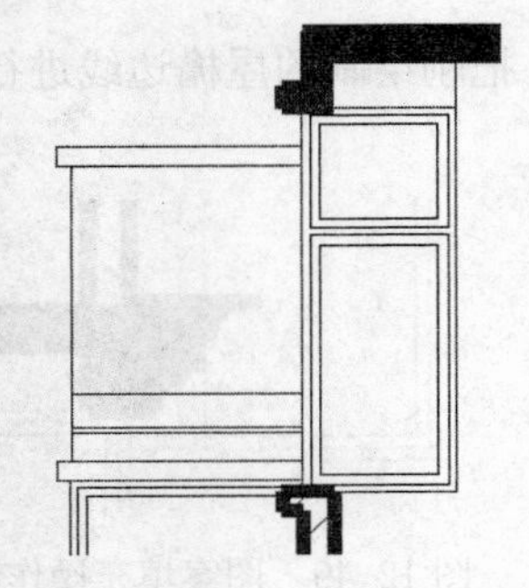
图 12-52　修改前的顶层左端现状

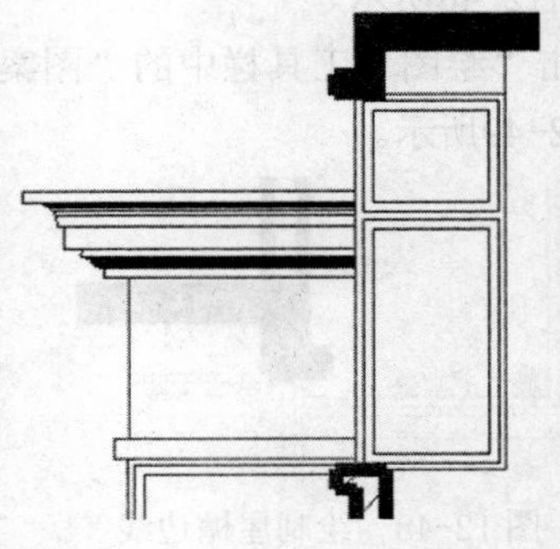
图 12-53　修改后的顶层左端屋板

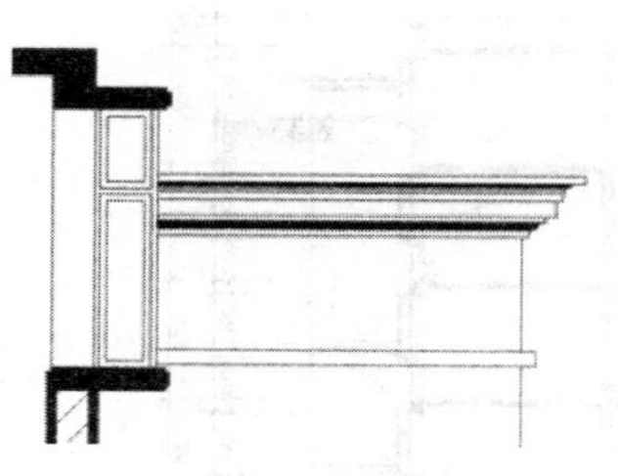

图 12-54　绘制顶层右端的屋板

图 12-55　绘制女儿墙

❷单击“修改”工具栏中的“镜像”按钮，对女儿墙进行镜像操作，得到另一端的女儿墙。单击“绘图”工具栏中的“直线”按钮，绘制直线把女儿墙的顶部连接起来，同时使用直线绘制屋板的坡度斜线，绘制结果如图12-56所示。

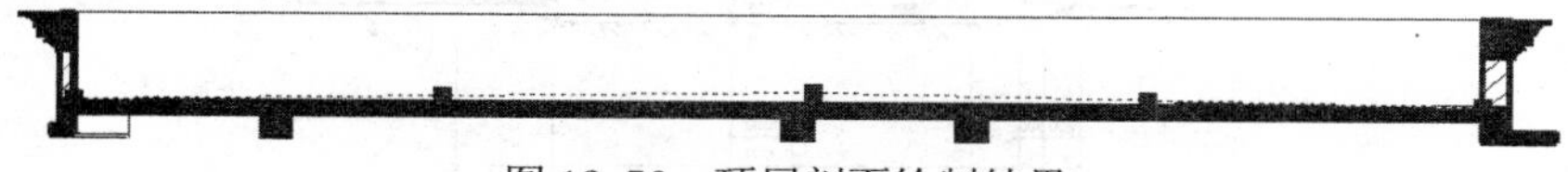

图 12-56　顶层剖面绘制结果

❸单击“绘图”工具栏中的“图案填充”按钮，把屋板坡度斜线内部的线条填充，结果如图12-57所示。

图 12-57　图案填充操作结果

❹顶层绘制好了。整个大楼的剖面图绘制结果如图12-58所示。

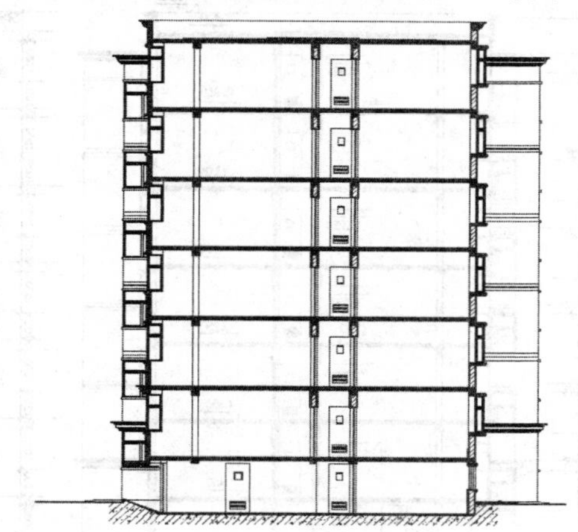

图 12-58　整个大楼的绘制结果

### 12.2.5　尺寸标注和文字说明

**01** 单击“图层”工具栏中的“图层特性管理器”按钮，系统打开“图层特性管理器”对话框。在对话框中双击图层“标注”，使得当前图层是“标注”，单击“确定”按钮退出“图层特性管理器”对话框。

**02** 单击“标注”工具栏中的“对齐”按钮，对各个部件进行尺寸标柱。尺寸标注的结果如图12-59所示。

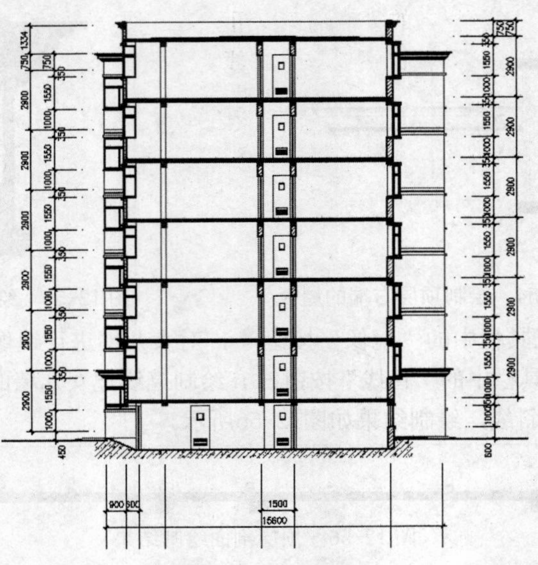

图 12-59　尺寸标注结果

**03** 单击“绘图”工具栏中的“直线”按钮，绘制一个标高符号。单击“修改”工具栏中的“复制”按钮，把标高符号复制到各个需要处。单击“绘图”工具栏中的“多行文字”按钮A，在标高符号上方标出具体高度值。下底边的标高则使用镜像操作得到。标高标注结果如图12-60所示。

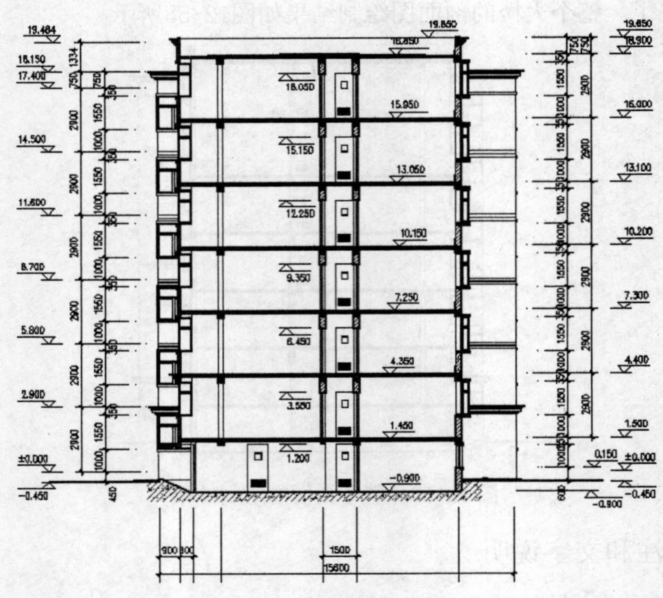

图 12-60　标高标注结果

**04** 单击“绘图”工具栏中的“圆”按钮，绘制一个小圆作为轴线编号的圆圈。单击“绘图”工具栏中的“多行文字”按钮A，在圆圈内标上文字“A”，得到A轴的编号。单击“修改”工具栏中的“复制”按钮，把轴线编号复制到其他主轴线的端点处。然后双击其中的文字，分别改为对应的文字即可，结果如图12-61所示。

05 单击“绘图”工具栏中的“直线”按钮，在图样的正下方绘制一段细直线。单击“绘图”工具栏中的“多段线”按钮，在细直线上方绘制一段粗直线。单击“绘图”工具栏中的“多行文字”按钮A，在多段线上方标上文字 “1-1剖面图1:100”即可。

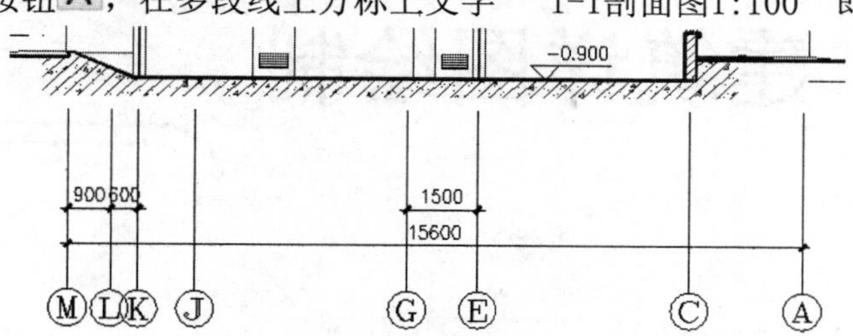


图 12-61　轴线编号绘制结果

# 第 13 章 建筑详图绘制

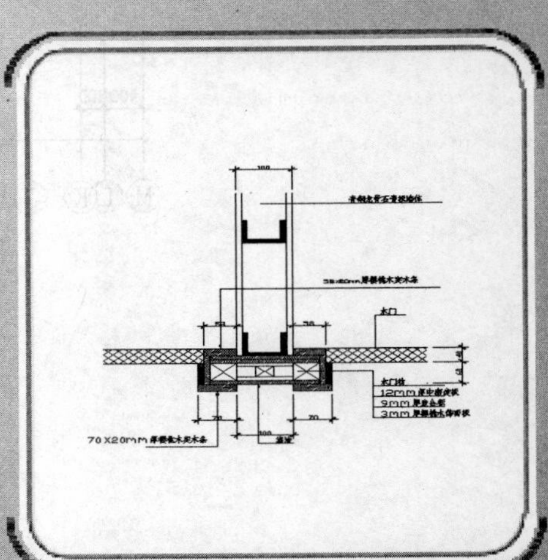

建筑详图是建筑施工图绘制中的一项重要内容，与建筑构造设计息息相关。在本章中，首先简要介绍建筑详图的基本知识，然后结合实例讲解在 AutoCAD 中详图绘制的方法和技巧。本章中涉及的实例有楼梯踏步详图、建筑节点详图和楼梯剖面详图。

本章将讲述建筑详图的基本知识和一些典型的实例，通过本章学习，帮助读者掌握建筑详图的绘制方法和技巧。

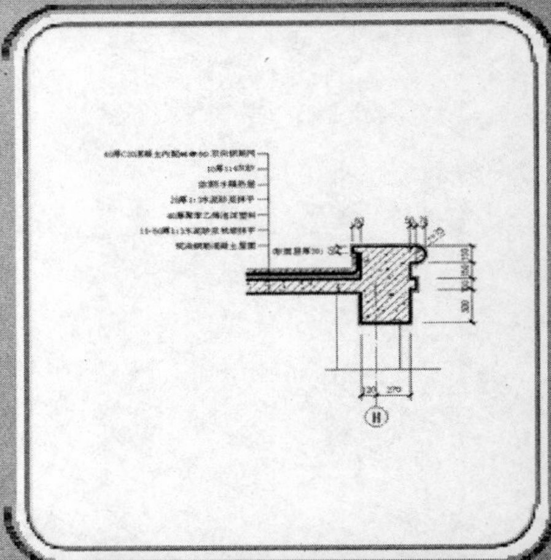

- 建筑详图绘制概述
- 建筑单元详图绘制
- 建筑节点详图绘制

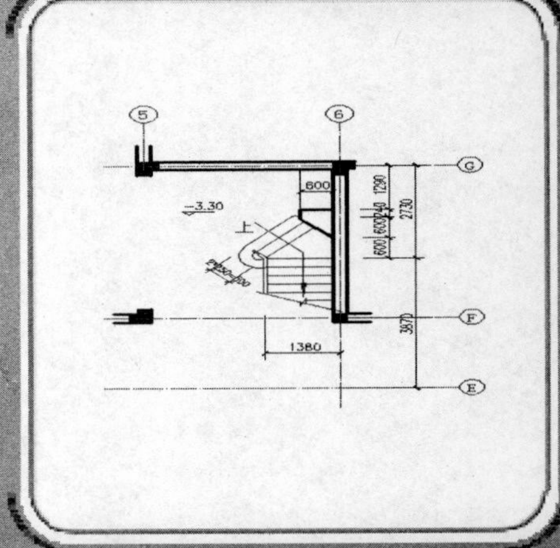

# 13.1 建筑详图绘制概述

## 13.1.1 建筑详图的概念

前面介绍的平面图、立面图、剖面图均是全局性的图样，由于比例的限制，不可能将一些复杂的细部或局部做法表示清楚，因此需要将这些细部、局部的构造、材料及相互关系采用较大的比例详细绘制出来，以指导施工。这样的建筑图形称为详图，也称大样图。对于局部平面（如厨房、卫生间）放大绘制的图形，习惯叫做放大图。需要绘制详图的位置一般有室内外墙节点、楼梯、电梯、厨房、卫生间、门窗、室内外装饰等构造详图或局部平面放大。

内外墙节点一般用平面图和剖面图表示，常用比例为 1:20。平面节点详图表示出墙、柱或构造柱的材料和构造关系。剖面节点详图即常说的墙身详图，需要表示出墙体与室内外地坪、楼面、屋面的关系，同时表示出相关的门窗洞口、梁或圈梁、雨篷、阳台、女儿墙、檐口、散水、防潮层、屋面防水、地下室防水等构造的做法。墙身详图可以从室内外地坪、防潮层处开始一路画到女儿墙压顶。为了节省图样，在门窗洞口处可以断开，也可以重点绘制地坪、中间层、屋面处的几个节点，而将中间层重复使用的节点集中到一个详图中表示。节点编号一般由上到下编号。

## 13.1.2 建筑详图图示内容

楼梯详图包括平面图、剖面图及节点图三部分。平面图、剖面图常用 1:50 的比例绘制，楼梯中的节点详图可以根据对象大小酌情采用 1:5、1:10、1:20 等比例。楼梯平面图与建筑平面图不同的是，它只需绘制出楼梯及四面相接的墙体；而且，楼梯平面图需要准确地表示出楼梯间净空、梯段长度、梯段宽度、踏步宽度和级数、栏杆（栏板）的大小及位置，以及楼面、平台处的标高等。楼梯间剖面图只需绘制出与楼梯相关的部分，相邻部分可用折断线断开。选择在底层第一跑梯并能够剖到门窗的位置剖切，向底层另一跑梯段方向投射。尺寸需要标注层高、平台、梯段、门窗洞口、栏杆高度等竖向尺寸，并应标注出室内外地坪、平台、平台梁底面的标高。水平方向需要标注定位轴线及编号、轴线尺寸、平台、梯段尺寸等。梯段尺寸一般用“踏步宽（高）×级数=梯段宽（高）”的形式表示。此外，楼梯剖面上还应注明栏杆构造节点详图的索引编号。

电梯详图一般包括电梯间平面图、机房平面图和电梯间剖面图 3 个部分，常用 1:50 的比例绘制。平面图需要表示出电梯井、电梯厅、前室相对定位轴线的尺寸及自身的净空尺寸，表示出电梯图例及配重位置、电梯编号、门洞大小及开取形式、地坪标高等。机房平面图需表示出设备平台位置及平面尺寸、顶面标高、楼面标高以及通往平台的梯子形式等内容。剖面图需要剖在电梯井、门洞处，表示出地坪、楼层、地坑、机房平台的竖向尺寸和高度，标注出门洞高度。为了节约图样，中间相同部分可以折断绘制。

厨房、卫生间放大图根据其大小可酌情采用 1:30、1:40、1:50 的比例绘制。需要详细表示出各种设备的形状、大小、位置、地面设计标高、地面排水方向，以及坡度等，对于需要进一步说明的构造节点，须标明详图索引符号、绘制节点详图或引用图集。

门窗详图包括立面图、断面图、节点详图等内容。立面图常用 1:20 的比例绘制，断面图常用 1:5 的比例绘制，节点图常用 1:10 的比例绘制。标准化的门窗可以引用有关标准图集，说明其门窗图集编号和所在位置。根据《建筑工程设计文件编制深度规定》，非标准的门窗、幕墙需绘制详图。如委托加工，需绘制出立面分格图，标明开取扇、开取方向，说明材料、颜色，以及与主体结构的连接方式等。

就图形而言，详图兼有平面图、立面图、剖面图的特征，它综合了平面图、立面图、剖面图绘制的基本操作方法，并具有自己的特点，只要掌握一定的绘图程序，难度应不大。真正的难度在于对建筑构造、建筑材料、建筑规范等相关知识的掌握。

### 13.1.3 建筑详图绘制的一般步骤

（1）图形轮廓绘制，包括断面轮廓和看线。

（2）材料图例填充，包括各种材料图例选用和填充。

（3）符号、尺寸、文字等标注，包括设计深度要求的轴线及编号、标高、索引、折断符号和尺寸、说明文字等。

## 13.2 建筑单元详图绘制

本节以几个常见的详图为例，为读者介绍详图的绘制方法。绘制思路：绘制图形轮廓、填充及标注等。本节涉及到的实例有外墙身、楼梯间、卫生间、入口立面图、装饰柱和栏杆。

### 13.2.1 外墙身详图绘制

光盘\动画演示\第 13 章\外墙身详图.avi

**01** 墙身节点①包括屋面防水、隔热层的做法。单击“绘图”工具栏中的“直线”按钮、“圆弧”按钮、“圆”按钮和“多行文字”按钮，绘制轴线、楼板和檐口轮廓线，结果如图 13-1 所示。单击“修改”工具栏中的“偏移”按钮，将檐口轮廓线向外偏移 50，完成抹灰的绘制，结果如图 13-2 所示。

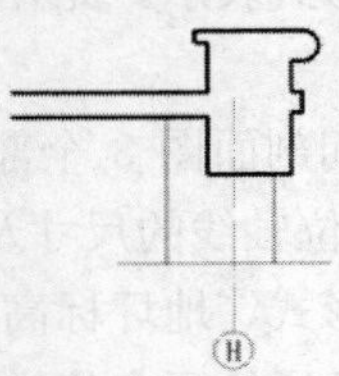

图 13-1 绘制檐口轮廓线

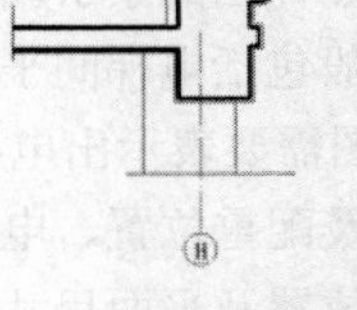

图 13-2 绘制檐口抹灰

**02** 单击“修改”工具栏中的“偏移”按钮，将楼板层分别向上偏移 20、40、20、10 和 40，并将偏移后得直线设置为细实线，结果如图 13-3 所示。单击“绘图”工具栏中的“多段线”按钮，绘制防水卷材，多段线宽度为 1，转角处作圆弧处理，完成防水层的绘制结果如图 13-4 所示。

**03** 单击“绘图”工具栏中的“图案填充”按钮，依次填充各种材料图例，钢筋混凝土采用“ANSI31”和“AR-CONC”图案的叠加，聚苯乙烯泡沫塑料采用“ANSI37”图案，结果如图 13-5 所示。

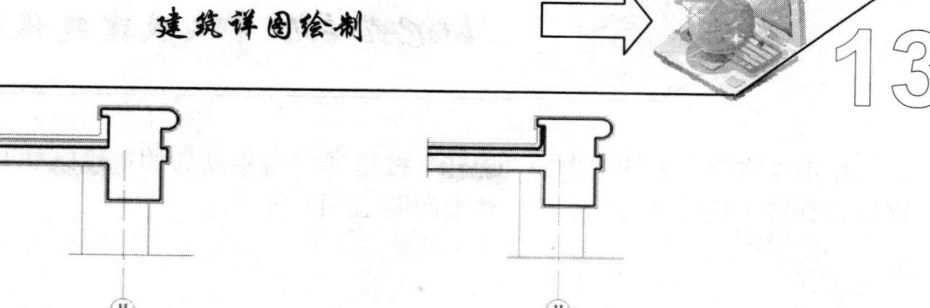

图 13-3　偏移直线　　　　图 13-4　绘制防水层

**04** 单击“标注”工具栏中的“线性”按钮、“连续”按钮和“半径”按钮，进行尺寸标注，结果如图 13-6 所示。

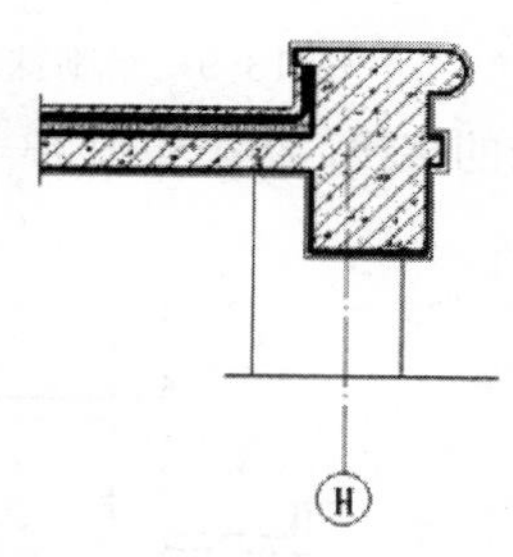

图 13-5　图案填充

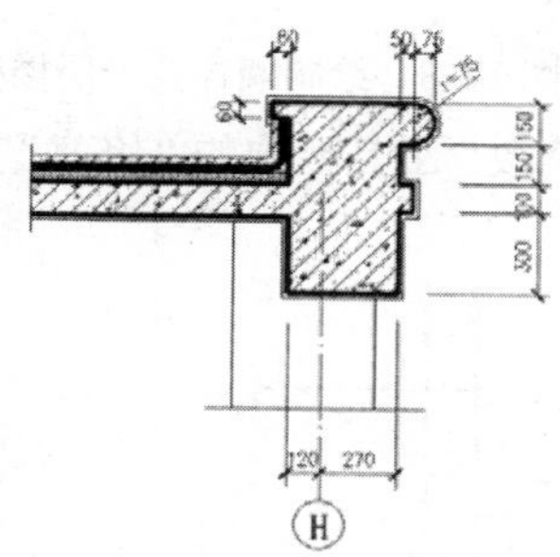

图 13-6　尺寸标注

**05** 单击“绘图”工具栏中的“直线”按钮，绘制引出线，单击“绘图”工具栏中的“多行文字”按钮，说明屋面防水层的多层次构造，最终完成墙身节点①的绘制，结果如图 13-7 所示。

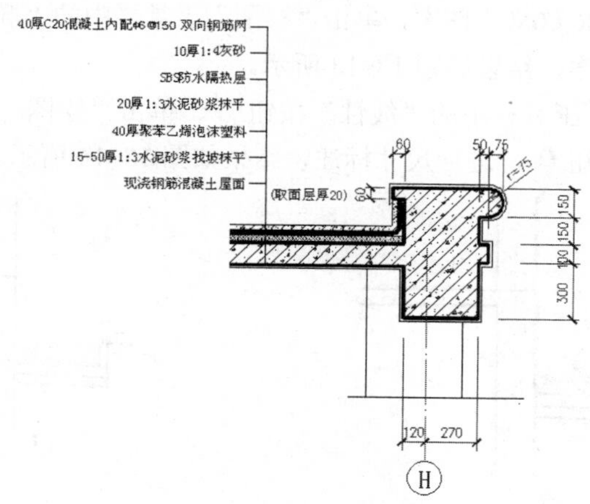


图 13-7　墙身节点①

**06** 墙身节点②包括墙体与室内外地坪的关系以及散水的做法。绘制墙体及一层楼板轮廓。单击“绘图”工具栏中的“直线”按钮，绘制墙体及一层楼板轮廓，结果如图 13-8 所示。单击“修改”工具栏中的“偏移”按钮，将墙体及楼板轮廓线向外偏移 20，并将偏移后的直线设置为细实线，完成抹灰的绘制，结果如图 13-9 所示。

**07** 绘制散水。单击“修改”工具栏中的“偏移”按钮，将墙线左侧的轮廓线依次向左偏移 615、60，将一层楼板下侧轮廓线依次向下偏移 367、182、80、71，单击“修改”工具栏中的“移动”按钮，将向下偏移的直线向左移动，结果如图 13-10 所示。

单击“修改”工具栏中的“旋转”按钮，将移动后的直线以最下侧直线的左端点为基点进行旋转，旋转角度为2°，结果如图13-11所示。

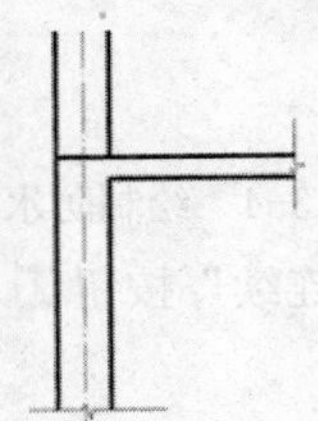

图13-8　绘制墙体及一层楼板轮廓

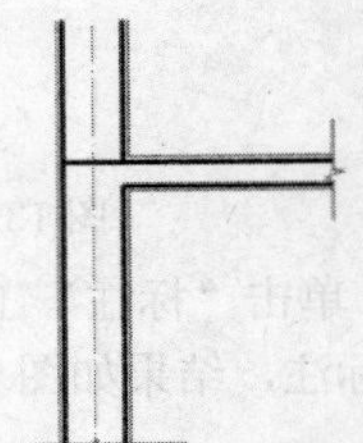

图13-9　绘制抹灰

单击“修改”工具栏中的“修剪”按钮，修剪图中多余的直线，结果如图13-12所示。

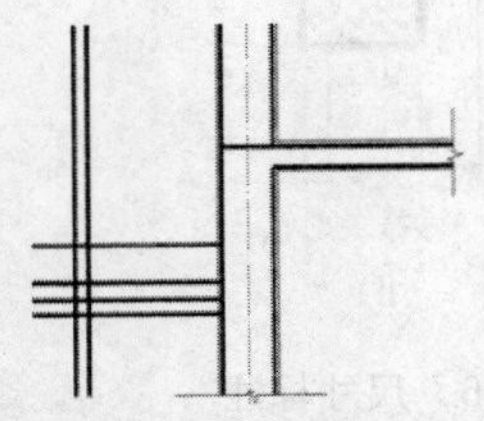

图13-10　偏移直线

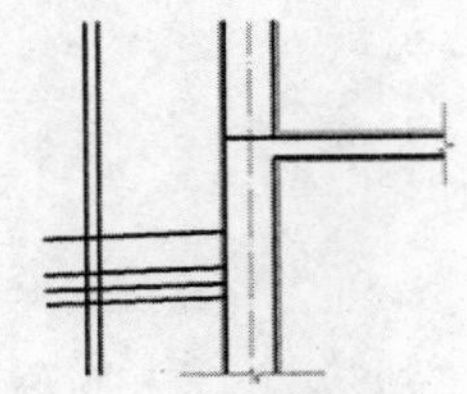

图13-11　旋转直线

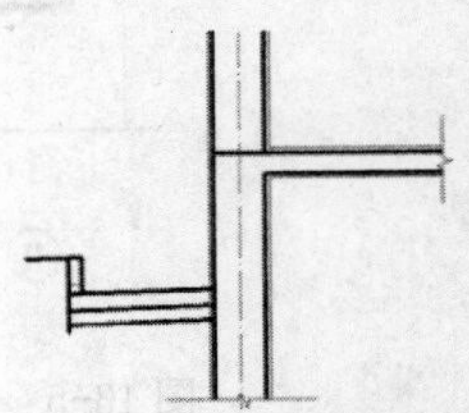

图13-12　修剪处理

08 单击“绘图”工具栏中的“图案填充”按钮，依次填充各种材料图例，钢筋混凝土采用“ANSI31”和“AR-CONC”图案的叠加，砖墙采用“ANSI31”图案，素土采用“ANSI37”图案，素混凝土采用“AR-CONC”图案，单击“绘图”工具栏中的“椭圆”按钮和“复制”按钮，绘制鹅卵石图案，结果如图13-13所示。

09 单击“标注”工具栏中的“线性”按钮、单击“绘图”工具栏中的“直线”按钮和“多行文字”按钮，进行尺寸标注，结果如图13-14所示。

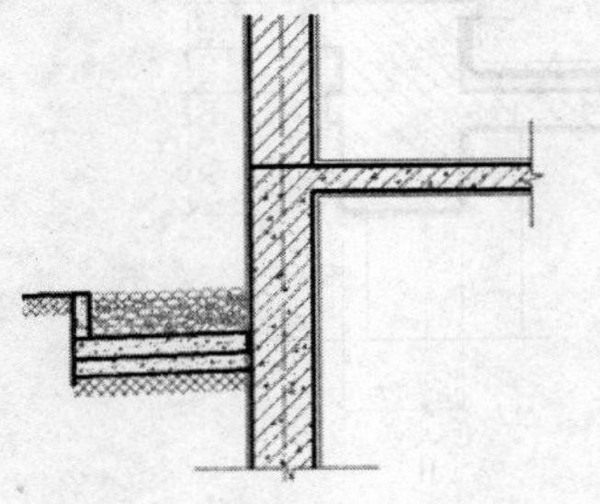

图13-13　图案填充

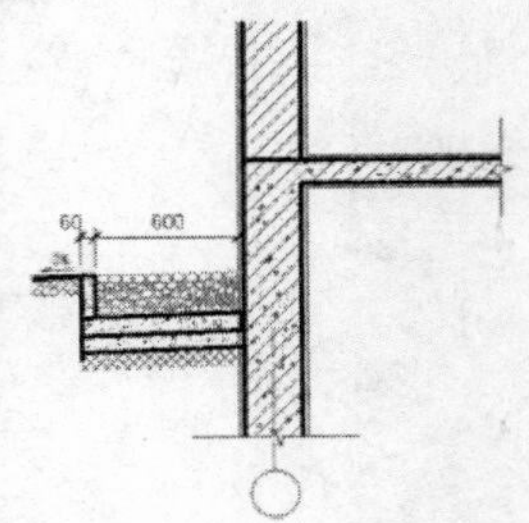


图13-14　尺寸标注

10 单击“绘图”工具栏中的“直线”按钮，绘制引出线，单击“绘图”工具栏中的“多行文字”按钮，说明散水的多层次构造，最终完成墙身节点②的绘制，结果如图13-15所示。

11 墙身节点③包括地下室地坪的做法和墙体防潮层的做法。绘制地下室墙体及底部。单击“绘图”工具栏中的“直线”按钮，绘制地下室墙体及底部轮廓，结果如图13-16所示。单击“修改”工具栏中的“偏移”按钮，将轮廓线向外偏移20，并将偏移后的直线设置为细实线，完成抹灰的绘制，结果如图13-17所示。

12 绘制防潮层。单击“修改”工具栏中的“偏移”按钮，将墙线左侧的抹灰线依

次向左偏移 20、16、24、120、100，将底部的抹灰线依次向下偏移 20、16、24、80，单击“修改”工具栏中的“修剪”按钮，修剪偏移后的直线，单击“修改”工具栏中的“圆角”按钮，将直角处倒圆角，并修改线段的宽度，结果如图 13-18 所示。

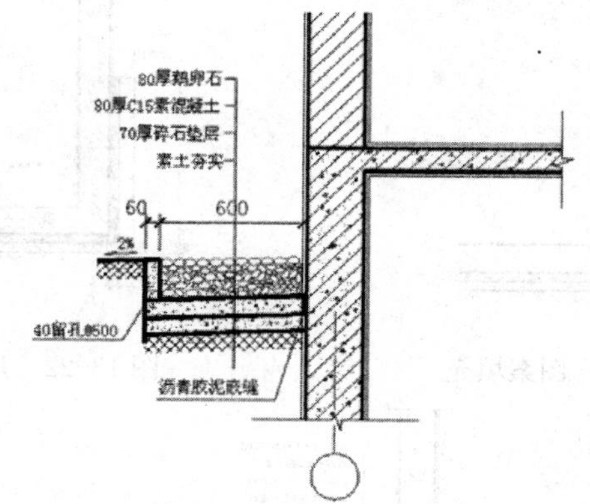


图 13-15　墙身节点②

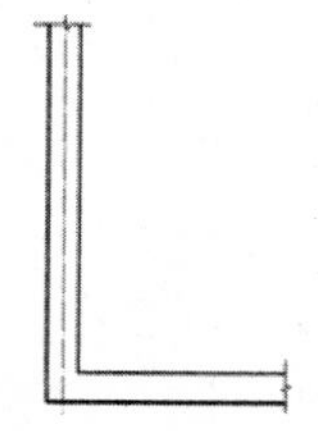

图 13-16　地下室墙体及底部

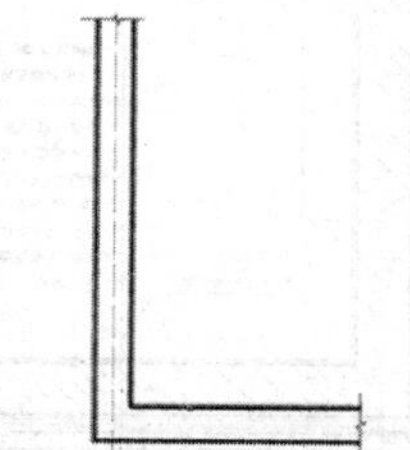

图 13-17　绘制抹灰

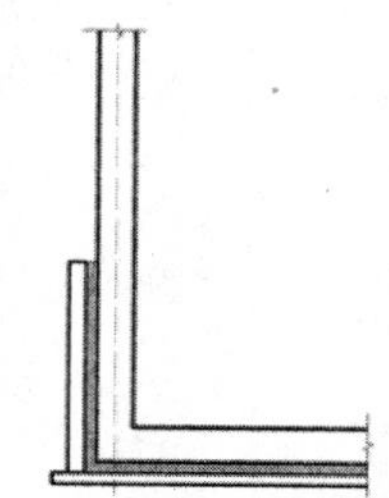

图 13-18　偏移直线并修改

单击“绘图”工具栏中的“直线”按钮，绘制防腐木条，结果如图 13-19 所示。

单击“绘图”工具栏中的“多段线”按钮，绘制防水卷材，结果如图 13-20 所示。

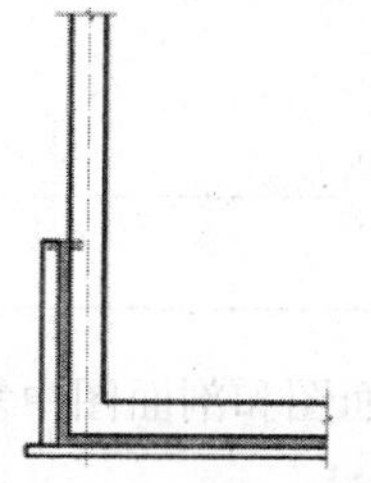

图 13-19　绘制防腐木条

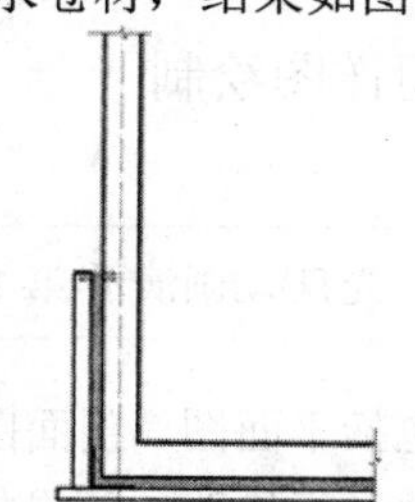

图 13-20　绘制防水卷材

**13** 单击“绘图”工具栏中的“图案填充”按钮，依次填充各种材料图例，钢筋混凝土采用“ANSI31”和“AR-CONC”图案的叠加，砖墙采用“ANSI31”图案，素土采用“ANSI37”图案，素混凝土采用“AR-CONC”图案，结果如图 13-21 所示。

**14** 单击“标注”工具栏中的“线性”按钮、单击“绘图”工具栏中的“直线”按钮和“多行文字”按钮，进行尺寸标注和标高标注，结果如图 13-22 所示。

**15** 单击“绘图”工具栏中的“直线”按钮，绘制引出线，单击“绘图”工具栏中的“多行文字”按钮，说明散水的多层次构造，最终完成墙身节点③的绘制，结果如图 13-23 所示。

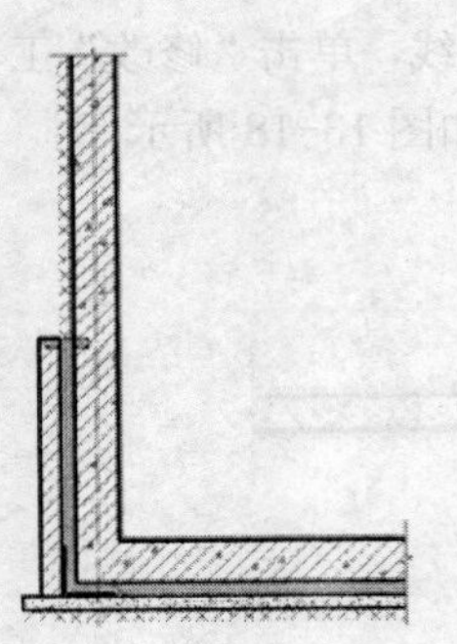

图 13-21　图案填充

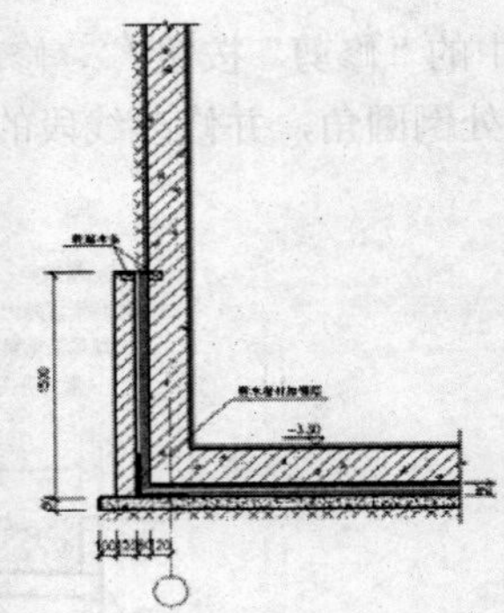

图 13-22　尺寸标注

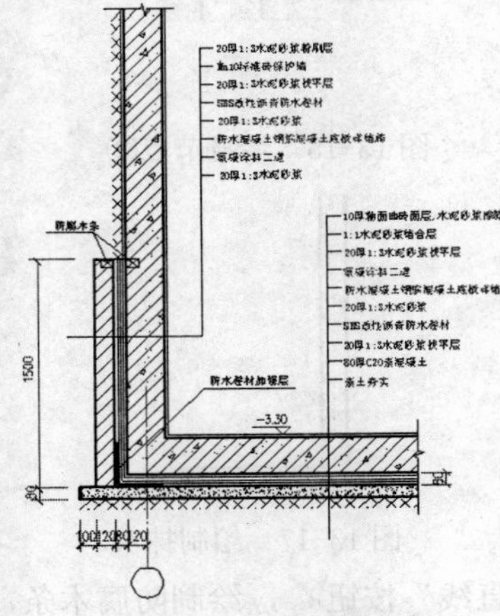


图 13-23　墙身节点③

## 13.2.2　楼梯间详图绘制

光盘\动画演示\第 13 章\楼梯间详图.avi

楼梯间详图包括平面图、剖面图和节点详图。首先从平面图和剖面图中复制出楼梯的平面图和剖面图，并进行修改，结果如图 13-24 所示。

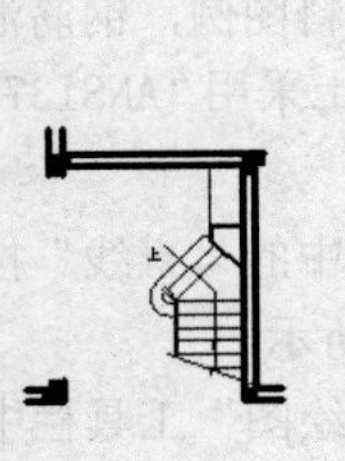

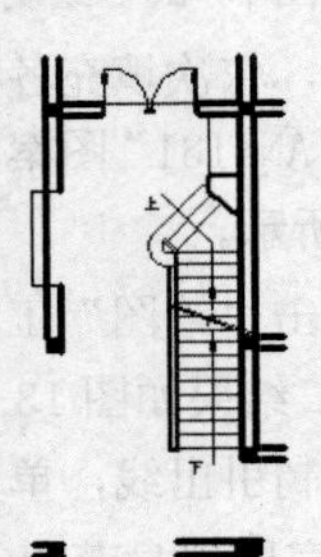

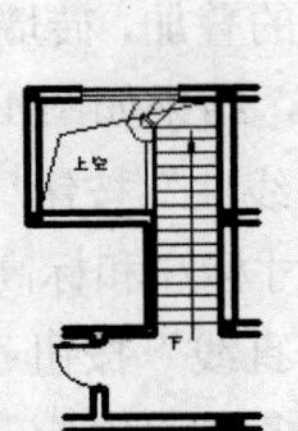

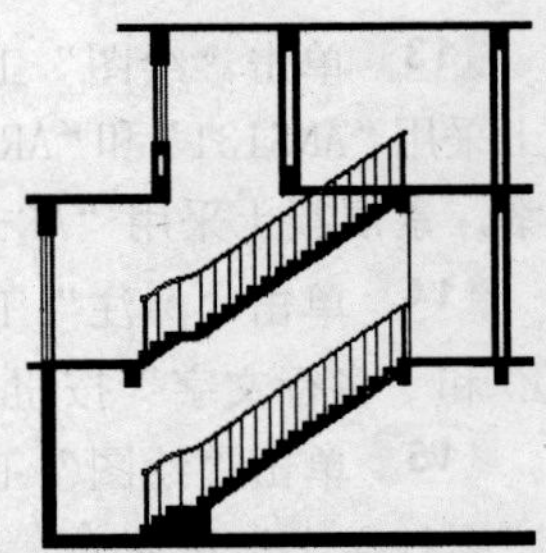

图 13-24　复制楼梯平面图和剖面图

**01** 标注地下层楼梯平面图。单击“绘图”工具栏中的“直线”按钮、“圆”按钮和

“多行文字”按钮A，绘制地下层楼梯轴线并标注轴线编号，结果如图13-25所示。

**02** 单击“标注”工具栏中的“线性”按钮，单击“绘图”工具栏中的“直线”按钮和“多行文字”按钮A，标注地下层楼梯的细部尺寸和标高，结果如图13-26所示。

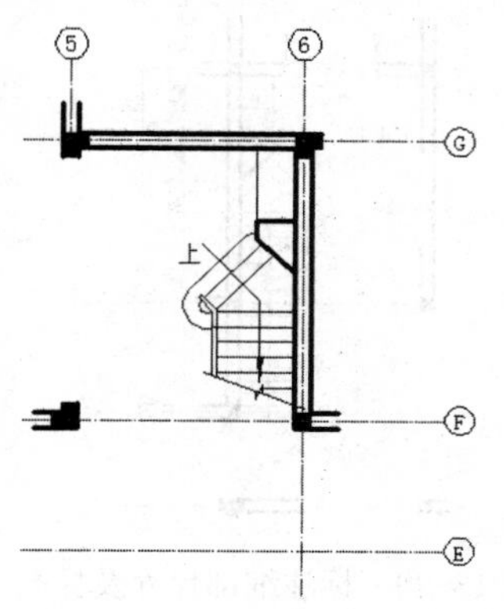

图 13-25　绘制轴线及编号

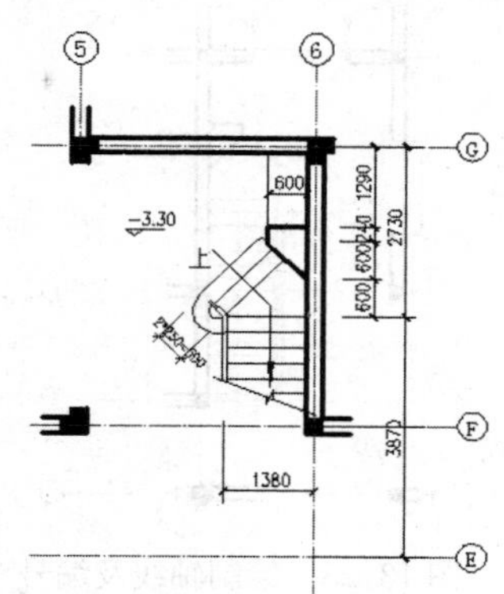

图 13-26　标注细部尺寸及标高

**03** 单击“标注”工具栏中的“线性”按钮，单击“绘图”工具栏中的“直线”按钮和“多行文字”按钮A，标注地下层楼梯轴线尺寸并进行文字说明，完成地下层楼体平面的标注，结果如图13-27所示。

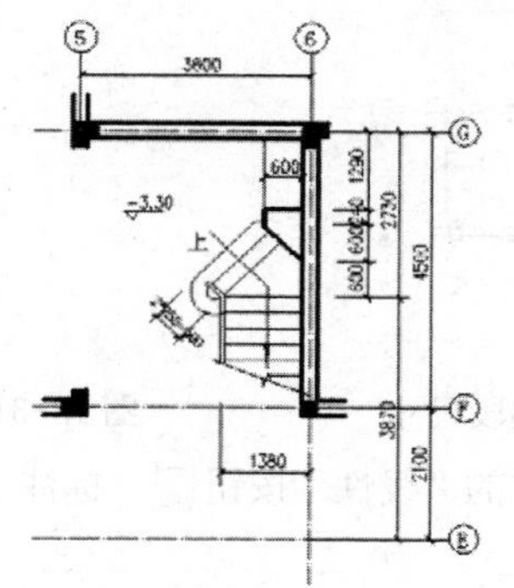

楼梯地下层平面图

图 13-27　标注地下层楼体平面

**04** 标注底层楼梯平面图。单击“绘图”工具栏中的“直线”按钮、“圆”按钮和“多行文字”按钮A，绘制底层楼梯轴线并标注轴线编号，结果如图13-28所示。

**05** 单击“标注”工具栏中的“线性”按钮，单击“绘图”工具栏中的“直线”按钮和“多行文字”按钮A，标注底层楼梯的细部尺寸和标高，结果如图13-29所示。

**06** 单击“标注”工具栏中的“线性”按钮，标注底层楼梯梯段尺寸，结果如图13-30所示。

**07** 单击“绘图”工具栏中的“多行文字”按钮A和单击“标注”工具栏中的“线性”按钮，标注底层楼梯轴线尺寸并进行文字说明，完成底层楼梯平面图的标注，结果如图13-31所示。

**08** 标注二层楼梯平面图。单击“绘图”工具栏中的“直线”按钮、“圆”按钮和

“多行文字”按钮A，绘制二层楼梯轴线并标注轴线编号，结果如图13-32所示。

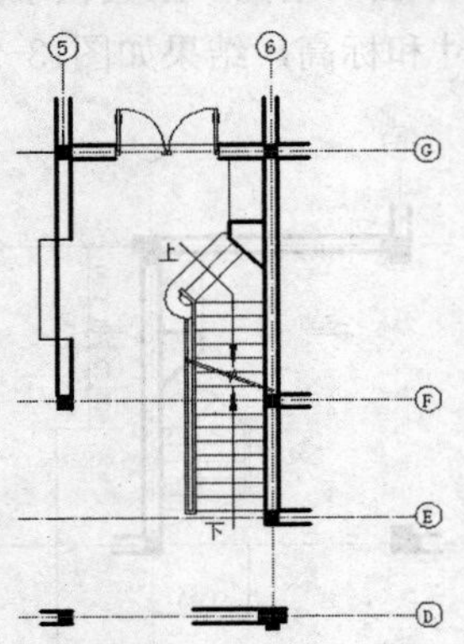
图 13-28　绘制轴线及编号

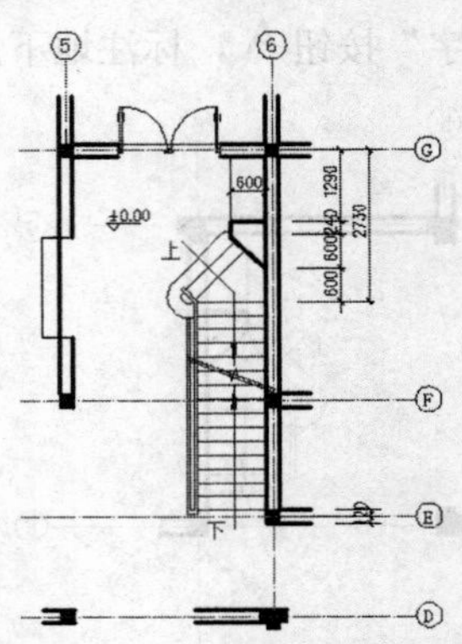
图 13-29　标注细部尺寸及标高

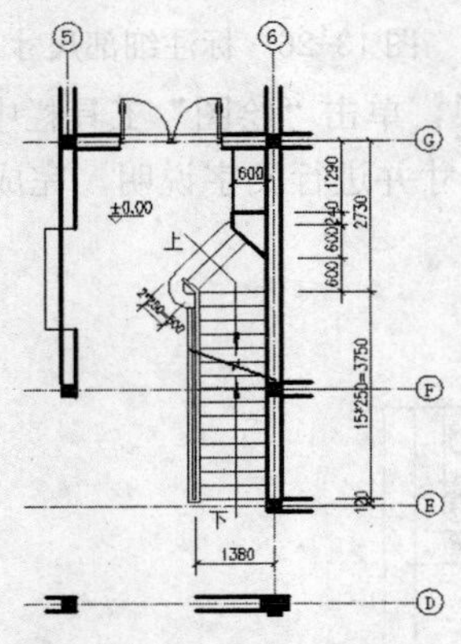
图 13-30　标注梯段尺寸

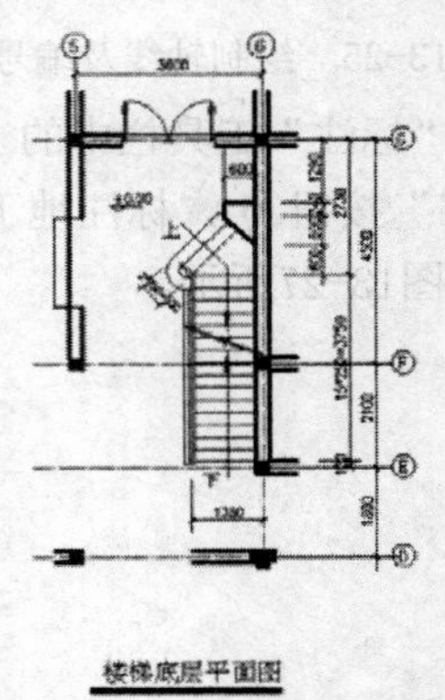

图 13-31　标注底层楼梯平面图

**09** 单击“标注”工具栏中的“线性”按钮，标注二层楼梯梯段尺寸，结果如图13-33所示。

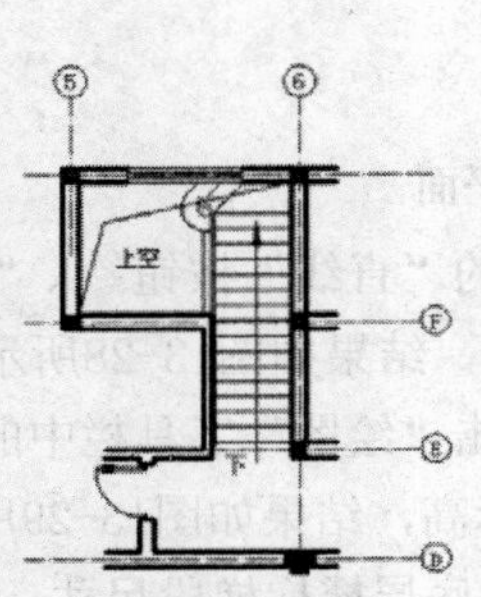
图13-32　绘制轴线及编号

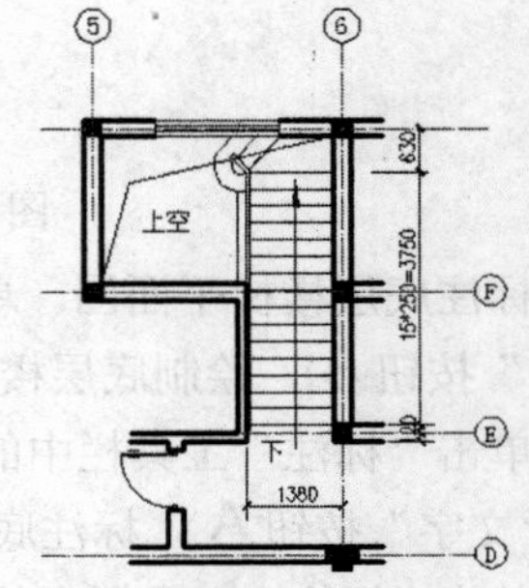
图13-33　标注二层楼梯梯段尺寸

**10** 单击“绘图”工具栏中的“多行文字”按钮A和单击“标注”工具栏中的“线性”按钮，标注二层楼梯轴线尺寸并进行文字说明，完成二层楼梯平面图的标注，结果如图13-34所示。

**11** 绘制楼梯剖面图。单击“绘图”工具栏中的“直线”按钮、“圆”按钮和“多行文字”按钮A，绘制楼梯剖面图轴线并标注轴线编号，结果如图13-35所示。

**12** 单击“标注”工具栏中的“线性”按钮，标注楼梯剖面图的梯段尺寸，结果如图13-36所示。

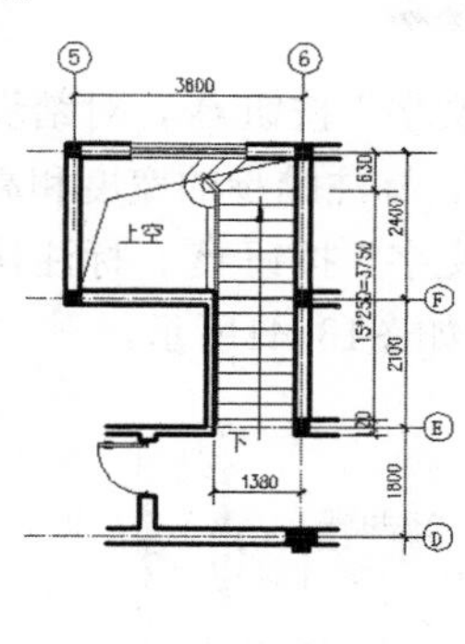


图 13-34　标注二层楼梯平面

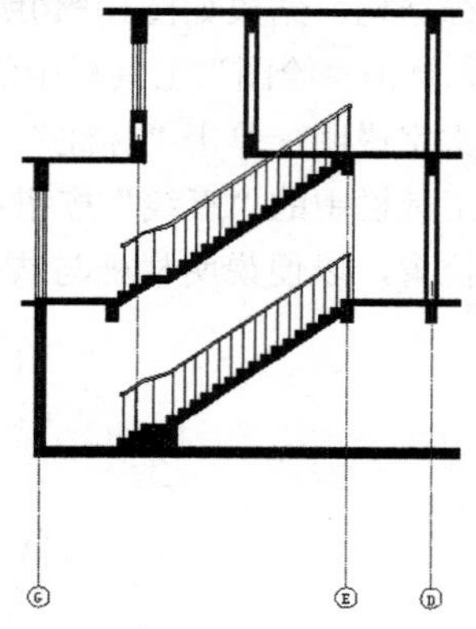

图 13-35　绘制轴线及编号

**13** 单击“绘图”工具栏中的“多行文字”按钮和单击“标注”工具栏中的“线性”按钮，标注楼梯剖面图轴线尺寸并进行文字说明，完成楼梯剖面图的标注，结果如图13-37所示。

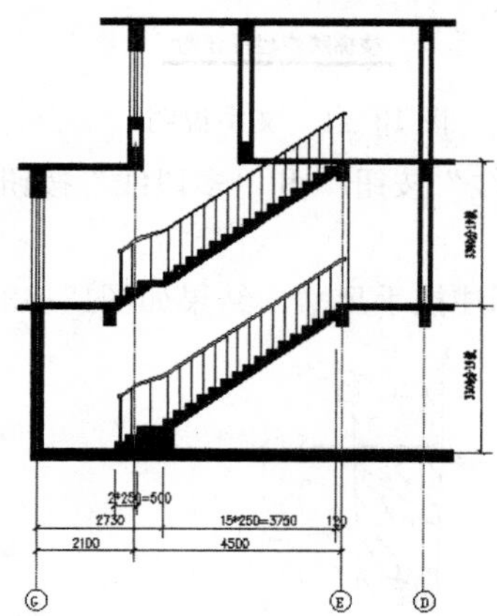


图 13-36　标注梯段尺寸

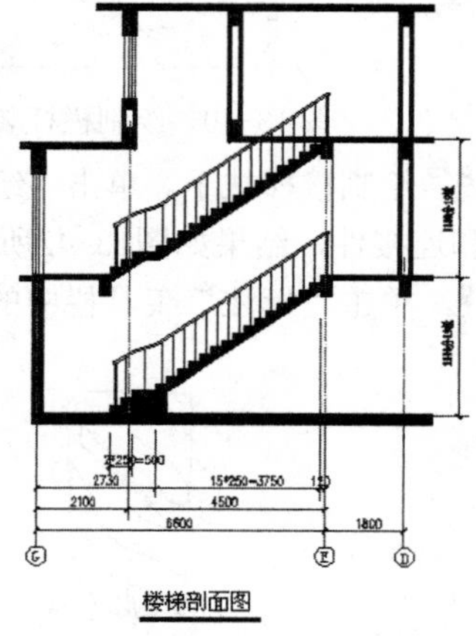


图 13-37　标注楼梯剖面图

**14** 绘制楼梯踏步栏杆详图。绘制楼梯踏步和栏杆。复制剖面图中的楼梯踏步和栏杆并修改，如图13-38所示。

**15** 单击“修改”工具栏中的“偏移”按钮、单击“绘图”工具栏中的“直线”按钮和“图案填充”按钮，绘制踏步面，结果如图13-39所示。

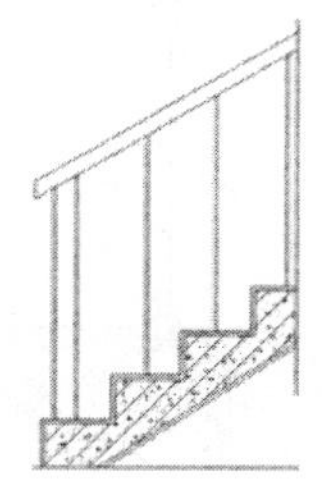

图 13-38　复制并修改楼梯栏杆

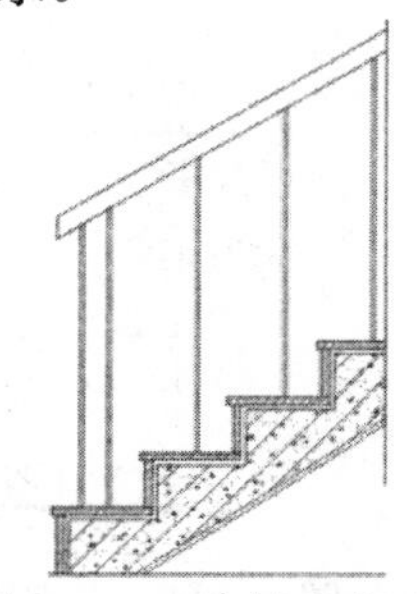

图 13-39　绘制踏步面

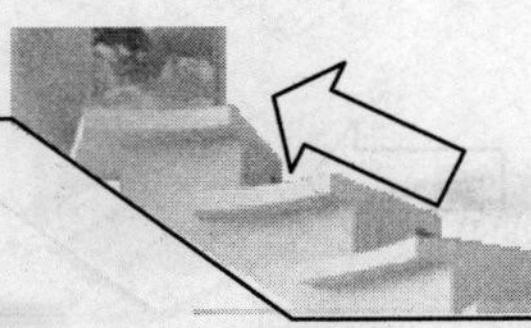

**16** 单击“绘图”工具栏中的“直线”按钮、“圆”按钮和“椭圆”按钮，绘制栏杆的装饰结构，结果如图13-40所示。

**17** 单击“绘图”工具栏中的“直线”按钮和“多行文字”按钮，对踏步和栏杆的材料进行文字说明；单击“标注”工具栏中的“线性”按钮，标注踏步的宽度和高度；单击“绘图”工具栏中的“直线”按钮、“圆”按钮和“多行文字”按钮，标注扶手及栏杆剖切面的位置，以便说明栏杆与扶手和踏步的连接方式，结果如图13-41所示。

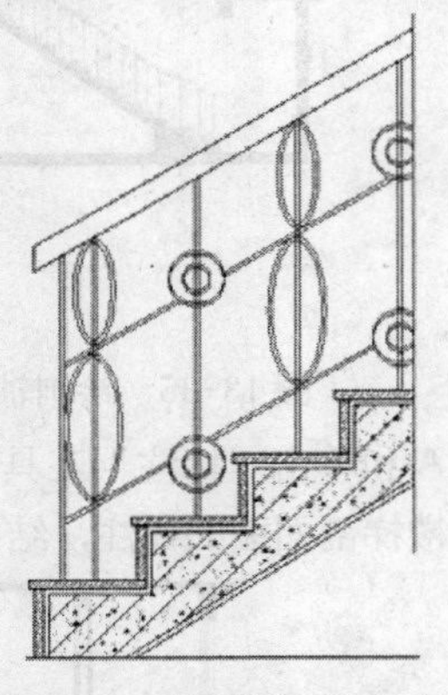

图 13-40　绘制栏杆装饰结构

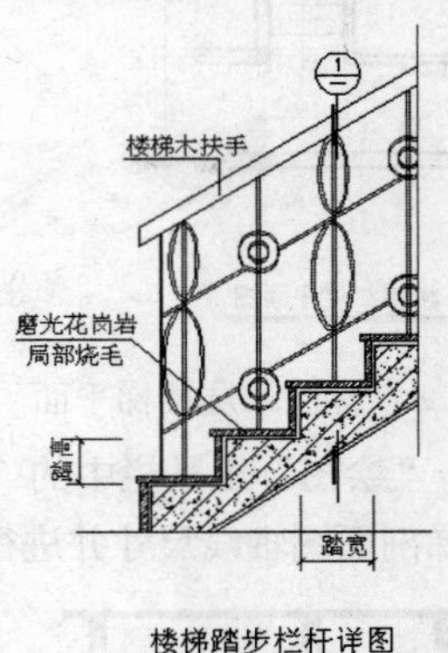


图 13-41　文字说明

**18** 绘制楼梯扶手。单击“绘图”工具栏中的“直线”按钮和“多段线”按钮，绘制扶手和连接件，结果如图13-42所示。

**19** 单击“标注”工具栏中的“线性”按钮，标注扶手尺寸，结果如图13-43所示。

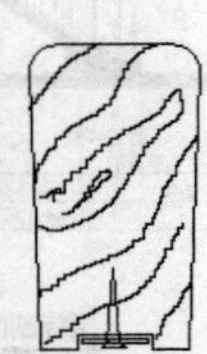

图 13-42　绘制扶手

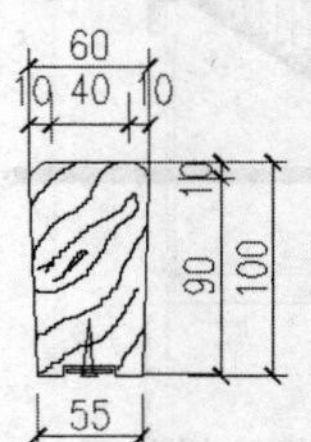


图 13-43　尺寸标注

**20** 单击“绘图”工具栏中的“直线”按钮和“多行文字”按钮，进行文字说明，结果如图13-44所示。

**21** 绘制栏杆与踏步的连接。复制栏杆和踏步并修改，结果如图13-45所示。

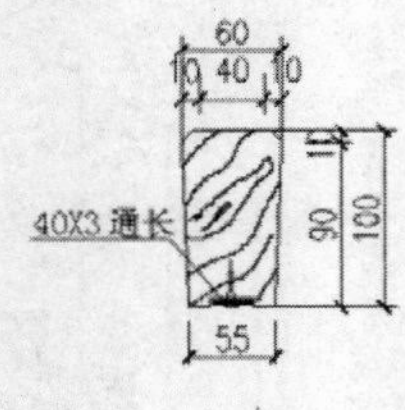


图 13-44　文字说明

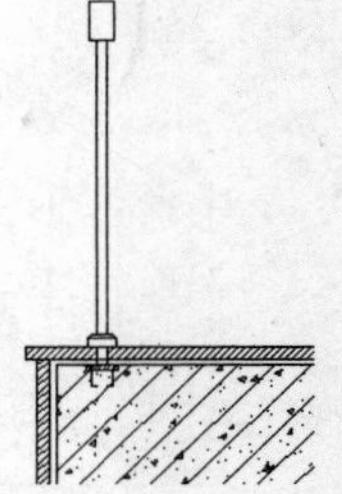

图 13-45　修改栏杆与踏步的连接

**22** 单击“标注”工具栏中的“线性”按钮和“多行文字”按钮，进行尺寸标注，

结果如图13-46所示。

23 单击“绘图”工具栏中的“直线”按钮、“圆”按钮和“多行文字”按钮A，进行文字说明，结果如图13-47所示。

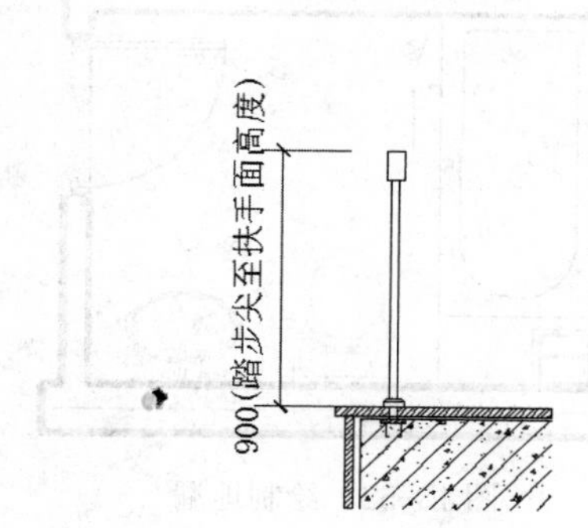


图 13-46 尺寸标注

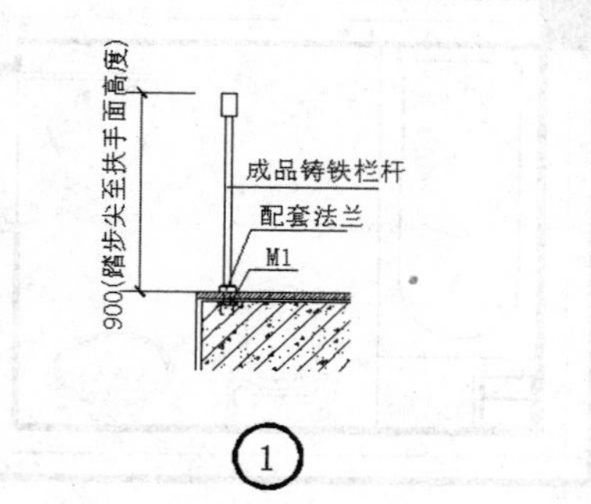


图 13-47 文字说明

24 单击“绘图”工具栏中的“直线”按钮和“矩形”按钮，绘制锚固件，结果如图13-48所示。

25 单击“标注”工具栏中的“线性”按钮，标注锚固件尺寸，结果如图13-49所示。

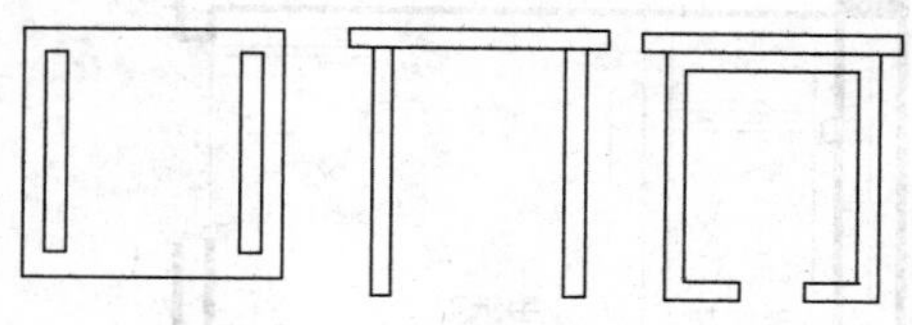

图 13-48 绘制锚固件

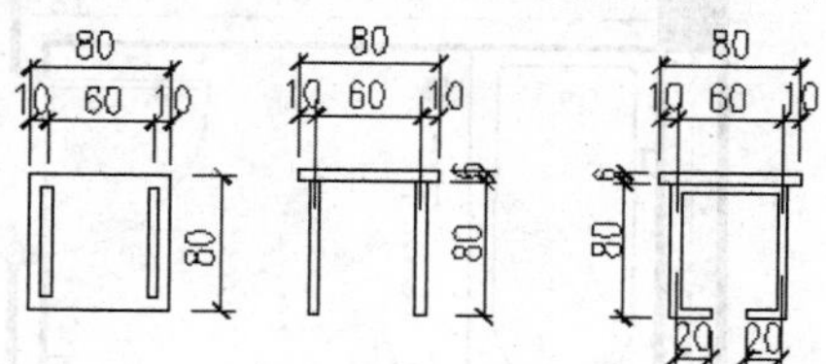


图 13-49 尺寸标注

26 单击“绘图”工具栏中的“直线”按钮和“多行文字”按钮A，进行文字说明，结果如图13-50所示。

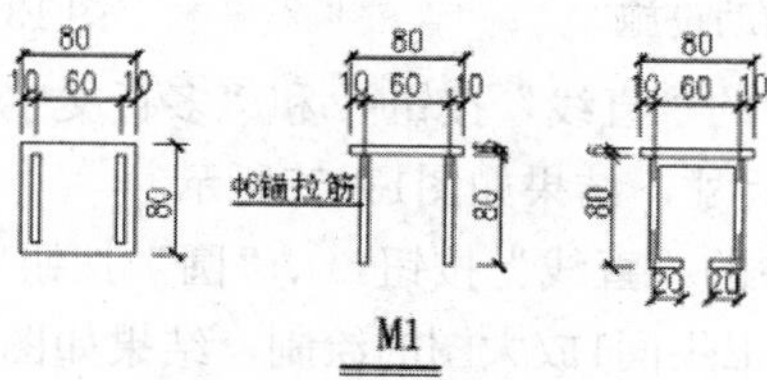


图 13-50 文字说明

### 13.2.3 卫生间详图绘制

光盘\动画演示\第 13 章\卫生间详图.avi

01 卫生间详图1。

❶复制卫生间1图样，并调整内部浴缸、洗脸盆、坐便器等设备，使它们的位置、形状和设计意图与规范要求相符，结果如图13-51所示。

❷单击“绘图”工具栏中的“圆”按钮和“图案填充”按钮，绘制地漏，单击“绘

图”工具栏中的“直线”按钮，绘制排水方向，结果如图13-52所示。

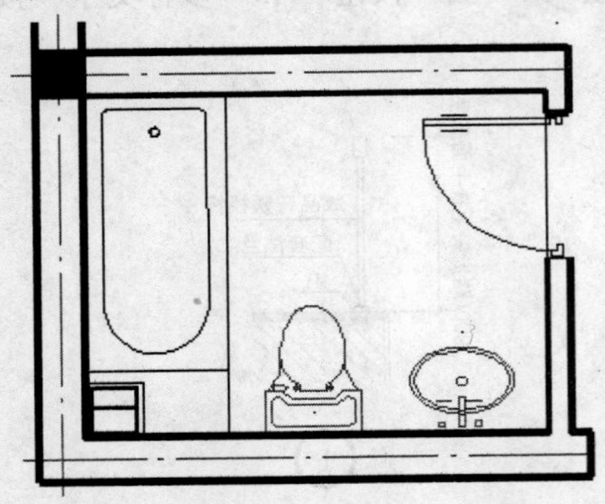
图 13-51　复制卫生间 1 图样

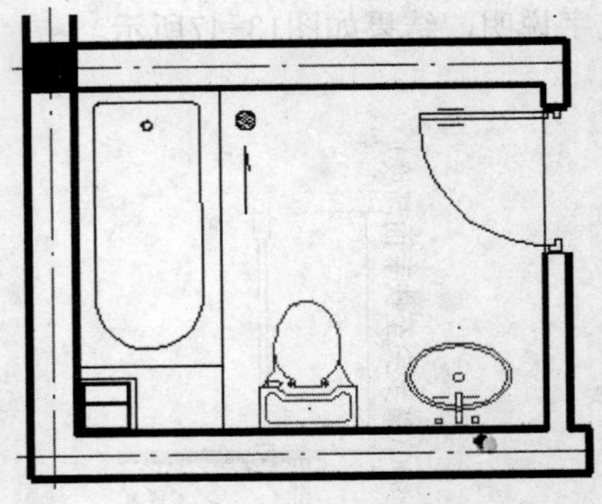
图 13-52　绘制地漏

❸单击“绘图”工具栏中的“直线”按钮，绘制毛巾架、手纸架等辅助设施，结果如图13-53所示。

❹单击“绘图”工具栏中的“直线”按钮和“多行文字”按钮A，进行文字说明，结果如图13-54所示。

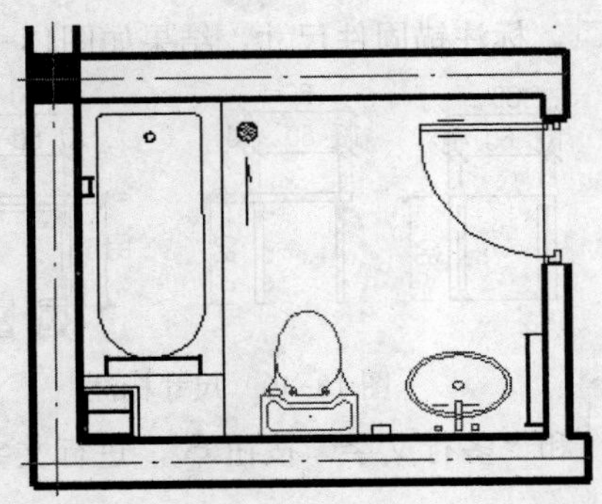
图 13-53　绘制辅助设施

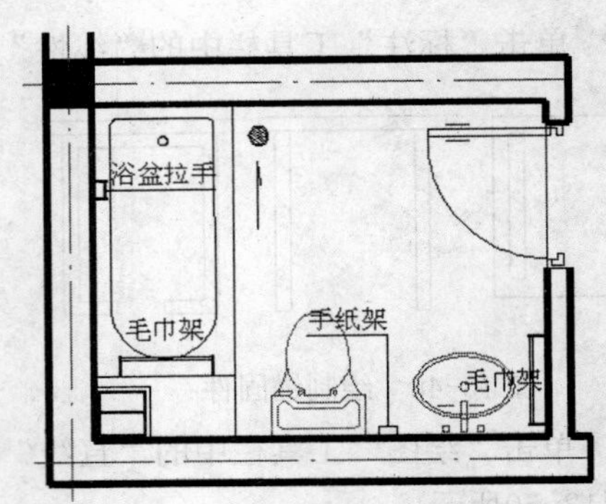

图 13-54　文字说明

❺单击“绘图”工具栏中的“直线”按钮和“多行文字”按钮A，标注标高，选择线性标注命令，标注卫生间1尺寸，结果如图13-55所示。

❻单击“绘图”工具栏中的“直线”按钮、“圆”按钮和“多行文字”按钮A，标注轴线编号和文字说明，完成卫生间1放大图的绘制，结果如图13-56所示。

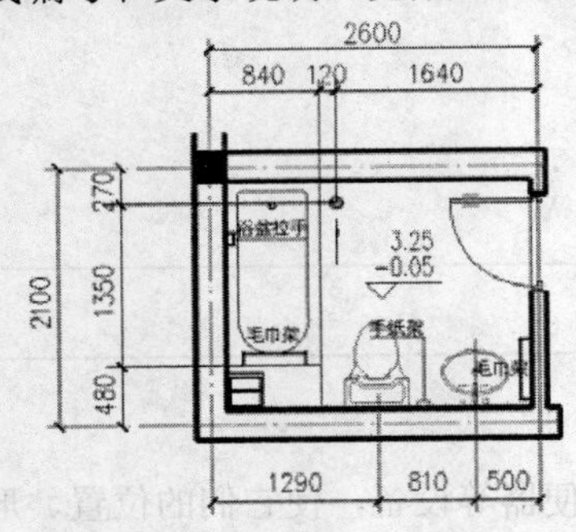

图 13-55　尺寸标注

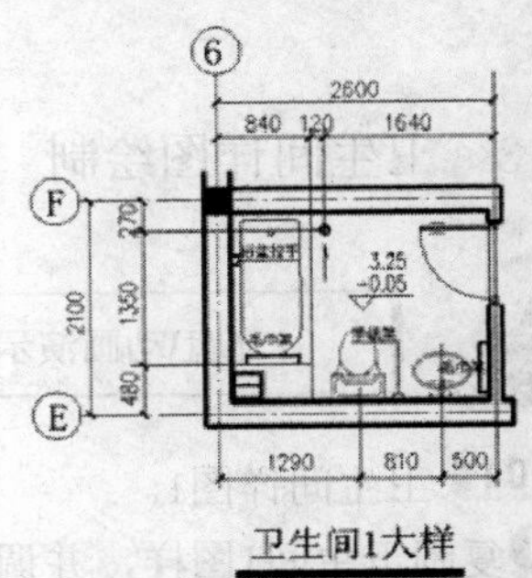

图 13-56　卫生间 1 放大图

**02** 卫生间详图2。

❶复制卫生间2图样，并调整内部设备，结果如图13-57所示。

❷单击"绘图"工具栏中的"圆"按钮和"图案填充"按钮，绘制地漏，单击"绘图"工具栏中的"直线"按钮，绘制排水方向，结果如图13-58所示。

❸单击"绘图"工具栏中的"直线"按钮，绘制辅助设施，结果如图13-59所示。

❹单击"绘图"工具栏中的"直线"按钮和"多行文字"按钮，进行文字说明，结果如图13-60所示。

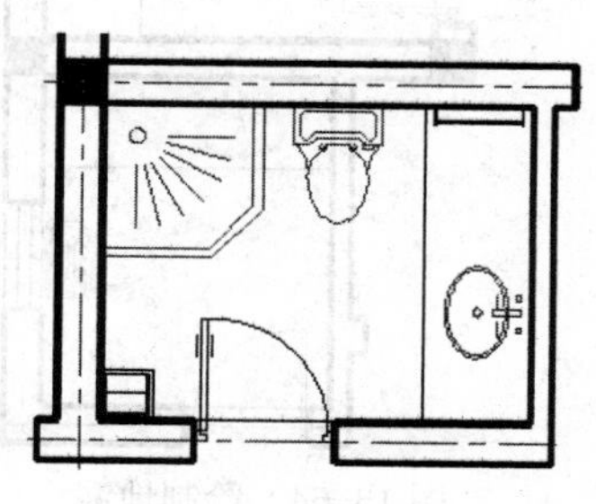

图13-57　复制卫生间2图样

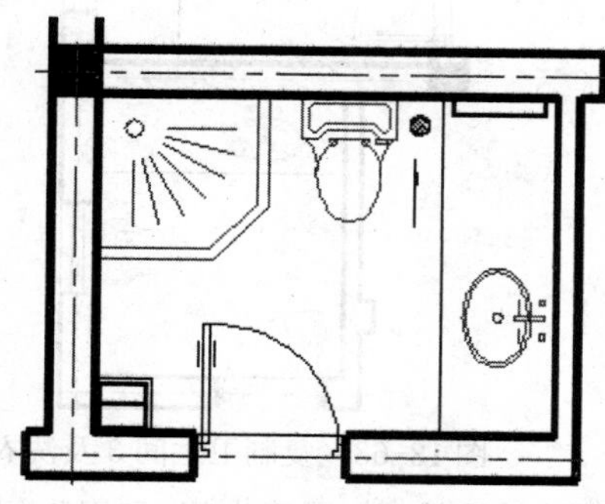

图13-58　绘制地漏

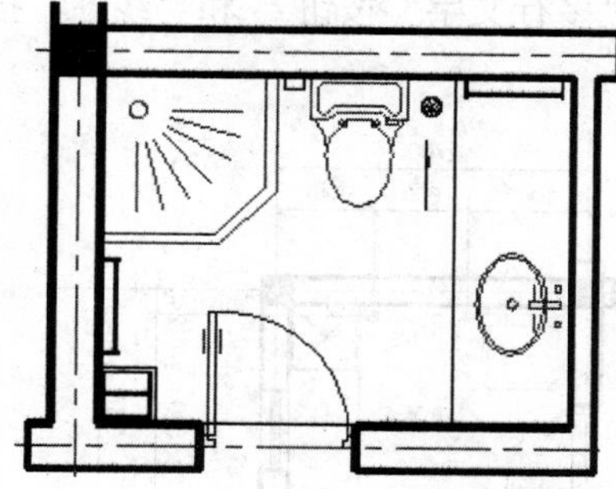

图13-59　绘制辅助设施

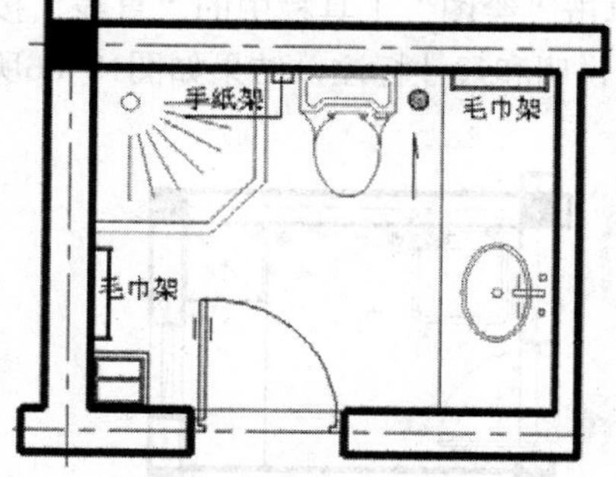


图13-60　文字说明

❺单击"绘图"工具栏中的"直线"按钮和"多行文字"按钮，标注标高，单击"标注"工具栏中的"线性"按钮，标注卫生间2尺寸，结果如图13-61所示。

❻单击"绘图"工具栏中的"直线"按钮、"圆"按钮和"多行文字"按钮，标注轴线编号和文字说明，完成卫生间2放大图的绘制，结果如图13-62所示。

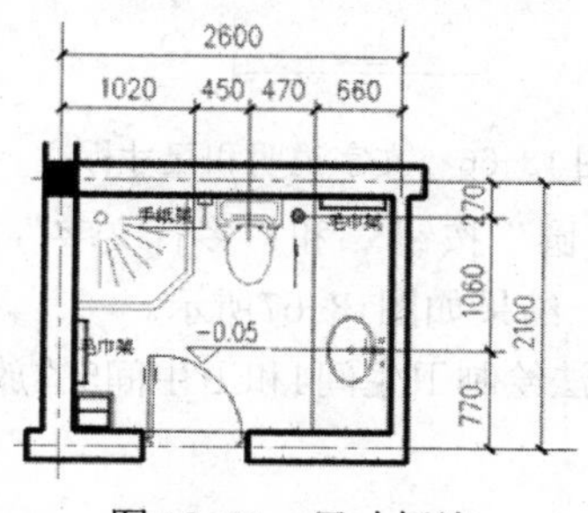


图13-61　尺寸标注

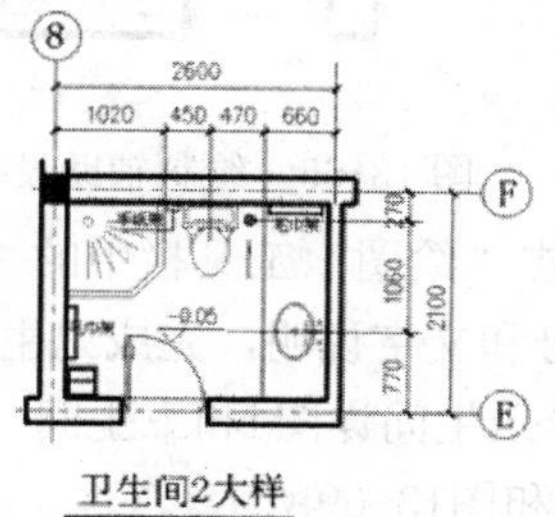


图13-62　卫生间2放大图

**03** 卫生间详图3。

❶复制卫生间3及洗衣房图样，并调整内部设备，结果如图13-63所示。

❷单击"绘图"工具栏中的"圆"按钮、"图案填充"按钮和"直线"按钮，绘

制卫生间和洗衣房的地漏方向，结果如图13-64所示。

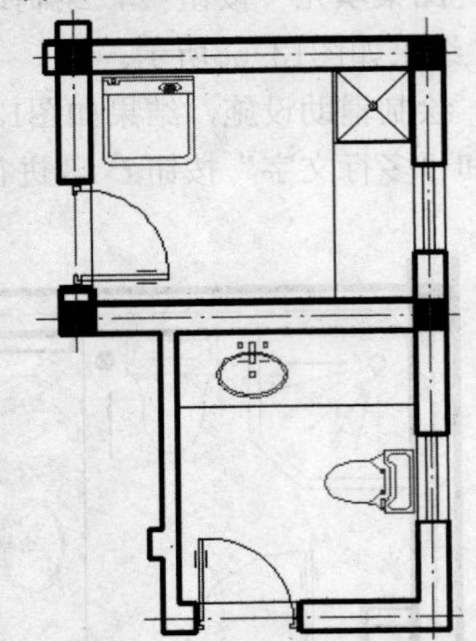
图 13-63　复制卫生间 3 及洗衣房

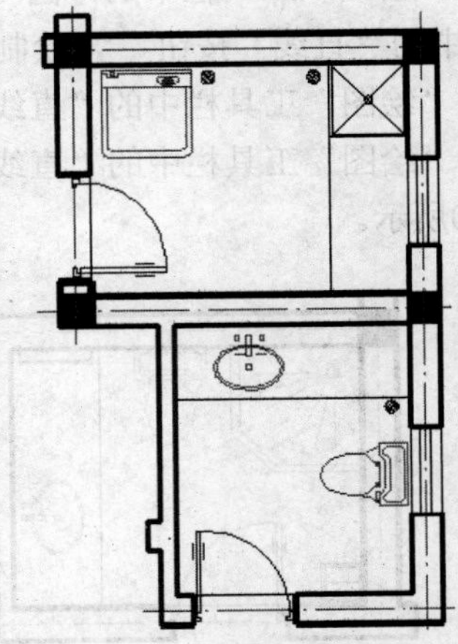
图 13-64　绘制地漏

❸绘制辅助设施。与用卫生间1和卫生间2绘制辅助设施的方法相同，结果如图13-65所示。

❹单击“绘图”工具栏中的“直线”按钮、“多行文字”按钮A和“线性”按钮，进行文字说明和尺寸标注，结果如图13-66所示。

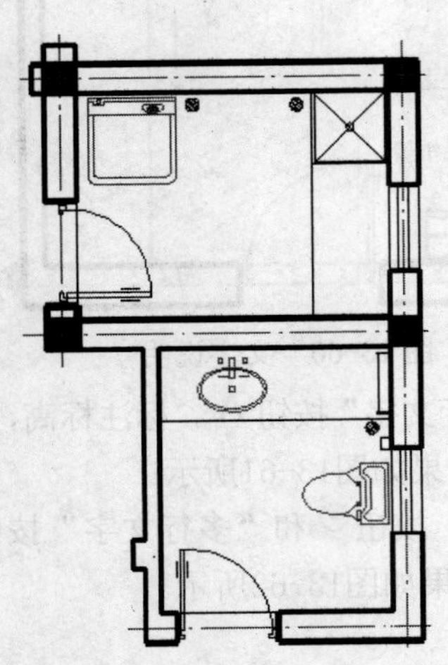
图 13-65　绘制辅助设施

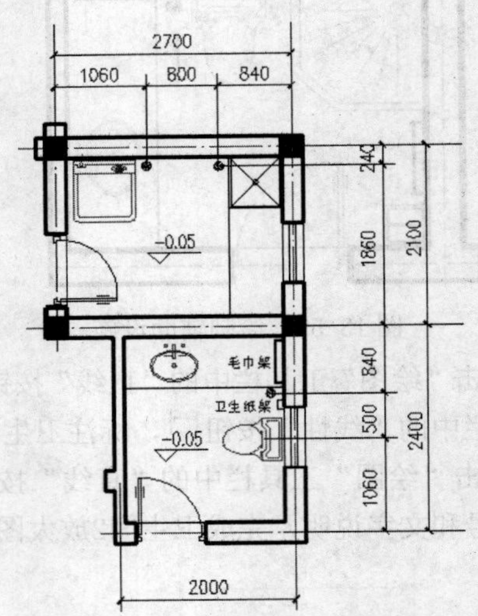

图 13-66　文字说明和尺寸标注

❺单击“绘图”工具栏中的“直线”按钮、“圆”按钮和“多行文字”按钮A，标注轴线编号和文字说明，完成卫生间3放大图的绘制，结果如图13-67所示。

04 卫生间详图4和卫生间。5用上述同样的方法绘制卫生间4和卫生间5的放大图，结果如图13-68和图13-69所示。

## 13.2.4　入口立面详图绘制

光盘\动画演示\第 13 章\入口立面详图.avi

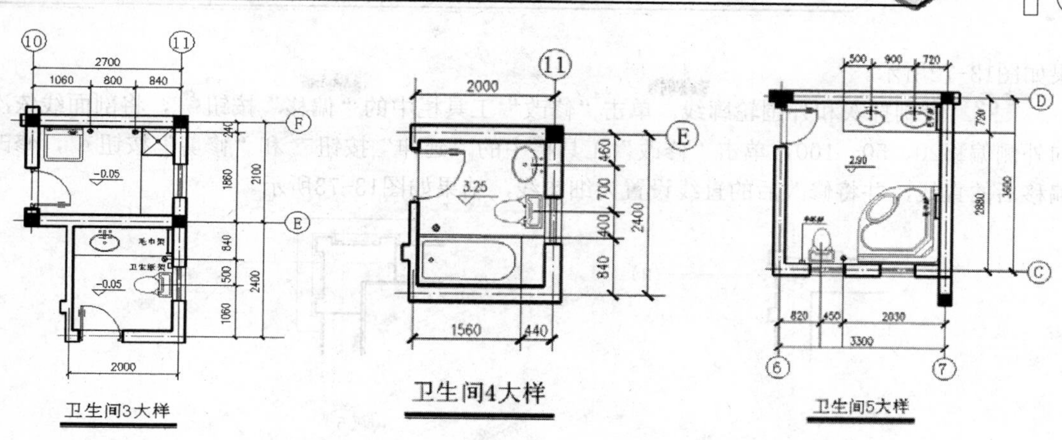


图 13-67　卫生间 3 放大图　　图 13-68　卫生间 4 放大图　　图 13-69　卫生间 5 放大图

**01** 打开“源文件/入口立面”，并修改，结果如图13-70所示。

图 13-70　复制并修改入口立面图

**02** 单击“绘图”工具栏中的“直线”按钮、“多行文字”按钮和“线性”按钮，标注入口立面图，结果如图13-71所示。

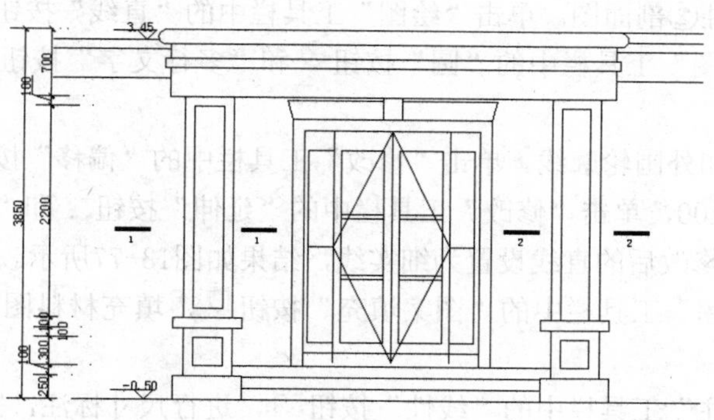

图 13-71　标注入口立面头

## 13.2.5　装饰柱详图绘制

光盘\动画演示\第 13 章\装饰柱详图.avi

**01** 绘制装饰柱①剖面图。单击“绘图”工具栏中的“直线”按钮、绘制轴线及装饰柱剖面，单击“绘图”工具栏中的“圆”按钮和“多行文字”按钮，标注轴线编号，结果如图13-72所示。

**02** 绘制抹灰和外围轮廓线。单击“修改”工具栏中的“偏移”按钮，将剖面线依次向外侧偏移20、50、100，单击“修改”工具栏中的“延伸”按钮和“修剪”按钮，修改偏移后的直线，并将修改后的直线设置为细实线，结果如图13-73所示。

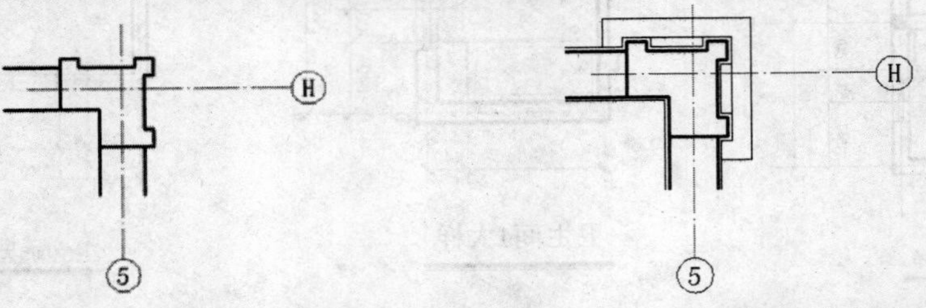


图 13-72　绘制装饰柱①剖面图　　　图 13-73　绘制抹灰和外围轮廓线

**03** 单击“绘图”工具栏中的“图案填充”按钮，填充材料图例，钢筋混凝土采用“ANSI31”和“AR-CONC”图案的叠加，混凝土采用“ANSI31”图案，结果如图13-74所示。

**04** 单击“标注”工具栏中的“线性”按钮，进行尺寸标注，完成装饰柱①的绘制，结果如图13-75所示。

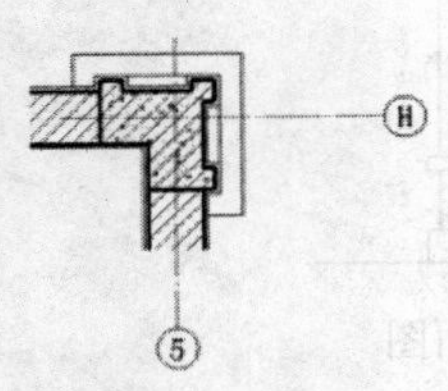


图 13-74　图案填充

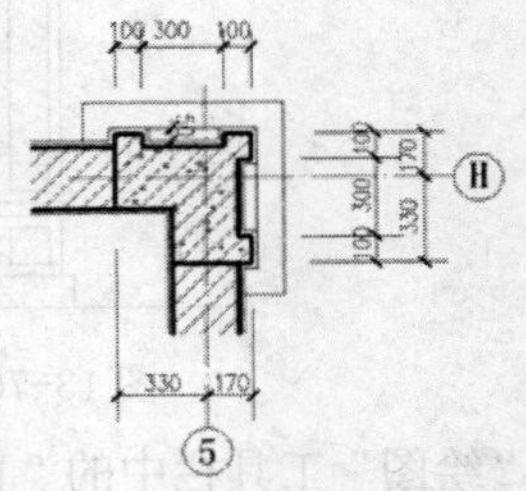


图 13-75　尺寸标注

**05** 绘制装饰柱②剖面图。单击“绘图”工具栏中的“直线”按钮，绘制轴线及装饰柱剖面图，单击“绘图”工具栏中的“圆”按钮和“多行文字”按钮A，标注轴线编号，结果如图13-76所示。

**06** 绘制抹灰和外围轮廓线。单击“修改”工具栏中的“偏移”按钮，将剖面线依次向外侧偏移20、50、100，单击“修改”工具栏中的“延伸”按钮和“修剪”按钮，修改偏移后的直线，并将修改后的直线设置为细实线，结果如图13-77所示。

**07** 单击“绘图”工具栏中的“图案填充”按钮，填充材料图例，结果如图13-78所示。

**08** 单击“标注”工具栏中的“线性”按钮，进行尺寸标注，完成装饰柱②的绘制，结果如图13-79所示。

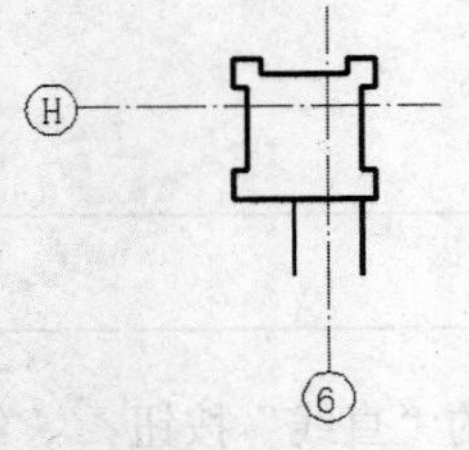


图 13-76　绘制装饰柱②剖面图

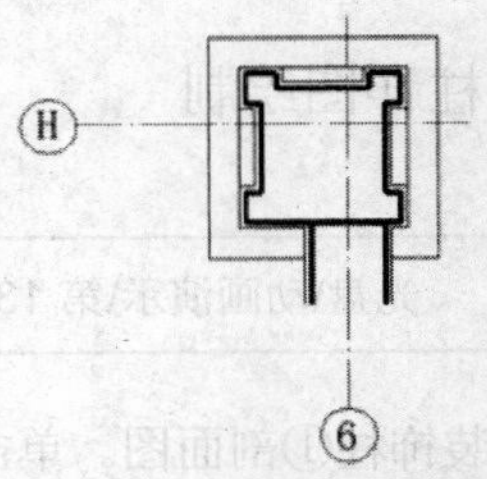


图 13-77　绘制抹灰和外围轮廓线

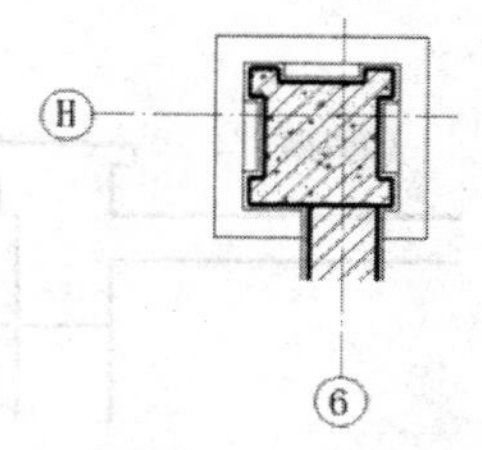


图 13-78　图案填充

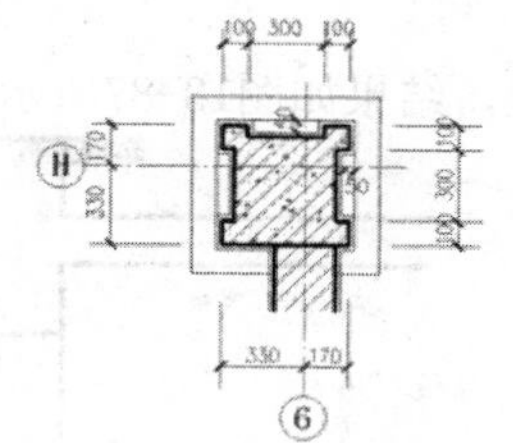


图 13-79　尺寸标注

**09** 绘制装饰柱③剖面图。单击“绘图”工具栏中的“直线”按钮，绘制轴线及装饰柱剖面，结果如图13-80所示。

**10** 绘制抹灰和外围轮廓线。单击“修改”工具栏中的“偏移”按钮、“延伸”按钮和“修剪”按钮，绘制抹灰和外围轮廓线，结果如图13-81所示。

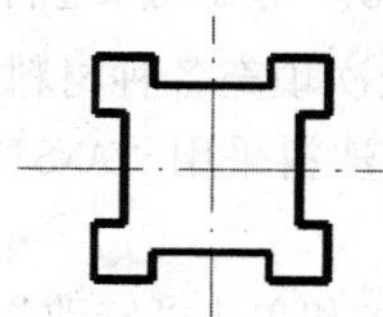

图 13-80　绘制装饰柱③剖面图

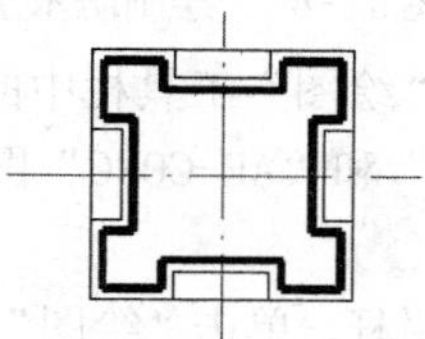

图 13-81　绘制抹灰和外围轮廓线

**11** 单击“绘图”工具栏中的“图案填充”按钮，填充材料图例，结果如图13-82所示。

**12** 单击“标注”工具栏中的“线性”按钮，进行尺寸标注，完成装饰柱③的绘制，结果如图13-83所示。

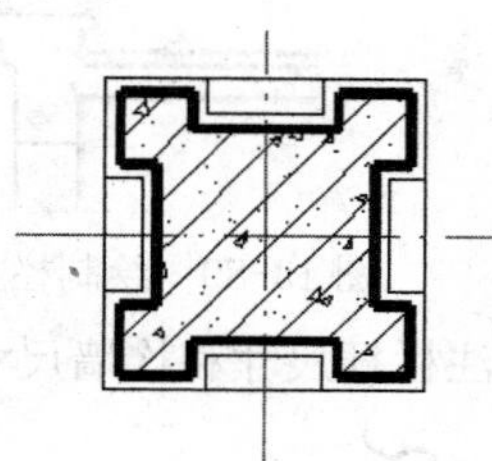

图 13-82　图案填充

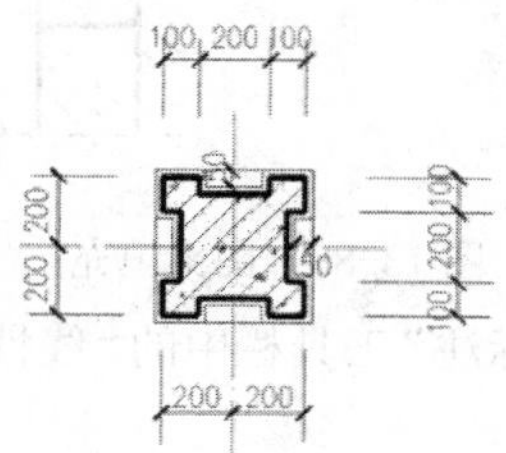


图 13-83　尺寸标注

### 13.2.6　栏杆详图绘制

光盘\动画演示\第 13 章\栏杆详图.avi

**01** 绘制坎墙及楼板剖面图。单击“绘图”工具栏中的“多段线”按钮，绘制坎墙及楼板轮廓线，结果如图13-84所示。

**02** 绘制抹灰。单击“修改”工具栏中的“偏移”按钮，将檐口轮廓线向外偏移20，并将偏移后的直线设置为细实线，结果如图13-85所示。

**03** 绘制防水层。单击“修改”工具栏中的“偏移”按钮，将楼板层分别向上偏移20、40、20、10和40，并将偏移后的直线设置为细实线，结果如图13-86所示。

**04** 单击“绘图”工具栏中的“多段线”按钮，绘制防水卷材，多段线宽度为10，转角处作圆弧处理，结果如图13-87所示。

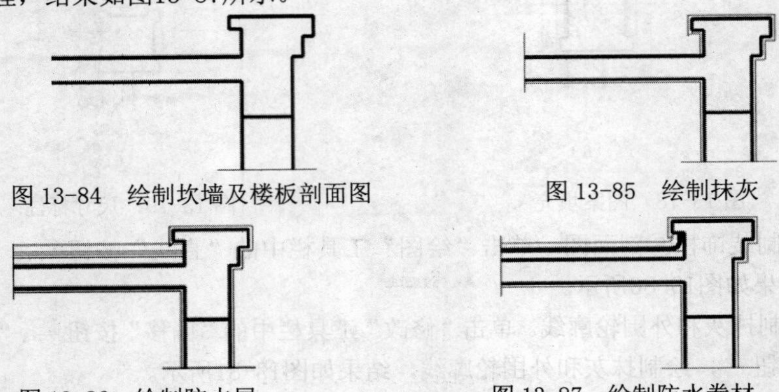

图 13-84　绘制坎墙及楼板剖面图　　图 13-85　绘制抹灰

图 13-86　绘制防水层　　图 13-87　绘制防水卷材

**05** 单击“绘图”工具栏中的“图案填充”按钮，依次填充各种材料图例，钢筋混凝土采用“ANSI31”和“AR-CONC”图案的叠加，聚苯乙烯泡沫塑料采用“ANSI37”图案，结果如图13-88所示。

**06** 绘制栏杆。单击“绘图”工具栏中的“直线”按钮和单击“修改”工具栏中的“偏移”按钮，绘制栏杆轮廓线，单击“绘图”工具栏中的“图案填充”按钮，将剖切到的部分进行图案填充，结果如图13-89所示。

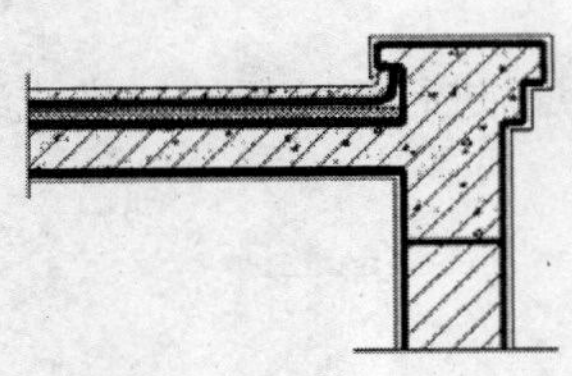

图 13-88　图案填充

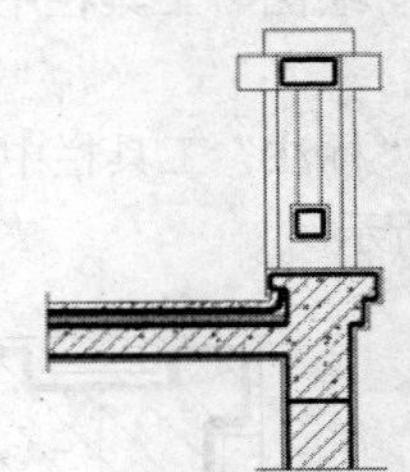

图 13-89　绘制栏杆

**07** 单击“标注”工具栏中的“线性”按钮，标注栏杆尺寸和坎墙尺寸，结果如图13-90所示。

**08** 单击“绘图”工具栏中的“直线”按钮，绘制引出线，单击“绘图”工具栏中的“多行文字”按钮，说明防水层的多层次构造，最终完成栏杆详图的绘制，结果如图13-91所示。

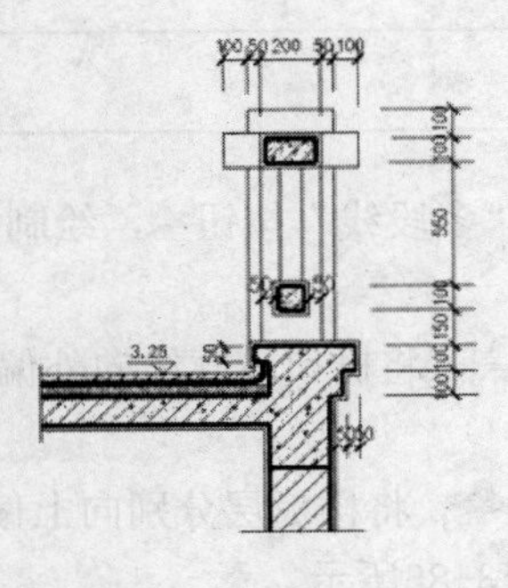


图 13-90　标注尺寸

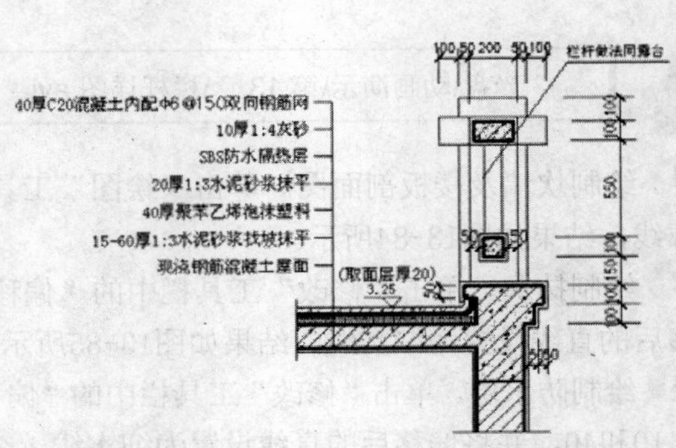


图 13-91　栏杆详图

## 13.3　建筑节点详图绘制

下面介绍图13-92所示的建筑构造节点大样图的绘制方法与相关技巧。具体方法为：先绘制节点轮廓，然后进行图案填充，最后标注尺寸和文字注释。

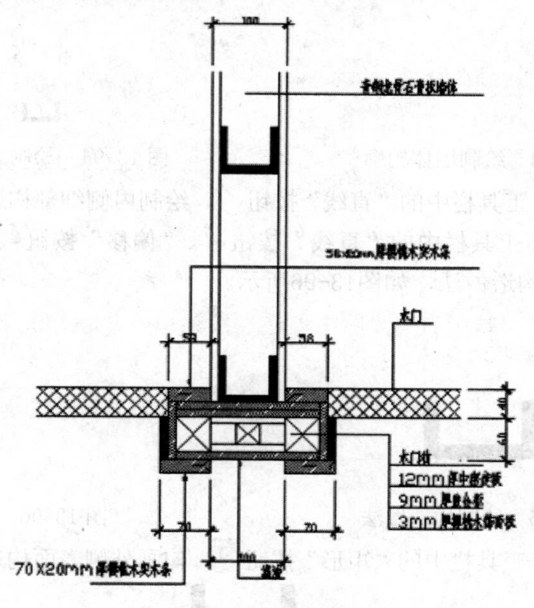


图 13-92　构造节点大样图

光盘\动画演示\第 13 章\建筑节点详图.avi

### 13.3.1　设置绘图参数

**01** 新建3个图层：轮廓线层、剖面线层、标注层，分别指定相应的线型、线宽和颜色。

**02** 单击“标注”工具栏中“标注样式”按钮，在系统打开的“标注样式管理器”对话框中选择“修改”按钮，进入“修改标注样式：ISO-25”对话框。

选择“符号和箭头”选项卡，单击“箭头”列表框中的“第一个”按钮右边的，在打开的下拉列表中选择“ 建筑标记”，单击“第二个”按钮右边的，在打开的下拉列表中选择“ 建筑标记”，并设定“箭头大小”为8。

**03** 选择“文字”选项卡，在“文字外观”列表框中的“文字高度”右边的文本框中填入15，在“文字位置”列表框中的“从尺寸线偏移”右边的文本框中填入5。这样就完成了“文字”选项卡的设置。单击“确定”按钮返回“标注样式管理器”对话框，最后单击“关闭”按钮返回绘图区，完成标注样式的设置。

### 13.3.2　绘制节点轮廓

**01** 将当前图层设置为轮廓线层，单击“绘图”工具栏中的“直线”按钮和单击“修改”工具栏中的“偏移”按钮，绘制中间的墙体轮廓，如图13-93所示。

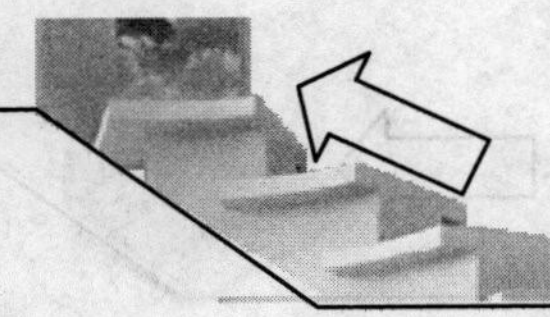



**02** 单击“绘图”工具栏中的“多段线”按钮和单击“修改”工具栏中的“复制”按钮，绘制龙骨轮廓造型，如图13-94所示。

图 13-93　绘制墙体轮廓　　　　图 13-94　绘制龙骨轮廓

**03** 单击“绘图”工具栏中的“直线”按钮，绘制内侧细部构造做法，如图13-95所示。

**04** 单击“绘图”工具栏中的“直线”按钮、“偏移”按钮和“修剪”按钮，继续逐层勾画不同部位的构造做法，如图13-96所示。

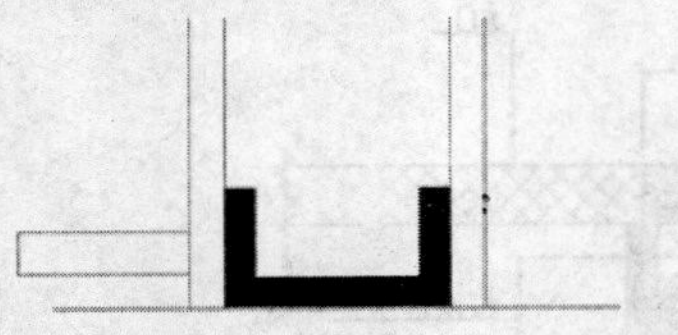

图 13-95　绘制构造做法　　　　图 13-96　勾画不同部位构造

**05** 单击“绘图”工具栏中的“矩形”按钮，勾画外侧表面构造做法，如图13-97所示。

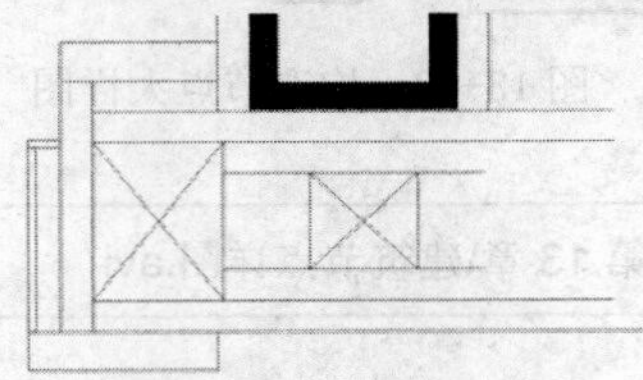

图 13-97　勾画外侧构造做法

**06** 单击“绘图”工具栏中的“直线”按钮，绘制门扇平面造型，如图13-98所示。

**07** 单击“修改”工具栏中的“镜像”按钮，进行镜像得到节点A的大样图，如图13-99所示。

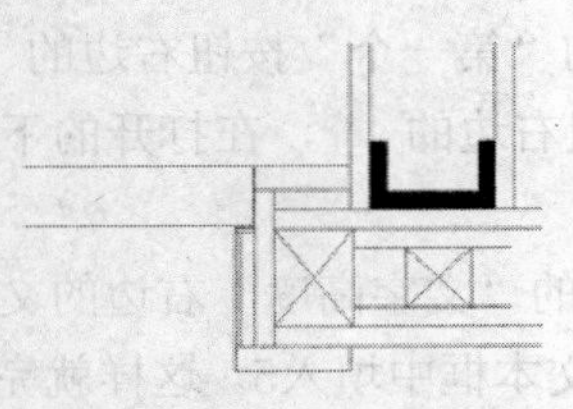

图 13-98　绘制门扇造型

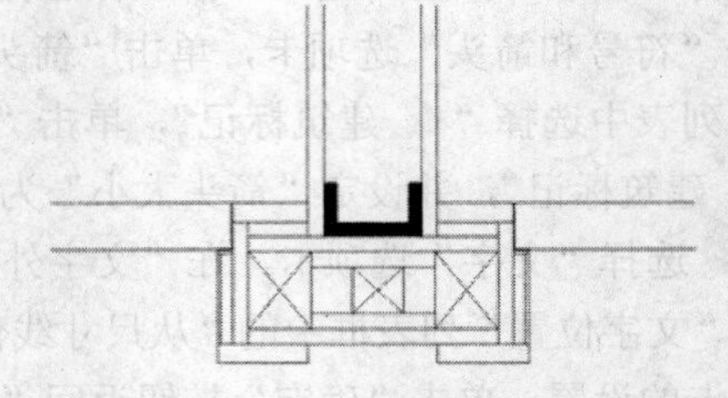

图 13-99　镜像图形

### 13.3.3　填充及标注

**01** 将当前图层设置为剖面线层，单击“绘图”工具栏中的“图案填充”按钮，选择图案填充材质，如图13-100所示。

**02** 将当前图层设置为标注层，单击“标注”工具栏中的“线性”按钮，标注细部尺

寸大小，如图13-101所示。

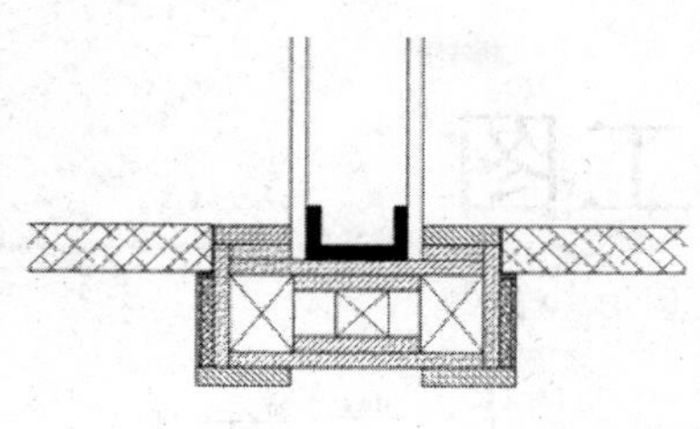

图 13-100　填充材质

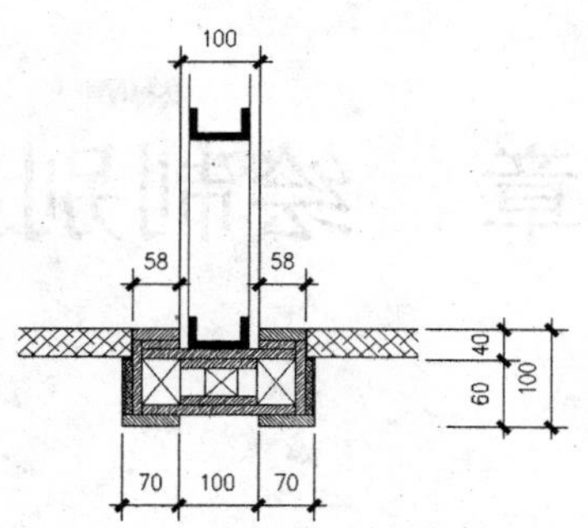


图 13-101　标注尺寸

**03** 单击“绘图”工具栏中的“多行文字”按钮A，标注材质说明文字，如图13-102所示。

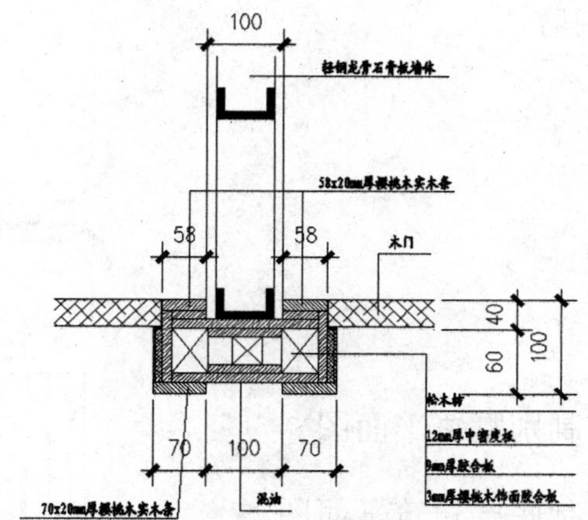


图 13-102　标注说明

# 第 14 章　绘制别墅施工图

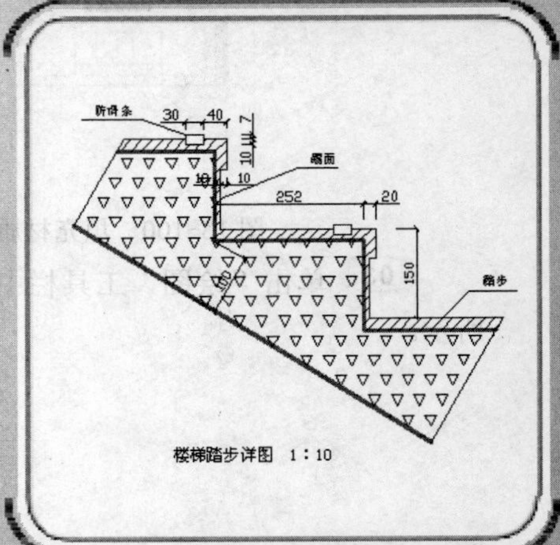

楼梯踏步详图　1：10

本章主要是讲述绘制别墅施工图实例。一般绘制的施工图包括很多张图样，所以在本章只介绍了如何绘制总平面图以及建筑平面图，绘制总平面图的过程运用了第 9 章的内容。

## 知识点

- 绘制别墅总平面图
- 绘制底层建筑平面图
- 绘制第二层建筑平面图
- 绘制南立面图
- 绘制北立面图
- 绘制别墅楼梯踏步详图

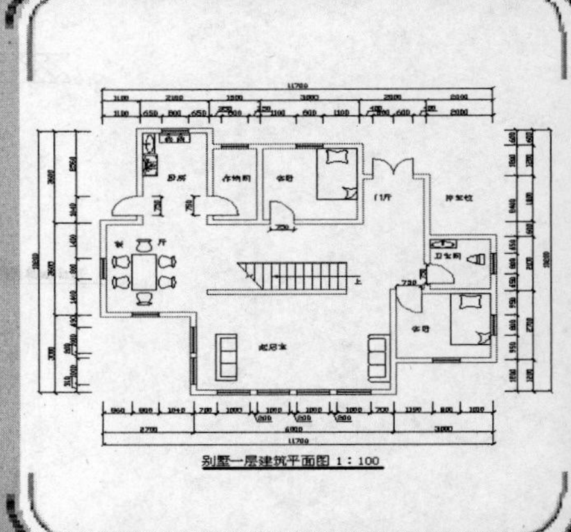
别墅一层建筑平面图 1：100

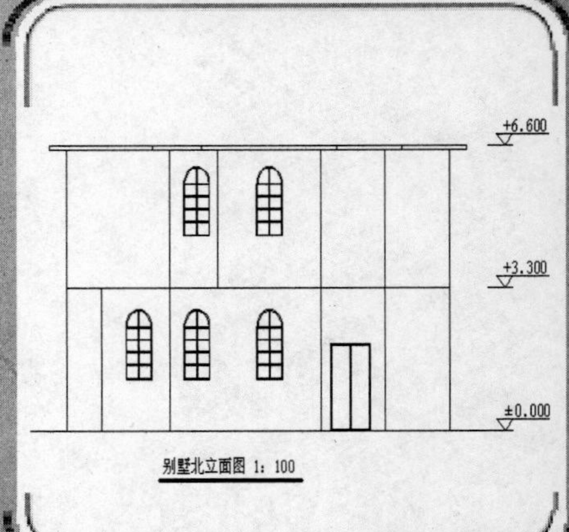

别墅北立面图 1：100

# 14.1 绘制别墅总平面图

在进行具体的施工图设计时，通常情况下总是先绘制总平面图，这样可以对整个建筑施工的总体情况进行全面地了解和把握，在绘制具体的局部施工图时做到有章可循。本节绘制如图 14-1 所示的总平面图。

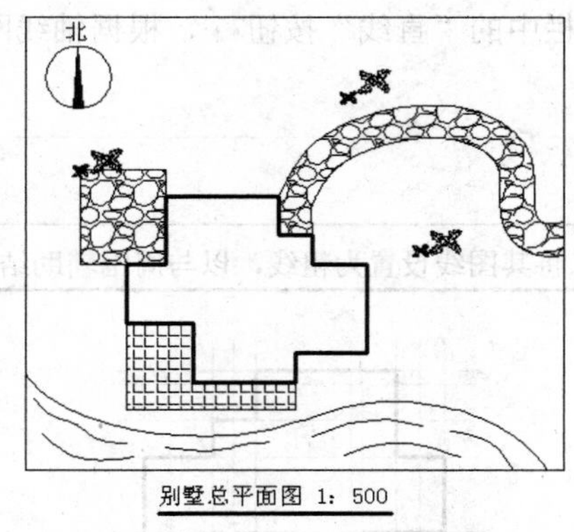


图 14-1 绘制主要轴线网

光盘\动画演示\第 14 章\别墅总平面图.avi

## 14.1.1 绘制辅助线网

绘图之前，必须绘制相关的辅助线网，具体步骤如下：

**01** 打开 AutoCAD 程序，系统自动建立新文件。单击“图层”工具栏中的“图层特性管理器”按钮，系统打开“图层特性管理器”对话框。在对话框中单击“新建”按钮，新建图层“辅助线”，一切设置采用默认设置，双击新建的图层，使得当前图层是“辅助线”。单击“确定”按钮退出“图层特性管理器”对话框。

**02** 单击“绘图”工具栏中的“构造线”按钮，在“正交”模式下绘制一根竖直构造线和水平构造线，组成“十”字辅助线网。

**03** 单击“修改”工具栏中的“偏移”按钮，让竖直构造线往右边连续偏移 1200、1100、1600、500、4500、1000、1000、2000 和 1200。重复“偏移”命令，让水平构造线连续往上偏移 600、1200、1800、3600、1800、1800 和 600，得到主要轴线网，如图 14-2 所示。

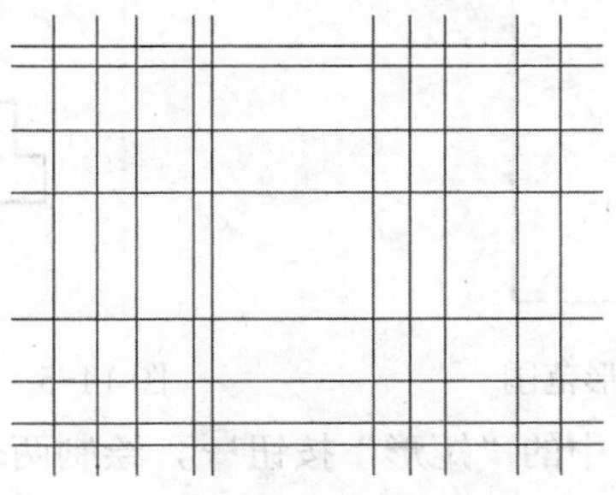

图 14-2 绘制主要轴线网

### 14.1.2 绘制新建建筑物

01 单击“图层”工具栏中的“图层特性管理器”按钮，系统打开“图层特性管理器”对话框。在对话框中单击“新建”按钮，新建图层“别墅”，设置线宽为 0.30mm，其他一切设置采用默认设置。然后双击新建的图层，使得当前图层是“别墅”。单击“确定”按钮退出“图层特性管理器”对话框。

02 单击“绘图”工具栏中的“直线”按钮，根据轴线网绘制出别墅的外边轮廓，结果如图 14-3 所示。

提示

为了突出主题建筑，可以将其图线设置为粗线，以与周围辅助结构相区别。

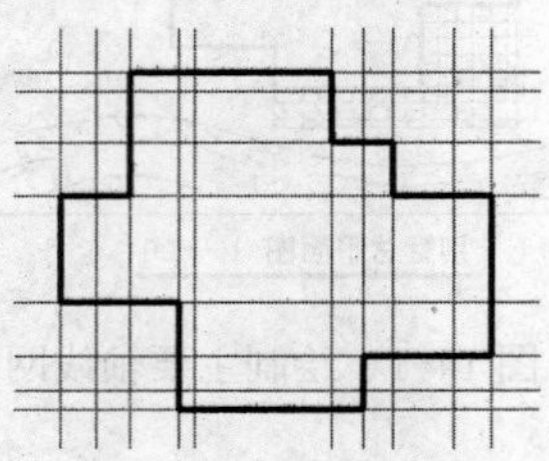

图 14-3 别墅轮廓绘制结

### 14.1.3 绘制辅助设施

辅助设施包括道路、广场、树木、流水等，具体绘制步骤如下：

01 单击“图层”工具栏中的“图层特性管理器”按钮，系统打开“图层特性管理器”对话框。在对话框中单击“新建”按钮，新建图层“其他”，一切设置采用默认设置，双击新建的图层，使得当前图层是“其他”。然后单击“确定”按钮退出“图层特性管理器”对话框。

02 单击“绘图”工具栏中的“矩形”按钮，绘制一个矩形来标明这次的总的作图范围，如图 14-4 所示。至于矩形的大小，要能绘制出周围的重要建筑物和重要地形地貌为佳。

03 单击“绘图”工具栏中的“样条曲线”按钮，使用样条曲线绘制道路，绘制结果如图 14-5 所示。

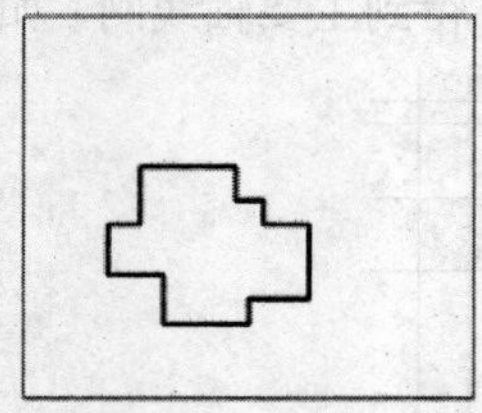

图 14-4 绘制矩形范围

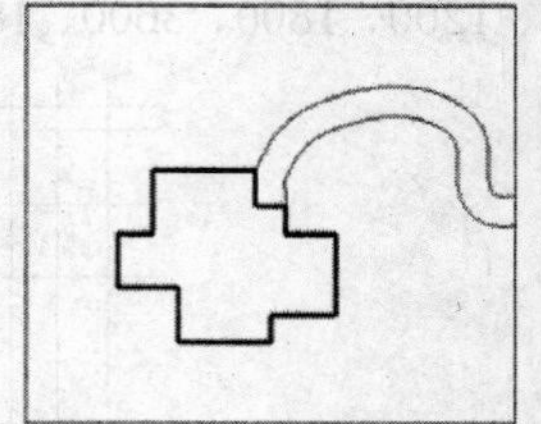

图 14-5 绘制样条曲线道路

04 单击“绘图”工具栏中的“矩形”按钮，绘制两个矩形来标明小广场范围，如图 14-6 所示。

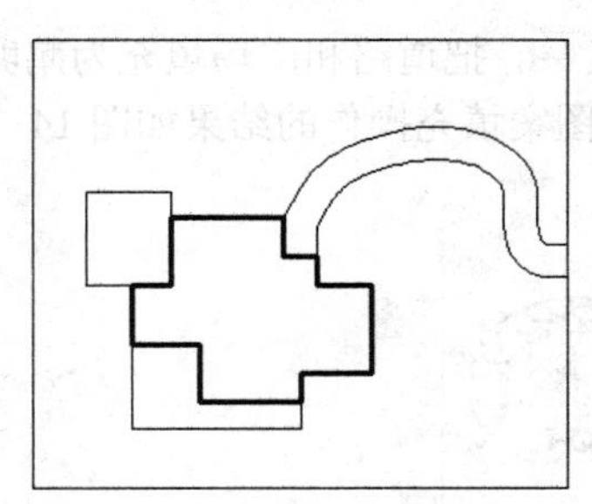

图 14-6　绘制矩形

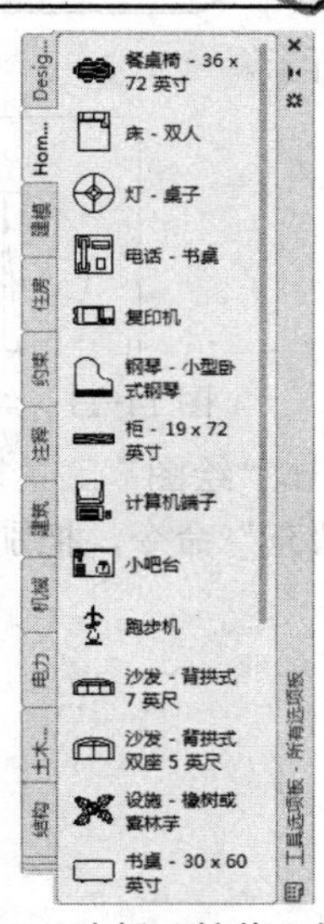


图 14-7　选择“植物”图例

**05** 单击“标准”工具栏中的“工具选项板”按钮，系统打开如图 14-7 所示的工具选项板，选择“Home”中的“植物”图例，把“植物”图例放在一个空白处。

**06** 单击“修改”工具栏中的“复制”按钮，把“植物”图例复制到各个位置。完成小植物的绘制和布置，结果如图 14-8 所示。

**07** 单击“修改”工具栏中的“缩放”按钮，把“植物”图例的大小放大两倍。单击“修改”工具栏中的“复制”按钮，把大图例复制到各个位置。完成大植物的绘制和布置，结果如图 14-9 所示。

**08** 单击“绘图”工具栏中的“样条曲线”按钮，使用样条曲线绘制小河，绘制结果如图 14-10 所示。

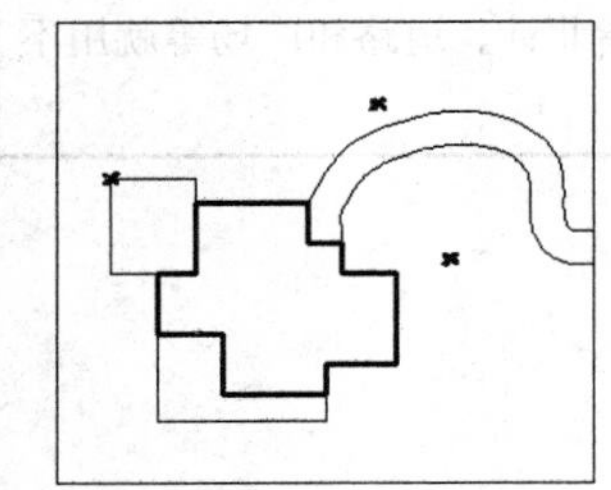

图 14-8　安置小型植物

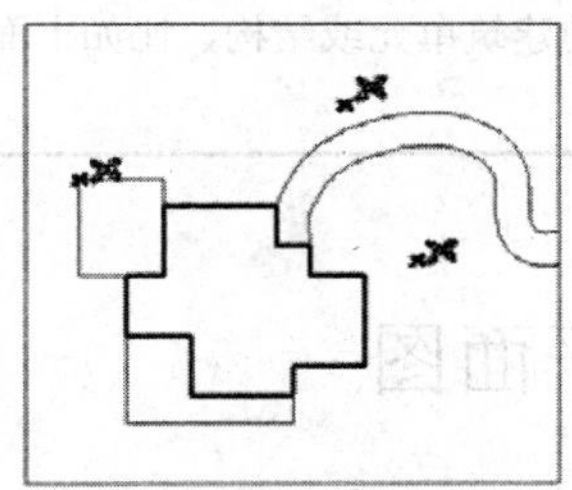

图 14-9　制绿化结

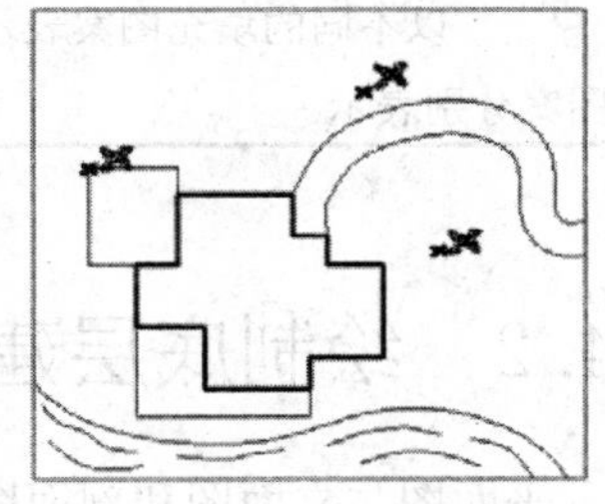

图 14-10　绘制流水

### 14.1.4　图案填充和文字说明

**01** 单击“图层”工具栏中的“图层特性管理器”按钮，系统打开“图层特性管理器”对话框。在对话框中单击“新建”按钮，新建图层“标注”，一切设置采用默认设置，双击新建的图层，使得当前图层是“标注”。然后单击“确定”按钮退出“图层特性管理器”对话框。单击“绘图”工具栏中的“圆”按钮，绘制一个圆。单击“绘图”工具栏中的“直线”按钮，绘制圆的竖直直径和另外一条弦，绘制结果如图 14-11 所示。

**02** 单击“修改”工具栏中的“镜像”按钮，把圆的弦镜像，组成圆内的指针。单击“绘图”工具栏中的“图案填充”按钮，把指针填充为黑色，这样得到指北针的图例，如图 14-12 所示。

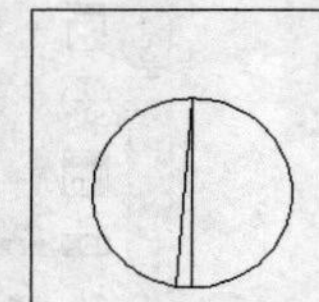
图 14-11　绘制圆和直线

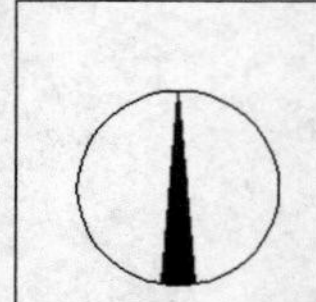
图 14-12　绘制指北针图例

**03** 单击“绘图”工具栏中的“图案填充”按钮，把道路和广场填充为鹅卵石图案。重复“图案填充”命令，把别墅前广场填充为方格。图案填充操作的结果如图 14-13 所示。

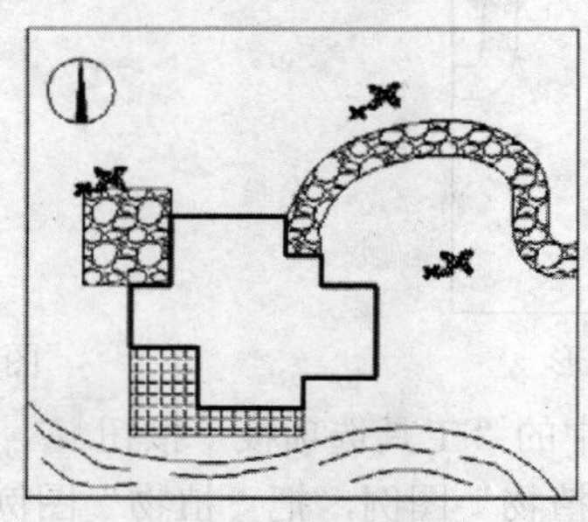
图 14-13　图案填充操作结果

**04** 单击“绘图”工具栏中的“多行文字”按钮A，在指北针图例上方标上“北”指明北方，最后在图形的正下方标明“别墅总平面图 1：500”。单击“绘图”工具栏中的“直线”按钮，在文字下方绘制一根线宽为 0.3mm 的直线，这样就全部绘制好了。得到总平面图的最终效果如图 14-1 所示。

**提 示**

以不同的填充图案表示不同的建筑单元或结构，比如上面表示指北针、道路和广场等就用不同图案分别表示。

## 14.2　绘制底层建筑平面图

平面图与立面图和剖面图相比，能够最大程度地表达建筑物的结构形状，所以总是在绘制总平面图后紧接着绘制平面图。本节绘制如图 14-14 所示的底层建筑平面图。

光盘\动画演示\第 14 章底层建筑平面图.avi

### 14.2.1　绘制建筑辅助线网

**01** 单击“图层”工具栏中的“图层特性管理器”按钮，系统打开“图层特性管理器”对话框。在对话框中单击“新建”按钮，新建图层“辅助线”，一切设置采用默认设置，然后双击新建的图层，使得当前图层是“辅助线”。单击“确定”按钮退出“图层特性管理

器”对话框。

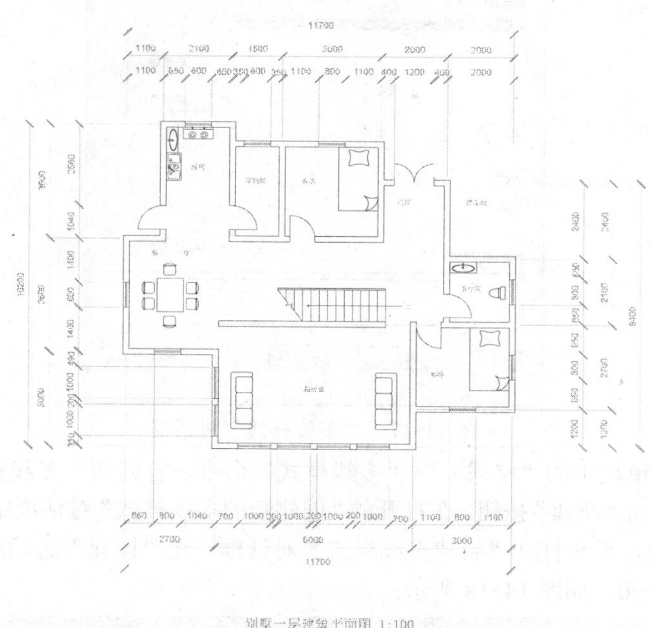


图 14-14　底层建筑平面图

**02** 按下 F8 键打开“正交”模式。单击“绘图”工具栏中的“构造线”按钮，绘制一条水平构造线和一条竖直构造线，组成“十”字构造线，如图 14-15 所示。

**03** 单击“修改”工具栏中的“偏移”按钮，让水平构造线连续分别往上偏移 1200、1800、900、2100、600、1800、1200 和 600，得到水平方向的辅助线。让竖直构造线连续分别往右偏移 1100、1600、500、1500、3000、1000、1000、2000，得到竖直方向的辅助线。它们和水平辅助线一起构成正交的辅助线网。得到底层的辅助线网格如图 14-16 所示。

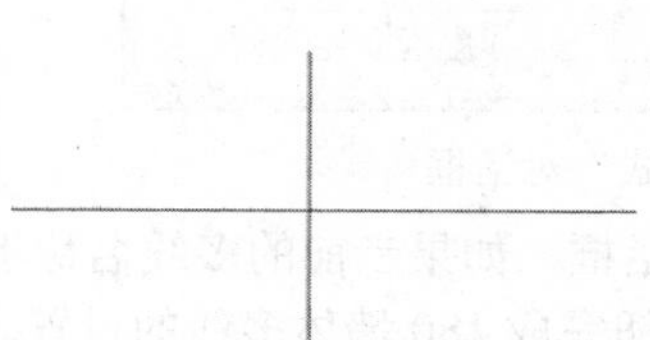

图 14-15　绘制“十”字构造线

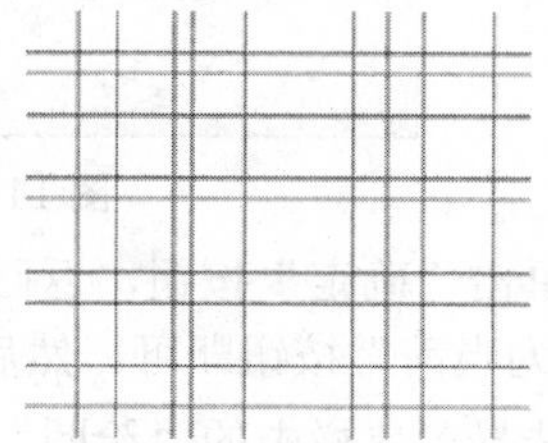

图 14-16　底层建筑辅助线网格

### 14.2.2　绘制墙体

**01** 单击“图层”工具栏中的“图层特性管理器”按钮，系统打开“图层特性管理器”对话框。在对话框中单击“新建”按钮，新建图层“墙体”，一切设置采用默认设置，然后双击新建的图层，使得当前图层是“墙体”。单击“确定”按钮退出“图层特性管理器”对话框。

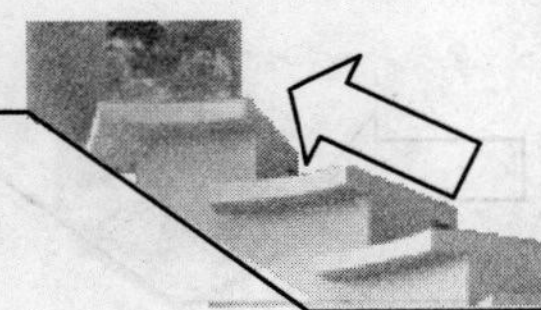

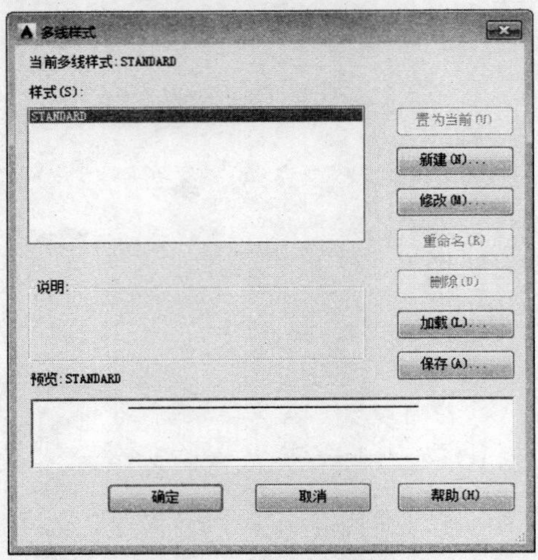


图 14-17　“多线样式”对话框

**02** 选择菜单栏中的“格式”→“多线样式”命令，打开的“多线样式”对话框，如图 14-17 所示。单击“新建”按钮，在打开的“创建新的多线样式”对话框中输入样式名 180，单击“继续”按钮，系统打开“新建多线样式”对话框，在“图元”选项组，把其中的元素偏移量设为 90 和-90，如图 14-18 所示。

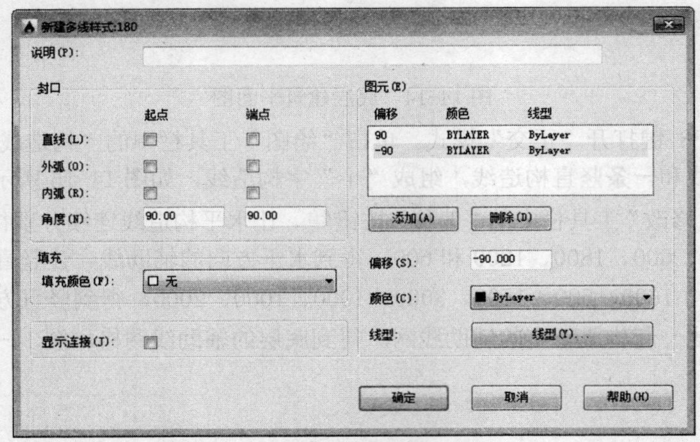


图 14-18　“新建多线样式”对话框

**03** 单击“确定”按钮，返回“多线样式”对话框，如果当前的多线名称不是 180，则单击“置为当前”按钮即可。然后单击“确定”按钮完成 180 墙体多线的设置。

**04** 选择菜单栏中的“绘图”→“多线”命令，根据命令提示把对齐方式设为“无”，把多线比例设为 1，注意多线的样式为 180。这样完成多线样式的调节。

**05** 选择菜单栏中的“绘图”→“多线”命令，根据辅助线网格绘制如图 14-19 所示的外墙多线图。

**06** 选择菜单栏中的“绘图”→“多线”命令，根据辅助线网格绘制如图 14-20 所示的内墙多线图。

**07** 单击“修改”工具栏中的“修剪”按钮，使得修剪后的全部墙体都是光滑连贯的，如图 14-21 所示。

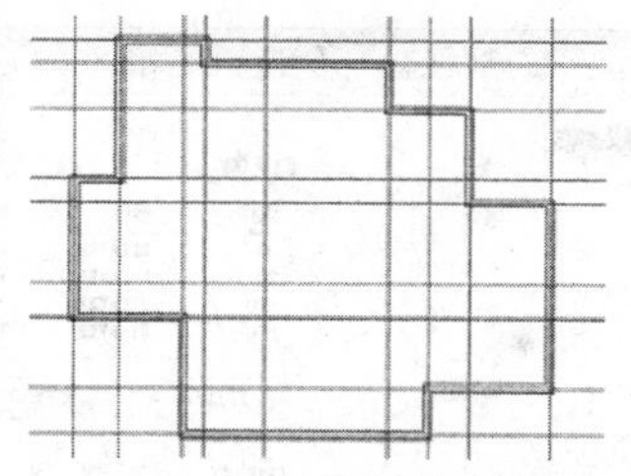

图 14-19　绘制外墙结果

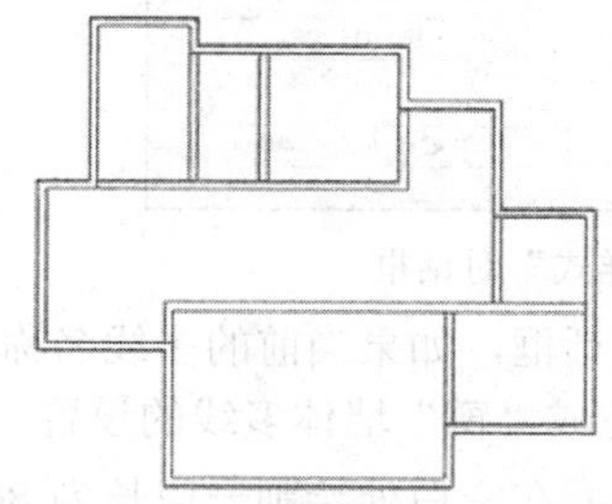

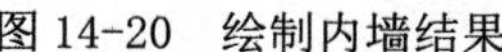

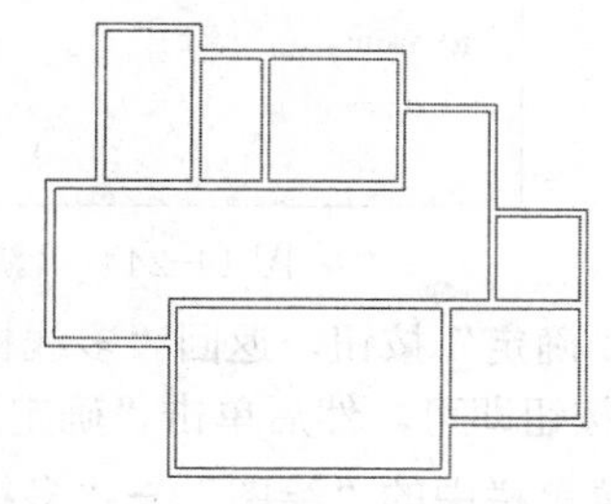

图 14-20　绘制内墙结果　　　　图 14-21　墙体修剪结果

### 14.2.3　绘制门窗

**01** 单击“图层”工具栏中的“图层特性管理器”按钮，系统打开“图层特性管理器”对话框。在对话框中单击“新建”按钮，新建图层“门窗”，一切设置采用默认设置，然后双击新建的图层，使得当前图层是“门窗”。单击“确定”按钮退出“图层特性管理器”对话框。

**02** 选择菜单栏中的“格式”→“多线样式”命令，打开的“多线样式”对话框，如图 14-22 所示。单击“新建”按钮，在打开的“创建新的多线样式”对话框中输入样式名“窗”，如图 14-23 所示。单击“继续”按钮，系统打开“新建多线样式”对话框，在“图元”选项组，单击“添加”按钮，添加两个元素，把其中的元素偏移量设为 90、20、-20 和-90，“封口”选项组按如图 14-24 所示设置。

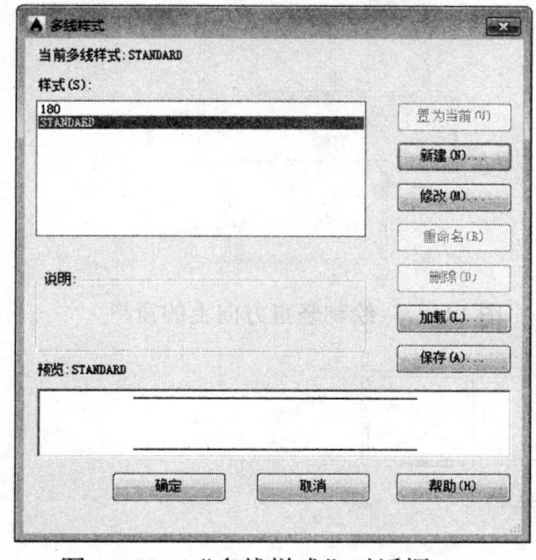


图 14-22　“多线样式”对话框

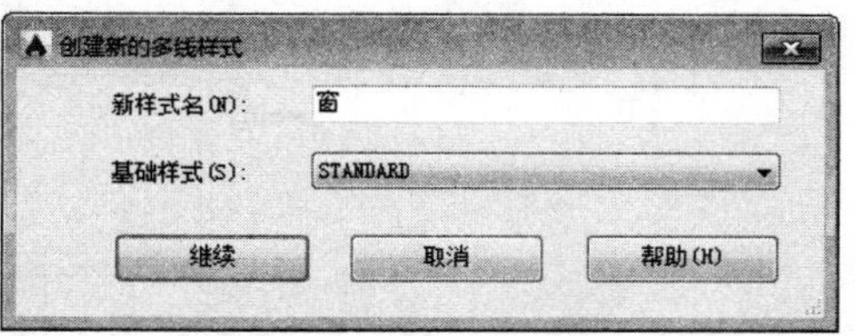


图 14-23　“创建新的多线样式”对话框

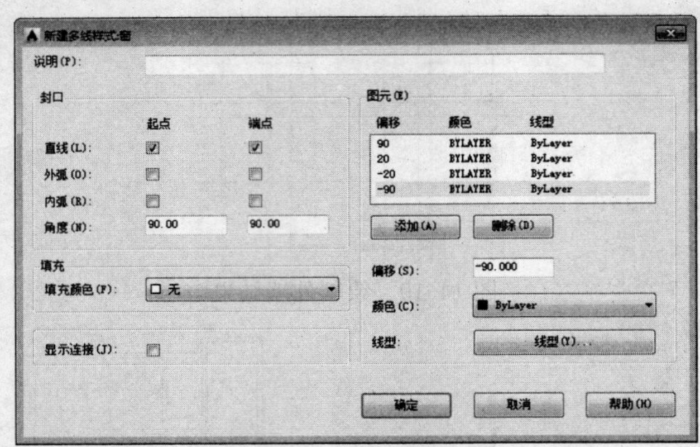


图 14-24 “新建多线样式”对话框

**03** 单击“确定”按钮，返回“多线样式”对话框，如果当前的多线名称不是“窗”，则单击“添加”按钮即可。然后单击“确定”按钮完成“窗”墙体多线的设置。

**04** 选择菜单栏中的“绘图”→“多线”命令，在空白处绘制一段长为 800 距离的多线，作为窗的图例，如图 14-25 所示。

**05** 单击“修改”工具栏中的“复制”按钮，把窗图例复制到各个开间的墙体正中间，得到水平方向上的窗户，如图 14-26 所示。

**06** 采用同样的办法绘制竖直方向上的窗户，绘制结果如图 14-27 所示。

**07** 在最下面的墙上有一排特殊的窗户需要绘制。单击“绘图”工具栏中的“矩形”按钮，在空白处绘制一个 200×180 的矩形代表窗户之间的墙体截面。单击“绘图”工具栏中的“直线”按钮，过墙的中点绘制竖直线，如图 14-28 所示。

图 14-25 多线绘制的窗

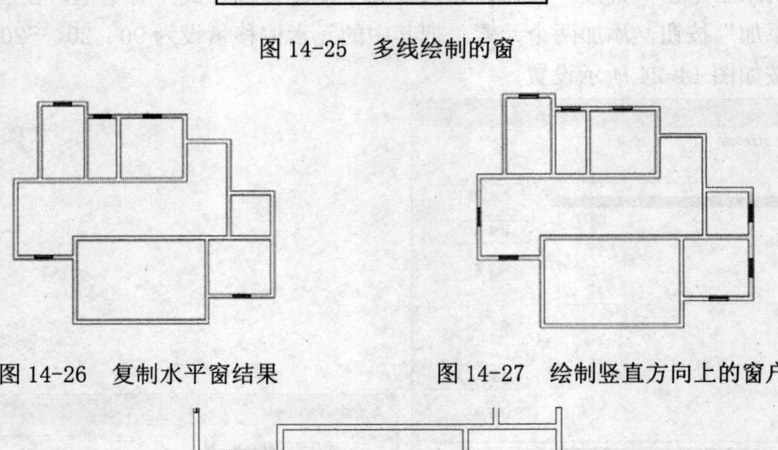

图 14-26 复制水平窗结果

图 14-27 绘制竖直方向上的窗户

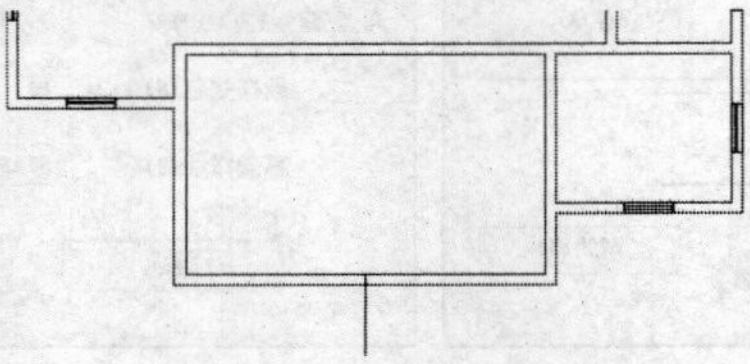

图 14-28 绘制矩形和等分直线

**08** 单击“修改”工具栏中的“复制”按钮，复制一小矩形到墙体中间，选择菜单栏中的“绘图”→“多线”命令，在矩形的两端各绘制一段长为 1000 距离的多线，作为特殊窗的图例，如图 14-29 所示。

**09** 重复这一操作，使得墙体上出现 4 个特殊窗户，如图 14-30 所示。

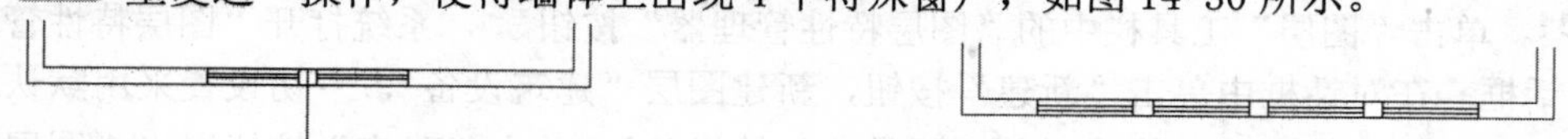

图 14-29　把矩形和窗户紧紧排列　　　　图 14-30　特殊窗户的绘制结果

**10** 采用同样的方法绘制侧面的特殊窗户，结果如图 14-31 所示。

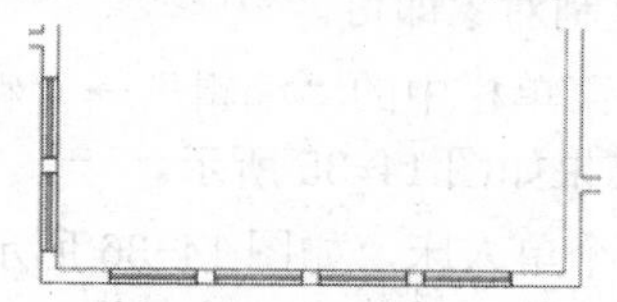

图 14-31　侧面特殊窗户的绘制

**11** 单击“绘图”工具栏中的“直线”按钮，过大门的墙的中点绘制竖直直线，单击“修改”工具栏中的“偏移”按钮，把绘制的直线往两边各偏移 600 距离，单击“修改”工具栏中的“修剪”按钮，在墙体上修剪出门洞，如图 14-32 所示。

**12** 使用同样的方法去掉多余的墙体或是在墙上开出门洞，结果如图 14-33 所示。这里的门洞都是 750 距离宽。

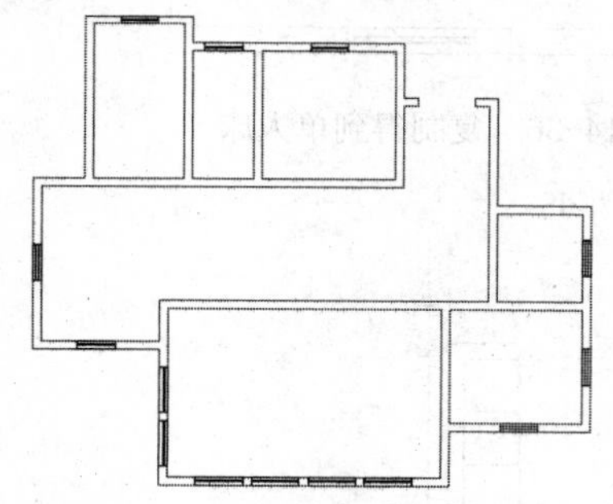

图 14-32　绘制正大门门洞

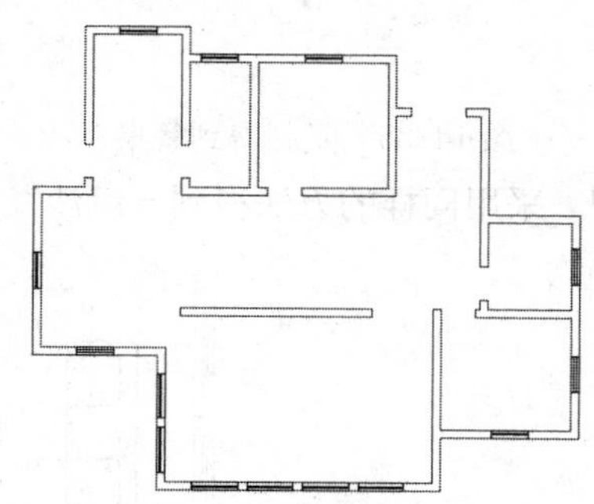

图 14-33　绘制全部的门洞

**13** 单击“绘图”工具栏中的“圆弧”按钮，在门洞上绘制一个对应半径的圆弧表示门的开启方向，单击“绘图”工具栏中的“直线”按钮，绘制一段直线表示门，最终绘制结果如图 14-34 所示。

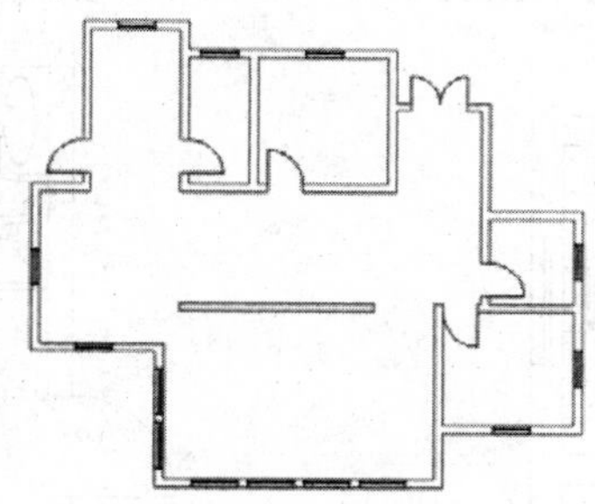

图 14-34　全部的门窗绘制结果

### 14.2.4 绘制建筑设备

在建筑平面图中往往使用到大量的建筑设备，重新绘制非常麻烦，可以从外部文件或是图形库中调用即可。具体步骤如下：

**01** 单击“图层”工具栏中的“图层特性管理器”按钮，系统打开“图层特性管理器”对话框。在对话框中单击“新建”按钮，新建图层“建筑设备”，一切设置采用默认设置，然后双击新建的图层，使得当前图层是“建筑设备”。单击“确定”按钮退出“图层特性管理器”对话框。选择菜单栏中的“编辑”→“带基点复制”命令，根据系统提示选择基点，再选择餐桌图形作为带基点复制对象即可。

**02** 返回底层平面图，选择菜单栏中的“编辑”→“粘贴”命令，把餐桌图形粘贴到餐厅中大致对应位置即可，操作结果如图 14-35 所示。

**03** 采用同样的方法得到一个单人床，如图 14-36 所示。

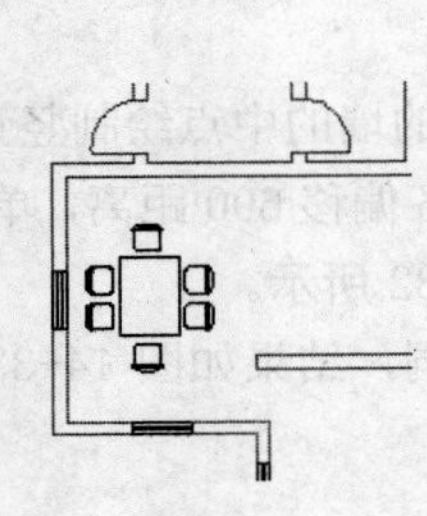

图 14-35　复制得到餐桌

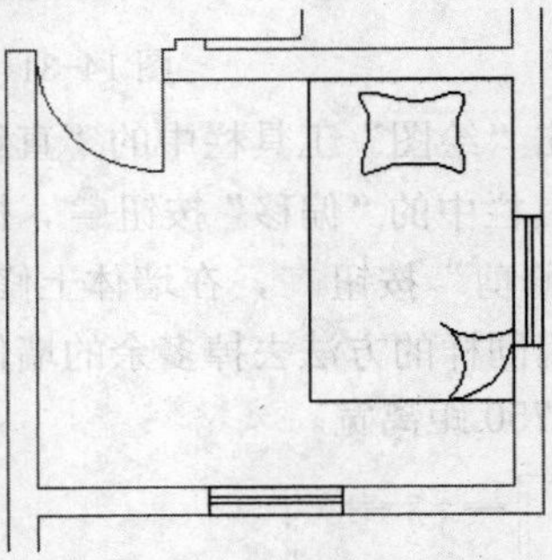

图 14-36　复制得到单人床

**04** 采用同样的方法得到一组沙发，如图 14-37 所示。

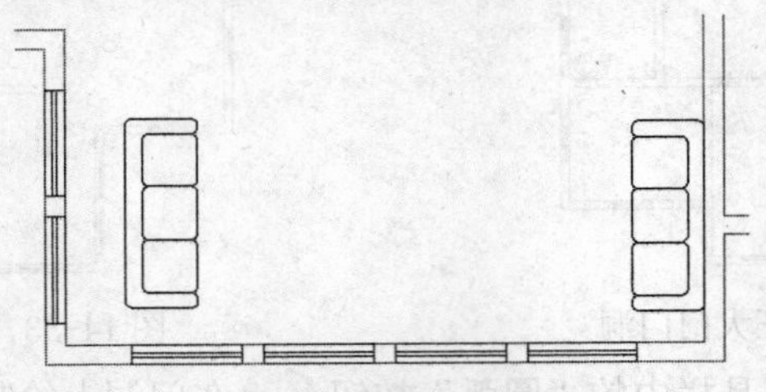

图 14-37　复制得到沙发

**05** 采用同样的方法得到一套卫浴设备，如图 14-38 所示。

**06** 采用同样的方法得到一套厨房设备，如图 14-39 所示。

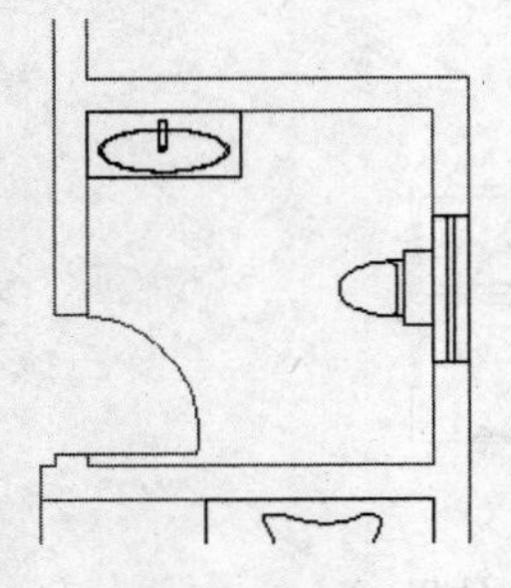

图 14-38　复制得到卫浴设备

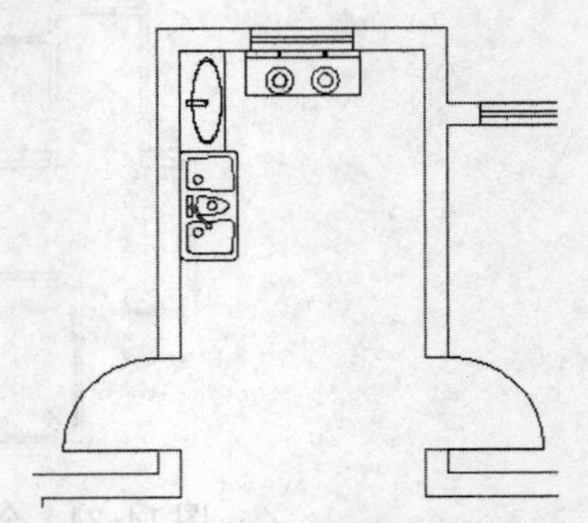

图 14-39　复制得到厨房设备

**07** 单击“修改”工具栏中的“偏移”按钮，让墙线往上偏移 1000。单击“绘图”工具栏中的“直线”按钮，在墙线的端部绘制直线作为台阶。单击“修改”工具栏中的“复制”按钮，每隔 252 复制一段台阶，最后绘制结果如图 14-40 所示。

**08** 单击“绘图”工具栏中的“直线”按钮，在台阶的左端绘制隔断符号，单击“修改”工具栏中的“修剪”按钮，修剪掉在隔断符号左边的台阶线。单击“绘图”工具栏中的“直线”按钮，过台阶的中间绘制箭头符号。台阶最终的绘制结果如图 14-41 所示。

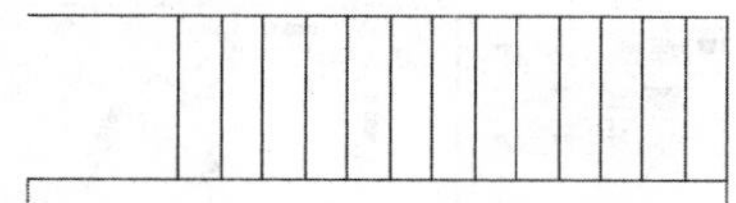

图 14-40　绘制台阶

图 14-41　台阶绘制最终结果

**提示**

平时注意积累和搜集一些常用建筑单元，也可以借助一些现成的建筑图库，将需要的建筑单元复制粘帖到当前图形中，这样绘制图形就非常方便快速。

### 14.2.5　尺寸标注和文字说明

**01** 单击“图层”工具栏中的“图层特性管理器”按钮，系统打开“图层特性管理器”对话框。在对话框中单击“新建”按钮，新建图层“标注”，一切设置采用默认设置，然后双击新建的图层，使得当前图层是“标注”。单击“确定”按钮退出“图层特性管理器”对话框。单击“绘图”工具栏中的“多行文字”按钮，进行文字说明。主要包括房间功能用途等，具体的结果如图 14-42 所示。

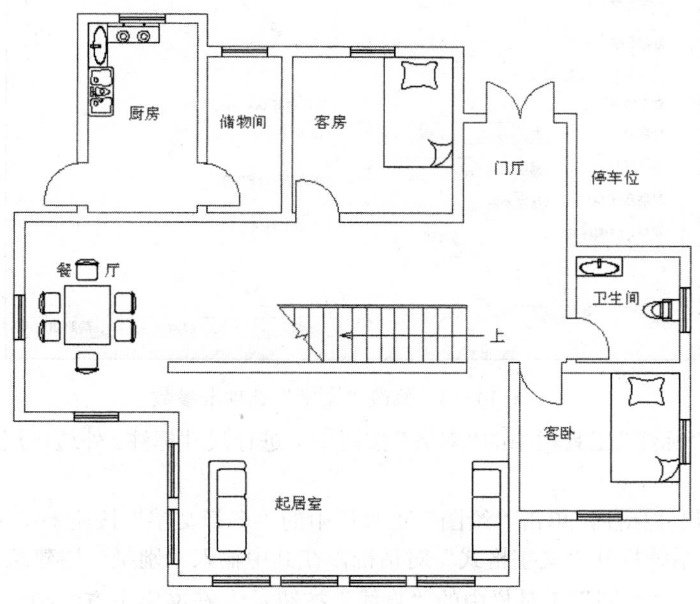


图 14-42　文字说明结果

**02** 单击“标注”工具栏中“标注样式”按钮，系统打开“标注样式管理器”对话框。单击“标注样式管理器”对话框右边的“修改”按钮，打开“修改标注样式：ISO-25”对话框，按照图 14-43 来修改“线”“符号和箭头”选项卡的各种参数。

**03** 选取“文字”选项卡，参照图 14-44 来修改其中的参数，完成标注样式的修改。单击“确定”按钮返回“标注样式管理器”对话框，然后单击“关闭”按钮返回绘图主界面。

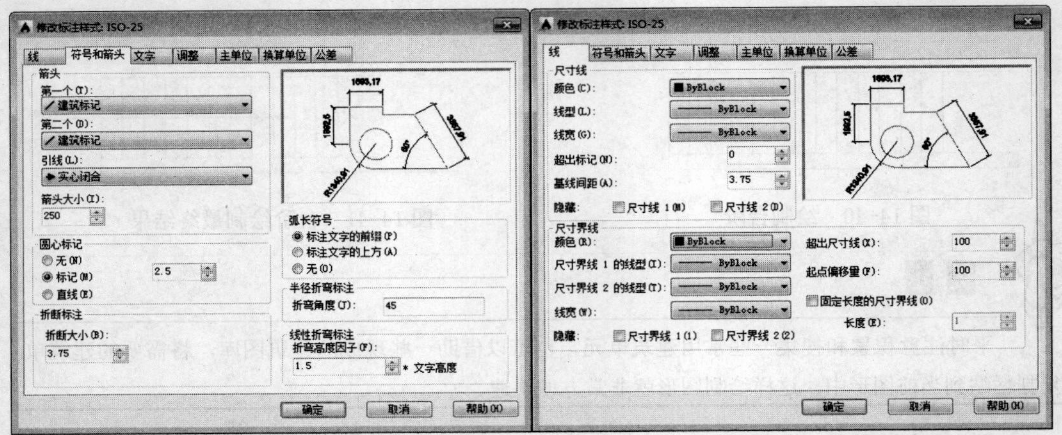


图 14-43 修改“线”“符号和箭头”选项卡参数

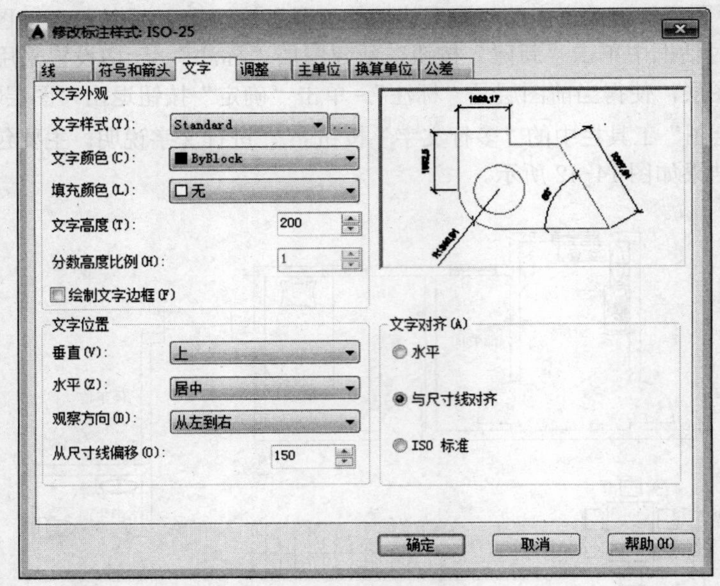


图 14-44 修改“文字”选项卡参数

**04** 单击“标注”工具栏中的“对齐”按钮，进行尺寸标注。外边一层标注如图 14-45 所示。

**05** 进行尺寸标注，单击“绘图”工具栏中的“多行文字”按钮A，在图形的正下方选择文字区域，系统打开“文字格式”对话框，在其中输入“别墅一层建筑平面图 1:100”，字高为 300。单击“绘图”工具栏中的“直线”按钮，在文字下方绘制一根线宽为 0.3mm 的直线，这样就全部绘制好了。绘制最终结果如图 14-14 所示。

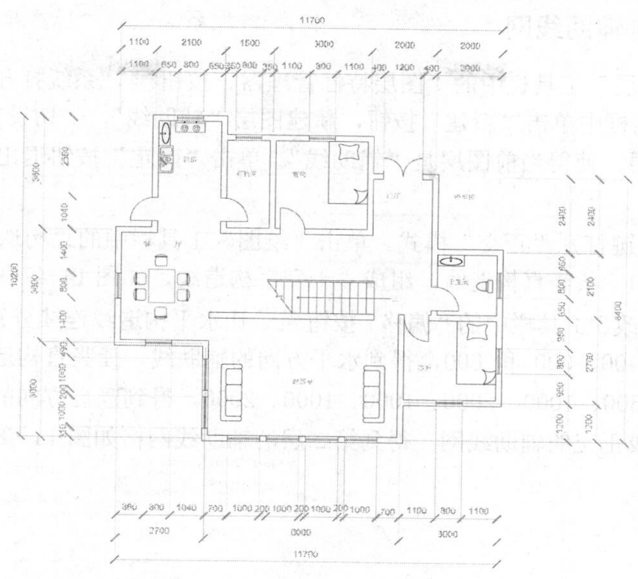

图 14-45　外边的第一层标柱结果

## 14.3　绘制第二层建筑平面图

第二层的建筑平面图与第一层类似，可以按照相同思路绘制，如图 14-46 所示。

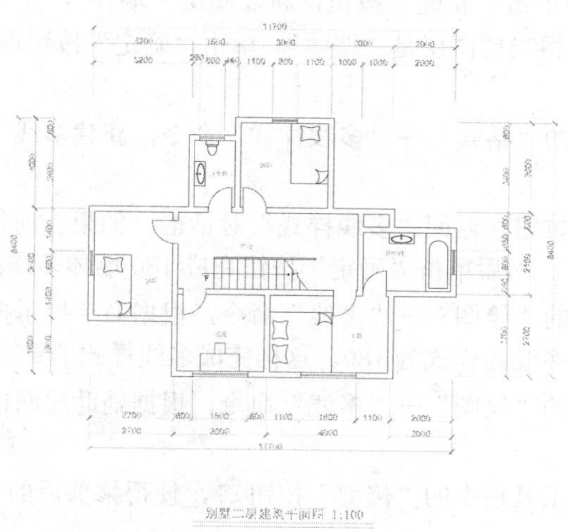

图 14-46　第二层建筑平面图

光盘\动画演示\第 14 章\第二层建筑平面图.avi

### 14.3.1 绘制建筑辅助线网

01 单击“图层”工具栏中的“图层特性管理器”按钮，系统打开“图层特性管理器”对话框。在对话框中单击“新建”按钮，新建图层“辅助线”，一切设置采用默认设置，然后双击新建的图层，使得当前图层是“辅助线”。单击“确定”按钮退出“图层特性管理器”对话框。

02 按下 F8 键打开“正交”模式。单击“绘图”工具栏中的“构造线”按钮，绘制一条水平构造线和一条竖直构造线，组成“十”字构造线，如图 14-47 所示。

03 单击“修改”工具栏中的“偏移”按钮，让水平构造线连续分别往上偏移 1800、900、2100、600、2400、600 和 600，得到水平方向的辅助线。让竖直构造线连续分别往右偏移 2700、500、1500、1000、2000、1000、1000、2000，得到竖直方向的辅助线。它们和水平辅助线一起构成正交的辅助线网。得到第二层的辅助线网格如图 14-48 所示。

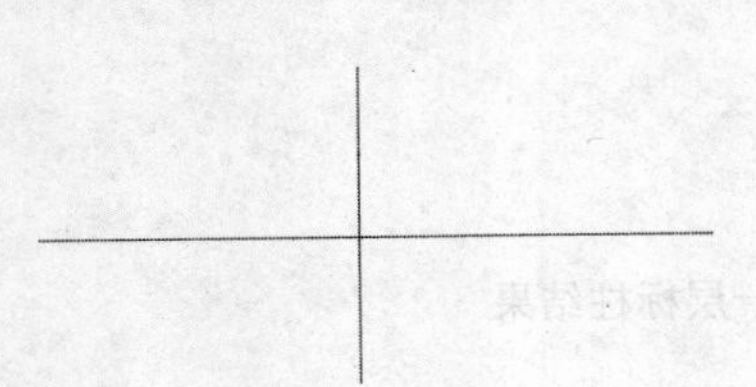

图 14-47 绘制“十”字构造线

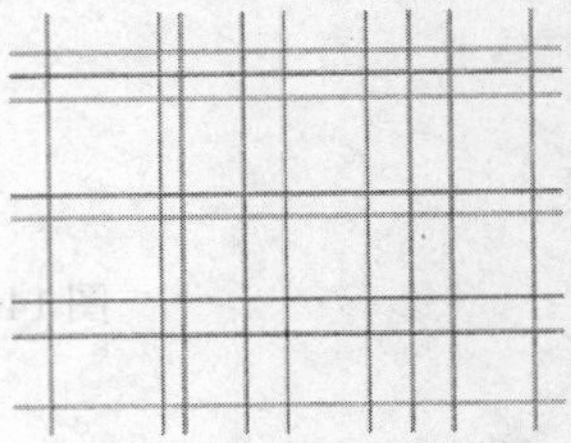

图 14-48 底层建筑辅助线网格

### 14.3.2 绘制墙体

01 单击“图层”工具栏中的“图层特性管理器”按钮，系统打开“图层特性管理器”对话框。在对话框中单击“新建”按钮，新建图层“墙体”，一切设置采用默认设置，然后双击新建的图层，使得当前图层是“墙体”。单击“确定”按钮退出“图层特性管理器”对话框。

02 选择菜单栏中的“格式”→“多线样式”命令，新建多线 180，把其中的元素偏移量设为 90 和-90。

03 单击“确定”按钮，返回“多线样式”对话框，如果当前的多线名称不是 180，则单击“添加”按钮即可。然后单击“确定”按钮完成 180 墙体多线的设置。

04 选择菜单栏中的“绘图”→“多线”命令，根据命令提示把对齐方式设为“无”，把多线比例设为 1，注意多线的样式为 180。这样完成多线样式的调节。

05 选择菜单栏中的“绘图”→“多线”命令，根据辅助线网格绘制如图 14-49 所示的墙体多线图。

06 单击“修改”工具栏中的“修剪”按钮，使得修剪后的全部墙体都是光滑连贯的，如图 14-50 所示。

### 14.3.3 绘制门窗

01 单击“图层”工具栏中的“图层特性管理器”按钮，系统打开“图层特性管理器”对话框。在对话框中单击“新建”按钮，新建图层“门窗”，一切设置采用默认设置，然后双击新建的图层，使得当前图层是“门窗”。单击“确定”按钮退出“图层特性管理器”

对话框。

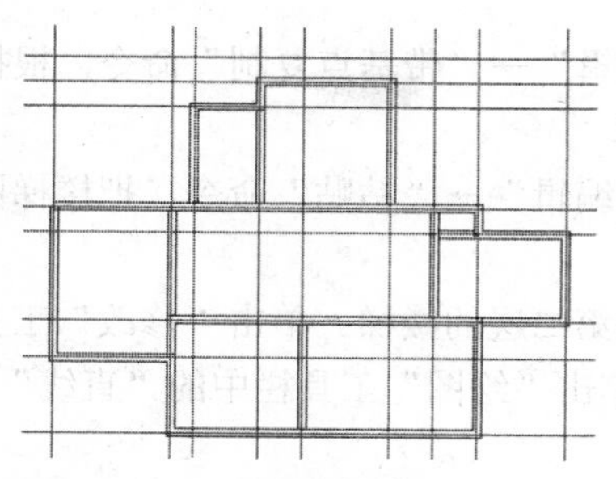

图 14-49　绘制外墙结果

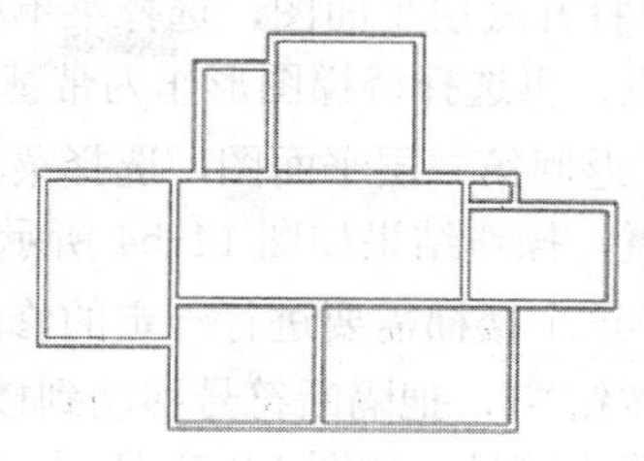

图 14-50　墙体修剪结果

**02** 选择菜单栏中的“格式”→“多线样式”命令，按图 14-22～图 14-24 新建多线“窗”。添加两个元素，把其中的元素偏移量设为 90、20、-20 和-90。

**03** 单击“确定”按钮，返回“多线样式”对话框，如果当前的多线名称不是“窗”，则单击“添加”按钮即可。然后单击“确定”按钮完成“窗”墙体多线的设置。

**04** 选择菜单栏中的“绘图”→“多线”命令，在空白处绘制一段长为 800 距离的多线，作为窗的图例，如图 14-51 所示。

**05** 采用同样的方法绘制第二层的窗户，绘制结果如图 14-52 所示。

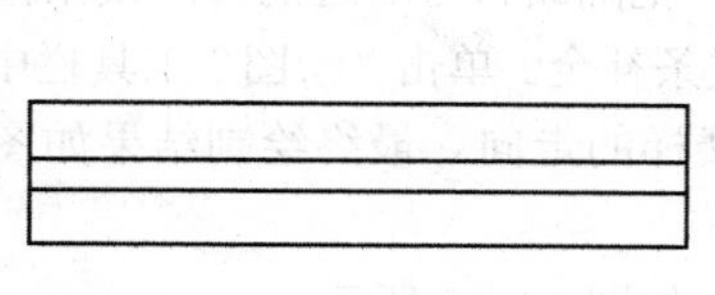

图 14-51　多线绘制的窗

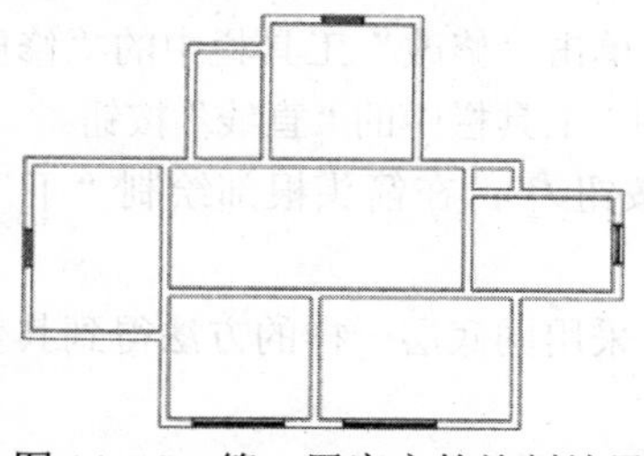

图 14-52　第二层窗户的绘制结果

**06** 使用同样的方法去掉多余的墙体或是在墙上开出门洞。单击“绘图”工具栏中的“圆弧”按钮，在门洞上绘制一个对应半径的圆弧表示门的开启方向，单击“绘图”工具栏中的“直线”按钮，绘制一段直线表示门，最终绘制结果如图 14-53 所示。

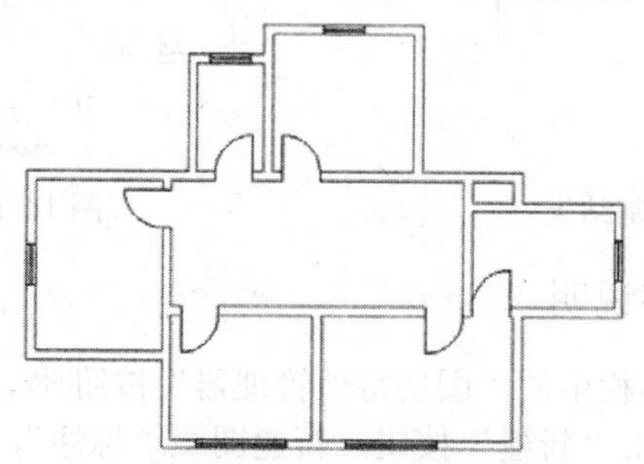

图 14-53　全部的门窗绘制结果

### 14.3.4　绘制建筑设备

**01** 单击“图层”工具栏中的“图层特性管理器”按钮，系统打开“图层特性管理器”对话框。在对话框中单击“新建”按钮，新建图层“建筑设备”，一切设置采用默认设置，然后双击新建的图层，使得当前图层是“建筑设备”。单击“确定”按钮退出“图层特性管理器”对话框。

**02** 打开底层平面图，选择菜单栏中的“编辑”→“带基点复制”命令，根据系统提示选择基点，再选择楼梯图形作为带基点复制对象。

**03** 返回第二层平面图，选择菜单栏中的“编辑”→“粘贴”命令，把楼梯图形粘贴到对应位置，操作结果如图 14-54 所示。

**04** 这个楼梯需要进行一定的修改才能成为第二层的楼梯。单击“修改”工具栏中的“移动”按钮，把隔断符号移动到楼梯右边。单击“绘图”工具栏中的“直线”按钮，绘制一个箭头符号，如图 14-55 所示。

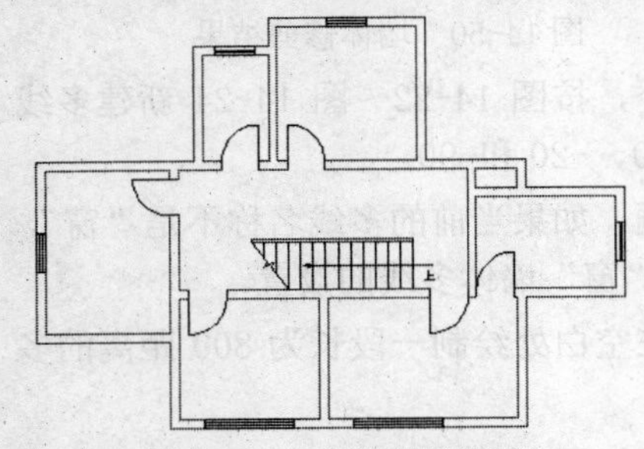

图 14-54 复制得到楼梯

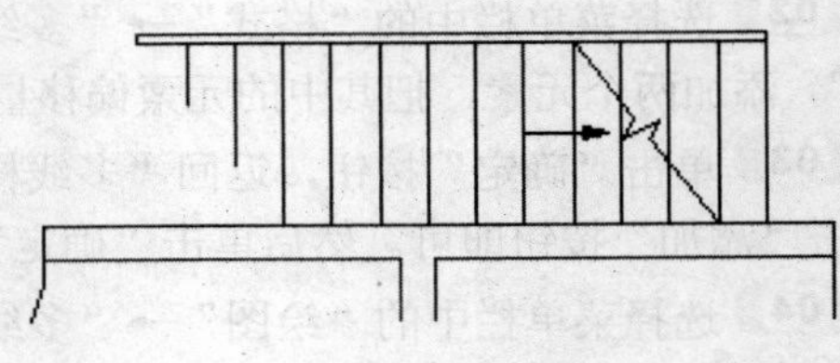

图 14-55 修改楼梯

**05** 单击“修改”工具栏中的“修剪”按钮，把隔断符号右边的台阶线条修剪掉，单击“绘图”工具栏中的“直线”按钮，把缺少的线条补全。单击“绘图”工具栏中的“多行文字”按钮，在箭头根部绘制“下”字，表明楼梯的走向。最终绘制结果如图 14-56 所示。

**06** 采用同底层一样的方法得到其他建筑设备，如图 14-57 所示。

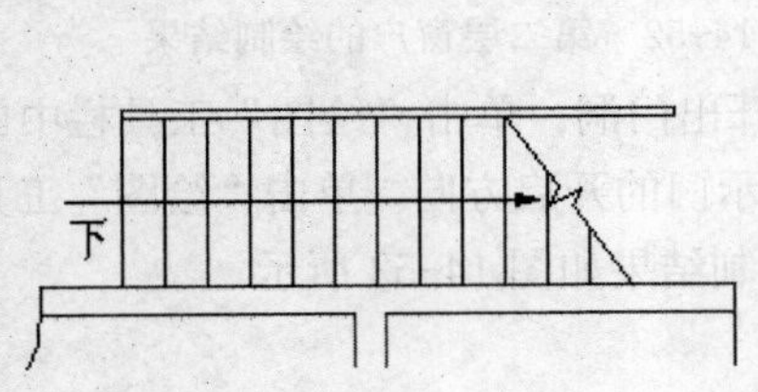


图 14-56 第二层楼梯绘制结果

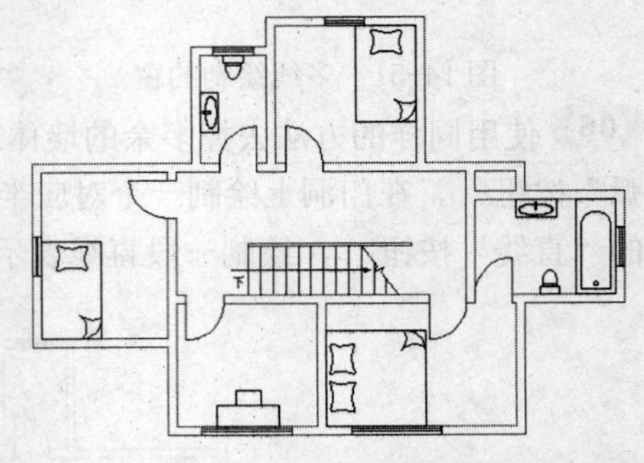

图 14-57 复制得到全部设备

## 14.3.5 尺寸标注和文字说明

**01** 单击“图层”工具栏中的“图层特性管理器”按钮，系统打开“图层特性管理器”对话框。在对话框中单击“新建”按钮，新建图层“标注”，一切设置采用默认设置，然后双击新建的图层，使得当前图层是“标注”。单击“确定”按钮退出“图层特性管理器”对话框。单击“绘图”工具栏中的“多行文字”按钮，进行文字说明。主要包括房间功能用途等，具体的结果如图 14-58 所示。

**02** 单击“标注”工具栏中“标注样式”按钮，系统打开“标注样式管理器”对话框。单击“标注样式管理器”对话框右边的“修改”按钮，打开“修改标注样式：ISO-25”对话框，按照图 14-59 来修改“线”“符号和箭头”选项卡的各种参数。

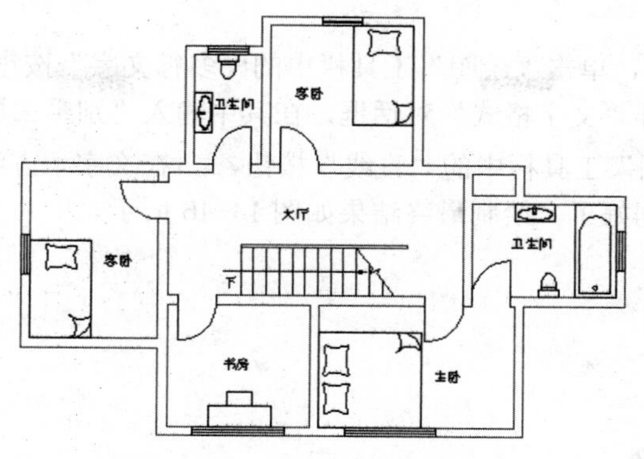


图 14-58　文字说明结果

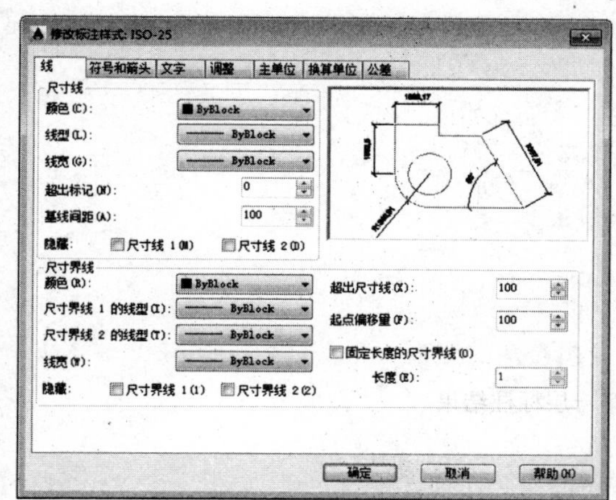


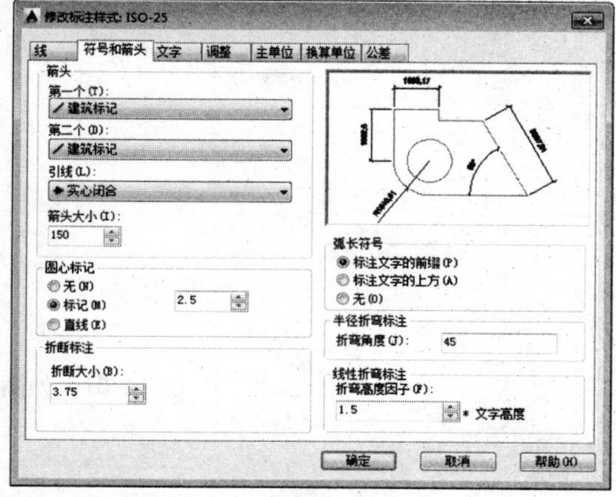


图 14-59　修改“线”“符号和箭头”选项卡参数

**03** 选取“文字”选项卡，参照图 14-60 修改其中的参数，完成标注样式的修改。单击“确定”按钮返回“标注样式管理器”对话框，然后单击“关闭”按钮返回绘图主界面。

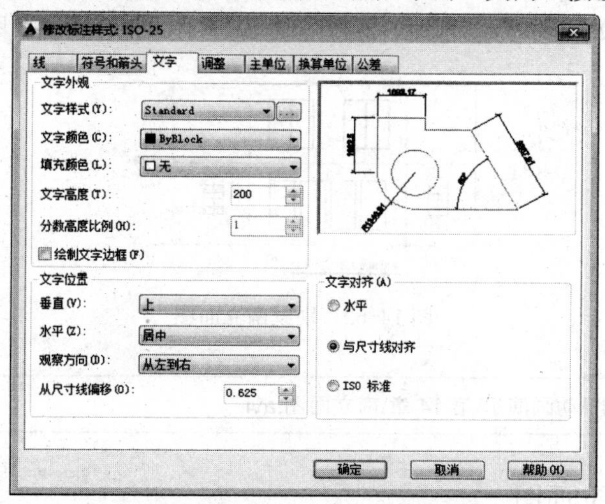


图 14-60　修改“文字”选项卡参数

**04** 单击“标注”工具栏中的“对齐”按钮，进行尺寸标注。外圈第一层标注如图

14-61 所示。

05 进行尺寸标注，单击“绘图”工具栏中的“多行文字”按钮A，在图形的正下方选择文字区域，系统打开“文字格式”对话框，在其中输入“别墅二层建筑平面图 1:100”，字高为 200。单击“绘图”工具栏中的“直线”按钮，在文字下方绘制一根线宽为 0.3mm 的直线，这样就全部绘制好了。绘制最终结果如图 14-46 所示。

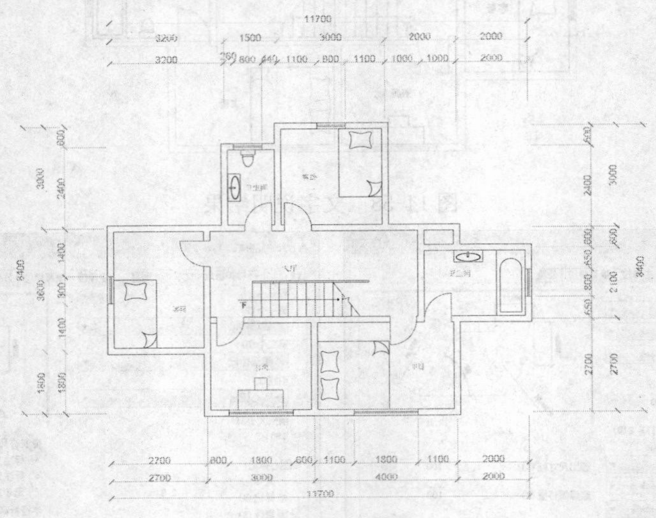

图 14-61　外圈第一层标柱结果

## 14.4　绘制南立面图

立面图可以表达建筑图在高度方向上的特征，包括建筑图具体结构高度，具体高度上的结构特征等。本例通过立面图来表达别墅门窗布局和及其具体高度，南立面图如图 14-62 所示。

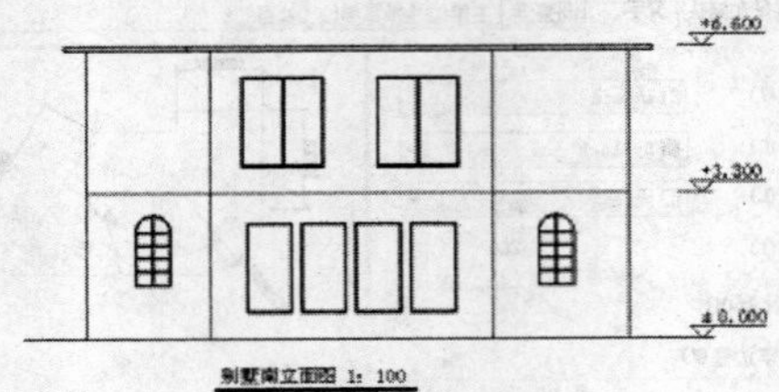


图 14-62　别墅南立面图

光盘\动画演示\第 14 章\南立面图.avi

### 14.4.1　绘制底层立面图

01 打开 AutoCAD 程序，系统自动新建图形文件。

02 单击“图层”工具栏中的“图层特性管理器”按钮，系统打开“图层特性管理器”对话框。在对话框中单击“新建”按钮，新建图层“辅助线”，一切设置采用默认设置，然后双击新建的图层，使得当前图层是“辅助线”。单击“确定”按钮退出“图层特性管理器”对话框。

**03** 按下 F8 键打开“正交”模式。单击“绘图”工具栏中的“直线”按钮，绘制一条水平构造线和一条竖直构造线，组成“十”字构造线，如图 14-63 所示。

**04** 单击“修改”工具栏中的“偏移”按钮，让水平构造线连续分别往上偏移 3300、3300，得到水平方向的辅助线。让竖直构造线连续分别往右偏移 2700、6000、3000，得到竖直方向的辅助线。它们和水平辅助线一起构成正交的辅助线网。得到主要的辅助线网格如图 14-64 所示。

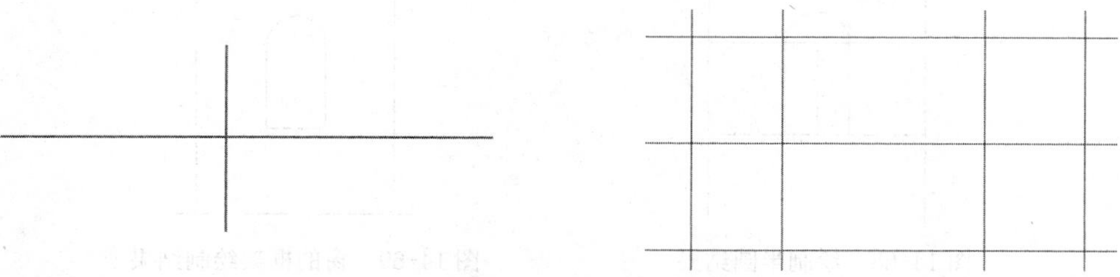

图 14-63　绘制“十”字构造线　　　　图 14-64　主要轴线网

**05** 单击“图层”工具栏中的“图层特性管理器”按钮，系统打开“图层特性管理器”对话框。在对话框中单击“新建”按钮，新建图层“墙线”，一切设置采用默认设置，然后双击新建的图层，使得当前图层是“墙线”。单击“确定”按钮退出“图层特性管理器”对话框。单击“绘图”工具栏中的“直线”按钮，根据轴线网绘制出第一层的大致轮廓，结果如图 14-65 所示。

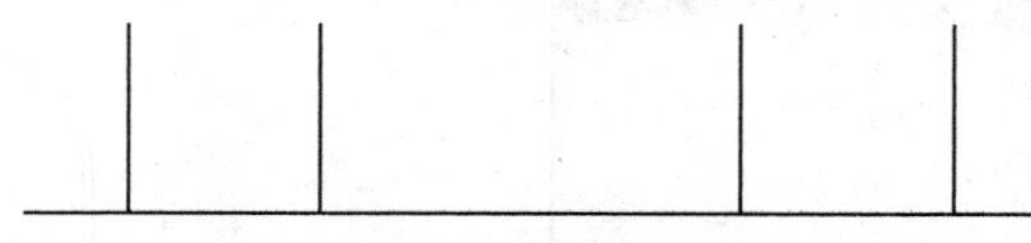

图 14-65　第一层的大致轮廓

**06** 绘制窗户，绘制最左边的窗户。单击“修改”工具栏中的“偏移”按钮，使得地面的直线往上偏移 1200。单击“修改”工具栏中的“修剪”按钮，修剪掉中间的部分，结果如图 14-66 所示。

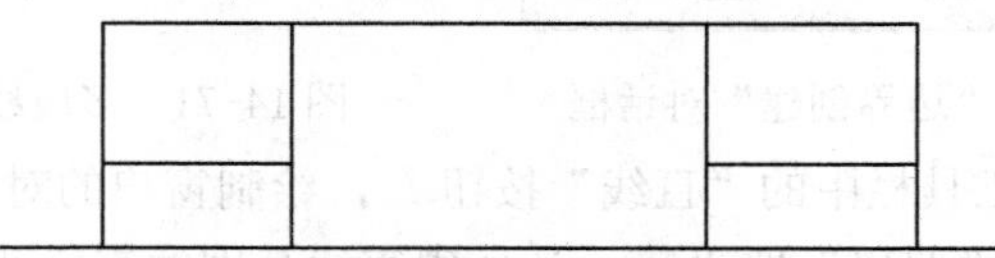

图 14-66　修剪结果

**07** 单击“修改”工具栏中的“偏移”按钮，使得 1200 高的直线往上偏移 1200。单击“绘图”工具栏中的“构造线”按钮，绘制直线连接偏移直线的中点，结果如图 14-67 所示。

**08** 单击“修改”工具栏中的“偏移”按钮，让连接线往两边偏移 400。单击“绘图”工具栏中的“圆弧”按钮，在上边绘制半径为 400 的半圆，结果如图 14-68 所示。

**09** 单击“修改”工具栏中的“修剪”按钮，修剪掉不需要的部分，就形成了一个

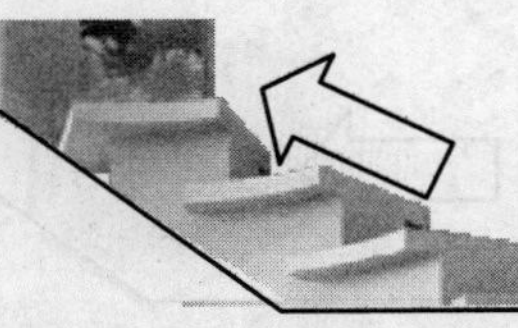



窗户的框架，绘制结果如图 14-69 所示。

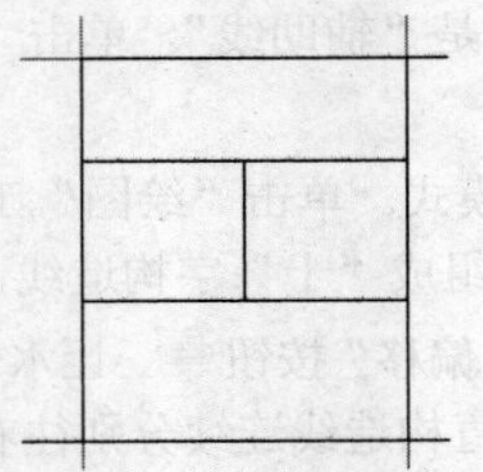

图 14-67　线连接结果

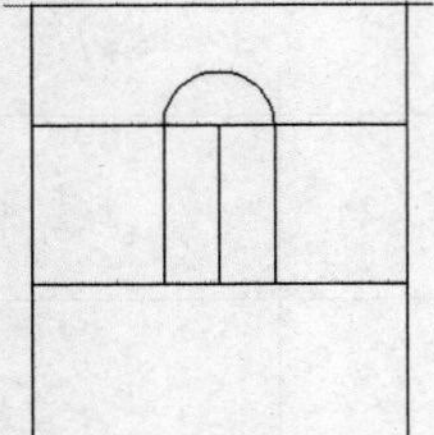

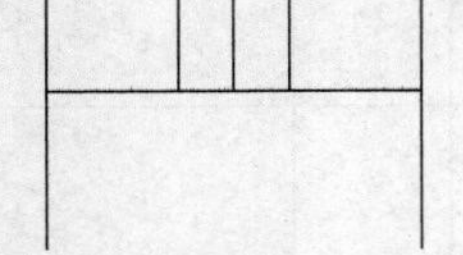

图 14-68　绘制半圆结果　　图 14-69　窗的框架绘制结果

**10** 选择菜单栏中的“绘图”→“边界”命令，系统打开“边界创建”对话框，如图 14-70 所示。单击“拾取点”前边的按钮，返回绘图区，在窗的框架内任点一点，然后按下回车键确认选择，则把窗的框架制成一个多段线边界。

**11** 单击“修改”工具栏中的“偏移”按钮，把所得的多段线边界往里偏移 30 距离，结果如图 14-71 所示。

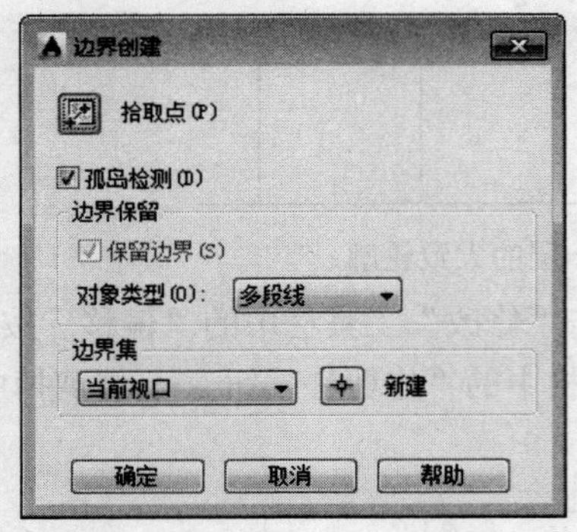


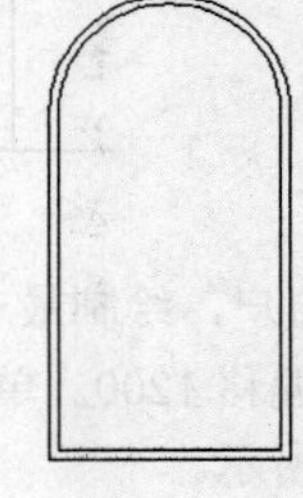

图 14-70　“边界创建”对话框　　图 14-71　多段线边界偏移结果

**12** 单击“绘图”工具栏中的“直线”按钮，绘制窗户的对称轴和矩形的上边界。单击“修改”工具栏中的“偏移”按钮，让所得直线分别往直线两边偏移 15 距离，得到如图 14-72 所示小窗的初步框架。

**13** 选择菜单栏中的“格式”→“点样式”命令，系统打开“点样式”对话框，选择如图 14-73 所示的点样式，单击“确定”按钮退出“点样式”对话框。

**14** 单击“修改”工具栏中的“分解”按钮，把里边的矩形分解。选择菜单栏中的“绘图”→“点”→“定数等分”命令，根据命令把左边的直线分为 4 部分。定数等分的结果如图 14-74 所示。

**15** 单击“修改”工具栏中的“复制”按钮，复制水平直线到各个等分点，这样就

能得到一个窗户，结果如图 14-75 所示。

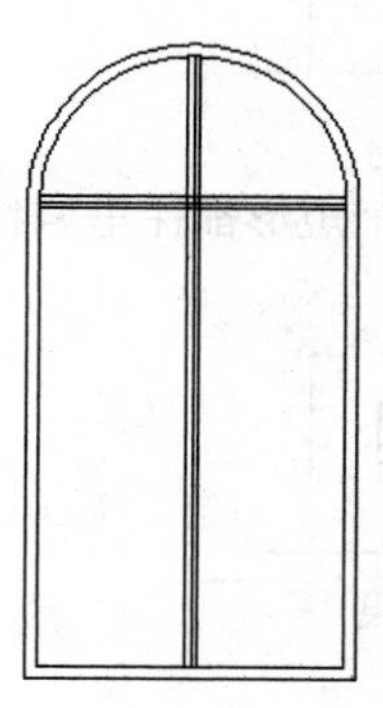

图 14-72　小窗的初步框架图

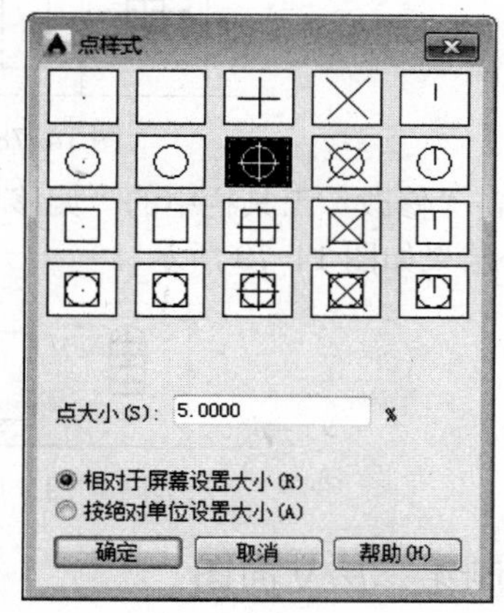


图 14-73　“点样式”对话框

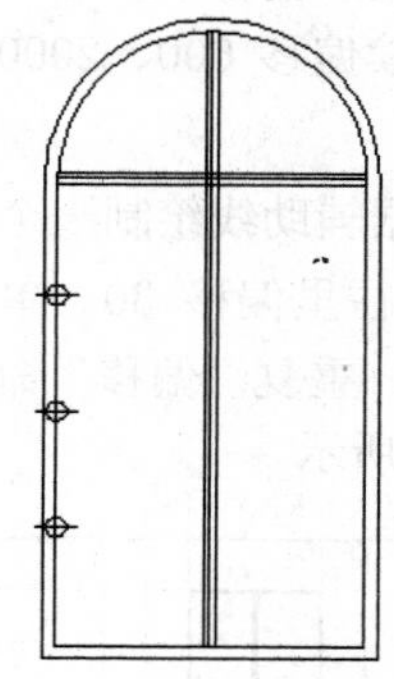

图 14-74　定数等分结果

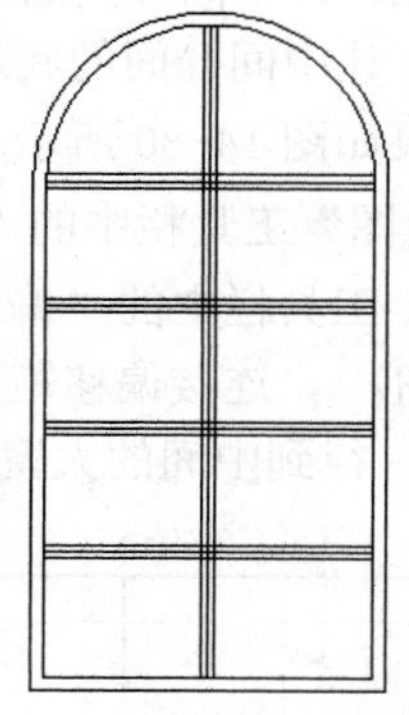

图 14-75　窗户绘制结果

**16** 单击“修改”工具栏中的“复制”按钮，复制一个窗户到右边开间的正中间，如图 14-76 所示。

图 14-76　复制得到右边的窗户

**17** 单击“修改”工具栏中的“偏移”按钮，让中间开间的左边的竖直轴线往右连续偏移 700、1000、200、1000、200、1000、200、1000。重复“偏移”命令，让中间开间的底边的水平轴线往上连续偏移 600、2000，得到新的辅助线，绘制结果如图 14-77 所示。

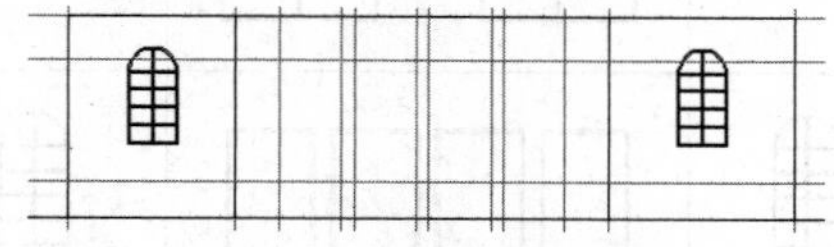

图 14-77　绘制新的辅助线

**18** 单击“绘图”工具栏中的“矩形”按钮，根据辅助线绘制 4 个 1000×2000 的矩形，绘制结果如图 14-78 所示。

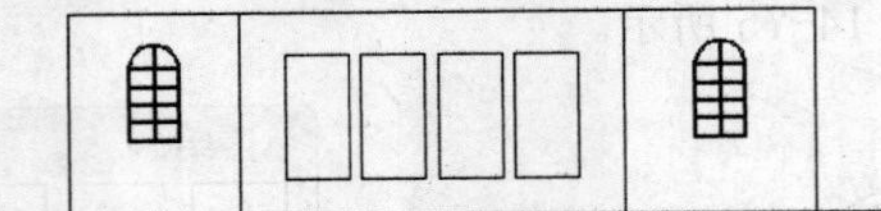

图 14-78　绘制矩形结果

**19** 单击“修改”工具栏中的“偏移”按钮，让 4 个矩形都往里偏移 30，得到底层的全部窗户，结果如图 14-79 所示。

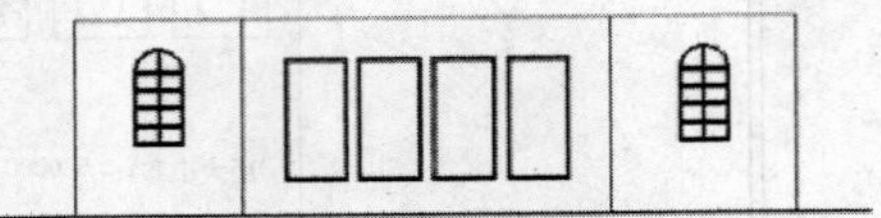

图 14-79　底层立面图绘制结果

## 14.4.2　绘制第二层立面图

**01** 第二层的两边的开间都没有窗户，只有中间的开间有窗户。单击“修改”工具栏中的“偏移”按钮，让中间开间的左边的竖直轴线往右连续偏移 600 、1800、600、600 。重复“偏移”命令，让中间开间的底边的水平轴线往上连续偏移 600、2000 、700，得到新的辅助线，绘制结果如图 14-80 所示。

**02** 单击“绘图”工具栏中的“矩形”按钮，根据辅助线绘制一个 1800×2000 的矩形，单击“修改”工具栏中的“偏移”按钮，让矩形往里偏移 30。单击“绘图”工具栏中的“直线”按钮，连接偏移矩形的上下两边的中点，重复“偏移”命令，让中点连接线往两边各偏移 15，得到中间的大窗户，结果如图 14-81 所示。

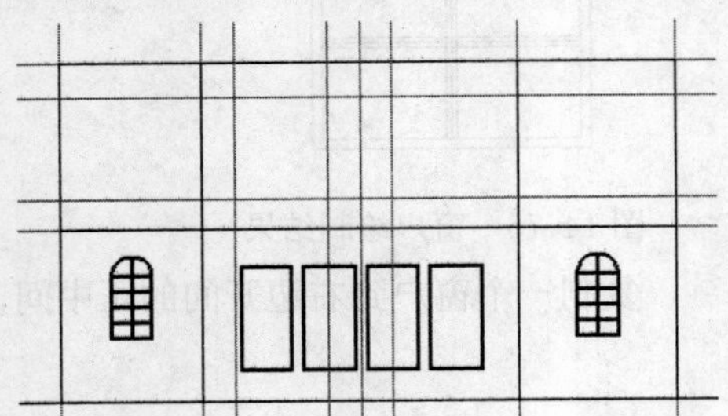

图 14-80　绘制新的辅助线

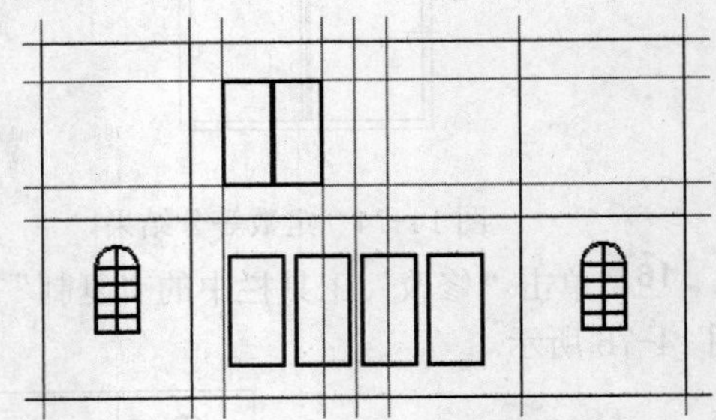

图 14-81　绘制大窗户结果

**03** 单击“修改”工具栏中的“镜像”按钮，复制一个大窗户到开间的右边对应位置，如图 14-82 所示。

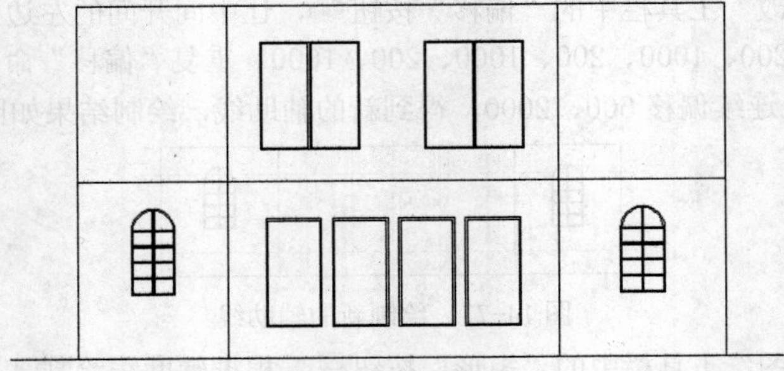

图 14-82　复制的得到右边的窗户

### 14.4.3　整体修改

在绘制完初步轮廓后，要进行整体修改，步骤如下：

**01** 绘制顶层的屋面板。单击“修改”工具栏中的“偏移”按钮，让二层的最外边的两条竖直线往外偏移600，结果如图14-83所示。

> **提示**
>
> 在这里将最外边线偏移 600 距离的作用是为屋檐伸出距离确定一个准确的基线。这种确定准确距离的方法在建筑制图中经常使用。

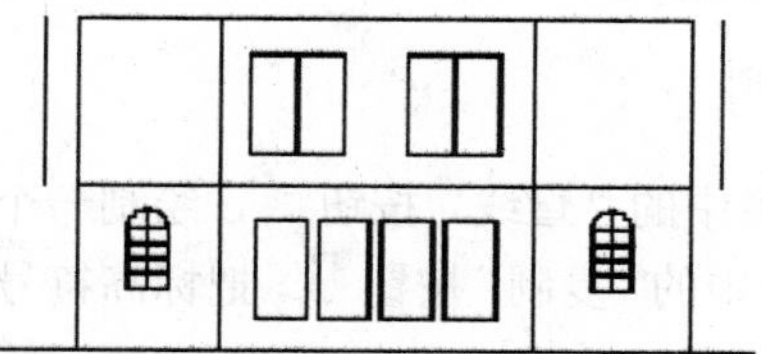

图 14-83　竖直线偏移结果

**02** 单击“修改”工具栏中的“延伸”按钮，让屋面线延伸到两条偏移线。单击“修改”工具栏中的“偏移”按钮，让屋面线往下偏移100，得到顶层的屋面板，绘制结果如图14-84所示。

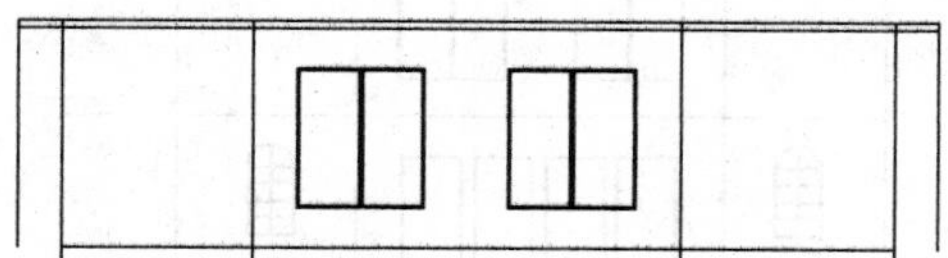

图 14-84　屋面板绘制结果

**03** 单击“修改”工具栏中的“修剪”按钮，修建掉多余的线条，结果如图 14-85 所示。

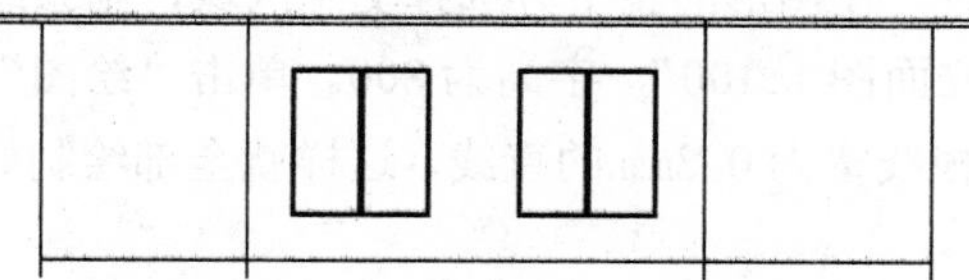

图 14-85　修剪操作结果

**04** 采用同样的方法使得中间开间的屋面板往外偏移600，结果如图14-86所示。

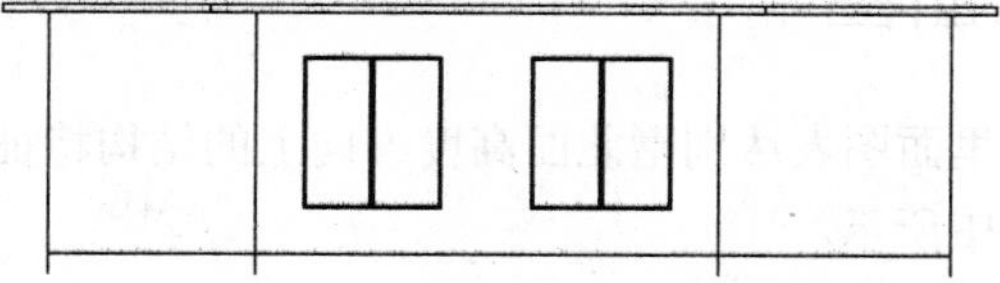

图 14-86　绘制中间的屋面板

**05** 由于前面绘制的墙线都是以轴线作为边界的，所以需要把墙线往外偏移90。单击

“修改”工具栏中的“偏移”按钮，把全部竖直墙线往外偏移 90，结果如图 14-87 所示。

**06** 单击“修改”工具栏中的“删除”按钮，把原来的竖直的墙边线删除掉。单击“修改”工具栏中的“延伸”按钮，让中间的楼板线延伸到两头的墙边线。这样，别墅的南立面图就绘制好了，绘制结果如图 14-88 所示。

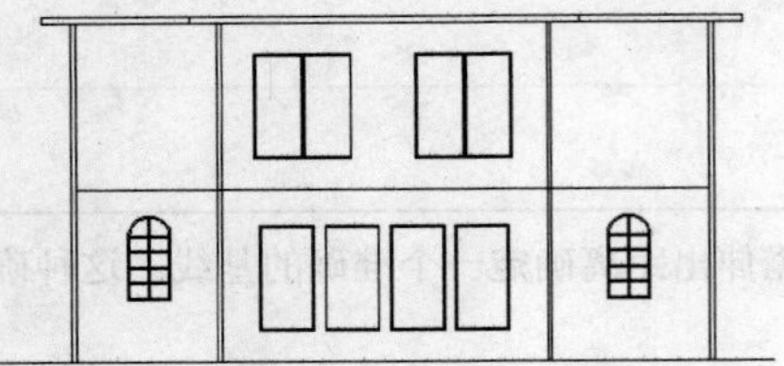

图 14-87　往外偏移墙边线

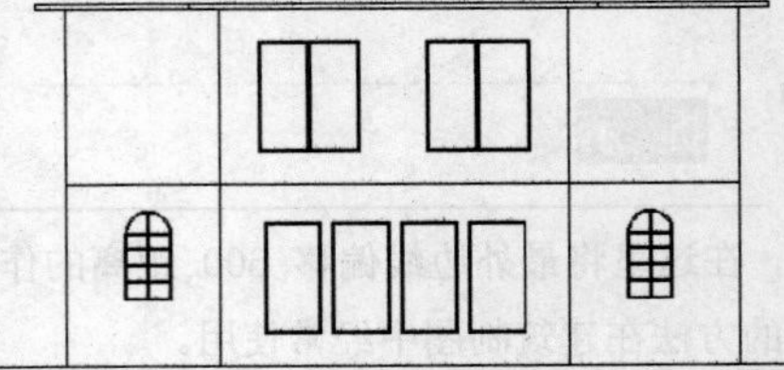

图 14-88　南立面图绘制结果

### 14.4.4　立面图标注和说明

**01** 单击“绘图”工具栏中的“直线”按钮，绘制一个标高符号，如图 14-89 所示。

**02** 单击“修改”工具栏中的“复制”按钮，把标高符号复制到各个位置，如图 14-90 所示。

图 14-89　标高符号

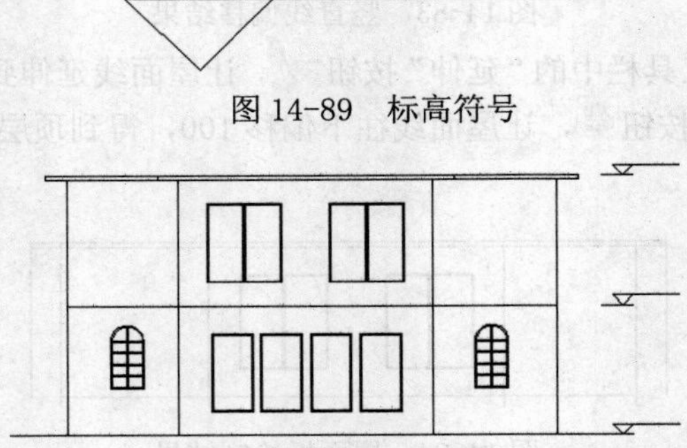

图 14-90　复制标高符号结果

**03** 单击“绘图”工具栏中的“多行文字”按钮，在标高符号上标出具体的标高数值。重复“多行文字”命令，在图形的正下方选择文字区域，则系统打开“文字格式”对话框，在其中输入“别墅南立面图 1:100”，字高为 300。单击“绘图”工具栏中的“直线”按钮，在文字下方绘制一根线宽为 0.3mm 的直线，这样就全部绘制好了。绘制最终结果如图 14-62 所示。

## 14.5　绘制北立面图

与南立面图一样，北里面图表达别墅北面高度方向上的结构特征。具体绘制方法与思路类似，北立面图如图 14-91 所示。

光盘\动画演示\第 14 章\北立面图.avi

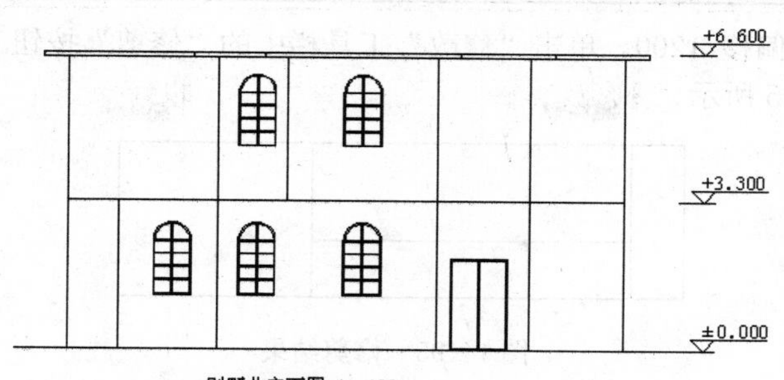


图 14-91 别墅北立面图

## 14.5.1 绘制底层立面图

**01** 打开 AutoCAD 程序，系统自动新建图形文件。

**02** 单击“图层”工具栏中的“图层特性管理器”按钮，系统打开“图层特性管理器”对话框。在对话框中单击“新建”按钮，新建图层“辅助线”，一切设置采用默认设置，然后双击新建的图层，使得当前图层是“辅助线”。单击“确定”按钮退出“图层特性管理器”对话框。

**03** 按下 F8 键打开“正交”模式。单击“绘图”工具栏中的“构造线”按钮，绘制一条水平构造线和一条竖直构造线，组成“十”字构造线，如图 14-92 所示。

**04** 单击“修改”工具栏中的“偏移”按钮，让水平构造线连续分别往上偏移 3300、3300，得到水平方向的辅助线。让竖直构造线连续分别往右偏移 1100、2100、4880、1000、1000、2000，得到竖直方向的辅助线。它们和水平辅助线一起构成正交的辅助线网。得到主要的辅助线网格如图 14-93 所示。

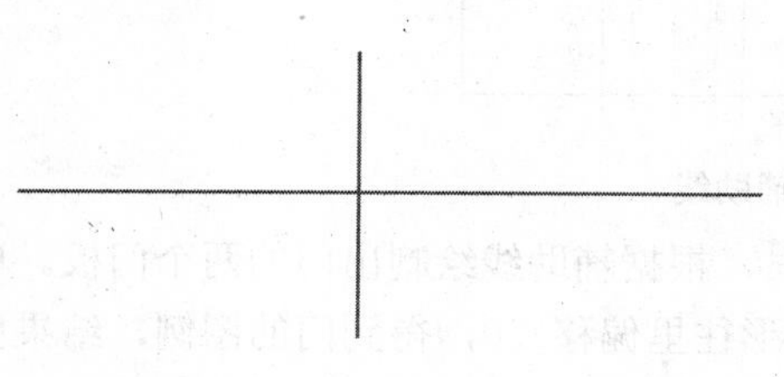

图 14-92 绘制“十”字构造线

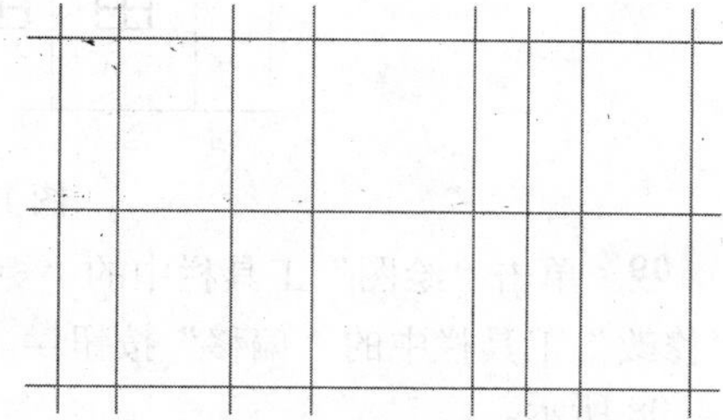

图 14-93 主要轴线网

**05** 单击“图层”工具栏中的“图层特性管理器”按钮，系统打开“图层特性管理器”对话框。在对话框中单击“新建”按钮，新建图层“墙线”，一切设置采用默认设置，然后双击新建的图层，使得当前图层是“墙线”。单击“确定”按钮退出“图层特性管理器”对话框。单击“绘图”工具栏中的“直线”按钮，根据轴线网绘制出第一层的大致轮廓，结果如图 14-94 所示。

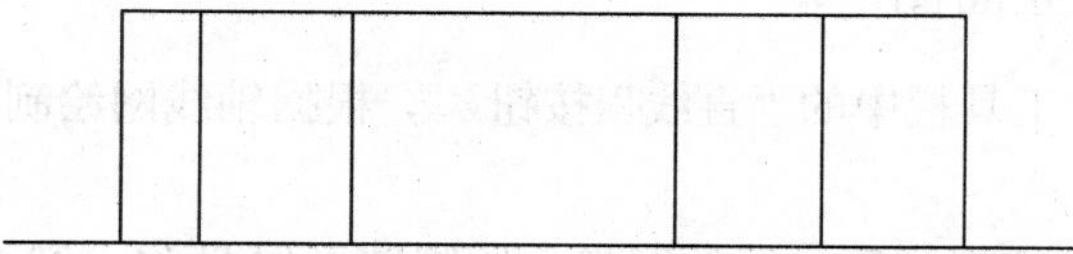

图 14-94 第一层的大致轮廓

**06** 绘制窗户，首先绘制最左边的窗户。单击“修改”工具栏中的“偏移”按钮，使得地面的直线往上偏移 1200。单击“修改”工具栏中的“修剪”按钮，修剪掉周围的部分，结果如图 14-95 所示。

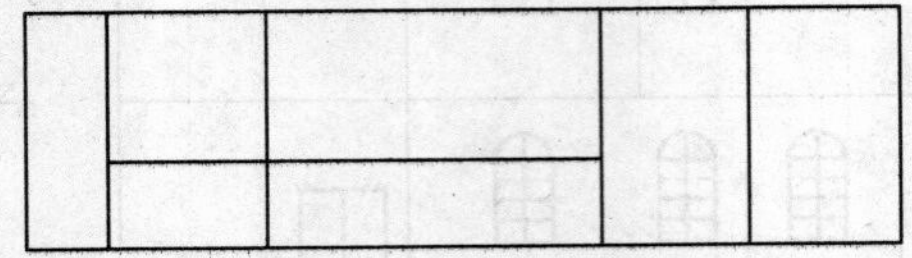

图 14-95 修剪结果

**07** 打开别墅南立面图，选择菜单栏中的“编辑”→“带基点复制”命令，把宽 800 的窗户复制。然后返回到别墅北立面图中，选择菜单栏中的“编辑”→“粘贴”命令，把窗户粘贴到对应位置。粘贴结果如图 14-96 所示。单击“修改”工具栏中的“删除”按钮，删除掉窗户下边的定位直线。

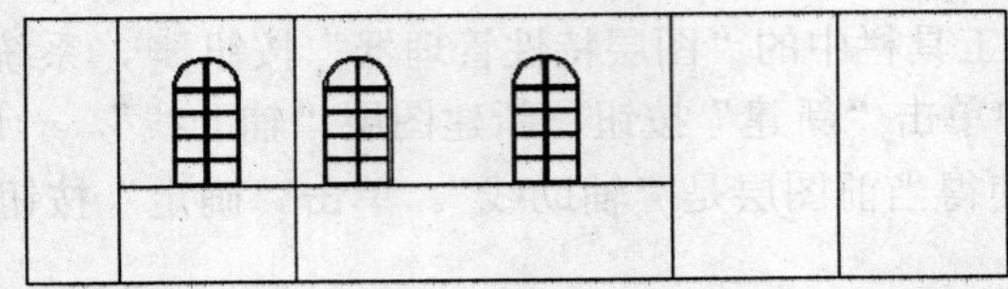

图 14-96 底层窗户绘制结果

**08** 单击“修改”工具栏中的“偏移”按钮，把窗户右边开间下边水平辅助线往上偏移 2000，该开间中间竖直辅助线往两边各偏移 300 距离，得到门辅助线，如图 14-97 所示。

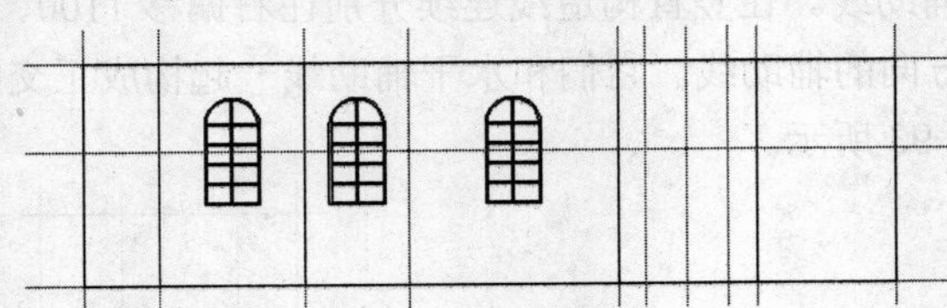

图 14-97 门的辅助线

**09** 单击“绘图”工具栏中的“矩形”按钮，根据辅助线绘制出门的两个门板。单击“修改”工具栏中的“偏移”按钮，把门板矩形往里偏移 30，得到门的图例，结果如图 14-98 所示。

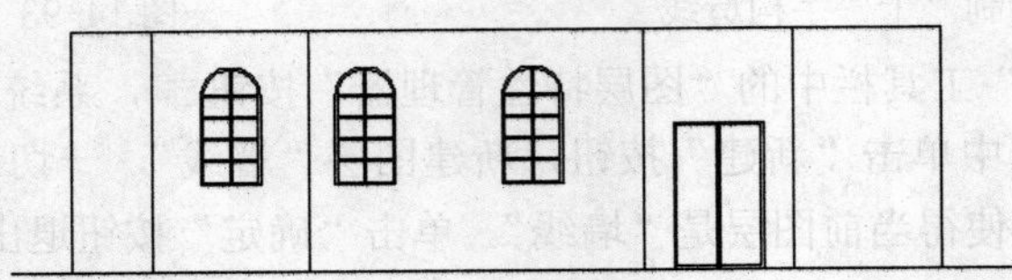

图 14-98 绘制门结果

### 14.5.2 绘制第二层立面图

**01** 单击“绘图”工具栏中的“直线”按钮，根据轴线网绘制出第二层的大致轮廓，结果如图 14-99 所示。

**02** 采用同样的办法得到第二层的窗户，绘制结果如图 14-100 所示。

**03** 单击“修改”工具栏中的“删除”按钮，删除掉窗户下边的定位直线。这样就得到第二层的立面图，如图 14-101 所示。

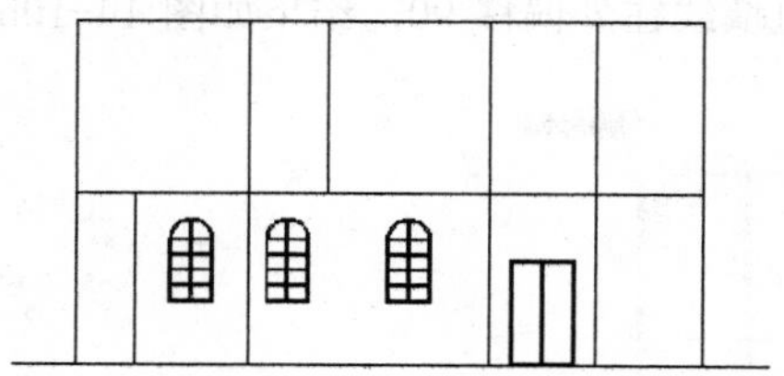

图 14-99　绘制第二层轮廓

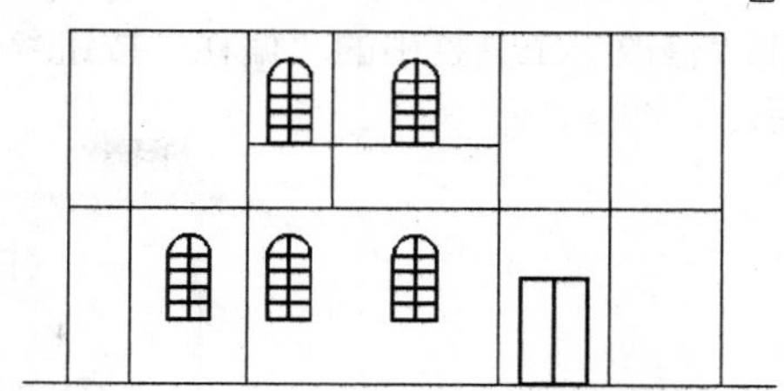

图 14-100　复制得到窗户

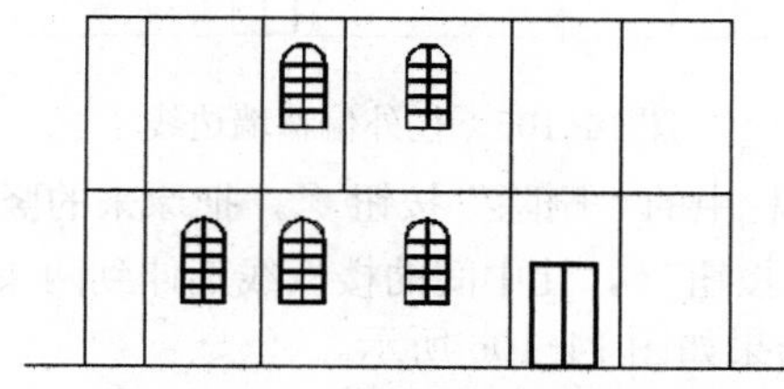

图 14-101　别墅第二层的立面图

## 14.5.3　整体修改

绘制完初步轮廓后还要进行整体性的修改，具体步骤如下：

**01** 绘制顶层的屋面板。单击“修改”工具栏中的“偏移”按钮，让第二层的最外边的两条竖直线往外偏移 600，结果如图 14-102 所示。

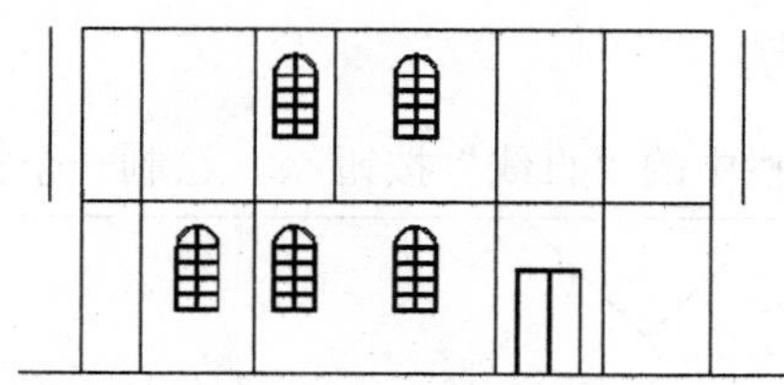

图 14-102　竖直线偏移结果

**02** 单击“修改”工具栏中的“延伸”按钮，让屋面线延伸到两条偏移线。单击“修改”工具栏中的“偏移”按钮，让屋面线往下偏移 100，得到顶层的屋面板。重复“修剪”命令，修建掉多余的线条，结果如图 14-103 所示。

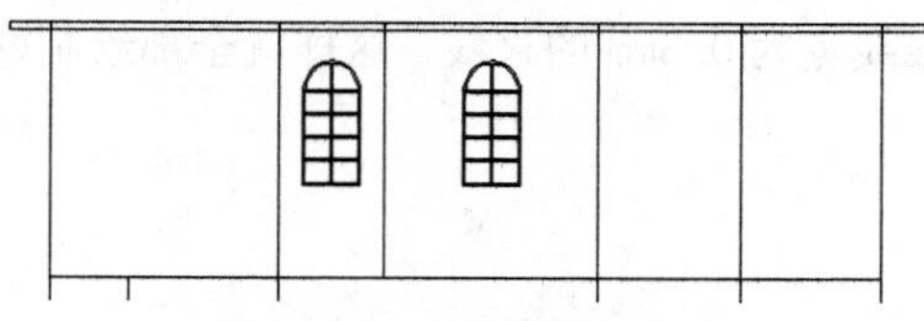

图 14-103　修剪操作结果

**03** 采用同样的方法使得中间开间的屋面板往外偏移 600，结果如图 14-104 所示。

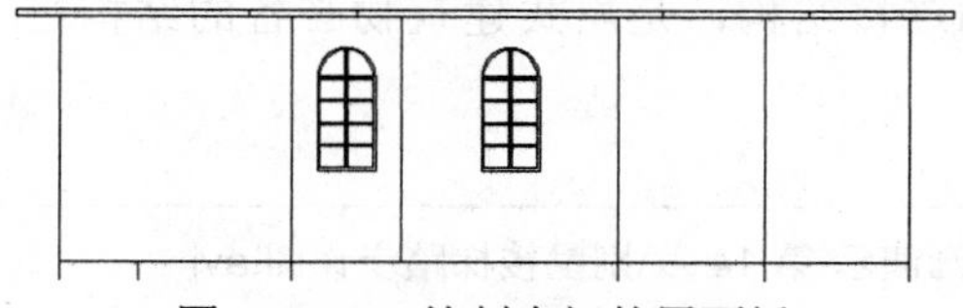

图 14-104　绘制中间的屋面板

**04** 由于前面绘制的墙线都是以轴线作为边界的，所以需要把墙线往外偏移 90 距离。

单击“修改”工具栏中的“偏移”按钮，把全部竖直墙线往外偏移 90，结果如图 14-105 所示。

图 14-105　往外偏移墙边线

05 单击“修改”工具栏中的“删除”按钮，把原来的竖直的墙边线删除掉。单击“修改”工具栏中的“延伸”按钮，让中间的楼板线延伸到两头的墙边线。这样，别墅的北立面图就绘制好了，绘制结果如图 14-106 所示。

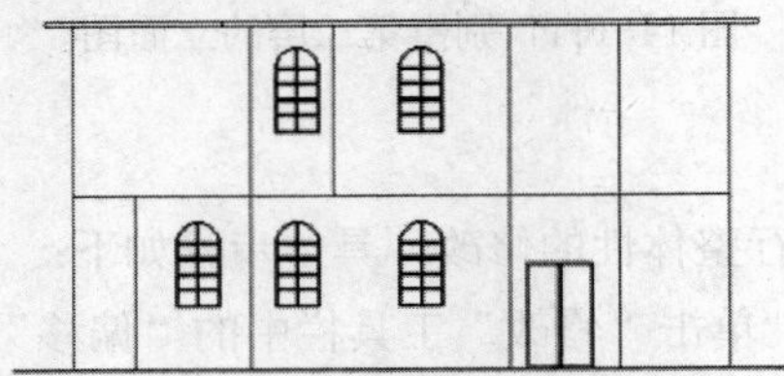

图 14-106　北立面图绘制结果

### 14.5.4　立面图标注和说明

01 单击“绘图”工具栏中的“直线”按钮，绘制一个标高符号如图 14-107 所示。

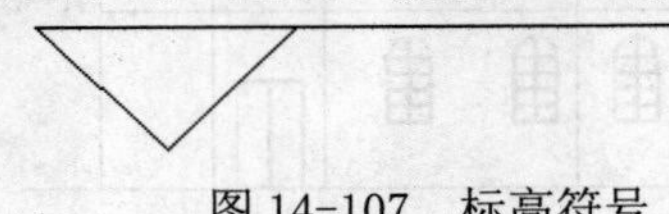

图 14-107　标高符号

02 单击“修改”工具栏中的“复制”按钮，把标高符号复制到各个位置。

03 单击“绘图”工具栏中的“多行文字”按钮，在标高符号上标出具体的标高数值。重复“多行文字”命令，在图形的正下方选择文字区域，则系统打开“文字格式”对话框，在其中输入“别墅北立面图 1:100”，字高为 300。单击“绘图”工具栏中的“直线”按钮，在文字下方绘制一根线宽为 0.3mm 的直线，这样就全部绘制好了。绘制最终结果如图 14-91 所示。

## 14.6　绘制别墅楼梯踏步详图

楼梯作为楼层之间的连接结构，是层式建筑物必备的结构之一。楼梯踏步详图如图 14-108 所示。

光盘路径

光盘\动画演示\第 14 章\别墅楼梯踏步详图.avi

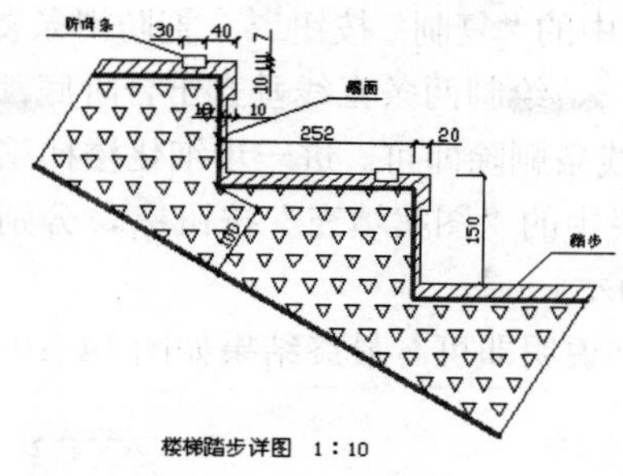


图 14-108 别墅楼梯踏步详图

**01** 单击“图层”工具栏中的“图层特性管理器”按钮，系统打开“图层特性管理器”对话框。在对话框单击“新建”按钮，新建图层“辅助线”，采用默认设置，双击新建的图层，使得当前图层是“辅助线”。单击“确定”按钮退出“图层特性管理器”对话框。如果没有打开正交模式，按下 F8 键打开正交模式。单击“绘图”工具栏中的“构造线”按钮，在绘图区任意绘制一条竖直构造线和一条水平构造线，组成“十”字构造线网。

**02** 单击“修改”工具栏中的“偏移”按钮，使得水平构造线依次向下偏移均为 150；竖直构造线依次向右偏移均为 252，得到辅助线图。

**03** 单击“图层”工具栏中的“图层特性管理器”按钮，系统打开“图层特性管理器”对话框。在对话框中单击“新建”按钮，新建图层“剖切线”，一切设置采用默认设置，然后双击新建的图层，使得当前图层是“剖切线”。单击“确定”按钮退出“图层特性管理器”对话框。

**04** 单击“绘图”工具栏中的“直线”按钮，绘制出楼梯踏步线。单击“绘图”工具栏中的“构造线”按钮，绘制一根通过两个踏步头的构造线，结果如图 14-109 所示。

**05** 单击“修改”工具栏中的“偏移”按钮，把构造线往下偏移 100 距离，结果如图 14-110 所示。

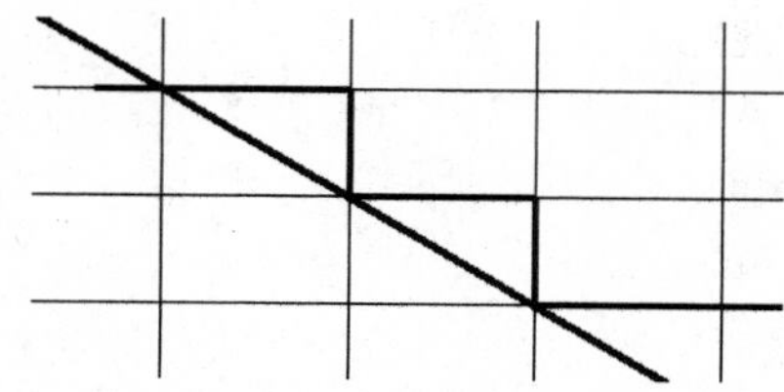

图 14-109 绘制辅助线和楼梯踏步

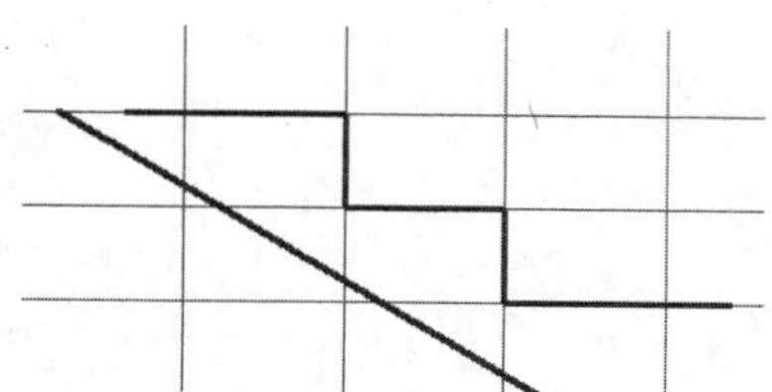

图 14-110 构造线偏移结果

**06** 单击“绘图”工具栏中的“多段线”按钮，利用多段线描出楼梯踏步。单击“修改”工具栏中的“偏移”按钮，然后连续往外偏移 10 距离两次。结果如图 14-111 所示。

**07** 单击“绘图”工具栏中的“直线”按钮，利用捕捉绘制出如图 14-112 的踏步细部。

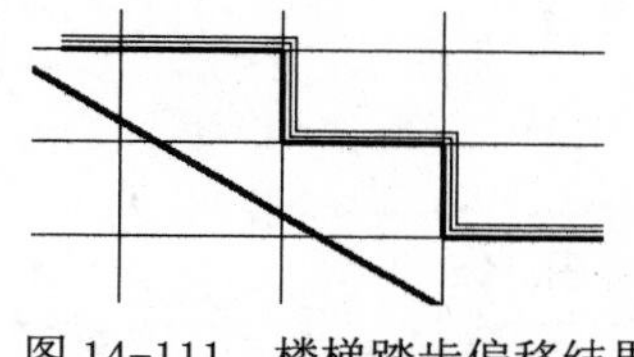

图 14-111 楼梯踏步偏移结果

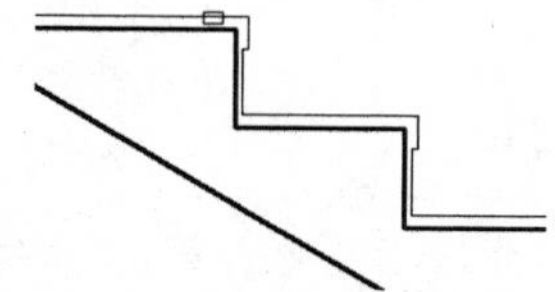

图 14-112 楼梯踏步细化图

**08** 单击“修改”工具栏中的“复制”按钮，把防滑条复制到下一个踏步。单击“绘图”工具栏中的“直线”按钮，绘制两条直线垂直于台阶底部线。单击“修改”工具栏中的“修剪”按钮，把多余的线条删除即可。进一步细化楼梯踏步的结果如图 14-113 所示。

**09** 单击“绘图”工具栏中的“图案填充”按钮，分别对各个部分进行不同图案的图案填充，结果如图 14-114 所示。

**10** 完成尺寸标注和文字说明即可。最终结果如图 14-108 所示。

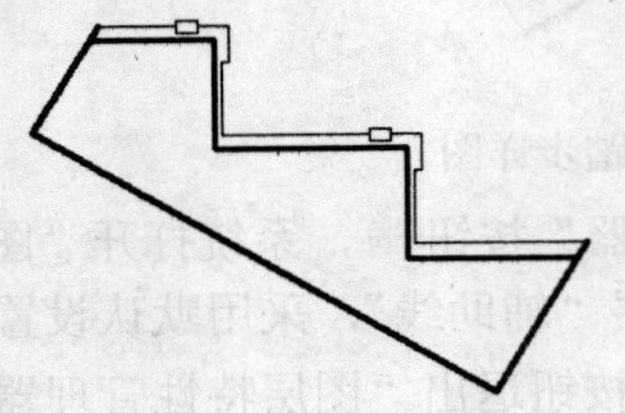

图 14-113　楼梯踏步进一步细化图

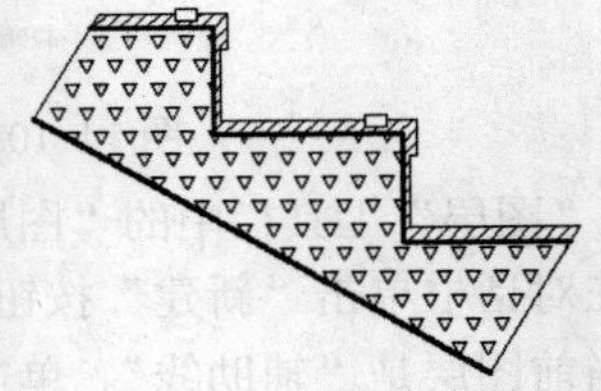

图 14-114　图案填充效果

**提示**

这种利用局部视图或局部剖视图来表达某个结构的详细特征的方法往往可以起到事半功倍的作用，既避免了绘制大量重复表达的图线，又将没表达清楚的结构简洁明了地表达出来。

# 第 15 章　办公楼总平面图

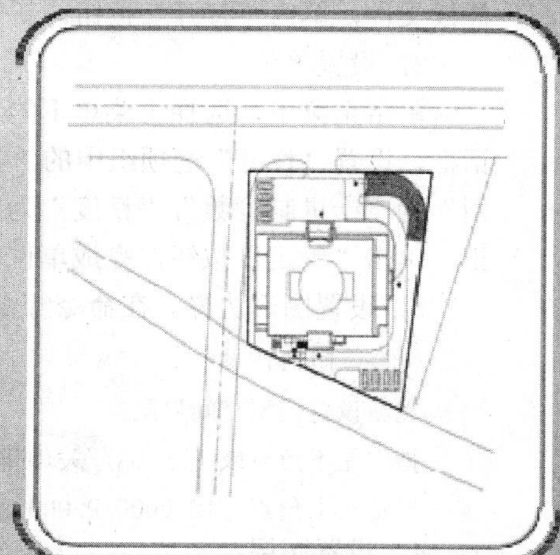

本实例的制作思路：先绘制辅助线网，然后绘制总平面图的核心——新建筑物，阐释新建筑物与周围环境的关系，最后利用图案填充能表达各个不同的地面性质来表现出周围的地面情况进行填充，再配以必要的文字说明内容。

- 绘制主要轮廓
- 绘制入口
- 布置办公大楼设施
- 布置绿地设施

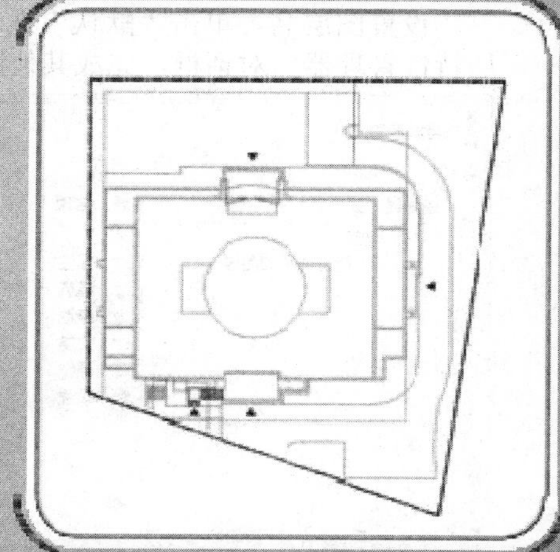

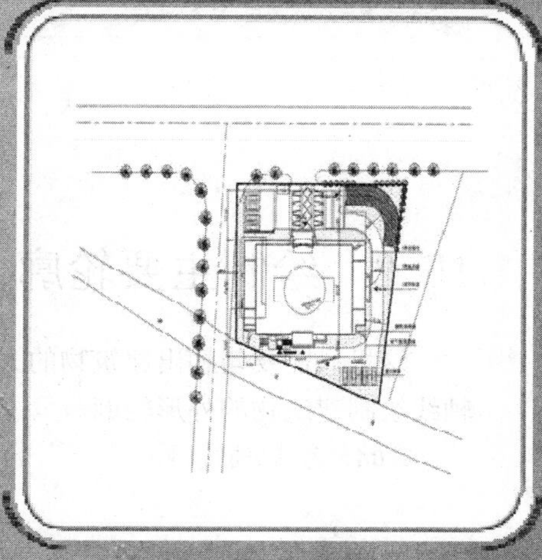

# 15.1 设置绘图参数

1. 新建文件

单击“快速访问”工具栏中的“新建”按钮，打开“选择样板”对话框，选择“acadiso”样板文件，单击“打开”按钮，新建文件，然后将文件保存，命名为“办公大楼总平面图”。

2. 设置单位

单击主菜单，选择主菜单下的“图形实用工具”→“单位”命令，打开“图形单位”对话框，设置“长度”选项组中的“类型”为“小数”，“精度”为0；“角度”选项组中的“类型”为“十进制度数”，“精度”为 0；“插入时的缩放单位”为 mm，系统默认逆时针方向为正，单击“确定”按钮，完成单位的设置。

3. 设置图形边界。在命令行中输入LIMITS，命令行提示如下：

```
命令：LIMITS↙
重新设置模型空间界限：
指定左下角点或 [开(ON)/关(OFF)] <0.0000,0.0000>：↙
指定右上角点 <12.0000,9.0000>：420000,297000↙
```

4. 设置图层

设置图层名。单击“默认”选项卡“图层”面板中的“图层特性”按钮，打开“图层特性管理器”对话框，完成其他图层的设置，结果如图 15-1 所示。

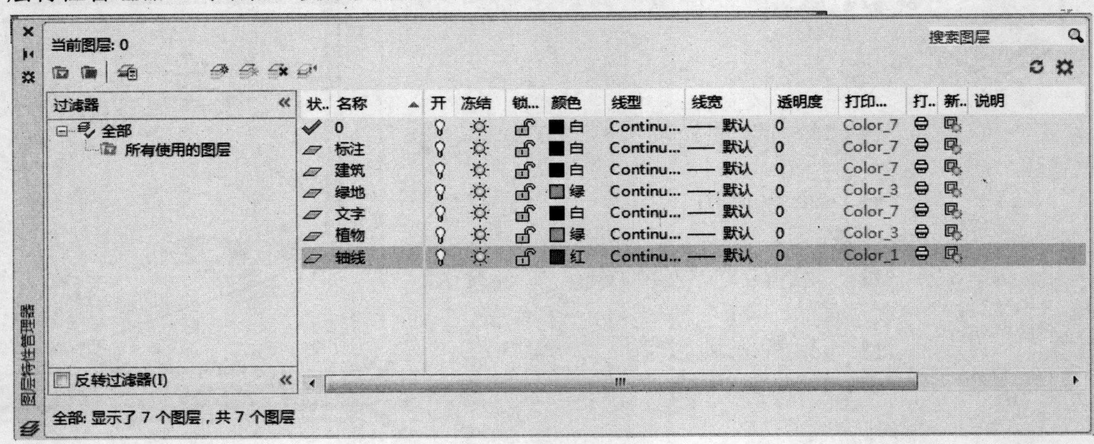


图 15-1 图层的设置

# 15.2 绘制主要轮廓

这里只需要勾勒出建筑物的大体外形和相对位置就行。首先绘制定位轴线网，然后根据轴线绘制建筑物的外形轮廓。

**01** 绘制轴线网。

❶单击“默认”选项卡“图层”面板中的“图层特性”按钮，打开“图层特性管理器”对话框，在“图层特性管理器”对话框中双击图层“轴线”，将“轴线”图层设置为当前层。单击“确定”按钮退出“图层特性管理器”对话框。

❷单击“默认”选项卡“绘图”面板中的“构造线”按钮，按 F8 键打开正交模式，绘制竖直构造线和水平构造线，组成“十”字辅助线网。如图 15-2 所示。

❸单击“默认”选项卡“修改”面板中的“偏移”按钮，将竖直构造线向右边连续偏移 3800mm、30400mm、1200mm 和 2600mm。将水平构造线连续往上偏移 1300mm、1300mm、4000mm、12900mm、4000mm 和 1000mm，创建主要轴线网，结果如图 15-3 所示。

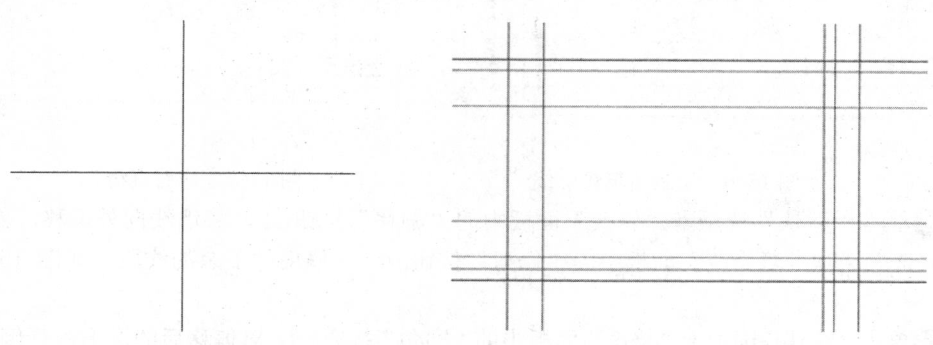

图 15-2　绘制十字辅助线网　　　　图 15-3　绘制主要轴线网

**02** 绘制建筑物轮廓。

❶单击“默认”选项卡“图层”面板中的“图层特性”按钮，打开“图层特性管理器”对话框，在“图层特性管理器”对话框中双击图层“建筑”，将“建筑”图层设置为当前图层。单击“确定”按钮退出“图层特性管理器”对话框。

❷在命令提示下，输入“MLSTYLE”，打开“多线样式”对话框，如图 15-4 所示。单击“新建”按钮，设置新样式名为“240”，单击“继续”按钮，打开“新建多线样式：240”对话框，设置偏移量为 120 和-120，如图 15-5 所示。

图 15-4　“多线样式”对话框

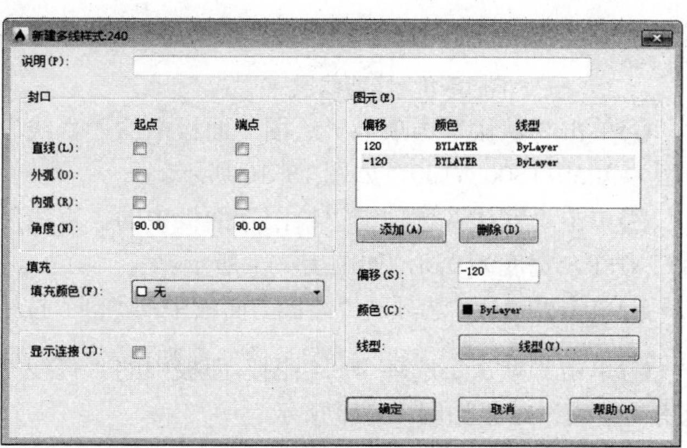


图 15-5　“新建多线样式”对话框

❸在命令提示下，输入“MLINE”，根据轴线网绘制建筑轮廓线，如图 15-6 所示。

❹单击“默认”选项卡“修改”面板中的“分解”按钮，将墙线分解。

❺单击“默认”选项卡“修改”面板中的“修剪”按钮，修剪掉多余的直线，结果如图 15-7 所示。

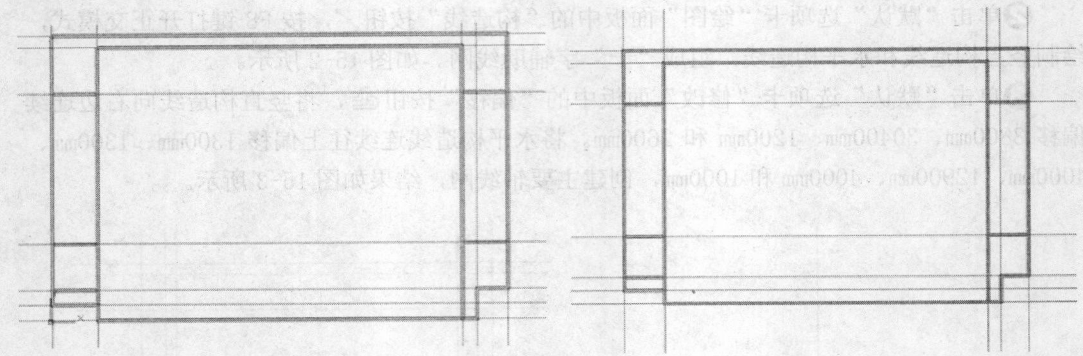

图 15-6　绘制建筑轮廓线　　图 15-7　修剪直线

❻单击“默认”选项卡“修改”面板中的“偏移”按钮，将墙线向外偏移，然后单击“默认”选项卡“修改”面板中的“修剪”按钮，修剪掉多余的线段，如图 15-8 所示。

❼单击“默认”选项卡“修改”面板中的“圆角”按钮，对偏移后的图形进行倒圆角，圆角半径为 6000mm，如图 15-9 所示。

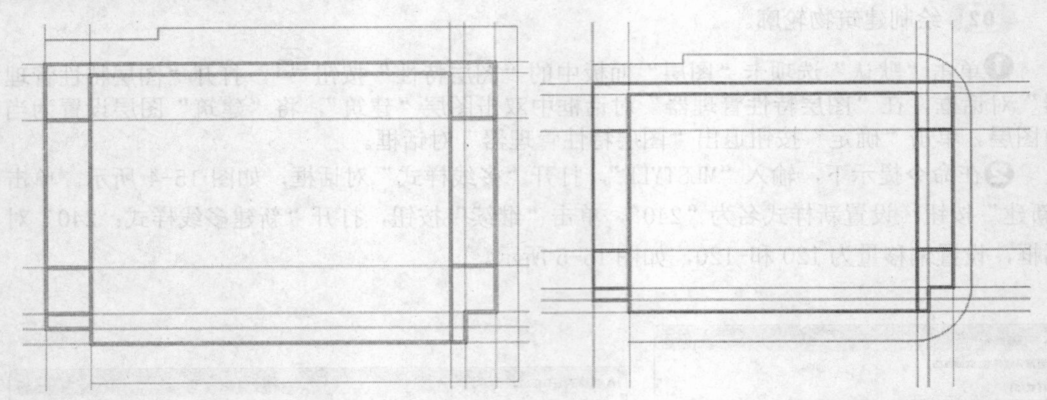

图 15-8　修剪线段　　图 15-9　倒圆角

❽单击“默认”选项卡“绘图”面板中的“直线”按钮，绘制地下室范围线，设置线型为 ACAD_ISO02W100，如图 15-10 所示。

❾单击“默认”选项卡“绘图”面板中的“直线”按钮，绘制用地界线，设置线型为 CENTER，宽度为 0.3，如图 15-11 所示。

❿单击“默认”选项卡“绘图”面板中的“圆”按钮，绘制一个圆，如图 15-12 所示。

⓫单击“默认”选项卡“绘图”面板中的“直线”按钮，在圆外侧绘制图形，完成机房的绘制，结果如图 15-13 所示。

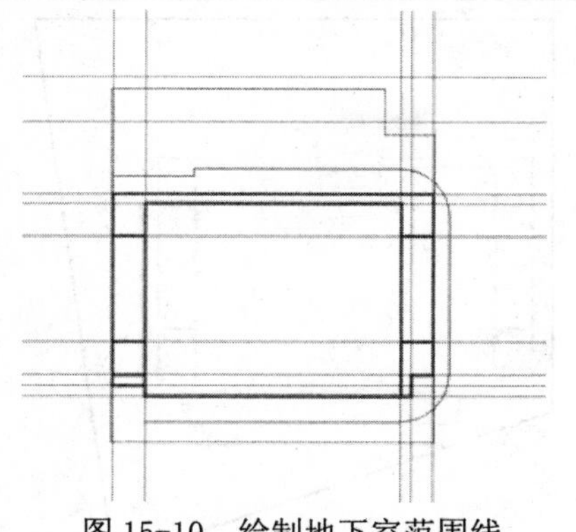

图 15-10　绘制地下室范围线

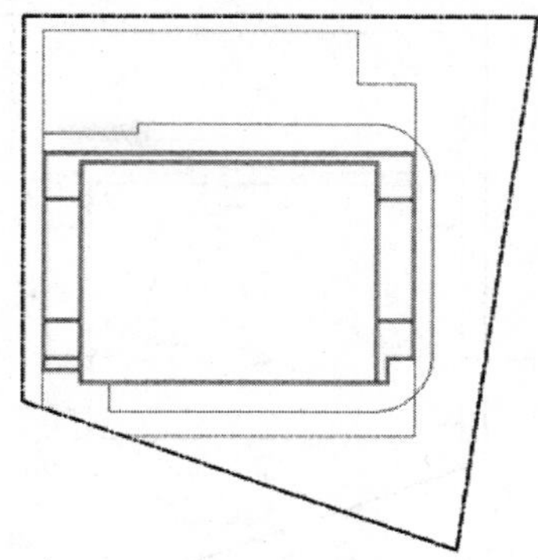

图 15-11　绘制用地界线

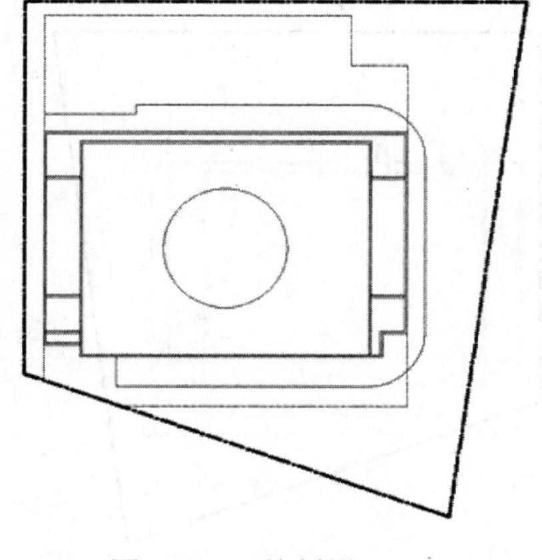

图 15-12　绘制圆

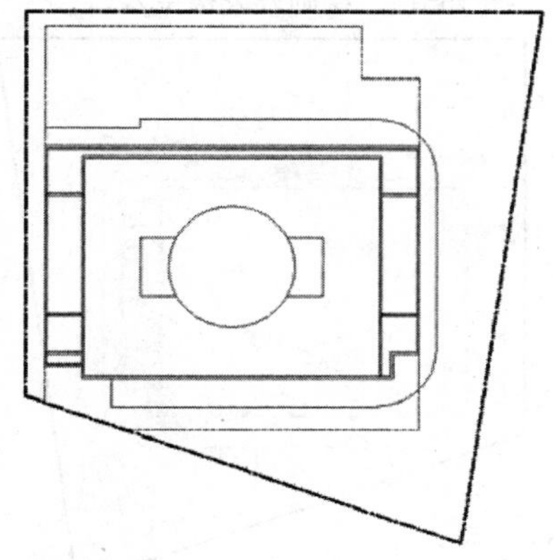

图 15-13　绘制机房

## 15.3　绘制入口

**01** 办公楼入口。

❶单击“默认”选项卡“绘图”面板中的“直线”按钮和“圆弧”按钮，绘制办公楼主入口。

❷单击“默认”选项卡“修改”面板中的“修剪”按钮，修剪线段，如图 15-14 所示。

❸单击“默认”选项卡“绘图”面板中的“直线”按钮，在办公楼入口处绘制线段，如图 15-15 所示。

❹单击“默认”选项卡“修改”面板中的“偏移”按钮，将上步中绘制的直线向上偏移，完成台阶的绘制，结果如图 15-16 所示。

**02** 办公楼次入口。

❶单击“默认”选项卡“绘图”面板中的“直线”按钮，绘制办公次入口。

❷单击“默认”选项卡“修改”面板中的“修剪”按钮，修剪线段，如图 15-17 所示。

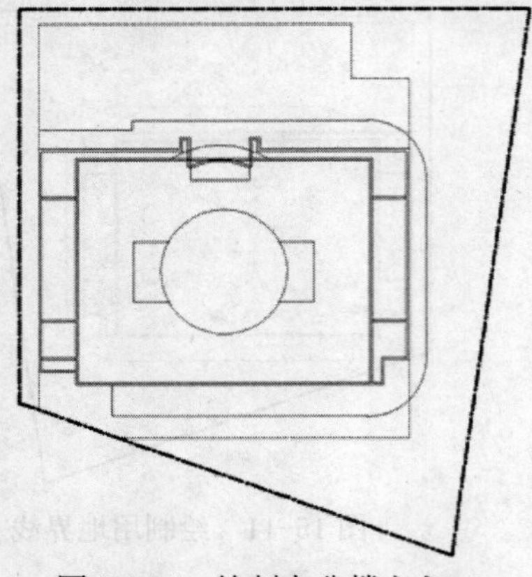

图 15-14　绘制办公楼主入口

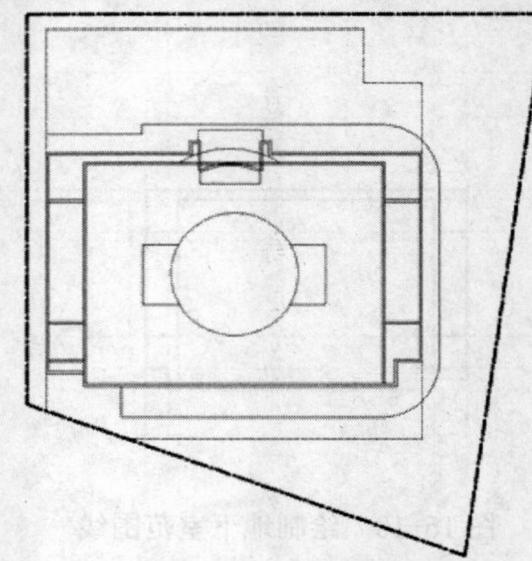

图 15-15　绘制线段

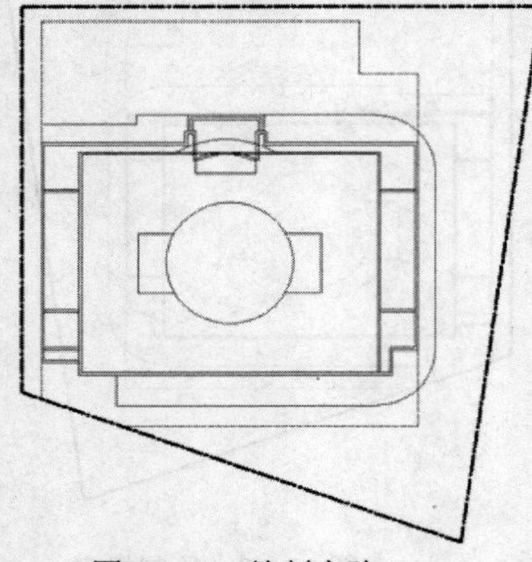

图 15-16　绘制台阶

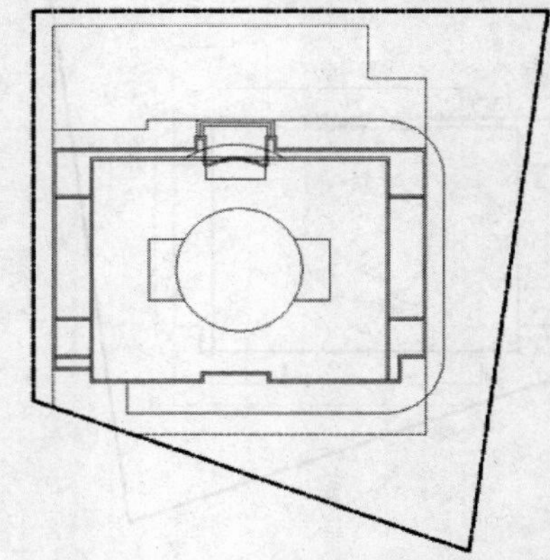

图 15-17　绘制办公楼次入口

❸单击“默认”选项卡“绘图”面板中的“矩形”按钮，在次入口两侧绘制矩形，如图 15-18 所示。

❹单击“默认”选项卡“绘图”面板中的“直线”按钮和“偏移”按钮，绘制台阶，如图 15-19 所示。

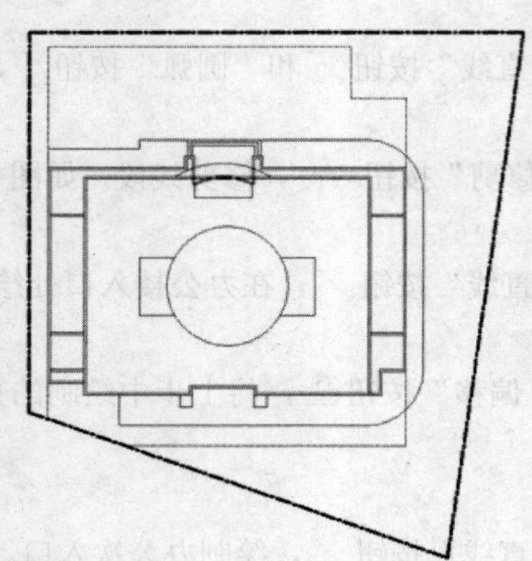

图 15-18　绘制矩形

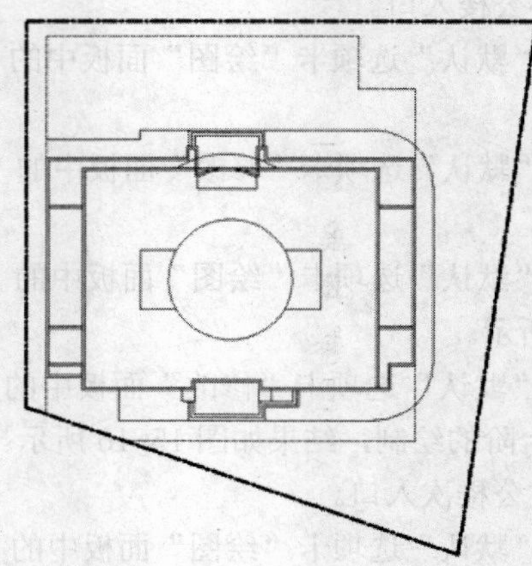

图 15-19　绘制台阶

**03** 调解入口。

❶单击“默认”选项卡“绘图”面板中的“矩形”按钮▭，在右侧绘制两个矩形，如图 15-20 所示。

❷单击“默认”选项卡“绘图”面板中的“直线”按钮╱和“偏移”按钮⧉，绘制台阶，如图 15-21 所示。

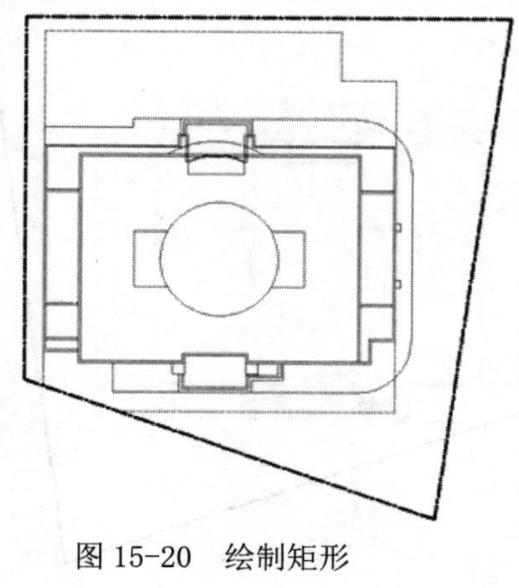

图 15-20　绘制矩形

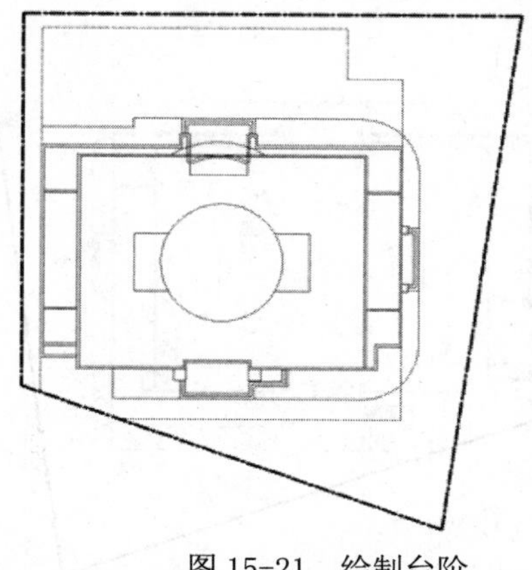

图 15-21　绘制台阶

## 15.4　场地道路

01 绘制无障碍坡道。

❶单击“默认”选项卡“绘图”面板中的“直线”按钮╱，在办公楼次入口处绘制无障碍坡道。

❷单击“默认”选项卡“修改”面板中的“修剪”按钮-/--，修剪线段，如图 15-22 所示。

❸单击“默认”选项卡“修改”面板中的“矩形阵列”按钮▦，设置 “列数”为 25、“列间距介于”为-132，单击“关闭”按钮，将无障碍坡道右侧竖直直线进行阵列，如图 15-23 所示。

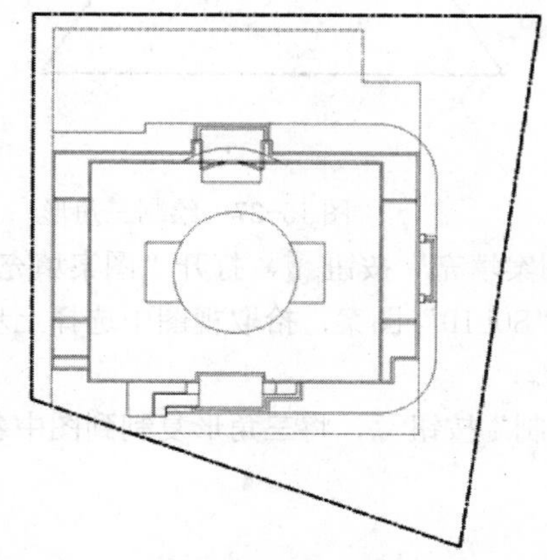

图 15-22　绘制无障碍坡道

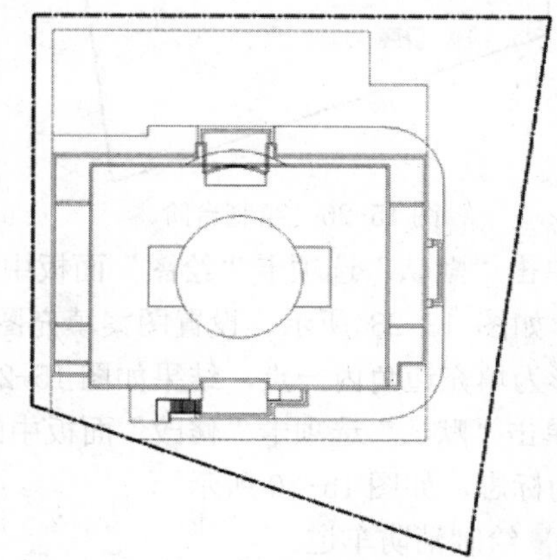

图 15-23　阵列竖向直线

❹单击“默认”选项卡“修改”面板中的“矩形阵列”按钮▦，设置 “行数”为 8、“行间距介于”为 125，单击“关闭”按钮，将无障碍坡道下侧水平直线进行阵列，如图 15-24

所示。

❺单击“默认”选项卡“修改”面板中的“圆角”按钮，将无障碍坡道拐角处进行圆角处理，圆角半径为 200，如图 15-25 所示。

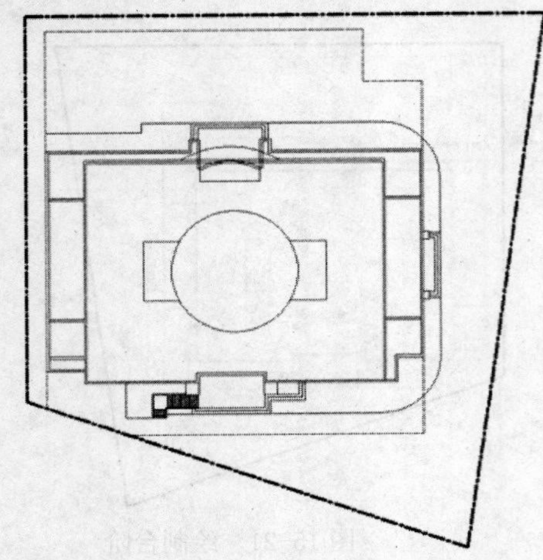

图 15-24 阵列水平直线　　图 15-25 倒圆角

❻单击“默认”选项卡“绘图”面板中的“直线”按钮，绘制左侧台阶，如图 15-26 所示。

❼单击“默认”选项卡“绘图”面板中的“多边形”按钮，绘制一个三角形，如图 15-27 所示。

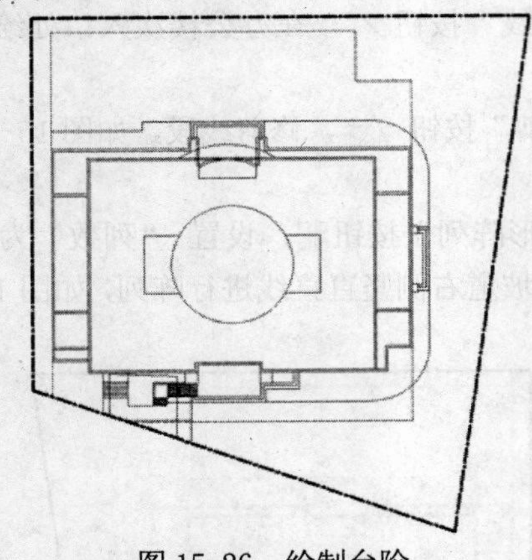

图 15-26 绘制台阶

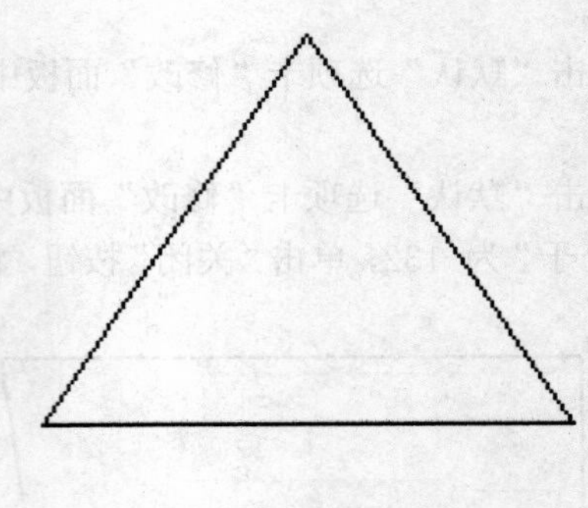

图 15-27 绘制三角形

❽单击“默认”选项卡“绘图”面板中的“图案填充”按钮，打开“图案填充创建”选项卡，如图 15-28 所示，设置图案填充图案为“SOLID”图案，拾取视图中选择上步绘制的三角形为填充边角内一点，结果如图 15-29 所示。

❾单击“默认”选项卡“修改”面板中的“复制”按钮，将三角形复制到图中各个入口处作为标志，如图 15-30 所示。

**02** 绘制消防车道。

❶单击“默认”选项卡“图层”面板中的“图层特性”按钮，打开“图层特性管理器”对话框，在“图层特性管理器”对话框中双击图层“道路”，将“道路”图层设置为当前图

层。单击“确定”按钮退出“图层特性管理器”对话框。

图 15-28 “图案填充创建”选项卡

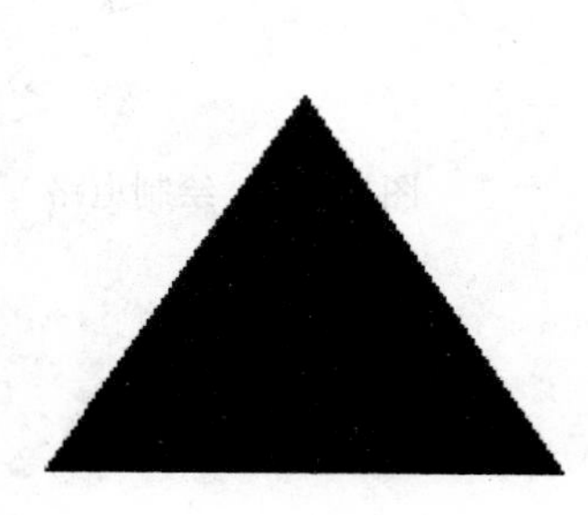

图 15-29 填充图案

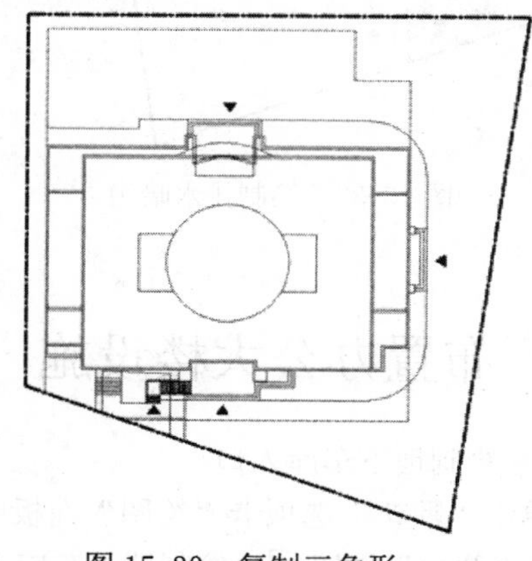

图 15-30 复制三角形

❷单击“默认”选项卡“修改”面板中的“偏移”按钮，将右侧外轮廓线向右偏移 4000mm，如图 15-31 所示。

❸单击“默认”选项卡“绘图”面板中的“直线”按钮和“圆弧”按钮，绘制消防车道，结果如图 15-32 所示。

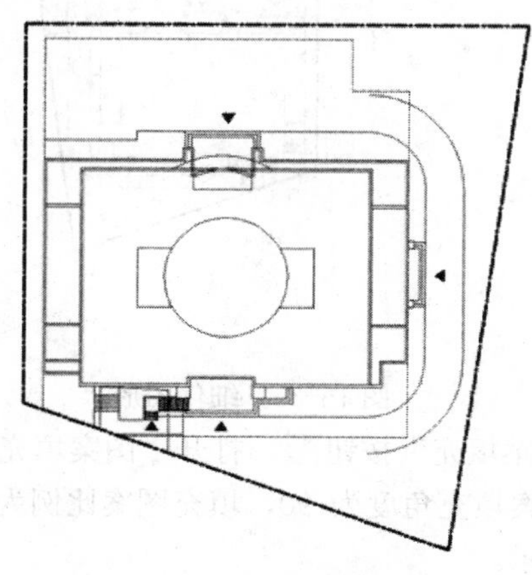

图 15-31 偏移外轮廓线

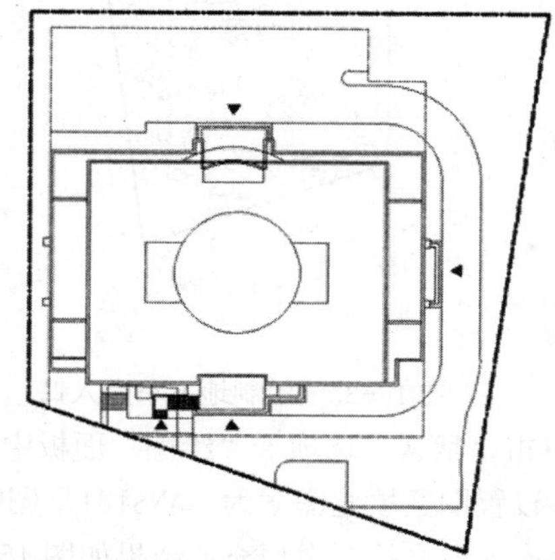

图 15-32 绘制消防车道

**03** 绘制排水暗沟。单击“默认”选项卡“绘图”面板中的“直线”按钮，设置线型为虚线，绘制排水暗沟，结果如图 15-33 所示。

**04** 绘制其他道路。单击“默认”选项卡“绘图”面板中的“直线”按钮，绘制其他道路，结果如图 15-34 所示。

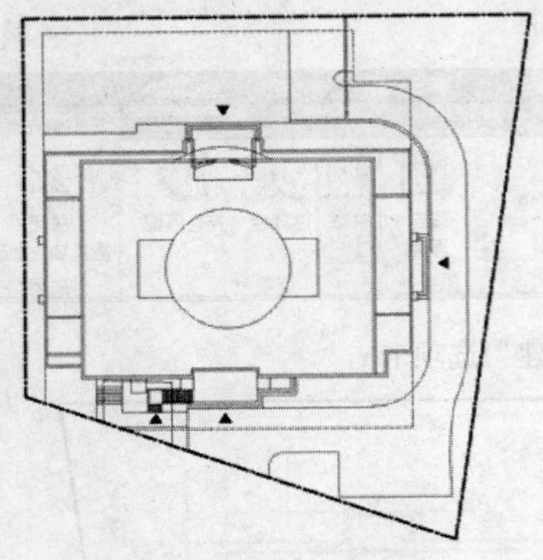

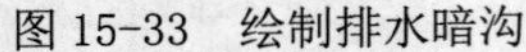

图 15-33 绘制排水暗沟

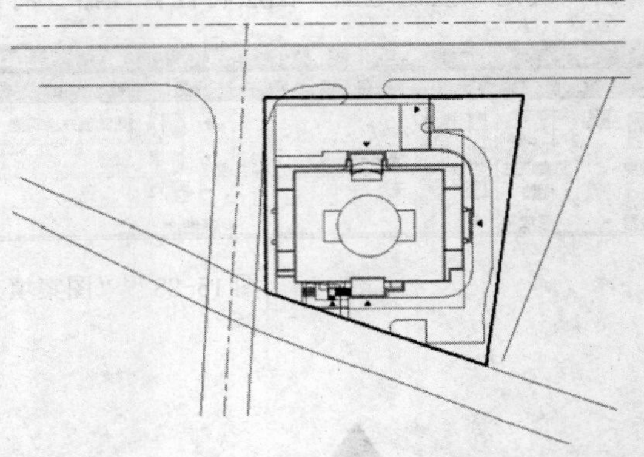

图 15-34 绘制道路

## 15.5 布置办公大楼设施

**01** 绘制地下车库入口。

❶单击“默认”选项卡“绘图”面板中的“直线”按钮╱和“默认”选项卡“修改”面板中的“圆角”按钮◜，绘制地下车库入口，如图 15-35 所示。

❷单击“默认”选项卡“绘图”面板中“直线”按钮╱，细化图形，如图 15-36 所示。

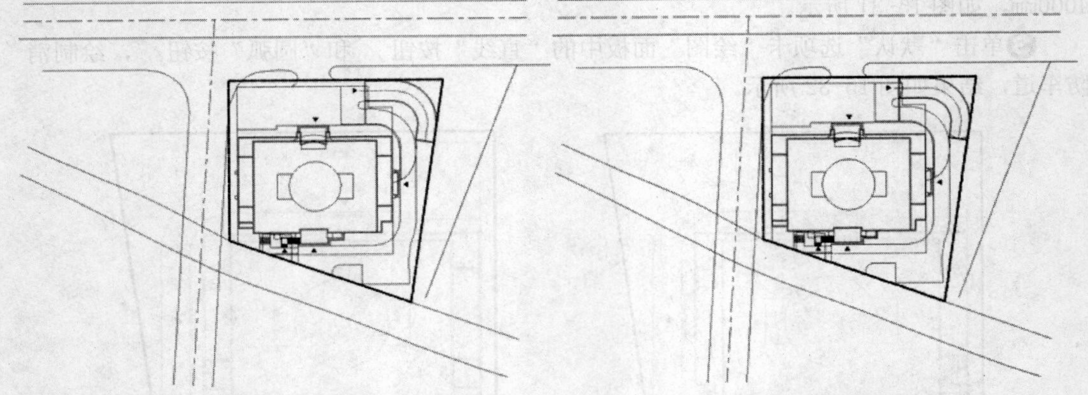

图 15-35 绘制地下车库入口　　图 15-36 细化图形

❸单击“默认”选项卡“绘图”面板中的“图案填充”按钮▧，打开“图案填充创建”选项卡，设置图案填充图案为“ANSI31”图案，图案填充角度为 90，填充图案比例为 50，对地下车库入口进行图案填充，结果如图 15-37 所示。

**02** 绘制室外停车。

❶单击“默认”选项卡“绘图”面板中的“直线”按钮╱，绘制停车场的分割线，如图 15-38 所示。

❷打开源文件/图库/CAD 图库，选择汽车模型然后按 Ctrl+C 键复制，返回总平面图中，按 Ctrl+V 键粘贴，将汽车模块复制到图形中并放置到停车场中，如图 15-39 所示。

❸单击“默认”选项卡“绘图”面板中“直线”按钮╱，细化图形，如图 15-40 所示。

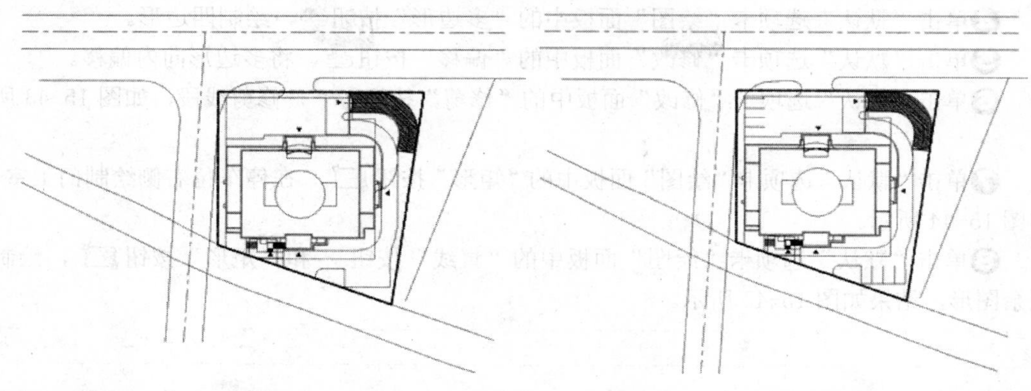

图 15-37　填充地下车库入口　　　　图 15-38　绘制停车场的分割线

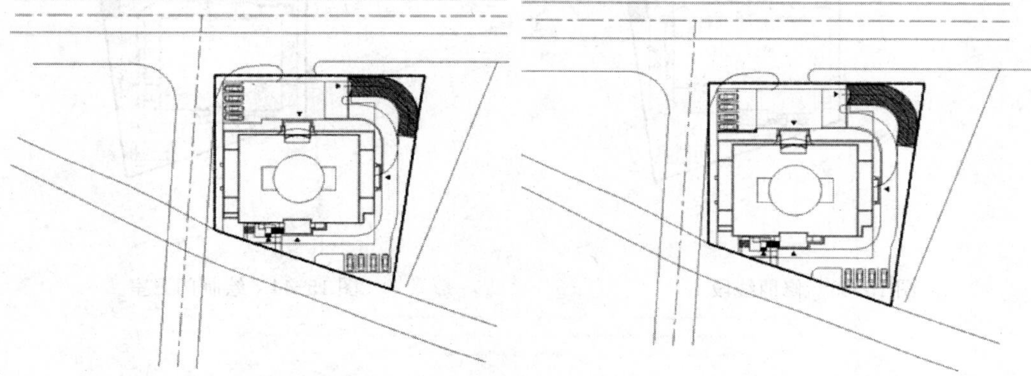

图 15-39　插入汽车模块　　　　图 15-40　细化图形

**03** 绘制剩余图形。

❶单击“默认”选项卡“绘图”面板中的“直线”按钮，在办公主入口处绘制几条竖直直线，如图 15-41 所示。

❷单击“默认”选项卡“绘图”面板中的“直线”按钮，绘制斜向直线。

❸单击“默认”选项卡“修改”面板中的“偏移”按钮，将上步中绘制的斜线向内偏移，如图 15-42 所示。

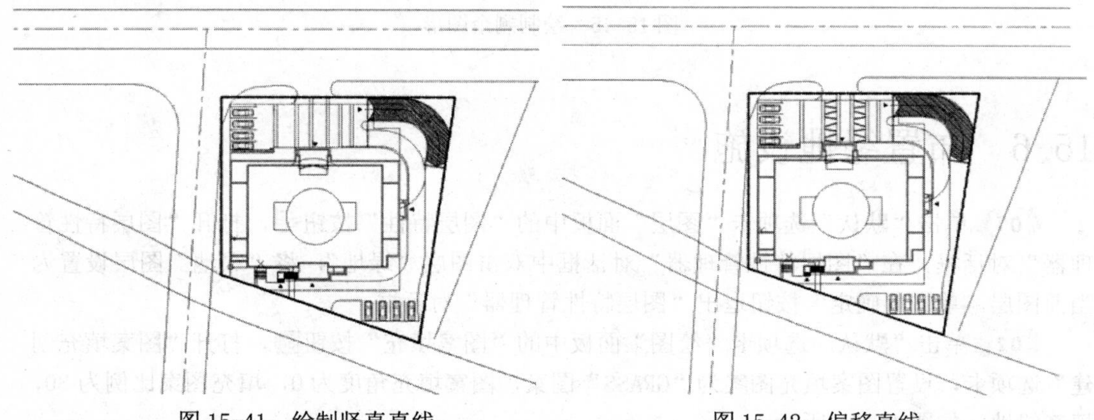

图 15-41　绘制竖直直线　　　　图 15-42　偏移直线

❹单击“默认”选项卡“绘图”面板中的“多边形”按钮，绘制四边形。

❺单击“默认”选项卡“修改”面板中的“偏移”按钮，将多边形向内偏移。

❻单击“默认”选项卡“修改”面板中的“修剪”按钮，修剪线段，如图 15-43 所示。

❼单击“默认”选项卡“绘图”面板中的“矩形”按钮，在停车位右侧绘制门卫室，如图 15-44 所示。

❽单击“默认”选项卡“绘图”面板中的“直线”按钮和“矩形”按钮，绘制剩余图形，结果如图 15-45 所示。

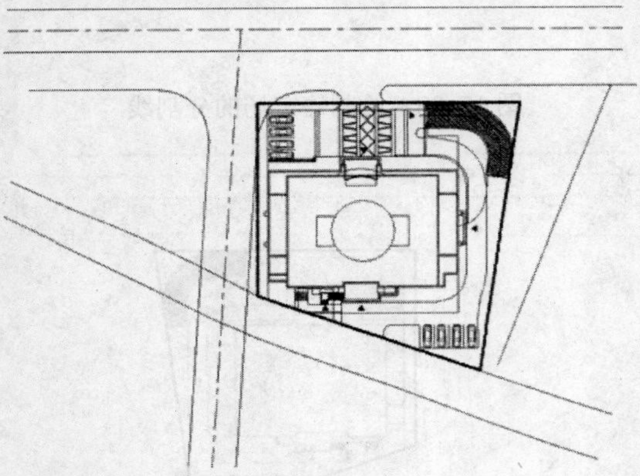

图 15-43　修剪线段

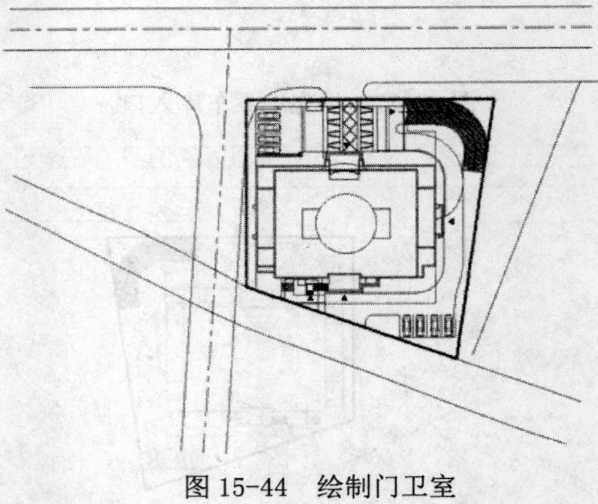

图 15-44　绘制门卫室

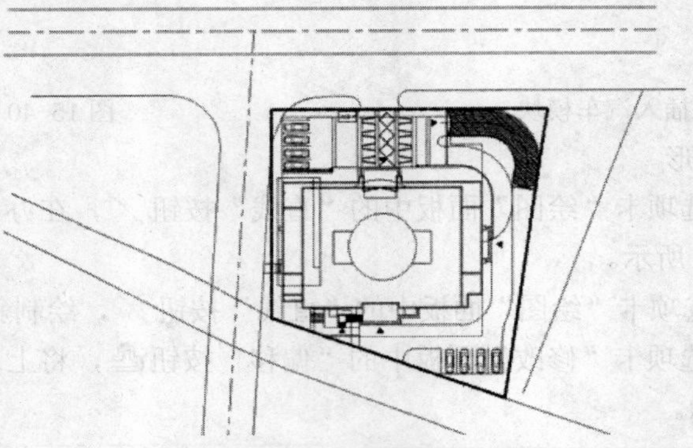

图 15-45　绘制剩余图形

## 15.6　布置绿地设施

**01** 单击“默认”选项卡“图层”面板中的“图层特性”按钮，打开“图层特性管理器”对话框，在“图层特性管理器”对话框中双击图层“绿地”，将“绿地”图层设置为当前图层。单击“确定”按钮退出“图层特性管理器”对话框。

**02** 单击“默认”选项卡“绘图”面板中的“图案填充”按钮，打开“图案填充创建”选项卡，设置图案填充图案为“GRASS”图案，图案填充角度为 0，填充图案比例为 30，填充绿地，如图 15-46 所示。

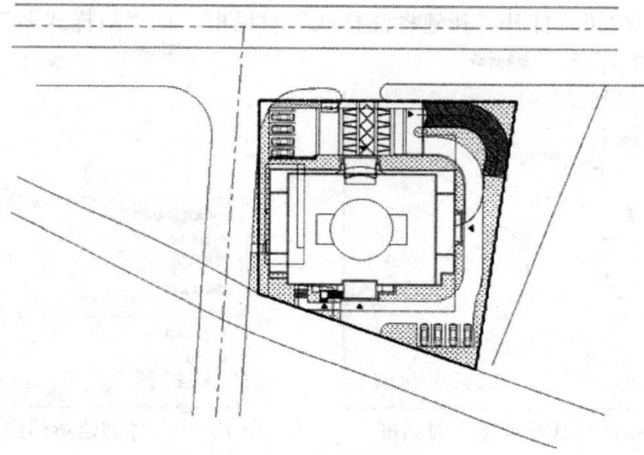

图 15-46 填充绿地

**03** 将“植物”图层设置为当前层，打开源文件/图库/CAD 图库，将植物插入到图形中，结果如图 15-47 所示。

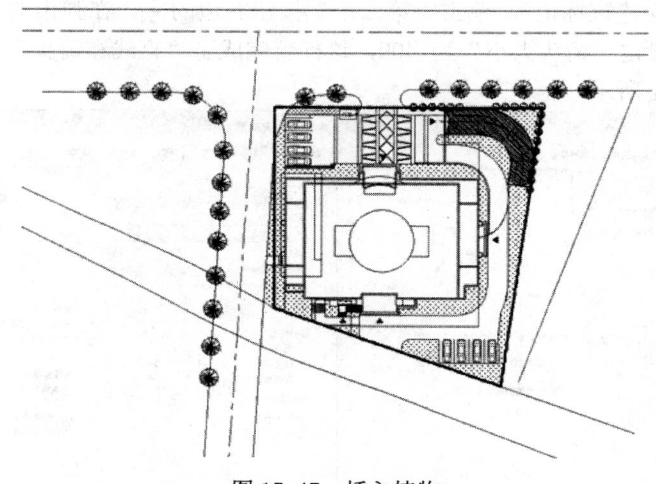

图 15-47 插入植物

## 15.7 各种标注

总平面图的标注内容包括尺寸、标高、文字标注、指北针、文字说明等内容，它们是总图中不可或缺的部分。完成总平面图的图线绘制后，最后的工作就是进行各种标注，对图形进行完善。

1. 尺寸标注

总平面图上的尺寸应标注新建建筑房屋的总长、总宽及与周围建筑物、构筑物、道路、红线之间的距离。

**01** 尺寸样式设置。

❶单击“注释”选项卡“标注”面板中的“标注，标注样式”按钮，则系统打开“标注样式管理器”对话框，如图 15-48 所示。

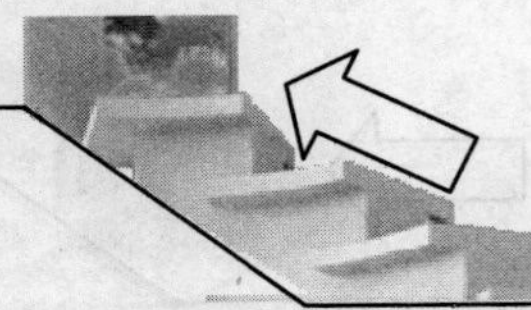



❷选择“新建”按钮，打开“新建标注样式”对话框，在“新样式名”一栏中输入“总平面图”，如图15-49所示。

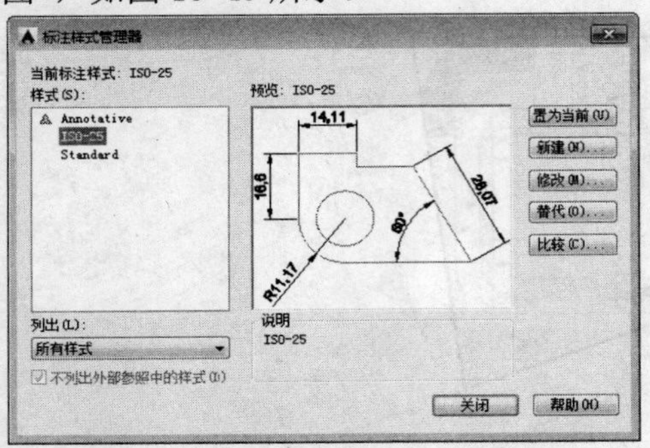


图15-48　“标注样式管理器”对话框

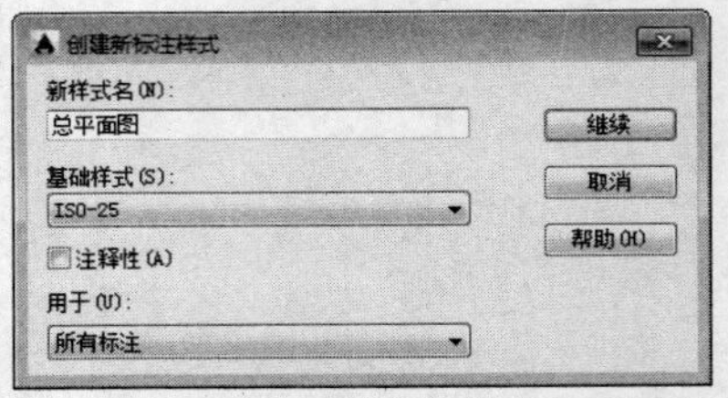


图15-49　“创建新标注样式”对话框

❸单击“继续”按钮，进入“新建标注样式：总平面图”对话框，选择“线”选项卡，设定“尺寸界限”列表框中的“超出尺寸线”为100，起点偏移量为100，如图15-50所示。选择“符号和箭头”选项卡，设定“箭头”列表框中的“第一项”按钮右边的，在弹出的下拉列表中选择“建筑标记”，单击“第二个”按钮右边的，在弹出的下拉列表中选择“建筑标记”，并设定“箭头大小”为400，这样就完成了“直线和箭头”选项卡的设置，设置结果如图15-51所示。

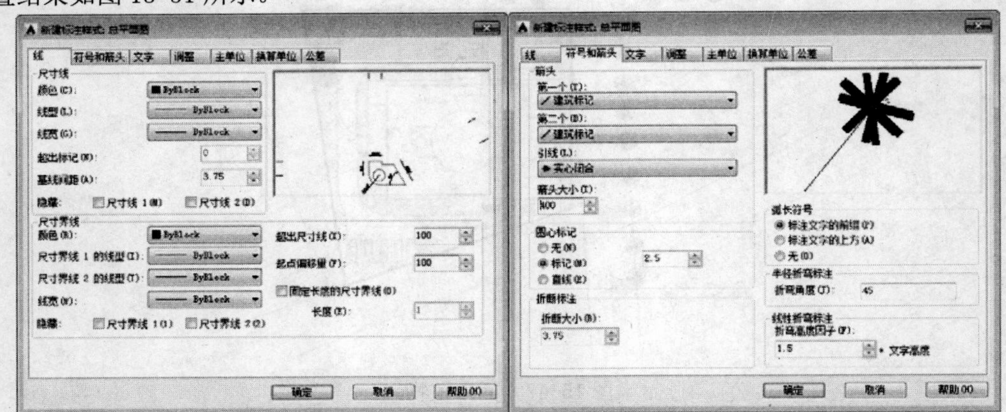


图15-50　设置“线”选项卡　　图15-51　设置“符号和箭头”选项卡

❹选择“文字”选项卡，文字高度为700，从尺寸线偏移为50，如图15-52所示。

❺选择“主单位”选项卡，比例因子设置为0.001，结果如图15-53所示。

**02** 标注尺寸。

❶单击“默认”选项卡“图层”面板中的“图层特性”按钮，打开“图层特性管理器”对话框，在“图层特性管理器”对话框中双击图层“标注”，将“标注”图层设置为当前图层。单击“确定”按钮退出“图层特性管理器”对话框。

❷单击“注释”选项卡“标注”面板中的“线性”按钮和“连续”按钮，为图形标注尺寸，如图15-54所示。

❸单击“注释”选项卡“标注”面板中的“半径”按钮，标注圆角尺寸，结果如图15-55所示。

2．标高标注

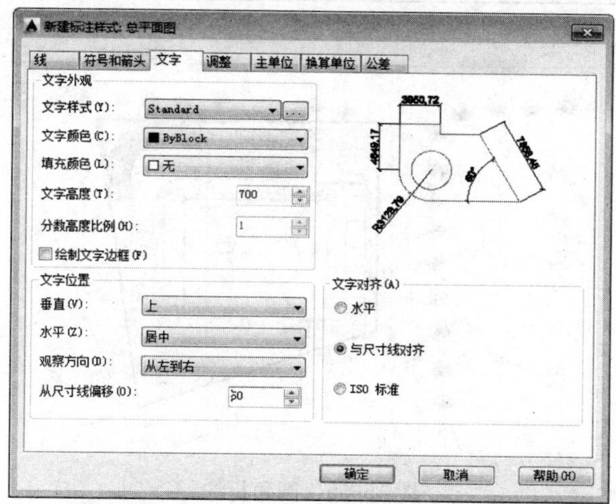


图 15-52　设置“文字”选项卡

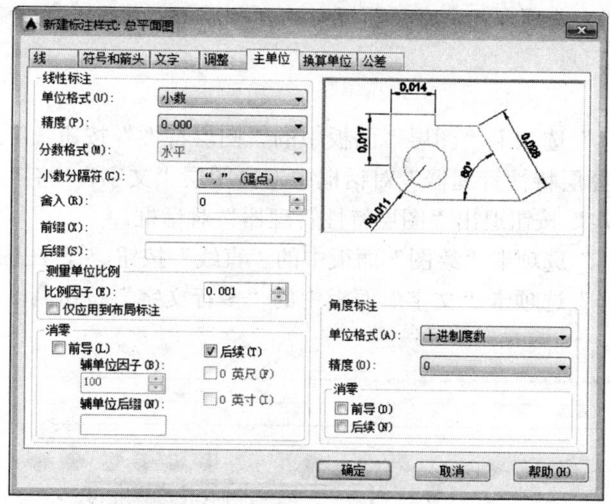


图 15-53　设置“主单位”选项卡

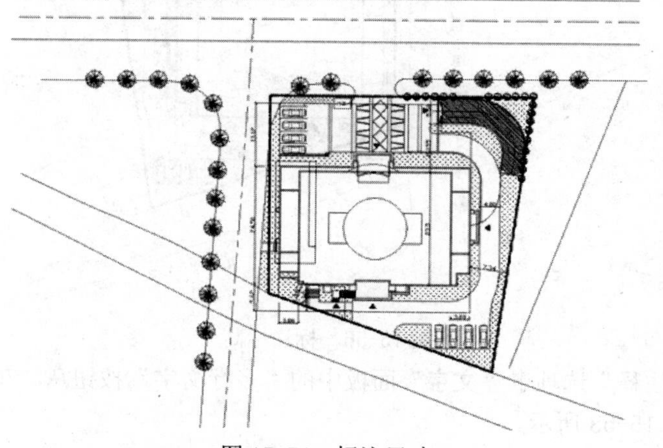

图 15-54　标注尺寸

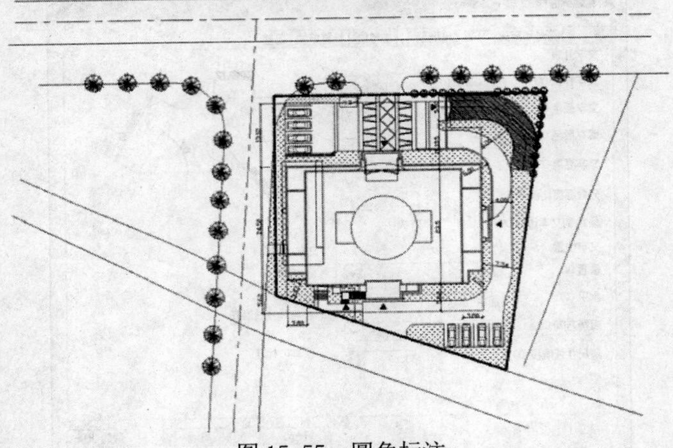

图 15-55　圆角标注

01 单击“默认”选项卡“绘图”面板中的“直线”按钮，绘制标高符号。

02 单击“注释”选项卡“文字”面板中的“多行文字”按钮A，输入相应的标高值，结果如图 15-56 所示。

3．文字标注

01 单击“默认”选项卡“图层”面板中的“图层特性”按钮，打开“图层特性管理器”对话框，在“图层特性管理器”对话框中双击图层“文字”，将“文字”图层设置为当前图层。单击“确定”按钮退出“图层特性管理器”对话框。

02 单击“默认”选项卡“绘图”面板中的“直线”按钮，在图中引出直线。

03 单击“注释”选项卡“文字”面板中的“多行文字”按钮A，在直线上方标注文字，如图 15-57 所示。

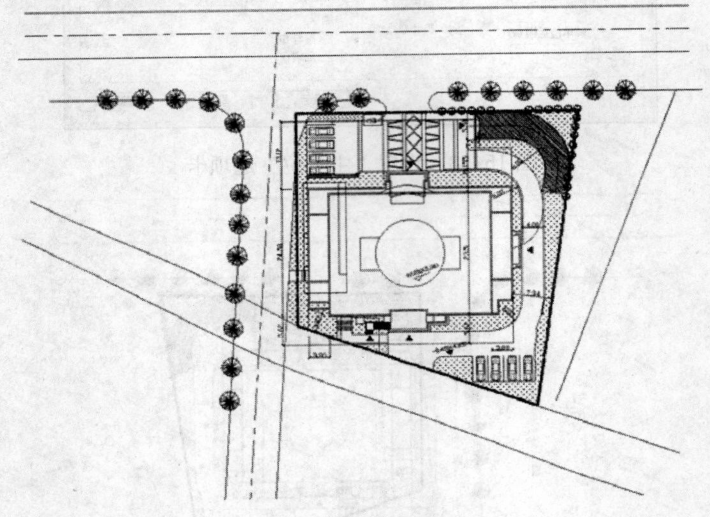

图 15-56　标注标高

04 单击“注释”选项卡“文字”面板中的“多行文字”按钮A，在图形下方输入文字说明，结果如图 15-58 所示。

4．图名标注

单击“注释”选项卡“文字”面板中的“多行文字”按钮A和“默认”选项卡“绘图”面板中的“多段线”按钮，标注图名，结果如图 15-59 所示。

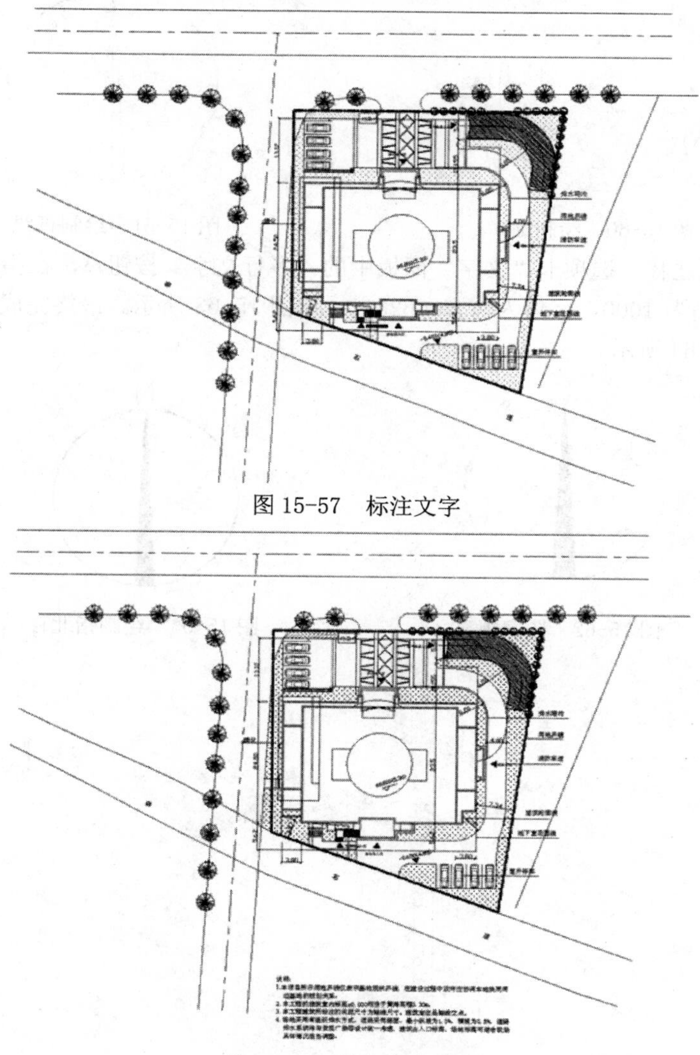

图 15-57　标注文字

图 15-58　输入文字说明

**总平面图　1:300**

图 15-59　图名标注

5．绘制指北针

**01** 单击“默认”选项卡“绘图”面板中的“圆”按钮，绘制一个圆，如图 15-60 所示。

**02** 单击“默认”选项卡“绘图”面板中的“直线”按钮，绘制圆的竖直直径和另外两条弦，结果如图 15-61 所示。

**03** 单击“默认”选项卡“绘图”面板中的“图案填充”按钮，打开“图案填充创建”选项卡，设置图案填充图案为“SOLID”，填充指北针，结果如图 15-62 所示。

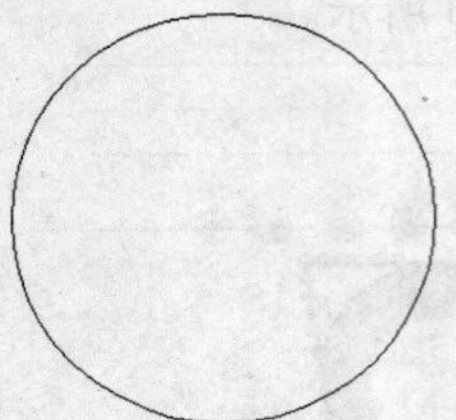

图 15-60　绘制圆

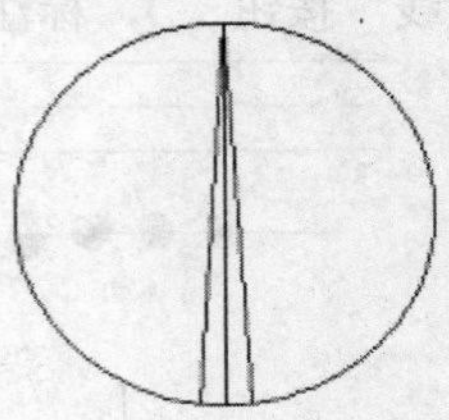

图 15-61　绘制直线

**04** 单击“注释”选项卡“文字”面板中的“多行文字”按钮A，在指北针上部标上“N”字，设置字高为 1000，字体为仿宋-GB2312，如图 15-63 所示。最终完成总平面图的绘制，结果如图 15-64 所示。

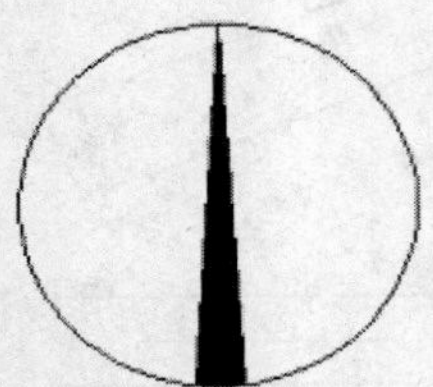

图 15-62　图案填充

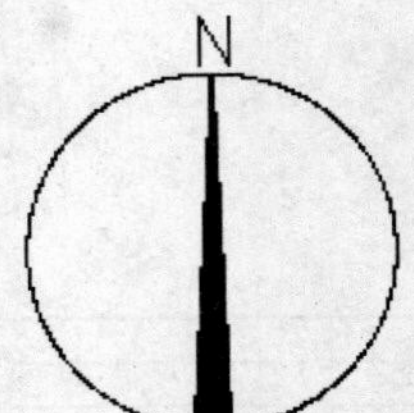


图 15-63　绘制指北针

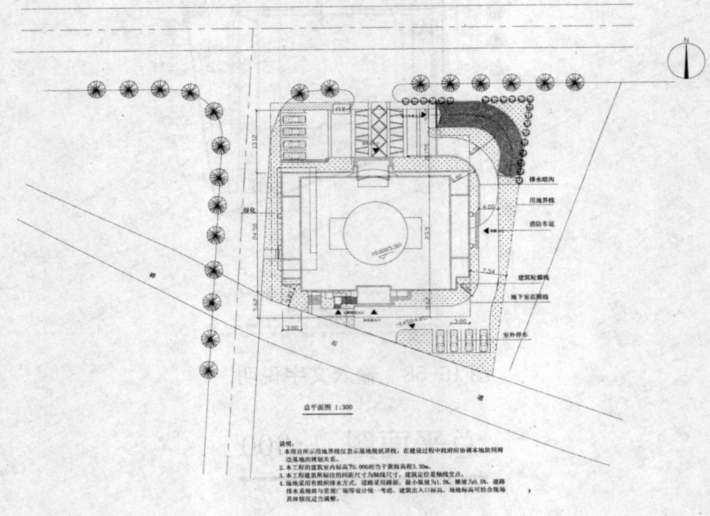


图 15-64　办公大楼总平面图

# 第 16 章　办公大楼平面图

本章以办公大楼平面图绘制过程为例继续讲解平面图的一般绘制方法与技巧。本办公大楼总建筑面积为13946.6㎡,其中地上建筑面积为12285.0㎡,地下室为 1661.6m²。拥有办证大厅、调解室、值班室、变配电间、门厅等各种不同功能的房间及空间。

知识点

- 一层平面图绘制
- 标准层平面图的绘制

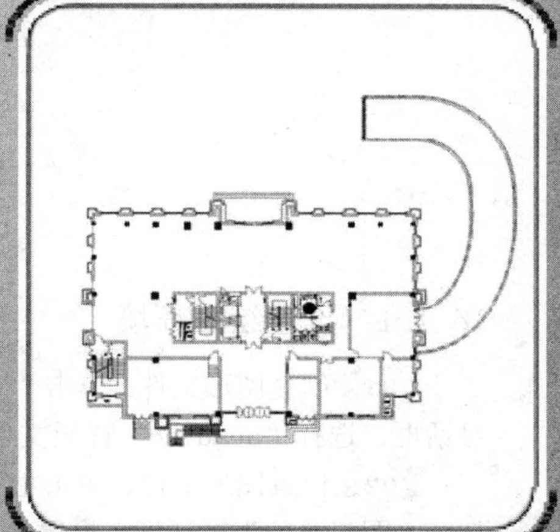

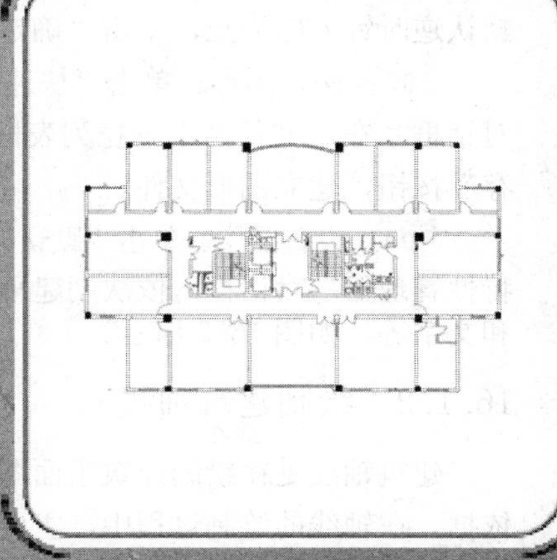

## 16.1 一层平面图绘制

首先绘制这栋办公大楼的定位轴线，接着在已有轴线的基础上绘出办公大楼的墙线，然后借助已有图库或图形模块绘制办公大楼的门窗和设备，最后进行尺寸和文字标注。以下就按照这个思路绘制办公大楼的一层平面图（如图 16-1 所示）。

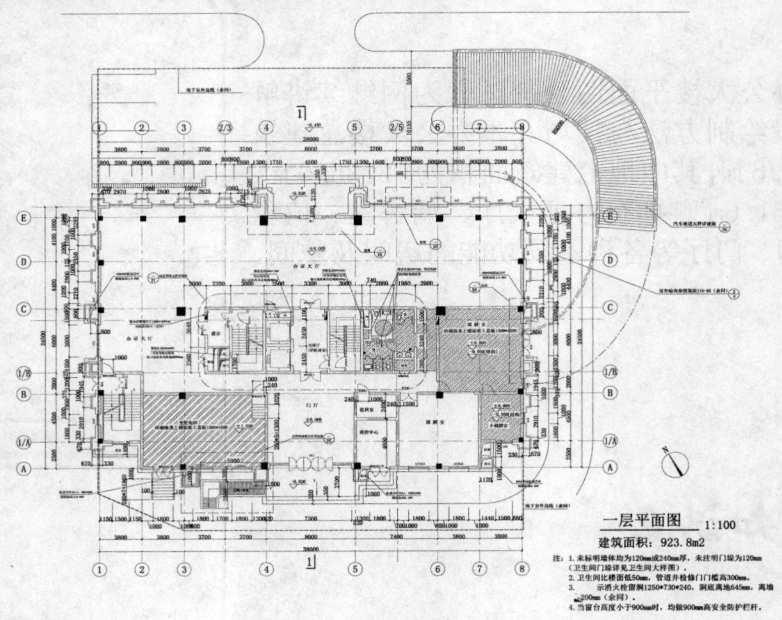


图 16-1 办公大楼的一层平面图

### 16.1.1 设置绘图环境

**01** 创建图形文件。单击“快速访问”工具栏中的“新建”按钮，打开“选择样板”对话框，选择“acadiso”样板文件，单击“打开”按钮，新建文件。

**02** 设置图形单位。单击主菜单，选择主菜单下的“图形实用工具”→“单位”命令，打开“图形单位”对话框。设置“长度”选项组中的“类型”为“小数”，“精度”为 0；“角度”选项组中的“类型”为“十进制度数”，“精度”为 0；“插入时的缩放单位”为 mm 系统默认逆时针方向为正，单击“确定”按钮，完成单位的设置。

**03** 保存图形。单击“快速访问”工具栏中的“保存”按钮，弹出“图形另存为”对话框。在“文件名”下拉列表框中输入图形名称“办公大楼一层平面图.dwg”。单击“保存”按钮，建立图形文件。

**04** 设置图层。单击“默认”选项卡“图层”面板中“图层特性”按钮，打开“图层特性管理器”对话框，依次创建平面图中的图层，如轴线、墙体、楼梯、门窗、设备、标注和文字等，如图 16-2 所示。

### 16.1.2 绘制建筑轴线

建筑轴线是在绘制建筑平面图时布置墙体和门窗的依据，同样也是建筑施工定位的重要依据。在轴线的绘制过程中，主要使用的绘图命令是“直线”和“偏移”命令。

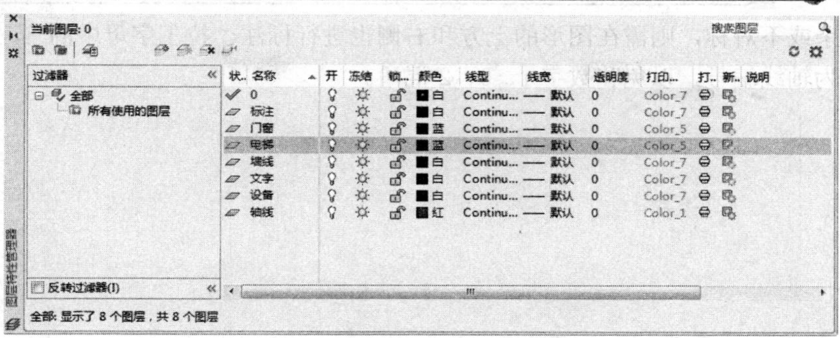


图 16-2　图层特性管理器

**01** 设置“轴线”特性。

❶在“图层”下拉列表中选择“轴线”图层，将其设置为当前图层。

❷设置线型比例：在命令提示下，输入“LINETYPE”，弹出“线型管理器”对话框；选择线型“CENTER”，单击“显示细节”按钮，将“全局比例因子”设置为“100”；然后，单击“确定”按钮，完成对轴线线型的设置，如图 16-3 所示。

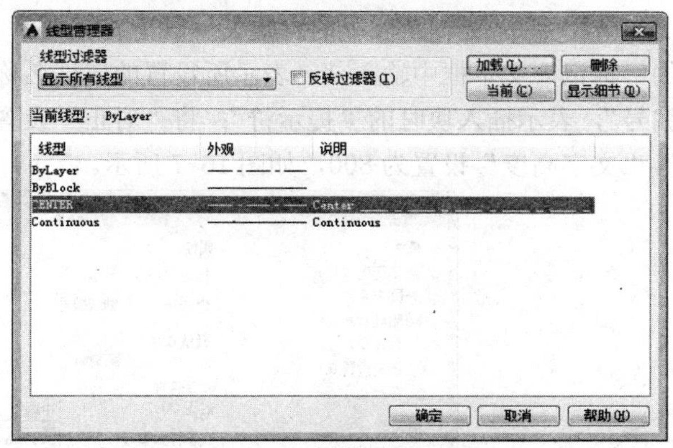


图 16-3　设置线型比例

**02** 绘制轴线。

❶单击“默认”选项卡“绘图”面板中的“直线”按钮╱，按 F8 键打开“正交”模式，绘制一条水平基准轴线，长度为 54000mm，在水平线靠左边适当位置绘制一条竖直基准轴线，长度为 44000mm，如图 16-4 所示。

❷单击“默认”选项卡“修改”面板中的“偏移”按钮，将纵向基准轴线依次向右偏移，偏移量分别为 3800mm、3800mm、3700mm、3700mm、8000mm、3700mm、3700mm、3800mm、3800mm，将横向基准轴线依次向上偏移，偏移量分别为 2500mm、4500mm、2000mm、6000mm、4400mm、4100mm、1000mm，如图 16-5 所示依次完成横向轴线的绘制。

**03** 绘制轴号。这些轴线称为定位轴线。在建筑施工图中，房间结构比较复杂，定位轴线很多且不易区分，以便在施工时进行定位放线和查阅图纸，因此需要为其注明编号。下面介绍创建轴线编号的操作步骤。

轴线编号的圆圈采用细实线，一般直径为 8mm，详图中为 10mm。在平面图中水平方向上的编号采用阿拉伯数字，从左至右依次编写。垂直方向上的编号采用大写拉丁字母按从下至上的顺序编写。在简单或者对称的图形中，轴线编号只标在平面图的下方和左侧即可。如果图形比较复杂或不对称，则需在图形的上方和右侧也进行标注。拉丁字母中的 I、O、Z3 个字母不得作为轴线编号，以免和数字 1、0、2 混淆。

图 16-4　绘制轴线　　　　图 16-5　轴线网

❶单击“默认”选项卡“绘图”面板中的“圆”下拉按钮下的“圆心，半径”，绘制一个半径为 800mm 的圆，如图 16-6 所示。

❷单击“插入”选项卡“块定义”面板中的“定义属性”按钮，弹出“属性定义”对话框，在对话框中的“标记”文本框中输入 X，表示所设置的属性名称是 X；在“提示”文本框中输入“轴线编号”，表示插入块时的“提示符”；将“对正”设置为“中间”，“文字样式”设置为“宋体”，“文字高度”设置为 800，如图 16-7 所示。

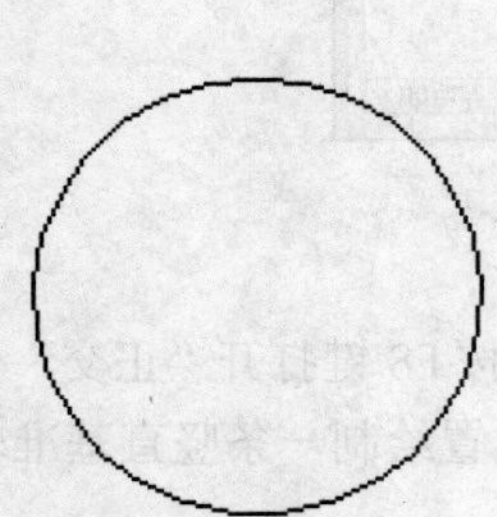

图 16-6　绘制圆

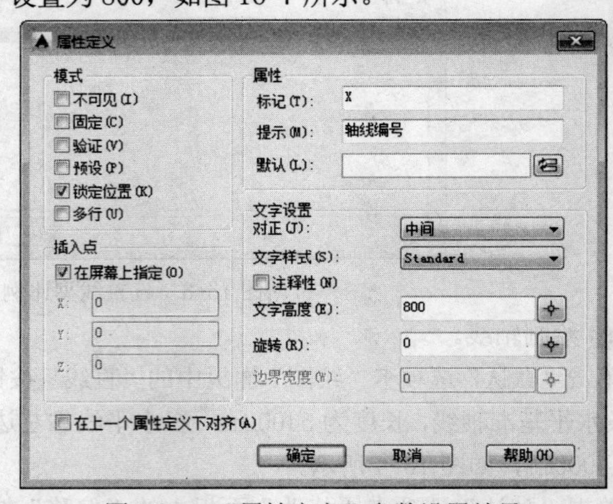


图 16-7　“属性定义”参数设置结果

❸单击“确定”按钮，用鼠标拾取所绘制圆的圆心，按 Enter 键，结果如图 16-8 所示。

❹在命令行中输入 WBLOCK 命令，按 Enter 键，打开“写块”对话框，在对话框中单击“基点”选项组的“拾取点”按钮，返回绘图区，拾取圆上边作为块的基点；单击“对象”选项组的“选择对象”按钮，在绘图区选取圆形及圆内文字，右击，返回对话框，在“文件名和路径”下拉列表框中输入要保存到的路径，将“插入单位”设置为“毫米”；单击“确定”按钮，如图 16-9 所示。

❺单击“插入”选项卡“块”面板中“插入”按钮，将轴号插入到图中轴线端点处。

❻用上述方法绘制其他轴号，如图 16-10 所示。

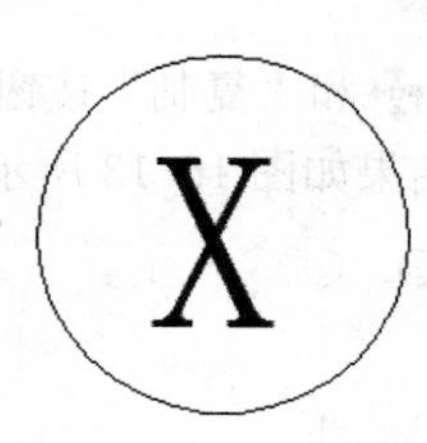


图 16-8　“块”定义

图 16-9　“写块”对话框

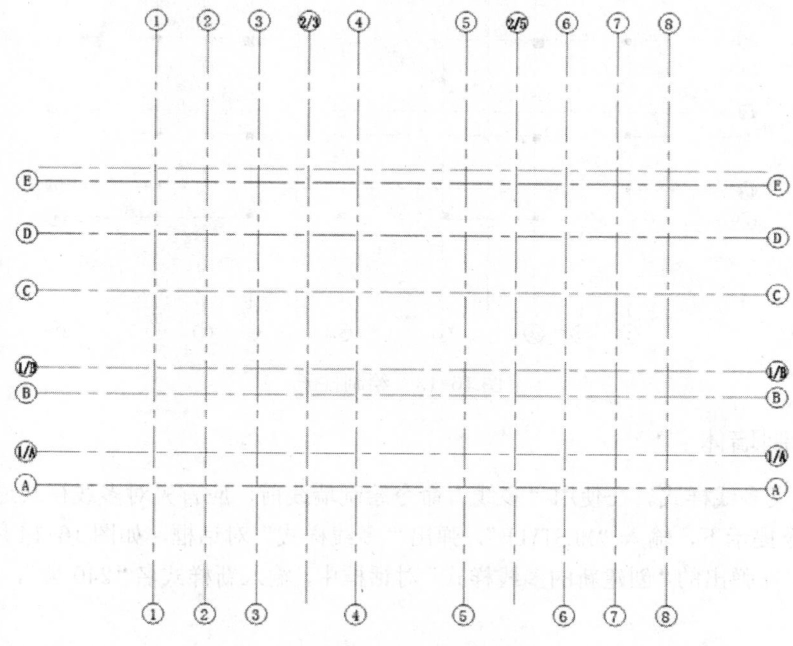


图 16-10　轴号绘制结果

### 16.1.3　绘制柱子

**01** 单击“默认”选项卡“绘图”面板中的“矩形”按钮，绘制一个 400mm×400mm 的矩形，如图 16-11 所示。

**02** 单击“默认”选项卡“绘图”面板中的“图案填充”按钮，打开“图案填充和渐变色”对话框，选择“SOLID”图样选项填充矩形，完成混凝土柱的绘制，如图 16-12 所示。

图 16-11　绘制矩形

图 16-12　填充矩形

**03** 单击“默认”选项卡“绘图”面板中的“矩形”按钮，绘制 480mm×480mm、

500mm×500mm、600mm×600mm、800mm×800mm、700mm×900mm 等的几个矩形，并对矩形进行图案填充。

**04** 单击“默认”选项卡“修改”面板中的“移动”按钮和“复制”按钮，将混凝土柱复制移动到图中合适的位置处，完成所有柱子的绘制，结果如图 16-13 所示。

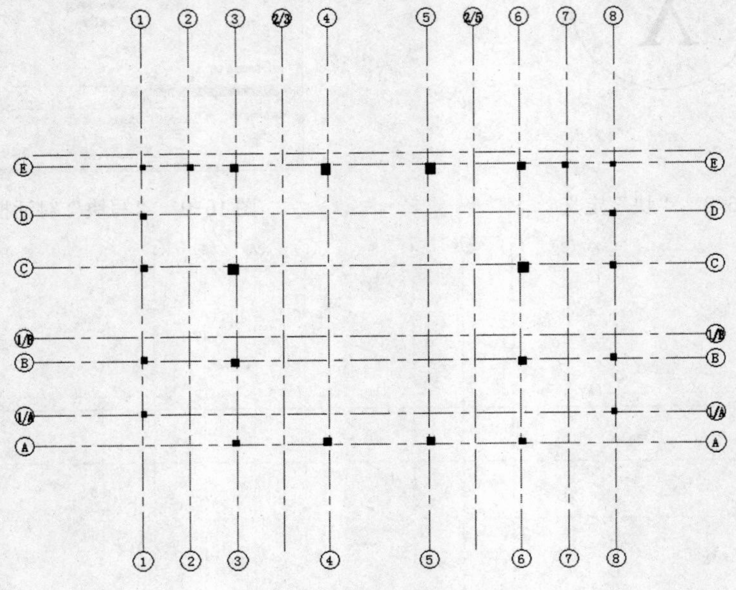

图 16-13 绘制柱子

### 16.1.4 绘制墙体

**01** 定义多线样式。在使用“多线”命令绘制墙线前，应首先对多线样式进行设置。

❶在命令提示下，输入“MLSTYLE”，弹出“多线样式”对话框，如图 16-14 所示。单击“新建”按钮，在弹出的“创建新的多线样式”对话框中，输入新样式名“240 墙”，如图 16-15 所示。

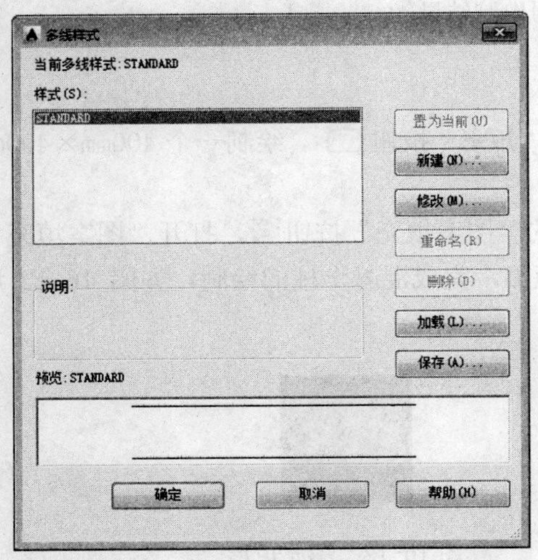


图 16-14 “多线样式”对话框

图 16-15 命名多线样式

❷单击“继续”按钮，弹出“新建多线样式”对话框，如图 16-16 所示。在该对话框中进行以下设置：选择直线起点和端点均封口；偏移量首行设为 120，第二行设为-120。

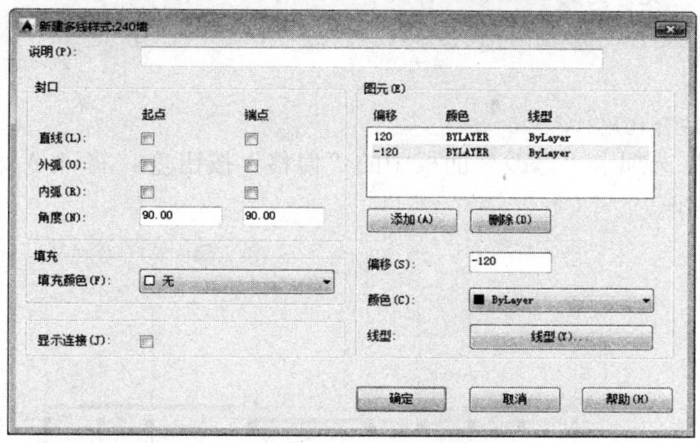


图 16-16　设置多线样式

❸单击“确定”按钮，返回“多线样式”对话框，在“样式”列表栏中选择多线样式“240墙”，将其置为当前。

**02** 绘制墙线。

❶在“图层”下拉列表中选择“墙线”图层，将其设置为当前图层。

❷在命令提示下，输入“MLSTYLE”，绘制墙线，结果如图 16-17 所示。命令行提示与操作如下：

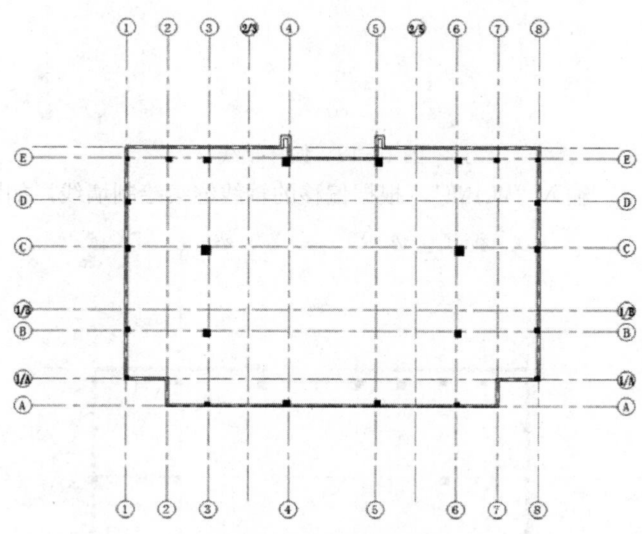

图 16-17　绘制墙线

```
命令: _mline
当前设置: 对正 = 上, 比例 = 20.00, 样式 = 240 墙
指定起点或 [对正(J)/比例(S)/样式(ST)]: J ↙
输入对正类型 [上(T)/无(Z)/下(B)] <上>: Z ↙
当前设置: 对正 = 无, 比例 = 20.00, 样式 = 240 墙
指定起点或 [对正(J)/比例(S)/样式(ST)]: S ↙
```

输入多线比例 <20.00>： 1 ↙

当前设置：对正 = 无，比例 = 1.00，样式 = 240 墙

指定起点或 [对正(J)/比例(S)/样式(ST)]：

指定下一点：

指定下一点或 [放弃(U)]：↙

❸单击“默认”选项卡“修改”面板中的“偏移”按钮，将 1/A 水平轴线向上偏移 2100mm，如图 16-18 所示。

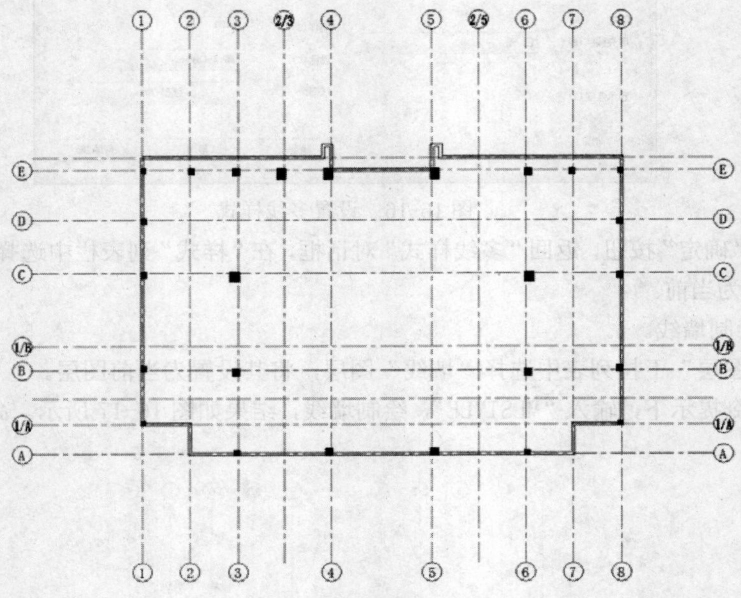

图 16-18 偏移轴线

❹在命令提示下，输入“MLINE”，根据偏移的轴线继续绘制墙线，如图 16-19 所示。

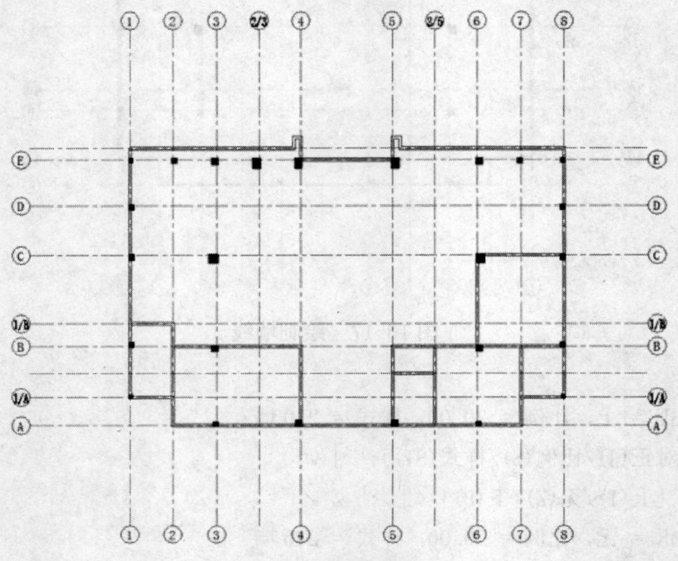

图 16-19 绘制墙线

❺在命令提示下，输入“MLSTYLE”，弹出“多线样式”对话框，然后单击“新建”按钮，新建一个样式名为120的多线样式，如图16-20所示。

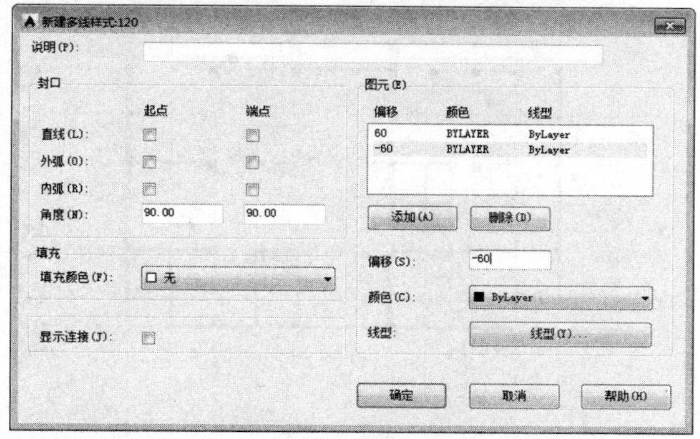


图16-20 “新建多线样式：120”对话框

❻单击“默认”选项卡“修改”面板中的“偏移”按钮，将1/B轴线向上偏移2360mm和3640mm，将③轴线向右偏移2000mm，2200mm和3000mm，如图16-21所示。

❼在命令提示下，输入“MLINE”，绘制楼梯处的墙体，其中内墙厚为120mm，如图16-22所示。

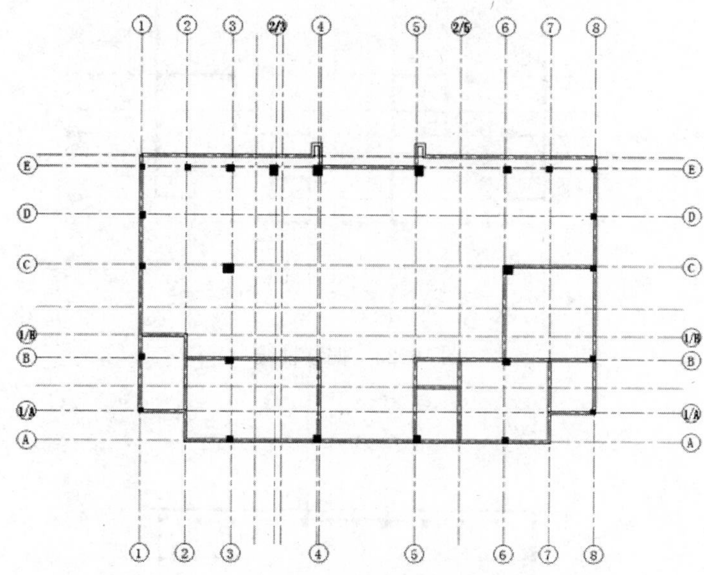


图16-21 偏移轴线

❽单击“默认”选项卡“修改”面板中的“偏移”按钮，将1/B轴线向上偏移2450mm、2450mm和1100mm，将上步中偏移后的最右侧竖直直线继续向右偏移2500mm和3300mm，如图16-23所示。

❾在命令提示下，输入“MLINE”，绘制电梯处的墙体，如图16-24所示。

❿单击“默认”选项卡“修改”面板中的“偏移”按钮，将1/B轴线向上偏移1260mm、3240mm和1500mm，将上步中偏移后的最右侧竖直直线继续向右偏移3000mm、740mm、2080mm、1980mm和2000mm，如图16-25所示。

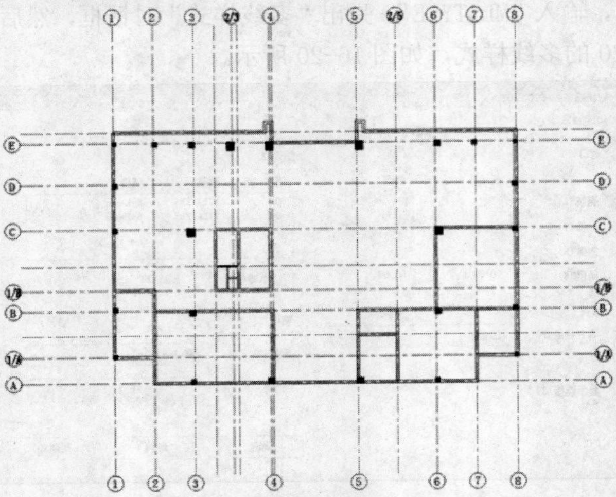

图 16-22　绘制楼梯处的墙体

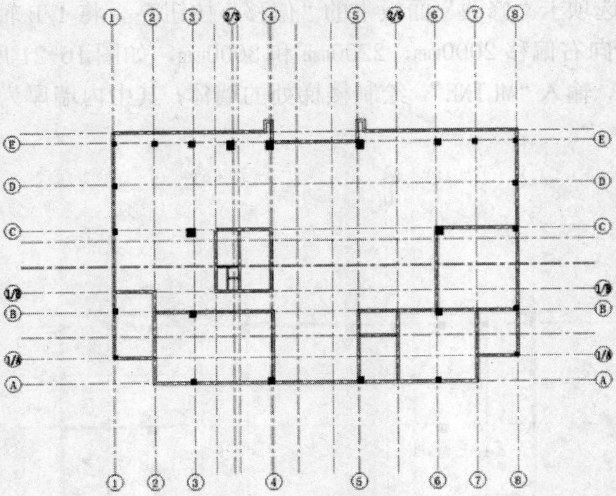

图 16-23　偏移轴线

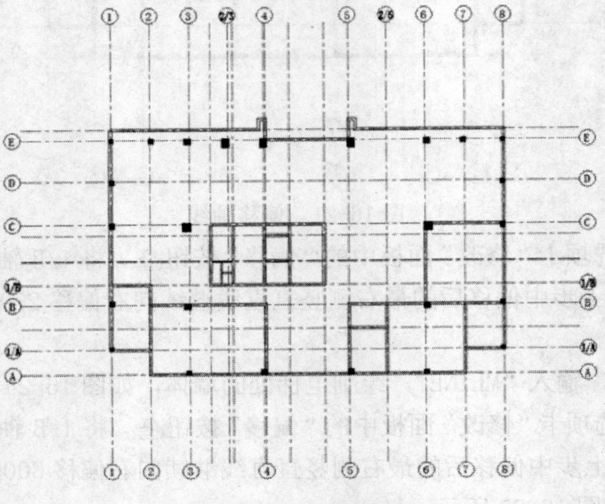

图 16-24　绘制电梯处的墙体

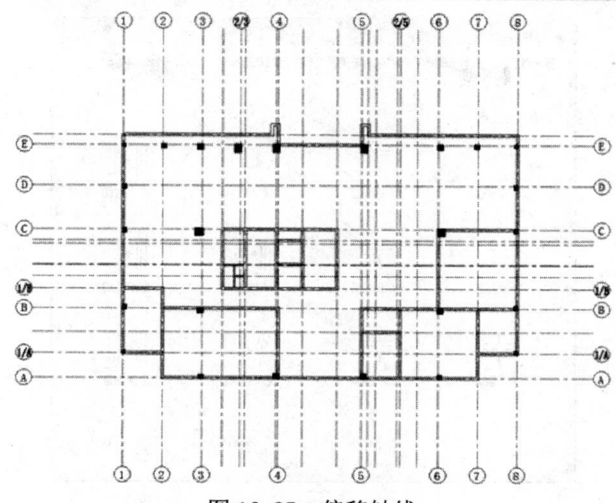

图 16-25　偏移轴线

⓫在命令提示下，输入“MLINE”，完成其他楼梯和卫生间处的墙体绘制，然后将偏移的轴线删除，结果如图 16-26 所示。

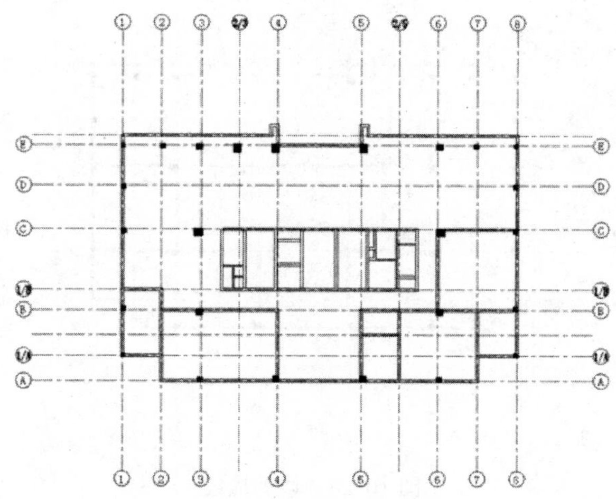

图 16-26　完成墙线绘制

**03** 编辑和修整墙线。

❶在命令提示下，输入“MLEDIT”，弹出“多线编辑工具”对话框，如图 16-27 所示。该对话框中提供十二种多线编辑工具，可根据不同的多线交叉方式选择相应的工具进行编辑。

❷少数较复杂的墙线结合处无法找到相应的多线编辑工具进行编辑，因此可以单击“默认”选项卡“修改”面板中的“分解”按钮，将多线分解，然后单击“默认”选项卡“修改”面板中的“修剪”按钮 对该结合处的线条进行修整。

另外，一些内部墙体并不在主要轴线上，可以通过添加辅助轴线，并单击“默认”选项卡“修改”面板中的“修剪”按钮 或“延伸”按钮，进行绘制和修整。

经过编辑和修整后的墙线如图 16-28 所示。

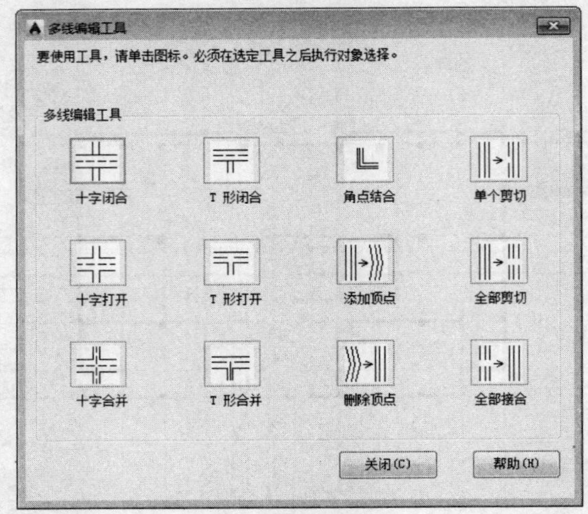


图 16-27 “多线编辑工具”对话框

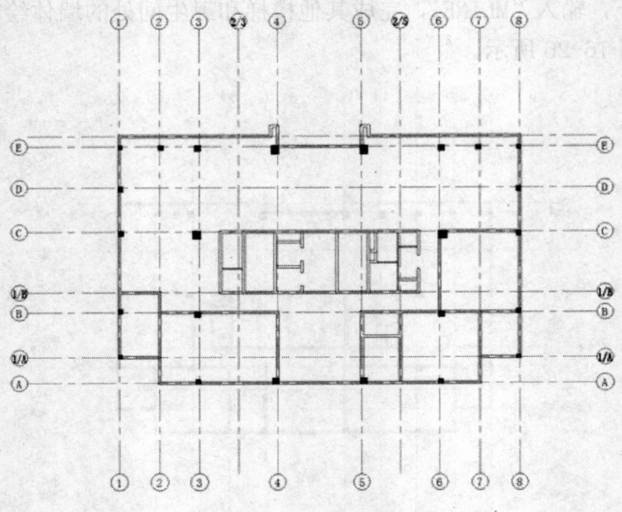

图 16-28 修剪墙线

## 16.1.5 绘制门窗

建筑平面图中门窗的绘制过程基本如下：首先在墙体相应位置绘制门窗洞口；接着使用直线、矩形和圆弧等工具绘制门窗基本图形，并根据所绘门窗的基本图形创建门窗图块；然后在相应门窗洞口处插入门窗图块，并根据需要进行适当调整，进而完成平面图中所有门和窗的绘制。

**01** 绘制门窗洞口。在平面图中，门洞口与窗洞口基本形状相同，因此，在绘制过程中可以将它们一并绘制。

❶在“图层”下拉列表中选择“门窗”图层，将其设置为当前图层。

❷单击“默认”选项卡“修改”面板中的“偏移”按钮，将①轴线向右偏移 900mm 和 2000mm。

❸单击“默认”选项卡“修改”面板中的“修剪”按钮 -/--，修剪轴线，然后将修剪后的线段图层转换为墙线层，结果如图 16-29 所示。

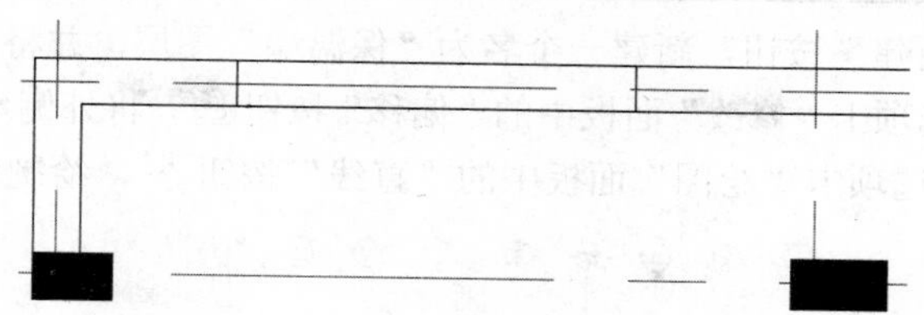

图 16-29　修剪线段

❹单击“默认”选项卡“修改”面板中的“偏移”按钮，按图 16-37 所示的标注尺寸绘制其他的门窗洞口，如图 16-30 所示。

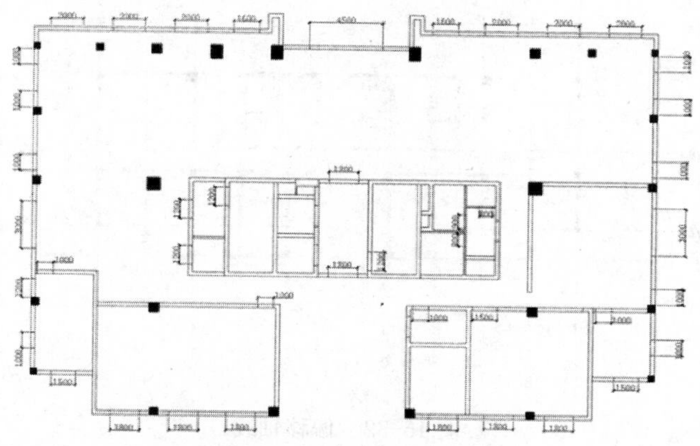

图 16-30　绘制门窗洞口

❺单击“默认”选项卡“修改”面板中的“修剪”按钮，修剪门窗洞口，如图 16-31 所示。

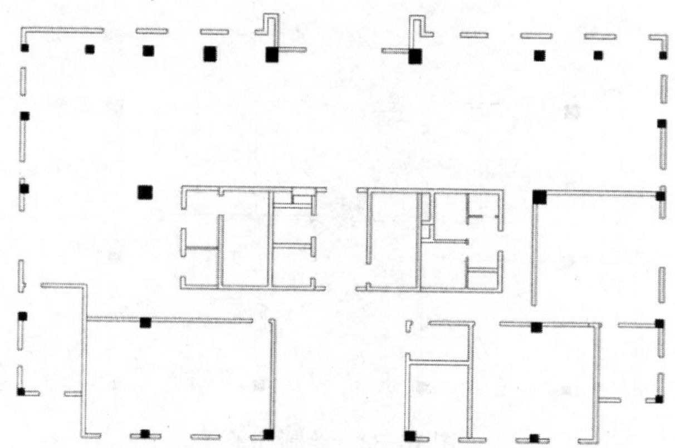

图 16-31　修剪门窗洞口

❻单击“默认”选项卡“修改”面板中的“偏移”按钮，将④轴线向右偏移 320mm，⑤轴线向左偏移 320mm，如图 16-32 所示。

❼单击“默认”选项卡“绘图”面板中的“直线”按钮，补充绘制柱子图形，结果如图 16-33 所示。

**02** 绘制保温墙。

❶单击“默认”选项卡“图层”面板中的“图层特性”按钮，打开“图层特性管理

器”对话框，单击“新建”按钮，新建一个名为“保温墙”图层，并将其设置为当前层。

❷单击“默认”选项卡“修改”面板中的“偏移”按钮，将外侧墙线向外偏移200mm、300mm，单击“默认”选项卡“绘图”面板中的“直线”按钮，绘制墙线。

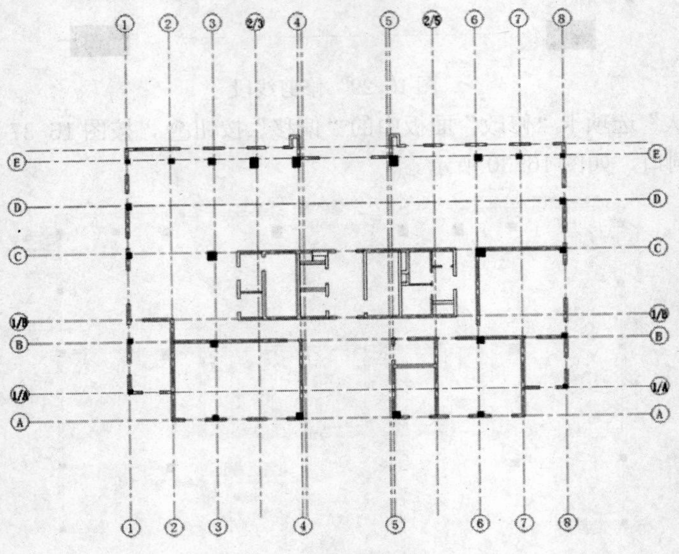


图16-32　偏移轴线

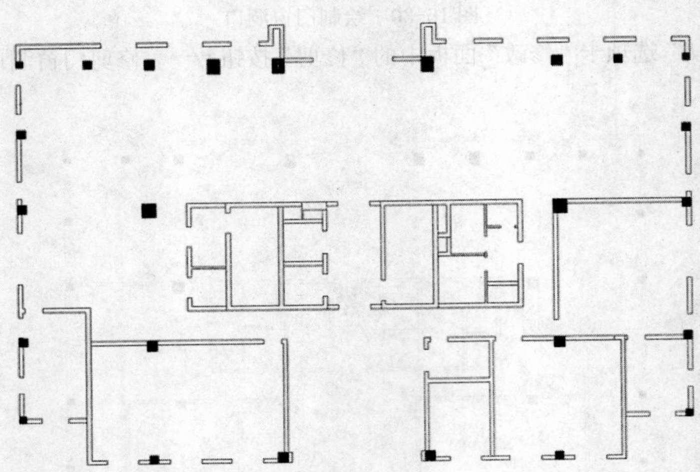

图16-33　绘制柱子

❸单击“默认”选项卡“修改”面板中的“修剪”按钮，修剪掉多余的直线。

❹单击“默认”选项卡“修改”面板中的“偏移”按钮，将上面偏移后的直线继续向外偏移120mm，单击“默认”选项卡“修改”面板中的“修剪”按钮，修剪掉多余的直线，完成保温墙的绘制，如图16-34所示。

❺按同样的方法绘制出所有的保温墙，结果如图16-35所示。

**03** 绘制平面门。从开启方式上看，门的常见形式主要有：平开门、弹簧门、推拉门、折叠门、旋转门、升降门和卷帘门等。门的尺寸主要满足人流通行、交通疏散、家具搬运的要求，而且应符合建筑模数的有关规定。在平面图中，单扇门的宽度一般在800～1000mm，

双扇门则为 1200～1800mm。

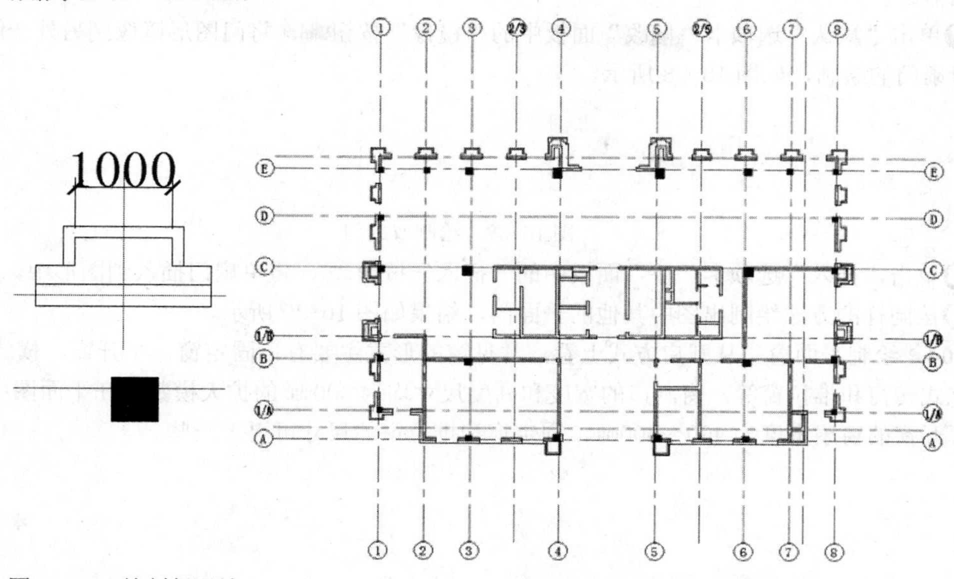

图 16-34　绘制保温墙　　　　图 16-35　完成保温墙的绘制

门的绘制步骤为：先画出门的基本图形，然后将其创建成图块，最后将门图块插入到已绘制好的相应门洞口位置，在插入门图块的同时，还应调整图块的比例大小和旋转角度以适应平面图中不同宽度和角度的门洞口。

❶在“图层”下拉列表中选择“门窗”图层，将其设置为当前图层。

❷单击“默认”选项卡“绘图”面板中的“直线”按钮，绘制一条长为 1000 的直线。

❸单击“默认”选项卡“绘图”面板中的“圆弧”下拉按钮下的“起端，圆心，角度”，以直线上端点为起点，绘制一条圆心角为 90°，半径为 1000mm 的圆弧，完成单扇门的绘制，如图 16-36 所示。

❹单击“插入”选项卡“定义块”面板中的“创建块”按钮，打开“块定义”对话框，在名称中输入“单扇门”，如图 16-37 所示，将单扇门创建为块。

❺单击“插入”选项卡“块”面板中的“插入”按钮，将单扇门插入到图形中。

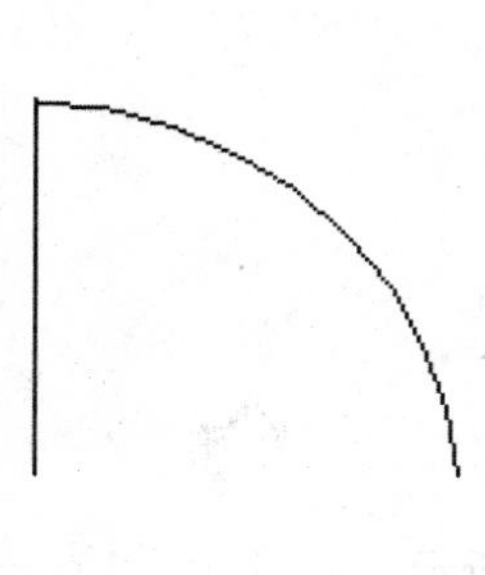

图 16-36　绘制单扇门

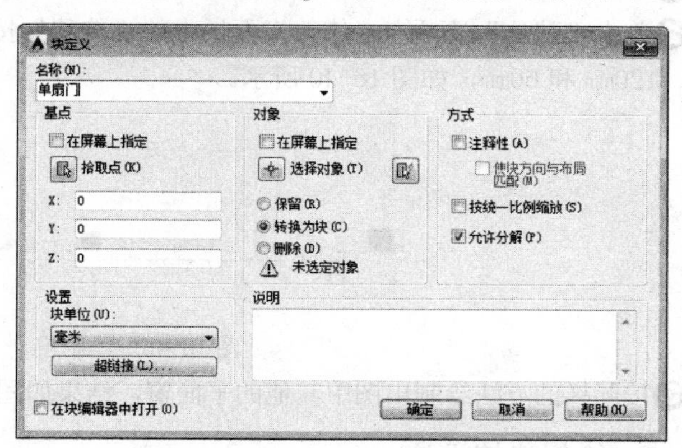


图 16-37　“块定义”对话框

❻单击“默认”选项卡“绘图”面板中的“直线”按钮和“圆弧”按钮，绘制一

个门图形。

❼单击“默认”选项卡“修改”面板中的“镜像”按钮，将门图形镜像到另外一侧，完成双扇门的绘制，如图 16-38 所示。

图 16-38　绘制双扇门

❽单击“插入”选项卡“块”面板中的“插入”按钮，将单扇门插入到图形中。

❾按同样的方法绘制出图中其他的平面门，结果如图 16-39 所示。

04 绘制平面窗。从开启方式上看，常见窗的形式主要有：固定窗、平开窗、横式旋窗、立式转窗和推拉窗等。窗洞口的宽度和高度尺寸均为 300mm 的扩大模数；在平面图中，一般平开窗的窗扇宽度为 400～600mm，固定窗和推拉窗的尺寸可更大一些。

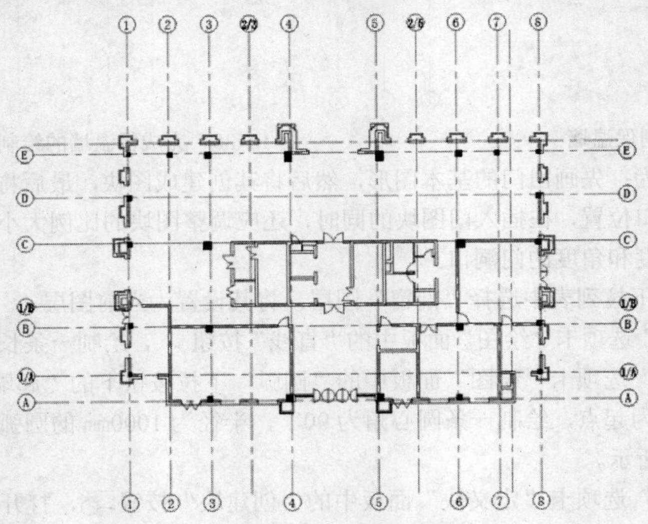

图 16-39　完成平面门的绘制

❶单击“默认”选项卡“绘图”面板中的“直线”按钮，在窗洞之间绘制连线。

❷单击“默认”选项卡“修改”面板中的“偏移”按钮，将直线向上偏移，间距为 60mm、120mm 和 60mm，如图 16-40 所示。

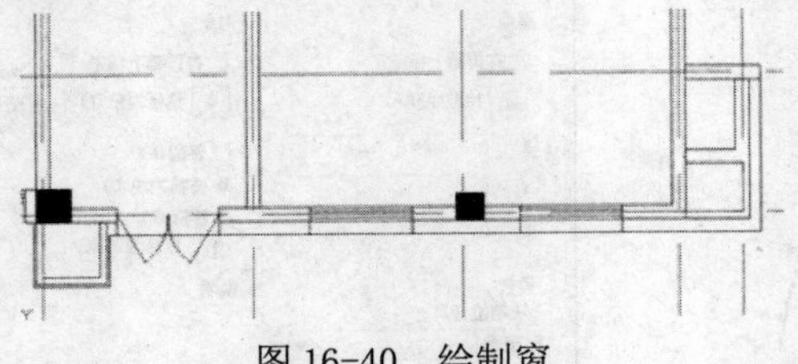

图 16-40　绘制窗

❸按同样的方法绘制出图中其他的平面窗，结果如图 16-41 所示。

### 16.1.6　绘制建筑设施

楼梯和台阶都是建筑的重要组成部分，是人们在室内和室外进行垂直交通的必要建筑构件。

**01** 绘制楼梯和电梯。

❶单击“默认”选项卡“图层”面板中的“图层特性”按钮，打开“图层特性管理器”对话框，单击“新建”按钮，新建一个名为“楼梯”图层，颜色设置为蓝色，其余属性默认，并将其设置为当前层。

❷单击“默认”选项卡“修改”面板中的“偏移”按钮，将1/B轴线向上偏移1700mm。

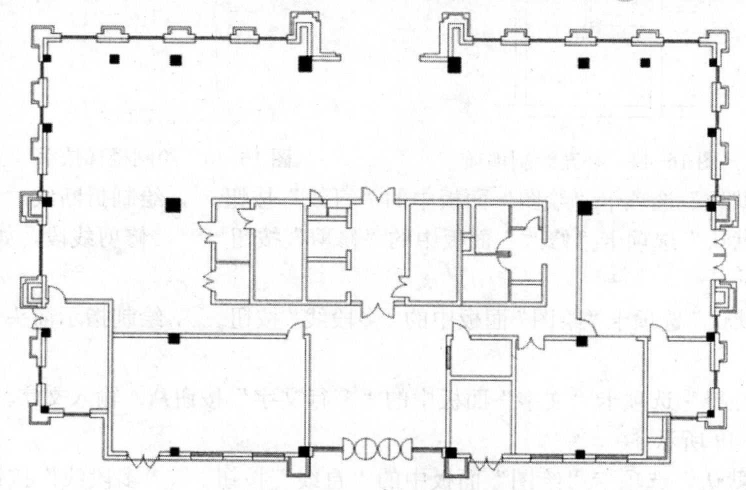

图 16-41　完成平面窗的绘制

❸单击“默认”选项卡“修改”面板中的“修剪”按钮，修剪线段，然后将修剪的线段图层转换为楼梯层，如图 16-42 所示。

❹单击“默认”选项卡“修改”面板中的“偏移”按钮，将上步中偏移后的直线向上偏移 280mm，偏移 9 次，如图 16-43 所示。

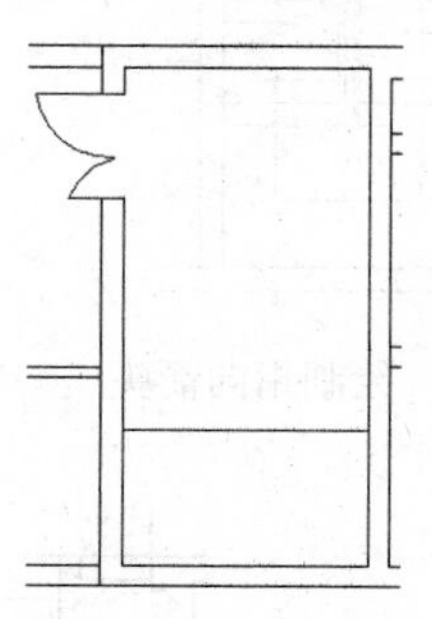

图 16-42　修剪线段

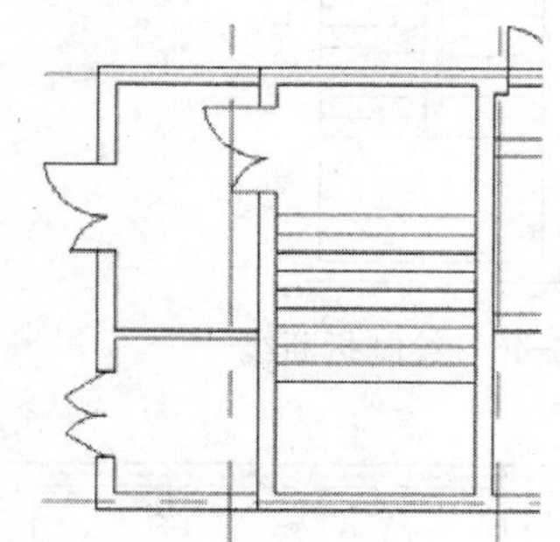

图 16-43　偏移直线

❺单击“默认”选项卡“绘图”面板中的“矩形”按钮，补充绘制墙体。

❻单击“默认”选项卡“修改”面板中的“修剪”按钮，修剪线段。

❼单击“插入”选项卡“块”面板中的“插入”按钮，将单扇门插入到图中，如图 16-44 所示。

❽单击“默认”选项卡“绘图”面板中的“直线”按钮，绘制楼梯扶手。

❾单击“默认”选项卡“修改”面板中的“修剪”按钮，修剪线段，如图 16-45 所示。

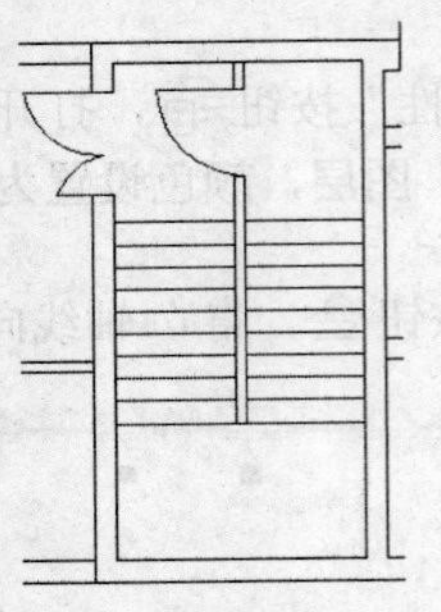

图 16-44　补充绘制墙体

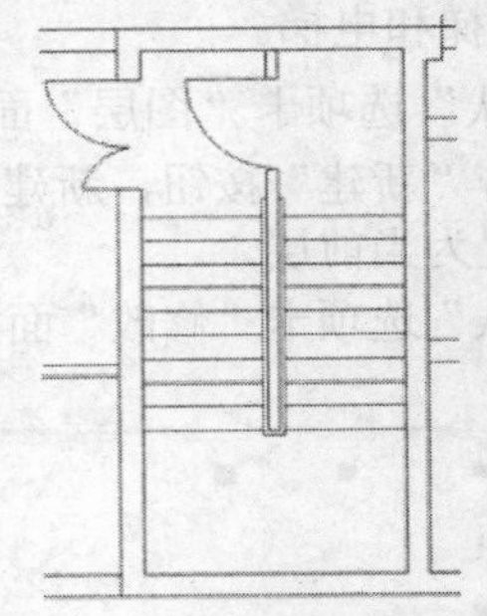

图 16-45　绘制楼梯扶手

⑩单击“默认”选项卡“绘图”面板中的“直线”按钮，绘制折断线。

⑪单击“默认”选项卡“修改”面板中的“修剪”按钮，修剪线段，如图 16-46 所示。

⑫单击“默认”选项卡“绘图”面板中的“多段线”按钮，绘制指示箭头，如图 16-47 所示。

⑬单击“注释”选项卡“文字”面板中的“多行文字”按钮A，输入文字，完成楼梯的绘制，如图 16-48 所示。

⑭单击“默认”选项卡“绘图”面板中的“直线”按钮、“多段线”按钮和“默认”选项卡“修改”面板中的“修剪”按钮，绘制电梯，如图 16-49 所示。

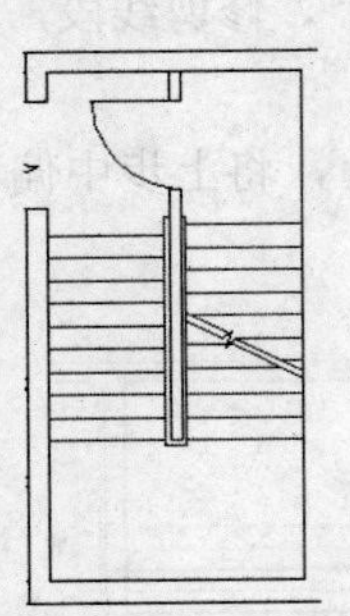

图 16-46　绘制折断线

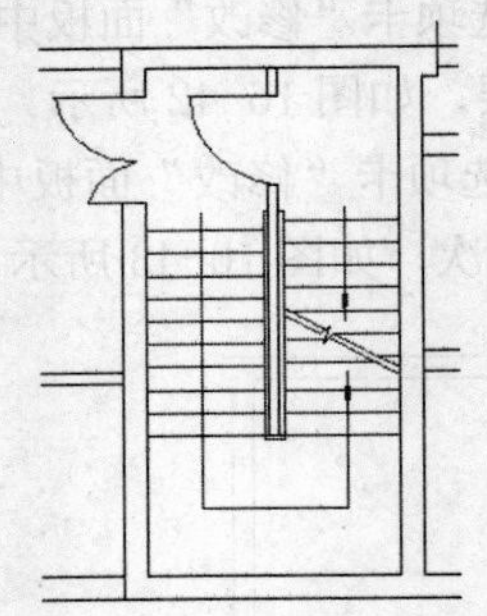

图 16-47　绘制指向箭头

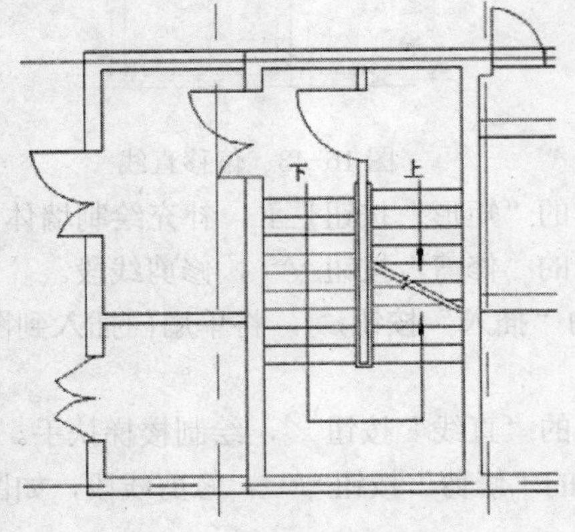


图 16-48　完成楼梯的绘制

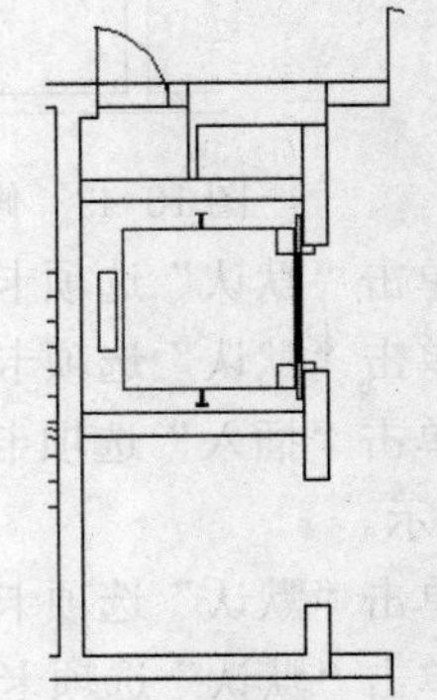

图 16-49　绘制电梯

⑮单击“默认”选项卡“修改”面板中的“复制”按钮，复制电梯，如图 16-50 所示。

⑯使用同样方法绘制剩余的楼梯，结果如图 16-51 所示。

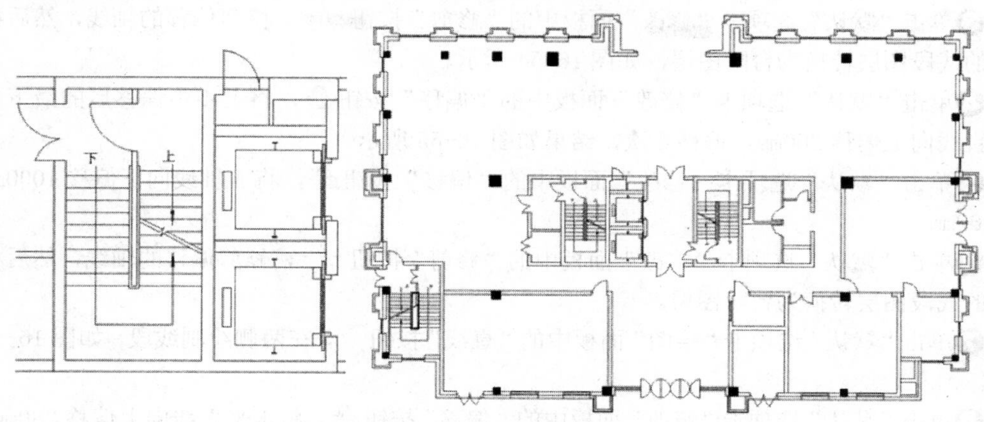

图 16-50 复制电梯　　　　图 16-51 绘制剩余楼梯

02 绘制消火栓。

❶在“图层”下拉列表中选择“设备”图层，将其设置为当前图层。

❷单击“默认”选项卡“绘图”面板中的“矩形”按钮，绘制一个 700mm×240mm 的矩形。

❸单击“默认”选项卡“绘图”面板中的“直线”按钮，在矩形内绘制斜线。

❹单击“默认”选项卡“绘图”面板中的“图案填充”按钮，打开“图案填充和渐变色”对话框，选择“SOLID”图案，填充图形，完成消火栓的绘制，如图 16-52 所示。

❺按同样的方法绘制其他设备，结果如图 16-53 所示。

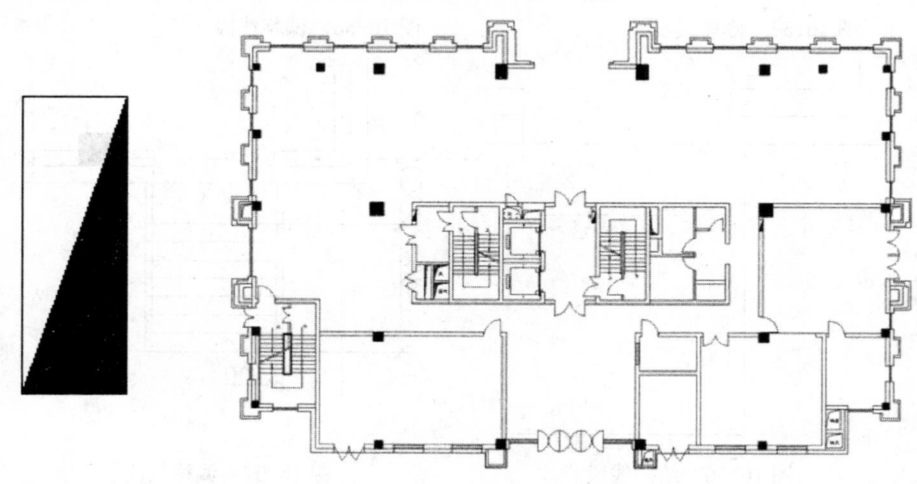

图 16-52 绘制消火栓　　　　图 16-53 绘制设备

03 绘制台阶。

❶单击“默认”选项卡“图层”面板中的“图层特性”按钮，打开“图层特性管理器”对话框，单击“新建”按钮，新建一个名为“台阶”图层，其属性默认，并将其设置为当前层。

❷单击“默认”选项卡“修改”面板中的“偏移”按钮，将 B 轴线向下偏移 1020mm

和 1300mm。

❸单击“默认”选项卡“修改”面板中的“修剪”按钮 -/--，修剪偏移的轴线，然后将修剪的线段图层转换为台阶图层，如图 16-54 所示。

❹单击“默认”选项卡“修改”面板中的“偏移”按钮，将上步中偏移后的最下面水平直线向上偏移 260mm，偏移 4 次，结果如图 16-55 所示。

❺单击“默认”选项卡“修改”面板中的“偏移”按钮，将 A 轴线向下偏移 1000mm 和 1960mm。

❻单击“默认”选项卡“修改”面板中的“修剪”按钮 -/--，修剪偏移的轴线，然后将修剪的线段图层转换为台阶图层。

❼单击“默认”选项卡“绘图”面板中的“直线”按钮，在两侧绘制线段，如图 16-56 所示。

❽单击“默认”选项卡“修改”面板中的“偏移”按钮，将水平直线向上偏移 280mm，偏移 6 次，将外侧的两条直线向内偏移 100mm，完成台阶的绘制，结果如图 16-57 所示。

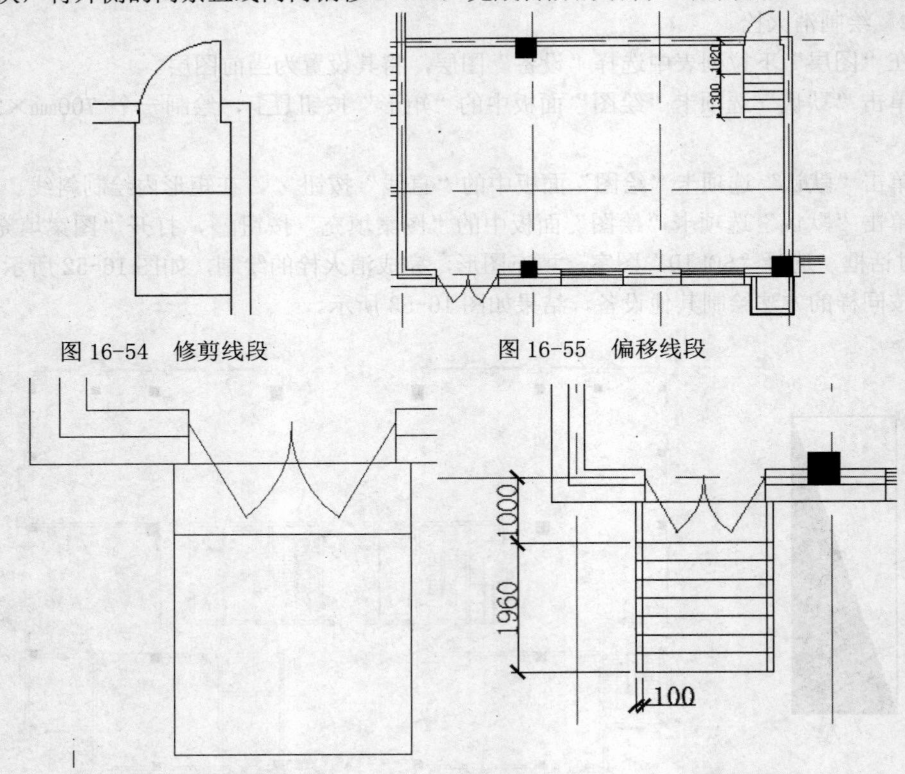


图 16-54　修剪线段

图 16-55　偏移线段

图 16-56　绘制线段

图 16-57　偏移线段

❾单击“默认”选项卡“修改”面板中的“偏移”按钮，将最上侧的轴线向上偏移 2120mm，单击“默认”选项卡“绘图”面板中的“直线”按钮，绘制踏步，间距为 350mm，完成室外台阶的绘制，结果如图 16-58 所示。

❿使用同样的方法绘制另外一侧的台阶，结果如图 16-59 所示。

**04** 绘制花坛。

❶单击“默认”选项卡“修改”面板中的“偏移”按钮，将 1/A 轴线向下偏移 1400mm

和 200mm。

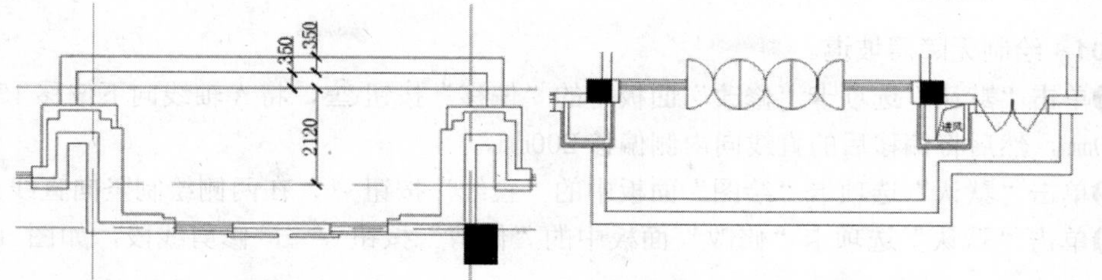


图 16-58　绘制室外台阶　　　　图 16-59　绘制另一侧室外台阶

❷单击“默认”选项卡“修改”面板中的“修剪”按钮，修剪线段，完成花坛的绘制，结果如图 16-60 所示。

05 布置洁具。

❶单击“默认”选项卡“绘图”面板中的“直线”按钮和“默认”选项卡“修改”面板中的“修剪”按钮，补充绘制卫生间墙体。

❷单击“插入”选项卡“块”面板中的“插入”按钮，将单扇门插入到图中，如图 16-61 所示。

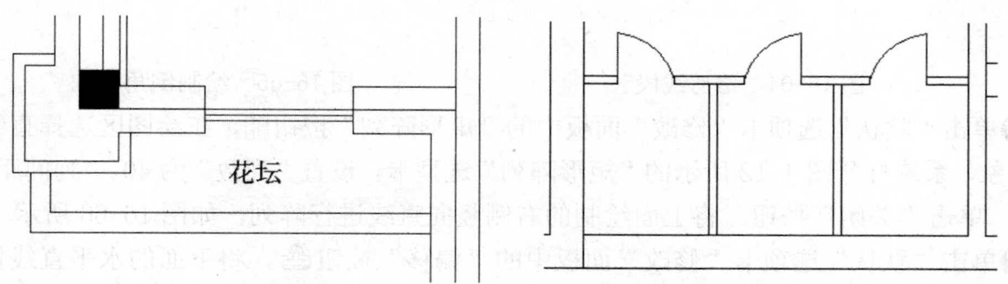


图 16-60　绘制花坛　　　　图 16-61　补充绘制墙体

❸打开源文件/图库/CAD 图库，选中坐便器模块，然后按 Ctrl+C 键复制，返回一层平面图中，按 Ctrl+V 键粘贴，单击“默认”选项卡“修改”面板中的“移动”按钮，将坐便器移动到图中合适的位置，如图 16-62 所示。

❹使用上述方法添加其他图块，结果如图 16-63 所示。

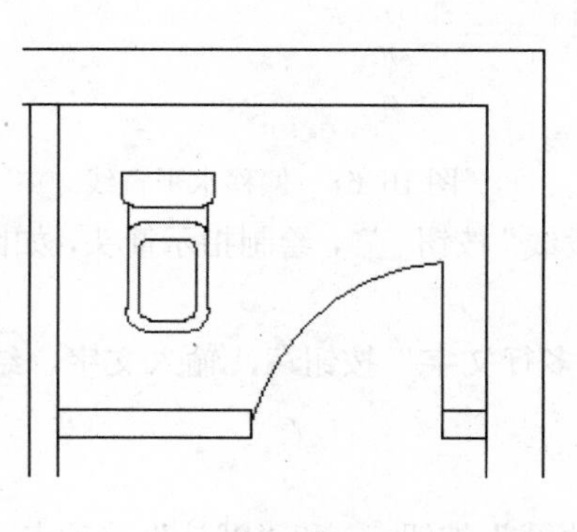

图 16-62　插入坐便器

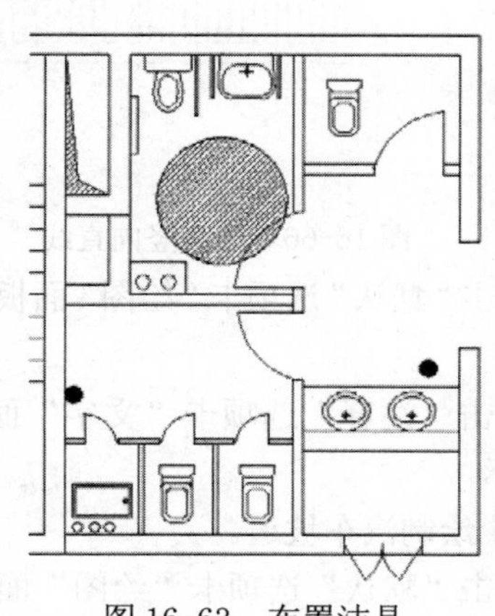

图 16-63　布置洁具

### 16.1.7 绘制坡道

**01** 绘制无障碍坡道。

❶单击“默认”选项卡“修改”面板中的“偏移”按钮，将A轴线向下偏移1300mm和2500mm，然后将偏移后的直线向内侧偏移200mm。

❷单击“默认”选项卡“绘图”面板中的“直线”按钮，在两侧绘制竖向直线。

❸单击“默认”选项卡“修改”面板中的“修剪”按钮，修剪线段，如图16-64所示。

❹单击“默认”选项卡“修改”面板中的“倒角”按钮，对图形进行倒角处理，如图16-65所示。

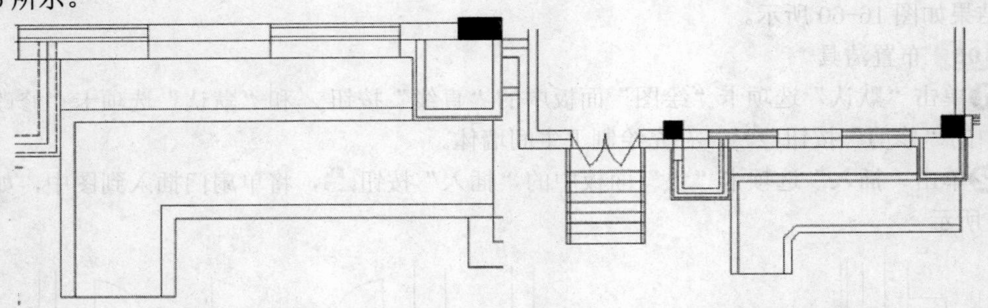

图16-64 修剪线段　　图16-65 绘制倒角

❺单击“默认”选项卡“修改”面板中的“矩形阵列”按钮，在绘图区选择直线作为阵列对象，系统打开图4-12所示的“矩形阵列”选型卡，设置“列数”为40、“列间距介于”为110，单击“关闭”按钮，将上面绘制的右侧竖向直线进行阵列，如图16-66所示。

❻单击“默认”选项卡“修改”面板中的“偏移”按钮，将下面的水平直线依次向上偏移，间距为110mm，结果如图16-67所示。

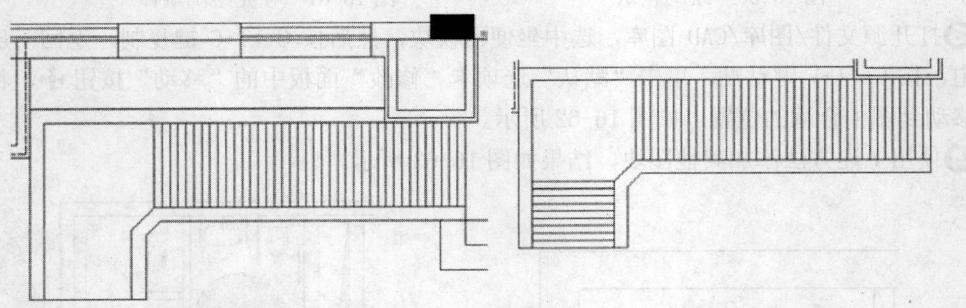

图16-66 阵列竖向直线　　图16-67 偏移水平直线

❼单击“默认”选项卡“绘图”面板中的“多段线”按钮，绘制指示箭头，如图16-68所示。

❽单击“注释”选项卡“文字”面板中的“多行文字”按钮A，输入文字，结果如图16-69所示。

**02** 绘制汽车坡道。

❶单击“默认”选项卡“绘图”面板中的“直线”按钮和“默认”选项卡“绘图”面板中的“样条曲线控制点”按钮，绘制汽车坡道轮廓线。

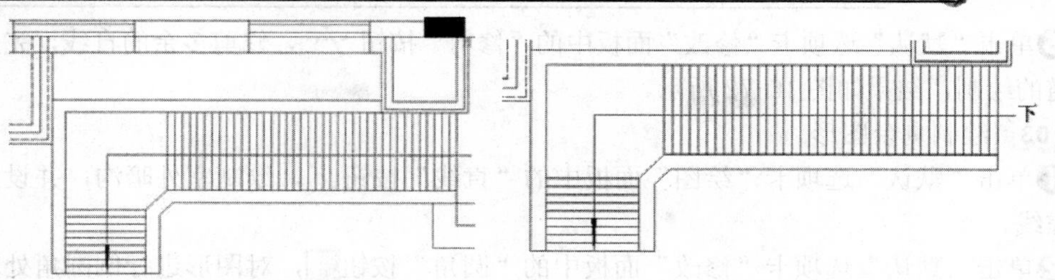


图 16-68　绘制指示箭头　　　　图 16-69　输入文字

❷单击“默认”选项卡“修改”面板中的“修剪”按钮，修剪线段，如图 16-70 所示。

❸单击“默认”选项卡“绘图”面板中的“图案填充”按钮，填充图案，如图 16-71 所示。

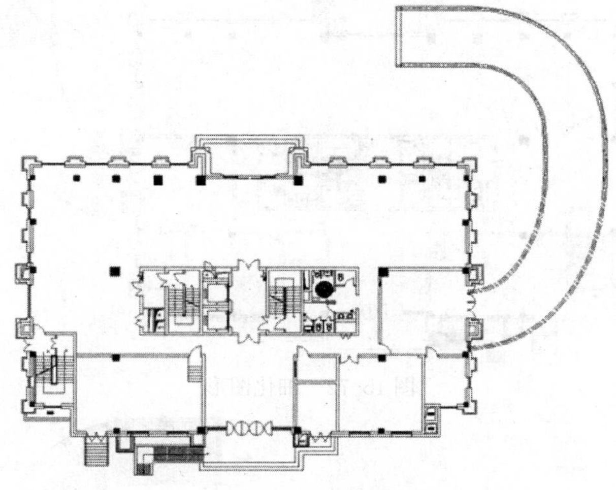

图 16-70　修剪线段

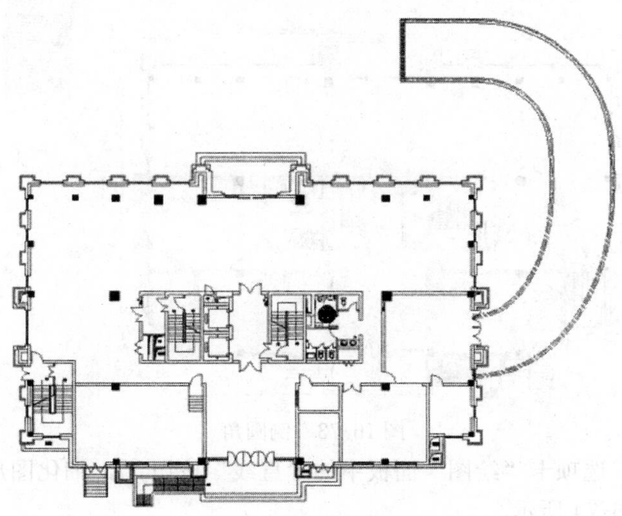

图 16-71　填充图形

❹单击“默认”选项卡“绘图”面板中的“直线”按钮，细化图形。

❺单击“默认”选项卡“修改”面板中的“修剪”按钮-/--，修剪多余的直线，完成汽车坡道的绘制，结果如图16-72所示。

03 绘制剩余图形。

❶单击“默认”选项卡“绘图”面板中的“直线”按钮／，绘制室外暗沟，并设置线型为虚线。

❷单击“默认”选项卡“修改”面板中的“圆角”按钮，对图形进行倒圆角处理，如图16-73所示。

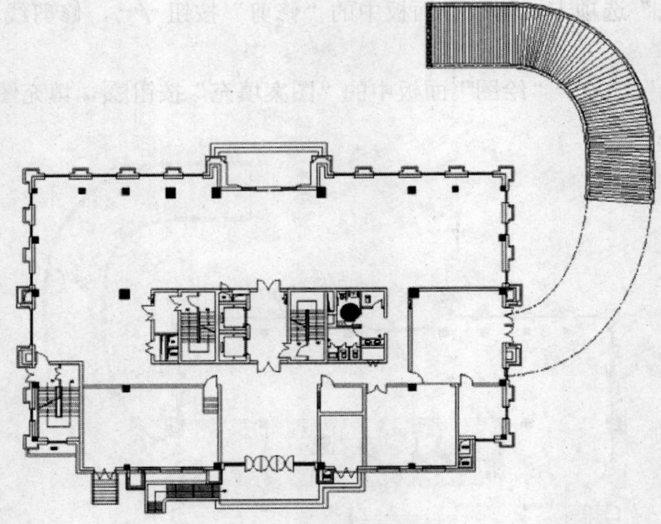

图16-72 细化图形

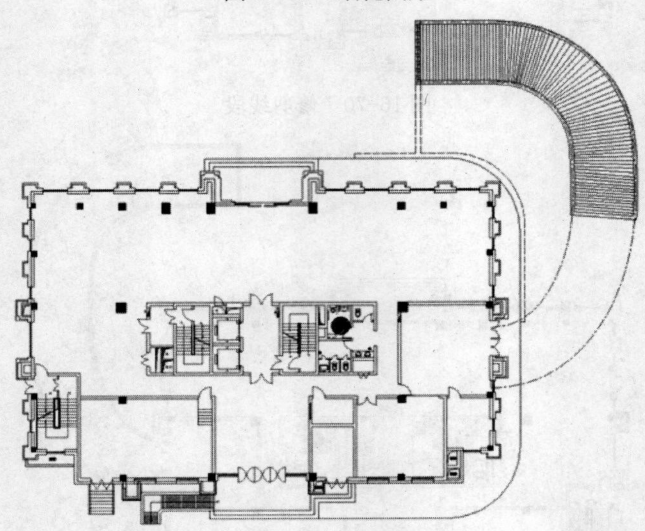

图16-73 倒圆角

❸单击“默认”选项卡“绘图”面板中的“直线”按钮／，细化图形，完成室外暗沟的绘制，结果如图16-74所示。

❹单击“默认”选项卡“绘图”面板中的“直线”按钮／，绘制地下室外边线，并设置线型为虚线，如图16-75所示。

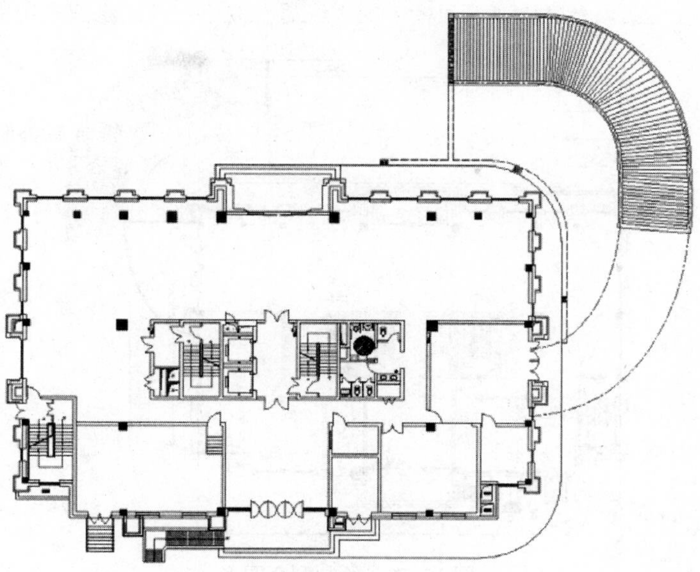

图 16-74 细化图形

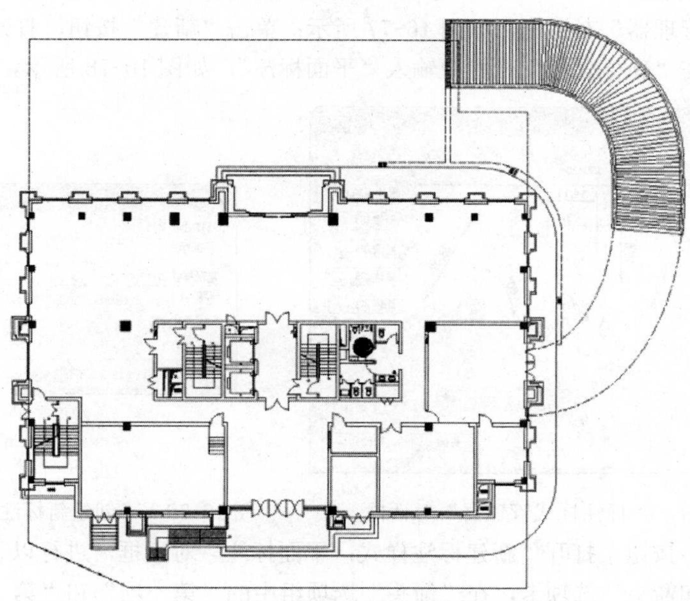

图 16-75 绘制地下室外边线

❺单击“默认”选项卡“绘图”面板中的“直线”按钮和“圆弧”按钮，绘制剩余图形。

❻单击“默认”选项卡“修改”面板中的“修剪”按钮，修剪线段，结果如图 16-76 所示。

### 16.1.8 平面标注

**01** 尺寸标注。

❶在“图层”下拉列表中选择“标注”图层，将其设置为当前图层；

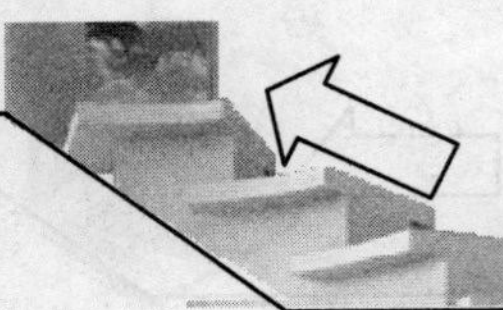

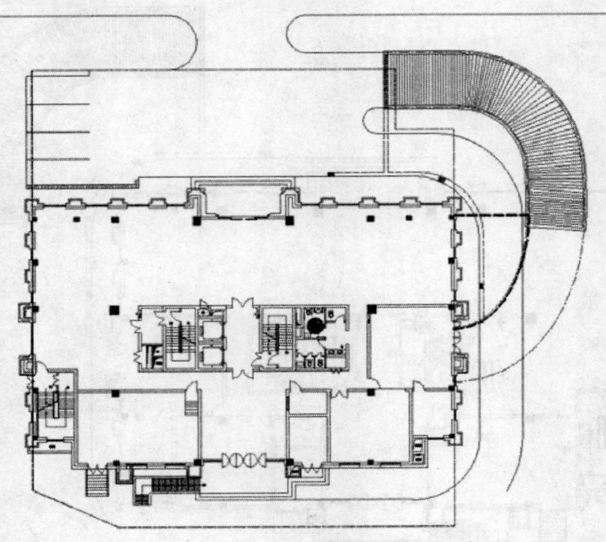

图 16-76　绘制剩余图形

❷设置标注样式。单击“注释”选项卡“标注”面板中的“标注，标注样式”按钮↘，打开“标注样式管理器”对话框，如图 16-77 所示；单击“新建”按钮，打开“创建新标注样式”对话框，在“新样式名”一栏中输入“平面标注”，如图 16-78 所示。

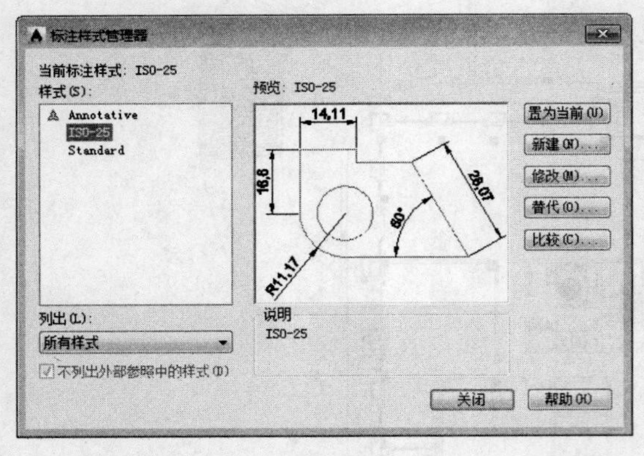


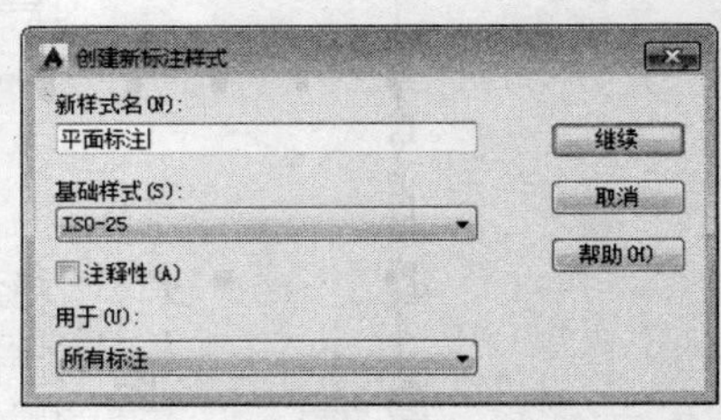


图 16-77　“标注样式管理器”对话框　　图 16-78　“创建新标注样式”对话框

单击“继续”按钮，打开“新建标注样式：平面标注”对话框，进行以下设置：

选择“符号和箭头”选项卡，在“箭头”选项组中的“第一项”和“第二个”下拉列表中均选择“建筑标记”，在“引线”下拉列表中选择“实心闭合”，在“箭头大小”微调框中输入 250，如图 16-79 所示。

选择“文字”选项卡，在“文字外观”选项组中的“文字高度”微调框中输入 300，如图 16-80 所示。

单击“确定”按钮，回到“标注样式管理器”对话框。在“样式”列表中激活“平面标注”标注样式，单击“置为当前”按钮。单击“关闭”按钮，完成标注样式的设置。

❸单击“标注”工具栏中的“线性”按钮⊢和“连续”按钮⊞标注相邻两轴线之间的距离。

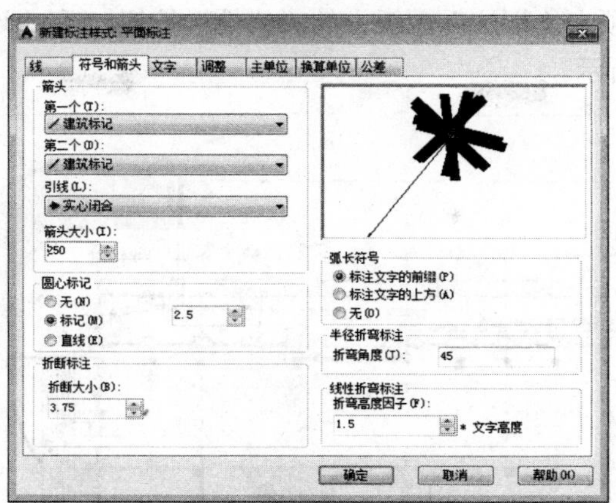


图 16-79　“符号与箭头”选项卡

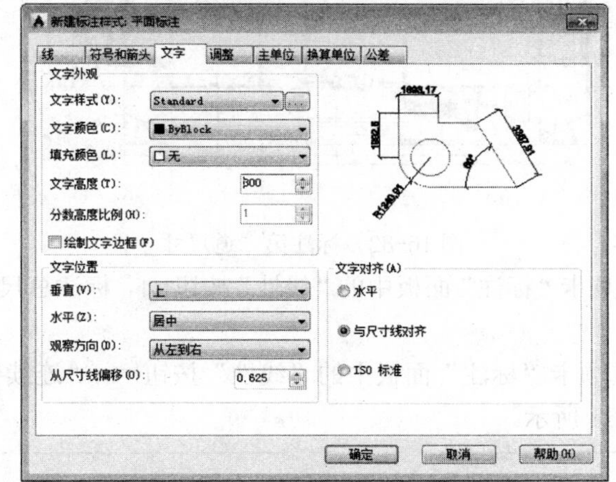


图 16-80　“文字”选项卡

❹单击“注释”选项卡“标注”面板中的“线性”按钮和“连续”按钮，标注第一道尺寸，如图 16-81 所示。

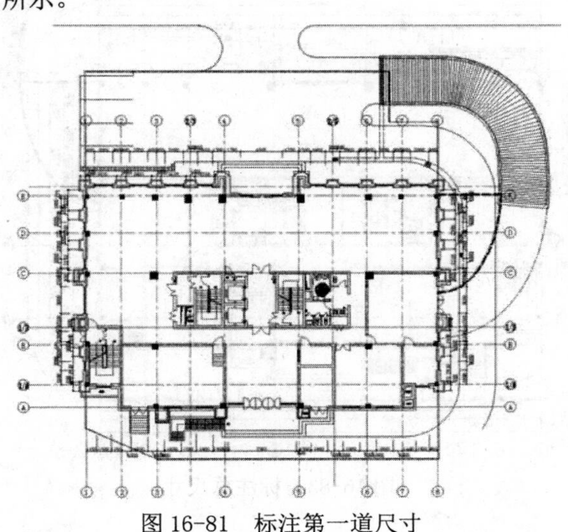

图 16-81　标注第一道尺寸

❺单击“注释”选项卡“标注”面板中的“线性”按钮和“连续”按钮，标注第二道尺寸，如图16-82所示。

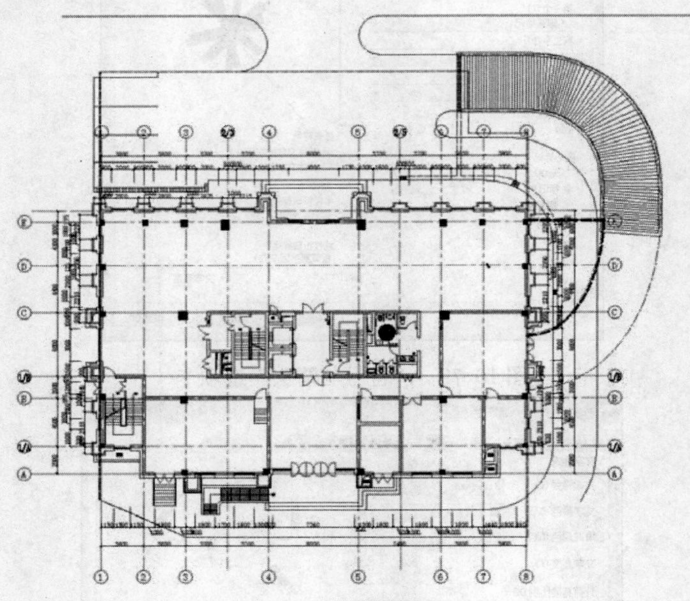

图16-82　标注第二道尺寸

❻单击“注释”选项卡“标注”面板中的“线性”按钮，标注总尺寸，结果如图16-83所示。

❼单击“注释”选项卡“标注”面板中的“线性”按钮、“连续”按钮和“半径”按钮，结果如图16-84所示。

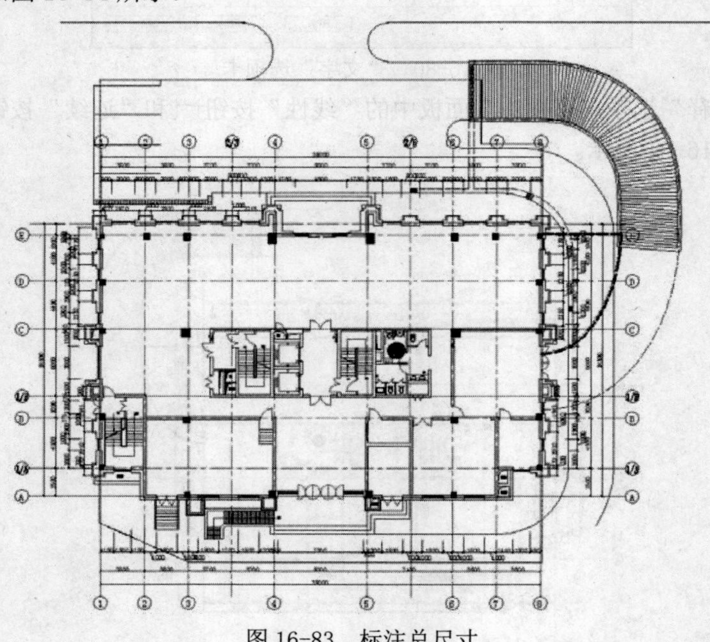

图16-83　标注总尺寸

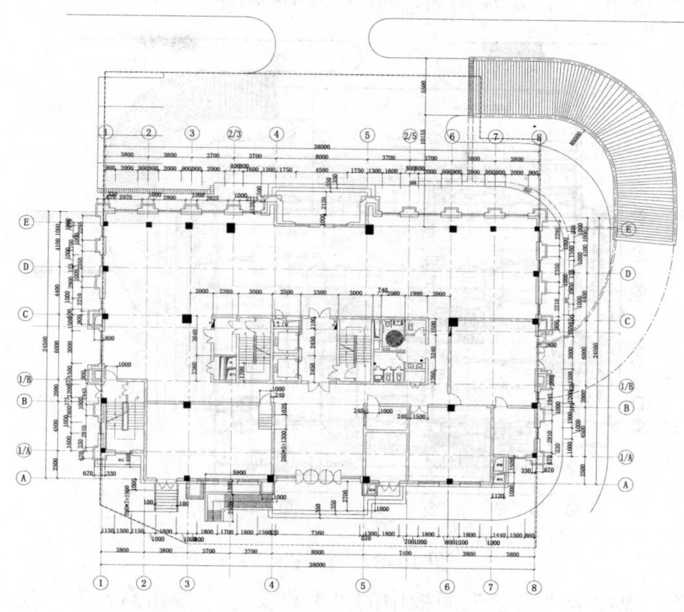

图 16-84　标注细节尺寸

**02** 标高标注。

❶单击“默认”选项卡“绘图”面板中的“直线”按钮╱，绘制标高符号。

❷单击“注释”选项卡“文字”面板中的“多行文字”按钮A，输入标高数值，结果如图 16-85 所示。

**03** 文字标注。

❶在“图层”下拉列表中选择“文字”图层，将其设置为当前图层。

❷单击“默认”选项卡“绘图”面板中的“矩形”按钮□，将需要文字说明的图形用矩形圈起来，并设置线型为虚线。

❸单击“注释”选项卡“文字”面板中的“多行文字”按钮A，在平面图中指定文字插入位置后，弹出的“文字编辑器”对话框，如图 16-86 所示，在对话框中设置字体为“宋体”、文字高度为 300，为各房间标注文字。

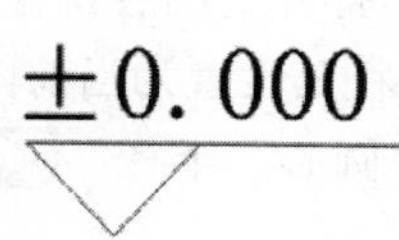


图 16-85　绘制标高

图 16-86　“文字编辑器”对话框

❹单击“默认”选项卡“绘图”面板中“直线”按钮╱，在需要标注文字处引出直线。

❺单击“注释”选项卡“文字”面板中的“多行文字”按钮A，完成一层平面图的文字标注，结果如图 16-87 所示。

❻单击“注释”选项卡“文字”面板中的“多行文字”按钮A和“默认”选项卡“绘图”

面板中的“多段线”按钮，标注图名，如图 16-88 所示。

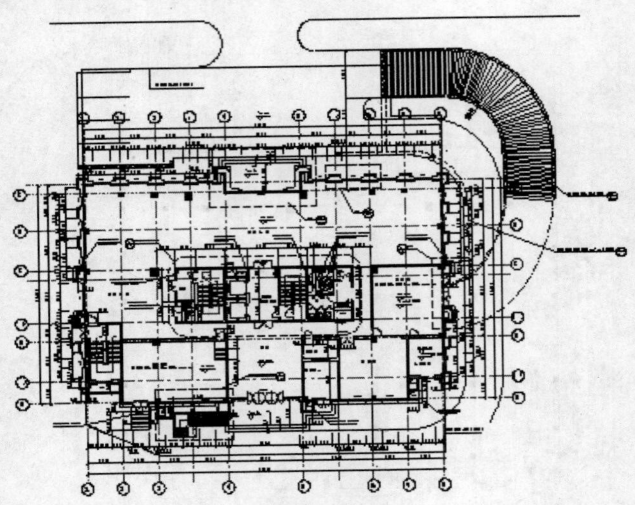

图 16-87　标注文字

❼单击“注释”选项卡“文字”面板中的“多行文字”按钮A，为一层平面图标注文字说明，如图 16-89 所示。

一层平面图　1:100

建筑面积：923.8m²

图 16-88　标注图名

注：1. 未标明墙体均为120mm或240mm厚，未注明门垛为120mm（卫生间门垛详见卫生间大样图）。
2. 卫生间比楼面低50mm，管道井检修门门槛高300mm。
3. 示消火栓留洞1250*730*240，洞底离地645mm，离墙200mm（余同）。
4. 当窗台高度小于900mm时，均做900mm高安全防护栏杆。

图 16-89　标注文字说明

❽单击“默认”选项卡“绘图”面板中的“图案填充”按钮，补充填充一层平面图，结果如图 16-90 所示。

### 16.1.9　绘制指北针和剖切符号

在建筑一层平面图中应绘制指北针以标明建筑方位；如果需要绘制建筑的剖面图，则还应在一层平面图中画出剖切符号以标明剖面剖切位置。

01 绘制指北针。

❶单击“默认”选项卡“图层”面板中的“图层特性”按钮，打开“图层特性管理器”对话框，创建新图层，将新图层命名为“指北针与剖切符号”，并将其设置为当前图层；

❷单击“默认”选项卡“绘图”面板中的“圆”下拉按钮下的“圆心，半径”，绘制半径为 1200mm 的圆，如图 16-91 所示。

❸单击“默认”选项卡“绘图”面板中的“直线”按钮，绘制圆的垂直方向直径作为辅助线，如图 16-92 所示。

❹单击“默认”选项卡“修改”面板中的“偏移”按钮，将辅助线分别向左右两侧偏移，偏移量均为 100mm，如图 16-93 所示。

❺单击“默认”选项卡“绘图”面板中的“直线”按钮，将两条偏移线与圆的下方交点同辅助线上端点连接起来；然后，单击“默认”选项卡“修改”面板中的“删除”按钮，删除三条辅助线（原有辅助线及两条偏移线），得到一个等腰三角形，如图 16-94 所示。

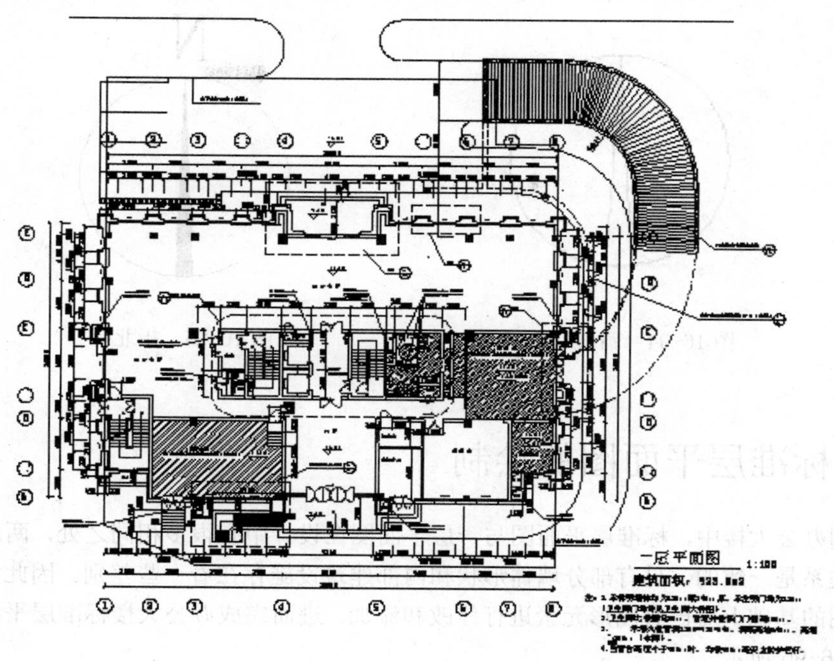

图 16-90　填充平面图

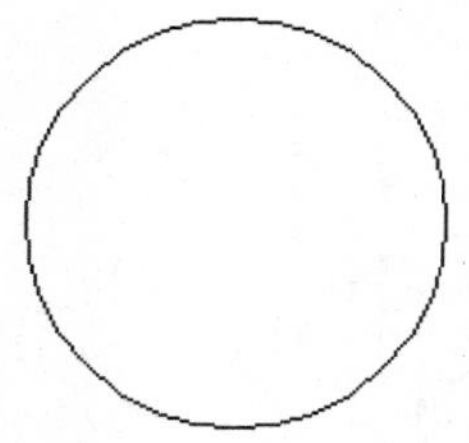

图 16-91　绘制圆

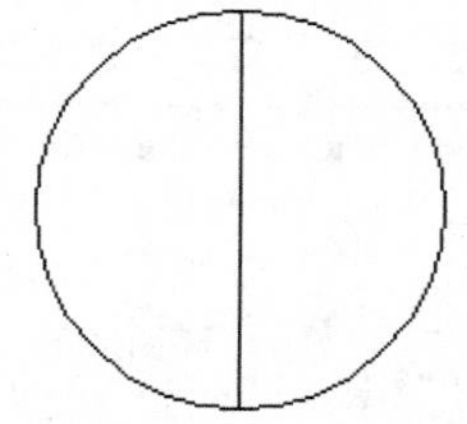

图 16-92　绘制直线

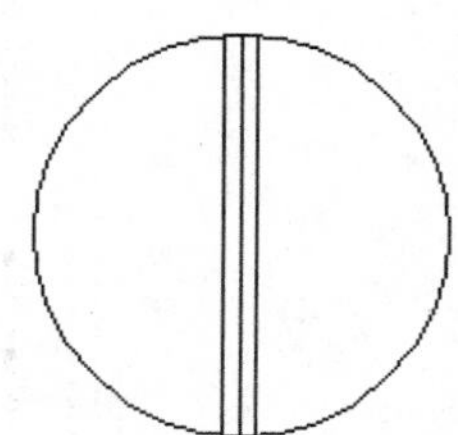

图 16-93　偏移直线

❻单击“默认”选项卡“绘图”面板中的“图案填充”按钮，弹出“图案填充和渐变色”对话框，选择填充类型为“预定义”、图案为“SOLID”，对所绘的等腰三角形进行填充。

❼单击“注释”选项卡“文字”面板中的“多行文字”按钮A，设置文字高度为600mm，在等腰三角形上端顶点的正上方书写大写的英文字母“N”，标示平面图的正北方向，如图16-95所示。

❽单击“默认”选项卡“修改”面板中的“旋转”按钮，将指北针旋转30度。

**02** 绘制剖切符号。单击“默认”选项卡“绘图”面板中的“多段线”按钮和“注释”选项卡“文字”面板中的“多行文字”按钮A，绘制剖切符号，结果如图16-1所示。

**注意**

剖面的剖切符号，应由剖切位置线及剖视方向线组成，均应以粗实线绘制。剖视方向线应垂直于剖切位置线，长度应短于剖切位置线，绘图时，剖面剖切符号不宜与图面上的图线相接触。

剖面剖切符号的编号，宜采用阿拉伯数字，按顺序由左至右，由下至上连续编排，并应注写在剖视方向线的端部。

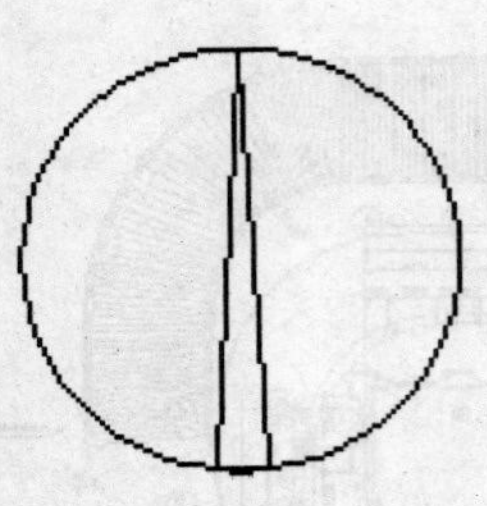

图 16-94　圆与三角形

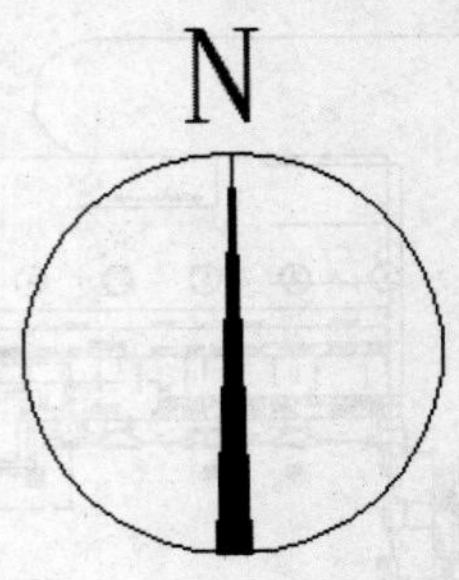


图 16-95　指北针

## 16.2　标准层平面图的绘制

在本例办公大楼中，标准层平面图与一层平面图在设计中有很多相同之处，两层平面的基本轴线关系是一致的，只有部分墙体形状和内部建筑设施存在着一些差别。因此，可以在一层平面图的基础上对已有图形元素进行修改和添加，进而完成办公大楼标准层平面图的绘制。如图 16-96 所示。

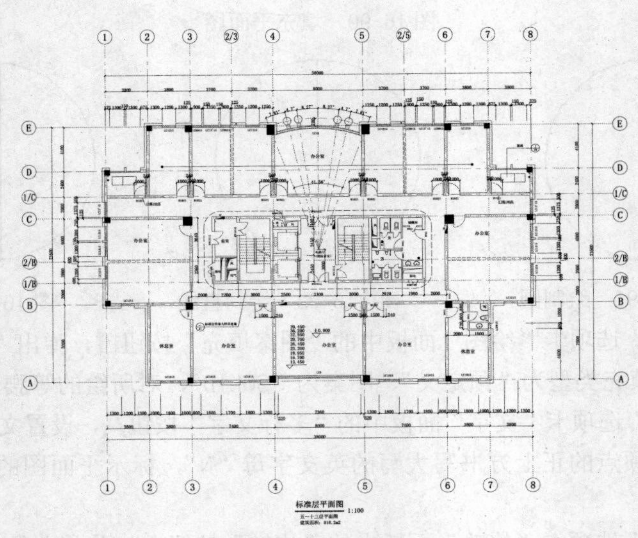

图 16-96　办公大楼标准层平面图

### 16.2.1　设置绘图环境

**01** 建立图形文件。打开已绘制的“办公大楼一层平面图.dwg”文件，单击“快速访问”工具栏中的“另存为”按钮，打开“图形另存为”对话框。在“文件名”下拉列表框中输入新的图形文件的名称为“办公大楼标准层平面图.dwg”，然后单击“保存”按钮，建立图形文件。

**02** 清理图形元素。单击“默认”选项卡“修改”面板中的“删除”按钮，删除一层平面图中部分建筑设施、标注和文字等图形元素，如图 16-97 所示。

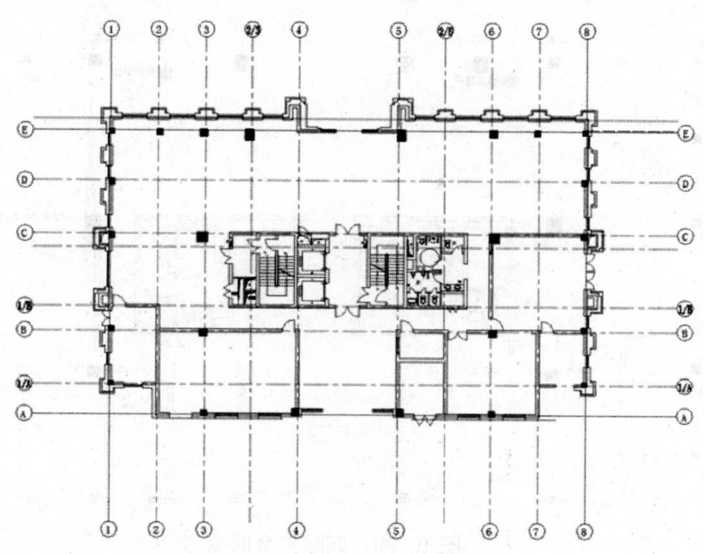


图 16-97　修改一层平面图

## 16.2.2　修改墙体和门窗

**01** 修改墙体。

❶在“图层”下拉列表中选择“墙线”图层，将其设置为当前图层。

❷单击“默认”选项卡“修改”面板中的“删除”按钮，将 1/A 轴线删除。

❸单击“默认”选项卡“修改”面板中的“偏移”按钮，将 1/B 轴线向上偏移 2000，C 轴线向上偏移 2000，分别添加 2/B 轴号和 1/C 轴号，如图 16-98 所示。

❹单击“默认”选项卡“修改”面板中的“删除”按钮，删除多余的墙体和门窗，如图 16-99 所示。

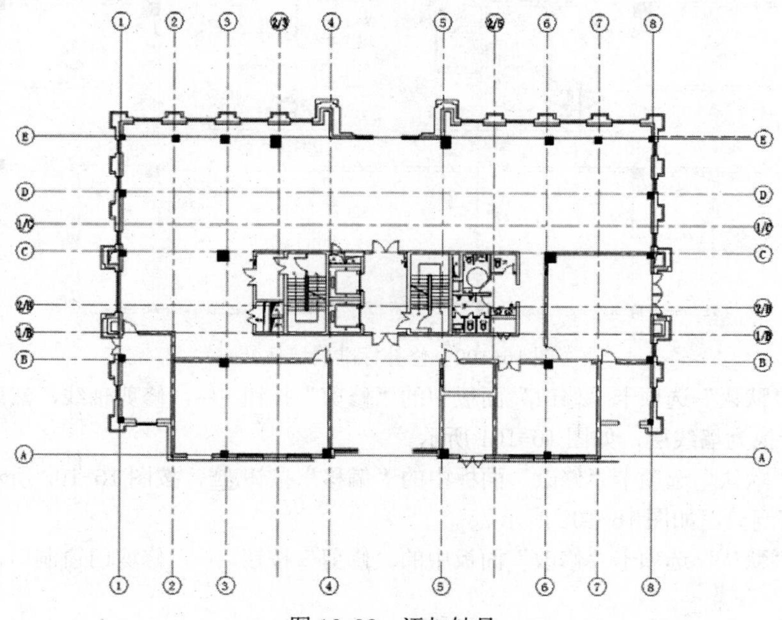


图 16-98　添加轴号

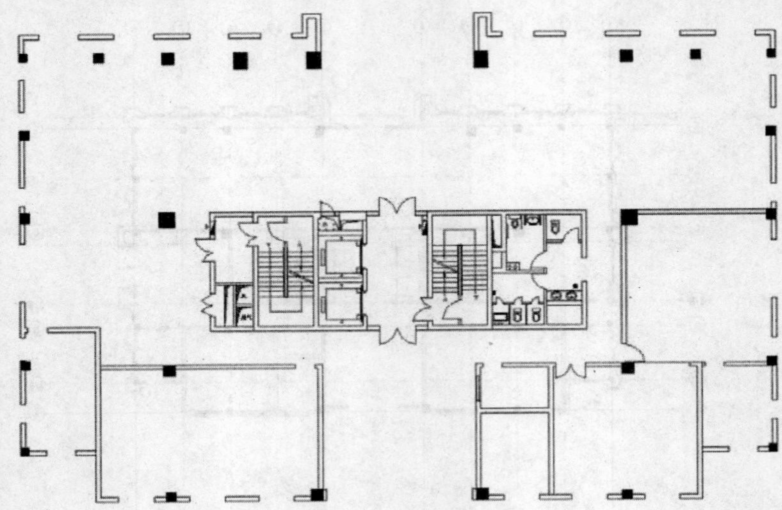

图 16-99　删除多余的图形

❺在命令提示下，输入“MLINE”，根据轴线补充绘制标准层平面墙体，绘制结果如图 16-100 所示。

02 绘制门窗。

❶单击“默认”选项卡“修改”面板中的“偏移”按钮，将②轴线向右偏移 1300mm 和 1200mm。

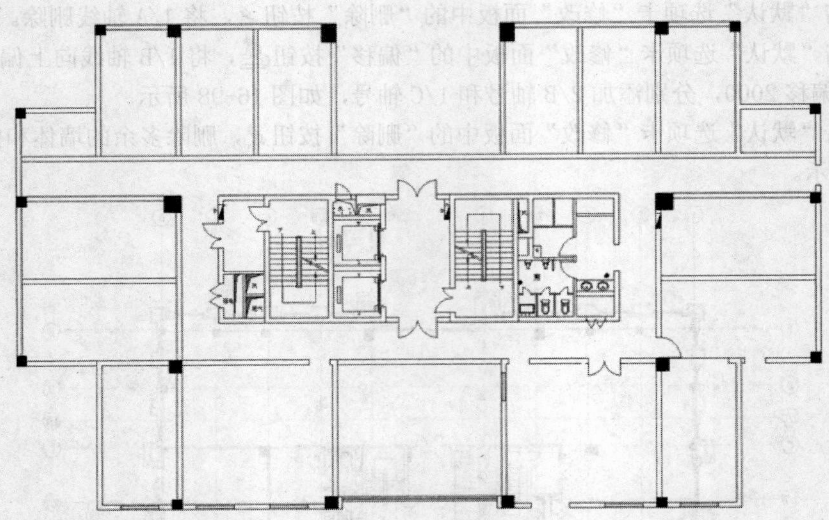

图 16-100　修补标准层墙体 ML

❷单击“默认”选项卡“修改”面板中的“修剪”按钮，修剪轴线，然后将修剪后的线段图层转换为墙线层，如图 16-101 所示。

❸单击“默认”选项卡“修改”面板中的“偏移”按钮，按图 16-102 所示的标注绘制其他的门窗洞口，如图 16-102 所示。

❹单击“默认”选项卡“修改”面板中的“修剪”按钮，修剪门窗洞口，结果如图 16-103 所示。

❺单击“默认”选项卡“绘图”面板中的“直线”按钮╱，在门窗洞口处绘制一条直线。

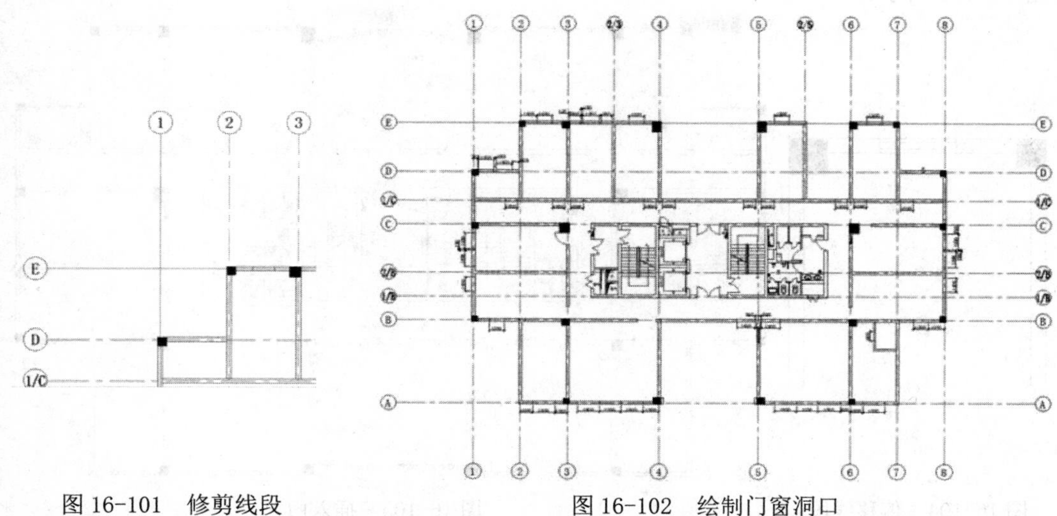


图 16-101 修剪线段　　图 16-102 绘制门窗洞口

❻单击“默认”选项卡“修改”面板中的“偏移”按钮，将上步中绘制的水平线向下偏移 60mm、120mm 和 60mm，如图 16-104 所示。

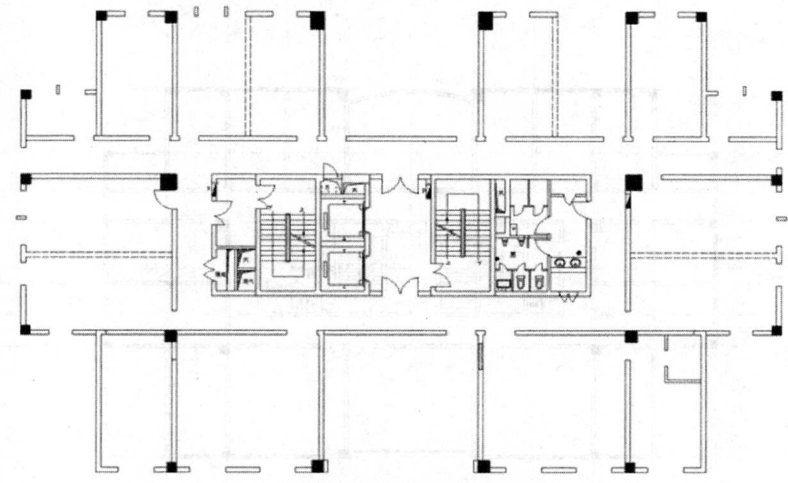

图 16-103 修剪门窗洞口

❼单击“插入”选项卡“块”面板中的“插入”按钮，在标准层平面相应的位置插入门图块，并对该图块作适当的比例或角度调整，如图 16-105 所示。

❽单击“默认”选项卡“修改”面板中的“偏移”按钮，将 1/B 轴线向上偏移 3000mm。

❾单击“默认”选项卡“绘图”面板中的“直线”按钮╱，在④与⑤轴线间的中点处，绘制一条竖直直线，如图 16-106 所示。

❿单击“默认”选项卡“修改”面板中的“旋转”按钮，将竖直直线向左旋转复制 8.27°、4.7°和 7.81°，向右旋转复制 8.27°、4.7°和 7.81°，如图 16-107 所示。

⓫单击“默认”选项卡“绘图”面板中的“圆”按钮，以上步中绘制的圆弧和旋转复制的直线交点处为圆心，绘制圆，如图 16-108 所示。

⑫单击“默认”选项卡“绘图”面板中的“直线”按钮╱，在圆和窗线间绘制连线，如图 16-109 所示。

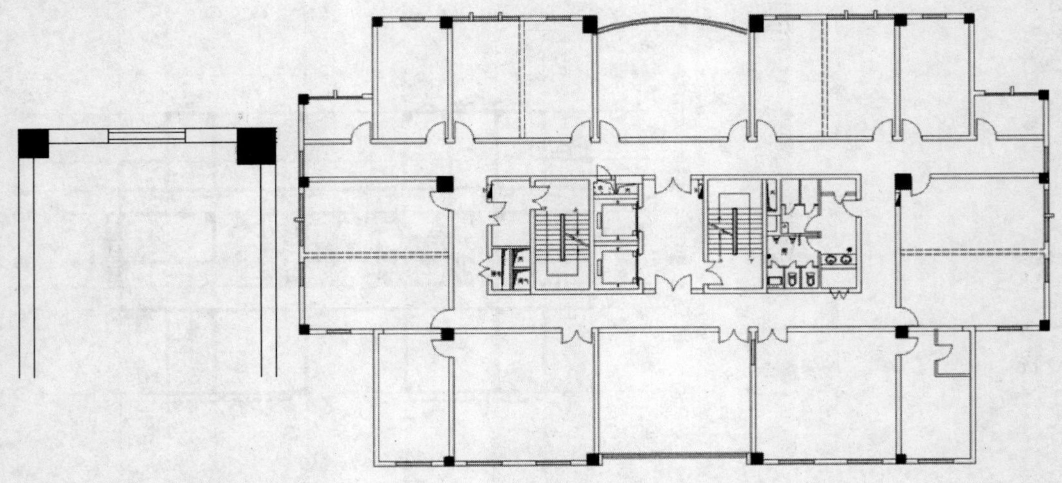

图 16-104　偏移线段　　　　图 16-105　插入门

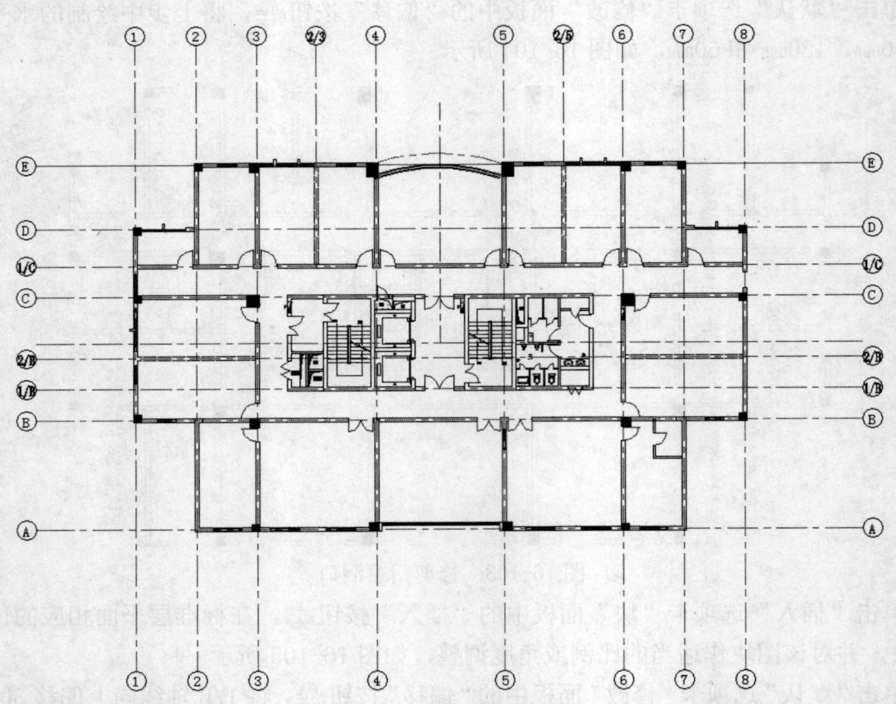


图 16-106　绘制竖向直线

**03** 绘制保温墙。

❶单击“默认”选项卡“修改”面板中的“偏移”按钮，将外墙向外偏移 200mm，完成保温墙的绘制。

❷单击“默认”选项卡“修改”面板中的“修剪”按钮-/--，修剪掉多余的直线，如图 16-110 所示。

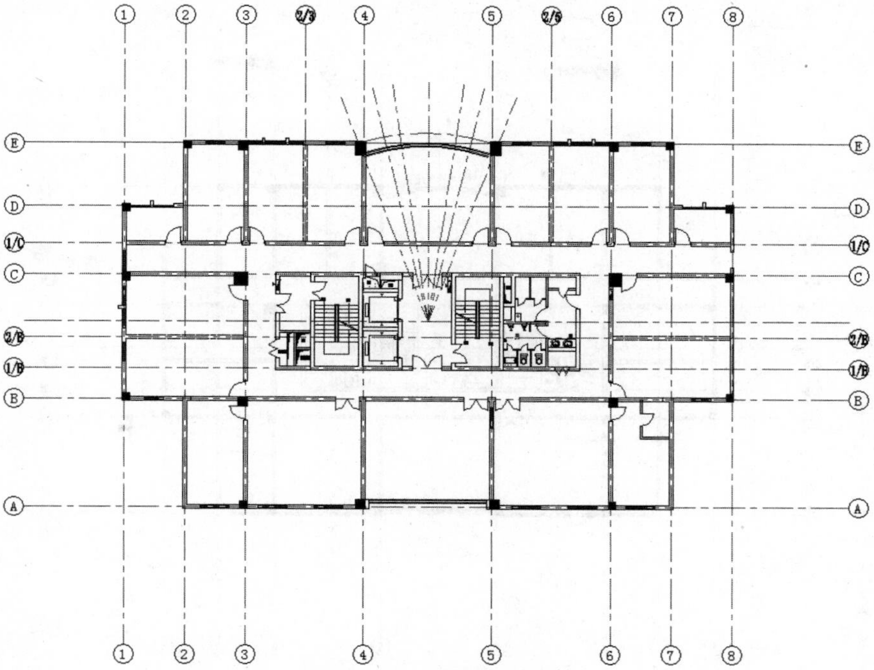

图 16-107 旋转复制直线

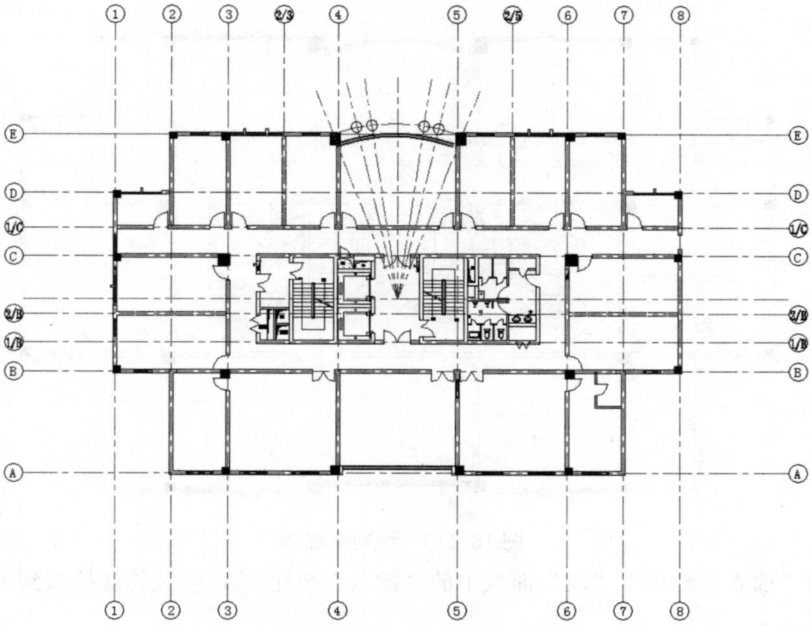

图 16-108 绘制圆

### 16.2.3 绘制建筑设施

**01** 布置卫生间。

❶单击“插入”选项卡“块”面板中的“插入”按钮，将坐便器插入到图形中。

❷单击“默认”选项卡“绘图”面板中的“直线”按钮，绘制水平直线，如图 16-111

所示。

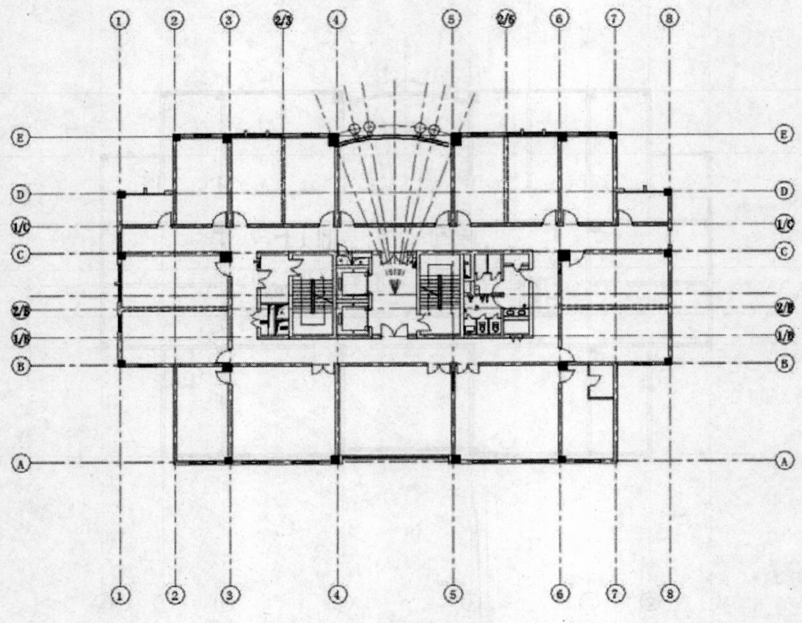


图 16-109　绘制连线

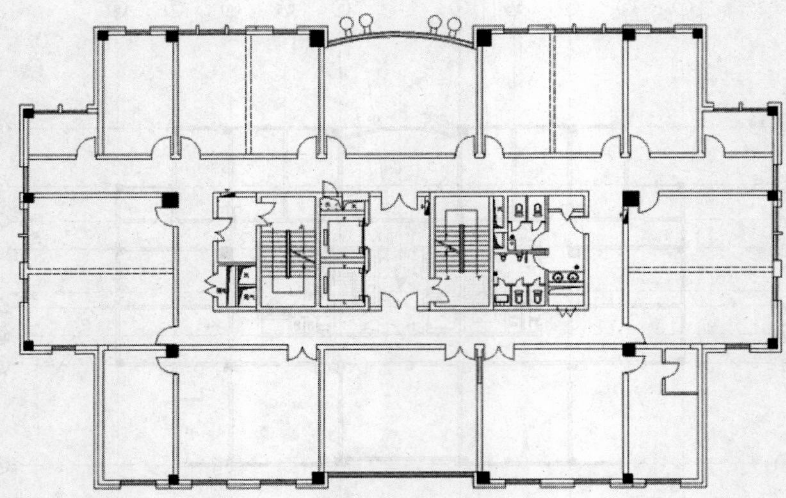

图 16-110　绘制保温墙

❸单击“插入”选项卡“块”面板中的“插入”按钮，将洗脸盆插入到图形中，如图 16-112 所示。

❹单击“默认”选项卡“绘图”面板中的“矩形”按钮，在卫生间右上角绘制矩形。

❺单击“默认”选项卡“修改”面板中的“偏移”按钮，将矩形向内偏移。

❻单击“默认”选项卡“修改”面板中的“倒角”按钮，对图形进行倒角处理，如图 16-113 所示。

❼单击“默认”选项卡“绘图”面板中的“圆”按钮，在矩形内绘制一个圆。

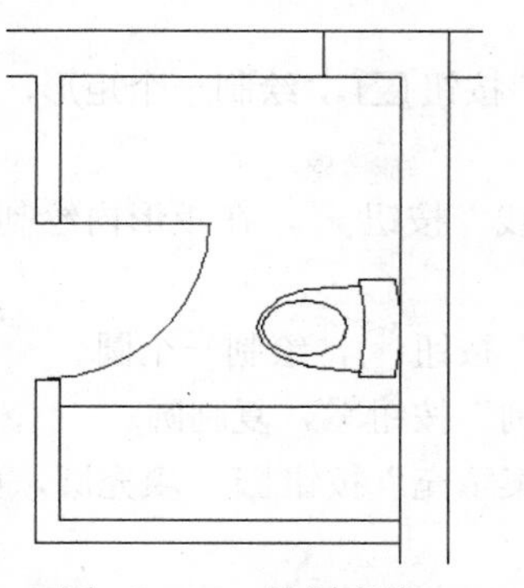
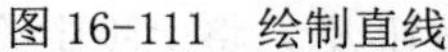
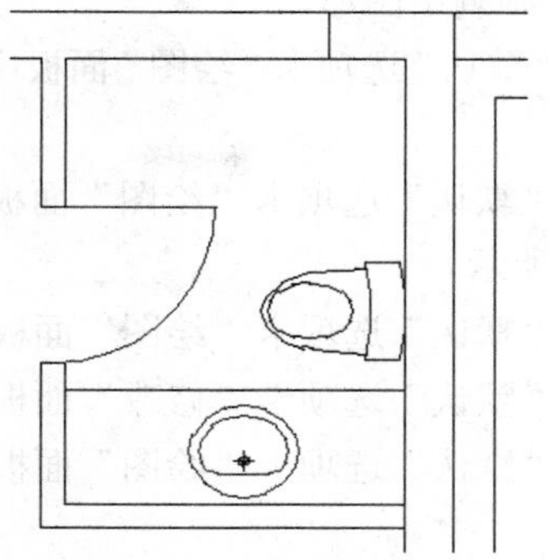

图 16-111　绘制直线　　　　图 16-112　插入洗脸盆

❽单击“默认”选项卡“绘图”面板中的“直线”按钮，细化图形，完成淋浴的绘制，如图 16-114 所示。

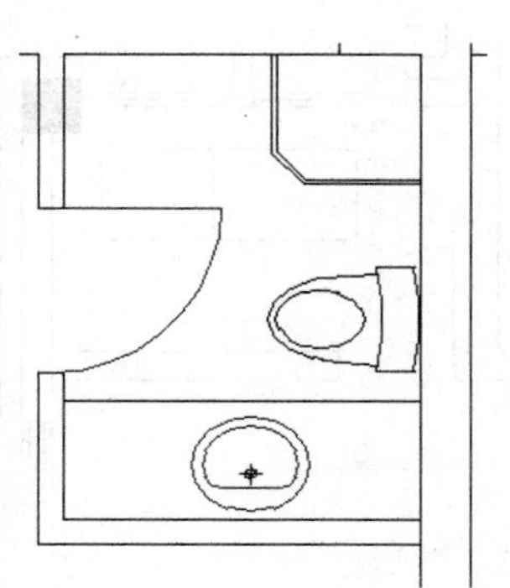
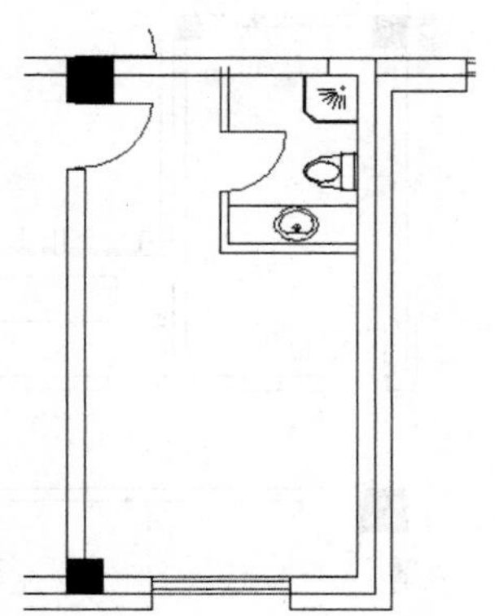

图 16-113　绘制倒角　　　　图 16-114　绘制淋浴

**02** 绘制消火栓。

❶在“图层”下拉列表中选择“设备”图层，将其设置为当前图层。

❷单击“默认”选项卡“修改”面板中的“复制”按钮，将楼梯处的消火栓复制到图中其他位置，如图 16-115 所示。

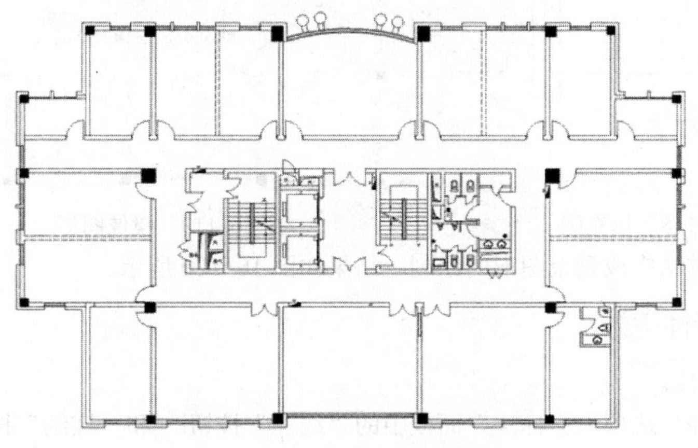

图 16-115　复制消火栓

**03** 绘制剩余图形。

❶单击“默认”选项卡“绘图”面板中的“矩形”按钮，绘制一个矩形，如图 16-116 所示。

❷单击“默认”选项卡“绘图”面板中的“直线”按钮，在矩形内绘制竖向直线，如图 16-117 所示。

❸单击“默认”选项卡“绘图”面板中的“圆”按钮，绘制一个圆。

❹单击“默认”选项卡“修改”面板中的“复制”按钮，复制圆。

❺单击“默认”选项卡“绘图”面板中的“图案填充”按钮，填充圆，如图 16-118 所示。

❻单击“默认”选项卡“修改”面板中的“镜像”按钮，将上步中绘制的图形镜像到另外一侧，如图 16-119 所示。

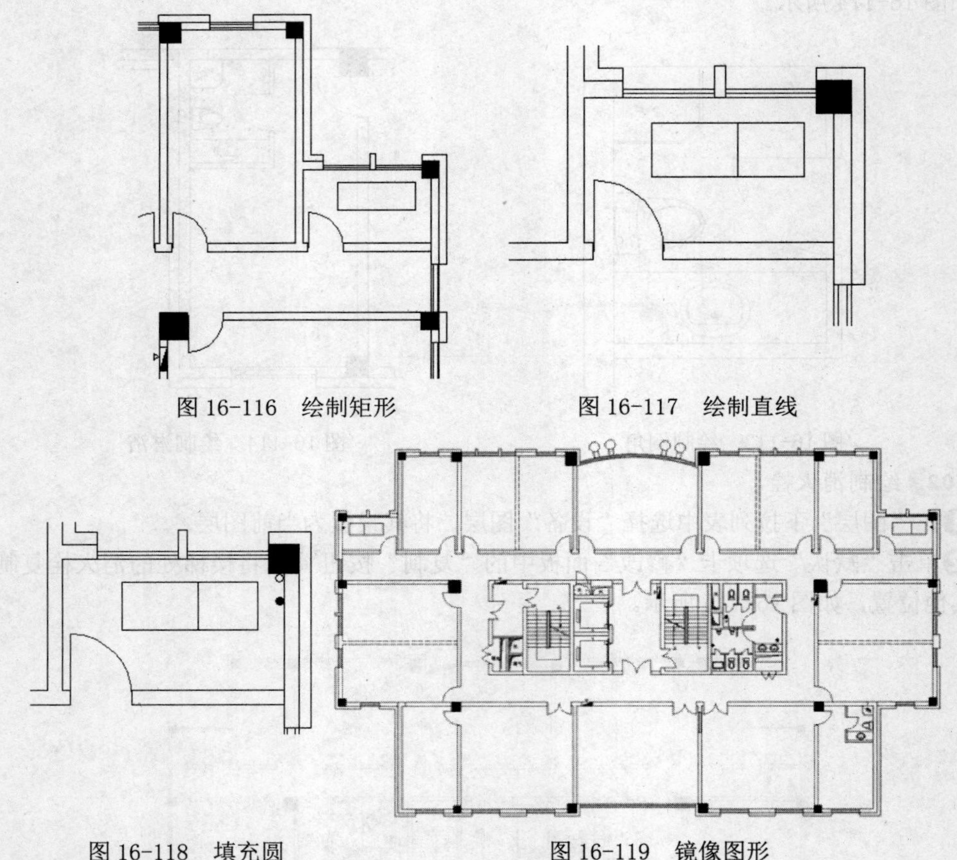

图 16-116 绘制矩形

图 16-117 绘制直线

图 16-118 填充圆

图 16-119 镜像图形

❼使用上述方法完成剩余图形的绘制，结果如图 16-120 所示。

## 16.2.4 平面标注

**01** 尺寸标注。

❶单击“注释”选项卡“标注”面板中的“线性”按钮和“连续”按钮，标注第一道尺寸，如图 16-121 所示。

❷单击“注释”选项卡“标注”面板中的“线性”按钮和“连续”按钮，标注第

二道尺寸，如图 16-122 所示。

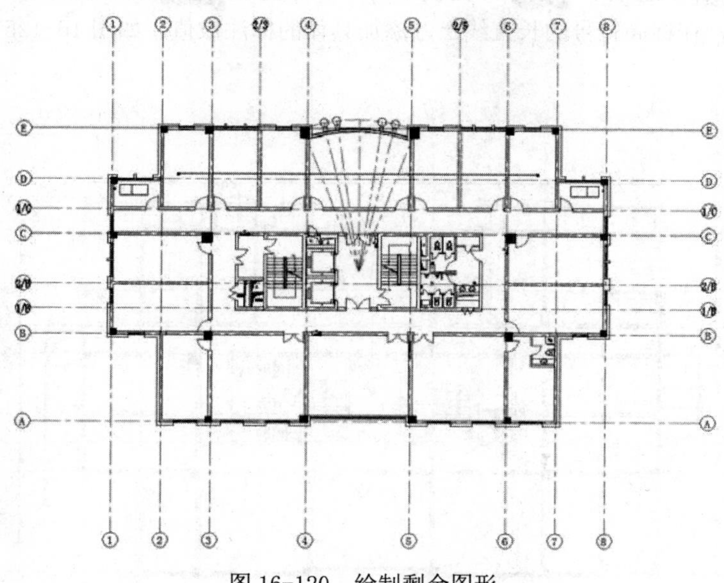

图 16-120　绘制剩余图形

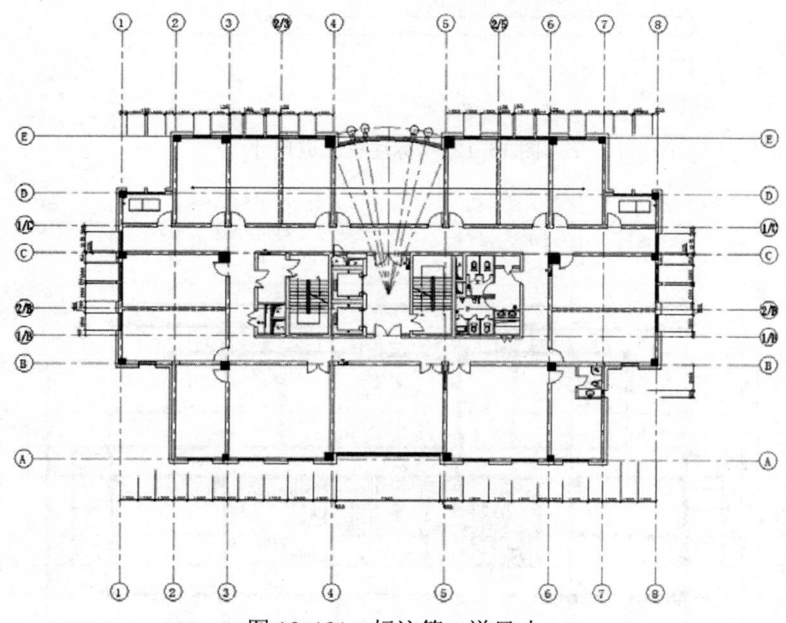

图 16-121　标注第一道尺寸

❸单击“注释”选项卡“标注”面板中的“线性”按钮，标注总尺寸，结果如图 16-123 所示。

❹单击“注释”选项卡“标注”面板中的“线性”按钮和“角度”按钮，标注细节尺寸，结果如图 16-124 所示。

**02** 平面标高。

❶单击“插入”选项卡“块”面板中的“插入”按钮，将已创建的图块插入到平面图中需要标高的位置。

❷单击“注释”选项卡“文字”面板中的“多行文字”按钮A，设置字体为“宋体”、文字高度为300，在标高符号的长直线上方添加具体的标注数值，如图16-125所示。

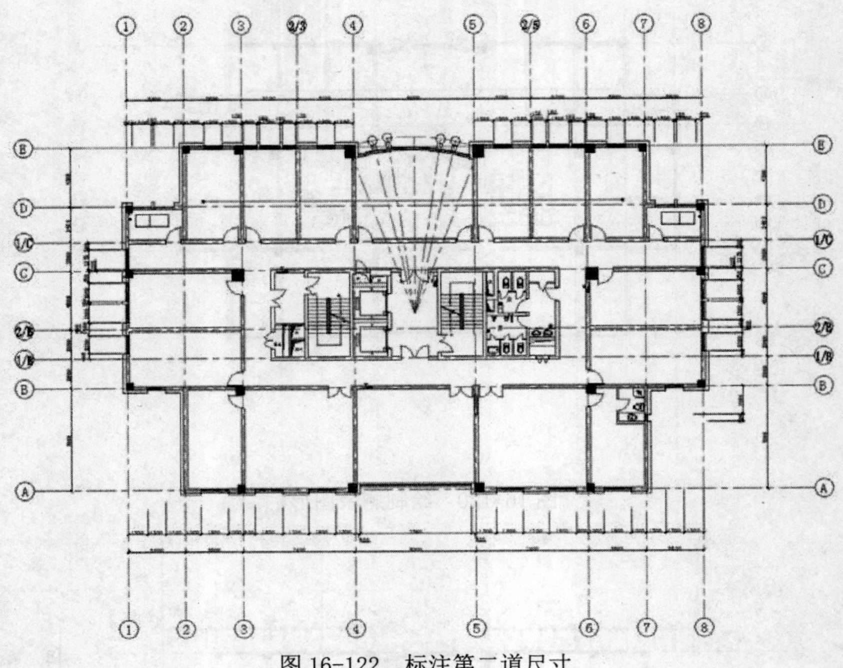


图16-122　标注第二道尺寸

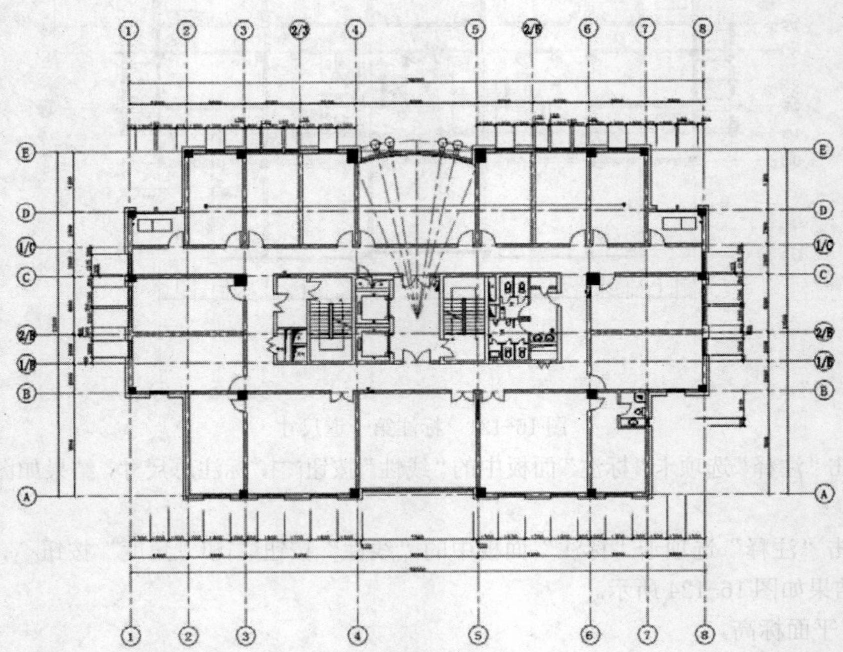


图16-123　标注总尺寸

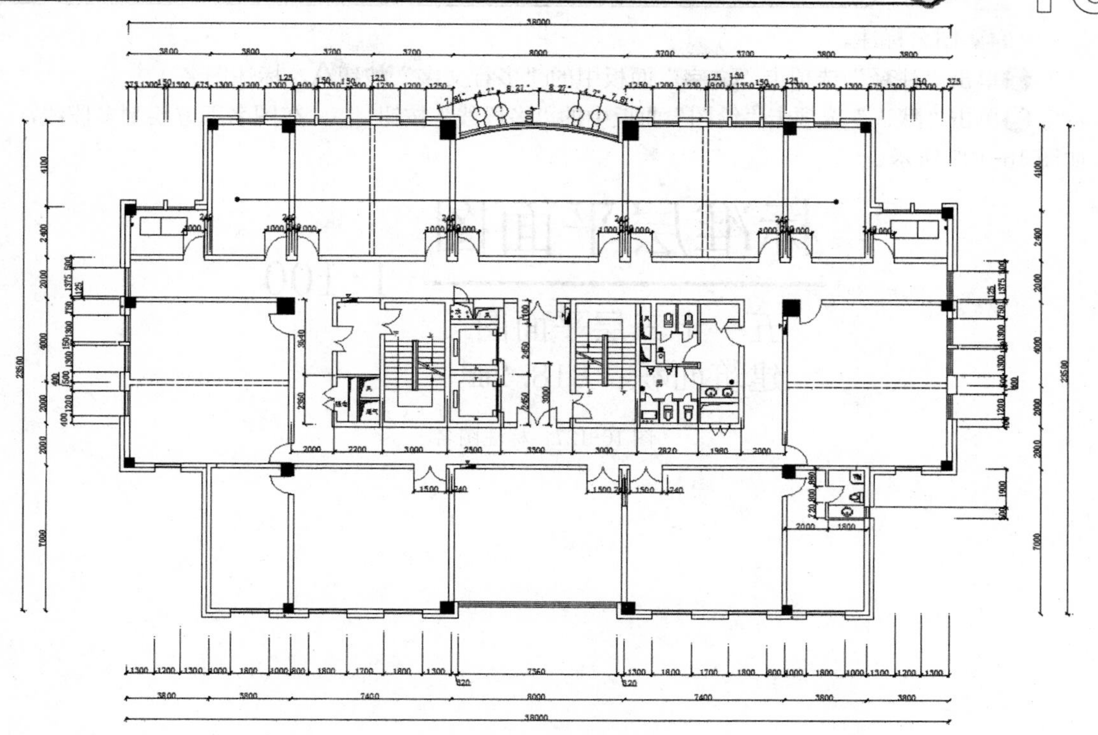

图 16-124　标注细节尺寸

03 文字标注。

❶在“图层”面板中选择“文字”图层，将其设置为当前图层。

❷单击“注释”选项卡“文字”面板中的“多行文字”按钮A，字体为“宋体”、文字高度为“300”，标注标准层平面中的文字说明，如图 16-126 所示。

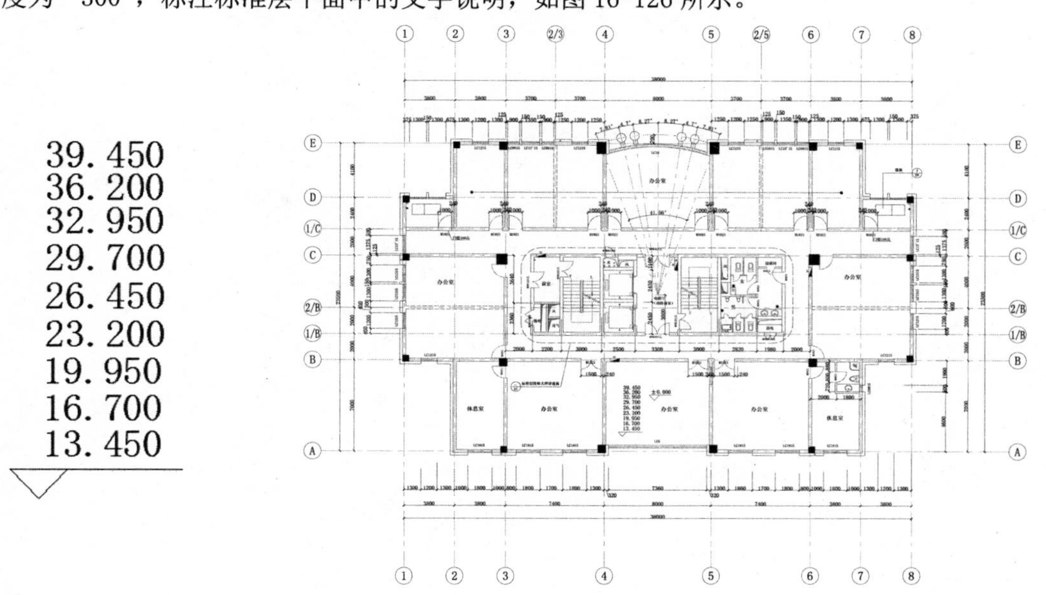


图 16-125　标注标高

图 16-126　标注文字

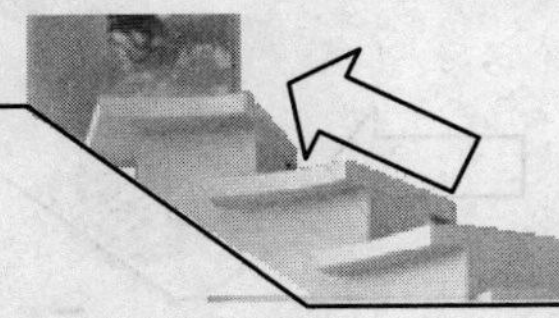



**04** 图名标注。

❶单击“注释”选项卡“文字”面板中的“多行文字”按钮A，标注图名。

❷单击“默认”选项卡“绘图”面板中的“多段线”按钮，在图名下方绘制多段线，如图 16-127 所示。

标准层平面图 1:100

五～十三层平面图

建筑面积：818.2m²

图 16-127　标注图名

# 第 17 章　办公大楼立面图

本章仍结合前一章中所引用的建筑实例——办公大楼平面图，对建筑立面图的绘制方法进行介绍。通过学习本章内容，读者应该掌握绘制建筑立面图的基本方法，并能够独立完成一栋建筑的立面图的绘制。

- ⑧～①轴立面图的绘制
- E～A 轴立面图的绘制

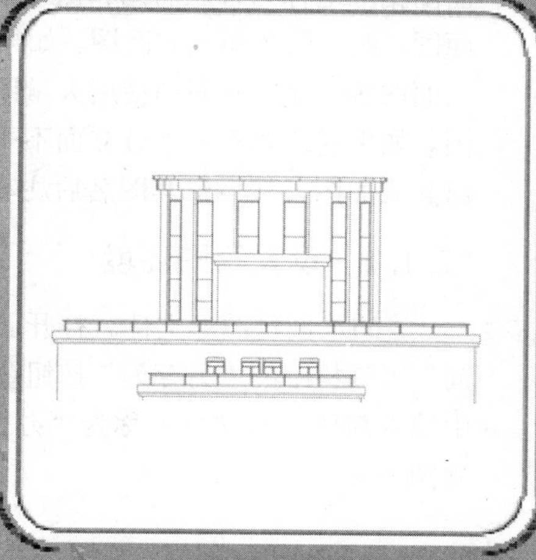

## 17.1 ⑧～①轴立面图的绘制

首先，根据已有平面图中提供的信息绘制该立面中各主要构件的定位辅助线，确定各主要构件的位置关系；接着，在已有辅助线的基础上，结合具体的标高数值绘制办公大楼的外墙及屋顶轮廓线；然后依次绘制台阶、门窗等建筑构件的立面轮廓以及其他建筑细部；最后添加立面标注，并对建筑表面的装饰材料和做法进行必要的文字说下面就按照这个思路绘制办公大楼的⑧～①轴立面图（如图17-1所示）。

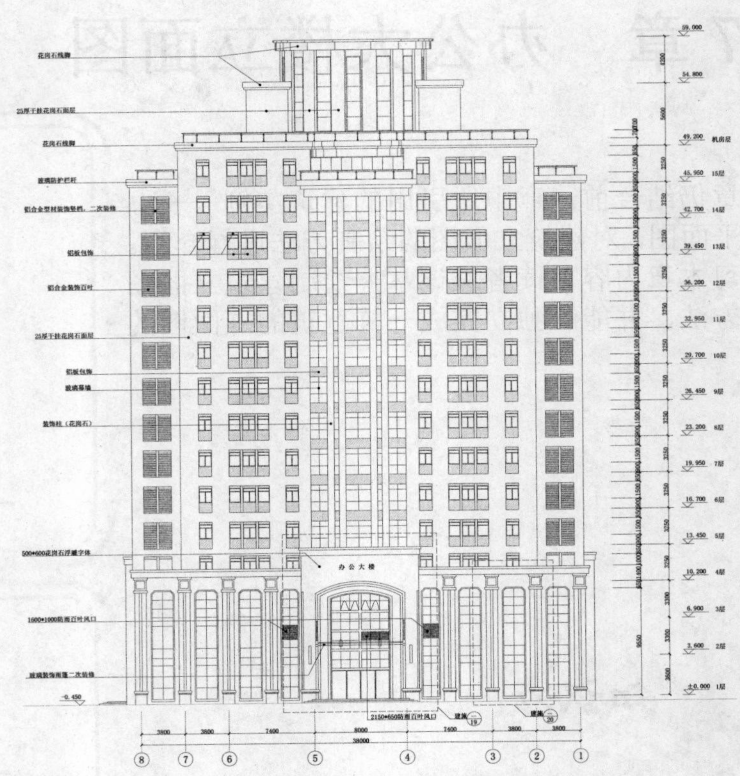

图17-1 办公大楼⑧～①轴立面图

立面图主要是反映房屋的外貌和立面装修的做法，这是因为建筑物给人的外表美感主要来至其立面的造型和装修。建筑立面图是用来进行研究建筑立面的造型和装修的。主要反映主要入口或是比较显著地反映建筑物外貌特征的一面的立面图叫做正立面图，其余的面的立面图相应地称为背立面图和侧立面图。如果按照房屋的朝向来分，可以称为南立面图、东立面图、西立面图和北立面图。如果按照轴线编号来分，也可以有①～⑧轴立面图、Ⓐ～Ⓔ轴立面图等。建筑立面图使用大量图例来表示很多细部，这些细部的构造和做法一般都另有详图。如果建筑物有一部分立面不平行于投影面，可以将这一部分展开到和投影面平行，再画出其立面图，然后在其图名后注写“展开”字样。

### 17.1.1 设置绘图环境

**01** 创建图形文件。打开已绘制的“办公大楼一层平面图.dwg”文件，单击“快速访问”工具栏中的“另存为”按钮，打开“图形另存为”对话框。在“文件名”下拉列表框中输入新的图形文件名称为“办公大楼⑧～①轴立面图.dwg”，然后单击“保存”按钮，建立图形文件。

**02** 清理图形元素。在平面图中，可作为立面图生成基础的图形元素只有外墙、台阶、立柱和外墙上的门窗等，而平面图中的其他元素对于立面图的绘制帮助很小，因此，有必要对平面图形进行选择性地清理。具体做法为：

❶单击“默认”选项卡“修改”面板中的“删除”按钮，删除平面图中的部分建筑设施。

❷单击主菜单，选择主菜单下的“图形实用工具”→“清理”命令，弹出“清理”对话框，如图 17-2 所示，清理图形文件中多余的图形元素。

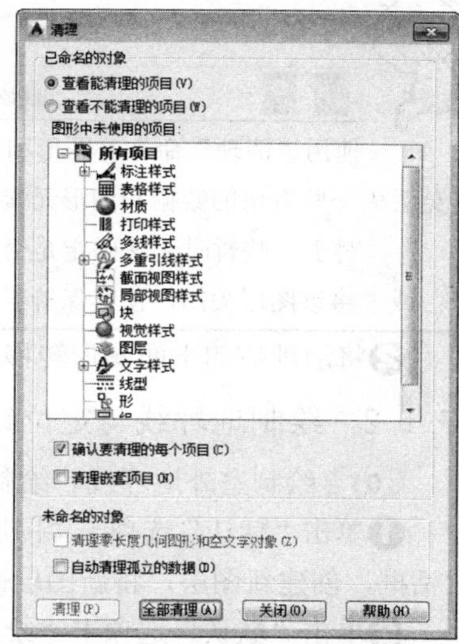


图17-2 “清理”对话框

❸单击“默认”选项卡“修改”面板中的“旋转”按钮，将平面图旋转 180°，如图 17-3 所示。

**03** 添加新图层。

❶单击“默认”选项卡“图层”面板中的“图层特性”按钮，打开“图层特性管理器”对话框，创建五个新图层，图层名称分别为“百叶”“地坪”和“屋顶轮廓线”，并分别对每个新图层的属性进行设置，如图 17-4 所示。

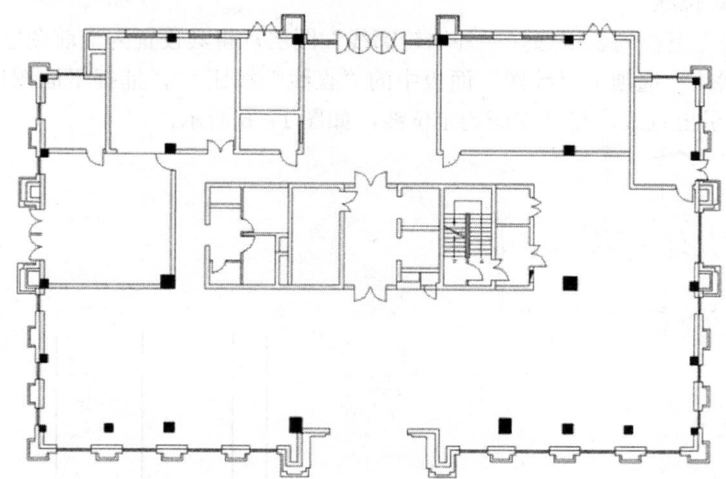

图17-3 旋转后的平面图形

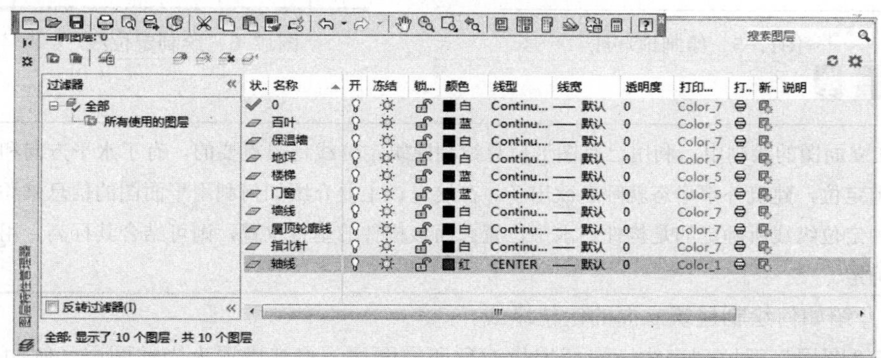


| 状… | 名称 | 开 | 冻结 | 锁… | 颜色 | 线型 | 线宽 | 透明度 | 打印… | 打… | 新… | 说明 |
|---|---|---|---|---|---|---|---|---|---|---|---|---|
| ✓ | 0 | | | | 白 | Continu… | —— 默认 | 0 | Color_7 | | | |
| | 百叶 | | | | 蓝 | Continu… | —— 默认 | 0 | Color_5 | | | |
| | 保温墙 | | | | 白 | Continu… | —— 默认 | 0 | Color_7 | | | |
| | 地坪 | | | | 白 | Continu… | —— 默认 | 0 | Color_7 | | | |
| | 楼梯 | | | | 蓝 | Continu… | —— 默认 | 0 | Color_5 | | | |
| | 门窗 | | | | 蓝 | Continu… | —— 默认 | 0 | Color_5 | | | |
| | 墙线 | | | | 白 | Continu… | —— 默认 | 0 | Color_7 | | | |
| | 屋顶轮廓线 | | | | 白 | Continu… | —— 默认 | 0 | Color_7 | | | |
| | 指北针 | | | | 白 | Continu… | —— 默认 | 0 | Color_7 | | | |
| | 轴线 | | | | 红 | CENTER | —— 默认 | 0 | Color_1 | | | |

图17-4 “图层特性管理器”对话框

注意

使用"清理"命令对图形和数据内容进行清理时，要确认该元素在当前图纸中确实毫无作用，避免丢失一些有用的数据和图形元素。

对于一些暂时无法确定是否该清理的图层，可以先将其保留，仅删去该图层中无用的图形元素；或者将该图层关闭，使其保持不可见状态，待整个图形文件绘制完成后再进行选择性地清理。

❷将清理后的平面图形转移到"辅助线"图层。

### 17.1.2　绘制地坪线与定位线

**01** 绘制室外地坪线。绘制建筑的立面图时，首先要绘制一条地坪线。

❶单击"默认"选项卡"图层"面板中的"图层特性"按钮，打开"图层特性管理器"对话框，创建新图层，将新图层命名为"地坪线"，并将其设置为当前图层。

❷单击"默认"选项卡"绘图"面板中的"直线"按钮，在如图 17-3 所示的平面图形下方绘制一条水平线段，将该线段作为办公大楼的地坪线，并设置其线宽为 0.30mm，如图 17-5 所示。

**02** 绘制定位线

❶在"图层"下拉列表中选择"外墙轮廓线"图层，将其设置为当前图层。

❷单击"默认"选项卡"绘图"面板中的"直线"按钮，捕捉平面图形中的各外墙交点，垂直向下引出直线，得到立面的定位线，如图 17-6 所示。

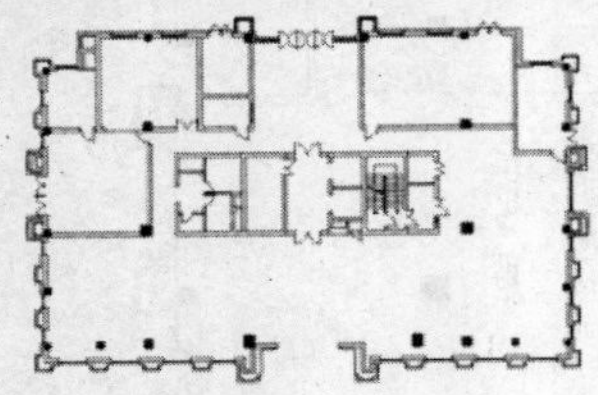

图17-5　绘制地坪线

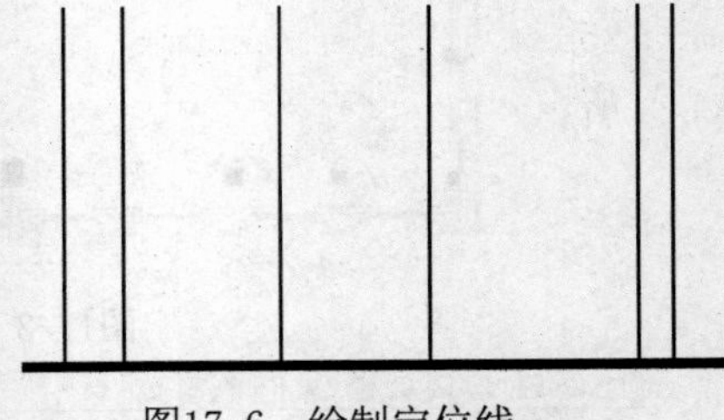

图17-6　绘制定位线

注意

在立面图的绘制中，利用已有图形信息绘制建筑定位线是很重要的。有了水平方向和垂直方向上的双重定位，建筑外部形态就呼之欲出了。在这里，主要介绍如何利用平面图的信息来添加定位纵线，这种定位纵线所确定的是构件的水平位置；而该构件的垂直位置，则可结合其标高，用偏移基线的方法确定。

下面介绍如何绘制建筑立面的定位纵线。

❶在"图层"下拉列表中，选择定位对象所属图层，将其设置为当前图层（例如，当定位门窗位置时，应先将"门窗"图层设为当前图层，然后在该图层中绘制具体的门窗定位线）。

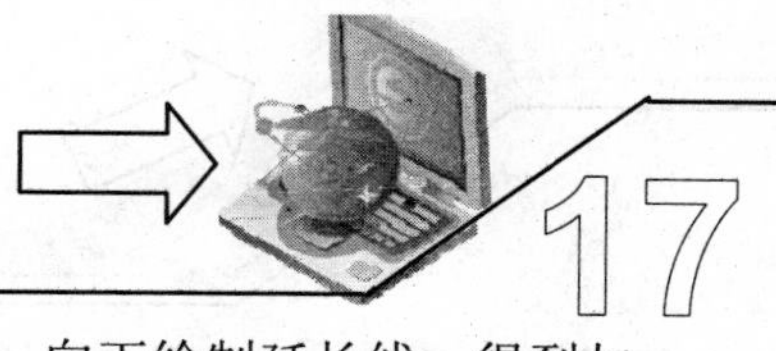


❷选择“直线”命令╱，捕捉平面基础图形中的各定位点，向下绘制延长线，得到与水平方向垂直的立面定位线，如图 17-7 所示。

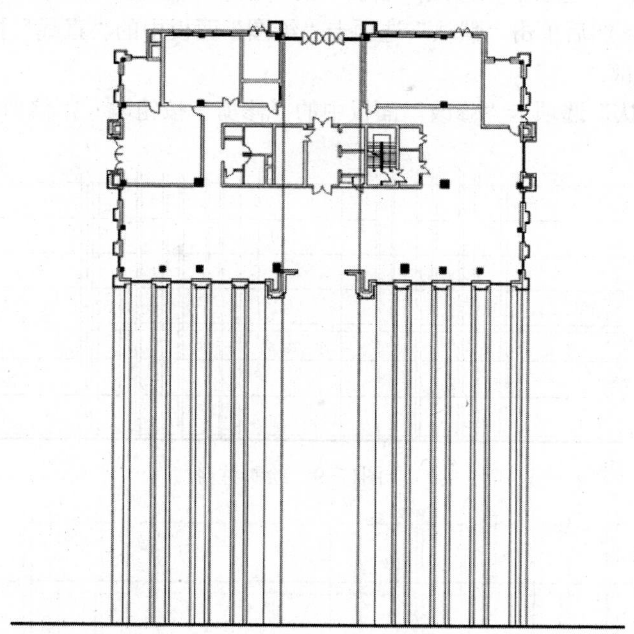

图17-7　由平面图生成立面定位线

### 17.1.3　绘制立柱

**01** 绘制立柱。

❶单击“默认”选项卡“修改”面板中的“偏移”按钮，将地平线向上偏移 450mm、3600mm、3300mm、3300mm、3250mm、3250mm、3250mm、3250mm、3250mm、3250mm、3250mm、3250mm、3250mm、3250mm、3250mm、3250mm、5600mm 和 4200mm，完成水平辅助线的绘制，如图 17-8 所示。

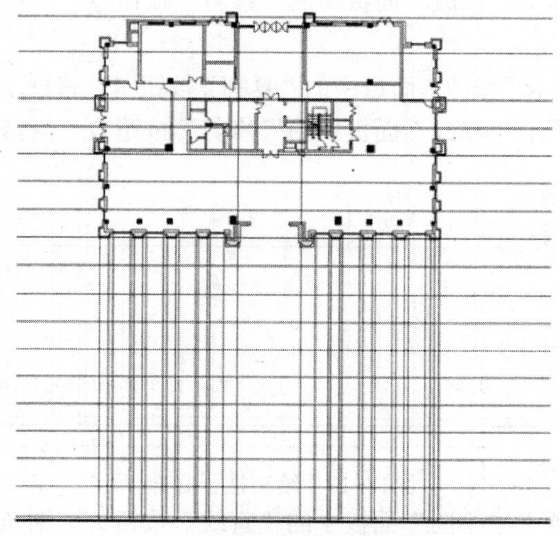

图17-8　绘制水平辅助线

❷单击“默认”选项卡“修改”面板中的“偏移”按钮，将地平线向上偏移 10000mm，

然后单击“默认”选项卡“绘图”面板中的“直线”按钮，绘制柱身，如图 17-9 所示。

❸单击“默认”选项卡“修改”面板中的“偏移”按钮，将上步偏移后的直线继续向上偏移 1350mm，然后单击“默认”选项卡“绘图”面板中的“直线”按钮 和“矩形”按钮 ，绘制柱子顶部。

❹单击“默认”选项卡“修改”面板中的“修剪”按钮，修剪掉图中多余的线段，如图 17-10 所示。

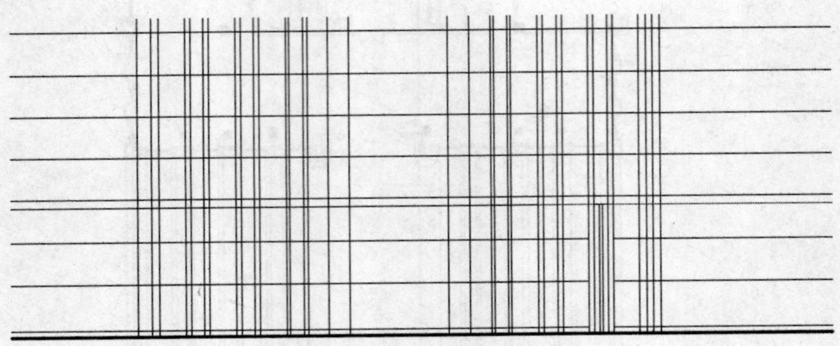

图17-9 绘制柱身

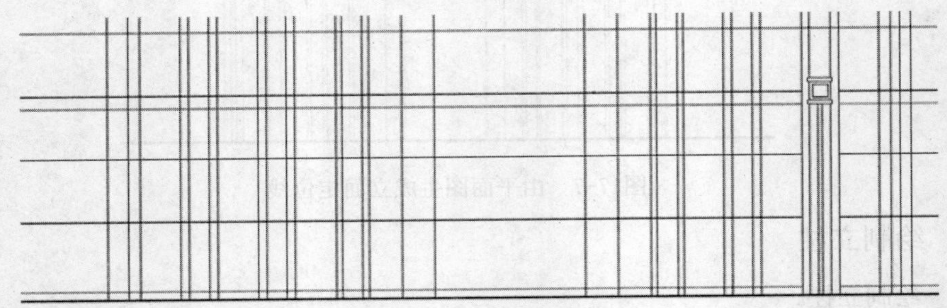

图17-10 绘制柱子顶部

❺单击“默认”选项卡“绘图”面板中的“直线”按钮和“矩形”按钮，绘制柱子底部。

❻单击“默认”选项卡“修改”面板中的”修剪”按钮，修剪掉图中多余的线段，如图 17-11 所示。

❼单击“默认”选项卡“修改”面板中的“复制”按钮，将柱子复制到图中其他位置。

❽单击“默认”选项卡“修改”面板中的”修剪”按钮，修剪掉图中多余的线段，如图 17-12 所示。

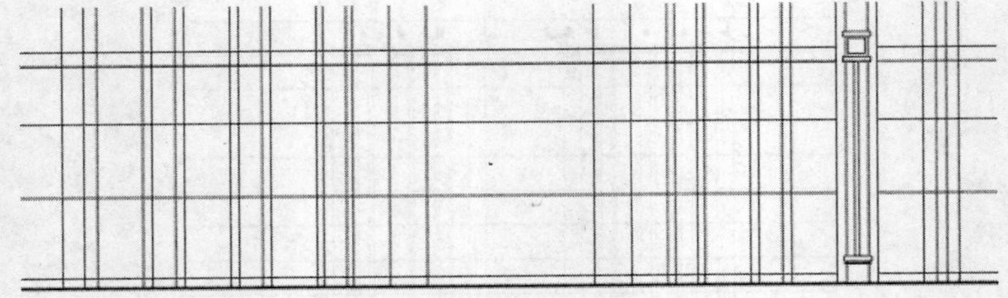

图17-11 绘制柱子底部

❾单击“默认”选项卡“绘图”面板中的“直线”按钮，补充绘制定位线。

❿单击“默认”选项卡“绘图”面板中的“直线”按钮，绘制两侧的柱子，然后单

击“默认”选项卡“修改”面板中的“修剪”按钮 -/--，修剪掉图中多余的线段，结果如图 17-13 所示。

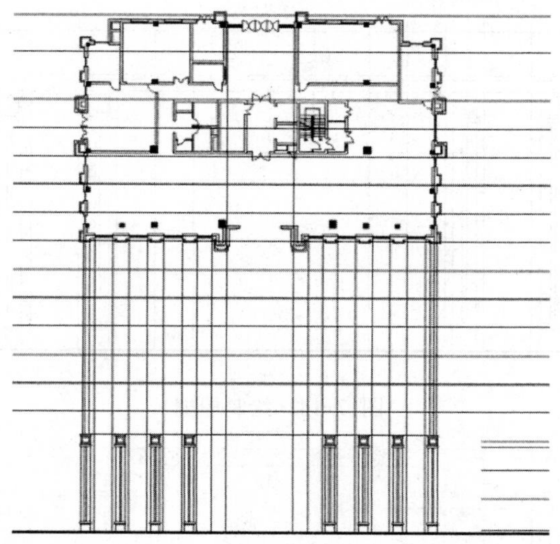

图17-12　复制柱子

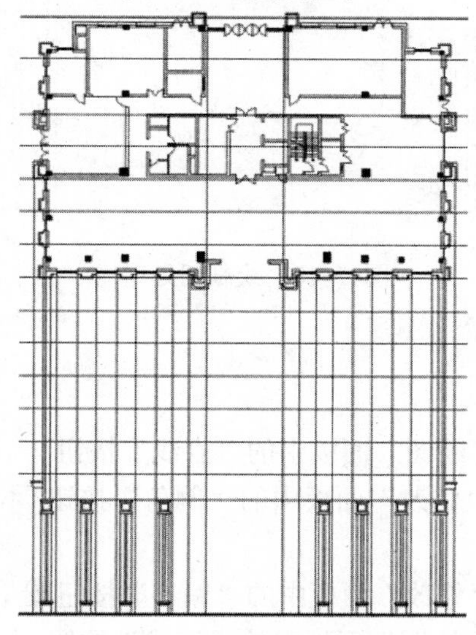

图17-13　完成柱子绘制

**02** 绘制底层屋檐。

❶单击“默认”选项卡“修改”面板中的“偏移”按钮，将地平线向上偏移 12050mm，作为屋檐的顶部。

❷单击“默认”选项卡“修改”面板中的“偏移”按钮，将上步偏移后的直线依次向下偏移，然后单击“默认”选项卡“修改”面板中的”修剪”按钮 -/--，修剪图形，结果如图 17-14 所示。

❸单击“默认”选项卡“修改”面板中的“偏移”按钮，将上步绘制的屋檐线向上偏移 1850mm，然后单击“默认”选项卡“绘图”面板中的“直线”按钮，绘制门处的屋檐轮廓线。

❹单击“默认”选项卡“修改”面板中的”修剪”按钮-/--，修剪图形，结果如图 17-15 所示。

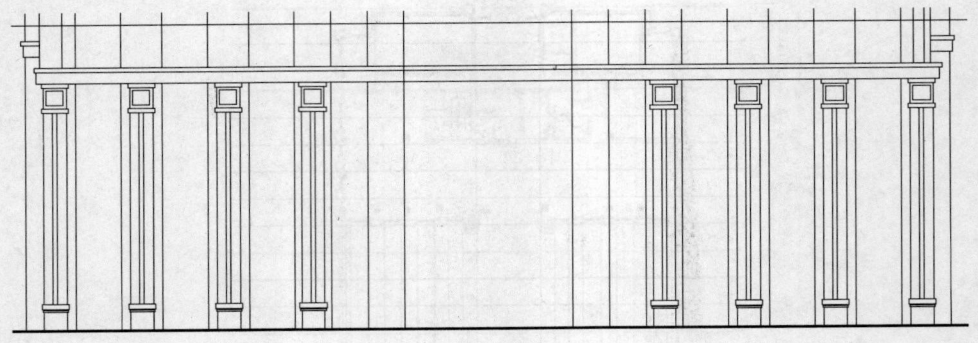

图17-14　绘制屋檐

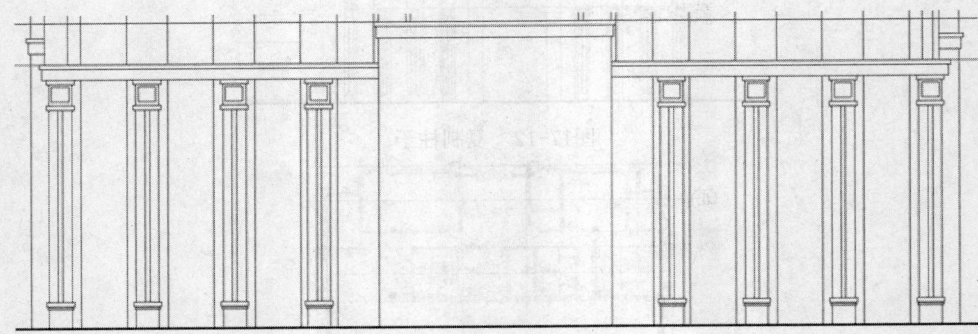

图17-15　绘制门处屋檐

## 17.1.4　绘制立面门窗

**01** 绘制底层玻璃窗。

❶单击“默认”选项卡“绘图”面板中的“直线”按钮╱，绘制窗户轮廓线。

❷单击“默认”选项卡“修改”面板中的“倒角”按钮◿，对窗户轮廓线进行倒角处理，如图 17-16 所示。

❸单击“默认”选项卡“修改”面板中的“偏移”按钮⊆，向内偏移直线。

❹单击“默认”选项卡“绘图”面板中的“直线”按钮╱，细化玻璃窗，如图 17-17 所示。

❺单击“默认”选项卡“修改”面板中的“复制”按钮♾，将玻璃窗复制到图中其他位置，如图 17-18 所示。

**02** 绘制防雨百叶风口。

❶单击“默认”选项卡“图层”面板中的“图层特性”按钮▤，打开“图层特性管理器”对话框，新建“百叶”图层，其属性默认，并将设置为当前层。

❷单击“默认”选项卡“修改”面板中的“偏移”按钮⊆，偏移直线，如图 17-19 所示。

❸单击“默认”选项卡“修改”面板中的“复制”按钮♾，将左侧绘制的百叶复制到右侧，如图 17-20 所示。

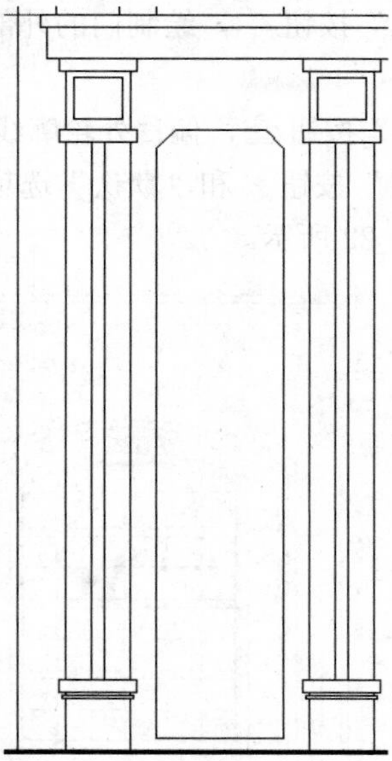

图17-16　绘制倒角

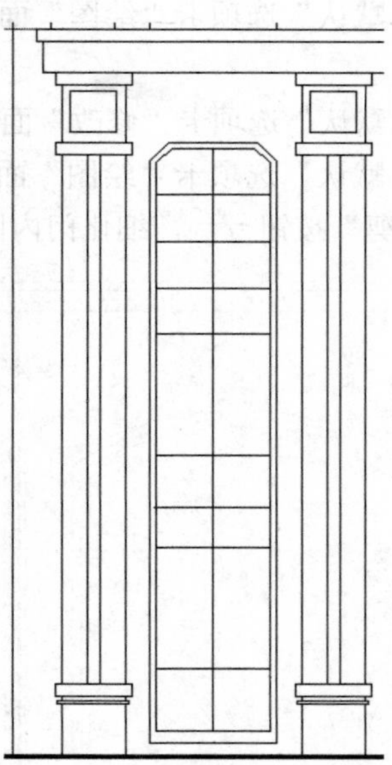

图17-17　绘制玻璃窗

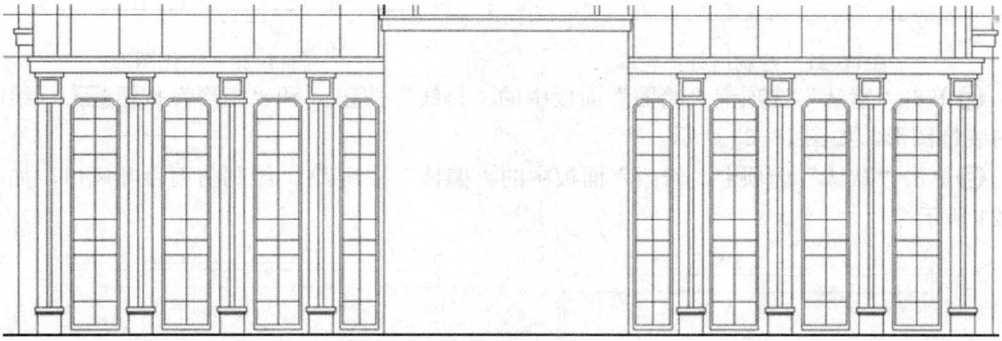

图17-18　复制玻璃窗

**03** 绘制门。

❶单击“默认”选项卡“绘图”面板中的“直线”按钮 和“默认”选项卡“修改”面板中的“修剪”按钮 ，绘制门两侧的柱子。

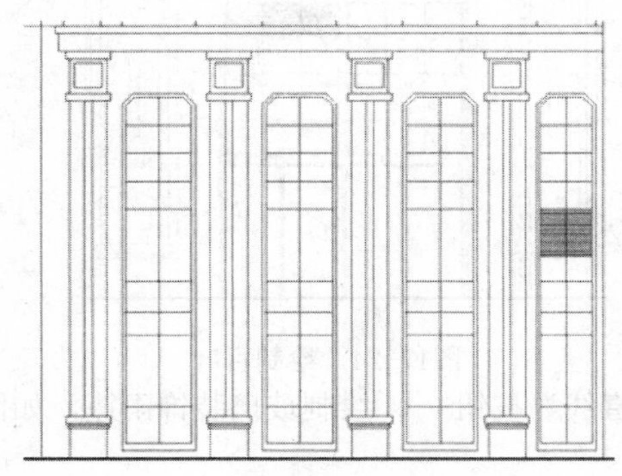

图17-19　绘制百叶

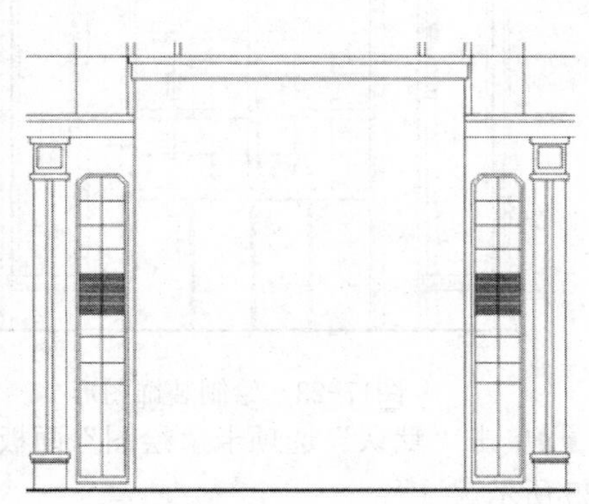

图17-20　复制百叶

❷单击“默认”选项卡“绘图”面板中的“圆弧”按钮，绘制门的外部轮廓，如图 17-21 所示。

❸单击“默认”选项卡“修改”面板中的“偏移”按钮，偏移外轮廓线。

❹单击“默认”选项卡“绘图”面板中的“直线”按钮和“默认”选项卡“修改”面板中的“修剪”按钮，细化门内图形，如图 17-22 所示。

图17-21　绘制门外部轮廓

图17-22　细化图形

❺单击“默认”选项卡“绘图”面板中的“直线”按钮和“矩形”按钮，绘制门内装饰图形，如图 17-23 所示。

❻单击“默认”选项卡“修改”面板中的“偏移”按钮，绘制防雨百叶风口，如图 17-24 所示。

图17-23　绘制装饰图形

图17-24　绘制百叶

❼单击“默认”选项卡“绘图”面板中的“直线”按钮，绘制玻璃装饰雨篷，如图 17-25 所示。

**04** 绘制台阶。

❶单击“默认”选项卡“图层”面板中的“图层特性”按钮，打开“图层特性管理器”对话框，新建“台阶”图层，其属性默认，并将设置为当前层。

❷单击“默认”选项卡“绘图”面板中的“直线”按钮，绘制台阶，如图 17-26 所示。

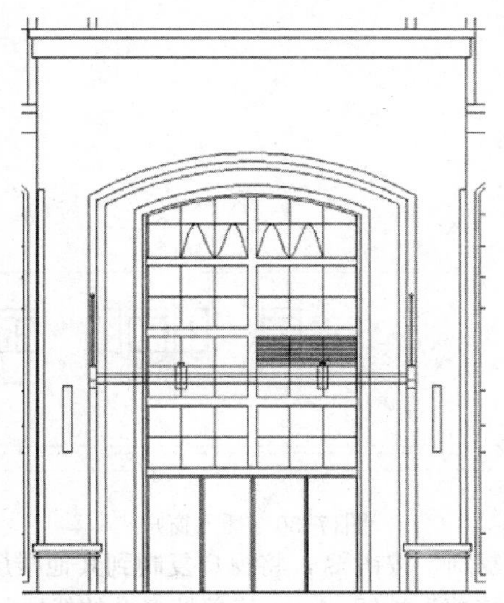
图17-25 绘制玻璃装饰雨篷

图17-26 绘制台阶

❸使用上述方法绘制其他位置处的台阶，如图 17-27 所示。

图17-27 完成台阶绘制

**05** 绘制其他楼层的窗户。

❶在“图层”下拉列表中选择“门窗”图层，将其设置为当前图层。

❷单击“默认”选项卡“修改”面板中的“偏移”按钮，将门处的屋檐轮廓线向上偏移 2400mm，绘制一条辅助线。

❸单击“默认”选项卡“绘图”面板中的“矩形”按钮，根据辅助线绘制窗户的外轮廓。

❹单击“默认”选项卡“绘图”面板中的“直线”按钮和“默认”选项卡“修改”面板中的“修剪”按钮，完成窗户的绘制，如图 17-28 所示。

❺单击“默认”选项卡“绘图”面板中的“图案填充”按钮，打开“图案填充创建”对话框，设置图案填充图案为“DOTS”图案，图案填充角度为 45°，填充图案比例为 50，填充窗户，如图 17-29 所示。

❻单击“插入”选项卡“定义块”面板中的“创建块”按钮，将绘制的窗户创建为块。

❼单击“插入”选项卡“块”面板中的“插入”按钮，将窗户插入到图中，如图17-30所示。

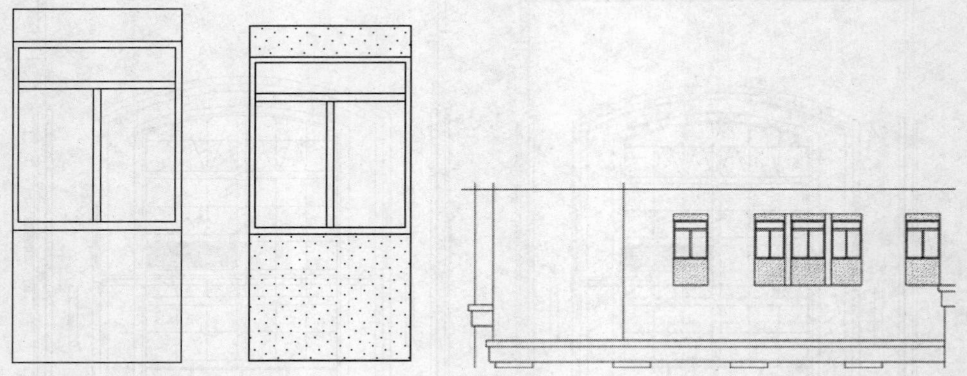

图17-28 绘制窗户　图17-29 填充窗户　图17-30 插入窗户

❽单击“默认”选项卡“修改”面板中的“复制”按钮，将窗户复制到其他楼层中。

❾单击“默认”选项卡“修改”面板中的“修剪”按钮-/--，修剪掉多余的线段。

❿单击“默认”选项卡“修改”面板中的“镜像”按钮，将左侧绘制的窗户镜像到另外一侧，结果如图17-31所示。

**06** 绘制铝合金装饰百叶窗。

❶在“图层”下拉列表中选择“百叶”图层，将其设置为当前图层。

❷单击“默认”选项卡“修改”面板中的“复制”按钮，复制窗户，复制两次，然后单击“默认”选项卡“绘图”面板中的“直线”按钮╱，将两个窗户连接起来。

❸单击“默认”选项卡“修改”面板中的“删除”按钮和“修剪”按钮-/--，修整窗户，如图17-32所示。

❹单击“默认”选项卡“修改”面板中的“偏移”按钮，依次向下偏移，完成百叶的绘制。

❺单击“默认”选项卡“绘图”面板中的“图案填充”按钮，打开“图案填充创建”对话框，设置图案填充图案为“DOTS”图案，图案填充角度为45°，填充图案比例为50，填充图形，结果如图17-33所示。

❻单击“默认”选项卡“修改”面板中的“复制”按钮，将百叶窗复制到其他楼层中。

❼单击“默认”选项卡“修改”面板中的“修剪”按钮-/--，修剪掉多余的线段。

❽单击“默认”选项卡“修改”面板中的“镜像”按钮，将左侧绘制的百叶窗镜像到另外一侧，结果如图17-34所示。

**07** 绘制玻璃幕墙。

❶单击“默认”选项卡“绘图”面板中的“直线”按钮╱和“默认”选项卡“修改”面板中的“修剪”按钮-/--，绘制玻璃幕墙，如图17-35所示。

❷单击“默认”选项卡“绘图”面板中的“图案填充”按钮▦，打开“图案填充创建”选项卡，设置图案填充图案为“DOTS”图案，图案填充角度为 45°，填充图案比例为 50，填充幕墙，如图 17-36 所示。

图17-31　镜像窗户

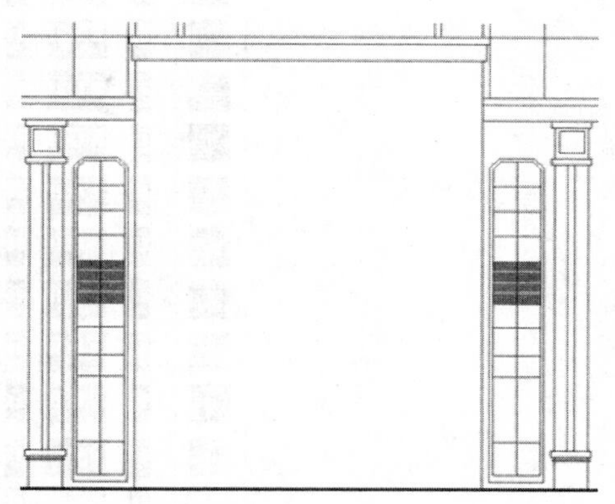

图17-32　修整窗户

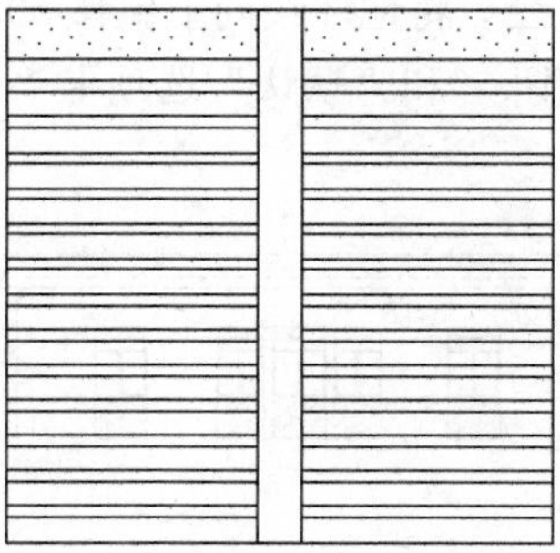

图17-33　绘制百叶窗

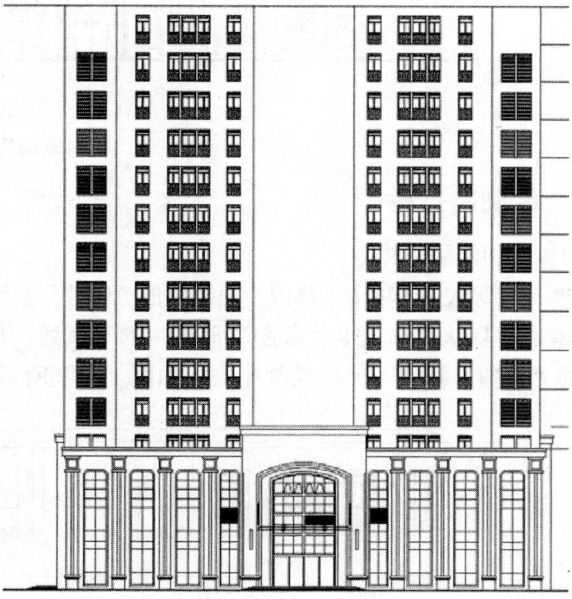

图17-34　镜像百叶窗

图17-35　绘制玻璃幕墙

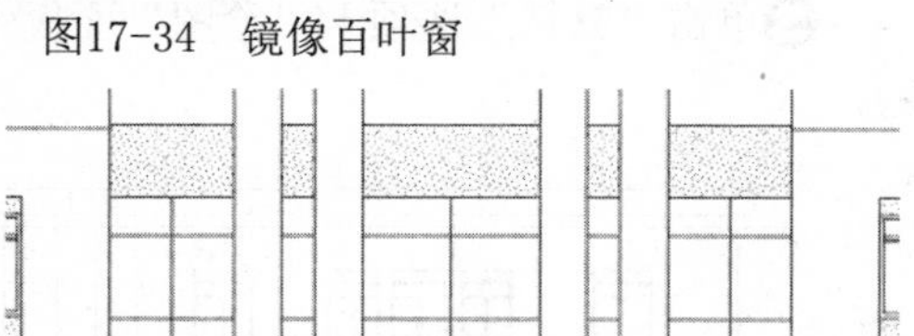

图17-36　填充幕墙

❸单击“默认”选项卡“修改”面板中的“复制”按钮，将玻璃幕墙复制到图中其他楼层中，结果如图 17-37 所示。

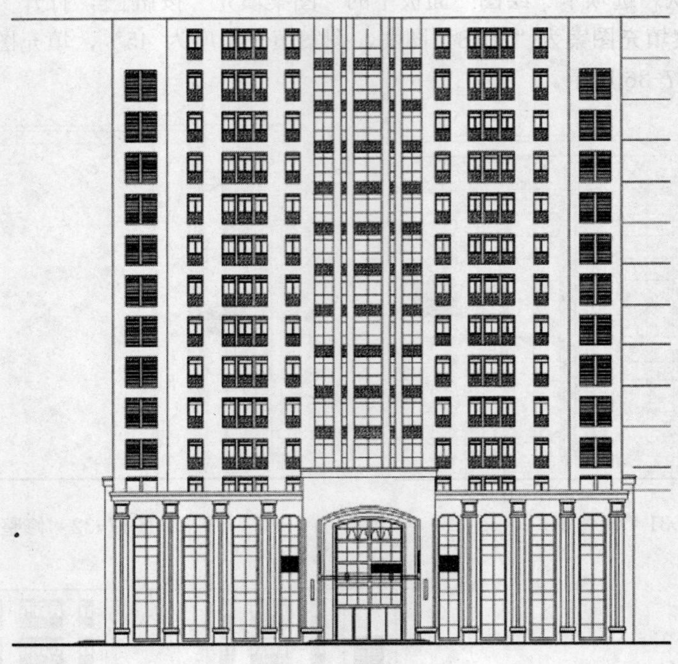

图17-37　复制玻璃幕墙

### 17.1.5　绘制防护栏杆

**01** 绘制顶层屋檐。

❶单击“默认”选项卡“修改”面板中的“偏移”按钮，将地坪线向上偏移50300mm。

❷单击“默认”选项卡“绘图”面板中的“直线”按钮和“默认”选项卡“修改”面板中的“修剪”按钮，绘制屋檐，如图17-38所示。

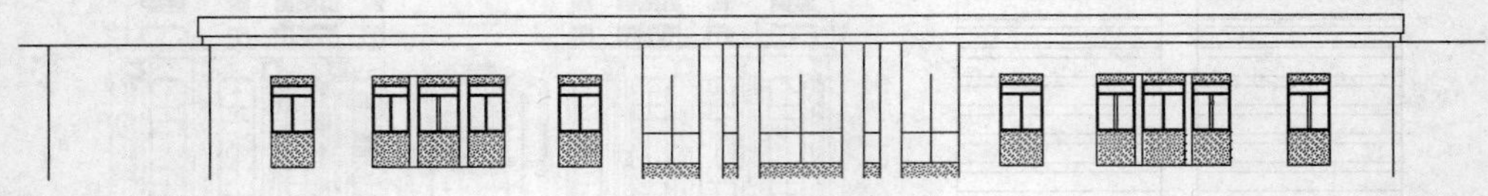

图17-38　绘制屋檐

❸单击“默认”选项卡“绘图”面板中的“直线”按钮，细化图形，如图17-39所示。

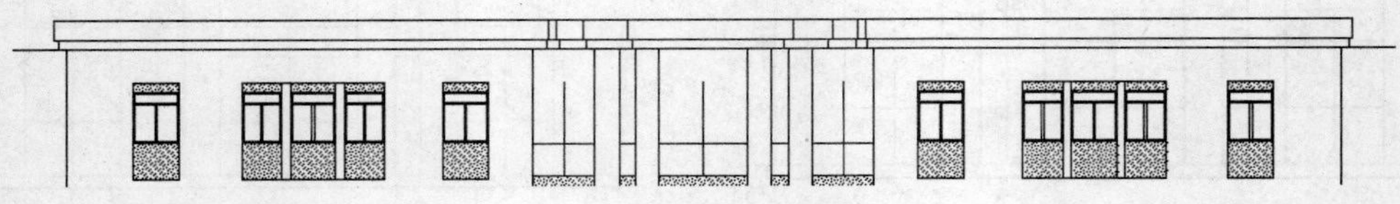

图17-39　细化屋檐

**02** 绘制栏杆。

❶单击“默认”选项卡“修改”面板中的“偏移”按钮，将屋檐外侧直线向上偏移700mm。

❷单击“默认”选项卡“绘图”面板中的“直线”按钮╱和“默认”选项卡“修改”面板中的“修剪”按钮-/--，绘制防护栏杆。

❸单击“默认”选项卡“绘图”面板中的“圆”按钮⊙，细化图形，结果如图 17-40 所示。

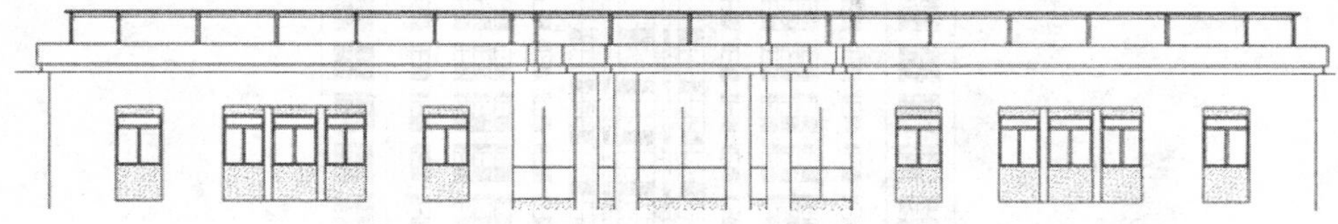

图17-40 绘制防护栏杆

❹使用上述方法，绘制图中其他位置处的屋檐和防护栏杆，结果如图 17-41 所示。

图17-41 绘制屋檐和防护栏杆

## 17.1.6 绘制顶层

**01** 绘制屋檐。

❶单击“默认”选项卡“绘图”面板中的“直线”按钮╱和“默认”选项卡“修改”面板中的“修剪”按钮-/--，绘制屋檐，如图 17-42 所示。

❷单击“默认”选项卡“绘图”面板中的“直线”按钮╱，细化屋檐，如图 17-43 所示。

**02** 绘制窗户。

❶单击“默认”选项卡“绘图”面板中的“直线”按钮╱，引出竖向直线，如图 17-44 所示。

❷单击“默认”选项卡“修改”面板中的“偏移”按钮⊆，将直线向内偏移。

❸单击“默认”选项卡“绘图”面板中的“直线”按钮╱，细化图形。

❹单击“默认”选项卡“修改”面板中的“修剪”按钮-/--，修剪掉多余的直线，如图 17-45 所示。

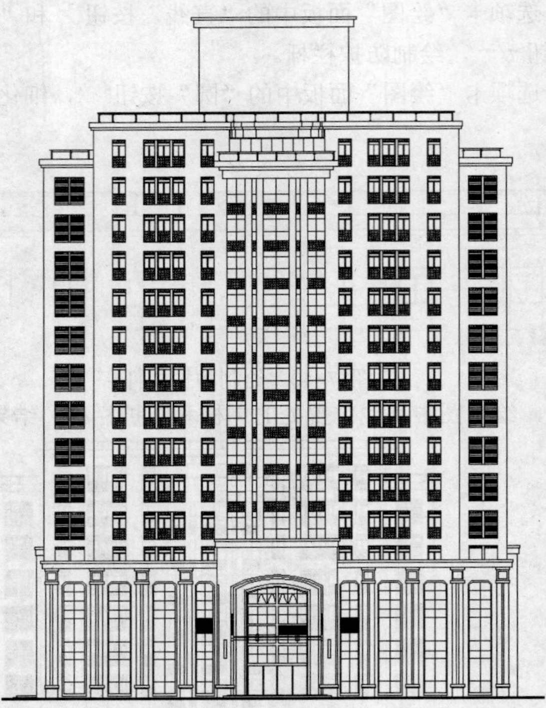
图17-42　绘制顶层屋檐

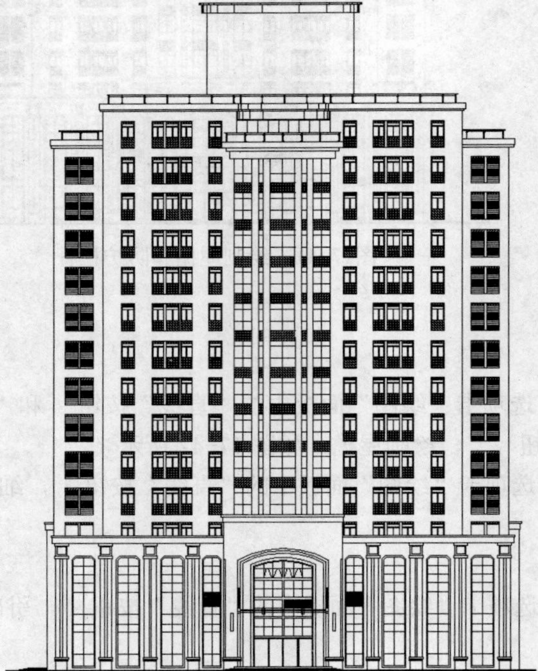
图17-43　细化屋檐

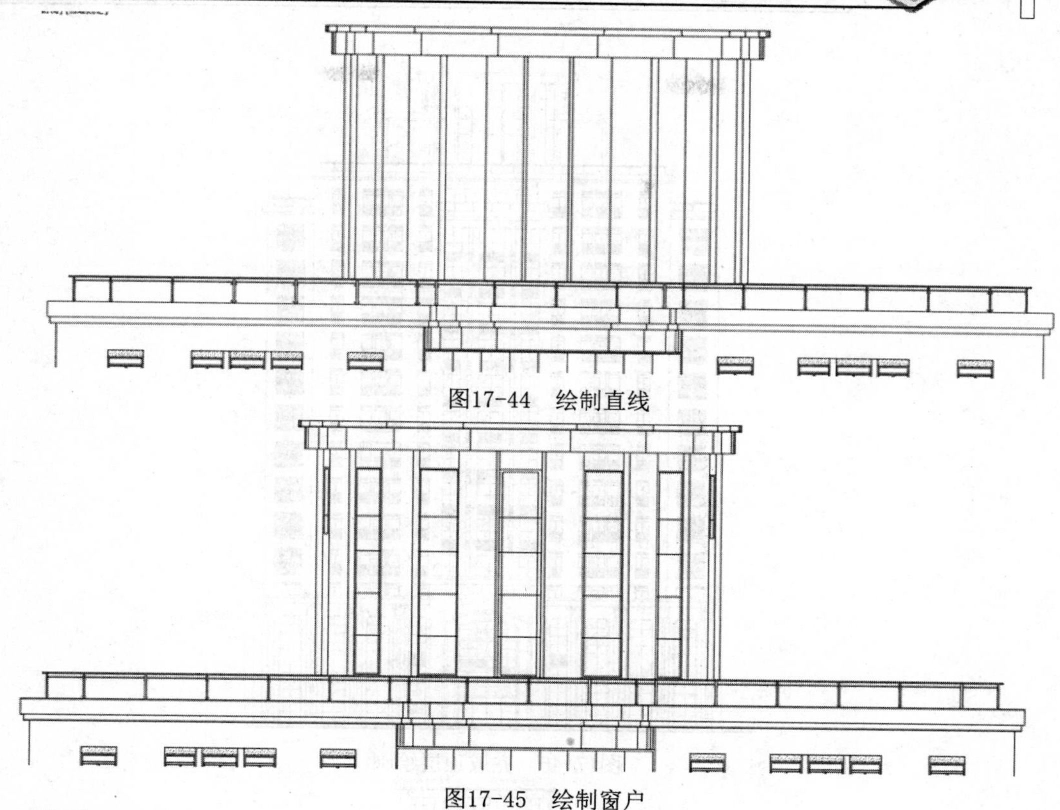

图17-44　绘制直线

图17-45　绘制窗户

**03** 绘制墙体。

❶单击“默认”选项卡“绘图”面板中的“直线”按钮，绘制墙体。

❷单击“默认”选项卡“修改”面板中的“修剪”按钮，修剪多余直线，如图 17-46 所示。

### 17.1.7　立面标注

在绘制办公大楼的立面图时，通常要将建筑外表面基本构件的材料和做法用文字表示出来，在建筑立面的一些重要位置应绘制立面标高。

**01** 尺寸标注。

❶单击“默认”选项卡“图层”面板中的“图层特性”按钮，打开“图层特性管理器”对话框，新建“标注”图层，其属性默认，并将设置为当前层。

❷单击“默认”选项卡“修改”面板中的“复制”按钮，将一层平面图中的轴线和轴号复制到立面图中，如图 17-47 所示。

❸单击“注释”选项卡“标注”面板中的“线性”按钮和“连续”按钮，标注立面图，如图 17-48 所示。

**02** 标高标注。

❶单击“默认”选项卡“绘图”面板中的“直线”按钮，绘制标高。

❷单击“注释”选项卡“文字”面板中的“多行文字”按钮A，输入标高数值，结果如图 17-49 所示。

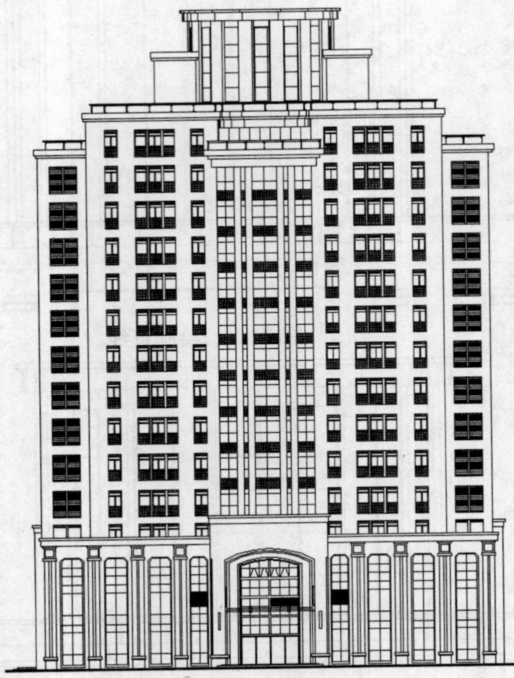

图17-46　完成顶层绘制

图17-47　复制轴号

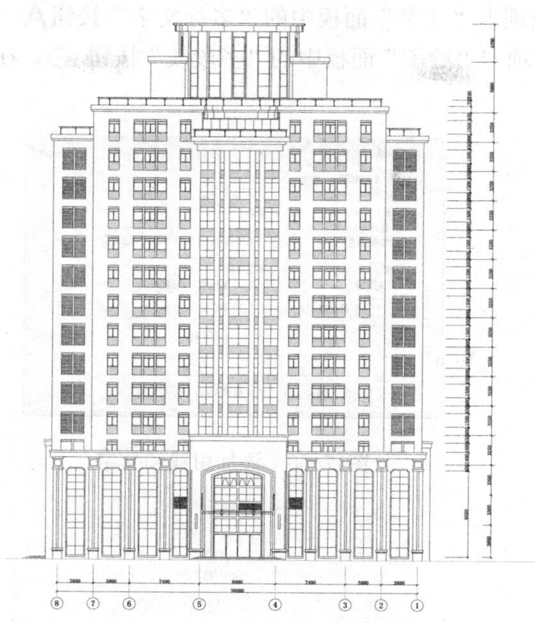

图17-48　标注尺寸

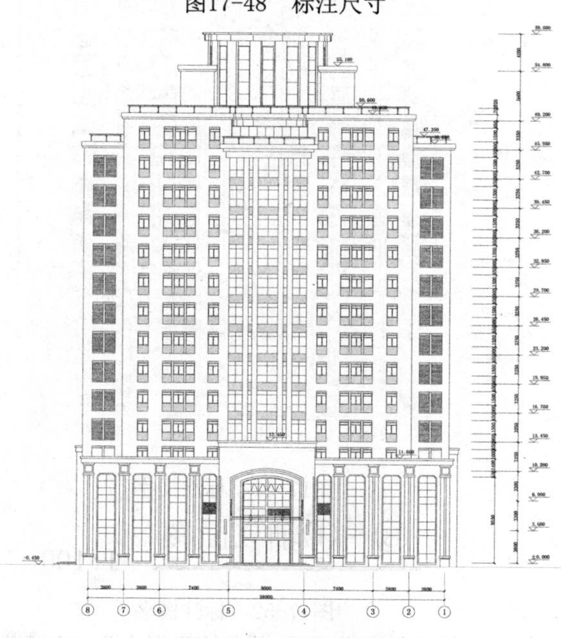

图17-49　标注标高

**03** 文字标注。

❶在命令行内输入“QLEADER”命令，输入“S”，打开引线设置对话框，如图 17-50 所示。设置箭头形式为“点”，引出水平直线标注文字说明。

❷单击“注释”选项卡“文字”面板中的“多行文字”按钮A，标注楼层，结果如图 17-51 所示。

**04** 图名标注。

❶单击“注释”选项卡“文字”面板中的“多行文字”按钮A，标注图名。

❷单击“默认”选项卡“绘图”面板中的“多段线”按钮，在文字下方绘制多段线，结果如图 17-52 所示。

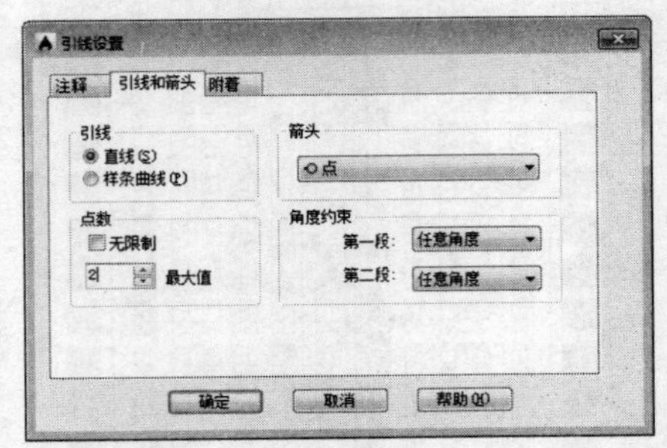


图17-50　添加引线和文字

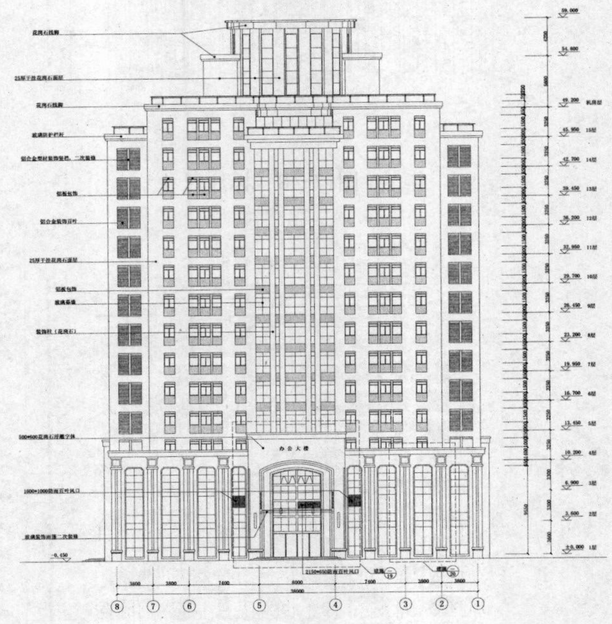

图17-51　标注文字

⑧~①轴立面图　1:100

图17-52　标注图名

**05** 保存图形。单击“快速访问”工具栏中的“保存”按钮，保存图形文件，完成办公大楼立面图的绘制。

## 17.2　E~A 轴立面图的绘制

首先，根据已有的办公大楼一层平面图绘制出立面图的定位线，然后根据定位线绘制出

立柱和门窗，接着绘制防护栏杆和其他建筑细部，最后在绘制的立面图形中添加标注和文字。下面就按照这个思路绘制办公大楼的E～A轴立面图（如图17-53所示）。

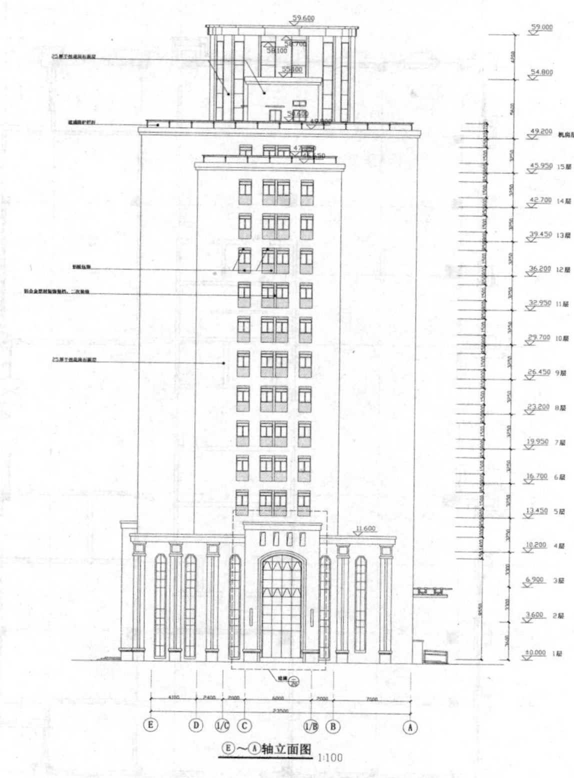

图17-53　办公大楼E～A轴立面图

## 17.2.1　设置绘图环境

**01** 打开已绘制的“办公大楼一层平面图.dwg”文件，单击“快速访问”工具栏中的“另存为”按钮，打开“图形另存为”对话框。在“文件名”下拉列表框中输入新的图形文件名称为“办公大楼Ⓔ～Ⓐ轴立面图.dwg”，然后单击“保存”按钮，建立图形文件。

**02** 单击“默认”选项卡“修改”面板中的“删除”按钮，删除平面图中的部分建筑设施。

**03** 单击“默认”选项卡“修改”面板中的“旋转”按钮，将删除后的建筑设施旋转90°，如图17-54所示。

## 17.2.2　绘制地坪线与定位线

**01** 绘制室外地坪线。

❶单击“默认”选项卡“图层”面板中的“图层特性”按钮，打开“图层特性管理器”对话框，创建新图层，将新图层命名为“地坪线”，并将其设置为当前图层。

❷单击“默认”选项卡“绘图”面板中的“直线”按钮，在如图17-54所示的平面图形下方绘制一条水平线段，将该线段作为办公大楼的地坪线，并设置其线宽为0.30mm，如图17-55所示。

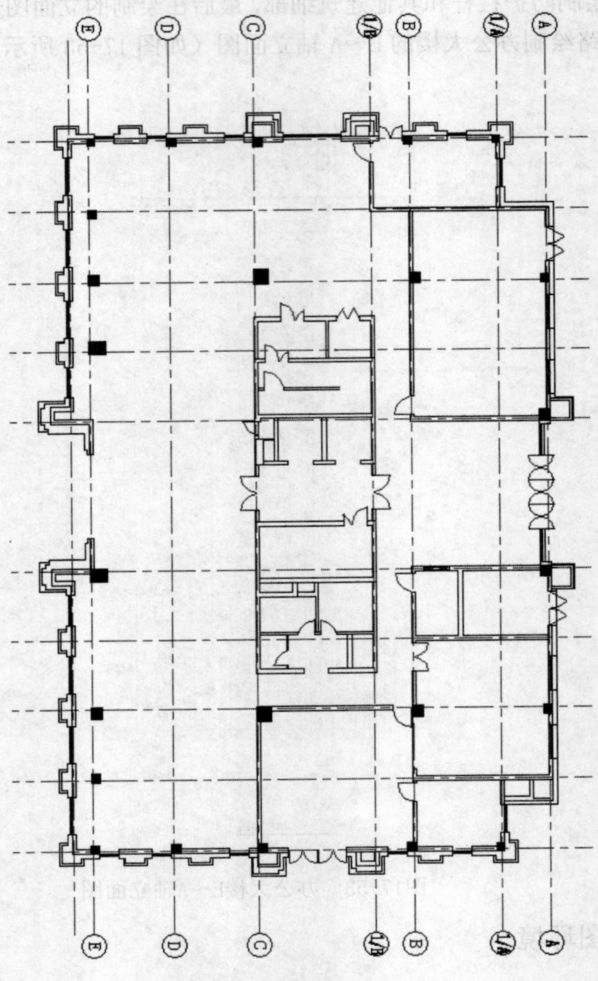


图17-54 旋转平面图

**02** 绘制定位线。

❶在“图层”下拉列表中选择“外墙轮廓线”图层，将其设置为当前图层。

❷单击“默认”选项卡“绘图”面板中的“直线”按钮╱，捕捉平面图形中的各外墙交点，垂直向下引出直线，得到立面的定位线，如图 17-56 所示。

### 17.2.3 绘制立柱

**01** 单击“默认”选项卡“修改”面板中的“偏移”按钮，将地平线向上偏移 450mm、3600mm、3300mm、3300mm、3250mm、3250mm、3250mm、3250mm、3250mm、3250mm、3250mm、3250mm、3250mm、3250mm、3250mm、3250mm、5600mm 和 4200mm，完成水平辅助线的绘制，如图 17-57 所示。

**02** 单击“默认”选项卡“修改”面板中的“复制”按钮，将⑧~①立面图中的柱子复制到 E～A 平面图中，如图 17-58 所示。

**03** 单击“默认”选项卡“修改”面板中的“修剪”按钮 -/--，修剪掉多余的直线，如图 17-59 所示。

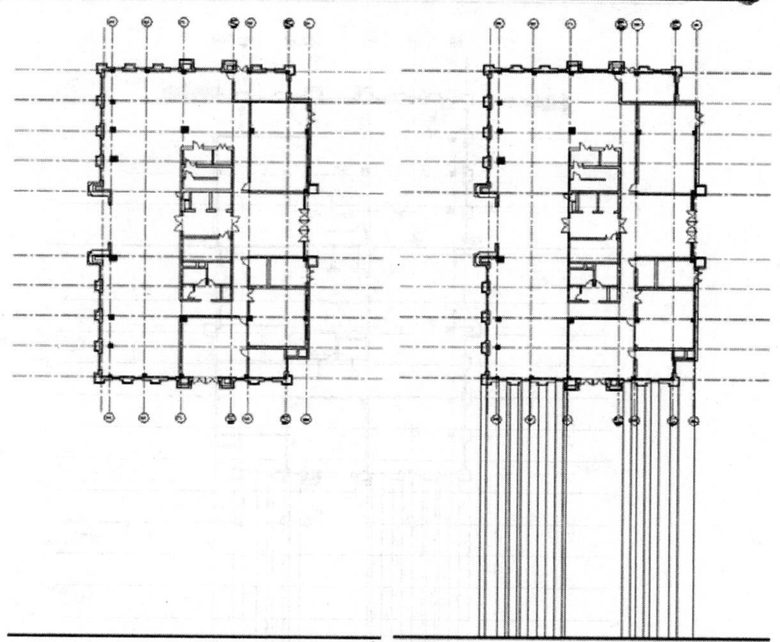

图17-55　绘制室外地坪线　　　　图17-56　绘制定位线

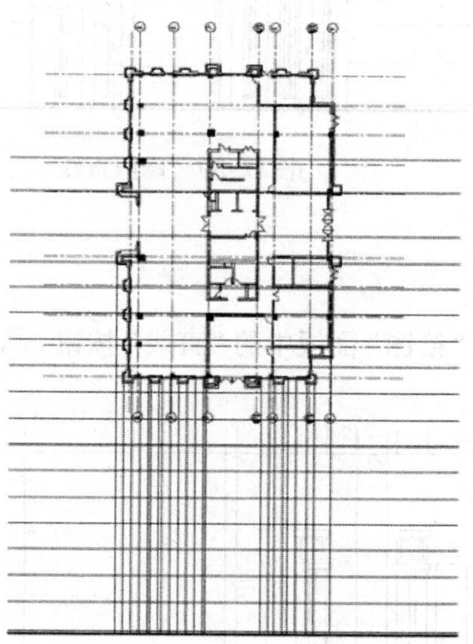

图17-57　绘制水平辅助线

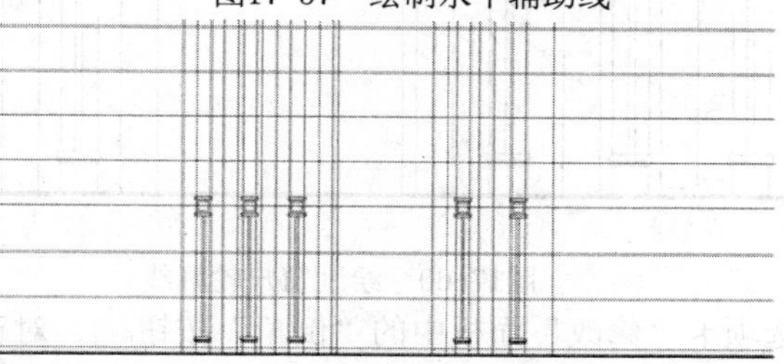

图17-58　复制柱子

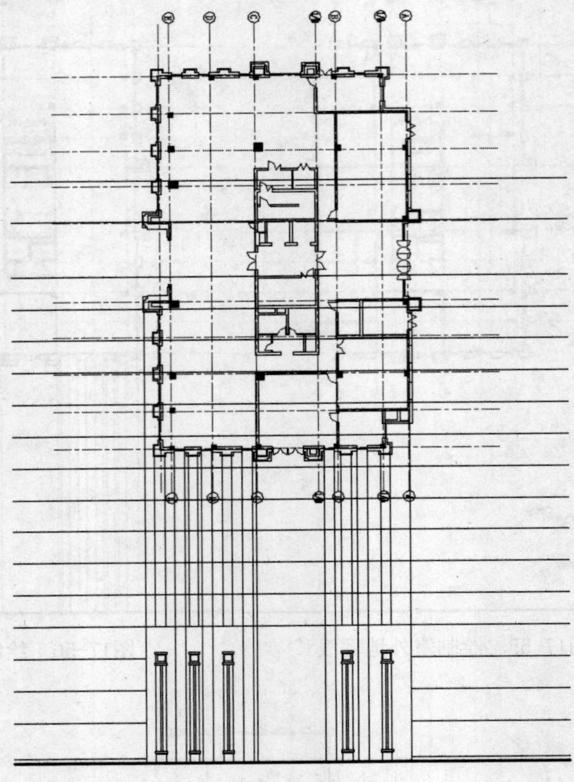

图17-59　修剪直线

## 17.2.4　绘制立面门窗

**01** 绘制底层玻璃窗。

❶单击“默认”选项卡“绘图”面板中的“直线”按钮，绘制窗户轮廓线，如图17-60所示。

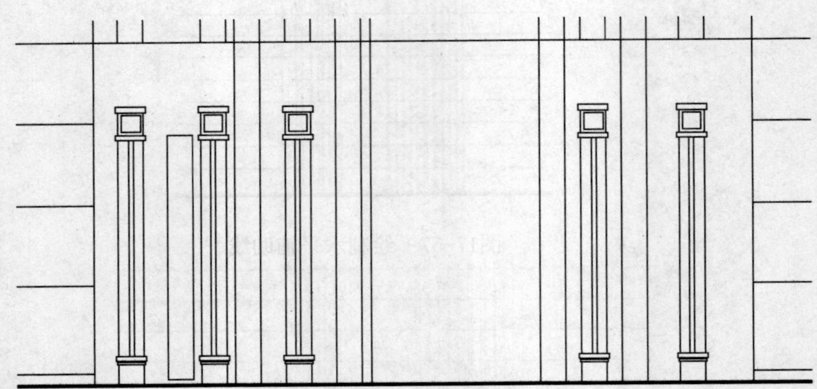

图17-60　绘制窗户轮廓线

❷单击“默认”选项卡“修改”面板中的“倒角”按钮，对窗户轮廓线进行倒角处理，如图17-61所示。

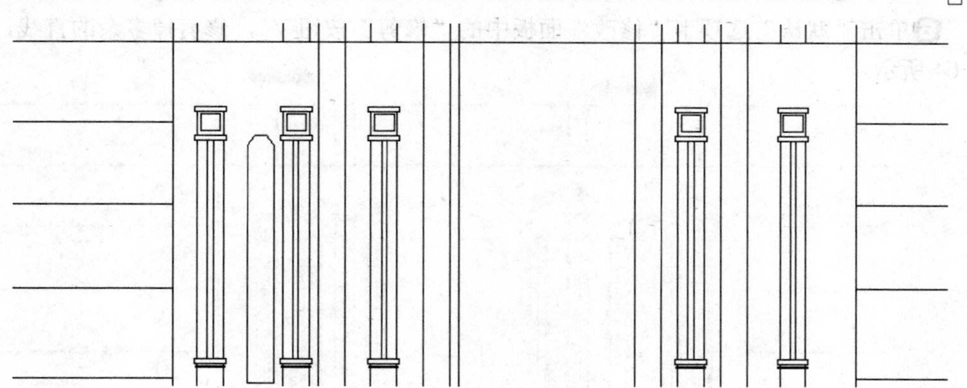

图17-61　对窗户轮廓线倒角

❸单击“默认”选项卡“修改”面板中的“偏移”按钮，向内偏移直线，如图 17-62 所示。

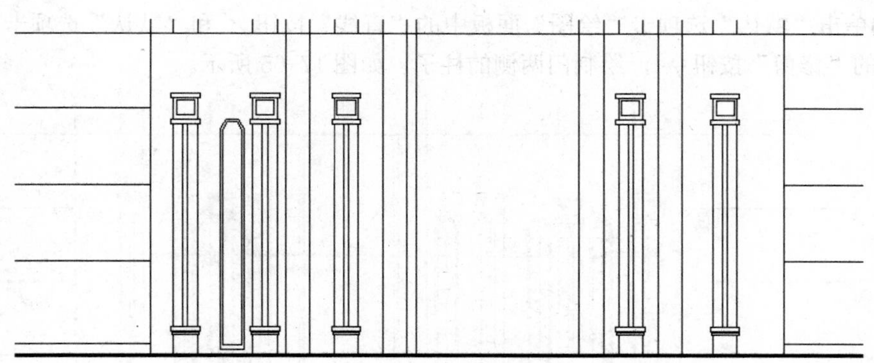

图17-62　偏移直线

❹单击“默认”选项卡“绘图”面板中的“直线”按钮，细化玻璃窗，如图 17-63 所示。

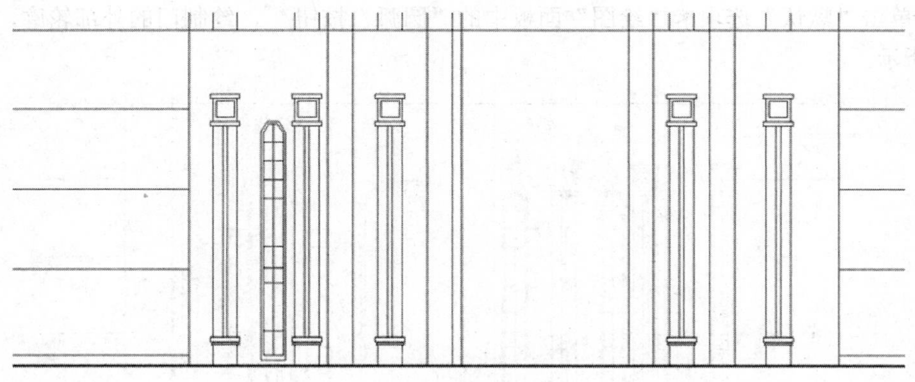

图17-63　细化玻璃窗

❺单击“默认”选项卡“修改”面板中的“复制”按钮，将绘制的玻璃窗复制到其他位置。

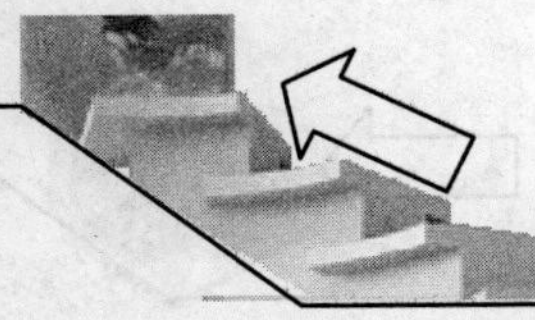



❻单击“默认”选项卡“修改”面板中的“修剪”按钮-/--，修剪掉多余的直线，如图 17-64 所示。

图17-64　复制并修剪玻璃窗

**02** 绘制门。

❶单击“默认”选项卡“绘图”面板中的“直线”按钮╱和“默认”选项卡“修改”面板中的“修剪”按钮-/--，绘制门两侧的柱子，如图 17-65 所示。

图17-65　绘制柱子

❷单击“默认”选项卡“绘图”面板中的“圆弧”按钮⌒，绘制门的外部轮廓，如图 17-66 所示。

图17-66　绘制门的外部轮廓

❸单击“默认”选项卡“修改”面板中的“偏移”按钮⫴，偏移外轮廓线，如图 17-67

所示。

图17-67　偏移直线

❹单击“默认”选项卡“绘图”面板中的“直线”按钮和“样条曲线控制点”按钮，细化门内图形，如图 17-68 所示。

图17-68　细化门内图形

❺单击“默认”选项卡“绘图”面板中的“矩形”按钮，绘制柱子装饰，如图 17-69 所示。

图17-69　绘制柱子装饰

❻单击“默认”选项卡“绘图”面板中的“直线”按钮和“矩形”按钮，绘制大门装饰，如图 17-70 所示。

**03** 绘制屋檐。

❶单击“默认”选项卡“修改”面板中的“复制”按钮，将⑧～①轴立面图中的屋檐复制到 E～A 轴立面图中。

图17-70　绘制大门装饰

❷单击“默认”选项卡“修改”面板中的“修剪”按钮 -/--，修剪掉多余的直线，如图 17-71 所示。

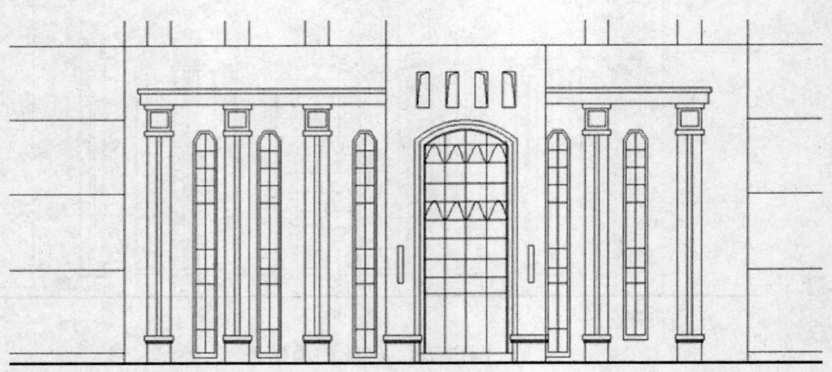

图17-71　复制屋檐

❸单击“默认”选项卡“绘图”面板中的“直线”按钮╱，绘制门屋檐。

❹单击“默认”选项卡“修改”面板中的“修剪”按钮 -/--，修剪掉多余的直线，如图 17-72 所示。

图17-72　绘制门屋檐

**04** 绘制其他楼层的窗户。

❶单击“插入”选项卡“块”面板中的“插入”按钮，将前面绘制的窗户插入到图中，如图 17-73 所示。

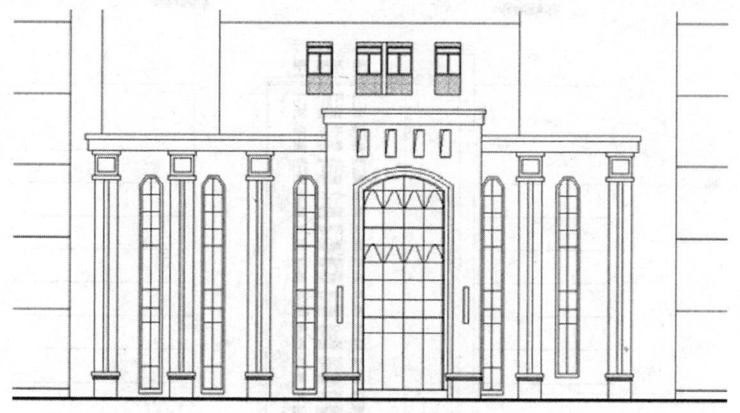

图17-73　插入窗户

❷单击“默认”选项卡“修改”面板中的“矩形阵列”按钮，在绘图区选择窗户作为阵列对象，设置“行数”为 11，“行间距介于”为 3250，单击“关闭”按钮。

❸单击“默认”选项卡“修改”面板中的“修剪”按钮，修剪掉多余的直线，结果如图 17-74 所示。

❹单击“默认”选项卡“绘图”面板中的“直线”按钮，绘制顶层屋檐。

❺单击“默认”选项卡“修改”面板中的“修剪”按钮，修剪掉多余的直线，结果如图 17-75 所示。

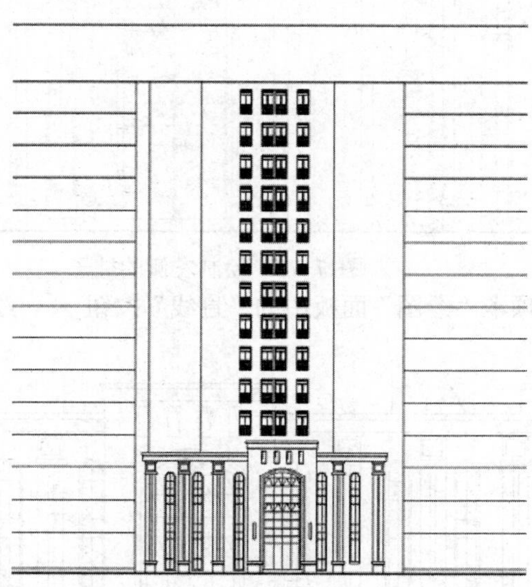

图17-74　阵列窗户

**05** 绘制剩余图形。

❶单击“默认”选项卡“绘图”面板中的“直线”按钮，绘制左侧的柱子。

❷单击“默认”选项卡“修改”面板中的“修剪”按钮，修剪掉多余的直线，如图 17-76 所示。

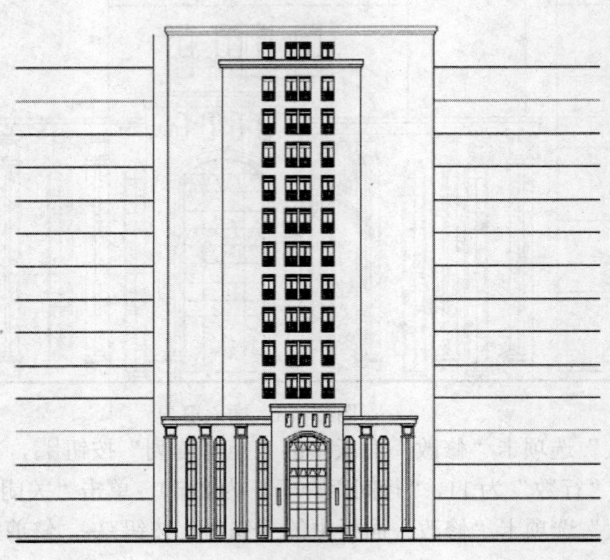

图17-75　绘制屋檐

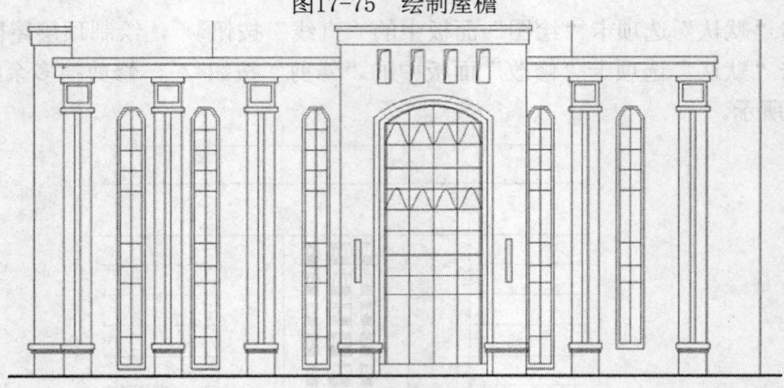

图17-76　绘制左侧的柱子

❸单击“默认”选项卡“绘图”面板中的“直线”按钮╱，绘制右侧墙体，如图 17-77 所示。

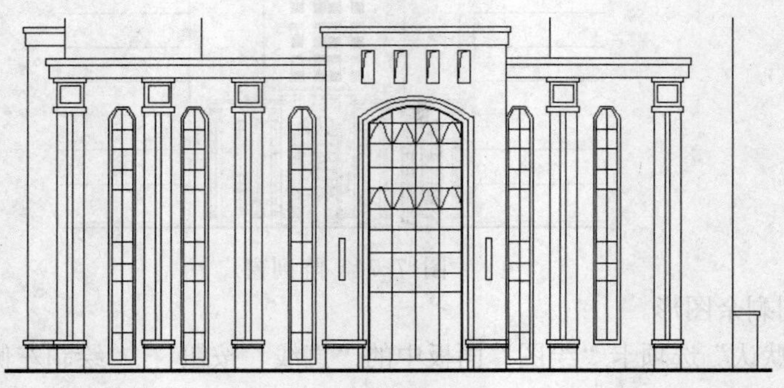

图17-77　绘制右侧墙体

❹单击“默认”选项卡“绘图”面板中的“直线”按钮╱，绘制台阶，如图 17-78 所

示。

❺单击“默认”选项卡“绘图”面板中的“直线”按钮╱和“默认”选项卡“修改”面板中的“修剪”按钮-/--，完成底层剩余图形的绘制，如图 17-79 所示。

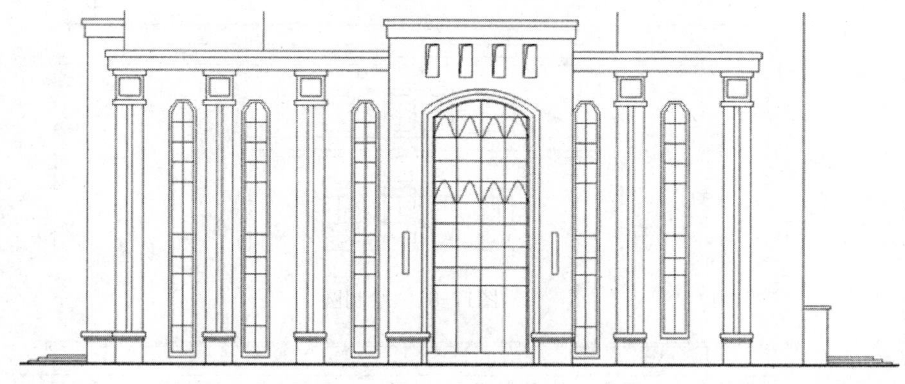

图17-78　绘制台阶

图17-79　绘制剩余图形

## 17.2.5　绘制防护栏杆

01 单击“默认”选项卡“修改”面板中的“偏移”按钮，将顶层屋檐外侧直线向上偏移 700mm。

02 单击“默认”选项卡“绘图”面板中的“直线”按钮╱和“默认”选项卡“修改”面板中的“修剪”按钮-/--，绘制防护栏杆，如图 17-80 所示。

图17-80　绘制防护栏杆

03 单击“默认”选项卡“绘图”面板中的“圆”按钮，绘制一个圆。结果如图 17-81 所示。

**04** 单击“默认”选项卡“修改”面板中的“复制”按钮，绘制直线和圆，细化防护栏杆，结果如图 17-82 所示。

**05** 使用上述方法绘制其他位置处的防护栏杆，如图 17-83 所示。

图17-81　绘制圆

图17-82　绘制防护栏杆

图17-83　完成防护栏杆的绘制

## 17.2.6　绘制顶层

**01** 单击“默认”选项卡“修改”面板中的“偏移”按钮，将顶层屋檐外侧直线向上偏移550、100和50。

**02** 单击“默认”选项卡“绘图”面板中的“直线”按钮，绘制顶层屋檐，如图17-84所示。

**03** 单击“默认”选项卡“绘图”面板中的“直线”按钮，细化屋顶，如图17-85所示。

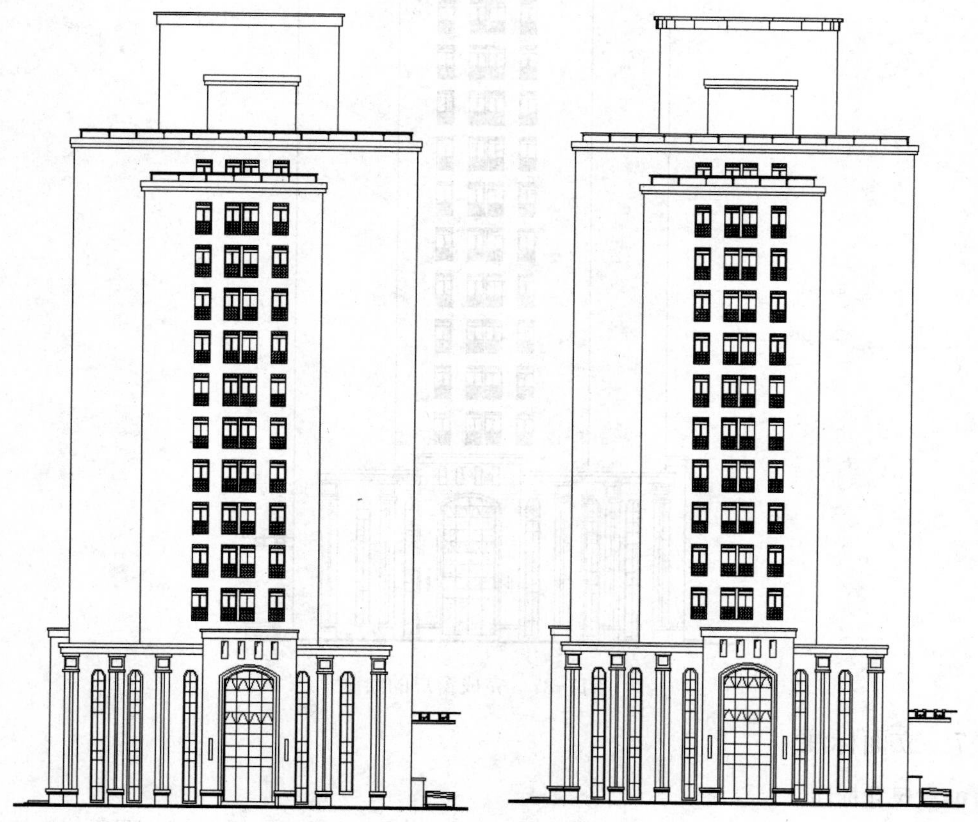

图17-84　绘制顶层屋檐　　图17-85　细化屋顶

**04** 单击“默认”选项卡“绘图”面板中的“直线”按钮和“默认”选项卡“修改”面板中的“偏移”按钮，绘制顶层窗户，如图17-86所示。

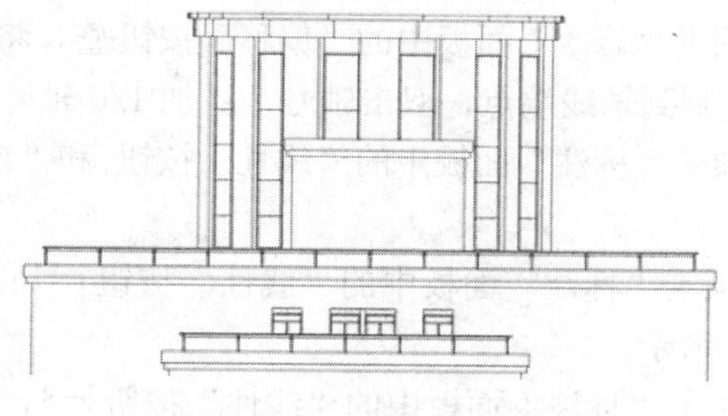

图17-86　绘制顶层窗户

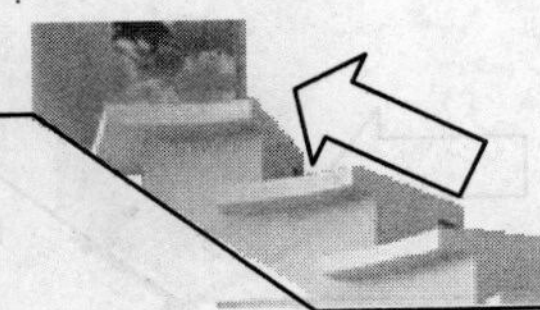



**05** 单击“默认”选项卡“绘图”面板中的“直线”按钮和“矩形”按钮，继续绘制窗户，如图 17-87 所示。

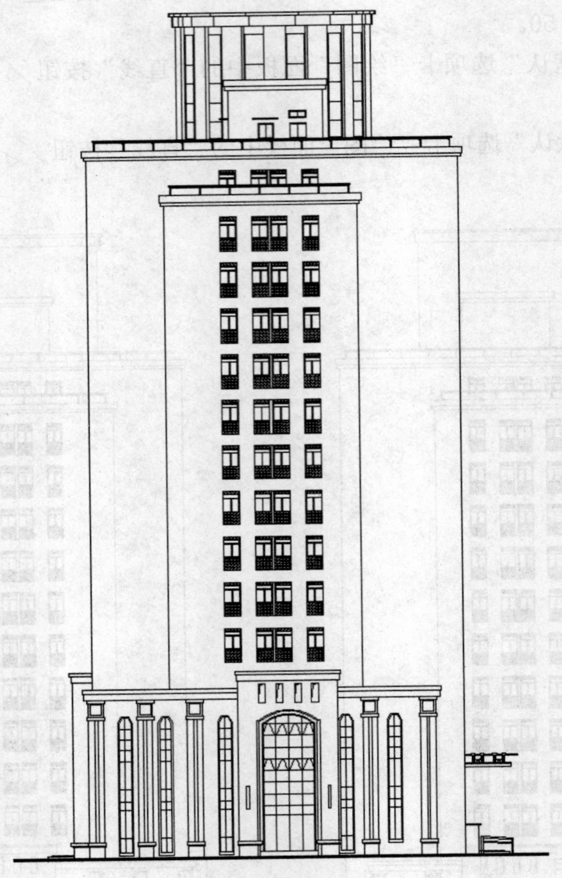

图17-87　完成窗户的绘制

## 17.2.7　立面标注

**01** 尺寸标注。

❶单击“默认”选项卡“图层”面板中的“图层特性”按钮，打开“图层特性管理器”对话框，新建“标注”图层，其属性默认，并将设置为当前层。

❷单击“默认”选项卡“修改”面板中的“复制”按钮，将一层平面图中的轴线和轴号复制到立面图中，如图 17-88 所示。

❸单击“默认”选项卡“修改”面板中的“偏移”按钮，将 D 轴线向右偏移 2400mm，然后将前面绘制的轴号复制到轴线端点，双击轴号，添加 1/C 轴号，如图 17-89 所示。

❹单击“注释”选项卡“标注”面板中的“线性”按钮 和“连续”按钮 ，标注第一道尺寸，如图 17-90 所示。

❺单击“注释”选项卡“标注”面板中的“线性”按钮和“连续”按钮，标注第二道尺寸，如图 17-91 所示。

❻单击“注释”选项卡“标注”面板中的“线性”按钮，标注总尺寸，如图 17-92 所示。

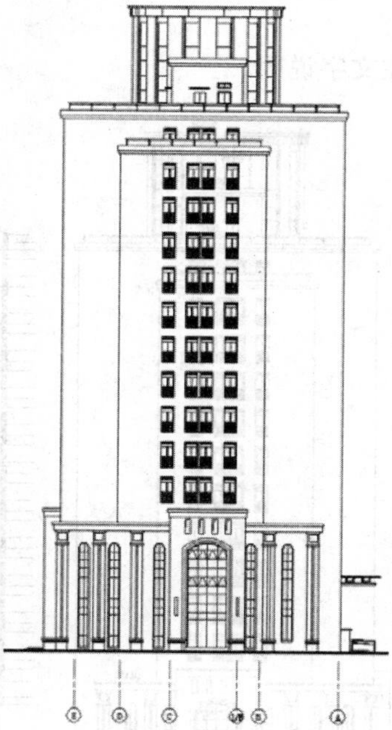

图17-88　复制轴线和轴号

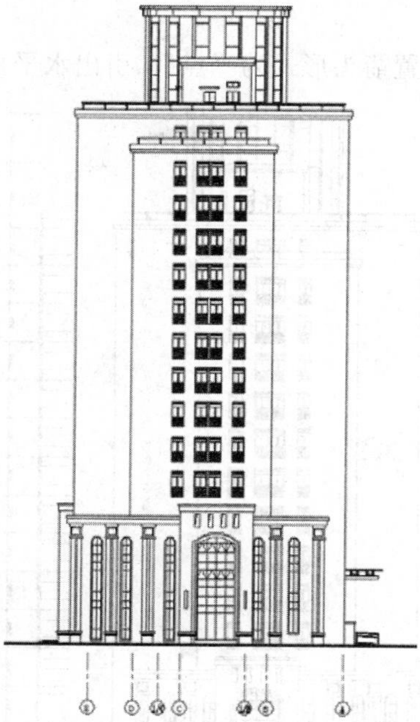

图17-89　添加轴号

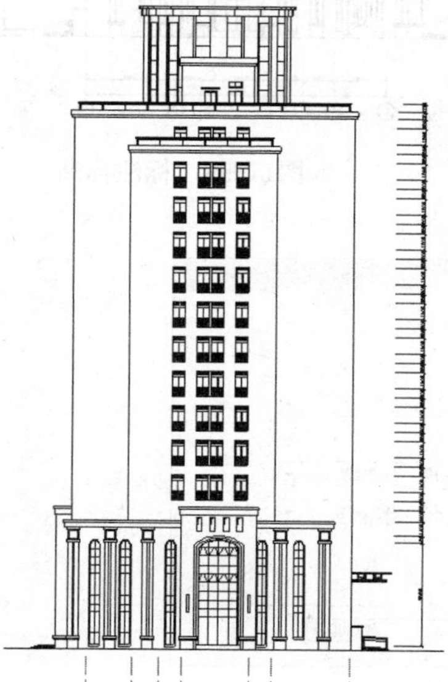

图17-90　标注第一道尺寸

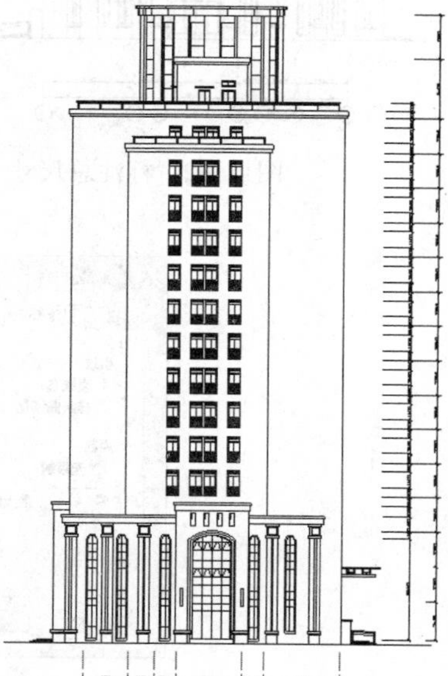

图17-91　标注第二道尺寸

**02** 标高标注。

❶单击“默认”选项卡“绘图”面板中的“直线”按钮╱，绘制标高。

❷单击“注释”选项卡“文字”面板中的“多行文字”按钮A，输入标高数值，结果如图 17-93 所示。

**03** 文字标注。

❶在命令行内输入“QLEADER”命令，输入“S”，打开“引线设置”对话框，如图 17-94

所示。设置箭头形式为“点”，引出水平直线标注文字说明。

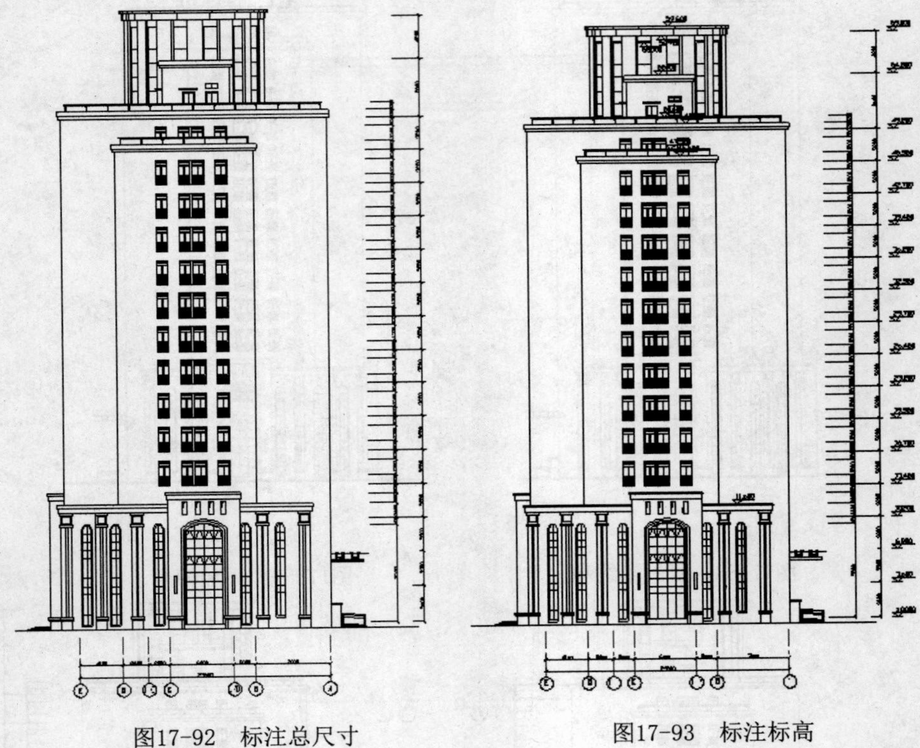

图17-92 标注总尺寸

图17-93 标注标高

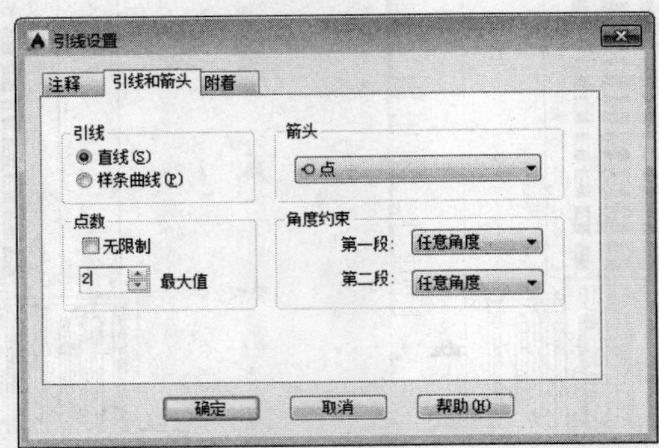


图17-94 添加引线和文字

❷单击“注释”选项卡“文字”面板中的“多行文字”按钮A，标注文字说明，结果如图 17-95 所示。

**04** 图名标注。

❶单击“注释”选项卡“文字”面板中的“多行文字”按钮A，在立面图下方输入文字。

❷单击“默认”选项卡“绘图”面板中的“多段线”按钮，在文字下方绘制一条多段线，结果如图 17-95 所示。

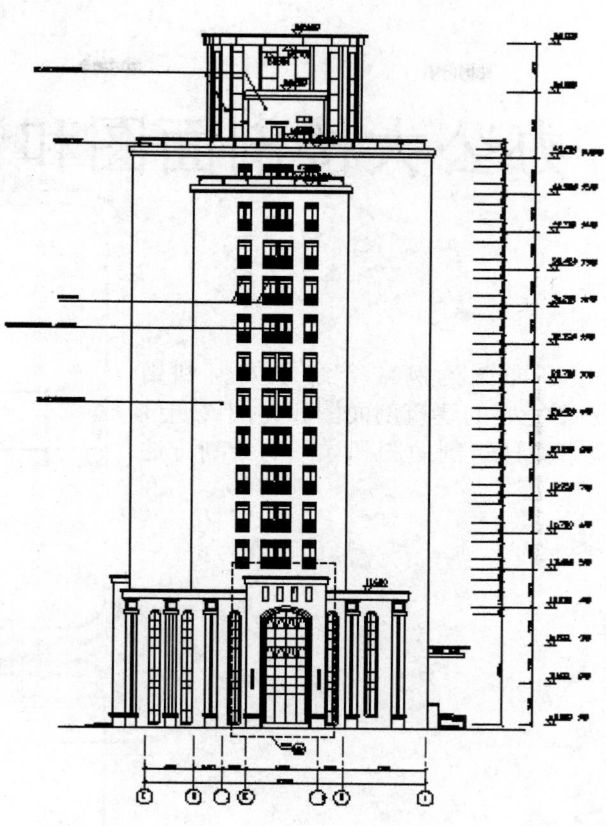

图17-95　标注文字

# 第 18 章　办公大楼剖面图和详图

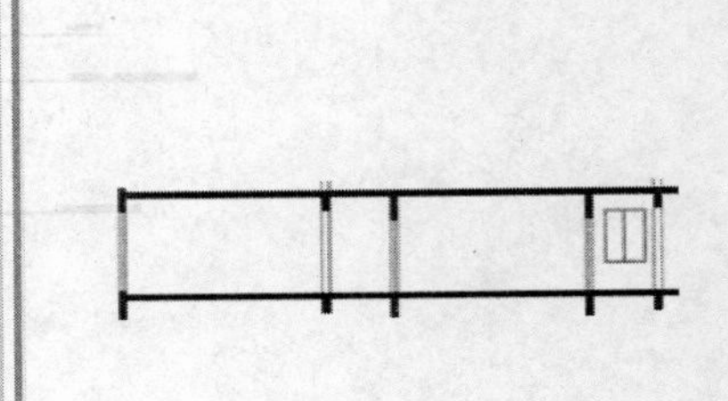

本章以办公大楼剖面图为例，介绍了如何利用AutoCAD 2015 绘制一个完整的建筑剖面图和详图。通过本章学习，帮助读者掌握建筑剖面图和详图的绘制方法和技巧。

- 办公大楼剖面图 1-1 的绘制
- 办公大楼部分建筑详图的绘制

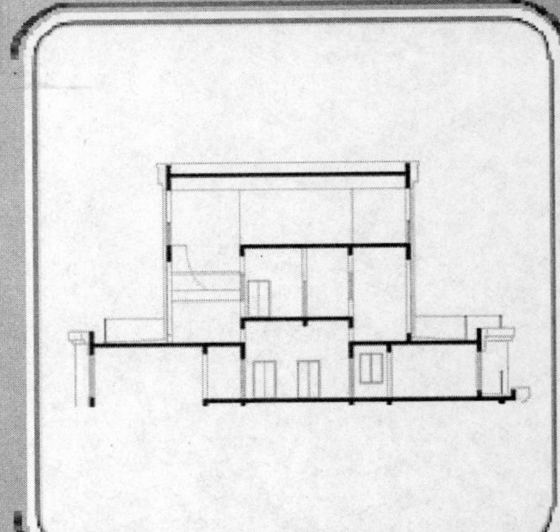

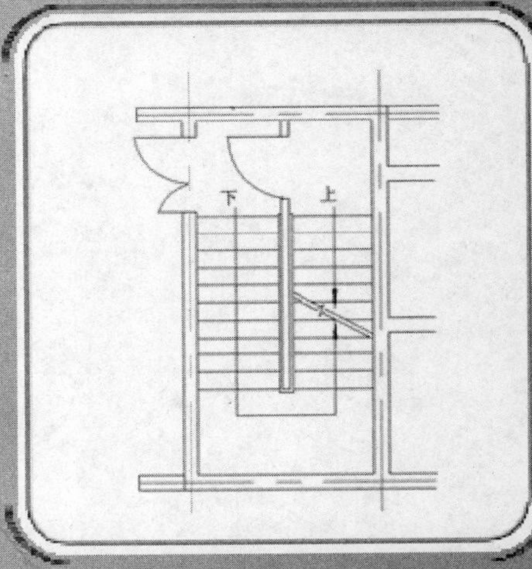

# 18.1 办公大楼剖面图 1-1 的绘制

办公大楼剖面图的主要绘制思路为：首先根据已有的建筑平面图引出定位线并结合偏移命令绘制建筑剖面外轮廓线；接着绘制建筑物的各层楼板、墙体和屋顶等被剖切的主要构件；然后绘制剖面门窗和建筑中未被剖切的可见部分；最后在所绘的剖面图中添加尺寸标注和文字说明。下面就按照这个思路绘制办公大楼的剖面图 1-1（如图 18-1 所示）。

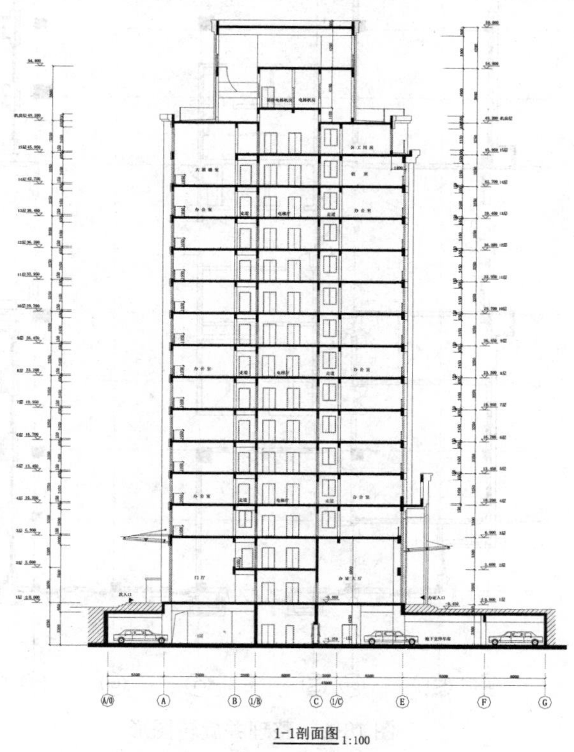


图 18-1　办公大楼剖面图　1-1

## 18.1.1　设置绘图环境

**01** 创建图形文件。打开源文件中的“办公大楼一层平面图.dwg”文件，单击“快速访问”工具栏中的“另存为”按钮，打开“图形另存为”对话框。在“文件名”下拉列表框中输入新的图形文件名称为“办公大楼剖面图 1-1.dwg”。单击“保存”按钮，建立图形文件。

**02** 整理图形元素。

❶单击“默认”选项卡“图层”面板中的“图层特性”按钮，打开“图层特性管理器”对话框，关闭不需要的图层。

❷单击主菜单，选择主菜单下的“图形实用工具”→“清理”命令，在弹出的“清理”对话框中，清理图形文件中多余的图形元素。

❸单击“默认”选项卡“修改”面板中的“旋转”按钮，将整理后的一层平面图旋转 90°，如图 18-2 所示。

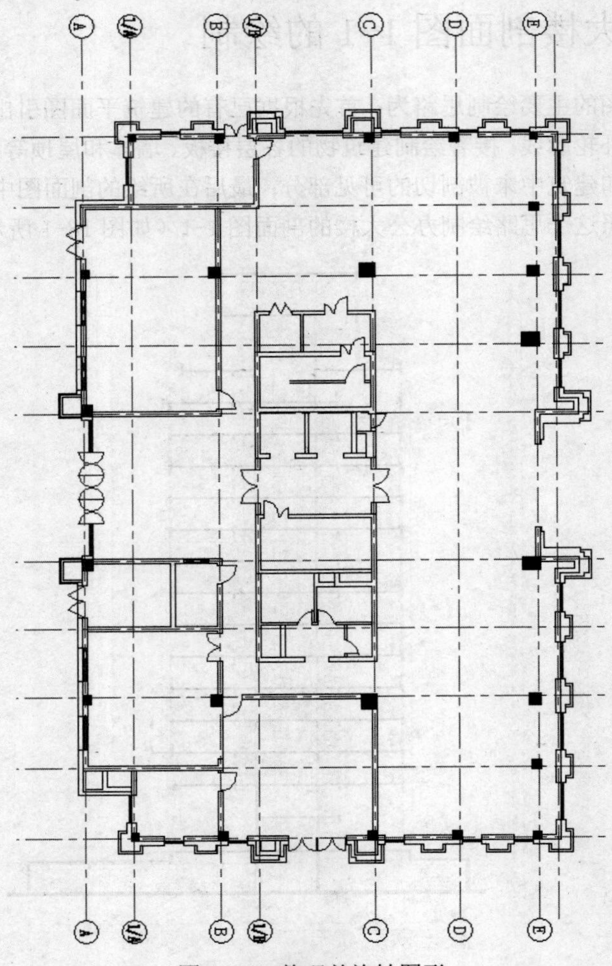

图 18-2 整理并旋转图形

### 18.1.2 绘制辅助线

**01** 绘制地坪线。

❶单击“默认”选项卡“图层”面板中的“图层特性”按钮，打开“图层特性管理器”对话框，创建新图层，将新图层命名为“地坪线”，并将其设置为当前图层。

❷单击“默认”选项卡“绘图”面板中的“多段线”按钮，在旋转后的一层平面图下方绘制室外地坪线。如图 18-3 所示。

**02** 绘制定位辅助线。

❶在“图层”下拉列表中选择“轴线”图层，将其设置为当前图层。

❷单击“默认”选项卡“绘图”面板中的“直线”按钮，根据一层平面图中的轴线引出辅助线延伸到上步绘制的地坪线上。

❸单击“默认”选项卡“修改”面板中的“偏移”按钮，将 A 轴线向左偏移 5500，C 轴线向右偏移 2000，E 轴线向右偏移 8000 和 6000，完成辅助线的绘制。

❹单击“默认”选项卡“修改”面板中的“复制”按钮，将轴号复制到轴线的各端点，然后双击轴号，修改内容，完成轴号的绘制，如图 18-4 所示。

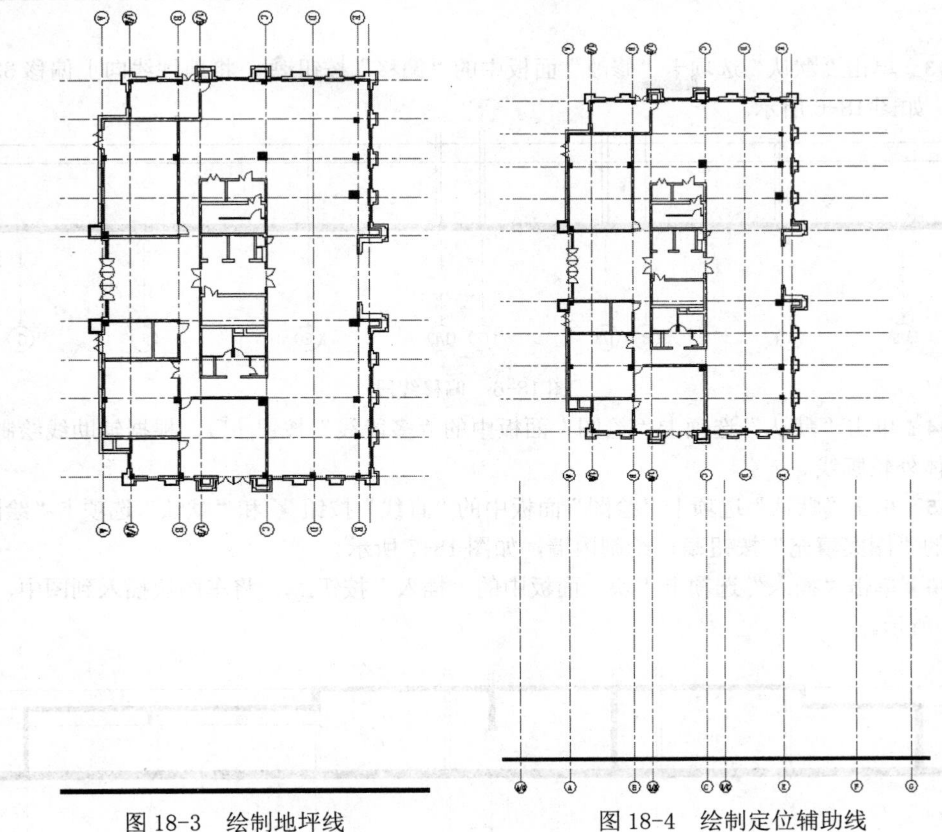

图 18-3　绘制地坪线　　　　图 18-4　绘制定位辅助线

## 18.1.3　绘制墙体

01 在“图层”下拉列表中选择“墙线”图层，将其设置为当前图层。

02 单击“默认”选项卡“修改”面板中的“偏移”按钮，将 A 轴线向右偏移 500mm、240mm、6020mm、240mm、1880mm、240mm、5760mm、240mm、1880mm、240mm、6020mm 和 240mm，并将偏移后的轴线切换到墙线层，如图 18-5 所示。

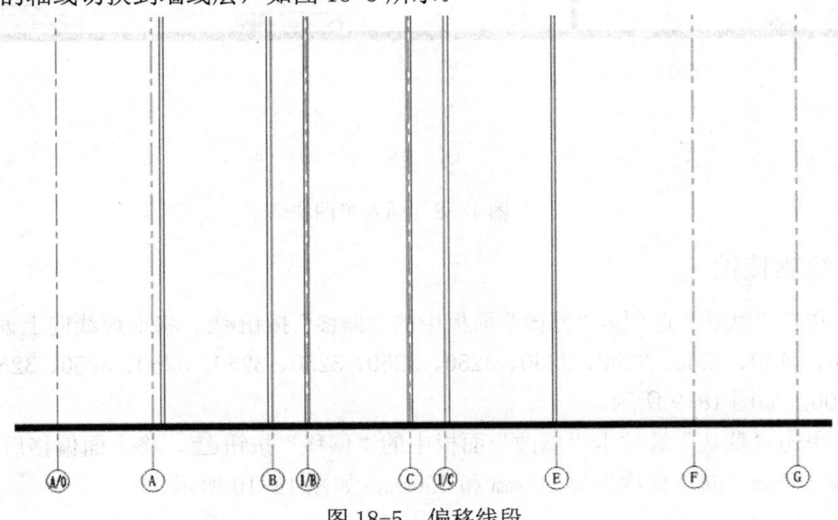


图 18-5　偏移线段

**03** 单击“默认”选项卡“修改”面板中的“偏移”按钮，将地坪线向上偏移 3300 和 950。如图 18-6 所示。

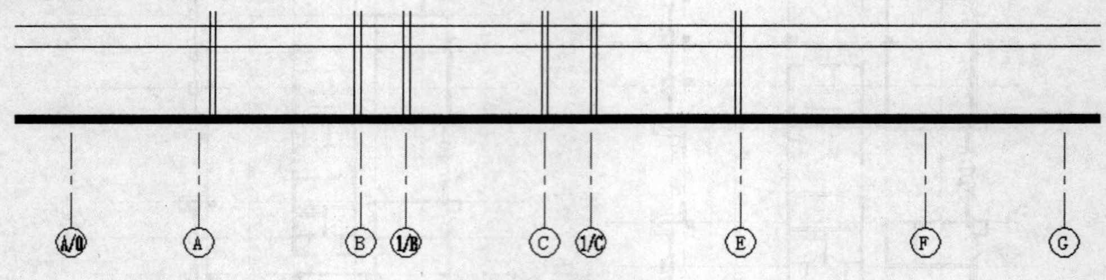



图 18-6　偏移线段

**04** 单击“默认”选项卡“绘图”面板中的“多段线”按钮，根据辅助线绘制地下室墙体外轮廓线。

**05** 单击“默认”选项卡“绘图”面板中的“直线”按钮和“默认”选项卡“绘图”面板中的“图案填充”按钮，绘制内墙，如图 18-7 所示。

**06** 单击“插入”选项卡“块”面板中的“插入”按钮，将车图块插入到图中，如图 18-8 所示。

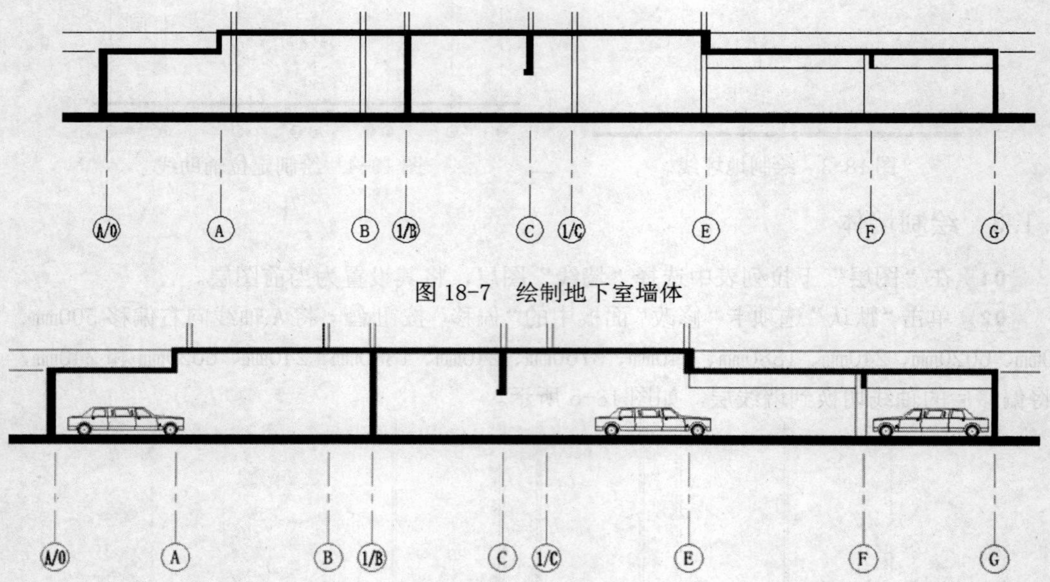



图 18-7　绘制地下室墙体

图 18-8　插入车图块

## 18.1.4　绘制楼板

**01** 单击“默认”选项卡“修改”面板中的“偏移”按钮，将地坪线向上偏移 7850、3300、3300、3250、3250、3250、3250、3250、3250、3250、3250、3250、3250、3250、3250、5600 和 4200，如图 18-9 所示。

**02** 单击“默认”选项卡“修改”面板中的“偏移”按钮，将上面偏移后的直线分别向上偏移 150mm、向下依次偏移 200mm 和 450mm，如图 18-10 所示。

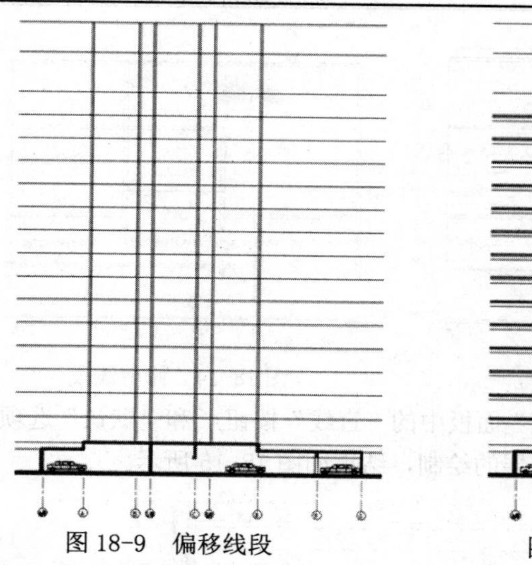
图 18-9　偏移线段

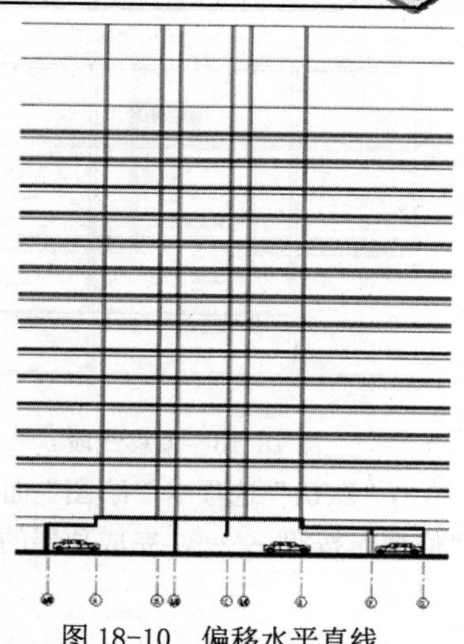
图 18-10　偏移水平直线

**03** 单击“默认”选项卡“修改”面板中的“修剪”按钮 -/--- ，对偏移线段进行修剪，如图 18-11 所示。

**04** 单击“默认”选项卡“修改”面板中的“偏移”按钮，将地坪线向上偏移 6450、750、800，然后将 3 层到机房层的水平辅助线向下偏移 650 和 950，最后将最右侧竖直直线向左偏移 320 和 240。

**05** 单击“默认”选项卡“修改”面板中的“修剪”按钮 -/--- ，对偏移线段进行修剪，结果如图 18-12 所示。

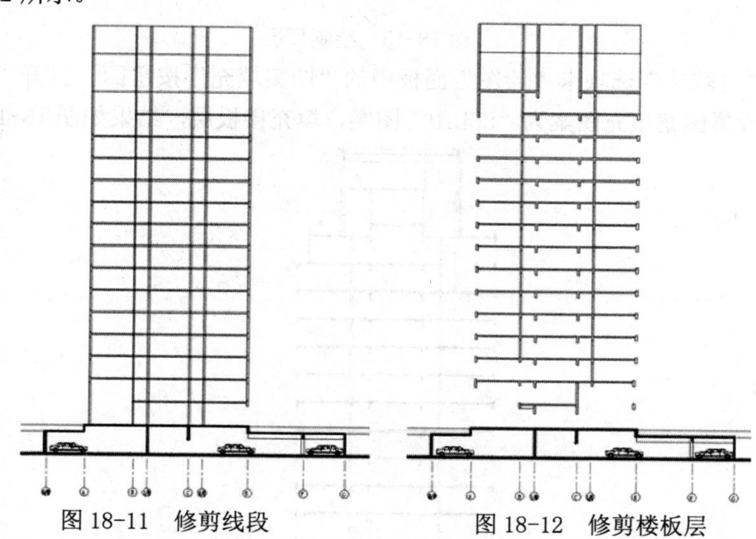
图 18-11　修剪线段　　图 18-12　修剪楼板层

**06** 单击“默认”选项卡“修改”面板中的“偏移”按钮，将机房层向上偏移 700、750、1450、4150、4200 和 600，然后将偏移后的直线向下偏移 200，如图 18-13 所示。

**07** 单击“默认”选项卡“修改”面板中的“偏移”按钮，将最右边竖直直线向左偏移 1400mm，然后单击“默认”选项卡“修改”面板中的“修剪”按钮 -/--- ，对偏移后的直线修剪，如图 18-14 所示。

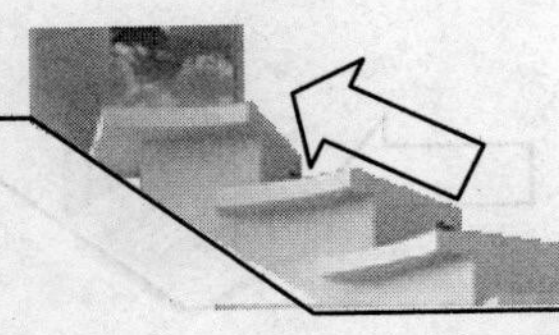



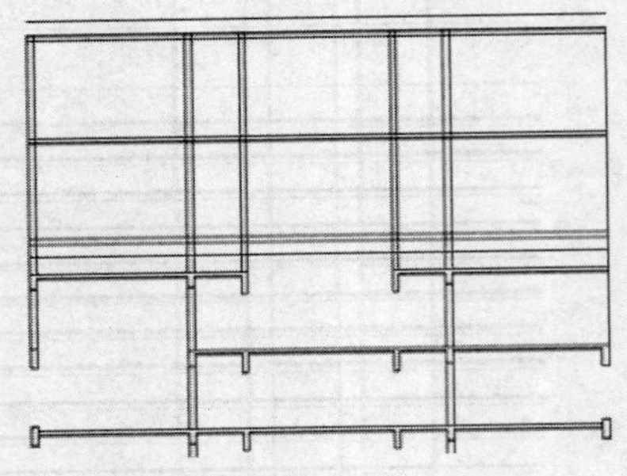

图 18-13　偏移线段

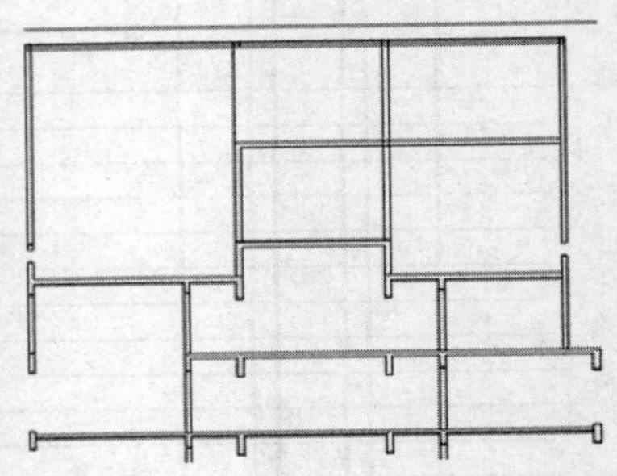

图 18-14　修剪线段

08 单击“默认”选项卡“绘图”面板中的“直线”按钮╱和“默认”选项卡“修改”面板中的“修剪”按钮 -/-- ，完成顶层的绘制，结果如图 18-15 所示。

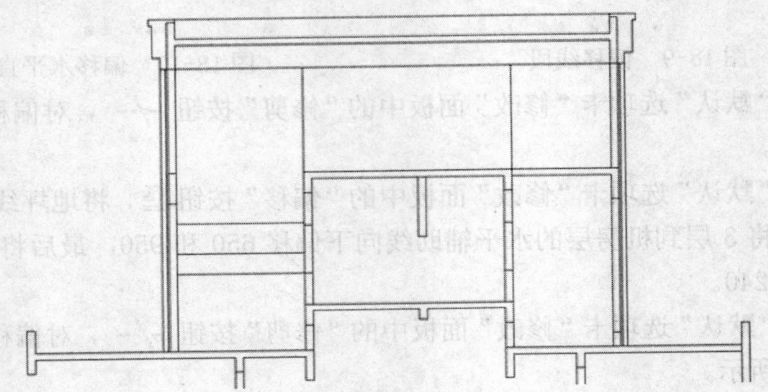

图 18-15　绘制顶层

09 单击“默认”选项卡“绘图”面板中的“图案填充”按钮，打开“图案填充创建”选项卡，设置图案填充图案为“SOLID”图案，填充楼板层，结果如图 18-16 所示。

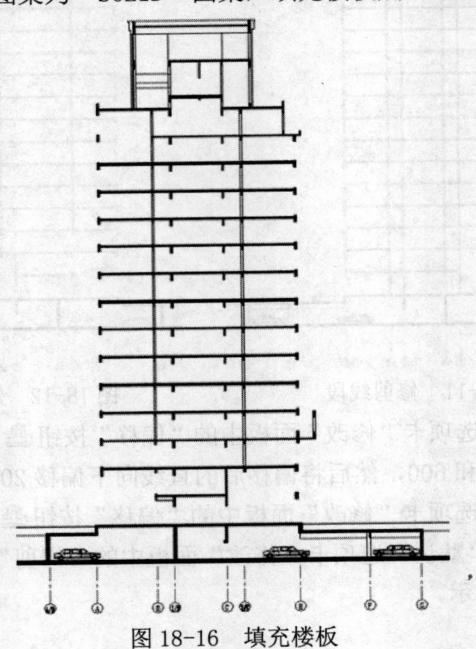

图 18-16　填充楼板

### 18.1.5 绘制门窗和电梯

**01** 绘制门窗。按照门窗与剖切面的相对位置关系，可以将剖面图中的门窗分为以下两种类型：

第一类为被剖切的门窗。这类门窗的绘制方法近似于平面图中的门窗画法，只是在方向、尺度及其他一些细节上略有不同。

第二类为未被剖切但仍可见的门窗。此类门窗的绘制方法同立面图中的门窗画法基本相同。下面分别通过剖面图中的门窗实例介绍这两类门窗的绘制。

❶在“图层”下拉列表中选择“门窗”图层，将其设置为当前图层。

❷单击“默认”选项卡“绘图”面板中的“矩形”按钮，绘制一个矩形。

❸单击“默认”选项卡“修改”面板中的“偏移”按钮，将矩形向内偏移。

❹单击“默认”选项卡“绘图”面板中的“直线”按钮和“默认”选项卡“修改”面板中的“修剪”按钮，完成窗户的绘制，如图 18-17 所示。

❺单击“默认”选项卡“修改”面板中的“矩形阵列”按钮，将绘制的门进行阵列，设置“行数”为 13，“行间距离”为 3250，如图 18-18 所示。

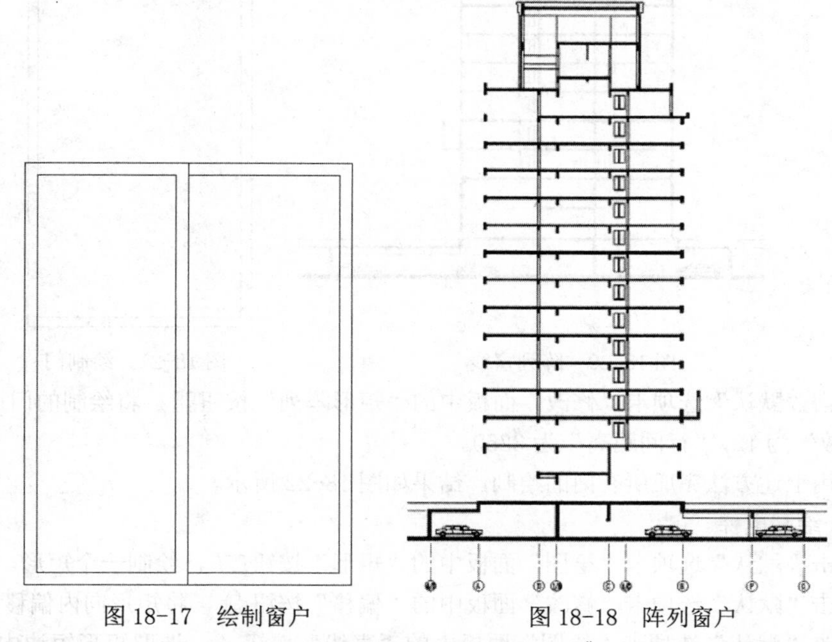

图 18-17 绘制窗户　　图 18-18 阵列窗户

❻单击“默认”选项卡“绘图”面板中的“直线”按钮，在墙之间绘制连线。

❼单击“默认”选项卡“修改”面板中的“偏移”按钮，将上述绘制的直线偏移 80mm，偏移三次，完成窗线的绘制，如图 18-19 所示。

图 18-19 绘制窗线

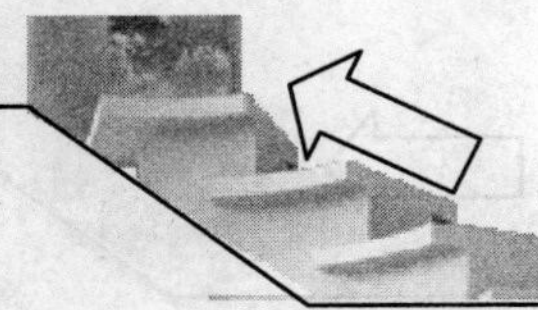



❽单击“默认”选项卡“修改”面板中的“矩形阵列”按钮⊞，将绘制的门进行阵列，设置“行数”为12，“行间距离”为3250。

❾使用上述方法绘制其他位置处的窗线，结果如图18-20所示。

❿单击“默认”选项卡“绘图”面板中的“矩形”按钮▭，绘制一个矩形。

⓫单击“默认”选项卡“修改”面板中的“偏移”按钮⊆，将矩形向内偏移，如图18-21所示。

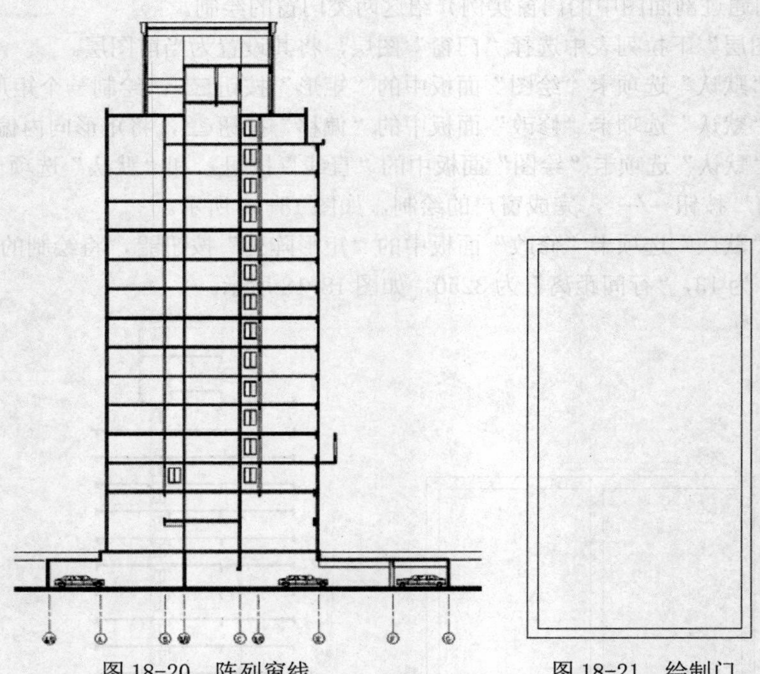

图18-20 阵列窗线　　　图18-21 绘制门

⓬单击“默认”选项卡“修改”面板中的“矩形阵列”按钮⊞，将绘制的门进行阵列，设置“行数”为12，“行间距离”为3250。

⓭使用上述方法完成所有门的绘制，结果如图18-22所示。

**02** 绘制电梯。

❶单击“默认”选项卡“绘图”面板中的“矩形”按钮▭，绘制一个矩形。

❷单击“默认”选项卡“修改”面板中的“偏移”按钮⊆，将矩形向内偏移。

❸单击“默认”选项卡“绘图”面板中的“直线”按钮╱，选取矩形短边中点绘制竖向直线，结果如图18-23所示。

❹单击“默认”选项卡“修改”面板中的“矩形阵列”按钮⊞，将绘制的电梯进行阵列，设置“行数”为12，“行间距离”为3250。

❺使用上述方法完成所有电梯的绘制，结果如图18-24所示。

### 18.1.6 绘制剩余图形

**01** 单击“默认”选项卡“绘图”面板中的“直线”按钮╱，绘制保温墙，如图18-25所示。

**02** 单击“默认”选项卡“绘图”面板中的“直线”按钮╱，绘制柱子。

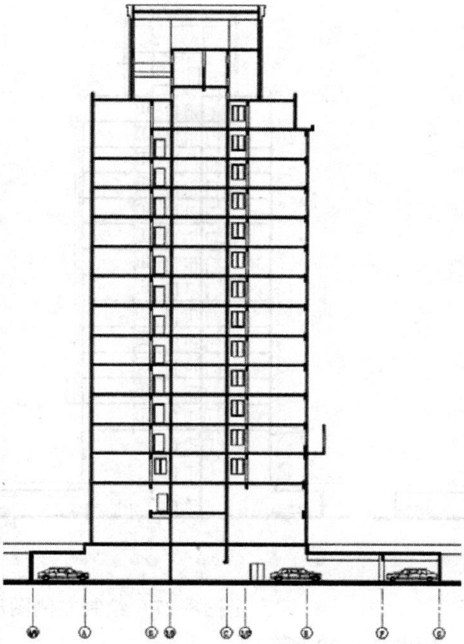

图 18-22 阵列门

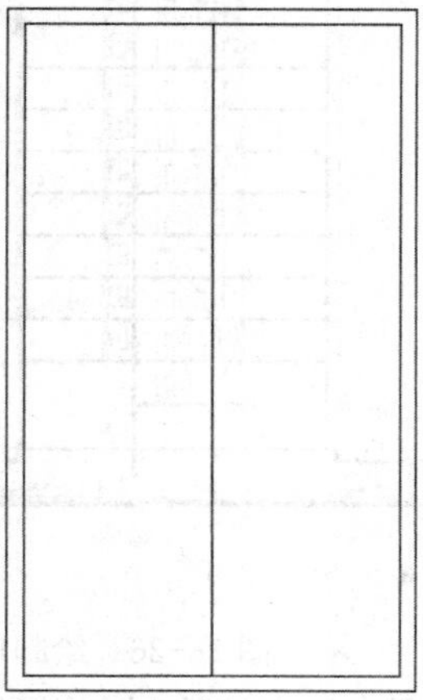

图 18-23 绘制电梯

图 18-24 阵列电梯

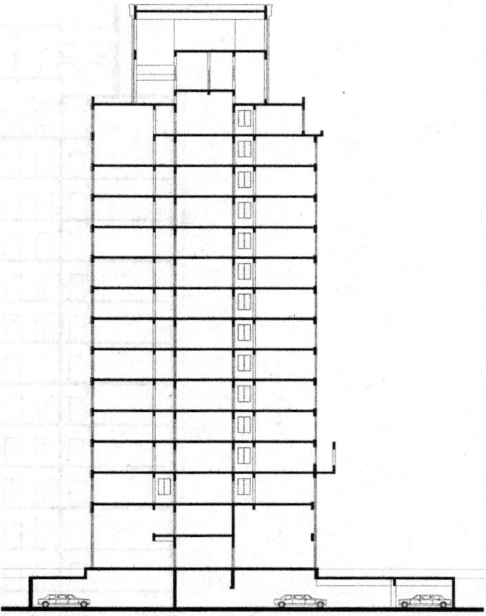

图 18-25 绘制保温墙

**03** 单击“默认”选项卡“修改”面板中的“修剪”按钮 -/--，修剪柱子，如图 18-26 所示。

**04** 单击“默认”选项卡“绘图”面板中的“直线”按钮 / 和“默认”选项卡“修改”面板中的“修剪”按钮 -/--，完成左侧图形的绘制，如图 18-27 所示。

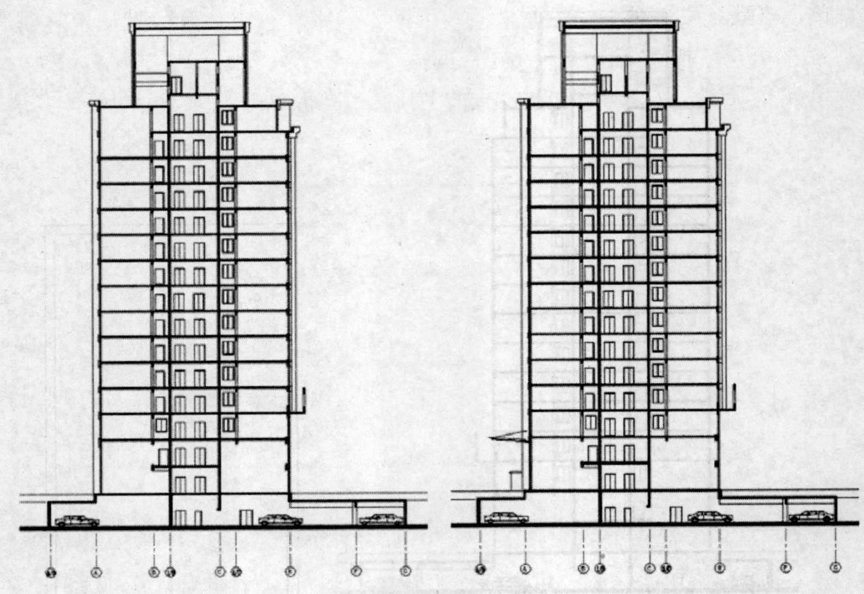

图 18-26　绘制柱子　　　　图 18-27　绘制左侧图形

**05** 利用上述方法绘制右侧图形，如图 18-28 所示。

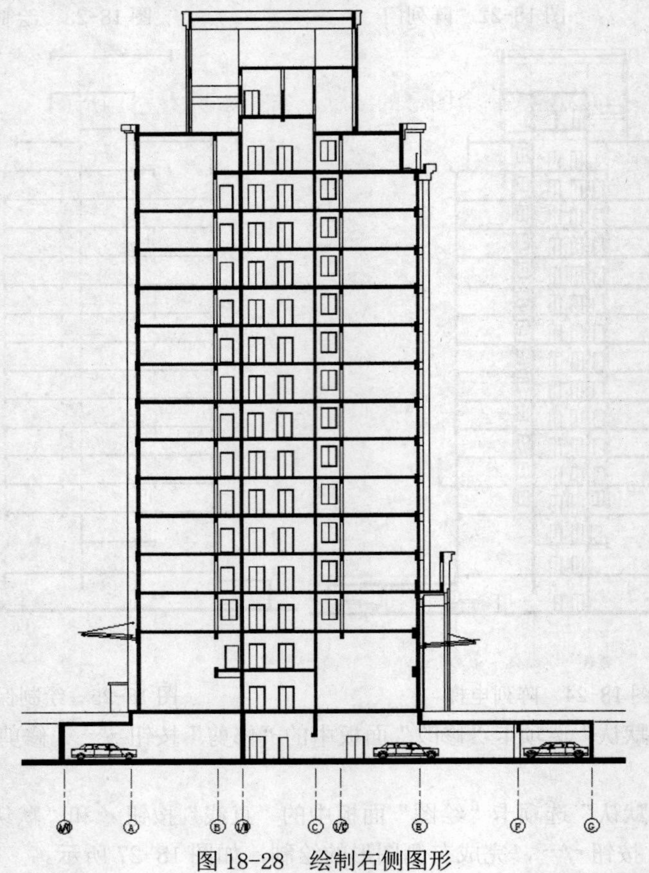

图 18-28　绘制右侧图形

**06** 单击“默认”选项卡“绘图”面板中的“直线”按钮╱和“默认”选项卡“绘图”面板中的“图案填充”按钮▧，细化顶层。

**07** 单击“默认”选项卡“修改”面板中的“修剪”按钮-/--，修剪掉多余的直线，如图 18-29 所示。

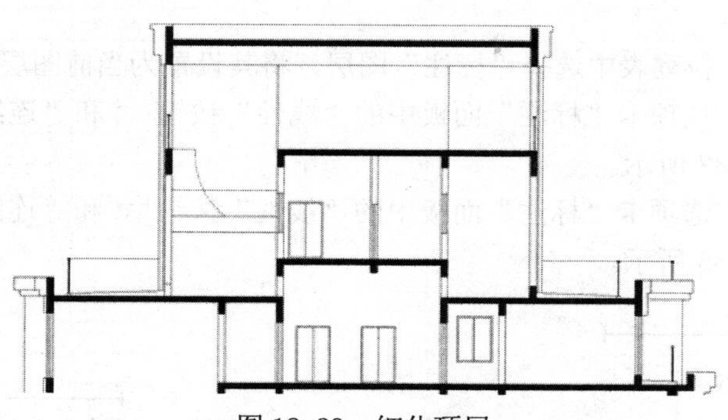

图 18-29　细化顶层

**08** 单击“默认”选项卡“绘图”面板中的“直线”按钮╱和“默认”选项卡“绘图”面板中的“图案填充”按钮▧，打开“图案填充创建”选项卡，设置图案填充图案为“ANSI31”图案，填充图案比例为“100”；设置图案填充图案为“DOTS”图案，图案填充角度为 45°，填充地下室。

**09** 单击“默认”选项卡“修改”面板中的“修剪”按钮-/--，修剪掉多余的直线，如图 18-30 所示。

**10** 使用上述方法完成剩余图形的绘制，结果如图 18-31 所示。

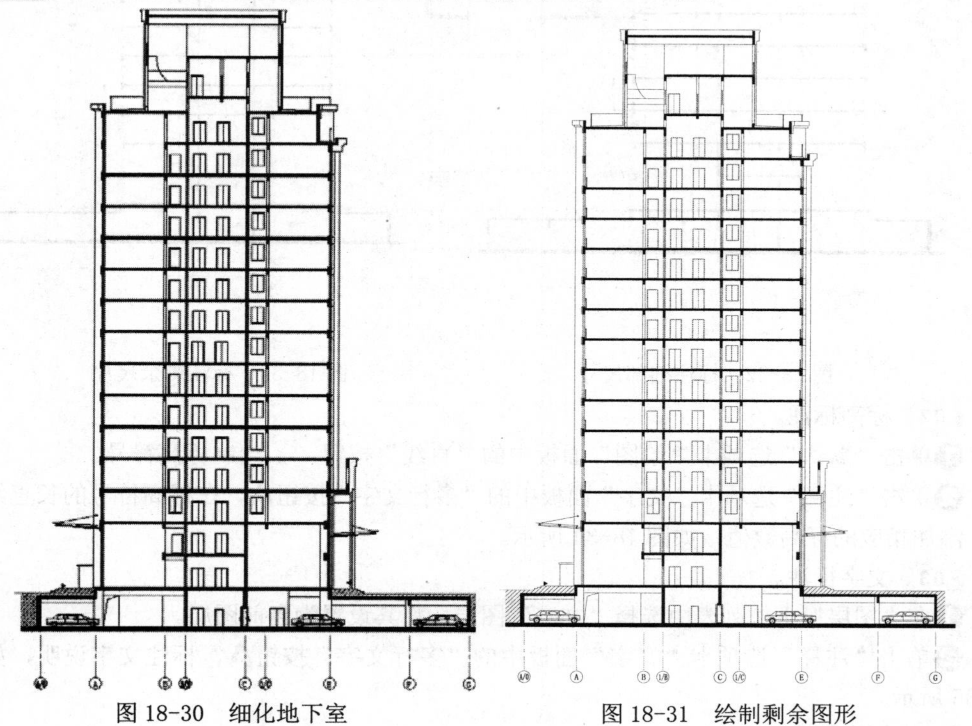

图 18-30　细化地下室　　图 18-31　绘制剩余图形

### 18.1.7 剖面图标注

一般情况下，在方案初步设计阶段，剖面图中的标注以剖面标高和门窗等构件尺寸为主，用来表明建筑内、外部空间以及各构件间的水平和垂直关系。

01 尺寸标注。

❶在“图层”下拉列表中选择“标注”图层，将其设置为当前图层。

❷单击“注释”选项卡“标注”面板中的“线性”按钮和“连续”按钮，标注细部尺寸，如图 18-32 所示。

❸单击“注释”选项卡“标注”面板中的“线性”按钮和“连续”按钮，标注剩余尺寸，如图 18-33 所示。

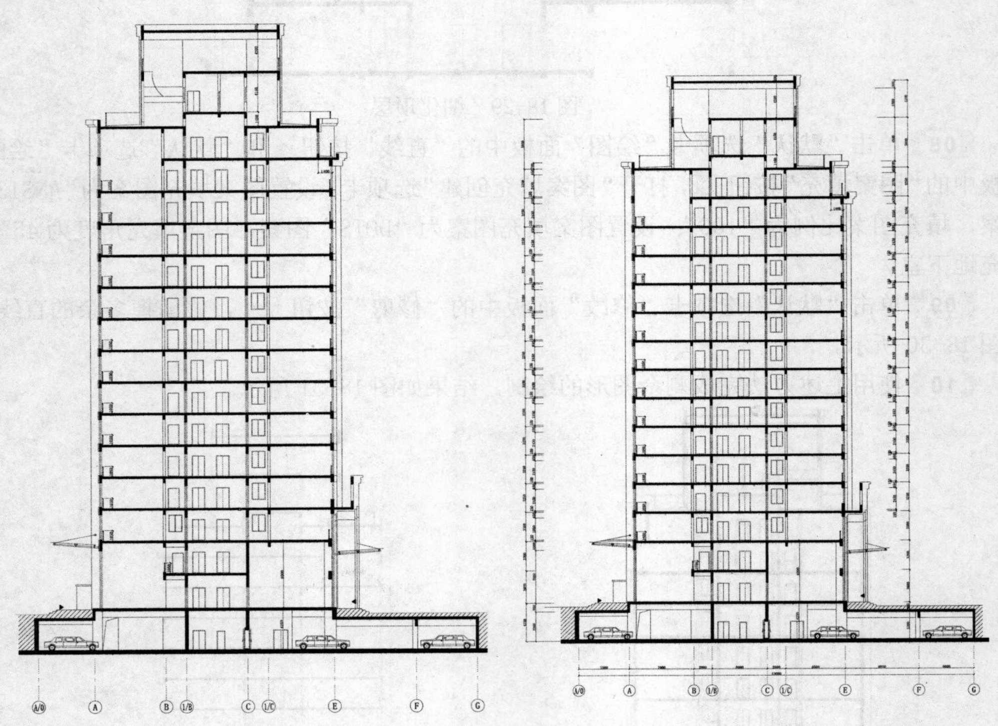

图 18-32 标注细部尺寸　　图 18-33 标注剩余尺寸

02 标高标注。

❶单击“默认”选项卡“绘图”面板中的“直线”按钮，绘制标高符号。

❷单击“注释”选项卡“文字”面板中的“多行文字”按钮A，在标高符号的长直线上方，添加相应的标高数值，如图 18-34 所示。

03 文字标注。

❶在“图层”下拉列表中选择“文字”图层，将其设置为当前图层。

❷单击“注释”选项卡“文字”面板中的“多行文字”按钮A，标注文字说明，如图 18-35 所示。

04 图名标注。

❶单击“注释”选项卡“文字”面板中的“多行文字”按钮A，输入“1-1 剖面图 1:100”。

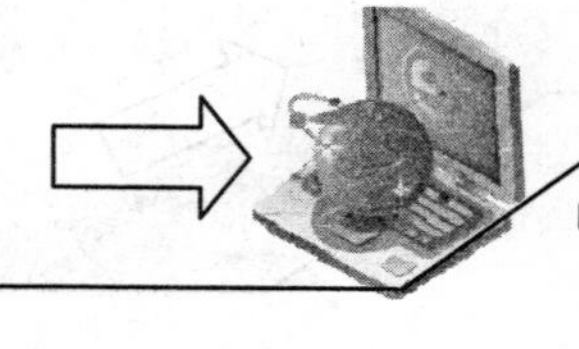



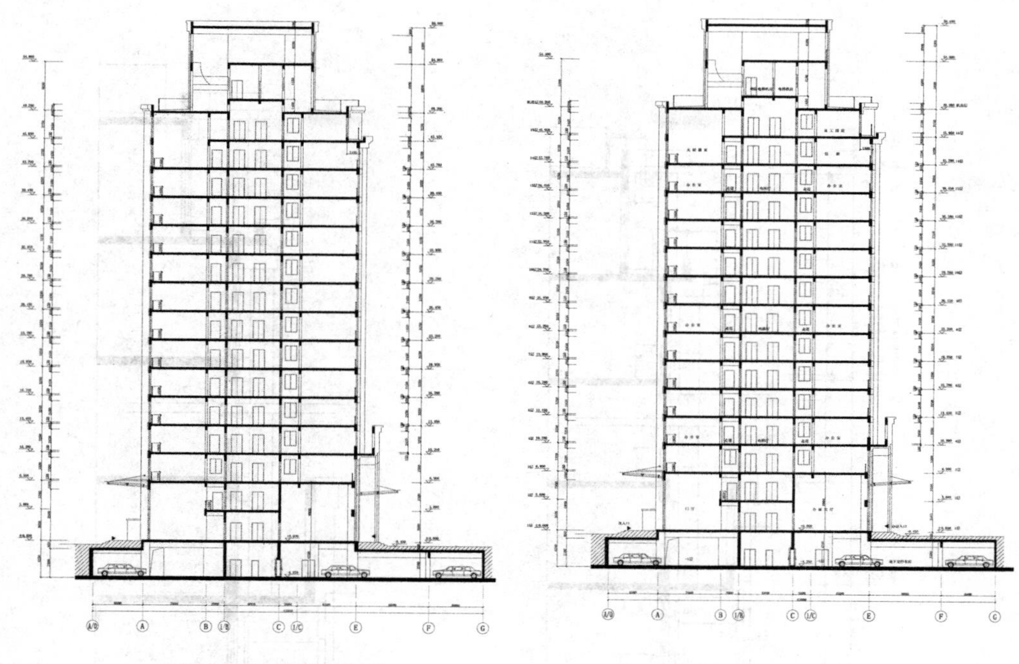

图 18-34　标注标高　　　　图 18-35　标注文字

❷单击“默认”选项卡“绘图”面板中的“多段线”按钮，在文字下方绘制多段线，结果如图 18-36 所示。

**1-1剖面图** 1:100

图 18-36　标注图名

## 18.2　办公大楼部分建筑详图的绘制

### 18.2.1　墙身大样图

本节以办公大楼剖面图 1-1 墙体放大图制作为例讲述墙身放大图的绘制过程。为了绘图简单准确，可以直接从办公大楼剖面图 1-1 中直接复制出墙体图样，再加以修改即可得到墙身大样图，如图 18-37 所示。

**01** 单击“快速访问”工具栏中的“打开”按钮，打开“源文件/办公大楼剖面图 1-1”文件。

**02** 单击“默认”选项卡“修改”面板中的“复制”按钮，选择右侧部分墙体复制到办公大楼建筑详图中。

**03** 单击“默认”选项卡“修改”面板中的“镜像”按钮，镜像墙体，删除源对象。

**04** 单击“默认”选项卡“绘图”面板中的“直线”按钮和“默认”选项卡“修改”面板中的“修剪”按钮，绘制折断线，整理图形，结果如图 18-38 所示。

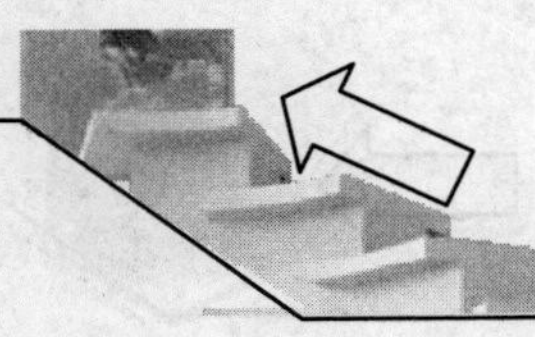



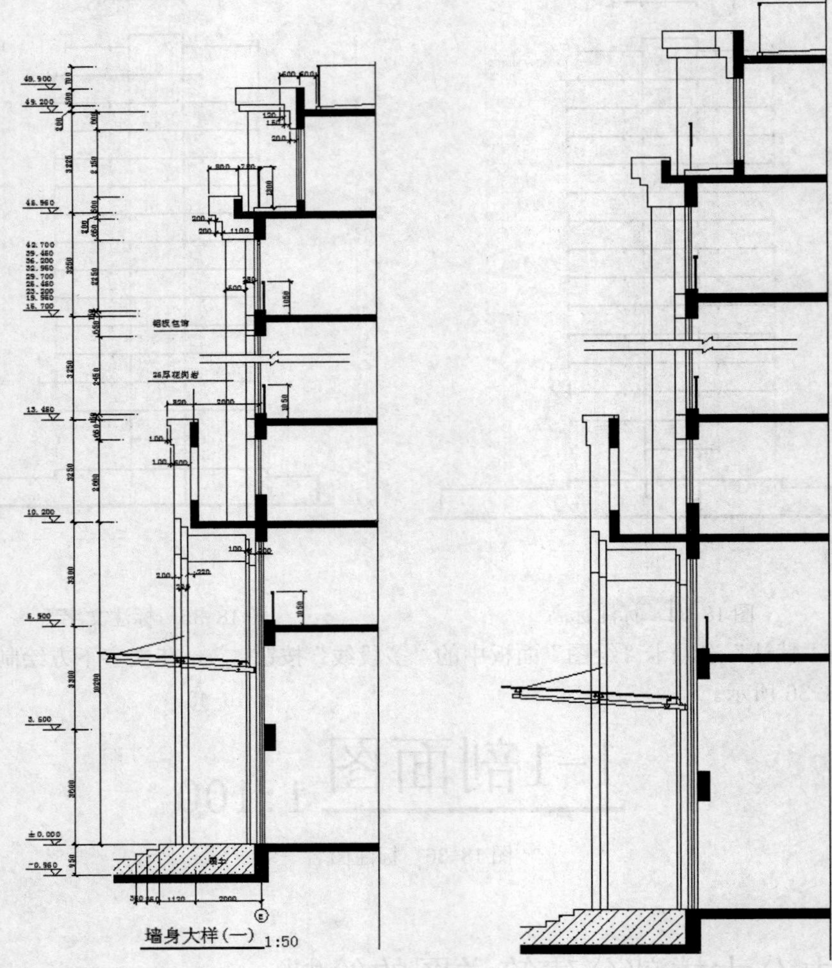

图 18-37　墙身大样图　　　　图 18-38　整理图形

**05** 单击“注释”选项卡“标注”面板中的“线性”按钮和“连续”按钮，标注尺寸，结果如图 18-39 所示。

**06** 单击“默认”选项卡“绘图”面板中的“直线”按钮，绘制标高符号。

**07** 单击“注释”选项卡“文字”面板中的“多行文字”按钮A，在标高符号的长直线上方，添加相应的标高数值，如图 18-40 所示。

**08** 单击“注释”选项卡“文字”面板中的“多行文字”按钮A，标注文字说明，如图 18-41 所示。

**09** 单击“默认”选项卡“绘图”面板中的“圆”按钮和“注释”选项卡“文字”面板中的“多行文字”按钮A，绘制轴号，如图 18-42 所示。

**10** 单击“注释”选项卡“文字”面板中的“多行文字”按钮A和“多段线”按钮，标注图名，如图 18-43 所示。

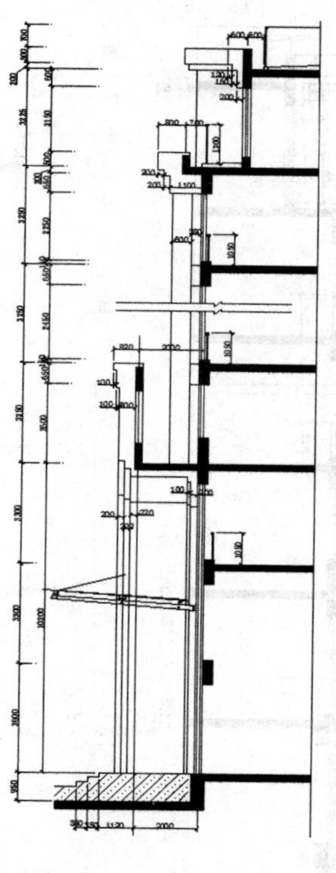

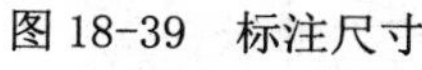

图 18-39　标注尺寸

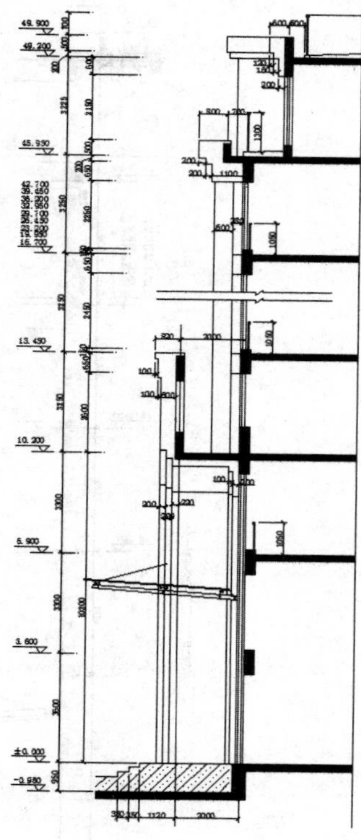

图 18-40　标注标高

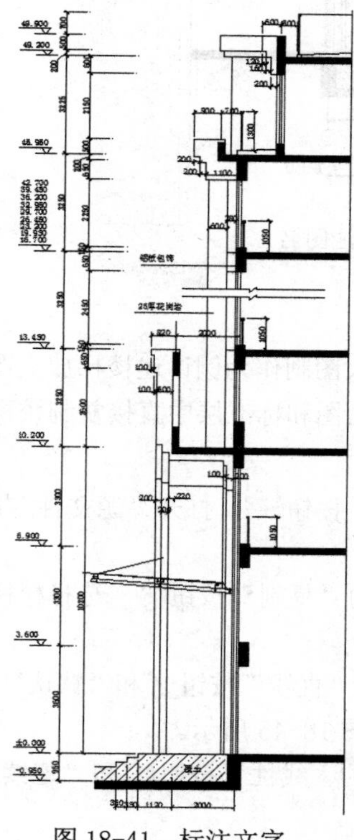

图 18-41　标注文字

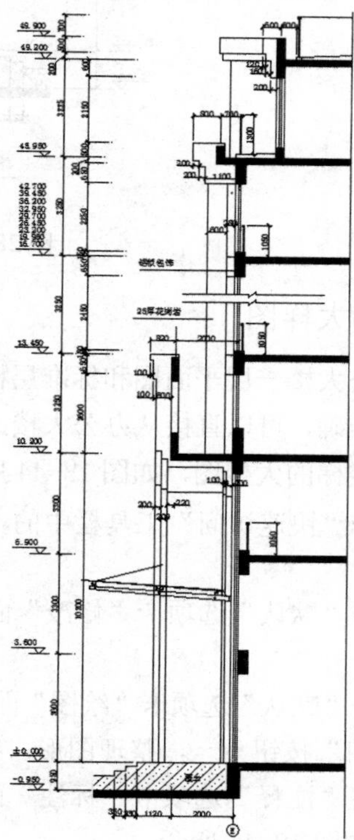

图 18-42　绘制轴号

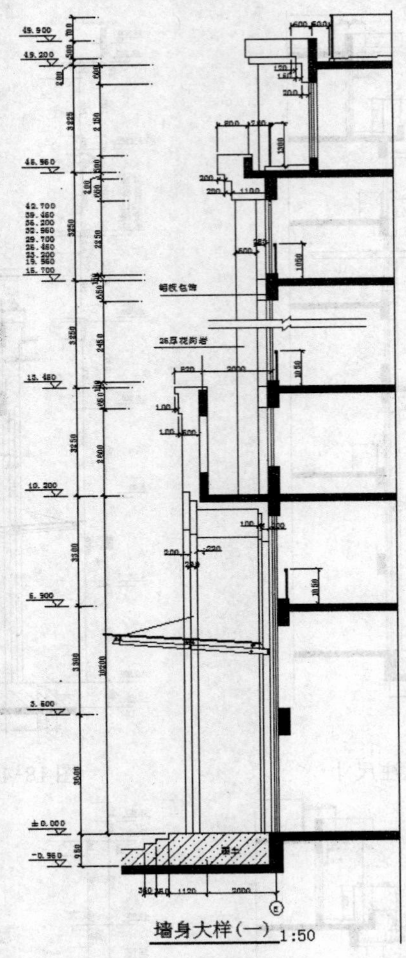


图 28-43　标注图名

## 18.2.2　楼梯大样图

本节以办公大楼一层平面图和标准层楼梯放大图制作为例讲述楼梯放大图的绘制过程。为了绘图简单准确，可以直接从办公大楼一层平面图和标准层中直接复制楼梯图样，再加以修改即可得到楼梯的大样图，如图 18-44 所示。

**01** 单击“快速访问”工具栏中的“打开”按钮，打开“源文件/办公大楼一层平面图”文件。

**02** 单击“默认”选项卡“修改”面板中的“复制”按钮，选择楼梯复制到办公大楼建筑详图中。

**03** 单击“默认”选项卡“绘图”面板中的“直线”按钮和“默认”选项卡“修改”面板中的“修剪”按钮，整理图形，结果如图 18-45 所示。

**04** 单击“注释”选项卡“标注”面板中的“线性”按钮和“连续”按钮，标注尺寸，结果如图 18-46 所示。

**05** 单击“默认”选项卡“绘图”面板中的“直线”按钮，绘制标高符号。

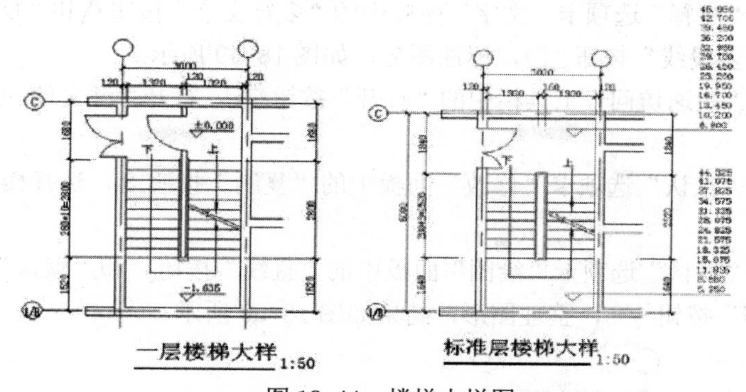


图 18-44　楼梯大样图

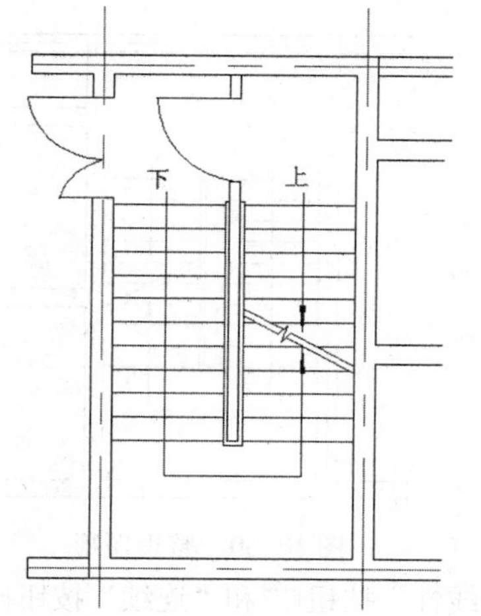


图 18-45　整理图形

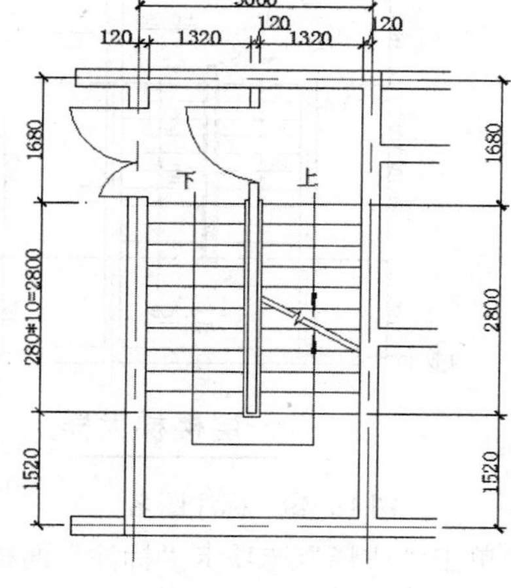


图 18-46　标注尺寸

**06** 单击“注释”选项卡“文字”面板中的“多行文字”按钮A，在标高符号的长直线上方，添加相应的标高数值，如图 18-47 所示。

**07** 单击“默认”选项卡“绘图”面板中的“圆”按钮和“注释”选项卡“文字”面板中的“多行文字”按钮A，绘制轴号，如图 18-48 所示。

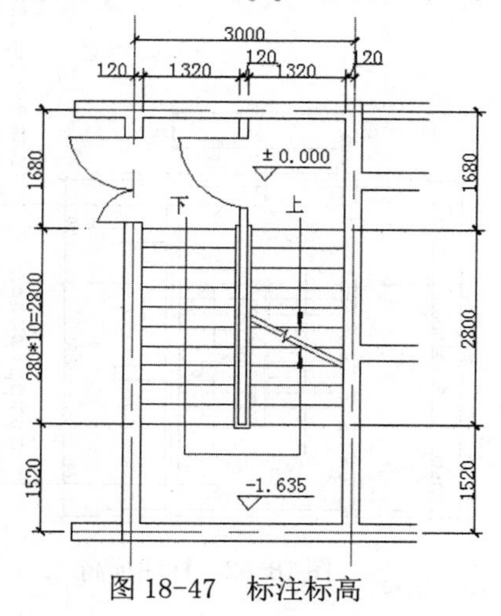


图 18-47　标注标高

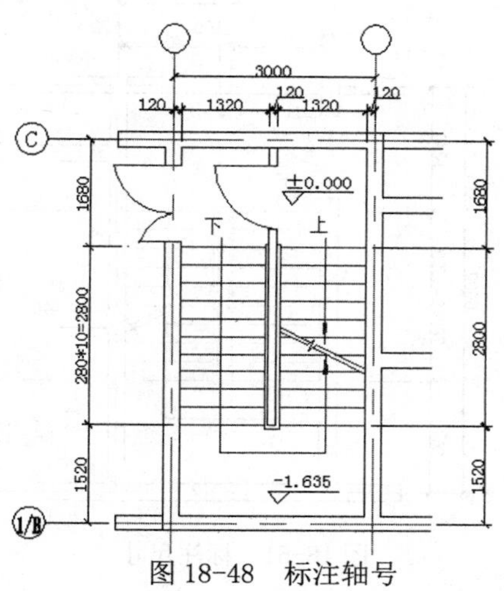


图 18-48　标注轴号

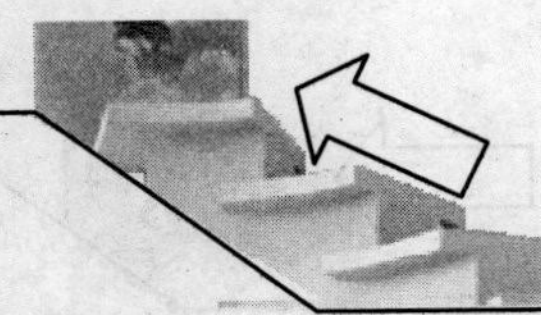

**08** 单击“注释”选项卡“文字”面板中的“多行文字”按钮A和“默认”选项卡“绘图”面板中的“多段线”按钮，标注图名，如图18-49所示。

**09** 单击“快速访问”工具栏中的“打开”按钮，打开“源文件/办公大楼标准层”文件。

**10** 单击“默认”选项卡“修改”面板中的“复制”按钮，选择楼梯复制到办公大楼建筑详图中。

**11** 单击“默认”选项卡“绘图”面板中的“直线”按钮和“默认”选项卡“修改”面板中的“修剪”按钮，整理图形，结果如图18-50所示。

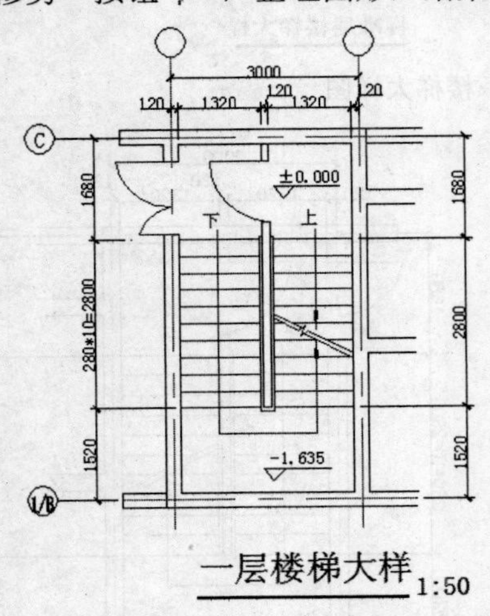


图18-49 标注图名

图18-50 整理图形

**12** 单击“注释”选项卡“标注”面板中的“线性”按钮和“连续”按钮，标注尺寸，结果如图18-51所示。

**13** 单击“默认”选项卡“绘图”面板中的“直线”按钮，绘制标高符号。

**14** 单击“注释”选项卡“文字”面板中的“多行文字”按钮A，在标高符号的长直线上方，添加相应的标高数值，如图18-52所示。

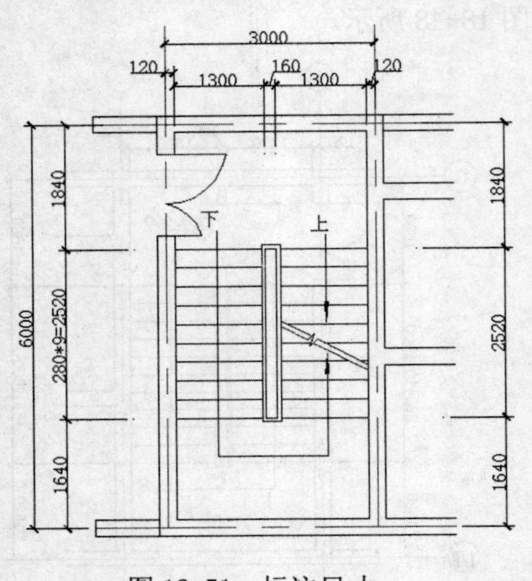


图18-51 标注尺寸

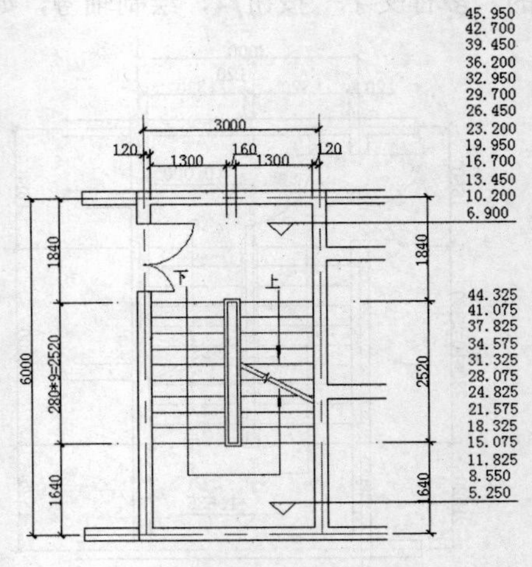


图18-52 标注标高

**15** 单击“默认”选项卡“绘图”面板中的“圆”按钮和“注释”选项卡“文字”面板中的“多行文字”按钮A，绘制轴号，如图18-53所示。

**16** 单击“注释”选项卡“文字”面板中的“多行文字”按钮A和“默认”选项卡“绘图”面板中的“多段线”按钮，标注图名，如图18-54所示。

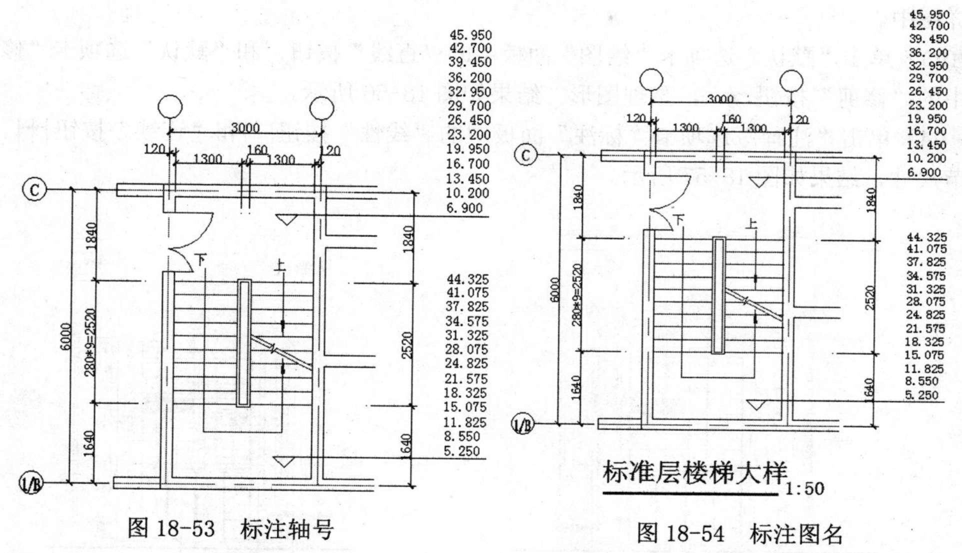


图18-53　标注轴号　　　　图18-54　标注图名

## 18.2.3　裙房局部立面大样图

本节以办公大楼⑧-①轴立面图大门放大图制作为例讲述大门放大图的绘制过程。为了绘图简单准确，可以直接从办公大楼⑧-①轴立面图中直接复制出大门图样，再加以修改即可得到门的大样图，如图18-55所示。

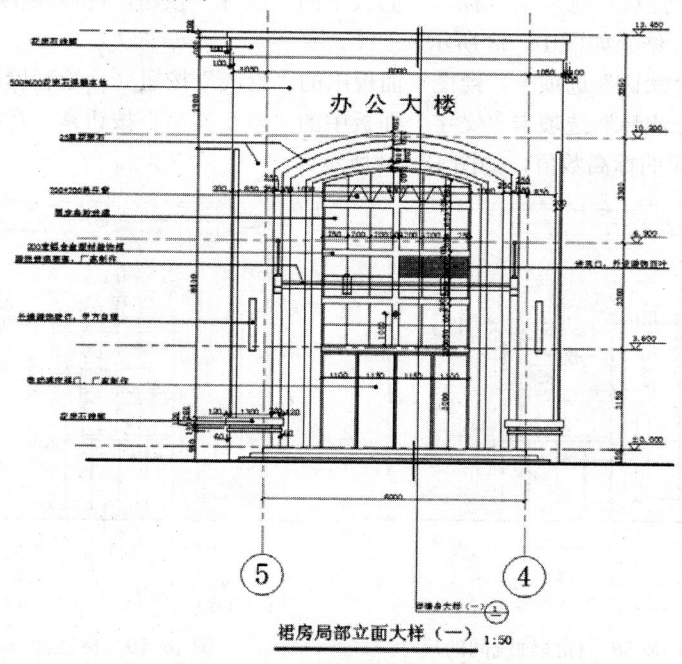


图18-55　裙房局部立面大样图

**01** 单击“快速访问”工具栏中的“打开”按钮，打开“源文件/办公大楼⑧-①轴立面图”文件。

**02** 单击“默认”选项卡“修改”面板中的“复制”按钮，选择门复制到办公大楼建筑详图中。

**03** 单击“默认”选项卡“绘图”面板中的“直线”按钮和“默认”选项卡“修改”面板中的“修剪”按钮，整理图形，结果如图 18-56 所示。

**04** 单击“注释”选项卡“标注”面板中的“线性”按钮和“连续”按钮，标注细节尺寸，结果如图 18-57 所示。

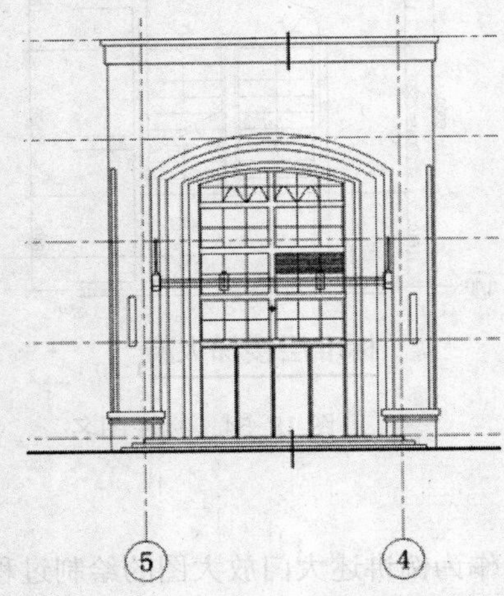

图 18-56　整理图形

图 18-57　标注细节尺寸

**05** 单击“注释”选项卡“标注”面板中的“线性”按钮和“连续”按钮，标注轴线间的尺寸，结果如图 18-58 所示。

**06** 单击“默认”选项卡“绘图”面板中的“直线”按钮，绘制标高符号。

**07** 单击“注释”选项卡“文字”面板中的“多行文字”按钮A，在标高符号的长直线上方，添加相应的标高数值，如图 18-59 所示。

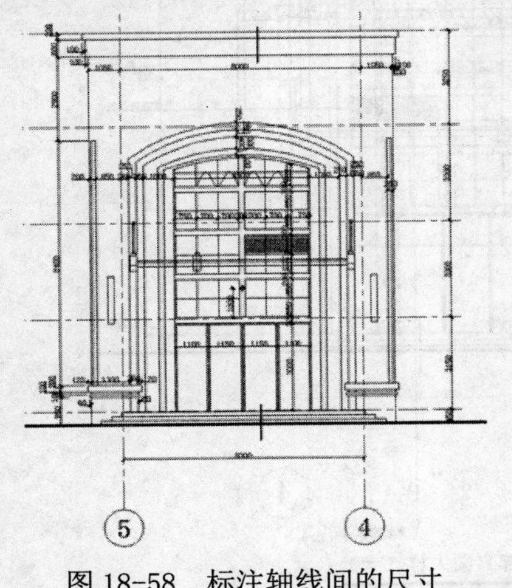

图 18-58　标注轴线间的尺寸

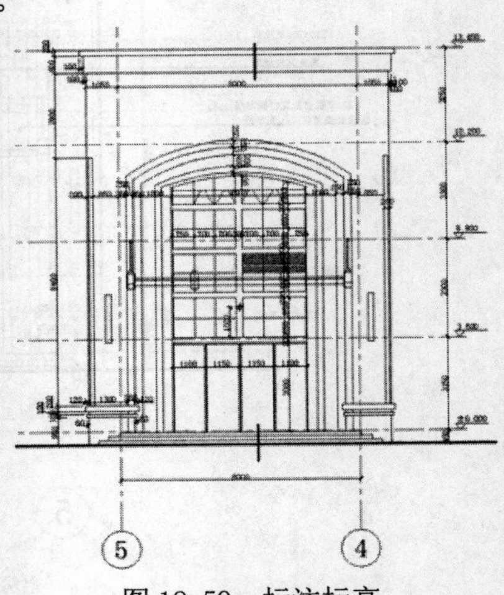

图 18-59　标注标高

**08** 在命令行内输入“QLEADER”命令，输入“S”，打开“引线设置”对话框，如图18-60所示。设置箭头形式为“点”，引出水平直线标注文字说明，结果如图18-61所示。

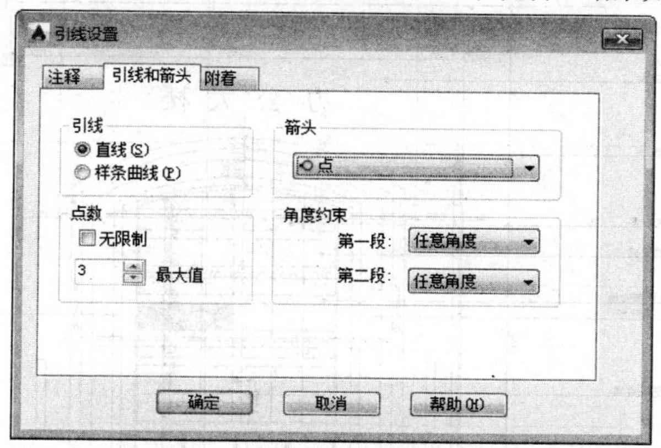


图18-60　添加引线和文字

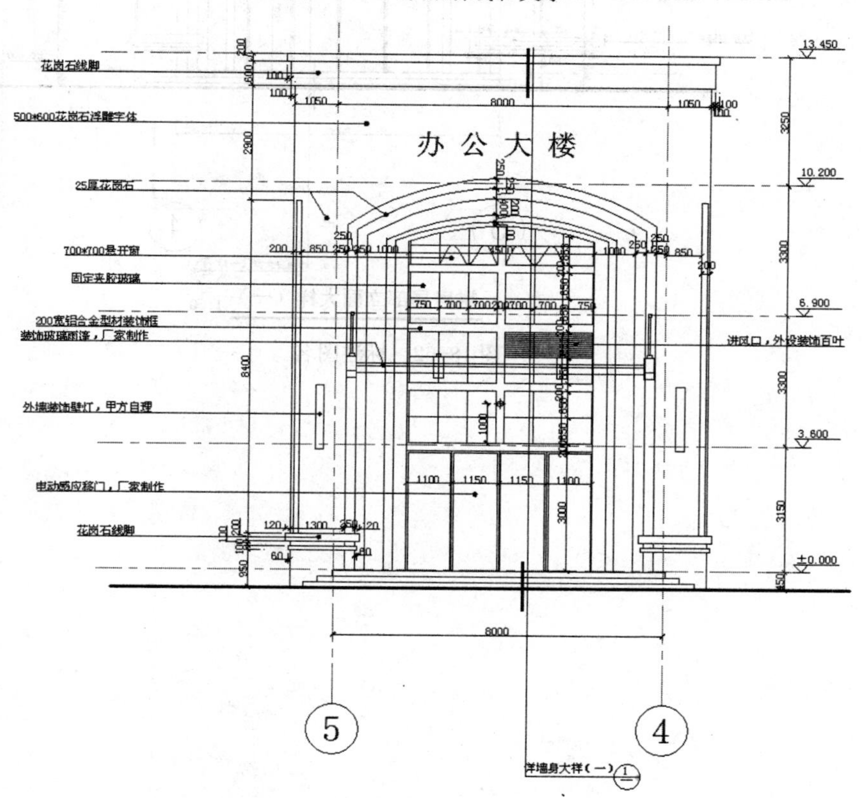


图18-61　标注文字

**09** 单击“注释”选项卡“文字”面板中的“多行文字”按钮A，在图形下方输入文字。

**10** 单击“默认”选项卡“绘图”面板中的“多段线”按钮，在文字下方绘制一条多段线，完成图名的绘制，结果如图18-62所示。

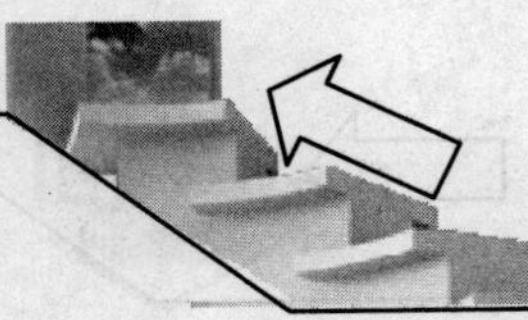



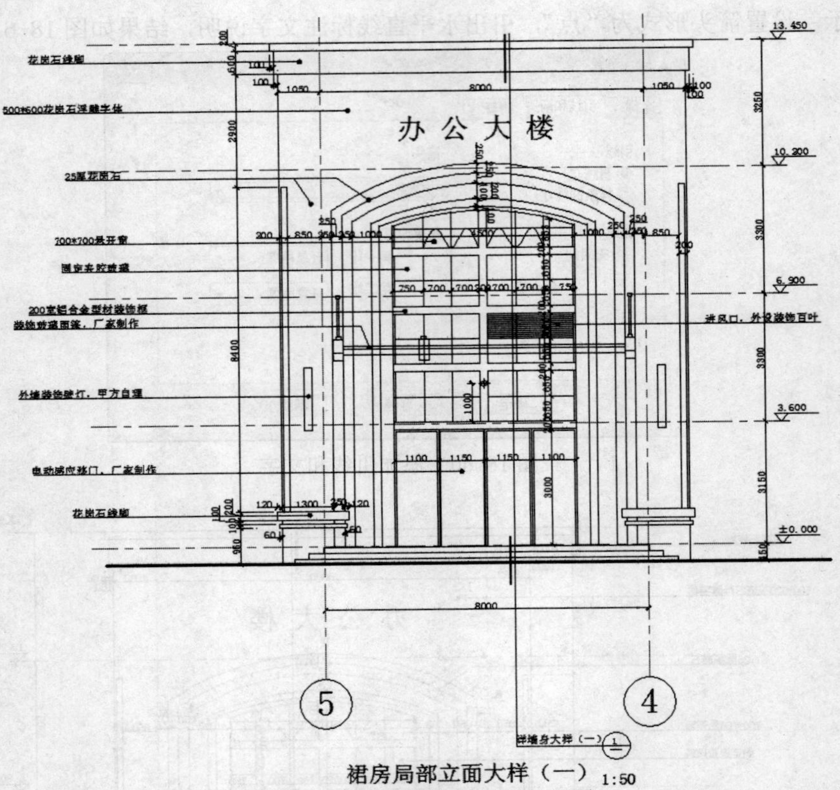
办公大楼
花岗石线脚
500*600花岗石浮雕字体
25厚花岗石
700*700悬开窗
固定夹胶玻璃
200宽铝合金型材装饰框
装饰玻璃雨篷，厂家制作
外墙装饰壁灯，甲方自理
电动感应移门，厂家制作
花岗石线脚
进风口，外设装饰百叶
13.450
10.200
6.900
3.600
±0.000
8000
5
4
详墙身大样（一）
裙房局部立面大样（一） 1:50

图 18-62　标注图名